国家科技支撑计划项目(2012BAD29B01)
国家科技基础性工作专项(2015FY111200)

中国市售茶叶农药残留报告 2019

(西南卷)

庞国芳 范春林 主编

科学出版社
北京

内 容 简 介

《中国市售茶叶农药残留报告》共分8卷：华北卷(北京市、天津市、石家庄市、太原市、呼和浩特市)，东北卷-电商平台卷(沈阳市、长春市、哈尔滨市和电商平台)，华东卷一(上海市、南京市、杭州市、合肥市)，华东卷二(福州市、南昌市、济南市)，华中卷(郑州市、武汉市、长沙市)，华南卷(广州市、南宁市、海口市)，西南卷(重庆市、成都市、贵阳市、昆明市、拉萨市及林芝地区)和西北卷(西安市、兰州市、西宁市、银川市、乌鲁木齐市)。

每卷包括2019年市售7种茶叶农药残留侦测报告和膳食暴露风险与预警风险评估报告。分别介绍了市售茶叶样品采集情况，液相色谱-四极杆飞行时间质谱(LC-Q-TOF/MS)和气相色谱-四极杆飞行时间质谱(GC-Q-TOF/MS)农药残留检测结果，农药残留分布情况，农药残留检出水平与最大残留限量(MRL)标准对比分析，以及农药残留膳食暴露风险评估与预警风险评估结果。

本书对从事农产品安全生产、农药科学管理与施用、食品安全研究与管理的相关人员具有重要参考价值，同时可供高等院校食品安全与质量检测等相关专业的师生参考，广大消费者也可从中获取健康饮食的裨益。

图书在版编目（CIP）数据

中国市售茶叶农药残留报告. 2019. 西南卷 / 庞国芳，范春林主编.
—北京：科学出版社，2020.2
ISBN 978-7-03-063876-2

Ⅰ.①中⋯ Ⅱ.①庞⋯ ②范⋯ Ⅲ.①茶叶—农药残留物—研究报告—西南地区—2019 Ⅳ.①S481

中国版本图书馆CIP数据核字（2019）第288158号

责任编辑：杨 震 刘 冉 杨新改／责任校对：杜子昂
责任印制：肖 兴／封面设计：北京图阅盛世

科学出版社 出版
北京东黄城根北街16号
邮政编码：100717
http://www.sciencep.com

北京九天鸿程印刷有限责任公司 印刷
科学出版社发行 各地新华书店经销

*

2020年2月第 一 版　开本：787×1092　1/16
2020年2月第一次印刷　印张：28 1/2
字数：670 000
定价：198.00元
（如有印装质量问题，我社负责调换）

中国市售茶叶农药残留报告
2019
(西南卷)
编委会

主　编：庞国芳　范春林

副主编：梁淑轩　白若镔　李　慧　盖丽娟
　　　　申世刚　徐建中

编　委：(按姓名汉语拼音排序)
　　　　白若镔　常巧英　陈丽娟　范春林
　　　　盖丽娟　李　慧　李笑颜　梁淑轩
　　　　庞国芳　申世刚　石志红　王二亮
　　　　徐凤华　徐建中　周玉平

序

据世界卫生组织统计，全世界每年至少发生 50 万例农药中毒事件，死亡 11.5 万人，数十种疾病与农药残留有关。为此，世界各国均制定了严格的食品标准，对不同农产品设置了农药最大残留限量(MRL)标准。我国将于 2020 年 2 月实施《食品安全国家标准 食品中农药最大残留限量》(GB 2763—2019)，规定食品中 483 种农药的 7107 项最大残留限量标准；欧盟、美国和日本等发达国家和地区分别制定了 162248 项、39147 项和 51600 项农药最大残留限量标准。作为农业大国，我国是世界上农药生产和使用最多的国家。据中国统计年鉴数据统计，2000~2015 年我国化学农药原药产量从 60 万吨/年增加到 374 万吨/年，农药化学污染物已经是当前食品安全源头污染的主要来源之一。

因此，深受广大消费者及政府相关部门关注的各种问题也随之而来：我国市售茶叶农药残留污染状况和风险水平到底如何？我国农产品农药残留水平是否影响我国农产品走向国际市场？这些看似简单实则难度相当大的问题，涉及农药的科学管理与施用，食品农产品的安全监管，农药残留检测技术标准以及资源保障等多方面因素。

可喜的是，此次由庞国芳院士科研团队承担完成的国家科技支撑计划项目(2012BAD29B01)和国家科技基础性工作专项(2015FY111200)研究成果之一《中国市售茶叶农药残留报告》(以下简称《报告》)，对上述问题给出了全面、深入、直观的答案，为形成我国农药残留监控体系提供了海量的科学数据支撑。

该《报告》包括茶叶农药残留侦测报告和茶叶农药残留膳食暴露风险与预警风险评估报告两大重点内容。其中，"茶叶农药残留侦测报告"是庞国芳院士科研团队利用他们所取得的具有国际领先水平的多元融合技术，包括高通量非靶向农药残留侦测技术、农药残留侦测数据智能分析及残留侦测结果可视化等研究成果，对我国 32 个城市 363 个采样点的 4944 例 7 种市售茶叶进行非靶向农药残留侦测的结果汇总；同时，解决了数据维度多、数据关系复杂、数据分析要求高等技术难题，运用自主研发的海量数据智能分析软件，深入比较分析了农药残留侦测数据结果，初步普查了我国主要城市茶叶农药残留的"家底"。而"茶叶农药残留膳食暴露风险与预警风险评估报告"是在上述农药残留侦测数据的基础上，利用食品安全指数模型和风险系数模型，结合农药残留水平、特性、致害效应，进行系统的农药残留风险评价，最终给出了我国主要城市市售茶叶农药残留的膳食暴露风险和预警风险结论。

该《报告》包含了海量的农药残留侦测结果和相关信息，数据准确、真实可靠，具有以下几个特点：

一、样品采集具有代表性。侦测地域范围覆盖全国除港澳台以外省级行政区的 32 个城市(包括 4 个直辖市，27 个省会城市，1 个地级市)的 363 个采样点。随机从超市、茶叶专营店或电商平台采集样品 4944 批。样品采集地覆盖全国 25%人口的生活区域，具有代表性。

二、检测过程遵循统一性和科学性原则。所有侦测数据来源于 10 个网络联盟实验室,按"五统一"规范操作(统一采样标准、统一制样技术、统一检测方法、统一格式数据上传、统一模式统计分析报告)全封闭运行,保障数据的准确性、统一性、完整性、安全性和可靠性。

三、农残数据分析与评价的自动化。充分运用互联网的智能化技术,实现从农产品、农药残留、地域、农药残留最高限量标准等多维度的自动统计和综合评价与预警。

总之,该《报告》数据庞大,信息丰富,内容翔实,图文并茂,直观易懂。它的出版,将有助于广大读者全面了解我国主要城市市售茶叶农药残留的现状、动态变化及风险水平。这对于全面认识我国茶叶食用安全水平、掌握各种农药残留对人体健康的影响,具有十分重要的理论价值和实用意义。

该书适合政府监管部门、食品安全专家、茶叶生产和经营者以及广大消费者等各类人员阅读参考,其受众之广、影响之大是该领域内前所未有的,值得大家高度关注。

2019 年 12 月

前　言

食品是人类生存和发展的基本物质基础，食品安全是全球的重大民生问题，也是世界各国目前所面临的共同难题，而食品中农药残留问题是引发食品安全事件的重要因素，尤其受到关注。目前，世界上常用的农药种类超过 1000 种，而且不断地有新的农药被研发和应用，在关注农药残留对人类身体健康和生存环境造成新的潜在危害的同时，也对农药残留的检测技术、监控手段和风险评估能力提出了更高的要求和全新的挑战。

为解决上述难题，作者团队此前一直围绕世界常用的 1200 多种农药和化学污染物展开多学科合作研究，例如，采用高分辨质谱技术开展无需实物标准品作参比的高通量非靶向农药残留检测技术研究；运用互联网技术与数据科学理论对海量农药残留检测数据的自动采集和智能分析研究；引入网络地理信息系统(Web-GIS)技术用于农药残留检测结果的空间可视化研究等等。与此同时，对这些前沿及主流技术进行多元融合研究，在农药残留检测技术、农药残留数据智能分析及结果可视化等多个方面取得了原创性突破，实现了农药残留检测技术信息化、检测结果大数据处理智能化、风险溯源可视化。这些创新研究成果已整理成《食用农产品农药残留监测与风险评估溯源技术研究》一书另行出版。

《中国市售茶叶农药残留报告》(以下简称《报告》)是上述多项研究成果综合应用于我国农产品农药残留检测与风险评估的科学报告。为了真实反映我国市售茶叶中农药残留污染状况以及残留农药的相关风险，2019 年作者团队采用液相色谱-四极杆飞行时间质谱(LC-Q-TOF/MS)及气相色谱-四极杆飞行时间质谱(GC-Q-TOF/MS)两种高分辨质谱技术，从全国 32 个城市(包括 27 个省会、4 个直辖市、1 个地级市)363 个采样点(包括超市、茶叶专营店、电商平台等)随机采集了 7 种市售茶叶 4944 例样品进行了非靶向农药残留筛查，初步摸清了这些城市市售茶叶农药残留的"家底"，形成了 2019 年全国重点城市市售茶叶农药残留检测报告。在这基础上，运用食品安全指数模型和风险系数模型，开发了风险评价应用程序，对上述茶叶农药残留分别开展膳食暴露风险评估和预警风险评估，形成了 2019 年全国重点城市市售茶叶农药残留膳食暴露风险与预警风险评估报告。现将这两大报告整理成书，以飨读者。

为了便于查阅，本次出版的《报告》按我国自然地理区域共分为八卷：华北卷(北京市、天津市、石家庄市、太原市、呼和浩特市)、东北卷-电商平台卷(沈阳市、长春市、哈尔滨市和电商平台)，华东卷一(上海市、南京市、杭州市、合肥市)，华东卷二(福州市、南昌市、济南市)，华中卷(郑州市、武汉市、长沙市)，华南卷(广州市、南宁市、海口市)，西南卷(重庆市、成都市、贵阳市、昆明市、拉萨市及林芝地区)和西北卷(西安市、兰州市、西宁市、银川市、乌鲁木齐市)。

《报告》的每一卷内容均采用统一的结构和方式进行叙述，对每个城市的市售茶叶农药残留状况和风险评估结果均按照 LC-Q-TOF/MS 及 GC-Q-TOF/MS 两种技术分别阐述。主要包括以下几方面内容：①每个城市的样品采集情况与农药残留检测结果；②每个城市的农药残留检出水平与最大残留限量(MRL)标准对比分析;③每个城市的茶叶中农药残留分布情况;④每个城市茶叶农药残留报告的初步结论;⑤农药残留风险评估方法及风险评价应用程序的开发;⑥每个城市的茶叶农药残留膳食暴露风险评估;⑦每个城市的茶叶农药残留预警风险评估;⑧每个城市茶叶农药残留风险评估结论与建议。

本《报告》是我国"十二五"国家科技支撑计划项目(2012BAD29B01)和"十三五"国家科技基础性工作专项(2015FY111200)的研究成果之一。该项研究成果紧扣国家"十三五"规划纲要"增强农产品安全保障能力"和"推进健康中国建设"的主题,可在这些领域的发展中,发挥重要的技术支撑作用。本《报告》的出版得到河北大学高层次人才科研启动经费项目(521000981273)的支持。

由于作者水平有限,书中不妥之处在所难免,恳请广大读者批评指正。

2019 年 11 月

缩 略 语 表

ADI	allowable daily intake	每日允许最大摄入量
CAC	Codex Alimentarius Commission	国际食品法典委员会
CCPR	Codex Committee on Pesticide Residues	农药残留法典委员会
FAO	Food and Agriculture Organization	联合国粮食及农业组织
GAP	Good Agricultural Practices	农业良好管理规范
GC-Q-TOF/MS	gas chromatograph/quadrupole time-of-flight mass spectrometry	气相色谱-四极杆飞行时间质谱
GEMS	Global Environmental Monitoring System	全球环境监测系统
IFS	index of food safety	食品安全指数
JECFA	Joint FAO/WHO Expert Committee on Food and Additives	FAO、WHO 食品添加剂联合专家委员会
JMPR	Joint FAO/WHO Meeting on Pesticide Residues	FAO、WHO 农药残留联合会议
LC-Q-TOF/MS	liquid chromatograph/quadrupole time-of-flight mass spectrometry	液相色谱-四极杆飞行时间质谱
MRL	maximum residue limit	最大残留限量
R	risk index	风险系数
WHO	World Health Organization	世界卫生组织

凡 例

- 采样城市包括 31 个直辖市及省会城市(未含台北市、香港特别行政区和澳门特别行政区)，1 个地级市及电商平台，分成华北卷(北京市、天津市、石家庄市、太原市、呼和浩特市)、东北卷-电商平台卷(沈阳市、长春市、哈尔滨市、电商平台)、华东卷一(上海市、南京市、杭州市、合肥市)、华东卷二(福州市、南昌市、济南市)、华中卷(郑州市、武汉市、长沙市)、华南卷(广州市、南宁市、海口市)、西南卷(重庆市、成都市、贵阳市、昆明市、拉萨市及林芝地区)、西北卷(西安市、兰州市、西宁市、银川市、乌鲁木齐市)共 8 卷。
- 表中标注*表示剧毒农药；标注◇表示高毒农药；标注▲表示禁用农药；标注 a 表示超标。
- 书中提及的附表(侦测原始数据)，请扫描封底二维码，按对应城市获取。

献 辞

目 录

重 庆 市

第1章 LC-Q-TOF/MS 侦测重庆市 211 例市售茶叶样品农药残留报告 ·················· 3
  1.1 样品种类、数量与来源 ·················· 3
  1.2 农药残留检出水平与最大残留限量标准对比分析 ·················· 11
  1.3 茶叶中农药残留分布 ·················· 19
  1.4 初步结论 ·················· 22

第2章 LC-Q-TOF/MS 侦测重庆市市售茶叶农药残留膳食暴露风险
      与预警风险评估 ·················· 25
  2.1 农药残留风险评估方法 ·················· 25
  2.2 LC-Q-TOF/MS 侦测重庆市市售茶叶农药残留膳食暴露风险评估 ·················· 31
  2.3 LC-Q-TOF/MS 侦测重庆市市售茶叶农药残留预警风险评估 ·················· 35
  2.4 LC-Q-TOF/MS 侦测重庆市市售茶叶农药残留风险评估结论与建议 ·················· 41

第3章 GC-Q-TOF/MS 侦测重庆市 211 例市售茶叶样品农药残留报告 ·················· 45
  3.1 样品种类、数量与来源 ·················· 45
  3.2 农药残留检出水平与最大残留限量标准对比分析 ·················· 53
  3.3 茶叶中农药残留分布 ·················· 61
  3.4 初步结论 ·················· 65

第4章 GC-Q-TOF/MS 侦测重庆市市售茶叶农药残留膳食暴露风险
      与预警风险评估 ·················· 68
  4.1 农药残留风险评估方法 ·················· 68
  4.2 GC-Q-TOF/MS 侦测重庆市市售茶叶农药残留膳食暴露风险评估 ·················· 74
  4.3 GC-Q-TOF/MS 侦测重庆市市售茶叶农药残留预警风险评估 ·················· 78
  4.4 GC-Q-TOF/MS 侦测重庆市市售茶叶农药残留风险评估结论与建议 ·················· 85

成 都 市

第5章 LC-Q-TOF/MS 侦测成都市 282 例市售茶叶样品农药残留报告 ·················· 91
  5.1 样品种类、数量与来源 ·················· 91
  5.2 农药残留检出水平与最大残留限量标准对比分析 ·················· 99
  5.3 茶叶中农药残留分布 ·················· 107
  5.4 初步结论 ·················· 111

第6章 LC-Q-TOF/MS 侦测成都市市售茶叶农药残留膳食暴露风险
 与预警风险评估···115
 6.1 农药残留风险评估方法···115
 6.2 LC-Q-TOF/MS 侦测成都市市售茶叶农药残留膳食暴露风险评估··············121
 6.3 LC-Q-TOF/MS 侦测成都市市售茶叶农药残留预警风险评估·····················125
 6.4 LC-Q-TOF/MS 侦测成都市市售茶叶农药残留风险评估结论与建议············133

第7章 GC-Q-TOF/MS 侦测成都市 282 例市售茶叶样品农药残留报告···············136
 7.1 样品种类、数量与来源··136
 7.2 农药残留检出水平与最大残留限量标准对比分析······························144
 7.3 茶叶中农药残留分布···153
 7.4 初步结论··158

第8章 GC-Q-TOF/MS 侦测成都市市售茶叶农药残留膳食暴露风险
 与预警风险评估···161
 8.1 农药残留风险评估方法···161
 8.2 GC-Q-TOF/MS 侦测成都市市售茶叶农药残留膳食暴露风险评估··············167
 8.3 GC-Q-TOF/MS 侦测成都市市售茶叶农药残留预警风险评估·····················171
 8.4 GC-Q-TOF/MS 侦测成都市市售茶叶农药残留风险评估结论与建议············179

贵 阳 市

第9章 LC-Q-TOF/MS 侦测贵阳市 131 例市售茶叶样品农药残留报告···············185
 9.1 样品种类、数量与来源··185
 9.2 农药残留检出水平与最大残留限量标准对比分析······························193
 9.3 茶叶中农药残留分布···199
 9.4 初步结论··203

第10章 LC-Q-TOF/MS 侦测贵阳市市售茶叶农药残留膳食暴露风险
 与预警风险评估···207
 10.1 农药残留风险评估方法···207
 10.2 LC-Q-TOF/MS 侦测贵阳市市售茶叶农药残留膳食暴露风险评估············213
 10.3 LC-Q-TOF/MS 侦测贵阳市市售茶叶农药残留预警风险评估···················217
 10.4 LC-Q-TOF/MS 侦测贵阳市市售茶叶农药残留风险评估结论与建议·········224

第11章 GC-Q-TOF/MS 侦测贵阳市 131 例市售茶叶样品农药残留报告···············227
 11.1 样品种类、数量与来源···227
 11.2 农药残留检出水平与最大残留限量标准对比分析·····························235
 11.3 茶叶中农药残留分布···242
 11.4 初步结论··246

第 12 章　GC-Q-TOF/MS 侦测贵阳市市售茶叶农药残留膳食暴露风险
　　　　　与预警风险评估·················250
　　12.1　农药残留风险评估方法·················250
　　12.2　GC-Q-TOF/MS 侦测贵阳市市售茶叶农药残留膳食暴露风险评估·········255
　　12.3　GC-Q-TOF/MS 侦测贵阳市市售茶叶农药残留预警风险评估···········259
　　12.4　GC-Q-TOF/MS 侦测贵阳市市售茶叶农药残留风险评估结论与建议········266

昆 明 市

第 13 章　LC-Q-TOF/MS 侦测昆明市 186 例市售茶叶样品农药残留报告··········271
　　13.1　样品种类、数量与来源·················271
　　13.2　农药残留检出水平与最大残留限量标准对比分析············279
　　13.3　茶叶中农药残留分布···················287
　　13.4　初步结论·······················291
第 14 章　LC-Q-TOF/MS 侦测昆明市市售茶叶农药残留膳食暴露风险
　　　　　与预警风险评估·················295
　　14.1　农药残留风险评估方法·················295
　　14.2　LC-Q-TOF/MS 侦测昆明市市售茶叶农药残留膳食暴露风险评估·········301
　　14.3　LC-Q-TOF/MS 侦测昆明市市售茶叶农药残留预警风险评估···········305
　　14.4　LC-Q-TOF/MS 侦测昆明市市售茶叶农药残留风险评估结论与建议········312
第 15 章　GC-Q-TOF/MS 侦测昆明市 186 例市售茶叶样品农药残留报告··········315
　　15.1　样品种类、数量与来源·················315
　　15.2　农药残留检出水平与最大残留限量标准对比分析············323
　　15.3　茶叶中农药残留分布···················331
　　15.4　初步结论·······················336
第 16 章　GC-Q-TOF/MS 侦测昆明市市售茶叶农药残留膳食暴露风险
　　　　　与预警风险评估·················339
　　16.1　农药残留风险评估方法·················339
　　16.2　GC-Q-TOF/MS 侦测昆明市市售茶叶农药残留膳食暴露风险评估·········345
　　16.3　GC-Q-TOF/MS 侦测昆明市市售茶叶农药残留预警风险评估···········349
　　16.4　GC-Q-TOF/MS 侦测昆明市市售茶叶农药残留风险评估结论与建议········356

拉萨市及林芝地区

第 17 章　LC-Q-TOF/MS 侦测拉萨市及林芝地区 45 例市售茶叶样品农药
　　　　　残留报告··················363
　　17.1　样品种类、数量与来源·················363

17.2 农药残留检出水平与最大残留限量标准对比分析························371
17.3 茶叶中农药残留分布··376
17.4 初步结论··378

第 18 章 LC-Q-TOF/MS 侦测拉萨市及林芝地区市售茶叶农药残留膳食暴露风险与预警风险评估························381
18.1 农药残留风险评估方法···381
18.2 LC-Q-TOF/MS 侦测拉萨市及林芝地区市售茶叶农药残留膳食暴露风险评估··386
18.3 LC-Q-TOF/MS 侦测拉萨市及林芝地区市售茶叶农药残留预警风险评估········390
18.4 LC-Q-TOF/MS 侦测拉萨市及林芝地区市售茶叶农药残留风险评估结论与建议··396

第 19 章 GC-Q-TOF/MS 侦测拉萨市及林芝地区 45 例市售茶叶样品农药残留报告························400
19.1 样品种类、数量与来源···400
19.2 农药残留检出水平与最大残留限量标准对比分析························407
19.3 茶叶中农药残留分布··412
19.4 初步结论··417

第 20 章 GC-Q-TOF/MS 侦测拉萨市及林芝地区市售茶叶农药残留膳食暴露风险与预警风险评估························420
20.1 农药残留风险评估方法···420
20.2 GC-Q-TOF/MS 侦测拉萨市及林芝地区市售茶叶农药残留膳食暴露风险评估··425
20.3 GC-Q-TOF/MS 侦测拉萨市及林芝地区市售茶叶农药残留预警风险评估········429
20.4 GC-Q-TOF/MS 侦测拉萨市及林芝地区市售茶叶农药残留风险评估结论与建议··435

参考文献··438

重 庆 市

第 1 章 LC-Q-TOF/MS 侦测重庆市 211 例市售茶叶样品农药残留报告

从重庆市所属 6 个区，随机采集了 211 例茶叶样品，使用液相色谱-四极杆飞行时间质谱(LC-Q-TOF/MS)对 825 种农药化学污染物示范侦测(7 种负离子模式 ESI⁻未涉及)。

1.1 样品种类、数量与来源

1.1.1 样品采集与检测

为了真实反映百姓日常饮用的茶叶中农药残留污染状况，本次所有检测样品均由检验人员于 2019 年 4 月期间，从重庆市所属 27 个采样点，包括 2 个茶叶专营店 25 个超市，以随机购买方式采集，总计 27 批 211 例样品，从中检出农药 47 种，1078 频次。采样及监测概况见图 1-1 及表 1-1，样品及采样点明细见表 1-2 及表 1-3(侦测原始数据见附表 1)。

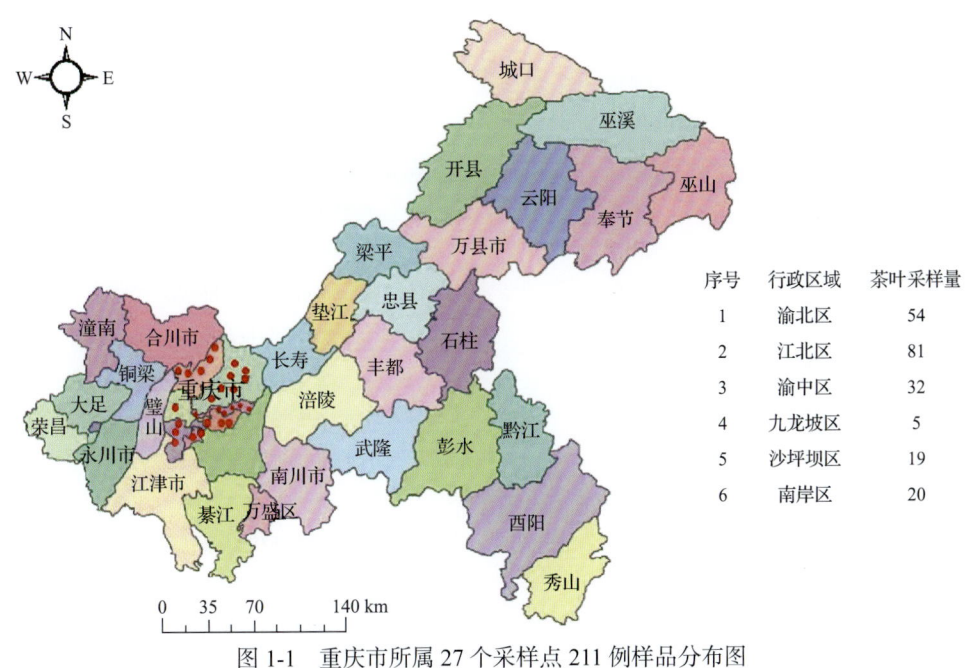

图 1-1 重庆市所属 27 个采样点 211 例样品分布图

表 1-1 农药残留监测总体概况

行政区域	重庆市所属 6 个区
采样点(茶叶专营店+超市)	27
样本总数	211
检出农药品种/频次	47/1078
各采样点样本农药残留检出率范围	60.0%~100.0%

表 1-2 样品分类及数量

样品分类	样品名称(数量)	数量小计
1. 茶叶		211
1) 发酵类茶叶	白茶(7),黑茶(45),红茶(21),乌龙茶(34)	107
2) 未发酵类茶叶	绿茶(104)	104
合计	1.茶叶 5 种	211

表 1-3 重庆市采样点信息

采样点序号	行政区域	采样点
茶叶专营店(2)		
1	江北区	***市场(白沙溪店)
2	江北区	***批发中心(永川秀芽店)
超市(25)		
1	江北区	***超市(洋河店)
2	江北区	***超市(金观音店)
3	江北区	***超市(北城天街分店)
4	江北区	***超市(建新东路店)
5	江北区	***超市(永辉生活广场店)
6	九龙坡区	***超市(袁家岗店)
7	南岸区	***超市(南坪店)
8	南岸区	***超市(南坪上海城店)
9	南岸区	***超市(风临路店)
10	南岸区	***超市(南湖花园店)
11	南岸区	***超市(桃源路店)
12	沙坪坝区	***超市(沙坪坝店)
13	沙坪坝区	***超市(欣阳店)
14	沙坪坝区	***超市(嘉茂购物中心店)
15	渝北区	***超市(龙湖店)
16	渝北区	***超市(重庆 SM 广场店)
17	渝北区	***超市(冉家坝店)
18	渝北区	***超市(红叶路店)
19	渝北区	***超市(星湖路店)
20	渝中区	***超市(日月光店)
21	渝中区	***超市(棉花街店)
22	渝中区	***超市(大坪店)
23	渝中区	***超市(大坪协信店)
24	渝中区	***超市(龙湖时代天街店)
25	渝中区	***超市(人和街店)

1.1.2 检测结果

这次使用的检测方法是庞国芳院士团队最新研发的不需使用标准品对照,而以高分辨精确质量数(0.0001 m/z)为基准的 LC-Q-TOF/MS 检测技术,对于 211 例样品,每个样品均侦测了 825 种农药化学污染物的残留现状。通过本次侦测,在 211 例样品中共计检出农药化学污染物 47 种,检出 1078 频次。

1.1.2.1 各采样点样品检出情况

统计分析发现 27 个采样点中,被测样品的农药检出率范围为 60.0%~100.0%。其中,有 20 个采样点样品的检出率最高,达到了 100.0%,分别是:***超市(洋河店)、***超市(北城天街分店)、***超市(建新东路店)、***超市(袁家岗店)、***超市(南坪店)、***超市(南坪上海城店)、***超市(风临路店)、***超市(南湖花园店)、***超市(桃源路店)、***超市(沙坪坝店)、***超市(嘉茂购物中心店)、***超市(龙湖店)、***超市(冉家坝店)、***超市(红叶路店)、***超市(日月光店)、***超市(棉花街店)、***超市(大坪店)、***超市(大坪协信店)、***超市(龙湖时代天街店)和***超市(人和街店)。***批发中心(永川秀芽店)的检出率最低,为 60.0%,见图 1-2。

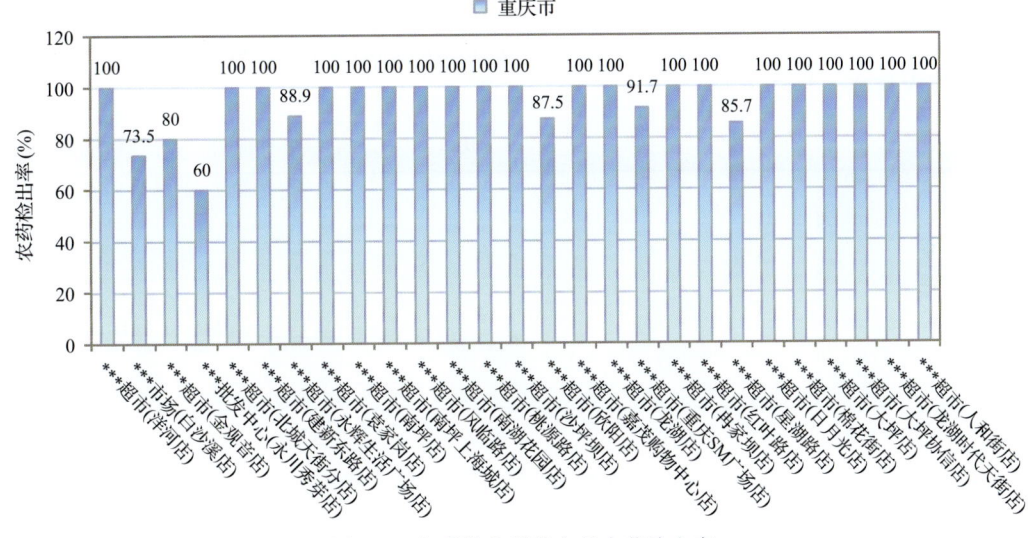

图 1-2 各采样点样品中的农药检出率

1.1.2.2 检出农药的品种总数与频次

统计分析发现,对于 211 例样品中 825 种农药化学污染物的侦测,共检出农药 1078 频次,涉及农药 47 种,结果如图 1-3 所示。其中噻嗪酮检出频次最高,共检出 158 次。检出频次排名前 10 的农药如下:①噻嗪酮(158),②唑虫酰胺(157),③啶虫脒(145),④哒螨灵(76),⑤吡虫啉(67),⑥茚虫威(47),⑦多菌灵(46),⑧噻虫嗪(45),⑨毒死蜱(42),⑩三唑磷(42)。

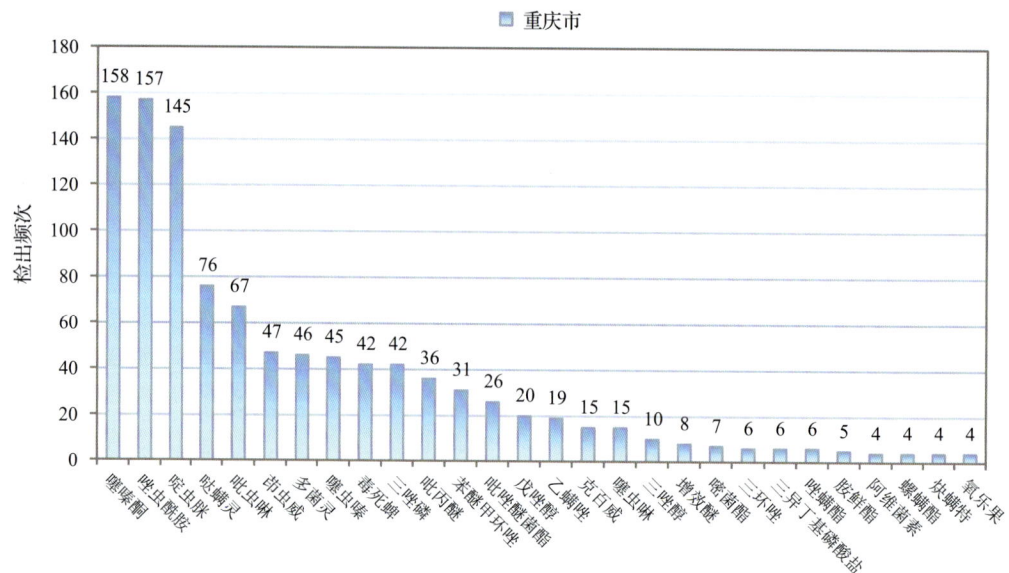

图 1-3　检出农药品种及频次（仅列出 4 频次及以上的数据）

由图 1-4 可见，绿茶、乌龙茶、黑茶、红茶和白茶这 5 种茶叶样品中检出的农药品种数较高，均超过 10 种，其中，绿茶检出农药品种最多，为 42 种。由图 1-5 可见，绿茶、乌龙茶和黑茶这 3 种茶叶样品中的农药检出频次较高，均超过 90 次，其中，绿茶检出农药频次最高，为 761 次。

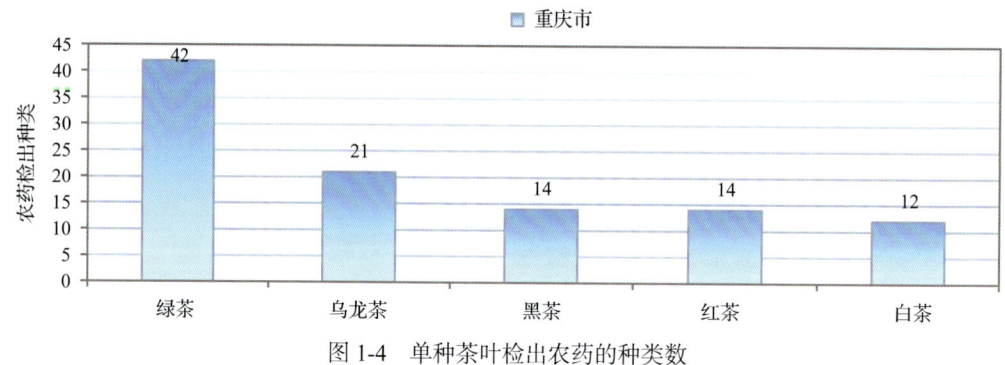

图 1-4　单种茶叶检出农药的种类数

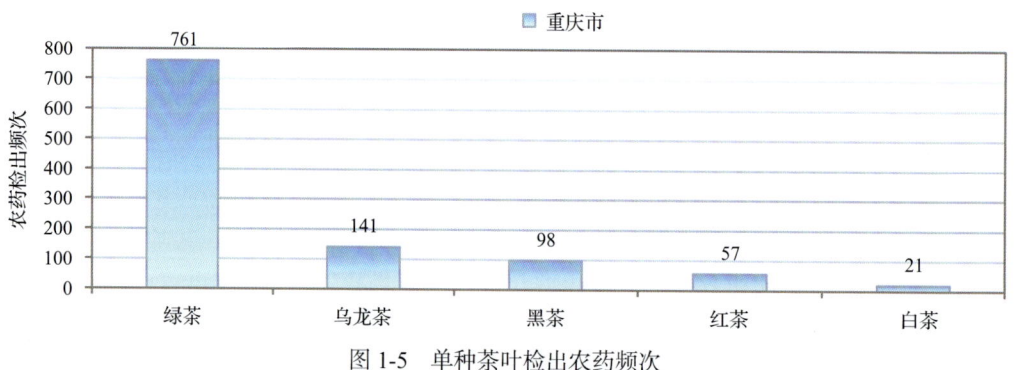

图 1-5　单种茶叶检出农药频次

1.1.2.3 单例样品农药检出种类与占比

对单例样品检出农药种类和频次进行统计发现，未检出农药的样品占总样品数的 8.1%，检出 1 种农药的样品占总样品数的 9.0%，检出 2~5 种农药的样品占总样品数的 44.5%，检出 6~10 种农药的样品占总样品数的 28.4%，检出大于 10 种农药的样品占总样品数的 10.0%。每例样品中平均检出农药为 5.1 种，数据见表 1-4 及图 1-6。

表 1-4 单例样品检出农药品种占比

检出农药品种数	样品数量/占比(%)
未检出	17/8.1
1 种	19/9.0
2~5 种	94/44.5
6~10 种	60/28.4
大于 10 种	21/10.0
单例样品平均检出农药品种	5.1 种

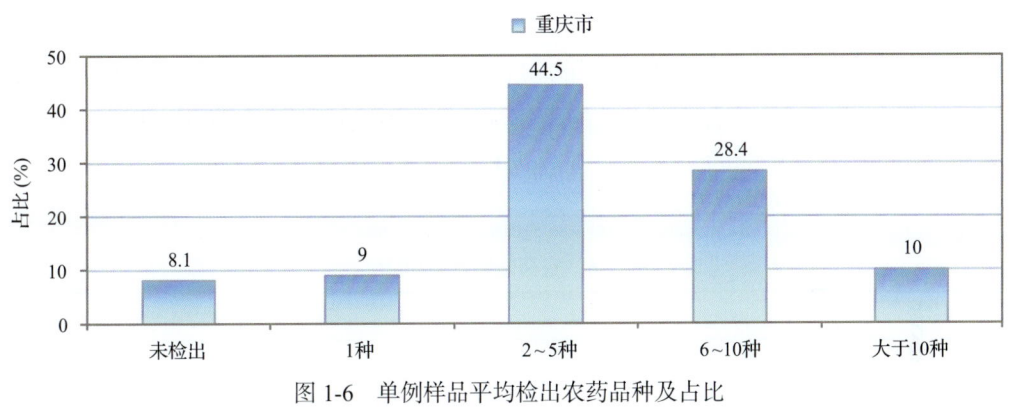

图 1-6 单例样品平均检出农药品种及占比

1.1.2.4 检出农药类别与占比

所有检出农药按功能分类，包括杀虫剂、杀菌剂、杀螨剂、除草剂、植物生长调节剂、增效剂共 6 类。其中杀虫剂与杀菌剂为主要检出的农药类别，分别占总数的 42.6% 和 29.8%，见表 1-5 及图 1-7。

表 1-5 检出农药所属类别/占比

农药类别	数量/占比(%)
杀虫剂	20/42.6
杀菌剂	14/29.8
杀螨剂	7/14.9
除草剂	3/6.4
植物生长调节剂	2/4.3
增效剂	1/2.1

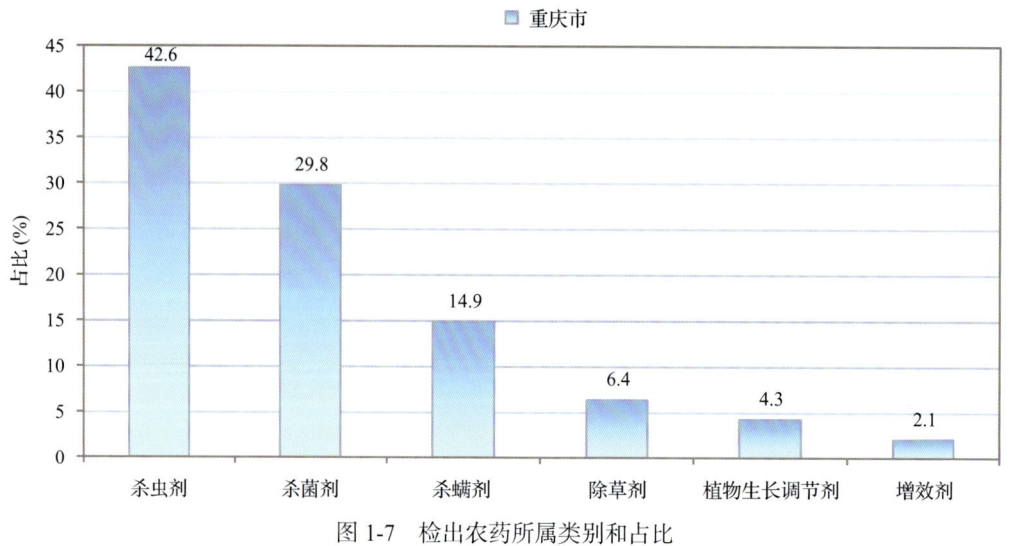

图 1-7 检出农药所属类别和占比

1.1.2.5 检出农药的残留水平

按检出农药残留水平进行统计,残留水平在 1~5 μg/kg(含)的农药占总数的 26.1%,在 5~10 μg/kg(含)的农药占总数的 17.1%,在 10~100 μg/kg(含)的农药占总数的 39.7%,在 100~1000 μg/kg(含)的农药占总数的 15.2%,在 >1000 μg/kg 的农药占总数的 1.9%。

由此可见,这次检测的 27 批 211 例茶叶样品中农药多数处于中高残留水平。结果见表 1-6 及图 1-8,数据见附表 2。

表 1-6 农药残留水平/占比

残留水平(μg/kg)	检出频次数/占比(%)
1~5(含)	281/26.1
5~10(含)	184/17.1
10~100(含)	428/39.7
100~1000(含)	164/15.2
>1000	21/1.9

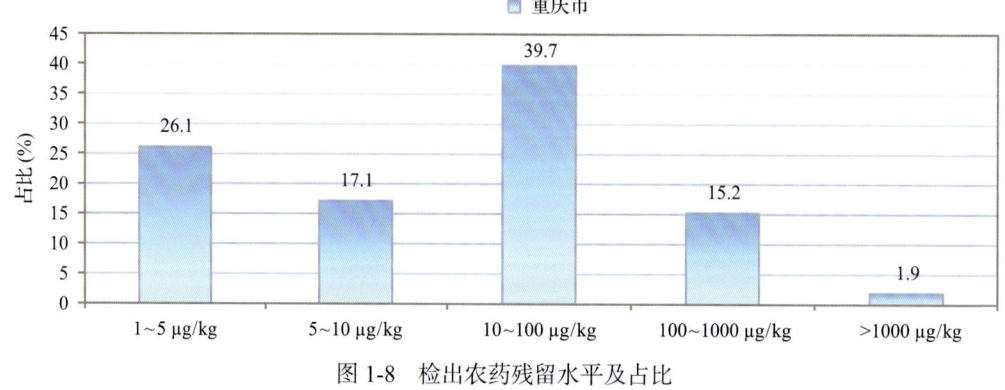

图 1-8 检出农药残留水平及占比

1.1.2.6 检出农药的毒性类别、检出频次和超标频次及占比

对这次检出的 47 种 1078 频次的农药，按剧毒、高毒、中毒、低毒和微毒这五个毒性类别进行分类，从中可以看出，重庆市目前普遍使用的农药为中低微毒农药，品种占 89.4%，频次占 93.8%。结果见表 1-7 及图 1-9。

表 1-7 检出农药毒性类别/占比

毒性分类	农药品种/占比(%)	检出频次/占比(%)	超标频次/超标率(%)
剧毒农药	0/0	0/0.0	0/0.0
高毒农药	5/10.6	67/6.2	1/1.5
中毒农药	24/51.1	663/61.5	0/0.0
低毒农药	9/19.1	227/21.1	0/0.0
微毒农药	9/19.1	121/11.2	0/0.0

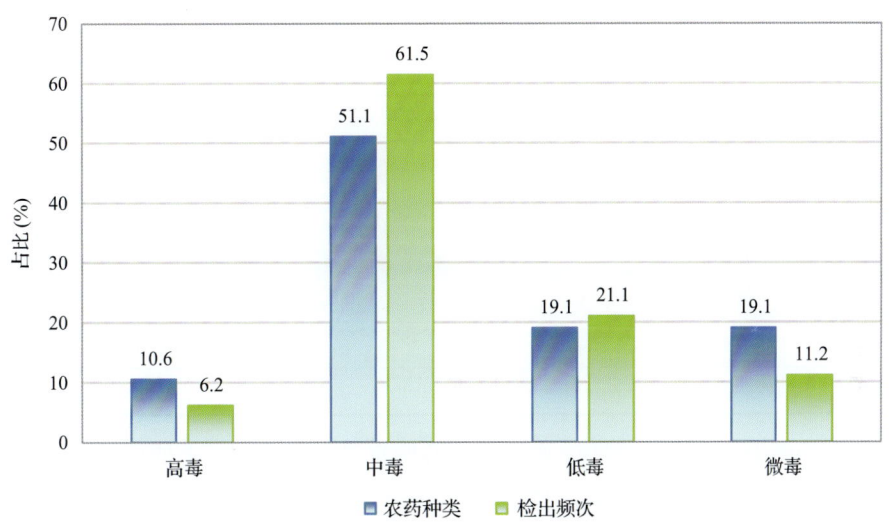

图 1-9 检出农药的毒性分类和占比

1.1.2.7 检出剧毒/高毒类农药的品种和频次

值得特别关注的是，在此次侦测的 211 例样品中有 5 种茶叶的 62 例样品检出了 5 种 67 频次的剧毒和高毒农药，占样品总量的 29.4%，详见图 1-10、表 1-8 及表 1-9。

表 1-8 剧毒农药检出情况

序号	农药名称	检出频次	超标频次	超标率
		茶叶中未检出剧毒农药		
	合计	0	0	超标率: 0.0%

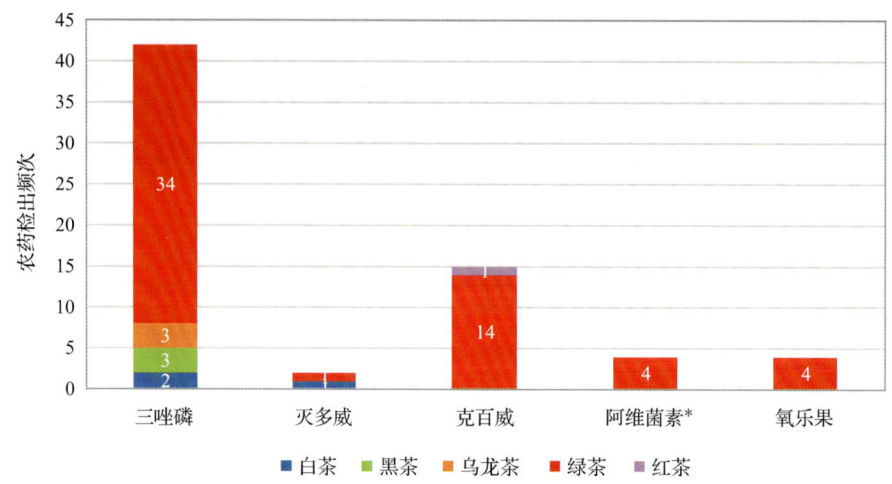

图 1-10 检出剧毒/高毒农药的样品情况

*表示允许在茶叶上使用的农药

表 1-9 高毒农药检出情况

序号	农药名称	检出频次	超标频次	超标率
从 5 种茶叶中检出 5 种高毒农药,共计检出 67 次				
1	三唑磷	42	0	0.0%
2	克百威	15	0	0.0%
3	阿维菌素	4	0	0.0%
4	氧乐果	4	0	0.0%
5	灭多威	2	1	50.0%
合计		67	1	超标率:1.5%

在检出的剧毒和高毒农药中,有 4 种是我国早已禁止在茶叶上使用的,分别是:灭多威、克百威、氧乐果和三唑磷。禁用农药的检出情况见表 1-10。

表 1-10 禁用农药检出情况

序号	农药名称	检出频次	超标频次	超标率
从 5 种茶叶中检出 6 种禁用农药,共计检出 106 次				
1	毒死蜱	42	0	0.0%
2	三唑磷	42	0	0.0%
3	克百威	15	0	0.0%
4	氧乐果	4	0	0.0%
5	灭多威	2	1	50.0%
6	乐果	1	0	0.0%
合计		106	1	超标率:0.9%

注:超标结果参考 MRL 中国国家标准计算

此次抽检的茶叶样品中，没有检出剧毒农药。

样品中检出剧毒和高毒农药残留水平超过 MRL 中国国家标准的频次为 1 次，其中：白茶检出灭多威超标 1 次。本次检出结果表明，高毒、剧毒农药的使用现象依旧存在，详见表 1-11。

表 1-11 各样本中检出剧毒/高毒农药情况

样品名称	农药名称	检出频次	超标频次	检出浓度(μg/kg)
茶叶 5 种				
白茶	三唑磷▲	2	0	48.0, 7.3
白茶	灭多威▲	1	1	327.3ª
黑茶	三唑磷▲	3	0	3.6, 10.1, 1.3
红茶	克百威▲	1	0	45.4
绿茶	三唑磷▲	34	0	4.9, 1.3, 1.7, 3.1, 4.4, 5.9, 7.2, 22.5, 3.2, 1.8, 27.6, 8.0, 46.3, 20.7, 5.0, 49.1, 9.9, 2.8, 2.1, 1.5, 1.7, 2.2, 3.7, 50.6, 29.8, 2.8, 2.3, 35.5, 3.3, 5.7, 2.0, 54.8, 1.0, 19.8
绿茶	克百威▲	14	0	2.7, 4.2, 2.7, 2.3, 1.2, 2.1, 5.1, 6.0, 1.5, 1.4, 1.1, 5.7, 7.0, 2.0
绿茶	阿维菌素	4	0	26.1, 29.7, 3.6, 6.6
绿茶	氧乐果▲	4	0	6.4, 15.6, 4.3, 7.5
绿茶	灭多威▲	1	0	28.6
乌龙茶	三唑磷▲	3	0	10.0, 2.0, 4.2
合计		67	1	超标率：1.5%

注：超标结果参考 MRL 中国国家标准计算

1.2 农药残留检出水平与最大残留限量标准对比分析

我国于 2016 年 12 月 18 日正式颁布并于 2017 年 6 月 18 日正式实施食品农药残留限量国家标准《食品中农药最大残留限量》(GB 2763—2016)。该标准包括 417 个农药条目，涉及最大残留限量(MRL)标准 4140 项。将 1078 频次检出农药的浓度水平与 4140 项 MRL 中国国家标准进行核对，其中只有 637 频次的结果找到了对应的 MRL，占 59.1%，还有 441 频次的结果则无相关 MRL 标准供参考，占 40.9%。

将此次侦测结果与国际上现行 MRL 对比发现，在 1078 频次的检出结果中有 1078 频次的结果找到了对应的 MRL 欧盟标准，占 100.0%，其中，894 频次的结果有明确对应的 MRL，占 82.9%，其余 184 频次按照欧盟一律标准判定，占 17.1%；有 1078 频次的结果找到了对应的 MRL 日本标准，占 100.0%，其中，960 频次的结果有明确对应的 MRL，占 89.1%，其余 118 频次按照日本一律标准判定，占 10.9%；有 577 频次的结果找到了对应的 MRL 中国香港标准，占 53.5%；有 585 频次的结果找到了对应的 MRL 美国标准，占 54.3%；有 435 频次的结果找到了对应的 MRL CAC 标准，占 40.4%(见图 1-11

和图 1-12，数据见附表 3 至附表 8）。

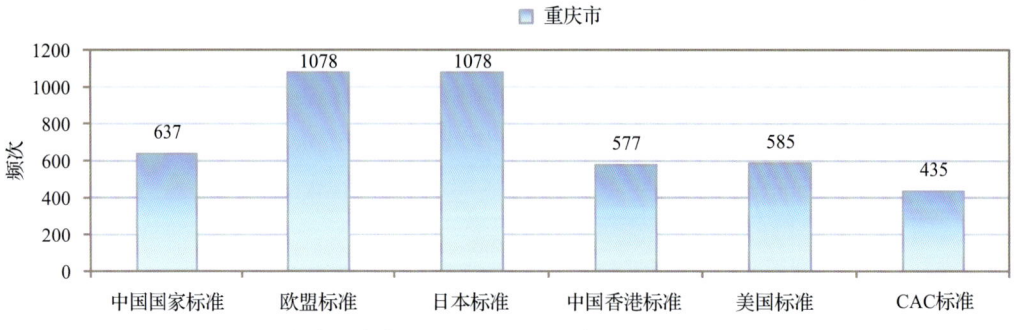

图 1-11　1078 频次检出农药可用 MRL 中国国家标准、欧盟标准、日本标准、
中国香港标准、美国标准、CAC 标准判定衡量的数量

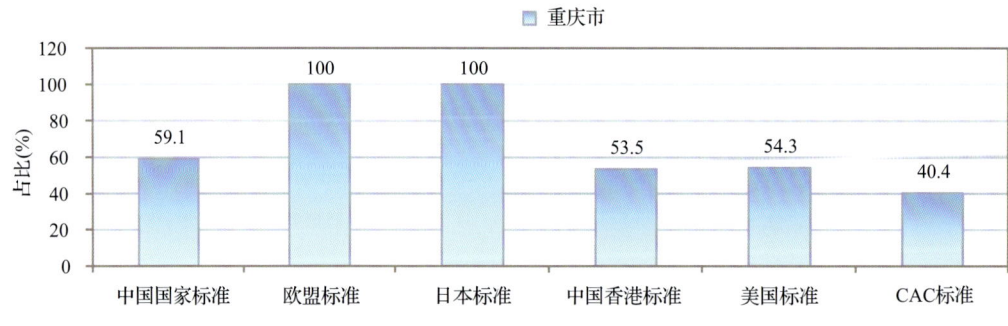

图 1-12　1078 频次检出农药可用 MRL 中国国家标准、欧盟标准、日本标准、
中国香港标准、美国标准、CAC 标准衡量的占比

1.2.1　超标农药样品分析

本次侦测的 211 例样品中，17 例样品未检出任何残留农药，占样品总量的 8.1%，194 例样品检出不同水平、不同种类的残留农药，占样品总量的 91.9%。在此，我们将本次侦测的农残检出情况与 MRL 中国国家标准、欧盟标准、日本标准、中国香港标准、美国标准和 CAC 标准这 6 大国际主流标准进行对比分析，样品农残检出与超标情况见表 1-12、图 1-13 和图 1-14，详细数据见附表 9 至附表 14。

表 1-12　各 MRL 标准下样本农残检出与超标数量及占比

	中国国家标准 数量/占比(%)	欧盟标准 数量/占比(%)	日本标准 数量/占比(%)	中国香港标准 数量/占比(%)	美国标准 数量/占比(%)	CAC 标准 数量/占比(%)
未检出	17/8.1	17/8.1	17/8.1	17/8.1	17/8.1	17/8.1
检出未超标	193/91.5	37/17.5	159/75.4	194/91.9	194/91.9	194/91.9
检出超标	1/0.5	157/74.4	35/16.6	0/0.0	0/0.0	0/0.0

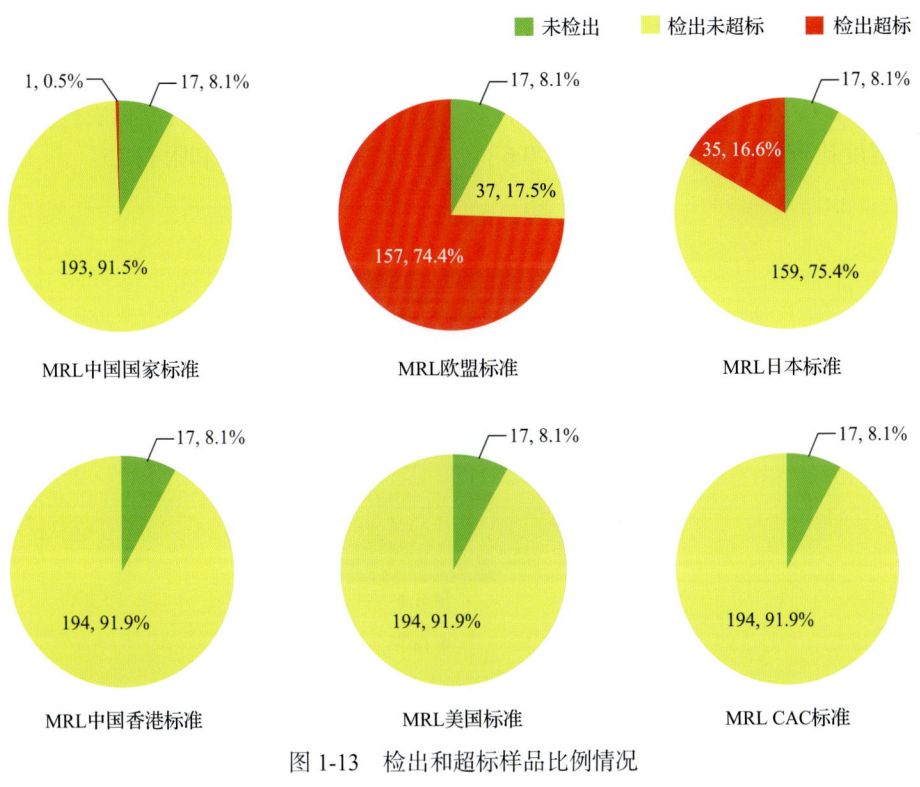

图 1-13　检出和超标样品比例情况

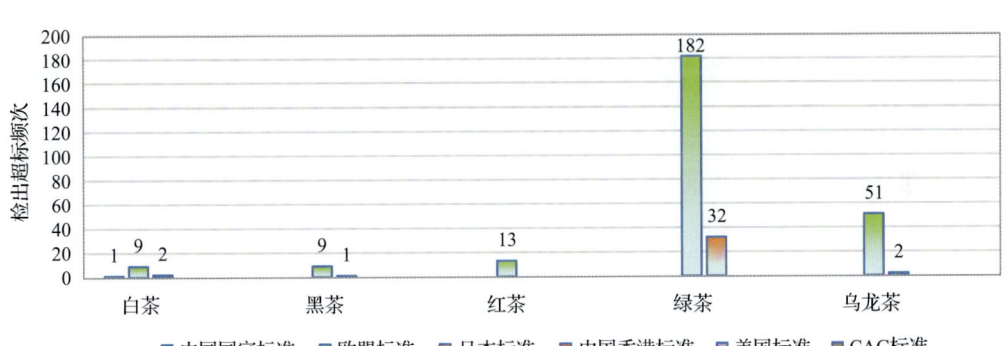

图 1-14　超过 MRL 中国国家标准、欧盟标准、日本标准、中国香港标准、
美国标准、CAC 标准结果在茶叶中的分布

1.2.2　超标农药种类分析

按照 MRL 中国国家标准、欧盟标准、日本标准、中国香港标准、美国标准和 CAC 标准这 6 大国际主流标准衡量,本次侦测检出的农药超标品种及频次情况见表 1-13。

表 1-13　各 MRL 标准下超标农药品种及频次

	中国国家标准	欧盟标准	日本标准	中国香港标准	美国标准	CAC 标准
超标农药品种	1	15	3	0	0	0
超标农药频次	1	264	37	0	0	0

1.2.2.1　按 MRL 中国国家标准衡量

按 MRL 中国国家标准衡量，有 1 种农药超标，检出 1 频次，为高毒农药灭多威。按超标程度比较，白茶中灭多威超标 0.6 倍。检测结果见图 1-15 和附表 15。

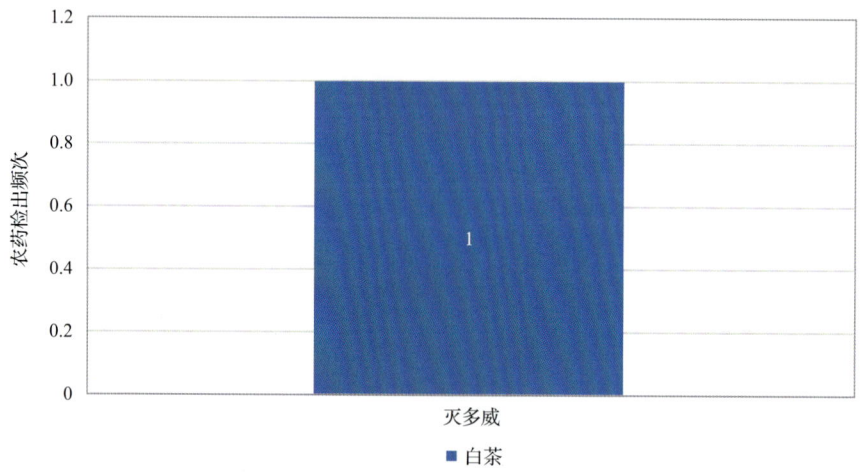

图 1-15　超过 MRL 中国国家标准农药品种及频次

1.2.2.2　按 MRL 欧盟标准衡量

按 MRL 欧盟标准衡量，共有 15 种农药超标，检出 264 频次，分别为高毒农药灭多威和三唑磷，中毒农药苯醚甲环唑、腈菌唑、啶虫脒、丙溴磷、三唑醇、唑虫酰胺、双丙氨膦、戊唑醇和哒螨灵，低毒农药噻嗪酮、螺螨酯和呋虫胺，微毒农药多菌灵。

按超标程度比较，白茶中唑虫酰胺超标 523.2 倍，绿茶中唑虫酰胺超标 241.8 倍，乌龙茶中唑虫酰胺超标 119.0 倍，绿茶中双丙氨膦超标 118.7 倍，红茶中唑虫酰胺超标 47.3 倍。检测结果见图 1-16 和附表 16。

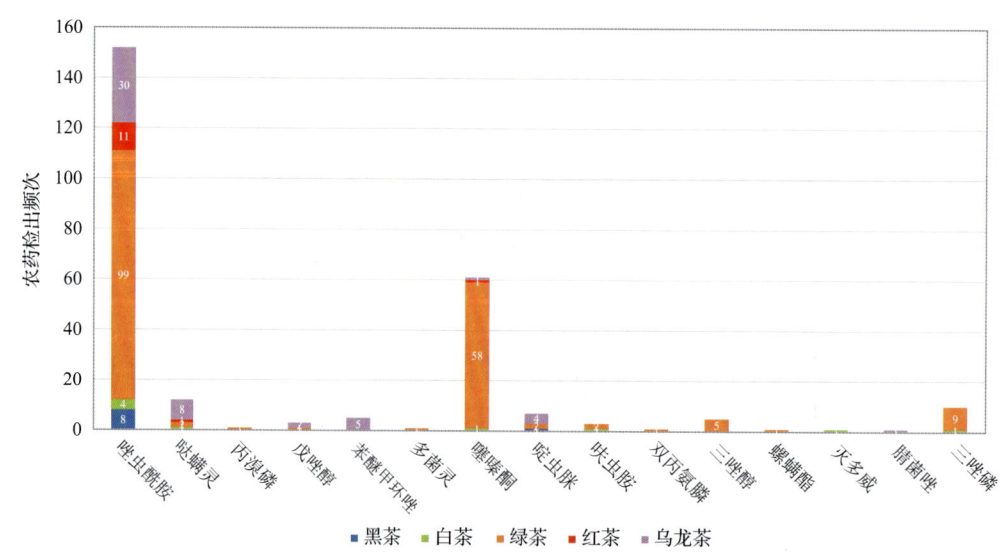

图 1-16　超过 MRL 欧盟标准农药品种及频次

1.2.2.3 按 MRL 日本标准衡量

按 MRL 日本标准衡量，共有 3 种农药超标，检出 37 频次，分别为高毒农药三唑磷，中毒农药双丙氨膦和茚虫威。

按超标程度比较，绿茶中双丙氨膦超标 298.2 倍，绿茶中茚虫威超标 6.0 倍，绿茶中三唑磷超标 4.5 倍，白茶中三唑磷超标 3.8 倍，白茶中茚虫威超标 1.4 倍。检测结果见图 1-17 和附表 17。

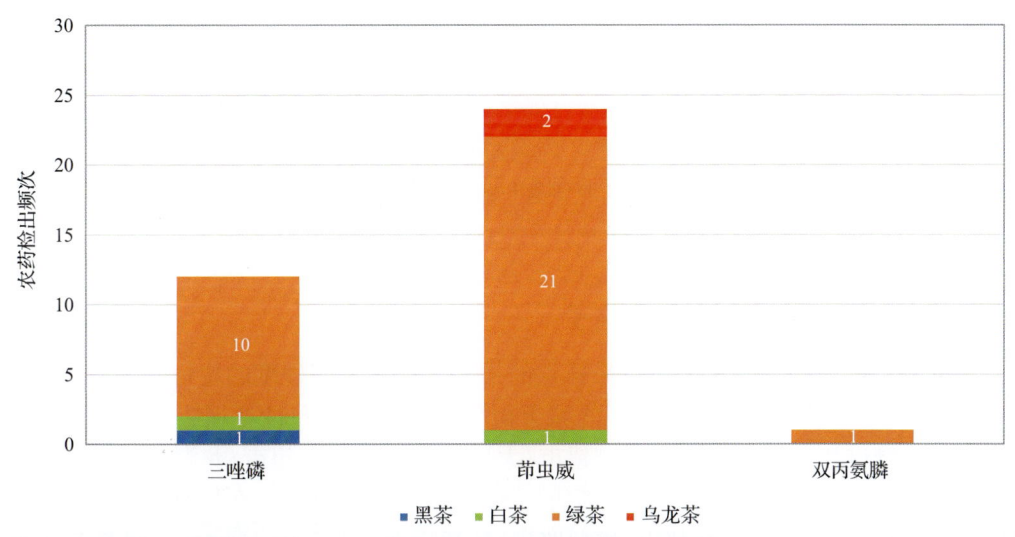

图 1-17 超过 MRL 日本标准农药品种及频次

1.2.2.4 按 MRL 中国香港标准衡量

按 MRL 中国香港标准衡量，无样品检出超标农药残留。

1.2.2.5 按 MRL 美国标准衡量

按 MRL 美国标准衡量，无样品检出超标农药残留。

1.2.2.6 按 MRL CAC 标准衡量

按 MRL CAC 标准衡量，无样品检出超标农药残留。

1.2.3 27 个采样点超标情况分析

1.2.3.1 按 MRL 中国国家标准衡量

按 MRL 中国国家标准衡量，有 1 个采样点的样品存在超标农药检出，超标率为 20.0%，如表 1-14 和图 1-18 所示。

表 1-14　超过 MRL 中国国家标准茶叶在不同采样点分布

序号	采样点	样品总数	超标数量	超标率(%)	行政区域
1	***批发中心（永川秀芽店）	5	1	20.0	江北区

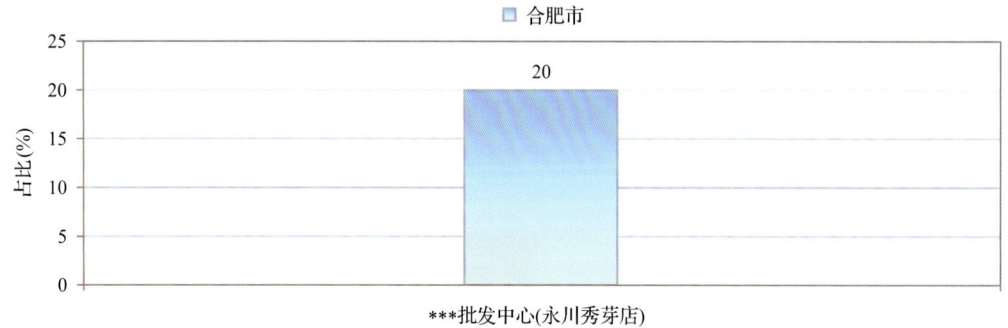

图 1-18　超过 MRL 中国国家标准茶叶在不同采样点分布

1.2.3.2　按 MRL 欧盟标准衡量

按 MRL 欧盟标准衡量，所有采样点的样品均存在不同程度的超标农药检出，其中***超市（建新东路店）、***超市（北城天街分店）、***超市（沙坪坝店）、***超市（人和街店）、***超市（红叶路店）、***超市（大坪协信店）、***超市（龙湖时代天街店）、***超市（袁家岗店）、***超市（棉花街店）、***超市（日月光店）、***超市（风临路店）、***超市（南湖花园店）和***超市（桃源路店）的超标率最高，为 100.0%，如图 1-19 和表 1-15 所示。

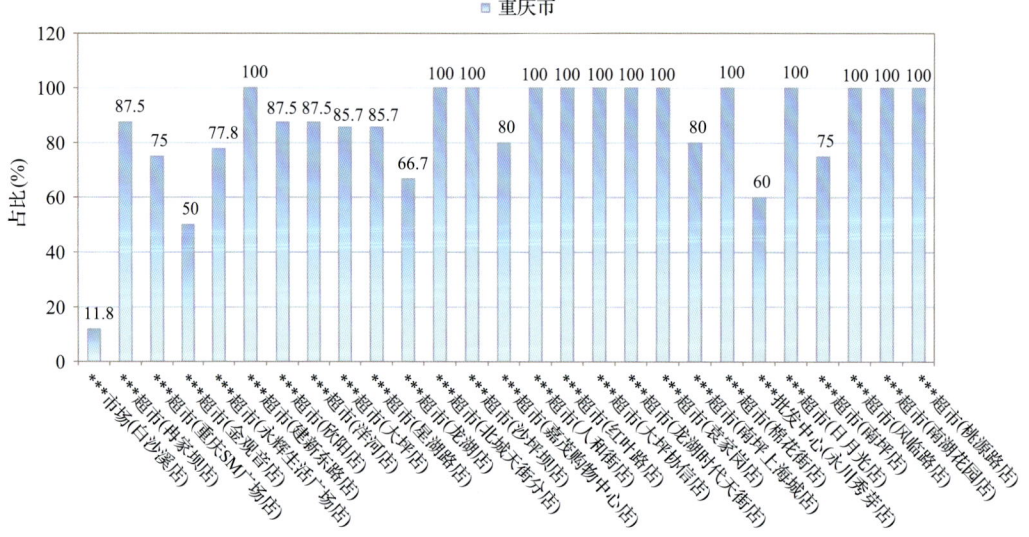

图 1-19　超过 MRL 欧盟标准茶叶在不同采样点分布

表 1-15 超过 MRL 欧盟标准茶叶在不同采样点分布

序号	采样点	样品总数	超标数量	超标率(%)	行政区域
1	***市场(白沙溪店)	34	4	11.8	江北区
2	***超市(冉家坝店)	24	21	87.5	渝北区
3	***超市(重庆 SM 广场店)	12	9	75.0	渝北区
4	***超市(金观音店)	10	5	50.0	江北区
5	***超市(永辉生活广场店)	9	7	77.8	江北区
6	***超市(建新东路店)	9	9	100.0	江北区
7	***超市(欣阳店)	8	7	87.5	沙坪坝区
8	***超市(洋河店)	8	7	87.5	江北区
9	***超市(大坪店)	7	6	85.7	渝中区
10	***超市(星湖路店)	7	6	85.7	渝北区
11	***超市(龙湖店)	6	4	66.7	渝北区
12	***超市(北城天街分店)	6	6	100.0	江北区
13	***超市(沙坪坝店)	6	6	100.0	沙坪坝区
14	***超市(嘉茂购物中心店)	5	4	80.0	沙坪坝区
15	***超市(人和街店)	5	5	100.0	渝中区
16	***超市(红叶路店)	5	5	100.0	渝北区
17	***超市(大坪协信店)	5	5	100.0	渝中区
18	***超市(龙湖时代天街店)	5	5	100.0	渝中区
19	***超市(袁家岗店)	5	5	100.0	九龙坡区
20	***超市(南坪上海城店)	5	4	80.0	南岸区
21	***超市(棉花街店)	5	5	100.0	渝中区
22	***批发中心(永川秀芽店)	5	3	60.0	江北区
23	***超市(日月光店)	5	5	100.0	渝中区
24	***超市(南坪店)	4	3	75.0	南岸区
25	***超市(风临路店)	4	4	100.0	南岸区
26	***超市(南湖花园店)	4	4	100.0	南岸区
27	***超市(桃源路店)	3	3	100.0	南岸区

1.2.3.3 按 MRL 日本标准衡量

按 MRL 日本标准衡量,有 20 个采样点的样品存在不同程度的超标农药检出,其中 ***超市(人和街店)的超标率最高,为 60.0%,如表 1-16 和图 1-20 所示。

表 1-16 超过 MRL 日本标准茶叶在不同采样点分布

序号	采样点	样品总数	超标数量	超标率(%)	行政区域
1	***市场(白沙溪店)	34	1	2.9	江北区
2	***超市(冉家坝店)	24	2	8.3	渝北区
3	***超市(重庆 SM 广场店)	12	3	25.0	渝北区
4	***超市(建新东路店)	9	4	44.4	江北区
5	***超市(欣阳店)	8	2	25.0	沙坪坝区
6	***超市(大坪店)	7	2	28.6	渝中区
7	***超市(星湖路店)	7	1	14.3	渝北区
8	***超市(北城天街分店)	6	1	16.7	江北区
9	***超市(沙坪坝店)	6	1	16.7	沙坪坝区
10	***超市(嘉茂购物中心店)	5	2	40.0	沙坪坝区
11	***超市(人和街店)	5	3	60.0	渝中区
12	***超市(红叶路店)	5	2	40.0	渝北区
13	***超市(大坪协信店)	5	1	20.0	渝中区
14	***超市(龙湖时代天街店)	5	1	20.0	渝中区
15	***超市(袁家岗店)	5	1	20.0	九龙坡区
16	***超市(南坪上海城店)	5	2	40.0	南岸区
17	***批发中心(永川秀芽店)	5	2	40.0	江北区
18	***超市(日月光店)	5	2	40.0	渝中区
19	***超市(南坪店)	4	1	25.0	南岸区
20	***超市(南湖花园店)	4	1	25.0	南岸区

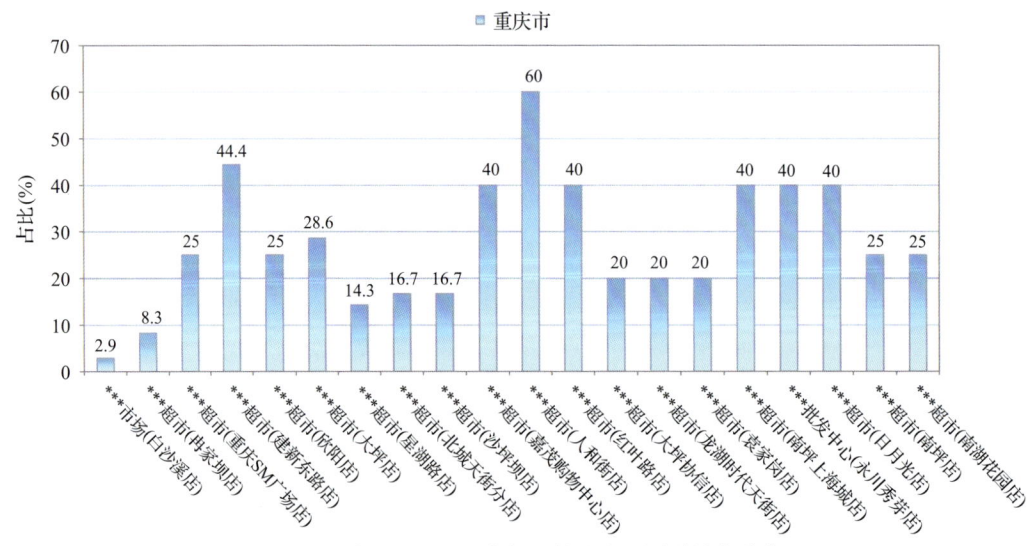

图 1-20 超过 MRL 日本标准茶叶在不同采样点分布

1.2.3.4 按 MRL 中国香港标准衡量

按 MRL 中国香港标准衡量，所有采样点的样品均未检出超标农药残留。

1.2.3.5 按 MRL 美国标准衡量

按 MRL 美国标准衡量，所有采样点的样品均未检出超标农药残留。

1.2.3.6 按 MRL CAC 标准衡量

按 MRL CAC 标准衡量，所有采样点的样品均未检出超标农药残留。

1.3 茶叶中农药残留分布

1.3.1 茶叶按检出农药品种和频次排名

本次残留侦测的茶叶共 5 种，包括白茶、黑茶、红茶、乌龙茶和绿茶。

根据检出农药品种及频次进行排名，将茶叶样品检出情况列表说明，详见表 1-17。

表 1-17 茶叶按检出农药品种和频次排名

按检出农药品种排名（品种）	①绿茶(42)，②乌龙茶(21)，③黑茶(14)，④红茶(14)，⑤白茶(12)
按检出农药频次排名（频次）	①绿茶(761)，②乌龙茶(141)，③黑茶(98)，④红茶(57)，⑤白茶(21)
按检出禁用、高毒及剧毒农药品种排名（品种）	①绿茶(7)，②白茶(3)，③黑茶(2)，④乌龙茶(2)，⑤红茶(1)
按检出禁用、高毒及剧毒农药频次排名（频次）	①绿茶(94)，②乌龙茶(6)，③白茶(5)，④黑茶(4)，⑤红茶(1)

1.3.2 茶叶按超标农药品种和频次排名

鉴于 MRL 欧盟标准和日本标准制定比较全面且覆盖率较高，我们参照 MRL 中国国家标准、欧盟标准和日本标准衡量茶叶样品中农残检出情况，将茶叶按超标农药品种及频次排名列表说明，详见表 1-18。

表 1-18 茶叶按超标农药品种和频次排名

按超标农药品种排名（农药品种数）	MRL 中国国家标准	①茶(1)
	MRL 欧盟标准	①茶(12)，②乌龙茶(7)，③白茶(6)，④红茶(3)，⑤黑茶(2)
	MRL 日本标准	①绿茶(3)，②白茶(2)，③黑茶(1)，④乌龙茶(1)
按超标农药频次排名（农药频次数）	MRL 中国国家标准	①茶(1)
	MRL 欧盟标准	①茶(182)，②乌龙茶(51)，③红茶(13)，④白茶(9)，⑤黑茶(9)
	MRL 日本标准	①绿茶(32)，②白茶(2)，③乌龙茶(2)，④黑茶(1)

通过对各品种茶叶样本总数及检出率进行综合分析发现，绿茶、乌龙茶的残留污染最为严重，在此，我们参照 MRL 中国国家标准、欧盟标准和日本标准对这 3 种茶叶的农残检出情况进行进一步分析。

1.3.3 农药残留检出率较高的茶叶样品分析

1.3.3.1 绿茶

这次共检测 104 例绿茶样品，全部检出了农药残留，检出率为 100.0%，检出农药共计 42 种。其中噻嗪酮、唑虫酰胺、啶虫脒、吡虫啉和噻虫嗪检出频次较高，分别检出了 101、100、91、54 和 42 次。绿茶中农药检出品种和频次见图 1-21，超标农药见图 1-22 和表 1-19。

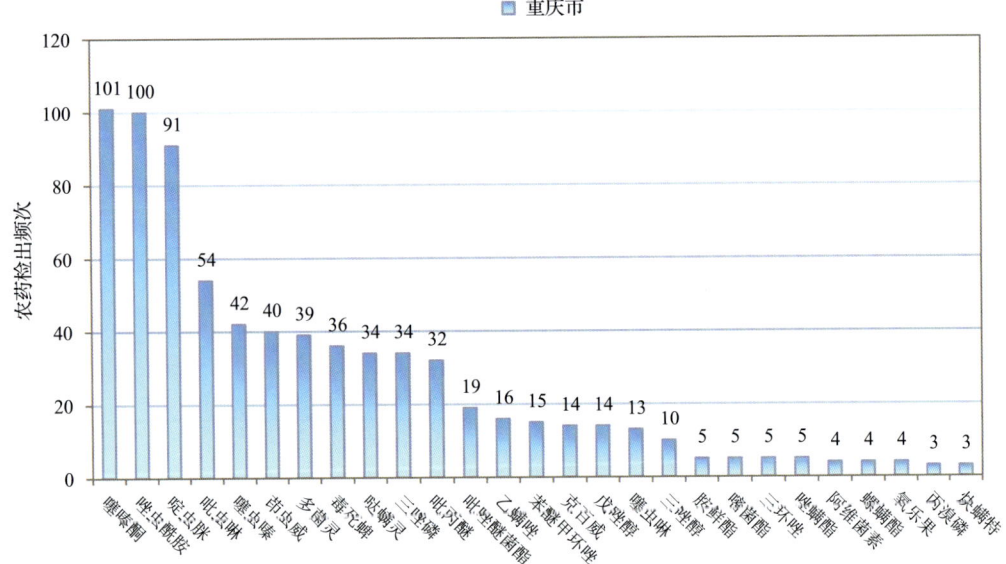

图 1-21　绿茶样品检出农药品种和频次分析(仅列出 3 频次及以上的数据)

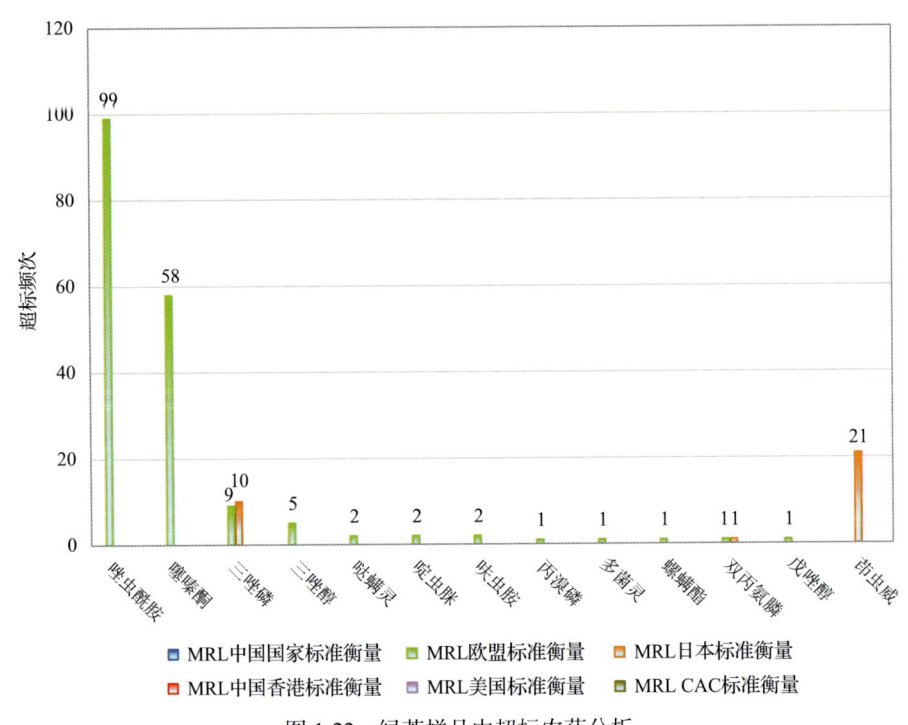

图 1-22　绿茶样品中超标农药分析

表 1-19 绿茶中农药残留超标情况明细表

样品总数 104		检出农药样品数 104	样品检出率(%) 100	检出农药品种总数 42
超标农药品种	超标农药频次	按照 MRL 中国国家标准、欧盟标准和日本标准衡量超标农药名称及频次		
中国国家标准	0	0		
欧盟标准	12	182	唑虫酰胺(99)、噻嗪酮(58)、三唑磷(9)、三唑醇(5)、哒螨灵(2)、啶虫脒(2)、呋虫胺(2)、丙溴磷(1)、多菌灵(1)、螺螨酯(1)、双丙氨膦(1)、戊唑醇(1)		
日本标准	3	32	茚虫威(21)、三唑磷(10)、双丙氨膦(1)		

1.3.3.2 乌龙茶

这次共检测 34 例乌龙茶样品,32 例样品中检出了农药残留,检出率为 94.1%,检出农药共计 21 种。其中唑虫酰胺、哒螨灵、噻嗪酮、啶虫脒和苯醚甲环唑检出频次较高,分别检出了 30、24、16、15 和 14 次。乌龙茶中农药检出品种和频次见图 1-23,超标农药见图 1-24 和表 1-20。

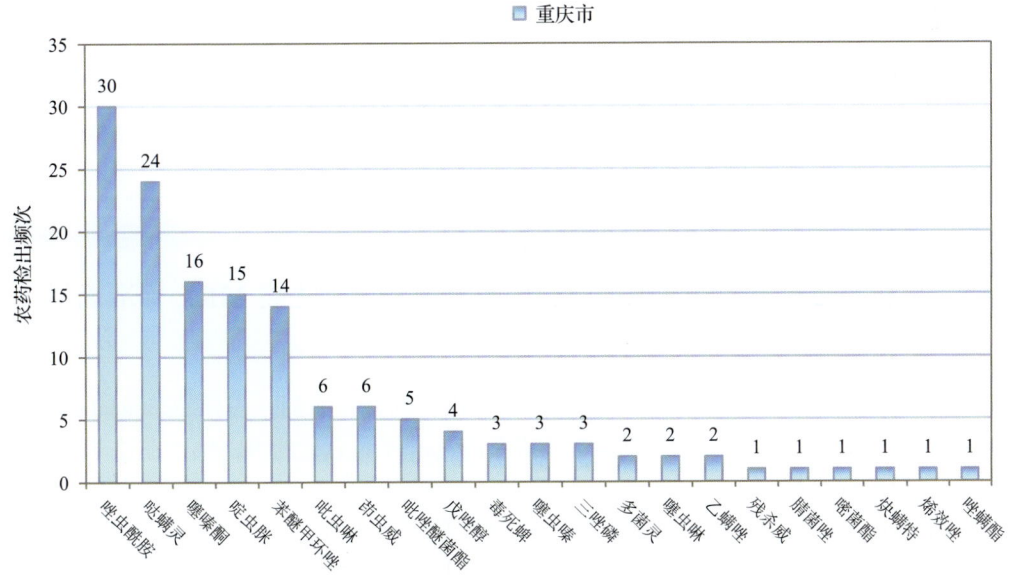

图 1-23 乌龙茶样品检出农药品种和频次分析

表 1-20 乌龙茶中农药残留超标情况明细表

样品总数 34		检出农药样品数 32	样品检出率(%) 94.1	检出农药品种总数 21
超标农药品种	超标农药频次	按照 MRL 中国国家标准、欧盟标准和日本标准衡量超标农药名称及频次		
中国国家标准	0	0		
欧盟标准	7	51	唑虫酰胺(30)、哒螨灵(8)、苯醚甲环唑(5)、啶虫脒(4)、戊唑醇(2)、腈菌唑(1)、噻嗪酮(1)		
日本标准	1	2	茚虫威(2)		

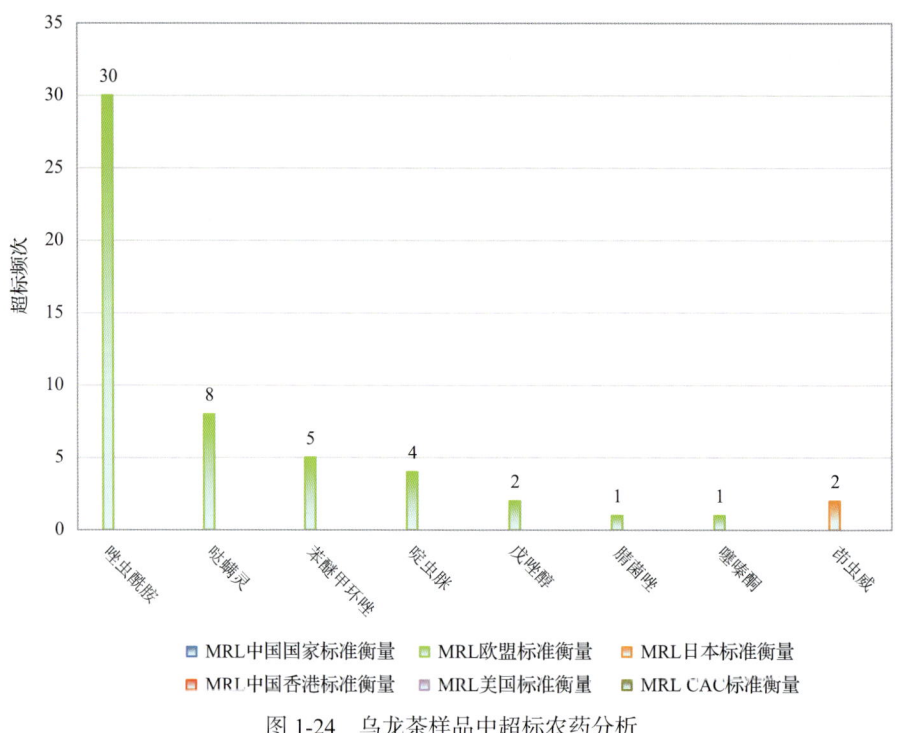

图 1-24 乌龙茶样品中超标农药分析

1.4 初步结论

1.4.1 重庆市市售茶叶按 MRL 中国国家标准和国际主要 MRL 标准衡量的合格率

本次侦测的 211 例样品中，17 例样品未检出任何残留农药，占样品总量的 8.1%，194 例样品检出不同水平、不同种类的残留农药，占样品总量的 91.9%。在这 194 例检出农药残留的样品中：

按照 MRL 中国国家标准衡量，有 193 例样品检出残留农药但含量没有超标，占样品总数的 91.5%，有 1 例样品检出了超标农药，占样品总数的 0.5%。

按照 MRL 欧盟标准衡量，有 37 例样品检出残留农药但含量没有超标，占样品总数的 17.5%，有 157 例样品检出了超标农药，占样品总数的 74.4%。

按照 MRL 日本标准衡量，有 159 例样品检出残留农药但含量没有超标，占样品总数的 75.4%，有 35 例样品检出了超标农药，占样品总数的 16.6%。

按照 MRL 中国香港标准衡量，有 194 例样品检出残留农药但含量没有超标，占样品总数的 91.9%，无检出残留农药超标的样品。

按照 MRL 美国标准衡量，有 194 例样品检出残留农药但含量没有超标，占样品总数的 91.9%，无检出残留农药超标的样品。

按照 MRL CAC 标准衡量，有 194 例样品检出残留农药但含量没有超标，占样品总数的 91.9%，无检出残留农药超标的样品。

1.4.2 重庆市市售茶叶中检出农药以中低微毒农药为主,占市场主体的 89.4%

这次侦测的 211 例茶叶样品共检出了 47 种农药,检出农药的毒性以中低微毒为主,详见表 1-21。

表 1-21　市场主体农药毒性分布

毒性	检出品种	占比	检出频次	占比
高毒农药	5	10.6%	67	6.2%
中毒农药	24	51.1%	663	61.5%
低毒农药	9	19.1%	227	21.1%
微毒农药	9	19.1%	121	11.2%
中低微毒农药,品种占比 89.4%,频次占比 93.8%				

1.4.3 检出剧毒、高毒和禁用农药现象应该警醒

在此次侦测的 211 例样品中有 5 种茶叶的 78 例样品检出了 7 种 110 频次的剧毒和高毒或禁用农药,占样品总量的 37.0%。其中高毒农药三唑磷、克百威和阿维菌素检出频次较高。

按 MRL 中国国家标准衡量,高毒农药按超标程度比较,白茶中灭多威超标 0.6 倍。剧毒、高毒或禁用农药的检出情况及按照 MRL 中国国家标准衡量的超标情况见表 1-22。

表 1-22　剧毒、高毒或禁用农药的检出及超标明细

序号	农药名称	样品名称	检出频次	超标频次	最大超标倍数	超标率
1.1	阿维菌素◊	绿茶	4	0	0	0.0%
2.1	克百威◊▲	绿茶	14	0	0	0.0%
2.2	克百威◊▲	红茶	1	0	0	0.0%
3.1	灭多威◊▲	白茶	1	1	0.6	100.0%
3.2	灭多威◊▲	绿茶	1	0	0	0.0%
4.1	三唑磷◊▲	绿茶	34	0	0	0.0%
4.2	三唑磷◊▲	黑茶	3	0	0	0.0%
4.3	三唑磷◊▲	乌龙茶	3	0	0	0.0%
4.4	三唑磷◊▲	白茶	2	0	0	0.0%
5.1	氧乐果◊▲	绿茶	4	0	0	0.0%
6.1	毒死蜱▲	绿茶	36	0	0	0.0%
6.2	毒死蜱▲	乌龙茶	3	0	0	0.0%
6.3	毒死蜱▲	白茶	2	0	0	0.0%
6.4	毒死蜱▲	黑茶	1	0	0	0.0%
7.1	乐果▲	绿茶	1	0	0	0.0%
合计			110	1		0.9%

注:超标倍数参照 MRL 中国国家标准衡量

这些剧毒和高毒农药都是中国政府早有规定禁止在茶叶中使用的，为什么还屡次被检出，应该引起警惕。

1.4.4 残留限量标准与先进国家或地区差距较大

1078 频次的检出结果与我国公布的《食品中农药最大残留限量》(GB 2763—2016) 对比，有 637 频次能找到对应的 MRL 中国国家标准，占 59.1%；还有 441 频次的侦测数据无相关 MRL 标准供参考，占 40.9%。

与国际上现行 MRL 对比发现：

有 1078 频次能找到对应的 MRL 欧盟标准，占 100.0%；

有 1078 频次能找到对应的 MRL 日本标准，占 100.0%；

有 577 频次能找到对应的 MRL 中国香港标准，占 53.5%；

有 585 频次能找到对应的 MRL 美国标准，占 54.3%；

有 435 频次能找到对应的 MRL CAC 标准，占 40.4%。

由上可见，MRL 中国国家标准与先进国家或地区标准还有很大差距，我们无标准，境外有标准，这就会导致我们在国际贸易中，处于受制于人的被动地位。

1.4.5 茶叶单种样品检出 14~42 种农药残留，拷问农药使用的科学性

通过此次监测发现，绿茶、乌龙茶和黑茶是检出农药品种最多的 3 种茶叶，从中检出农药品种及频次详见表 1-23。

表 1-23 单种样品检出农药品种及频次

样品名称	样品总数	检出农药样品数	检出率	检出农药品种数	检出农药（频次）
绿茶	104	104	100.0%	42	噻嗪酮(101),唑虫酰胺(100),啶虫脒(91),吡虫啉(54),噻虫嗪(42),茚虫威(40),多菌灵(39),毒死蜱(36),哒螨灵(34),三唑磷(34),吡丙醚(32),吡唑醚菌酯(19),乙螨唑(16),苯醚甲环唑(15),克百威(14),戊唑醇(14),噻虫啉(13),三唑醇(10),胺鲜酯(5),嘧菌酯(5),三环唑(5),唑螨酯(5),阿维菌素(4),螺螨酯(4),氧乐果(4),丙溴磷(3),炔螨特(3),稻瘟灵(2),呋虫胺(2),三异丁基磷酸盐(2),三唑酮(2),噁霜灵(1),甲霜灵(1),甲氧虫酰肼(1),乐果(1),马拉硫磷(1),灭多威(1),双丙氨膦(1),肟菌酯(1),辛噻酮(1),异丙甲草胺(1),增效醚(1)
乌龙茶	34	32	94.1%	21	唑虫酰胺(30),哒螨灵(24),噻嗪酮(16),啶虫脒(15),苯醚甲环唑(14),吡虫啉(6),茚虫威(6),吡唑醚菌酯(5),戊唑醇(4),毒死蜱(3),噻虫嗪(3),三唑磷(3),多菌灵(2),噻虫啉(2),乙螨唑(2),残杀威(1),腈菌唑(1),嘧菌酯(1),炔螨特(1),烯效唑(1),唑螨酯(1)
黑茶	45	37	82.2%	14	噻嗪酮(30),啶虫脒(23),唑虫酰胺(12),哒螨灵(9),增效醚(5),三异丁基磷酸盐(4),吡虫啉(3),三唑磷(3),吡丙醚(2),多菌灵(2),非草隆(2),毒死蜱(1),噻螨酮(1),三环唑(1)

上述 3 种茶叶，检出农药 14~42 种，是多种农药综合防治，还是未严格实施农业良好管理规范(GAP)，抑或根本就是乱施药，值得我们思考。

第 2 章　LC-Q-TOF/MS 侦测重庆市市售茶叶农药残留膳食暴露风险与预警风险评估

2.1　农药残留风险评估方法

2.1.1　重庆市农药残留侦测数据分析与统计

庞国芳院士科研团队建立的农药残留高通量侦测技术以高分辨精确质量数（0.0001 m/z 为基准）为识别标准，采用 LC-Q-TOF/MS 技术对 825 种农药化学污染物进行侦测。

科研团队于 2019 年 4 月期间在重庆市 27 个采样点，随机采集了 211 例茶叶样品，具体位置如图 2-1 所示。

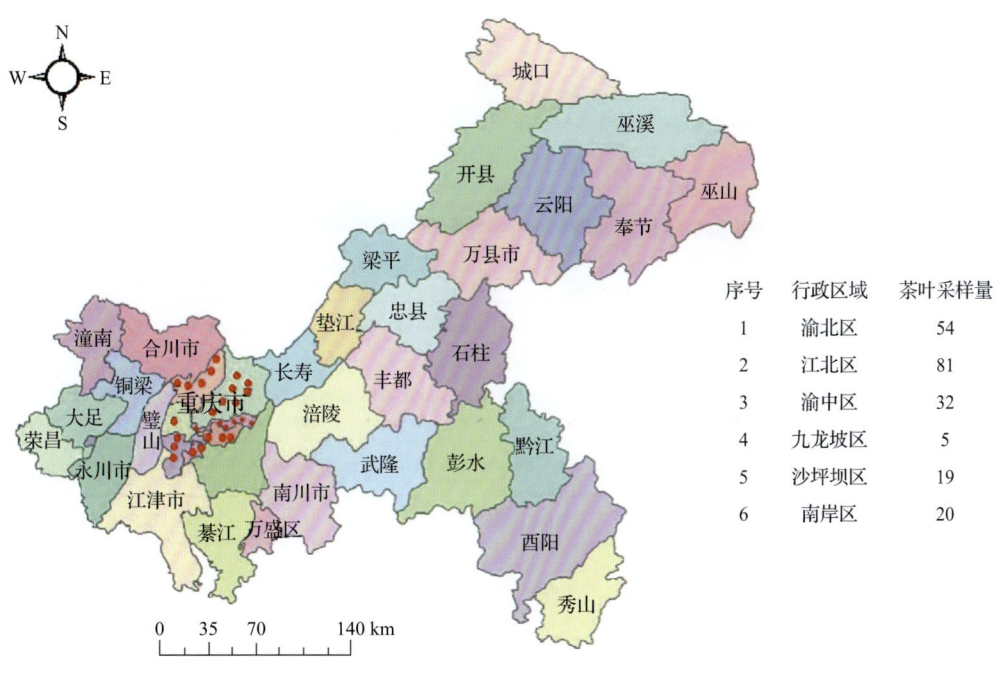

图 2-1　LC-Q-TOF/MS 侦测重庆市 27 个采样点 211 例样品分布示意图

利用 LC-Q-TOF/MS 技术对 211 例样品中的农药进行侦测，侦测出残留农药 47 种，1078 频次。侦测出农药残留水平如表 2-1 和图 2-2 所示。检出频次最高的前 10 种农药如表 2-2 所示。从检测结果中可以看出，在茶叶中农药残留普遍存在，且有些茶叶存在高浓度的农药残留，这些可能存在膳食暴露风险，对人体健康产生危害，因此，为了定量地评价茶叶中农药残留的风险程度，有必要对其进行风险评价。

表 2-1　侦测出农药的不同残留水平及其所占比例列表

残留水平(μg/kg)	检出频次	占比(%)
1~5(含)	281	26.1
5~10(含)	184	17.1
10~100(含)	428	39.7
100~1000(含)	164	15.2
>1000	21	1.9
合计	1078	100

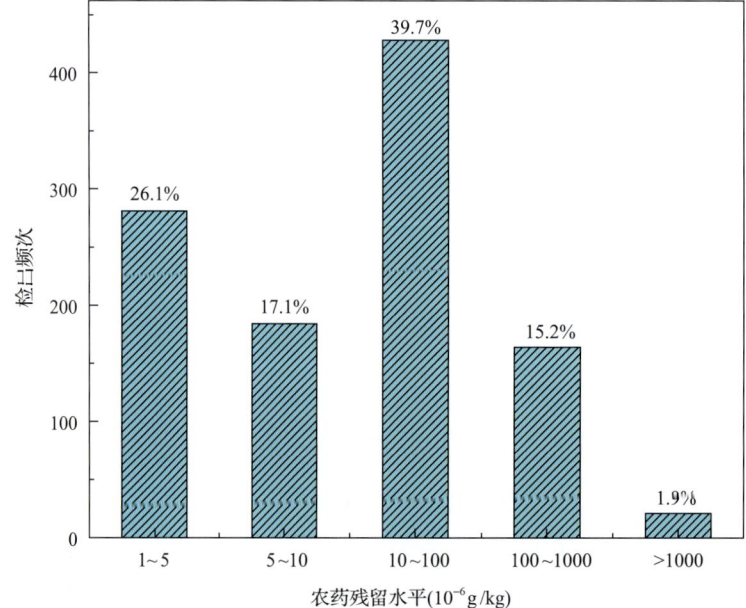

图 2-2　残留农药检出浓度频数分布图

表 2-2　检出频次最高的前 10 种农药列表

序号	农药	检出频次
1	噻嗪酮	158
2	唑虫酰胺	157
3	啶虫脒	145
4	哒螨灵	76
5	吡虫啉	67
6	茚虫威	47
7	多菌灵	46
8	噻虫嗪	45
9	毒死蜱	42
10	三唑磷	42

2.1.2 农药残留风险评价模型

对重庆市茶叶中农药残留分别开展暴露风险评估和预警风险评估。膳食暴露风险评估利用食品安全指数模型对茶叶中的残留农药对人体可能产生的危害程度进行评价，该模型结合残留监测和膳食暴露评估评价化学污染物的危害；预警风险评价模型运用风险系数(risk index，R)，风险系数综合考虑了危害物的超标率、施检频率及其本身敏感性的影响，能直观而全面地反映出危害物在一段时间内的风险程度。

2.1.2.1 食品安全指数模型

为了加强食品安全管理，《中华人民共和国食品安全法》第二章第十七条规定"国家建立食品安全风险评估制度，运用科学方法，根据食品安全风险监测信息、科学数据以及有关信息，对食品、食品添加剂、食品相关产品中生物性、化学性和物理性危害因素进行风险评估"[1]，膳食暴露评估是食品危险度评估的重要组成部分，也是膳食安全性的衡量标准[2]。国际上最早研究膳食暴露风险评估的机构主要是 JMPR(FAO、WHO 农药残留联合会议)，该组织自 1995 年就已制定了急性毒性物质的风险评估急性毒性农药残留摄入量的预测。1960 年美国规定食品中不得加入致癌物质进而提出零阈值理论，渐渐零阈值理论发展成在一定概率条件下可接受风险的概念[3]，后衍变为食品中每日允许最大摄入量(ADI)，而国际食品农药残留法典委员会(CCPR)认为 ADI 不是独立风险评估的唯一标准[4]，1995 年 JMPR 开始研究农药急性膳食暴露风险评估，并对食品国际短期摄入量的计算方法进行了修正，亦对膳食暴露评估准则及评估方法进行了修正[5]，2002 年，在对世界上现行的食品安全评价方法，尤其是国际公认的 CAC 评价方法、全球环境监测系统/食品污染监测和评估规划(WHO GEMS/Food)及 FAO、WHO 食品添加剂联合专家委员会(JECFA)和 JMPR 对食品安全风险评估工作研究的基础之上，检验检疫食品安全管理的研究人员提出了结合残留监控和膳食暴露评估，以食品安全指数 IFS 计算食品中各种化学污染物对消费者的健康危害程度[6]。IFS 是表示食品安全状态的新方法，可有效地评价某种农药的安全性，进而评价食品中各种农药化学污染物对消费者健康的整体危害程度[7, 8]。从理论上分析，IFS 可指出食品中的污染物 c 对消费者健康是否存在危害及危害的程度[9]。其优点在于操作简单且结果容易被接受和理解，不需要大量的数据来对结果进行验证，使用默认的标准假设或者模型即可[10, 11]。

1) IFS_c 的计算

IFS_c 计算公式如下：

$$IFS_c = \frac{EDI_c \times f}{SI_c \times bw} \qquad (2-1)$$

式中，c 为所研究的农药；EDI_c 为农药 c 的实际日摄入量估算值，等于 $\sum(R_i \times F_i \times E_i \times P_i)$ (i 为食品种类；R_i 为食品 i 中农药 c 的残留水平，mg/kg；F_i 为食品 i 的估计日消费量，g/(人·天)；E_i 为食品 i 的可食用部分因子；P_i 为食品 i 的加工处理因子)；SI_c 为安全摄入量，可采用每日允许最大摄入量 ADI；bw 为人平均体重，kg；f 为校正因子，如果安全摄入量采用 ADI，则 f 取 1。

$IFS_c \ll 1$，农药 c 对食品安全没有影响；$IFS_c \leqslant 1$，农药 c 对食品安全的影响可以接受；$IFS_c > 1$，农药 c 对食品安全的影响不可接受。

本次评价中：

$IFS_c \leqslant 0.1$，农药 c 对茶叶安全没有影响；

$0.1 < IFS_c \leqslant 1$，农药 c 对茶叶安全的影响可以接受；

$IFS_c > 1$，农药 c 对茶叶安全的影响不可接受。

本次评价中残留水平 R_i 取值为中国检验检疫科学研究院庞国芳院士课题组利用以高分辨精确质量数（0.0001 m/z）为基准的 LC-Q-TOF/MS 侦测技术于 2019 年 4 月期间对重庆市茶叶农药残留的侦测结果，估计日消费量 F_i 取值 0.0047 kg/（人·天），$E_i=1$，$P_i=1$，$f=1$，SI_c 采用《食品安全国家标准 食品中农药最大残留限量》(GB 2763—2016) 中 ADI 值（具体数值见表 2-3），人平均体重（bw）取值 60 kg。

表 2-3 重庆市茶叶中侦测出农药的 ADI 值

序号	农药	ADI	序号	农药	ADI	序号	农药	ADI
1	阿维菌素	0.002	17	腈菌唑	0.03	33	肟菌酯	0.04
2	胺鲜酯	0.023	18	克百威	0.001	34	戊唑醇	0.03
3	苯醚甲环唑	0.01	19	乐果	0.002	35	烯效唑	0.02
4	吡丙醚	0.1	20	螺螨酯	0.01	36	氧乐果	0.0003
5	吡虫啉	0.06	21	马拉硫磷	0.3	37	乙螨唑	0.05
6	吡唑醚菌酯	0.03	22	嘧菌酯	0.2	38	异丙甲草胺	0.1
7	丙溴磷	0.03	23	灭多威	0.02	39	茚虫威	0.01
8	哒螨灵	0.01	24	炔螨特	0.01	40	增效醚	0.2
9	稻瘟灵	0.016	25	噻虫啉	0.01	41	唑虫酰胺	0.006
10	啶虫脒	0.07	26	噻虫嗪	0.08	42	唑螨酯	0.01
11	毒死蜱	0.01	27	噻螨酮	0.03	43	残杀威	—
12	多菌灵	0.03	28	噻嗪酮	0.009	44	非草隆	—
13	噁霜灵	0.01	29	三环唑	0.04	45	三异丁基磷酸盐	—
14	呋虫胺	0.2	30	三唑醇	0.03	46	双丙氨膦	—
15	甲霜灵	0.08	31	三唑磷	0.001	47	辛噻酮	—
16	甲氧虫酰肼	0.1	32	三唑酮	0.03			

注："—"表示为国家标准中无 ADI 值规定；ADI 值单位为 mg/kg bw

2）计算 IFS_c 的平均值 $\overline{IFS}$，评价农药对食品安全的影响程度

以 $\overline{IFS}$ 评价各种农药对人体健康危害的总程度，评价模型见公式（2-2）。

$$\overline{IFS} = \frac{\sum_{i=1}^{n} IFS_c}{n} \tag{2-2}$$

$\overline{\text{IFS}} \ll 1$，所研究消费者人群的食品安全状态很好；$\overline{\text{IFS}} \leqslant 1$，所研究消费者人群的食品安全状态可以接受；$\overline{\text{IFS}} > 1$，所研究消费者人群的食品安全状态不可接受。

本次评价中：

$\overline{\text{IFS}} \leqslant 0.1$，所研究消费者人群的茶叶安全状态很好；

$0.1 < \overline{\text{IFS}} \leqslant 1$，所研究消费者人群的茶叶安全状态可以接受；

$\overline{\text{IFS}} > 1$，所研究消费者人群的茶叶安全状态不可接受。

2.1.2.2 预警风险评估模型

2003年，我国检验检疫食品安全管理的研究人员根据WTO的有关原则和我国的具体规定，结合危害物本身的敏感性、风险程度及其相应的施检频率，首次提出了食品中危害物风险系数 R 的概念[12]。R 是衡量一个危害物的风险程度大小最直观的参数，即在一定时期内其超标率或阳性检出率的高低，但受其施检频率的高低及其本身的敏感性(受关注程度)影响。该模型综合考察了农药在茶叶中的超标率、施检频率及其本身敏感性，能直观而全面地反映出农药在一段时间内的风险程度[13]。

1) R 计算方法

危害物的风险系数综合考虑了危害物的超标率或阳性检出率、施检频率和其本身的敏感性影响，并能直观而全面地反映出危害物在一段时间内的风险程度。风险系数 R 的计算公式如式(2-3)：

$$R = aP + \frac{b}{F} + S \tag{2-3}$$

式中，P 为该种危害物的超标率；F 为危害物的施检频率；S 为危害物的敏感因子；a, b 分别为相应的权重系数。

本次评价中 $F=1$；$S=1$；$a=100$；$b=0.1$，对参数 P 进行计算，计算时首先判断是否为禁用农药，如果为非禁用农药，$P=$超标的样品数(侦测出的含量高于食品最大残留限量标准值，即MRL)除以总样品数(包括超标、不超标、未侦测出)；如果为禁用农药，则侦测出即为超标，$P=$能侦测出的样品数除以总样品数。判断重庆市茶叶农药残留是否超标的标准限值MRL分别以MRL中国国家标准[14]和MRL欧盟标准作为对照，具体值列于本报告附表一中。

2) 评价风险程度

$R \leqslant 1.5$，受检农药处于低度风险；

$1.5 < R \leqslant 2.5$，受检农药处于中度风险；

$R > 2.5$，受检农药处于高度风险。

2.1.2.3 食品膳食暴露风险和预警风险评估应用程序的开发

1) 应用程序开发的步骤

为成功开发膳食暴露风险和预警风险评估应用程序，与软件工程师多次沟通讨论，

逐步提出并描述清楚计算需求，开发了初步应用程序。为明确出不同茶叶、不同农药、不同地域的风险水平，向软件工程师提出不同的计算需求，软件工程师对计算需求进行逐一分析，经过反复的细节沟通，需求分析得到明确后，开始进行解决方案的设计，在保证需求的完整性、一致性的前提下，编写出程序代码，最后设计出满足需求的风险评估专用计算软件，并通过一系列的软件测试和改进，完成专用程序的开发。软件开发基本步骤见图2-3。

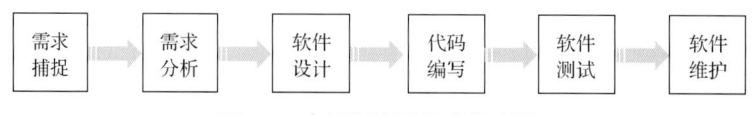

图 2-3　专用程序开发总体步骤

2）膳食暴露风险评估专业程序开发的基本要求

首先直接利用公式(2-1)，分别计算 LC-Q-TOF/MS 和 GC-Q-TOF/MS 仪器侦测出的各茶叶样品中每种农药 IFS_c，将结果列出。为考察超标农药和禁用农药的使用安全性，分别以我国《食品安全国家标准　食品中农药最大残留限量》(GB 2763—2016)和欧盟食品中农药最大残留限量(以下简称 MRL 中国国家标准和 MRL 欧盟标准)为标准，对侦测出的禁用农药和超标的非禁用农药 IFS_c 单独进行评价；按 IFS_c 大小列表，并找出 IFS_c 值排名前20的样本重点关注。

对不同茶叶 i 中每一种侦测出的农药 c 的安全指数进行计算，多个样品时求平均值。按农药种类，计算整个监测时间段内每种农药的 IFS_c，不区分茶叶种类。

3）预警风险评估专业程序开发的基本要求

分别以 MRL 中国国家标准和 MRL 欧盟标准，按公式(2-3)逐个计算不同茶叶、不同农药、不同地域的风险系数，禁用农药和非禁用农药分别列表。

为清楚了解各种农药的预警风险，不分时间，不分茶叶，按禁用农药和非禁用农药分类，分别计算各种侦测出农药全部检测时段内风险系数。由于有 MRL 中国国家标准的农药种类太少，无法计算超标数，非禁用农药的风险系数只以 MRL 欧盟标准为标准，进行计算。

4）风险程度评价专业应用程序的开发方法

采用 Python 计算机程序设计语言，Python 是一个高层次地结合了解释性、编译性、互动性和面向对象的脚本语言。风险评价专用程序主要功能包括：分别读入每例样品 LC-Q-TOF/MS 和 GC-Q-TOF/MS 农药残留检测数据，根据风险评价工作要求，依次对不同农药、不同食品、不同时间、不同采样点的 IFS_c 值和 R 值分别进行数据计算，筛选出禁用农药、超标农药(分别与 MRL 中国国家标准、MRL 欧盟标准限值进行对比)单独重点分析，再分别对各农药、各茶叶种类分类处理，设计出计算和排序程序，编写计算机代码，最后将生成的膳食暴露风险评估和超标风险评估定量计算结果列入设计好的各个表格中，并定性判断风险对目标的影响程度，直接用文字描述风险发生的高低，如"不可接受"、"可以接受"、"没有影响"、"高度风险"、"中度风险"、"低度风险"。

2.2 LC-Q-TOF/MS 侦测重庆市市售茶叶农药残留膳食暴露风险评估

2.2.1 每例茶叶样品中农药残留安全指数分析

基于 2019 年 4 月的农药残留侦测数据,发现在 211 例样品中侦测出农药 1078 频次,计算样品中每种残留农药的安全指数 IFS_c,并分析农药对样品安全的影响程度,结果详见附表二,农药残留对茶叶样品安全的影响程度频次分布情况如图 2-4 所示。

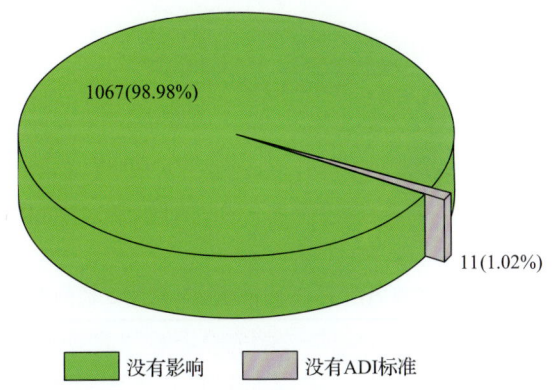

图 2-4 农药残留对茶叶样品安全的影响程度频次分布图

由图 2-4 可以看出,农药残留对样品安全的没有影响的频次为 1067,占 98.98%。

部分样品侦测出禁用农药 6 种 106 频次,为了明确残留的禁用农药对样品安全的影响,分析侦测出禁用农药残留的样品安全指数,禁用农药残留对茶叶样品安全的影响程度频次分布情况如图 2-5 所示,农药残留对样品安全没有影响的频次为 106,占 100%。

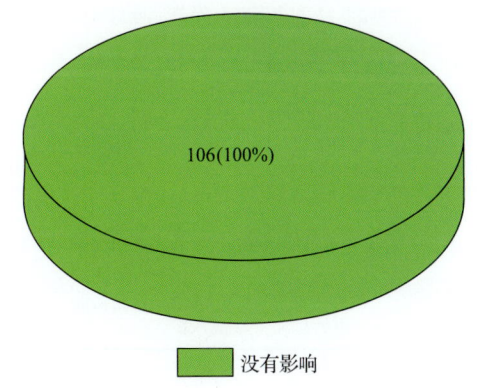

图 2-5 禁用农药对茶叶样品安全影响程度的频次分布图

此外,本次侦测发现部分样品中非禁用农药残留量超过了欧盟标准,为了明确超标的非禁用农药对样品安全的影响,分析了非禁用农药残留超标的样品安全指数。

残留量超过 MRL 欧盟标准的非禁用农药对茶叶样品安全的影响程度频次分布情况如图 2-6 所示。可以看出超过 MRL 欧盟标准的非禁用农药共 253 频次，其中农药没有 ADI 的频次为 1，占 0.4%；农药残留对样品安全没有影响的频次为 252，占 99.6%。表 2-4 为茶叶样品中安全指数排名前 10 的残留超标非禁用农药列表。

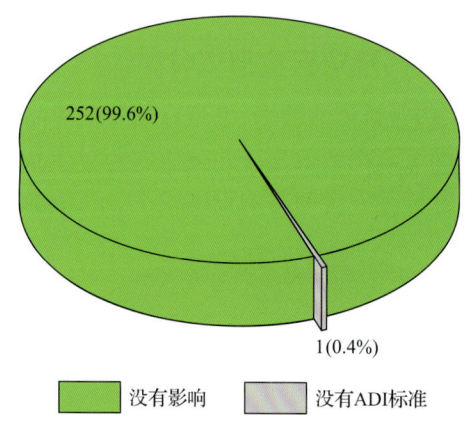

图 2-6　残留超标的非禁用农药对茶叶样品安全的影响程度频次分布图（MRL 欧盟标准）

表 2-4　茶叶样品中安全指数排名前 10 的残留超标非禁用农药列表（**MRL 欧盟标准**）

序号	样品编号	采样点	基质	农药	含量 (mg/kg)	欧盟标准	IFS_c	影响程度
1	20190408-500105-USI-WT-26B	***批发中心（永川秀芽店）	白茶	唑虫酰胺	5.2424	0.01	$6.84×10^{-2}$	没有影响
2	20190407-500106-USI-GT-15X10	***超市（欣阳店）	绿茶	唑虫酰胺	2.4285	0.01	$3.17×10^{-2}$	没有影响
3	20190407-500103-USI-GT-17X10	***超市（人和街店）	绿茶	唑虫酰胺	1.5076	0.01	$1.97×10^{-2}$	没有影响
4	20190407-500105-USI-GT-11X10	***超市（建新东路店）	绿茶	唑虫酰胺	1.493	0.01	$1.95×10^{-2}$	没有影响
5	20190407-500103-USI-GT-17A	***超市（人和街店）	绿茶	唑虫酰胺	1.4621	0.01	$1.91×10^{-2}$	没有影响
6	20190407-500103-USI-GT-13C	***超市（大坪店）	绿茶	唑虫酰胺	1.4603	0.01	$1.91×10^{-2}$	没有影响
7	20190407-500103-USI-GT-14A	***超市（龙湖时代天街店）	绿茶	唑虫酰胺	1.4299	0.01	$1.87×10^{-2}$	没有影响
8	20190407-500103-USI-GT-05B	***超市（日月光店）	绿茶	唑虫酰胺	1.3779	0.01	$1.80×10^{-2}$	没有影响
9	20190407-500103-USI-GT-10A	***超市（大坪协信店）	绿茶	唑虫酰胺	1.3745	0.01	$1.79×10^{-2}$	没有影响
10	20190408-500105-USI-GT-24B	***超市（北城天街分店）	绿茶	唑虫酰胺	1.2307	0.01	$1.61×10^{-2}$	没有影响

2.2.2　单种茶叶中农药残留安全指数分析

本次 5 种茶叶侦测 47 种农药，检出频次为 1078 次，其中 5 种农药没有 ADI，42 种农药存在 ADI 标准。5 种茶叶按不同种类分别计算侦测出的具有 ADI 标准的各种农药的

IFS$_c$ 值，农药残留对茶叶的安全指数分布图如 2-7 所示。

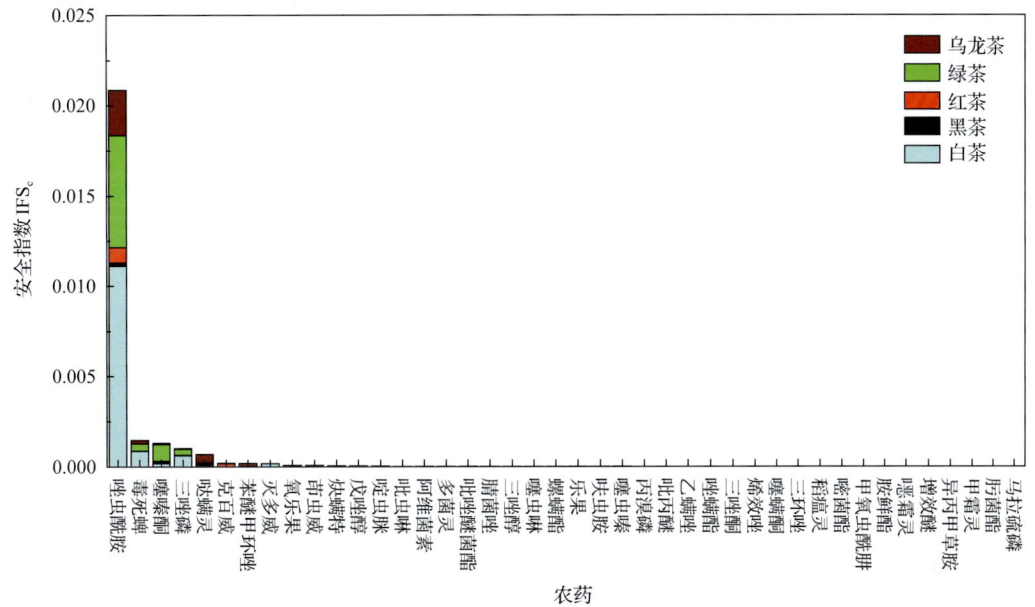

图 2-7　5 种茶叶中 42 种残留农药的安全指数分布图

本次侦测中，5 种茶叶和 47 种残留农药（包括没有 ADI）共涉及 103 个分析样本，农药对单种茶叶安全的影响程度分布情况如图 2-8 所示。可以看出，94.17%的样本中农药对茶叶安全没有影响。

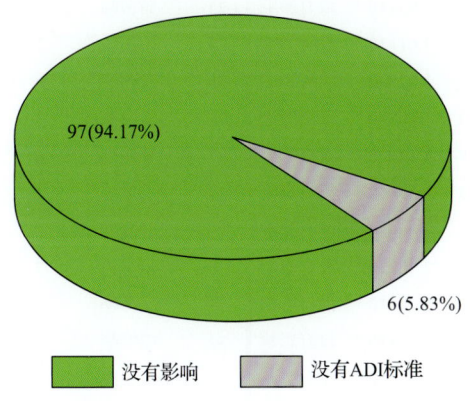

图 2-8　103 个分析样本的影响程度频次分布图

2.2.3　所有茶叶中农药残留安全指数分析

计算所有茶叶中 42 种农药的 IFS$_c$ 值，结果如图 2-9 及表 2-5 所示。

分析发现，所有农药对茶叶安全的影响程度均为没有影响，说明茶叶中残留的农药不会对茶叶安全造成影响。

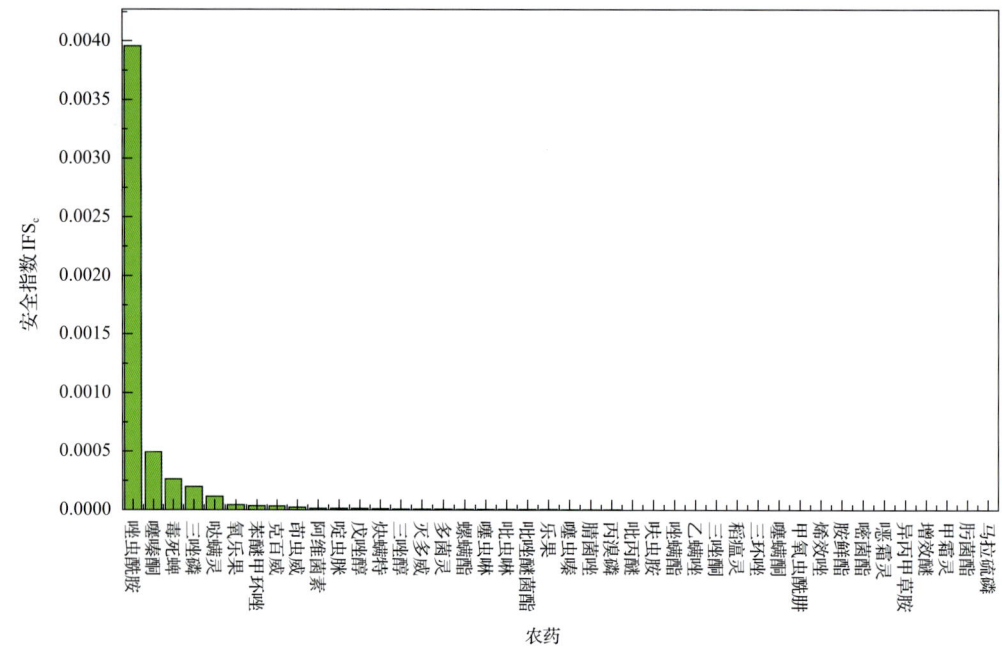

图 2-9 42 种残留农药对茶叶的安全影响程度统计图

表 2-5 茶叶中 42 种农药残留的安全指数表

序号	农药	检出频次	检出率(%)	IFS_c	影响程度	序号	农药	检出频次	检出率(%)	IFS_c	影响程度
1	唑虫酰胺	162	74.41	3.96×10^{-3}	没有影响	22	噻虫嗪	45	21.33	2.78×10^{-6}	没有影响
2	噻嗪酮	163	74.88	4.93×10^{-4}	没有影响	23	腈菌唑	1	0.47	2.57×10^{-6}	没有影响
3	毒死蜱	42	19.91	2.61×10^{-4}	没有影响	24	丙溴磷	3	1.42	2.34×10^{-6}	没有影响
4	三唑磷	42	19.91	1.97×10^{-4}	没有影响	25	吡丙醚	36	17.06	6.40×10^{-7}	没有影响
5	哒螨灵	79	36.02	1.16×10^{-4}	没有影响	26	呋虫胺	3	1.42	5.34×10^{-7}	没有影响
6	氧乐果	4	1.90	4.18×10^{-5}	没有影响	27	唑螨酯	6	2.84	4.49×10^{-7}	没有影响
7	苯醚甲环唑	31	14.69	3.39×10^{-5}	没有影响	28	乙螨唑	19	9.00	4.34×10^{-7}	没有影响
8	克百威	15	7.11	3.36×10^{-5}	没有影响	29	三唑酮	2	0.95	3.46×10^{-7}	没有影响
9	茚虫威	49	22.27	2.36×10^{-5}	没有影响	30	稻瘟灵	2	0.95	1.81×10^{-7}	没有影响
10	阿维菌素	4	1.90	1.23×10^{-5}	没有影响	31	三环唑	6	2.84	1.62×10^{-7}	没有影响
11	啶虫脒	149	68.72	1.20×10^{-5}	没有影响	32	噻螨酮	1	0.47	1.13×10^{-7}	没有影响
12	戊唑醇	21	9.48	1.14×10^{-5}	没有影响	33	甲氧虫酰肼	1	0.47	1.12×10^{-7}	没有影响
13	炔螨特	4	1.90	1.10×10^{-5}	没有影响	34	烯效唑	1	0.47	1.11×10^{-7}	没有影响
14	三唑醇	10	4.74	7.01×10^{-6}	没有影响	35	胺鲜酯	5	2.37	9.85×10^{-8}	没有影响
15	灭多威	2	0.95	6.61×10^{-6}	没有影响	36	嘧菌酯	7	3.32	8.15×10^{-8}	没有影响
16	多菌灵	46	21.80	6.28×10^{-6}	没有影响	37	噁霜灵	1	0.47	5.94×10^{-8}	没有影响
17	螺螨酯	4	1.90	4.98×10^{-6}	没有影响	38	异丙甲草胺	1	0.47	1.93×10^{-8}	没有影响
18	噻虫啉	15	7.11	4.67×10^{-6}	没有影响	39	增效醚	8	3.79	1.91×10^{-8}	没有影响
19	吡虫啉	67	31.75	4.42×10^{-6}	没有影响	40	甲霜灵	1	0.47	1.76×10^{-8}	没有影响
20	吡唑醚菌酯	27	12.32	3.91×10^{-6}	没有影响	41	肟菌酯	1	0.47	9.28×10^{-9}	没有影响
21	乐果	1	0.47	3.75×10^{-6}	没有影响	42	马拉硫磷	1	0.47	4.83×10^{-9}	没有影响

2.3 LC-Q-TOF/MS 侦测重庆市市售茶叶农药残留预警风险评估

基于重庆市茶叶样品中农药残留 LC-Q-TOF/MS 侦测数据，分析禁用农药的检出率，同时参照中华人民共和国国家标准 GB 2763—2016 和欧盟农药最大残留限量(MRL)标准分析非禁用农药残留的超标率，并计算农药残留风险系数。分析单种茶叶中农药残留以及所有茶叶中农药残留的风险程度。

2.3.1 单种茶叶中农药残留风险系数分析

2.3.1.1 单种茶叶中禁用农药残留风险系数分析

侦测出的 47 种残留农药中有 6 种为禁用农药，且它们分布在 5 种茶叶中，计算 5 种茶叶中禁用农药的检出率，根据检出率计算风险系数 R，进而分析茶叶中禁用农药的风险程度，结果如图 2-10 与表 2-6 所示。分析发现绿茶中的乐果和灭多威的残留处于中度风险，其余均处于高度风险。

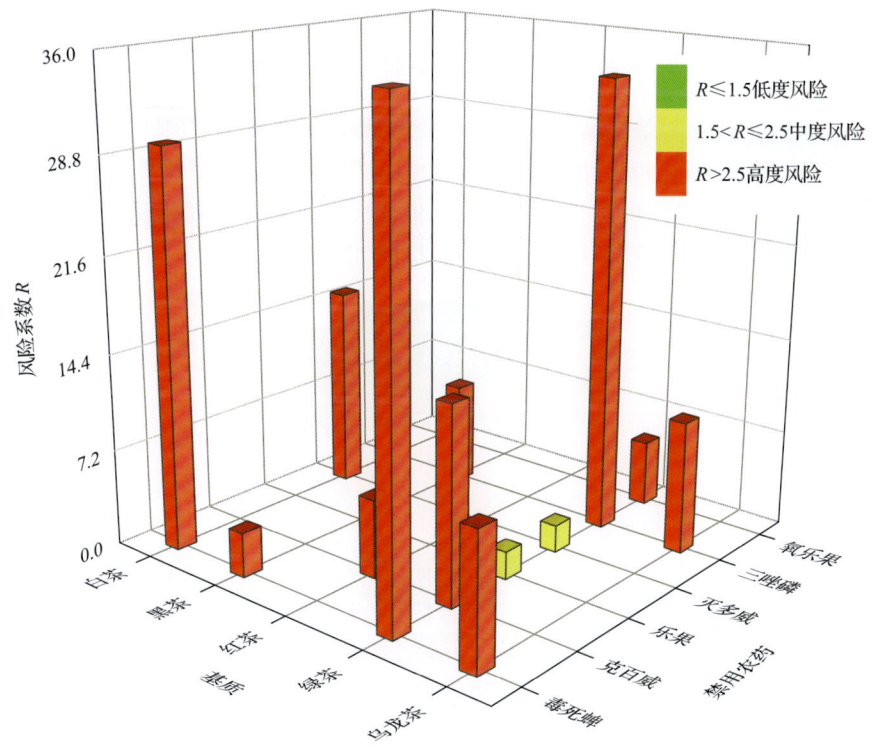

图 2-10 5 种茶叶中 6 种禁用农药残留的风险系数

表 2-6 5 种茶叶中 6 种禁用农药残留的风险系数表

序号	基质	农药	检出频次	检出率(%)	风险系数 R	风险程度
1	乌龙茶	三唑磷	3	8.82	9.92	高度风险
2	乌龙茶	毒死蜱	3	8.82	9.92	高度风险
3	白茶	三唑磷	2	28.57	29.67	高度风险
4	白茶	毒死蜱	2	28.57	29.67	高度风险
5	白茶	灭多威	1	14.29	15.39	高度风险
6	红茶	克百威	1	4.76	5.86	高度风险
7	绿茶	三唑磷	34	32.69	33.79	高度风险
8	绿茶	乐果	1	0.96	2.06	中度风险
9	绿茶	克百威	14	13.46	14.56	高度风险
10	绿茶	毒死蜱	36	34.62	35.72	高度风险
11	绿茶	氧乐果	4	3.85	4.95	高度风险
12	绿茶	灭多威	1	0.96	2.06	中度风险
13	黑茶	三唑磷	3	6.67	7.77	高度风险
14	黑茶	毒死蜱	1	2.22	3.32	高度风险

2.3.1.2 基于 MRL 中国国家标准的单种茶叶中非禁用农药残留风险系数分析

参照中华人民共和国国家标准 GB 2763—2016 中农药残留限量计算每种茶叶中每种非禁用农药的超标率，进而计算其风险系数，根据风险系数大小判断残留农药的预警风险程度，茶叶中非禁用农药残留风险程度分布情况如图 2-11 所示。

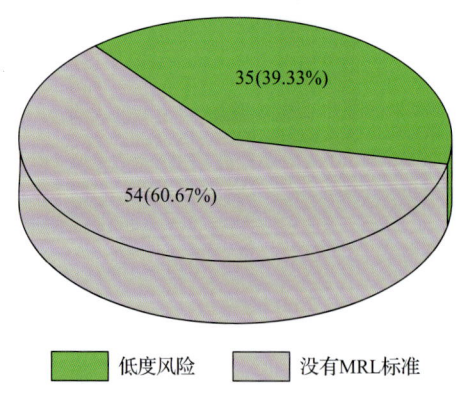

图 2-11 茶叶中非禁用农药残留的风险程度分布图(MRL 中国国家标准)

本次分析中，发现在 5 种茶叶检出 41 种残留非禁用农药，涉及样本 89 个，在 89 个样本中，39.33%处于低度风险，此外发现有 54 个样本没有 MRL 中国国家标准值，无法判断其风险程度，有 MRL 中国国家标准值的 35 个样本涉及 5 种茶叶中的 9 种非禁用农药，其风险系数 R 值如图 2-12 所示。

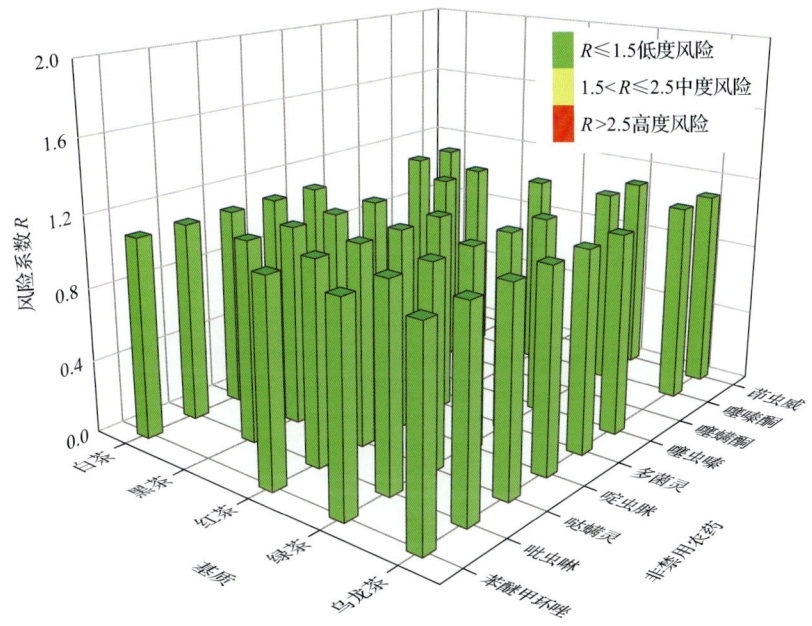

图 2-12　5 种茶叶中 9 种非禁用农药的风险系数分布图（MRL 中国国家标准）

2.3.1.3　基于 MRL 欧盟标准的单种茶叶中非禁用农药残留风险系数分析

参照 MRL 欧盟标准计算每种茶叶中每种非禁用农药的超标率，进而计算其风险系数，根据风险系数大小判断农药残留的预警风险程度，茶叶中非禁用农药残留风险程度分布情况如图 2-13 所示。

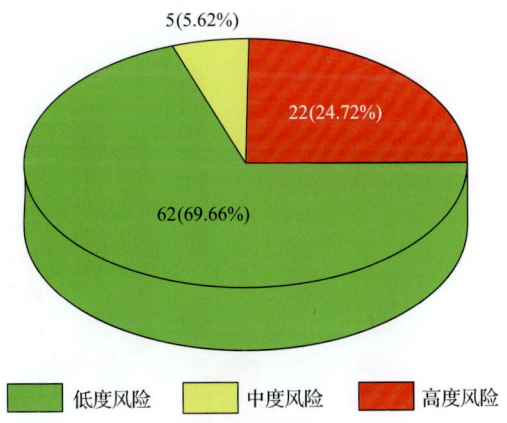

图 2-13　茶叶中非禁用农药残留的风险程度分布图（MRL 欧盟标准）

本次分析中，发现在 5 种茶叶中共侦测出 41 种非禁用农药，涉及样本 89 个，其中，24.72%处于高度风险，涉及 5 种茶叶和 9 种农药；5.62%处于中度风险，涉及 1 种茶叶 5 种农药；69.66%处于低度风险，涉及 5 种茶叶和 34 种农药。单种茶叶中的非禁用农药风险系数分布图如图 2-14 所示。单种茶叶中处于高度风险的非禁用农药风险系数如

图 2-15 和表 2-7 所示。

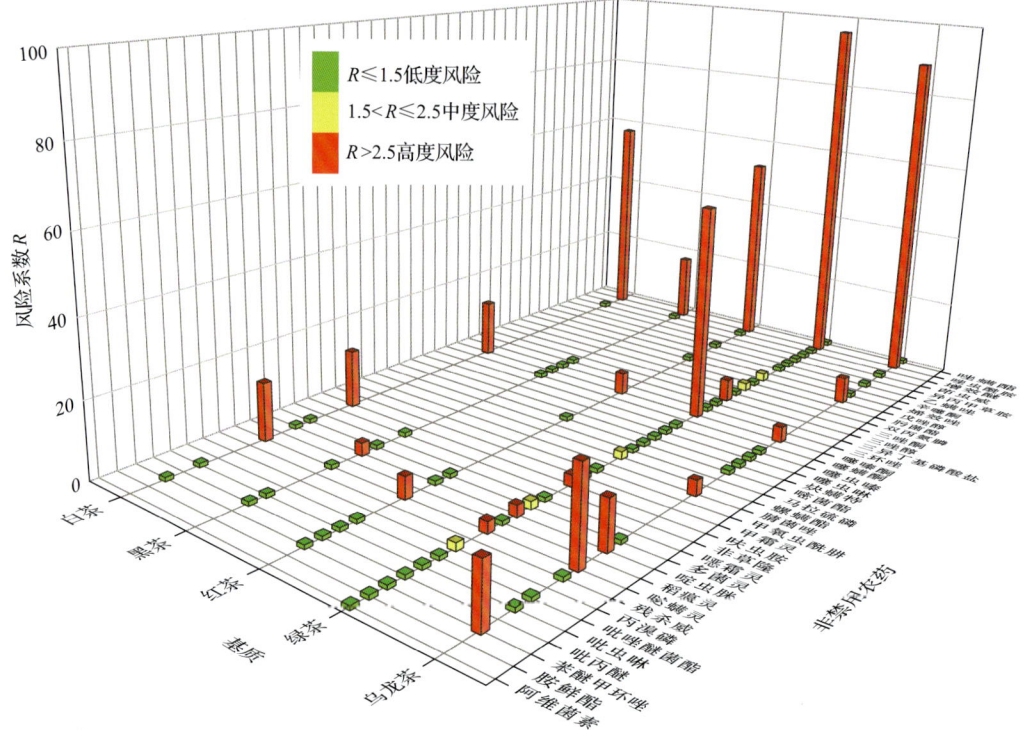

图 2-14　5 种茶叶中 41 种非禁用农药残留的风险系数（MRL 欧盟标准）

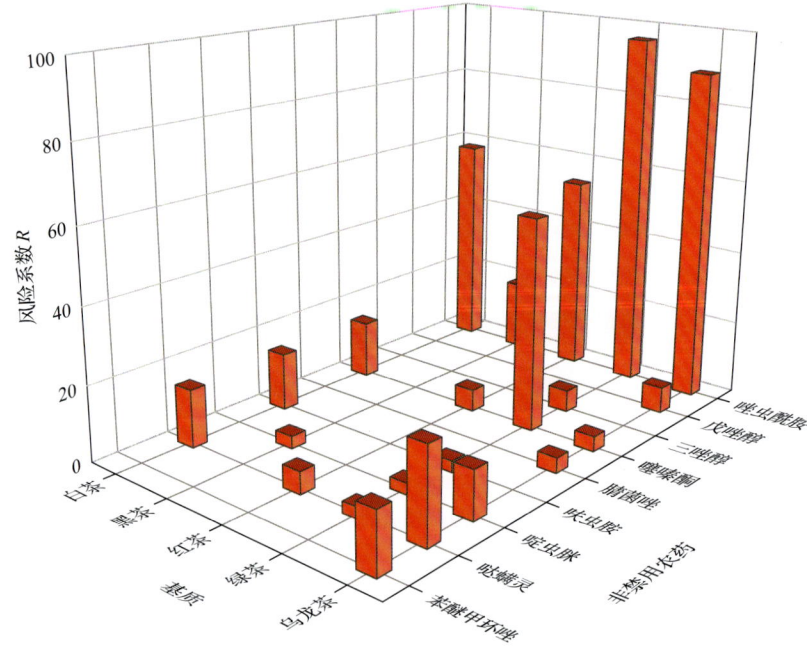

图 2-15　单种茶叶中处于高度风险的非禁用农药的风险系数（MRL 欧盟标准）

表 2-7 单种茶叶中处于高度风险的非禁用农药残留的风险系数表（MRL 欧盟标准）

序号	基质	农药	超标频次	超标率 $P(\%)$	风险系数 R
1	绿茶	唑虫酰胺	99	95.19	96.29
2	乌龙茶	唑虫酰胺	30	88.24	89.34
3	白茶	唑虫酰胺	4	57.14	58.24
4	绿茶	噻嗪酮	58	55.77	56.87
5	红茶	唑虫酰胺	11	52.38	53.48
6	乌龙茶	哒螨灵	8	23.53	24.63
7	黑茶	唑虫酰胺	8	17.78	18.88
8	乌龙茶	苯醚甲环唑	5	14.71	15.81
9	白茶	呋虫胺	1	14.29	15.39
10	白茶	哒螨灵	1	14.29	15.39
11	白茶	噻嗪酮	1	14.29	15.39
12	乌龙茶	啶虫脒	4	11.76	12.86
13	乌龙茶	戊唑醇	2	5.88	6.98
14	绿茶	三唑醇	5	4.81	5.91
15	红茶	哒螨灵	1	4.76	5.86
16	红茶	噻嗪酮	1	4.76	5.86
17	乌龙茶	噻嗪酮	1	2.94	4.04
18	乌龙茶	腈菌唑	1	2.94	4.04
19	黑茶	啶虫脒	1	2.22	3.32
20	绿茶	呋虫胺	2	1.92	3.02
21	绿茶	哒螨灵	2	1.92	3.02
22	绿茶	啶虫脒	2	1.92	3.02

2.3.2 所有茶叶中农药残留风险系数分析

2.3.2.1 所有茶叶中禁用农药残留风险系数分析

在侦测出的 47 种农药中有 6 种为禁用农药，计算所有茶叶中禁用农药的风险系数，结果如表 2-8 所示。在 6 种禁用农药中，4 种农药残留处于高度风险，2 种农药残留处于中度风险。

表 2-8 茶叶中 6 种禁用农药的风险系数表

序号	农药	检出频次	检出率(%)	风险系数 R	风险程度
1	三唑磷	42	19.91	21.01	高度风险
2	毒死蜱	42	19.91	21.01	高度风险
3	克百威	15	7.11	8.21	高度风险
4	氧乐果	4	1.90	3.00	高度风险
5	灭多威	2	0.95	2.05	中度风险
6	乐果	1	0.47	1.57	中度风险

2.3.2.2 所有茶叶中非禁用农药残留风险系数分析

参照 MRL 欧盟标准计算所有茶叶中每种非禁用农药残留的风险系数，如图 2-16 与表 2-9 所示。在侦测出的 41 种非禁用农药中，8 种农药(19.51%)残留处于高度风险，5 种农药(12.20%)残留处于中度风险，28 种农药(68.29%)残留处于低度风险。

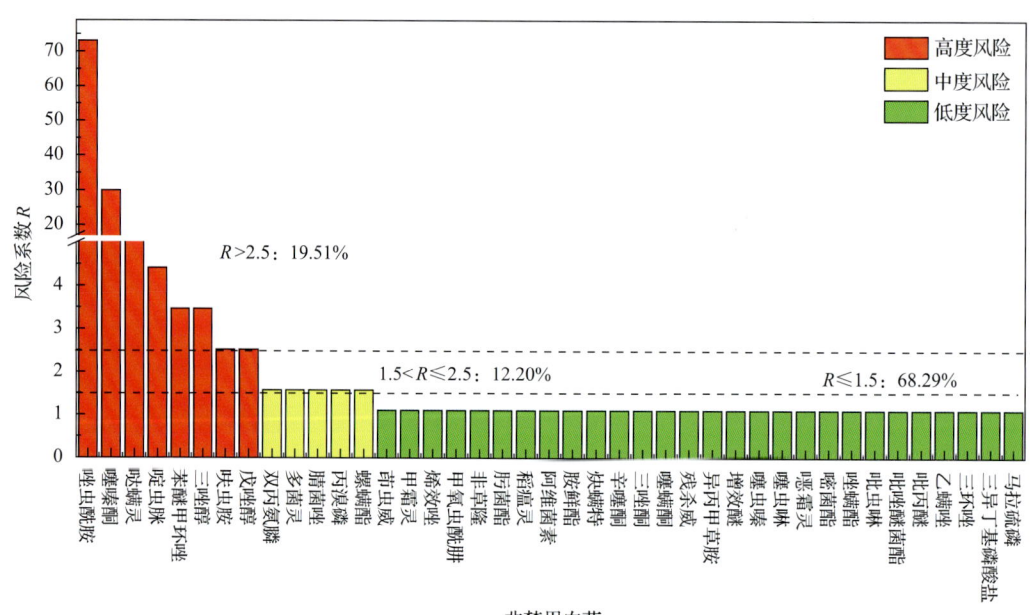

图 2-16　茶叶中 41 种非禁用农药的风险程度统计图

表 2-9　茶叶中 41 种非禁用农药的风险系数表

序号	农药	超标频次	超标率 P(%)	风险系数 R	风险程度
1	唑虫酰胺	152	72.04	73.14	高度风险
2	噻嗪酮	61	28.91	30.01	高度风险
3	哒螨灵	12	5.69	6.79	高度风险
4	啶虫脒	7	3.32	4.42	高度风险
5	苯醚甲环唑	5	2.37	3.47	高度风险
6	三唑醇	5	2.37	3.47	高度风险
7	呋虫胺	3	1.42	2.52	高度风险
8	戊唑醇	3	1.42	2.52	高度风险
9	双丙氨膦	1	0.47	1.57	中度风险
10	多菌灵	1	0.47	1.57	中度风险
11	腈菌唑	1	0.47	1.57	中度风险
12	丙溴磷	1	0.47	1.57	中度风险
13	螺螨酯	1	0.47	1.57	中度风险

续表

序号	农药	超标频次	超标率 $P(\%)$	风险系数 R	风险程度
14	茚虫威	0	0	1.10	低度风险
15	甲霜灵	0	0	1.10	低度风险
16	烯效唑	0	0	1.10	低度风险
17	甲氧虫酰肼	0	0	1.10	低度风险
18	非草隆	0	0	1.10	低度风险
19	肟菌酯	0	0	1.10	低度风险
20	稻瘟灵	0	0	1.10	低度风险
21	阿维菌素	0	0	1.10	低度风险
22	胺鲜酯	0	0	1.10	低度风险
23	炔螨特	0	0	1.10	低度风险
24	辛噻酮	0	0	1.10	低度风险
25	三唑酮	0	0	1.10	低度风险
26	噻螨酮	0	0	1.10	低度风险
27	残杀威	0	0	1.10	低度风险
28	异丙甲草胺	0	0	1.10	低度风险
29	增效醚	0	0	1.10	低度风险
30	噻虫嗪	0	0	1.10	低度风险
31	噻虫啉	0	0	1.10	低度风险
32	噁霜灵	0	0	1.10	低度风险
33	嘧菌酯	0	0	1.10	低度风险
34	唑螨酯	0	0	1.10	低度风险
35	吡虫啉	0	0	1.10	低度风险
36	吡唑醚菌酯	0	0	1.10	低度风险
37	吡丙醚	0	0	1.10	低度风险
38	乙螨唑	0	0	1.10	低度风险
39	三环唑	0	0	1.10	低度风险
40	三异丁基磷酸盐	0	0	1.10	低度风险
41	马拉硫磷	0	0	1.10	低度风险

2.4 LC-Q-TOF/MS 侦测重庆市市售茶叶农药残留风险评估结论与建议

农药残留是影响茶叶安全和质量的主要因素，也是我国食品安全领域备受关注的敏感话题和亟待解决的重大问题之一[15,16]。各种茶叶均存在不同程度的农药残留现象,本研究主要针对重庆市各类茶叶存在的农药残留问题,基于2019年4月对重庆市211例茶叶样品中农药残留侦测得出的1078个侦测结果,分别采用食品安全指数模型和风险系数模型,开展茶叶中农药残留的膳食暴露风险和预警风险评估。茶叶样品取自超市和茶叶专营店,符合大众的膳食来源,风险评价时更具有代表性和可信度。

本研究力求通用简单地反映食品安全中的主要问题,且为管理部门和大众容易接受,为政府及相关管理机构建立科学的食品安全信息发布和预警体系提供科学的规律与方法,加强对农药残留的预警和食品安全重大事件的预防,控制食品风险。

2.4.1 重庆市茶叶中农药残留膳食暴露风险评价结论

1) 茶叶样品中农药残留安全状态评价结论

采用食品安全指数模型,对2019年4月期间重庆市茶叶食品农药残留膳食暴露风险进行评价,根据IFS_c的计算结果发现,茶叶中农药的$\overline{IFS}$为1.25×10^{-4},说明重庆市茶叶总体处于可以接受的安全状态,但部分禁用农药、高残留农药在茶叶中仍有侦测出,导致膳食暴露风险的存在,成为不安全因素。

2) 禁用农药膳食暴露风险评价

本次检测发现部分茶叶样品中有禁用农药侦测出,侦测出禁用农药6种,侦测出频次为106,茶叶样品中的禁用农药IFS_c计算结果表明,禁用农药残留膳食暴露风险没有影响的频次为106,占100%。

2.4.2 重庆市茶叶中农药残留预警风险评价结论

1) 单种茶叶中禁用农药残留的预警风险评价结论

本次检测过程中,在5种茶叶中检测出6种禁用农药,禁用农药为:三唑磷、毒死蜱、灭多威、克百威、乐果、氧乐果,茶叶为:乌龙茶、白茶、红茶、绿茶、黑茶,茶叶中禁用农药的风险系数分析结果显示,除绿茶中的乐果和灭多威处于中度风险外,其他禁用农药在其他茶叶中的残留均处于高度风险,说明在单种茶叶中禁用农药的残留会导致较高的预警风险。

2) 单种茶叶中非禁用农药残留的预警风险评价结论

以MRL中国国家标准为标准,计算茶叶中非禁用农药风险系数情况下,89个样本中,35个处于低度风险(39.33%),54个样本没有MRL中国国家标准(60.67%)。以MRL欧盟标准为标准,计算茶叶中非禁用农药风险系数情况下,发现有22个处于高度风险(24.72%),5个处于中度风险(5.62%),62个处于低度风险(69.66%)。基于两种MRL标准,评价的结果差异显著,可以看出MRL欧盟标准比中国国家标准更加严格和完善,过于宽松的MRL中国国家标准值能否有效保障人体的健康有待研究。

2.4.3 加强重庆市茶叶食品安全建议

我国食品安全风险评价体系仍不够健全，相关制度不够完善，多年来，由于农药用药次数多、用药量大或用药间隔时间短，产品残留量大，农药残留所造成的食品安全问题日益严峻，给人体健康带来了直接或间接的危害。据估计，美国与农药有关的癌症患者数约占全国癌症患者总数的50%，中国更高。同样，农药对其他生物也会形成直接杀伤和慢性危害，植物中的农药可经过食物链逐级传递并不断蓄积，对人和动物构成潜在威胁，并影响生态系统。

基于本次农药残留侦测数据的风险评价结果，提出以下几点建议：

1）加快食品安全标准制定步伐

我国食品标准中对农药每日允许最大摄入量 ADI 的数据严重缺乏，在本次评价所涉及的 47 种农药中，仅有 89.36%的农药具有 ADI 值，而 10.64%的农药中国尚未规定相应的 ADI 值，亟待完善。

我国食品中农药最大残留限量值的规定严重缺乏，对评估涉及的不同茶叶中不同农药 103 个 MRL 限值进行统计来看，我国仅制定出 40 个标准，我国标准完整率仅为 38.83%，欧盟的完整率达到 100%（表 2-10）。因此，中国更应加快 MRL 的制定步伐。

表 2-10 我国国家食品标准农药的 ADI、MRL 值与欧盟标准的数量差异

分类		中国 ADI	MRL 中国国家标准	MRL 欧盟标准
标准限值(个)	有	42	40	103
	无	5	63	0
总数(个)		47	103	103
无标准限值比例(%)		10.64	61.17	0

此外，MRL 中国国家标准限值普遍高于欧盟标准限值，这些标准中共有 32 个高于欧盟。过高的 MRL 值难以保障人体健康，建议继续加强对限值基准和标准的科学研究，将农产品中的危险性减少到尽可能低的水平。

2）加强农药的源头控制和分类监管

在重庆市某些茶叶中仍有禁用农药残留，利用 LC-Q-TOF/MS 技术侦测出 6 种禁用农药，检出频次为 106 次，残留禁用农药均存在较大的膳食暴露风险和预警风险。早已列入黑名单的禁用农药在我国并未真正退出，有些药物由于价格便宜、工艺简单，此类高毒农药一直生产和使用。建议在我国采取严格有效的控制措施，从源头控制禁用农药。

对于非禁用农药，在我国作为"田间地头"最典型单位的县级茶叶产地中，农药残留的检测几乎缺失。建议根据农药的毒性，对高毒、剧毒、中毒农药实现分类管理，减少使用高毒和剧毒高残留农药，进行分类监管。

3）加强农药生物基准和降解技术研究

市售茶叶中残留农药的品种多、频次高、禁用农药多次检出这一现状，说明了我国

的田间土壤和水体因农药长期、频繁、不合理的使用而遭到严重污染。为此，建议中国相关部门出台相关政策，鼓励高校及科研院所积极开展分子生物学、酶学等研究，加强土壤、水体中残留农药的生物修复及降解新技术研究，切实加大农药监管力度，以控制农药的面源污染问题。

综上所述，在本工作基础上，根据茶叶残留危害，可进一步针对其成因提出和采取严格管理、大力推广无公害茶叶种植与生产、健全食品安全控制技术体系、加强茶叶质量检测体系建设和积极推行茶叶质量追溯制度等相应对策。建立和完善食品安全综合评价指数与风险监测预警系统，对食品安全进行实时、全面的监控与分析，为我国的食品安全科学监管与决策提供新的技术支持，可实现各类检验数据的信息化系统管理，降低食品安全事故的发生。

第 3 章　GC-Q-TOF/MS 侦测重庆市 211 例市售茶叶样品农药残留报告

从重庆市所属 6 个区，随机采集了 211 例茶叶样品，使用气相色谱-四极杆飞行时间质谱（GC-Q-TOF/MS）对 684 种农药化学污染物示范侦测。

3.1　样品种类、数量与来源

3.1.1　样品采集与检测

为了真实反映百姓日常饮用的茶叶中农药残留污染状况，本次所有检测样品均由检验人员于 2019 年 4 月期间，从重庆市所属 27 个采样点，包括 2 个茶叶专营店 25 个超市，以随机购买方式采集，总计 27 批 211 例样品，从中检出农药 48 种，1064 频次。采样及监测概况见图 3-1 及表 3-1，样品及采样点明细见表 3-2 及表 3-3（侦测原始数据见附表 1）。

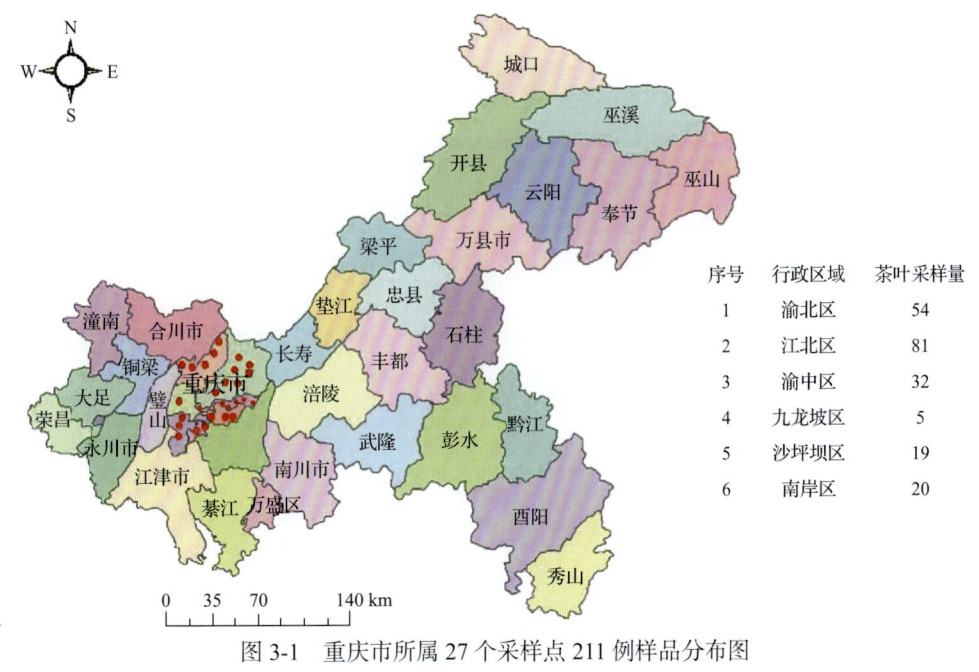

图 3-1　重庆市所属 27 个采样点 211 例样品分布图

表 3-1　农药残留监测总体概况

行政区域	重庆市所属 6 个区
采样点（茶叶专营店+超市）	27
样本总数	211
检出农药品种/频次	48/1064
各采样点样本农药残留检出率范围	85.7%~100.0%

表 3-2　样品分类及数量

样品分类	样品名称(数量)	数量小计
1. 茶叶		211
1) 发酵类茶叶	白茶(7),黑茶(45),红茶(21),乌龙茶(34)	107
2) 未发酵类茶叶	绿茶(104)	104
合计	1.茶叶 5 种	211

表 3-3　重庆市采样点信息

采样点序号	行政区域	采样点
茶叶专营店(2)		
1	江北区	***市场(白沙溪店)
2	江北区	***批发中心(永川秀芽店)
超市(25)		
1	江北区	***超市(洋河店)
2	江北区	***超市(金观音店)
3	江北区	***超市(北城天街分店)
4	江北区	***超市(建新东路店)
5	江北区	***超市(永辉生活广场店)
6	九龙坡区	***超市(袁家岗店)
7	南岸区	***超市(南坪店)
8	南岸区	***超市(南坪上海城店)
9	南岸区	***超市(风临路店)
10	南岸区	***超市(南湖花园店)
11	南岸区	***超市(桃源路店)
12	沙坪坝区	***超市(沙坪坝店)
13	沙坪坝区	***超市(欣阳店)
14	沙坪坝区	***超市(嘉茂购物中心店)
15	渝北区	***超市(龙湖店)
16	渝北区	***超市(重庆 SM 广场店)
17	渝北区	***超市(冉家坝店)
18	渝北区	***超市(红叶路店)
19	渝北区	***超市(星湖路店)
20	渝中区	***超市(日月光店)
21	渝中区	***超市(棉花街店)
22	渝中区	***超市(大坪店)
23	渝中区	***超市(大坪协信店)
24	渝中区	***超市(龙湖时代天街店)
25	渝中区	***超市(人和街店)

3.1.2 检测结果

这次使用的检测方法是庞国芳院士团队最新研发的不需使用标准品对照,而以高分辨精确质量数(0.0001 m/z)为基准的 GC-Q-TOF/MS 检测技术,对于 211 例样品,每个样品均侦测了 684 种农药化学污染物的残留现状。通过本次侦测,在 211 例样品中共计检出农药化学污染物 48 种,检出 1064 频次。

3.1.2.1 各采样点样品检出情况

统计分析发现 27 个采样点中,被测样品的农药检出率范围为 85.7%~100.0%。其中,有 24 个采样点样品的检出率最高,达到了 100.0%,分别是:***超市(洋河店)、***批发中心(永川秀芽店)、***超市(北城天街分店)、***超市(建新东路店)、***超市(永辉生活广场店)、***超市(袁家岗店)、***超市(南坪店)、***超市(南坪上海城店)、***超市(风临路店)、***超市(南湖花园店)、***超市(桃源路店)、***超市(沙坪坝店)、***超市(欣阳店)、***超市(嘉茂购物中心店)、***超市(龙湖店)、***超市(重庆 SM 广场店)、***超市(冉家坝店)、***超市(红叶路店)、***超市(日月光店)、***超市(棉花街店)、***超市(大坪店)、***超市(大坪协信店)、***超市(龙湖时代天街店)和***超市(人和街店)。***超市(星湖路店)的检出率最低,为 85.7%,见图 3-2。

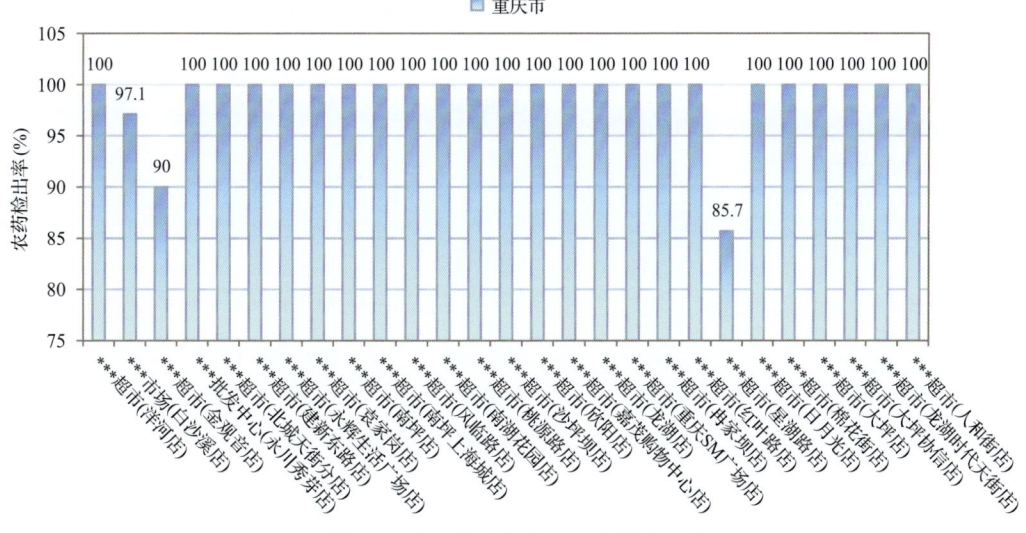

图 3-2 各采样点样品中的农药检出率

3.1.2.2 检出农药的品种总数与频次

统计分析发现,对于 211 例样品中 684 种农药化学污染物的侦测,共检出农药 1064 频次,涉及农药 48 种,结果如图 3-3 所示。其中联苯菊酯检出频次最高,共检出 191 次。检出频次排名前 10 的农药如下:①联苯菊酯(191),②异丁子香酚(152),③唑虫酰胺(127),④氯氟氰菊酯(52),⑤噻嗪酮(52),⑥毒死蜱(45),⑦硫丹(44),⑧虱螨脲(37),⑨丁香酚(35),⑩三氯杀螨醇(30)。

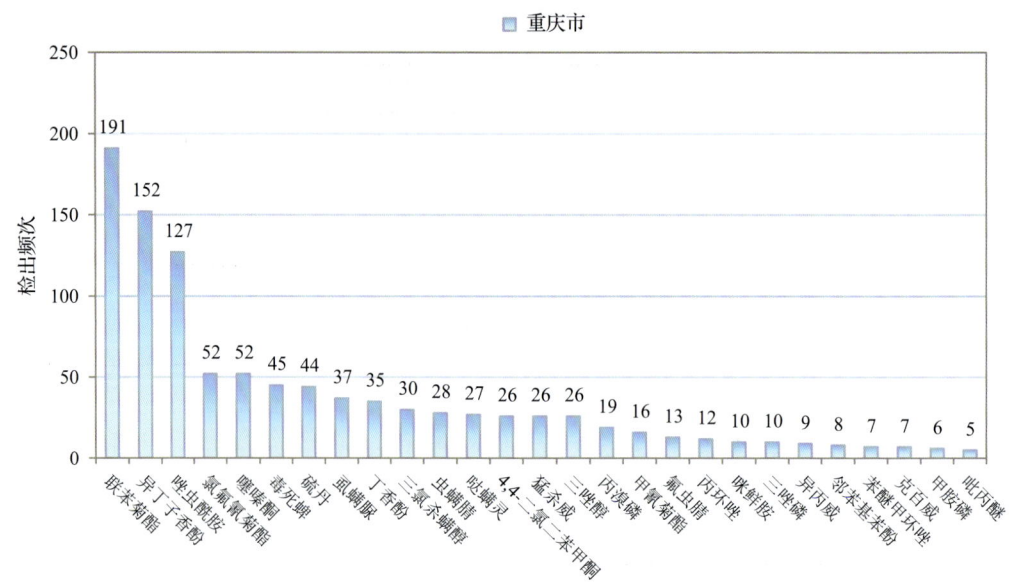

图 3-3 检出农药品种及频次（仅列出 5 频次及以上的数据）

由图 3-4 可见，绿茶、乌龙茶和黑茶这 3 种茶叶样品中检出的农药品种数较高，均超过 15 种，其中，绿茶检出农药品种最多，为 31 种。由图 3-5 可见，绿茶、乌龙茶和黑茶这 3 种茶叶样品中的农药检出频次较高，均超过 100 次，其中，绿茶检出农药频次最高，为 626 次。

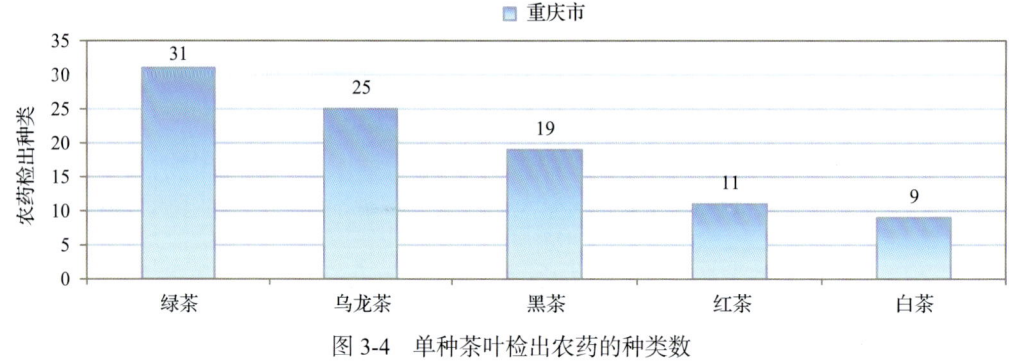

图 3-4 单种茶叶检出农药的种类数

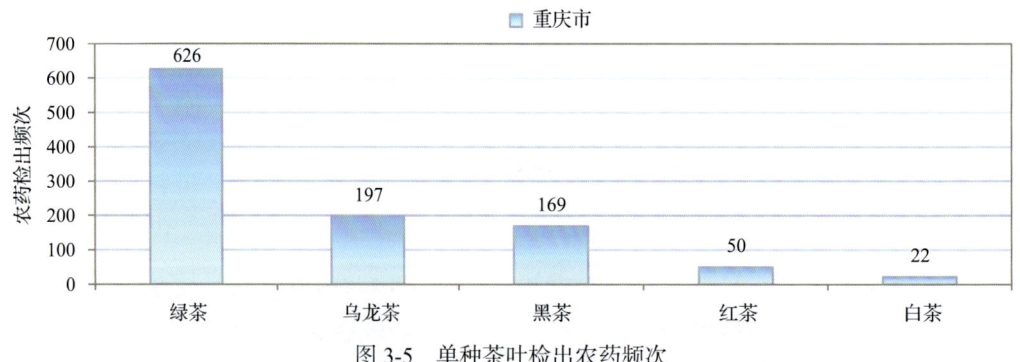

图 3-5 单种茶叶检出农药频次

3.1.2.3 单例样品农药检出种类与占比

对单例样品检出农药种类和频次进行统计发现，未检出农药的样品占总样品数的1.4%，检出1种农药的样品占总样品数的8.1%，检出2~5种农药的样品占总样品数的50.7%，检出6~10种农药的样品占总样品数的38.4%，检出大于10种农药的样品占总样品数的1.4%。每例样品中平均检出农药为5.0种，数据见表3-4及图3-6。

表 3-4 单例样品检出农药品种占比

检出农药品种数	样品数量/占比(%)
未检出	3/1.4
1 种	17/8.1
2~5 种	107/50.7
6~10 种	81/38.4
大于 10 种	3/1.4
单例样品平均检出农药品种	5.0 种

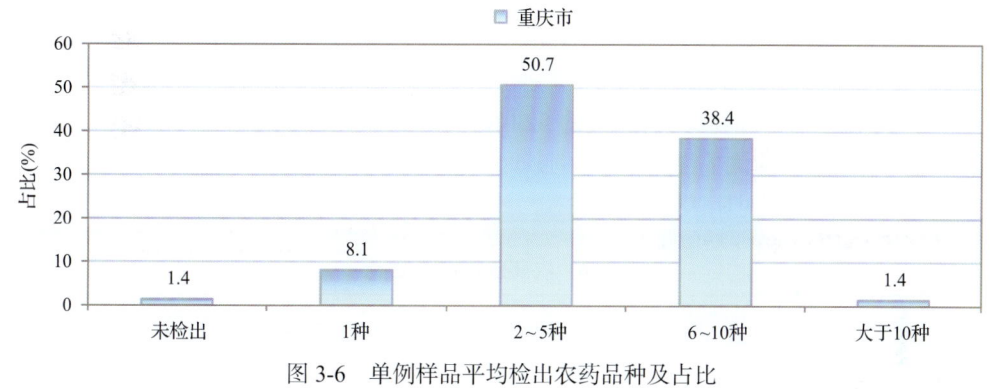

图 3-6 单例样品平均检出农药品种及占比

3.1.2.4 检出农药类别与占比

所有检出农药按功能分类，包括杀虫剂、杀菌剂、杀螨剂、除草剂、驱避剂、植物生长调节剂和其他共7类。其中杀虫剂与杀菌剂为主要检出的农药类别，分别占总数的50.0%和25.0%，见表3-5及图3-7。

表 3-5 检出农药所属类别/占比

农药类别	数量/占比(%)
杀虫剂	24/50.0
杀菌剂	12/25.0
杀螨剂	5/10.4
除草剂	2/4.2
驱避剂	1/2.1
植物生长调节剂	1/2.1
其他	3/6.3

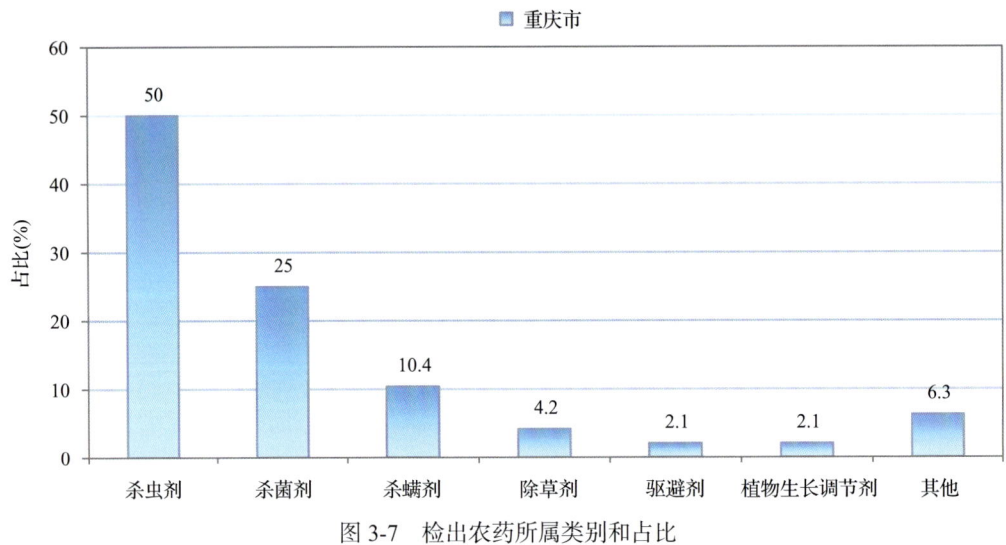

图 3-7 检出农药所属类别和占比

3.1.2.5 检出农药的残留水平

按检出农药残留水平进行统计，残留水平在 1~5 μg/kg（含）的农药占总数的 11.6%，在 5~10 μg/kg（含）的农药占总数的 7.0%，在 10~100 μg/kg（含）的农药占总数的 47.1%，在 100~1000 μg/kg（含）的农药占总数的 32.0%，在 >1000 μg/kg 的农药占总数的 2.4%。

由此可见，这次检测的 27 批 211 例茶叶样品中农药多数处于中高残留水平。结果见表 3-6 及图 3-8，数据见附表 2。

表 3-6 农药残留水平/占比

残留水平(μg/kg)	检出频次数/占比(%)
1~5（含）	123/11.6
5~10（含）	74/7.0
10~100（含）	501/47.1
100~1000（含）	340/32.0
>1000	26/2.4

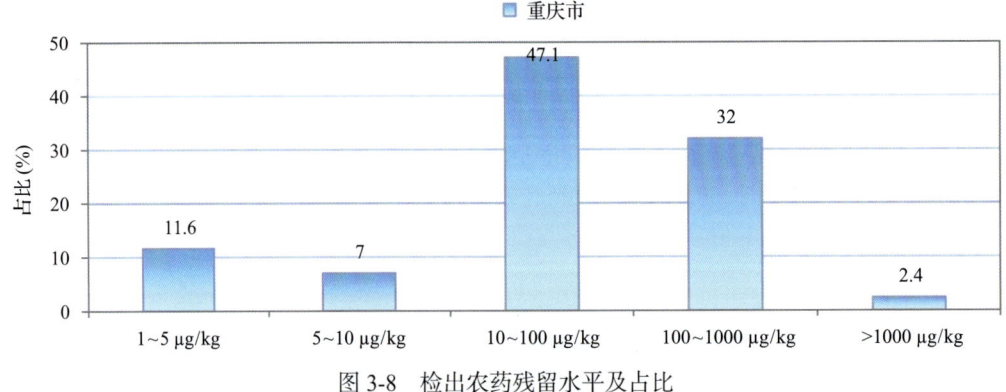

图 3-8 检出农药残留水平及占比

3.1.2.6 检出农药的毒性类别、检出频次和超标频次及占比

对这次检出的 48 种 1064 频次的农药，按剧毒、高毒、中毒、低毒和微毒这五个毒性类别进行分类，从中可以看出，重庆市目前普遍使用的农药为中低微毒农药，品种占 89.6%，频次占 97.7%。结果见表 3-7 及图 3-9。

表 3-7 检出农药毒性类别/占比

毒性分类	农药品种/占比(%)	检出频次/占比(%)	超标频次/超标率(%)
剧毒农药	0/0	0/0.0	0/0.0
高毒农药	5/10.4	25/2.3	2/8.0
中毒农药	28/58.3	866/81.4	0/0.0
低毒农药	10/20.8	158/14.8	0/0.0
微毒农药	5/10.4	15/1.4	0/0.0

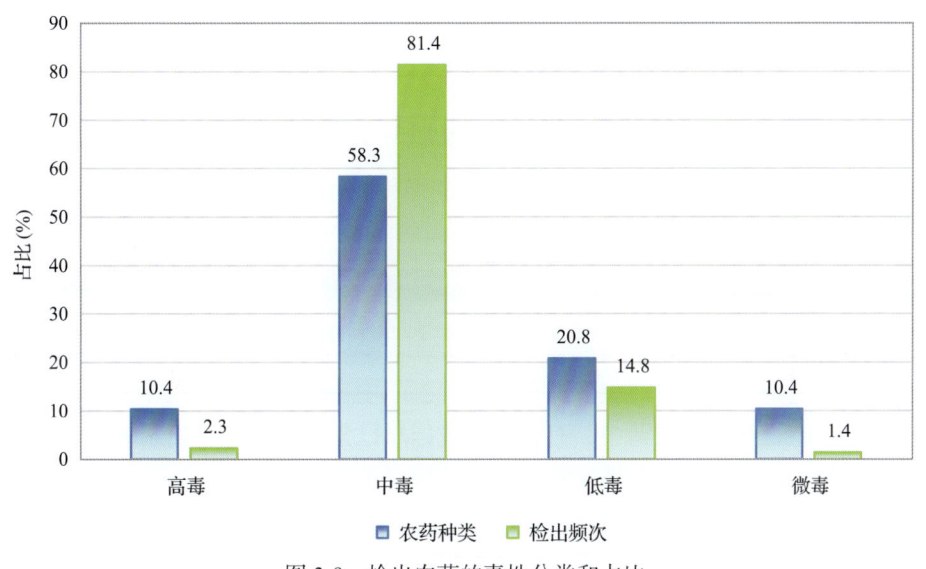

图 3-9 检出农药的毒性分类和占比

3.1.2.7 检出剧毒/高毒类农药的品种和频次

值得特别关注的是，在此次侦测的 211 例样品中有 4 种茶叶的 25 例样品检出了 5 种 25 频次的剧毒和高毒农药，占样品总量的 11.8%，详见图 3-10、表 3-8 及表 3-9。

表 3-8 剧毒农药检出情况

序号	农药名称	检出频次	超标频次	超标率
		茶叶中未检出剧毒农药		
	合计	0	0	超标率：0.0%

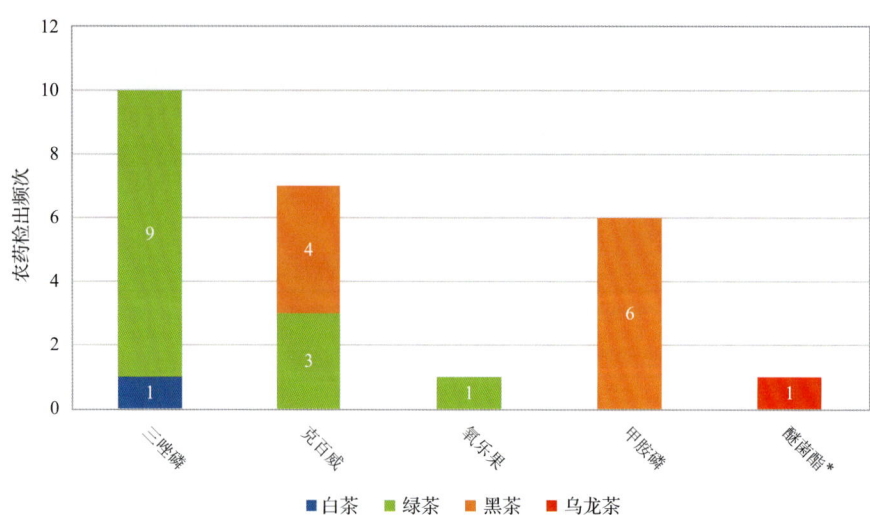

图 3-10 检出剧毒/高毒农药的样品情况
*表示允许在茶叶上使用的农药

表 3-9 高毒农药检出情况

序号	农药名称	检出频次	超标频次	超标率
从 4 种茶叶中检出 5 种高毒农药,共计检出 25 次				
1	三唑磷	10	0	0.0%
2	克百威	7	2	28.6%
3	甲胺磷	6	0	0.0%
4	醚菌酯	1	0	0.0%
5	氧乐果	1	0	0.0%
合计		25	2	超标率:8.0%

在检出的剧毒和高毒农药中,有 4 种是我国早已禁止在茶叶上使用的,分别是:克百威、氧乐果、三唑磷和甲胺磷。禁用农药的检出情况见表 3-10。

表 3-10 禁用农药检出情况

序号	农药名称	检出频次	超标频次	超标率
从 5 种茶叶中检出 9 种禁用农药,共计检出 158 次				
1	毒死蜱	45	0	0.0%
2	硫丹	44	0	0.0%
3	三氯杀螨醇	30	0	0.0%
4	氟虫腈	13	0	0.0%
5	三唑磷	10	0	0.0%
6	克百威	7	2	28.6%
7	甲胺磷	6	0	0.0%
8	乐果	2	0	0.0%
9	氧乐果	1	0	0.0%
合计		158	2	超标率:1.3%

注:超标结果参考 MRL 中国国家标准计算

此次抽检的茶叶样品中,没有检出剧毒农药。

样品中检出剧毒和高毒农药残留水平超过 MRL 中国国家标准的频次为 2 次,其中:黑茶检出克百威超标 2 次。本次检出结果表明,高毒、剧毒农药的使用现象依旧存在,详见表 3-11。

表 3-11 各样本中检出剧毒/高毒农药情况

样品名称	农药名称	检出频次	超标频次	检出浓度(μg/kg)
茶叶 4 种				
白茶	三唑磷▲	1	0	41.8
黑茶	甲胺磷▲	6	0	3.1, 2.7, 2.5, 2.7, 6.7, 2.5
黑茶	克百威▲	4	2	16.2, 17.6, 60.2^a, 63.0^a
绿茶	三唑磷▲	9	0	21.6, 33.4, 39.2, 15.0, 54.9, 46.6, 16.9, 35.5, 72.7
绿茶	克百威▲	3	0	13.2, 15.2, 15.0
绿茶	氧乐果▲	1	0	18.2
乌龙茶	醚菌酯	1	0	98.5
合计		25	2	超标率: 8.0%

注:超标结果参考 MRL 中国国家标准计算

3.2 农药残留检出水平与最大残留限量标准对比分析

我国于 2016 年 12 月 18 日正式颁布并于 2017 年 6 月 18 日正式实施食品农药残留限量国家标准《食品中农药最大残留限量》(GB 2763—2016)。该标准包括 417 个农药条目,涉及最大残留限量(MRL)标准 4140 项。将 1064 频次检出农药的浓度水平与 4140 项 MRL 中国国家标准进行核对,其中只有 462 频次的结果找到了对应的 MRL,占 43.4%,还有 602 频次的结果则无相关 MRL 标准供参考,占 56.6%。

将此次侦测结果与国际上现行 MRL 对比发现,在 1064 频次的检出结果中有 1064 频次的结果找到了对应的 MRL 欧盟标准,占 100.0%,其中,678 频次的结果有明确对应的 MRL,占 63.7%,其余 386 频次按照欧盟一律标准判定,占 36.3%;有 1064 频次的结果找到了对应的 MRL 日本标准,占 100.0%,其中,770 频次的结果有明确对应的 MRL,占 72.4%,其余 294 频次按照日本一律标准判定,占 27.6%;有 418 频次的结果找到了对应的 MRL 中国香港标准,占 39.3%;有 508 频次的结果找到了对应的 MRL 美国标准,占 47.7%;有 473 频次的结果找到了对应的 MRL CAC 标准,占 44.5%(见图 3-11 和图 3-12,数据见附表 3 至附表 8)。

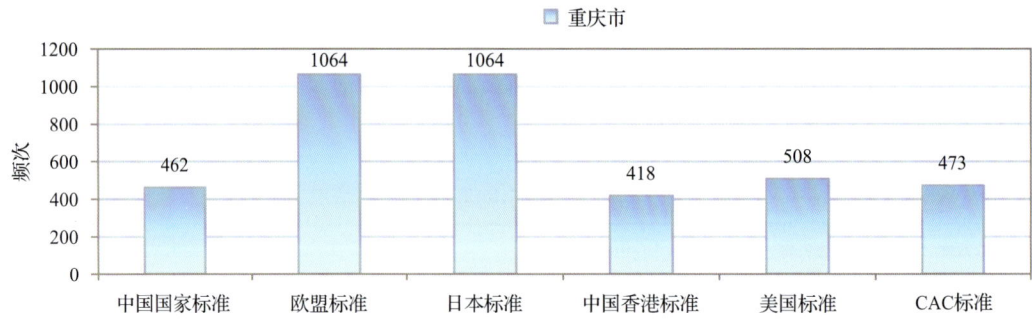

图 3-11　1064 频次检出农药可用 MRL 中国国家标准、欧盟标准、日本标准、
中国香港标准、美国标准、CAC 标准判定衡量的数量

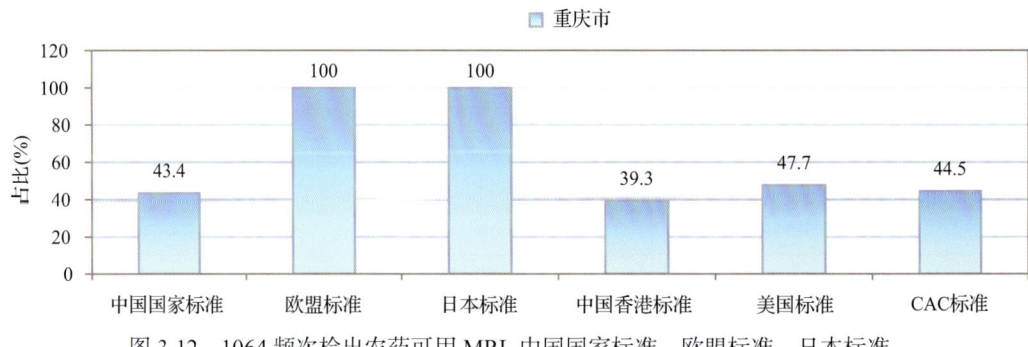

图 3-12　1064 频次检出农药可用 MRL 中国国家标准、欧盟标准、日本标准、
中国香港标准、美国标准、CAC 标准衡量的占比

3.2.1　超标农药样品分析

本次侦测的 211 例样品中，3 例样品未检出任何残留农药，占样品总量的 1.4%，208 例样品检出不同水平、不同种类的残留农药，占样品总量的 98.6%。在此，我们将本次侦测的农残检出情况与 MRL 中国国家标准、欧盟标准、日本标准、中国香港标准、美国标准和 CAC 标准这 6 大国际主流标准进行对比分析，样品农残检出与超标情况见表 3-12、图 3-13 和图 3-14，详细数据见附表 9 至附表 14。

表 3-12　各 MRL 标准下样本农残检出与超标数量及占比

	中国国家标准 数量/占比(%)	欧盟标准 数量/占比(%)	日本标准 数量/占比(%)	中国香港标准 数量/占比(%)	美国标准 数量/占比(%)	CAC 标准 数量/占比(%)
未检出	3/1.4	3/1.4	3/1.4	3/1.4	3/1.4	3/1.4
检出未超标	206/97.6	29/13.7	42/19.9	208/98.6	208/98.6	208/98.6
检出超标	2/0.9	179/84.8	166/78.7	0/0.0	0/0.0	0/0.0

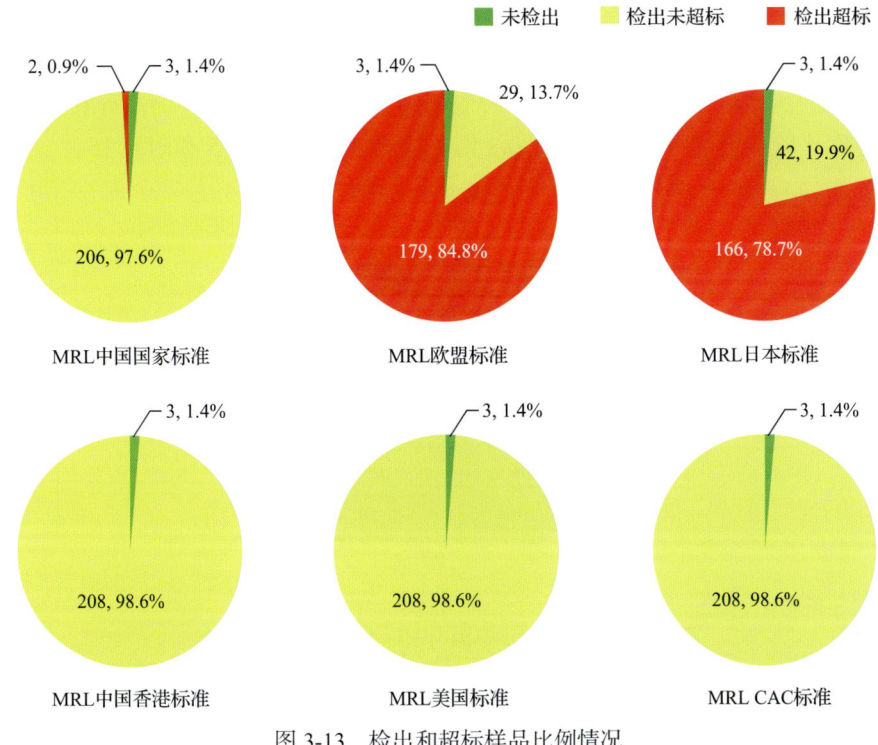

图 3-13 检出和超标样品比例情况

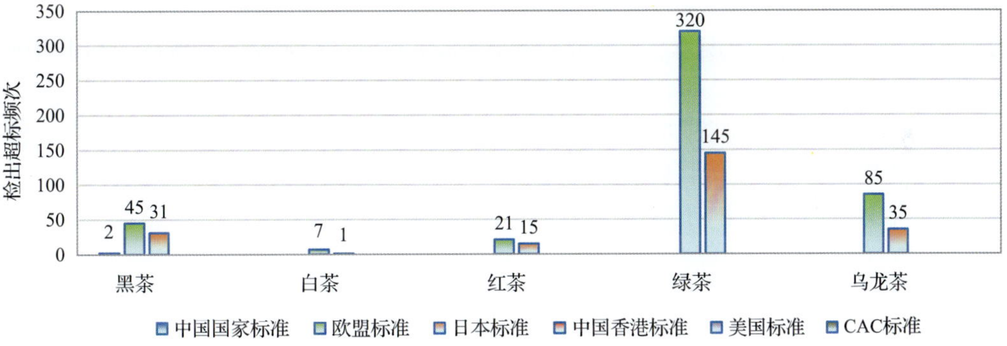

图 3-14 超过 MRL 中国国家标准、欧盟标准、日本标准、中国香港标准、
美国标准和 CAC 标准结果在茶叶中的分布

3.2.2 超标农药种类分析

按照 MRL 中国国家标准、欧盟标准、日本标准、中国香港标准、美国标准和 CAC 标准这 6 大国际主流标准衡量，本次侦测检出的农药超标品种及频次情况见表 3-13。

表 3-13 各 MRL 标准下超标农药品种及频次

	中国国家标准	欧盟标准	日本标准	中国香港标准	美国标准	CAC 标准
超标农药品种	1	23	13	0	0	0
超标农药频次	2	478	227	0	0	0

3.2.2.1 按 MRL 中国国家标准衡量

按 MRL 中国国家标准衡量,有 1 种农药超标,检出 2 频次,为高毒农药克百威。按超标程度比较,黑茶中克百威超标 0.3 倍。检测结果见图 3-15 和附表 15。

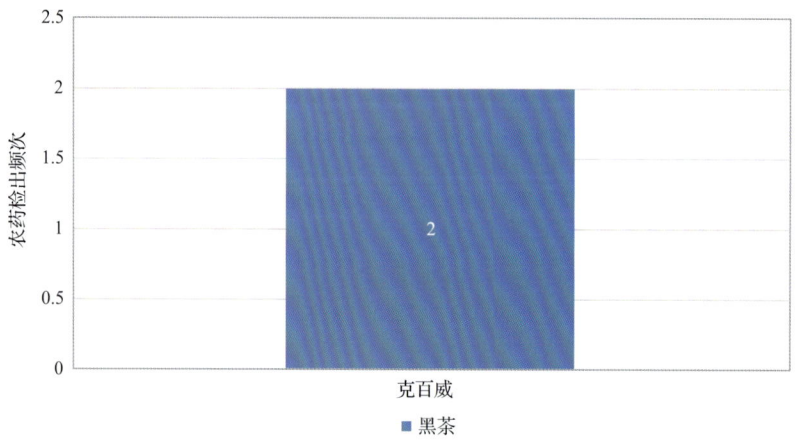

图 3-15　超过 MRL 中国国家标准农药品种及频次

3.2.2.2 按 MRL 欧盟标准衡量

按 MRL 欧盟标准衡量,共有 23 种农药超标,检出 478 频次,分别为高毒农药三唑磷、克百威和醚菌酯,中毒农药苯醚甲环唑、丙环唑、氯氟氰菊酯、腈菌唑、异丁子香酚、异丙威、氟虫腈、丙溴磷、三唑醇、唑虫酰胺、戊唑醇、哒螨灵、哌草丹和丁香酚,低毒农药灭幼脲、猛杀威、噻嗪酮、虱螨脲和 4,4-二氯二苯甲酮,微毒农药蒽醌。

按超标程度比较,绿茶中唑虫酰胺超标 304.6 倍,绿茶中异丁子香酚超标 147.3 倍,绿茶中丁香酚超标 113.1 倍,乌龙茶中唑虫酰胺超标 85.8 倍,黑茶中异丁子香酚超标 69.5 倍。检测结果见图 3-16 和附表 16。

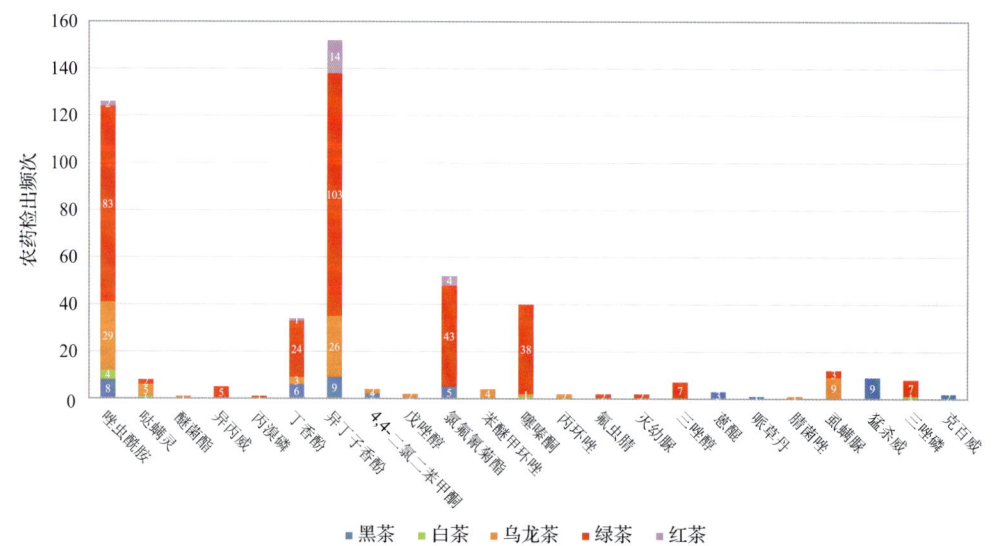

图 3-16　超过 MRL 欧盟标准农药品种及频次

3.2.2.3 按 MRL 日本标准衡量

按 MRL 日本标准衡量，共有 13 种农药超标，检出 227 频次，分别为高毒农药三唑磷，中毒农药异丁子香酚、异丙威、氟虫腈、哌草丹、丁香酚和安硫磷，低毒农药灭幼脲、猛杀威、邻苯基苯酚、4,4-二氯二苯甲酮和萘乙酸，微毒农药蒽醌。

按超标程度比较，绿茶中异丁子香酚超标 147.3 倍，绿茶中丁香酚超标 113.1 倍，黑茶中异丁子香酚超标 69.5 倍，乌龙茶中异丁子香酚超标 52.9 倍，红茶中丁香酚超标 25.1 倍。检测结果见图 3-17 和附表 17。

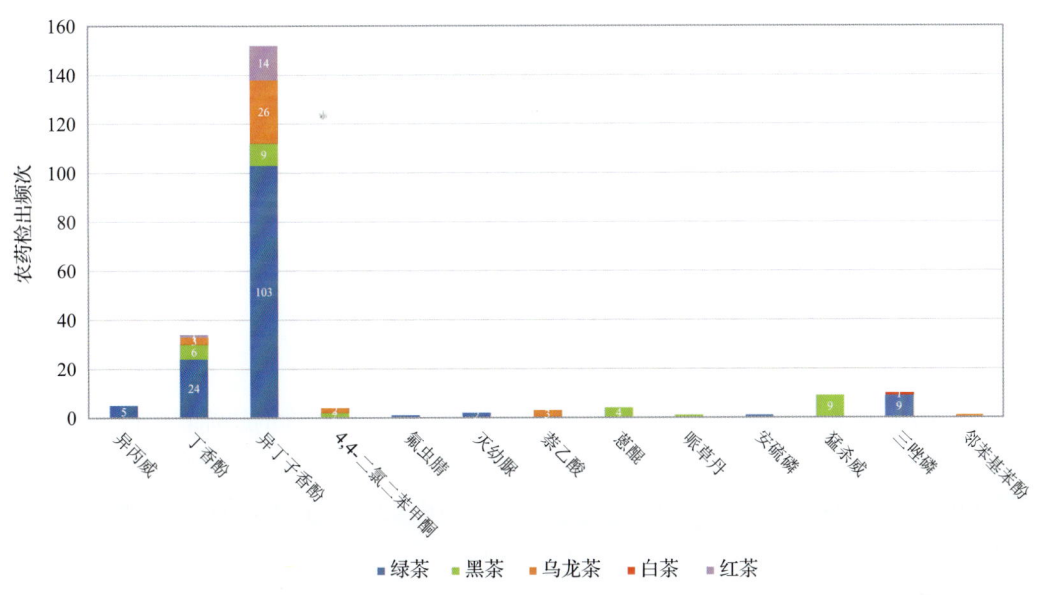

图 3-17 超过 MRL 日本标准农药品种及频次

3.2.2.4 按 MRL 中国香港标准衡量

按 MRL 中国香港标准衡量，无样品检出超标农药残留。

3.2.2.5 按 MRL 美国标准衡量

按 MRL 美国标准衡量，无样品检出超标农药残留。

3.2.2.6 按 MRL CAC 标准衡量

按 MRL CAC 标准衡量，无样品检出超标农药残留。

3.2.3 27 个采样点超标情况分析

3.2.3.1 按 MRL 中国国家标准衡量

按 MRL 中国国家标准衡量，有 1 个采样点的样品存在超标农药检出，超标率为 5.9%，如表 3-14 和图 3-18 所示。

表 3-14 超过 MRL 中国国家标准茶叶在不同采样点分布

序号	采样点	样品总数	超标数量	超标率(%)	行政区域
1	***市场(白沙溪店)	34	2	5.9	江北区

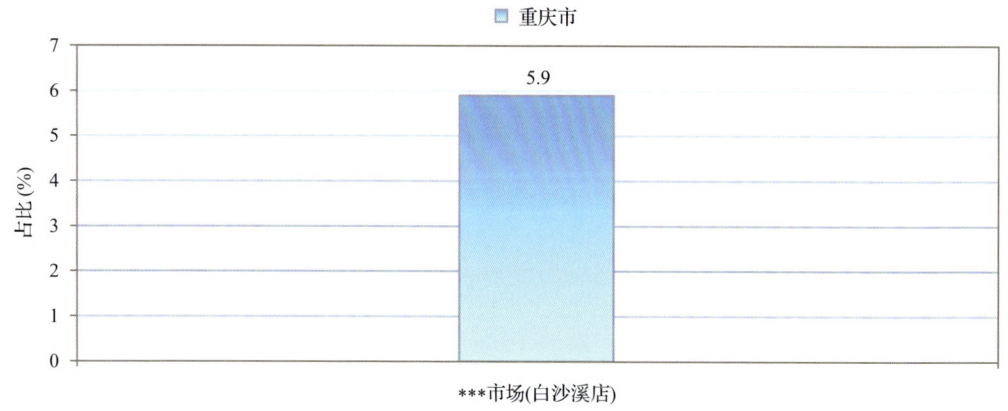

图 3-18 超过 MRL 中国国家标准茶叶在不同采样点分布

3.2.3.2 按 MRL 欧盟标准衡量

按 MRL 欧盟标准衡量，所有采样点的样品均存在不同程度的超标农药检出，其中***超市(建新东路店)、***超市(龙湖店)、***超市(沙坪坝店)、***超市(人和街店)、***超市(红叶路店)、***超市(大坪协信店)、***超市(龙湖时代天街店)、***超市(袁家岗店)、***超市(棉花街店)、***超市(日月光店)、***超市(南坪店)、***超市(风临路店)和***超市(桃源路店)的超标率最高，为 100.0%，如图 3-19 和表 3-15 所示。

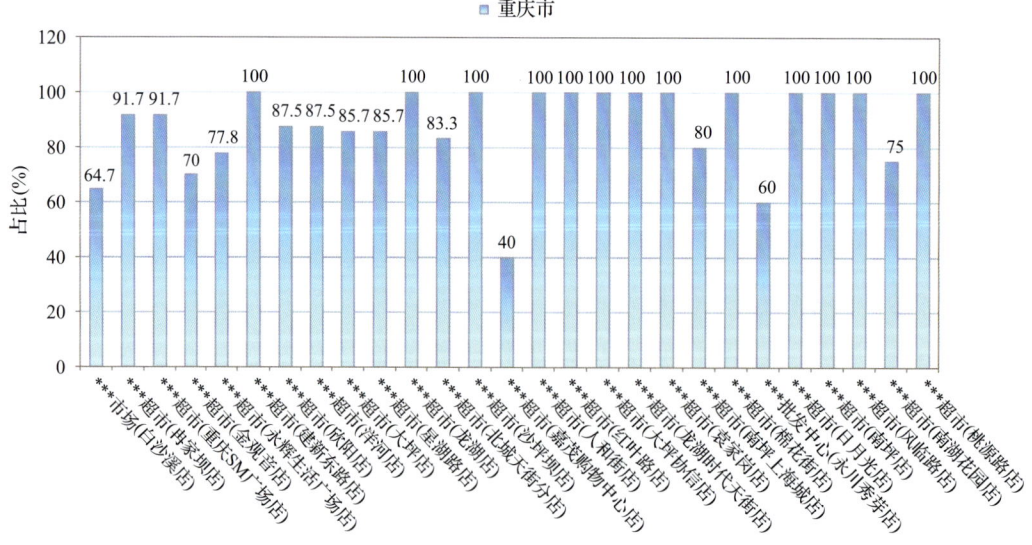

图 3-19 超过 MRL 欧盟标准茶叶在不同采样点分布

表 3-15 超过 MRL 欧盟标准茶叶在不同采样点分布

序号	采样点	样品总数	超标数量	超标率(%)	行政区域
1	***市场(白沙溪店)	34	22	64.7	江北区
2	***超市(冉家坝店)	24	22	91.7	渝北区
3	***超市(重庆 SM 广场店)	12	11	91.7	渝北区
4	***超市(金观音店)	10	7	70.0	江北区
5	***超市(永辉生活广场店)	9	7	77.8	江北区
6	***超市(建新东路店)	9	9	100.0	江北区
7	***超市(欣阳店)	8	7	87.5	沙坪坝区
8	***超市(洋河店)	8	7	87.5	江北区
9	***超市(大坪店)	7	6	85.7	渝中区
10	***超市(星湖路店)	7	6	85.7	渝北区
11	***超市(龙湖店)	6	6	100.0	渝北区
12	***超市(北城天街分店)	6	5	83.3	江北区
13	***超市(沙坪坝店)	6	6	100.0	沙坪坝区
14	***超市(嘉茂购物中心店)	5	2	40.0	沙坪坝区
15	***超市(人和街店)	5	5	100.0	渝中区
16	***超市(红叶路店)	5	5	100.0	渝北区
17	***超市(大坪协信店)	5	5	100.0	渝中区
18	***超市(龙湖时代天街店)	5	5	100.0	渝中区
19	***超市(袁家岗店)	5	5	100.0	九龙坡区
20	***超市(南坪上海城店)	5	4	80.0	南岸区
21	***超市(棉花街店)	5	5	100.0	渝中区
22	***批发中心(永川秀芽店)	5	3	60.0	江北区
23	***超市(日月光店)	5	5	100.0	渝中区
24	***超市(南坪店)	4	4	100.0	南岸区
25	***超市(风临路店)	4	4	100.0	南岸区
26	***超市(南湖花园店)	4	3	75.0	南岸区
27	***超市(桃源路店)	3	3	100.0	南岸区

3.2.3.3 按 MRL 日本标准衡量

按 MRL 日本标准衡量，所有采样点的样品均存在不同程度的超标农药检出，其中***超市(建新东路店)、***超市(沙坪坝店)、***超市(人和街店)、***超市(红叶路店)、***超市(大坪协信店)、***超市(袁家岗店)、***超市(棉花街店)、***超市(日月光店)、***超市(南坪店)、***超市(风临路店)和***超市(桃源路店)的超标率最高，为 100.0%，如表 3-16 和图 3-20 所示。

表 3-16 超过 MRL 日本标准茶叶在不同采样点分布

序号	采样点	样品总数	超标数量	超标率(%)	行政区域
1	***市场(白沙溪店)	34	22	64.7	江北区
2	***超市(冉家坝店)	24	18	75.0	渝北区
3	***超市(重庆 SM 广场店)	12	10	83.3	渝北区
4	***超市(金观音店)	10	6	60.0	江北区
5	***超市(永辉生活广场店)	9	6	66.7	江北区
6	***超市(建新东路店)	9	9	100.0	江北区
7	***超市(欣阳店)	8	7	87.5	沙坪坝区
8	***超市(洋河店)	8	7	87.5	江北区
9	***超市(大坪店)	7	5	71.4	渝中区
10	***超市(星湖路店)	7	6	85.7	渝北区
11	***超市(龙湖店)	6	5	83.3	渝北区
12	***超市(北城天街分店)	6	5	83.3	江北区
13	***超市(沙坪坝店)	6	6	100.0	沙坪坝区
14	***超市(嘉茂购物中心店)	5	1	20.0	沙坪坝区
15	***超市(人和街店)	5	5	100.0	渝中区
16	***超市(红叶路店)	5	5	100.0	渝北区
17	***超市(大坪协信店)	5	5	100.0	渝中区
18	***超市(龙湖时代天街店)	5	3	60.0	渝中区
19	***超市(袁家岗店)	5	5	100.0	九龙坡区
20	***超市(南坪上海城店)	5	4	80.0	南岸区
21	***超市(棉花街店)	5	5	100.0	渝中区
22	***批发中心(永川秀芽店)	5	2	40.0	江北区
23	***超市(日月光店)	5	5	100.0	渝中区
24	***超市(南坪店)	4	4	100.0	南岸区
25	***超市(风临路店)	4	4	100.0	南岸区
26	***超市(南湖花园店)	4	3	75.0	南岸区
27	***超市(桃源路店)	3	3	100.0	南岸区

3.2.3.4 按 MRL 中国香港标准衡量

按 MRL 中国香港标准衡量，所有采样点的样品均未检出超标农药残留。

3.2.3.5 按 MRL 美国标准衡量

按 MRL 美国标准衡量，所有采样点的样品均未检出超标农药残留。

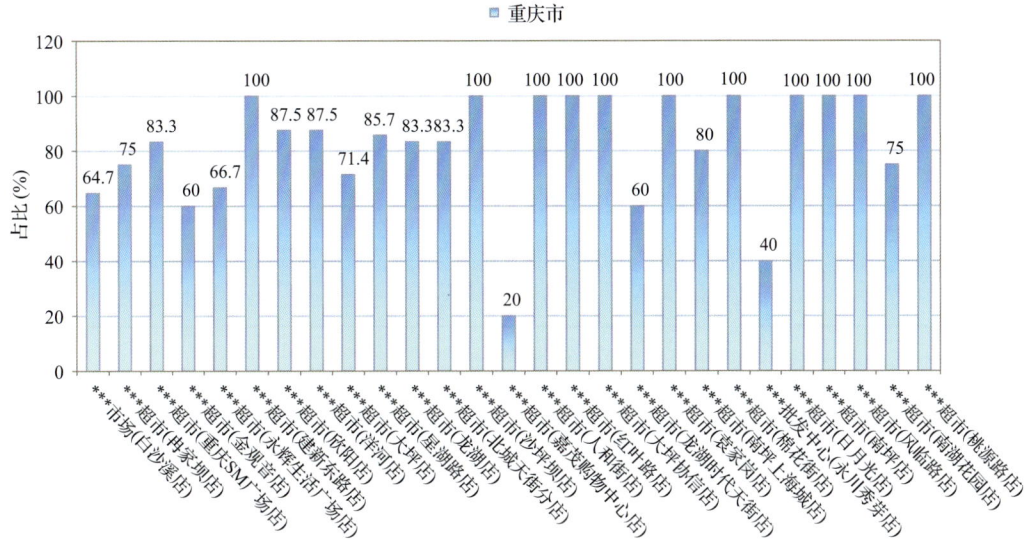

图 3-20 超过 MRL 日本标准茶叶在不同采样点分布

3.2.3.6 按 MRL CAC 标准衡量

按 MRL CAC 标准衡量，所有采样点的样品均未检出超标农药残留。

3.3 茶叶中农药残留分布

3.3.1 茶叶按检出农药品种和频次排名

本次残留侦测的茶叶共 5 种，包括白茶、黑茶、红茶、乌龙茶和绿茶。

根据检出农药品种及频次进行排名，将茶叶样品检出情况列表说明，详见表 3-17。

表 3-17 茶叶按检出农药品种和频次排名

按检出农药品种排名（品种）	①绿茶(31)，②乌龙茶(25)，③黑茶(19)，④红茶(11)，⑤白茶(9)
按检出农药频次排名（频次）	①绿茶(626)，②乌龙茶(197)，③黑茶(169)，④红茶(50)，⑤白茶(22)
按检出禁用、高毒及剧毒农药品种排名（品种）	①绿茶(8)，②黑茶(5)，③乌龙茶(4)，④红茶(3)，⑤白茶(2)
按检出禁用、高毒及剧毒农药频次排名（频次）	①绿茶(86)，②黑茶(36)，③乌龙茶(29)，④红茶(5)，⑤白茶(3)

3.3.2 茶叶按超标农药品种和频次排名

鉴于 MRL 欧盟标准和日本标准制定比较全面且覆盖率较高，我们参照 MRL 中国国家标准、欧盟标准和日本标准衡量茶叶样品中农残检出情况，将茶叶按超标农药品种及频次排名列表说明，详见表 3-18。

表 3-18 茶叶按超标农药品种和频次排名

	MRL 中国国家标准	①茶(1)
按超标农药品种排名 (农药品种数)	MRL 欧盟标准	①茶(13),②乌龙茶(12),③黑茶(9),④白茶(4),⑤红茶(4)
	MRL 日本标准	①绿茶(7),②黑茶(6),③乌龙茶(5),④红茶(2),⑤白茶(1)
	MRL 中国国家标准	①茶(2)
按超标农药频次排名 (农药频次数)	MRL 欧盟标准	①茶(320),②乌龙茶(85),③黑茶(45),④红茶(21),⑤白茶(7)
	MRL 日本标准	①绿茶(145),②乌龙茶(35),③黑茶(31),④红茶(15),⑤白茶(1)

通过对各品种茶叶样本总数及检出率进行综合分析发现,绿茶、乌龙茶的残留污染最为严重,在此,我们参照 MRL 中国国家标准、欧盟标准和日本标准对这 3 种茶叶的农残检出情况进行进一步分析。

3.3.3 农药残留检出率较高的茶叶样品分析

3.3.3.1 绿茶

这次共检测 104 例绿茶样品,全部检出了农药残留,检出率为 100.0%,检出农药共计 31 种。其中异丁子香酚、联苯菊酯、唑虫酰胺、氯氟氰菊酯和噻嗪酮检出频次较高,分别检出了 103、101、83、43 和 41 次。绿茶中农药检出品种和频次见图 3-21,超标农药见图 3-22 和表 3-19。

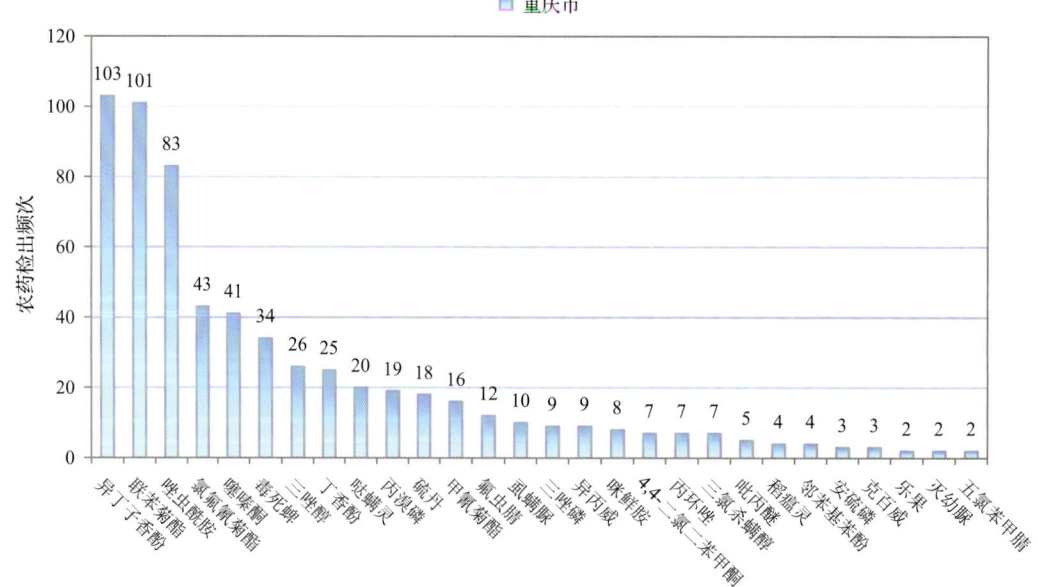

图 3-21 绿茶样品检出农药品种和频次分析(仅列出 2 频次及以上的数据)

第 3 章 GC-Q-TOF/MS 侦测重庆市 211 例市售茶叶样品农药残留报告

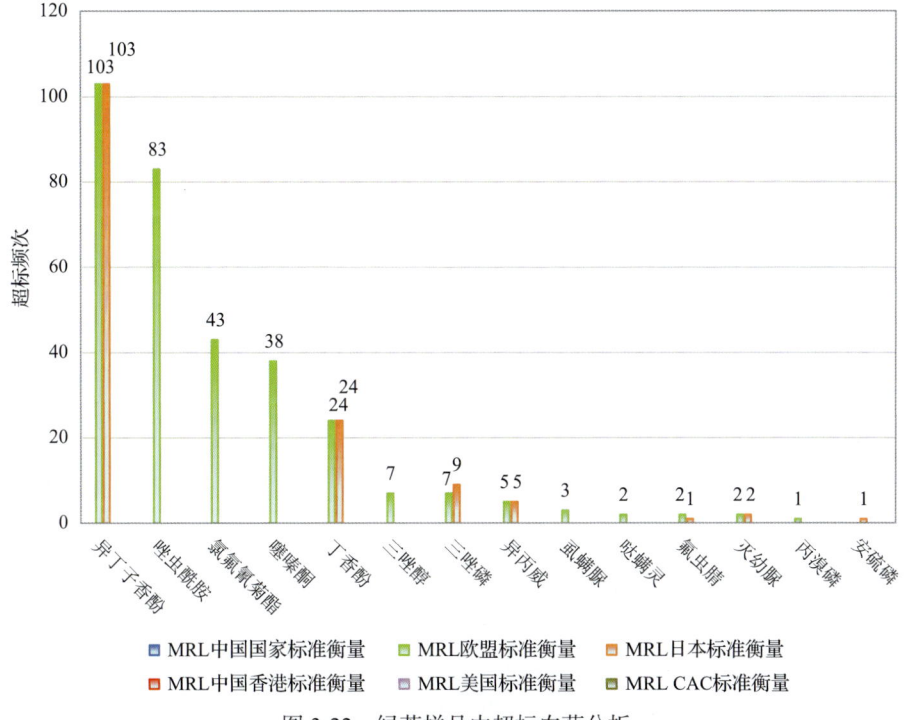

图 3-22 绿茶样品中超标农药分析

表 3-19 绿茶中农药残留超标情况明细表

样品总数 104		检出农药样品数 104	样品检出率(%) 100	检出农药品种总数 31
	超标农药品种	超标农药频次	按照 MRL 中国国家标准、欧盟标准和日本标准衡量超标农药名称及频次	
中国国家标准	0	0		
欧盟标准	13	320	异丁子香酚(103),唑虫酰胺(83),氯氟氰菊酯(43),噻嗪酮(38),丁香酚(24),三唑醇(7),三唑磷(7),异丙威(5),虿螨脲(3),哒螨灵(2),氟虫腈(2),灭幼脲(2),丙溴磷(1)	
日本标准	7	145	异丁子香酚(103),丁香酚(24),三唑磷(9),异丙威(5),灭幼脲(2),安硫磷(1),氟虫腈(1)	

3.3.3.2 乌龙茶

这次共检测 34 例乌龙茶样品,33 例样品中检出了农药残留,检出率为 97.1%,检出农药共计 25 种。其中联苯菊酯、唑虫酰胺、异丁子香酚、虿螨脲和三氯杀螨醇检出频次较高,分别检出了 32、29、26、18 和 14 次。乌龙茶中农约检出品种和频次见图 3-23,超标农药见图 3-24 和表 3-20。

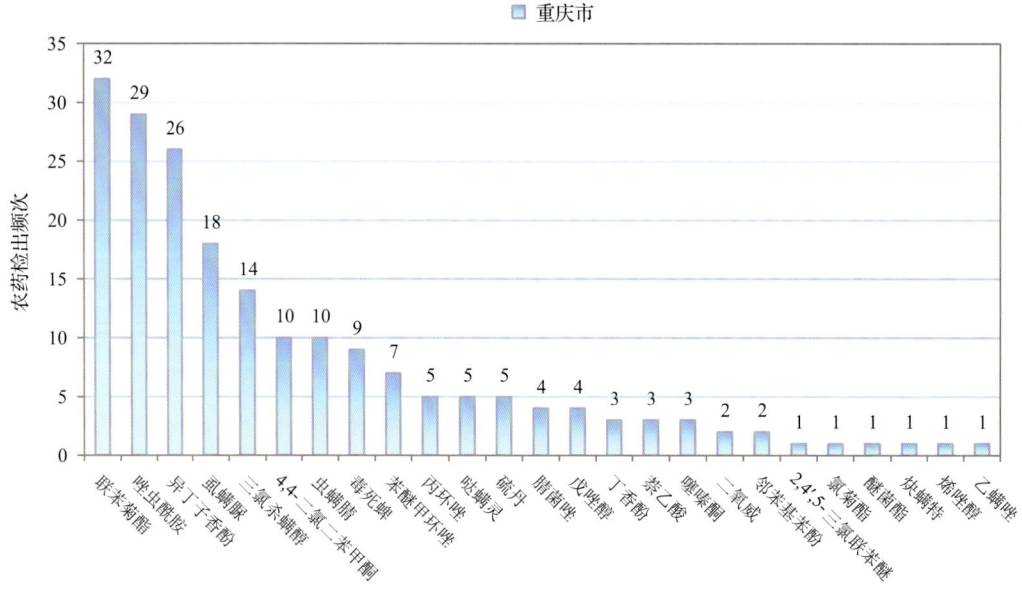

图 3-23　乌龙茶样品检出农药品种和频次分析

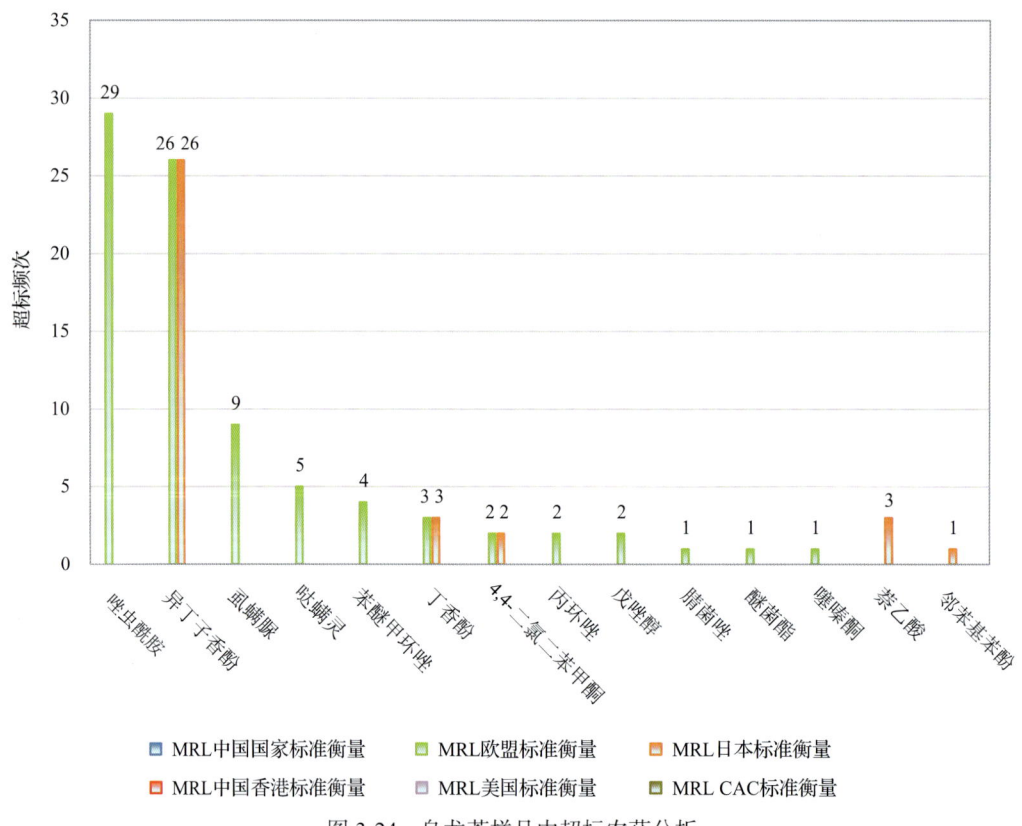

图 3-24　乌龙茶样品中超标农药分析

表 3-20　乌龙茶中农药残留超标情况明细表

样品总数 34		检出农药样品数 33	样品检出率(%) 97.1	检出农药品种总数 25
	超标农药品种	超标农药频次	按照 MRL 中国国家标准、欧盟标准和日本标准衡量超标农药名称及频次	
中国国家标准	0	0		
欧盟标准	12	85	唑虫酰胺(29),异丁子香酚(26),虱螨脲(8),哒螨灵(5),苯醚甲环唑(4),丁香酚(3),4,4-二氯二苯甲酮(2),丙环唑(2),戊唑醇(2),腈菌唑(1),醚菌酯(1),噻嗪酮(1)	
日本标准	5	35	异丁子香酚(26),丁香酚(3),萘乙酸(3),4,4-二氯二苯甲酮(2),邻苯基苯酚(1)	

3.4　初 步 结 论

3.4.1　重庆市市售茶叶按 MRL 中国国家标准和国际主要 MRL 标准衡量的合格率

本次侦测的 211 例样品中,3 例样品未检出任何残留农药,占样品总量的 1.4%,208 例样品检出不同水平、不同种类的残留农药,占样品总量的 98.6%。在这 208 例检出农药残留的样品中:

按照 MRL 中国国家标准衡量,有 206 例样品检出残留农药但含量没有超标,占样品总数的 97.6%,有 2 例样品检出了超标农药,占样品总数的 0.9%。

按照 MRL 欧盟标准衡量,有 29 例样品检出残留农药但含量没有超标,占样品总数的 13.7%,有 179 例样品检出了超标农药,占样品总数的 84.8%。

按照 MRL 日本标准衡量,有 42 例样品检出残留农药但含量没有超标,占样品总数的 19.9%,有 166 例样品检出了超标农药,占样品总数的 78.7%。

按照 MRL 中国香港标准衡量,有 208 例样品检出残留农药但含量没有超标,占样品总数的 98.6%,无检出残留农药超标的样品。

按照 MRL 美国标准衡量,有 208 例样品检出残留农药但含量没有超标,占样品总数的 98.6%,无检出残留农药超标的样品。

按照 MRL CAC 标准衡量,有 208 例样品检出残留农药但含量没有超标,占样品总数的 98.6%,无检出残留农药超标的样品。

3.4.2　重庆市市售茶叶中检出农药以中低微毒农药为主,占市场主体的 89.6%

这次侦测的 211 例茶叶样品共检出了 48 种农药,检出农药的毒性以中低微毒为主,详见表 3-21。

3.4.3　检出剧毒、高毒和禁用农药现象应该警醒

在此次侦测的 211 例样品中有 5 种茶叶的 113 例样品检出了 10 种 159 频次的剧毒和高毒或禁用农药,占样品总量的 53.6%。其中高毒农药三唑磷、克百威和甲胺磷检出频次较高。

表 3-21 市场主体农药毒性分布

毒性	检出品种	占比	检出频次	占比
高毒农药	5	10.4%	25	2.3%
中毒农药	28	58.3%	866	81.4%
低毒农药	10	20.8%	158	14.8%
微毒农药	5	10.4%	15	1.4%

中低微毒农药，品种占比 89.6%，频次占比 97.7%

按 MRL 中国国家标准衡量，高毒农药克百威，检出 7 次，超标 2 次；按超标程度比较，黑茶中克百威超标 0.3 倍。

剧毒、高毒或禁用农药的检出情况及按照 MRL 中国国家标准衡量的超标情况见表 3-22。

表 3-22 剧毒、高毒或禁用农药的检出及超标明细

序号	农药名称	样品名称	检出频次	超标频次	最大超标倍数	超标率
1.1	甲胺磷◦▲	黑茶	6	0	0	0.0%
2.1	克百威◦▲	黑茶	4	2	0.3	50.0%
2.2	克百威◦▲	绿茶	3	0	0	0.0%
3.1	醚菌酯◦	乌龙茶	1	0	0	0.0%
4.1	三唑磷◦▲	绿茶	9	0	0	0.0%
4.2	三唑磷◦▲	白茶	1	0	0	0.0%
5.1	氧乐果◦▲	绿茶	1	0	0	0.0%
6.1	毒死蜱▲	绿茶	34	0	0	0.0%
6.2	毒死蜱▲	乌龙茶	9	0	0	0.0%
6.3	毒死蜱▲	黑茶	1	0	0	0.0%
6.4	毒死蜱▲	红茶	1	0	0	0.0%
7.1	氟虫腈▲	绿茶	12	0	0	0.0%
7.2	氟虫腈▲	红茶	1	0	0	0.0%
8.1	乐果▲	绿茶	2	0	0	0.0%
9.1	硫丹▲	绿茶	18	0	0	0.0%
9.2	硫丹▲	黑茶	16	0	0	0.0%
9.3	硫丹▲	乌龙茶	5	0	0	0.0%
9.4	硫丹▲	红茶	3	0	0	0.0%
9.5	硫丹▲	白茶	2	0	0	0.0%
10.1	三氯杀螨醇▲	乌龙茶	14	0	0	0.0%
10.2	三氯杀螨醇▲	黑茶	9	0	0	0.0%
10.3	三氯杀螨醇▲	绿茶	7	0	0	0.0%
合计			159	2		1.3%

注：超标倍数参照 MRL 中国国家标准衡量

这些剧毒和高毒农药都是中国政府早有规定禁止在茶叶中使用的，为什么还屡次被检出，应该引起警惕。

3.4.4 残留限量标准与先进国家或地区差距较大

1064 频次的检出结果与我国公布的《食品中农药最大残留限量》(GB 2763—2016) 对比，有 462 频次能找到对应的 MRL 中国国家标准，占 43.4%；还有 602 频次的侦测数据无相关 MRL 标准供参考，占 56.6%。

与国际上现行 MRL 对比发现：

有 1064 频次能找到对应的 MRL 欧盟标准，占 100.0%；

有 1064 频次能找到对应的 MRL 日本标准，占 100.0%；

有 418 频次能找到对应的 MRL 中国香港标准，占 39.3%；

有 508 频次能找到对应的 MRL 美国标准，占 47.7%；

有 473 频次能找到对应的 MRL CAC 标准，占 44.5%。

由上可见，MRL 中国国家标准与先进国家或地区标准还有很大差距，我们无标准，境外有标准，这就会导致我们在国际贸易中，处于受制于人的被动地位。

3.4.5 茶叶单种样品检出 19~31 种农药残留，拷问农药使用的科学性

通过此次监测发现，绿茶、乌龙茶和黑茶是检出农药品种最多的 3 种茶叶，从中检出农药品种及频次详见表 3-23。

表 3-23 单种样品检出农药品种及频次

样品名称	样品总数	检出农药样品数	检出率	检出农药品种数	检出农药(频次)
绿茶	104	104	100.0%	31	异丁子香酚(103),联苯菊酯(101),唑虫酰胺(83),氯氟氰菊酯(43),噻嗪酮(41),毒死蜱(34),三唑醇(26),丁香酚(25),哒螨灵(20),丙溴磷(19),硫丹(18),甲氰菊酯(16),氟虫腈(12),虱螨脲(10),三氯磷(9),异丙威(9),咪鲜胺(8),4,4-二氯二苯甲酮(7),丙环唑(7),三氯杀螨醇(7),吡丙醚(5),稻瘟灵(4),邻苯基苯酚(4),安硫磷(3),克百威(3),乐果(2),灭幼脲(2),五氯苯甲腈(2),抗蚜威(1),氧乐果(1),乙螨唑(1)
乌龙茶	34	33	97.1%	25	联苯菊酯(32),唑虫酰胺(29),异丁子香酚(26),虱螨脲(18),三氯杀螨醇(14),4,4-二氯二苯甲酮(10),虫螨腈(10),毒死蜱(9),苯醚甲环唑(7),丙环唑(5),哒螨灵(5),硫丹(5),腈菌唑(4),戊唑醇(4),丁香酚(3),萘乙酸(3),噻嗪酮(3),二氧威(2),邻苯基苯酚(2),2,4',5-三氯联苯醚(1),氯菊酯(1),醚菌酯(1),炔螨特(1),烯唑醇(1),乙螨唑(1)
黑茶	45	44	97.8%	19	联苯菊酯(34),猛杀威(22),虫螨腈(16),硫丹(16),4,4-二氯二苯甲酮(9),三氯杀螨醇(9),异丁子香酚(9),唑虫酰胺(9),虱螨脲(8),丁香酚(6),甲胺磷(6),噻嗪酮(6),氯氟氰菊酯(5),蒽醌(4),克百威(4),吡嗪灵(3),毒死蜱(1),哌草丹(1),乙氧氟草醚(1)

上述 3 种茶叶，检出农药 19~31 种，是多种农药综合防治，还是未严格实施农业良好管理规范(GAP)，抑或根本就是乱施药，值得我们思考。

第 4 章　GC-Q-TOF/MS 侦测重庆市市售茶叶农药残留膳食暴露风险与预警风险评估

4.1　农药残留风险评估方法

4.1.1　重庆市农药残留侦测数据分析与统计

庞国芳院士科研团队建立的农药残留高通量侦测技术以高分辨精确质量数（0.0001 m/z 为基准）为识别标准，采用 GC-Q-TOF/MS 技术对 684 种农药化学污染物进行侦测。

科研团队于 2019 年 4 月期间在重庆市 27 个采样点，随机采集了 211 例茶叶样品，具体位置如图 4-1 所示。

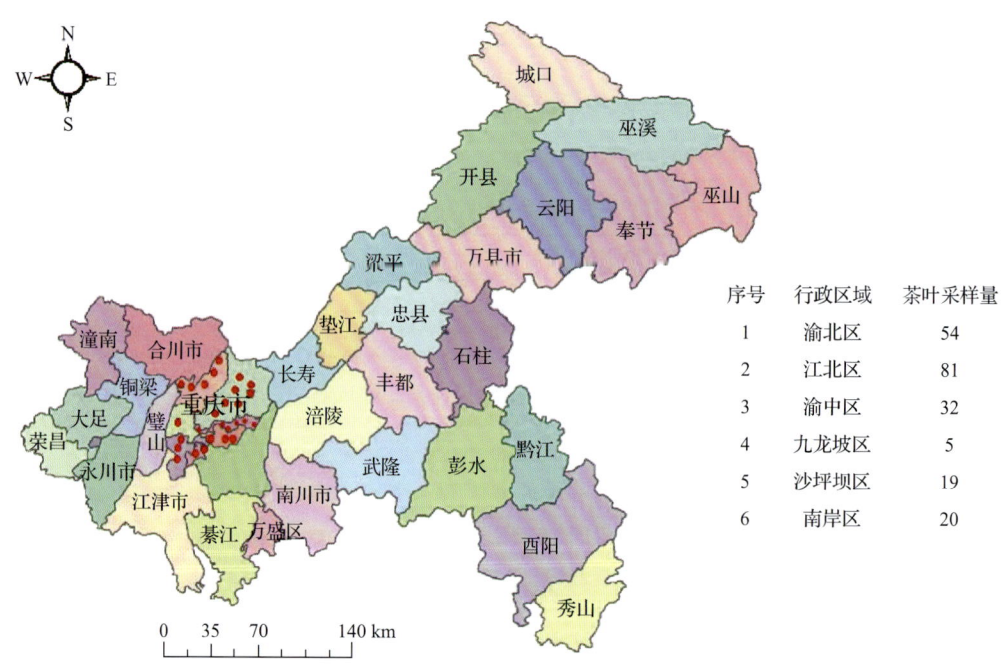

图 4-1　GC-Q-TOF/MS 侦测重庆市 27 个采样点 211 例样品分布示意图

利用 GC-Q-TOF/MS 技术对 211 例样品中的农药进行侦测，侦测出残留农药 48 种，1064 频次。侦测出农药残留水平如表 4-1 和图 4-2 所示。检出频次最高的前 10 种农药如表 4-2 所示。从检测结果中可以看出，在茶叶中农药残留普遍存在，且有些茶叶存在高浓度的农药残留，这些可能存在膳食暴露风险，对人体健康产生危害，因此，为了定量地评价茶叶中农药残留的风险程度，有必要对其进行风险评价。

表 4-1　侦测出农药的不同残留水平及其所占比例列表

残留水平(μg/kg)	检出频次	占比(%)
1~5（含）	123	11.6
5~10（含）	74	7.0
10~100（含）	501	47.1
100~1000（含）	340	32.0
>1000	26	2.4
合计	1064	100.1

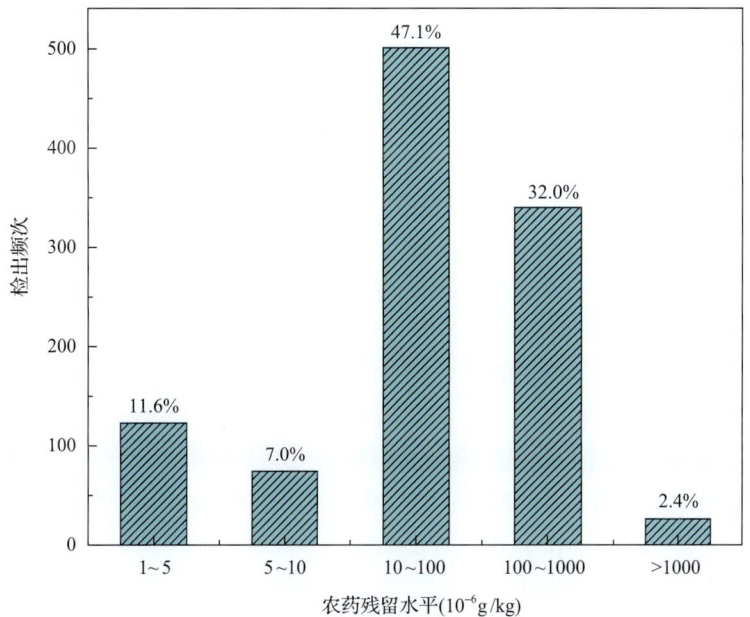

图 4-2　残留农药检出浓度频数分布图

表 4-2　检出频次最高的前 10 种农药列表

序号	农药	检出频次
1	联苯菊酯	191
2	异丁子香酚	152
3	唑虫酰胺	127
4	氯氟氰菊酯	52
5	噻嗪酮	52
6	毒死蜱	45
7	硫丹	44
8	虱螨脲	37
9	丁香酚	35
10	三氯杀螨醇	30

4.1.2 农药残留风险评价模型

对重庆市茶叶中农药残留分别开展暴露风险评估和预警风险评估。膳食暴露风险评估利用食品安全指数模型对茶叶中的残留农药对人体可能产生的危害程度进行评价，该模型结合残留监测和膳食暴露评估评价化学污染物的危害；预警风险评价模型运用风险系数(risk index，R)，风险系数综合考虑了危害物的超标率、施检频率及其本身敏感性的影响，能直观而全面地反映出危害物在一段时间内的风险程度。

4.1.2.1 食品安全指数模型

为了加强食品安全管理，《中华人民共和国食品安全法》第二章第十七条规定"国家建立食品安全风险评估制度，运用科学方法，根据食品安全风险监测信息、科学数据以及有关信息，对食品、食品添加剂、食品相关产品中生物性、化学性和物理性危害因素进行风险评估"[1]，膳食暴露评估是食品危险度评估的重要组成部分，也是膳食安全性的衡量标准[2]。国际上最早研究膳食暴露风险评估的机构主要是 JMPR（FAO、WHO 农药残留联合会议），该组织自 1995 年就已制定了急性毒性物质的风险评估急性毒性农药残留摄入量的预测。1960 年美国规定食品中不得加入致癌物质进而提出零阈值理论，渐渐零阈值理论发展成在一定概率条件下可接受风险的概念[3]，后衍变为食品中每日允许最大摄入量(ADI)，而国际食品农药残留法典委员会(CCPR)认为 ADI 不是独立风险评估的唯一标准[4]，1995 年 JMPR 开始研究农药急性膳食暴露风险评估，并对食品国际短期摄入量的计算方法进行了修正，亦对膳食暴露评估准则及评估方法进行了修正[5]，2002 年，在对世界上现行的食品安全评价方法，尤其是国际公认的 CAC 评价方法、全球环境监测系统/食品污染监测和评估规划(WHO GEMS/Food)及 FAO、WHO 食品添加剂联合专家委员会(JECFA)和 JMPR 对食品安全风险评估工作研究的基础之上，检验检疫食品安全管理的研究人员提出了结合残留监控和膳食暴露评估，以食品安全指数 IFS 计算食品中各种化学污染物对消费者的健康危害程度[6]。IFS 是表示食品安全状态的新方法，可有效地评价某种农药的安全性，进而评价食品中各种农药化学污染物对消费者健康的整体危害程度[7, 8]。从理论上分析，IFS_c 可指出食品中的污染物 c 对消费者健康是否存在危害及危害的程度[9]。其优点在于操作简单且结果容易被接受和理解，不需要大量的数据来对结果进行验证，使用默认的标准假设或者模型即可[10, 11]。

1) IFS_c 的计算

IFS_c 计算公式如下：

$$IFS_c = \frac{EDI_c \times f}{SI_c \times bw} \tag{4-1}$$

式中，c 为所研究的农药；EDI_c 为农药 c 的实际日摄入量估算值，等于 $\Sigma(R_i \times F_i \times E_i \times P_i)$（i 为食品种类；$R_i$ 为食品 i 中农药 c 的残留水平，mg/kg；F_i 为食品 i 的估计日消费量，g/(人·天)；E_i 为食品 i 的可食用部分因子；P_i 为食品 i 的加工处理因子）；SI_c 为安全摄入量，可采用每日允许最大摄入量 ADI；bw 为人平均体重，kg；f 为校正因子，如果安全摄入量采用 ADI，则 f 取 1。

$IFS_c \ll 1$，农药 c 对食品安全没有影响；$IFS_c \leqslant 1$，农药 c 对食品安全的影响可以接受；$IFS_c > 1$，农药 c 对食品安全的影响不可接受。

本次评价中：

$IFS_c \leqslant 0.1$，农药 c 对茶叶安全没有影响；

$0.1 < IFS_c \leqslant 1$，农药 c 对茶叶安全的影响可以接受；

$IFS_c > 1$，农药 c 对茶叶安全的影响不可接受。

本次评价中残留水平 R_i 取值为中国检验检疫科学研究院庞国芳院士课题组利用以高分辨精确质量数(0.0001 m/z)为基准的 GC-Q-TOF/MS 侦测技术于 2019 年 4 月期间对重庆市茶叶农药残留的侦测结果，估计日消费量 F_i 取值 0.0047kg/(人·天)，$E_i=1$，$P_i=1$，$f=1$，SI_c 采用《食品安全国家标准 食品中农药最大残留限量》(GB 2763—2016)中 ADI 值(具体数值见表 4-3)，人平均体重(bw)取值 60 kg。

表 4-3 重庆市茶叶中侦测出农药的 ADI 值

序号	农药	ADI	序号	农药	ADI	序号	农药	ADI
1	苯醚甲环唑	0.01	17	邻苯基苯酚	0.4	33	氧乐果	0.0003
2	吡丙醚	0.1	18	硫丹	0.006	34	乙螨唑	0.05
3	丙环唑	0.07	19	氯氟氰菊酯	0.02	35	乙氧氟草醚	0.03
4	丙溴磷	0.03	20	氯菊酯	0.05	36	异丙威	0.002
5	虫螨腈	0.03	21	咪鲜胺	0.01	37	唑虫酰胺	0.006
6	哒螨灵	0.01	22	醚菌酯	0.4	38	2,4′,5-三氯联苯醚	—
7	稻瘟灵	0.016	23	萘乙酸	0.15	39	4,4-二氯二苯甲酮	—
8	毒死蜱	0.01	24	哌草丹	0.001	40	安硫磷	—
9	氟虫腈	0.0002	25	炔螨特	0.01	41	吡喃灵	—
10	甲胺磷	0.004	26	噻嗪酮	0.009	42	丁香酚	—
11	甲氰菊酯	0.03	27	三氯杀螨醇	0.002	43	蒽醌	—
12	腈菌唑	0.03	28	三唑醇	0.03	44	二氧威	—
13	抗蚜威	0.02	29	三唑磷	0.001	45	猛杀威	—
14	克百威	0.001	30	虱螨脲	0.015	46	灭幼脲	—
15	乐果	0.002	31	戊唑醇	0.03	47	五氯苯甲腈	—
16	联苯菊酯	0.01	32	烯唑醇	0.005	48	异丁子香酚	—

注："—"表示为国家标准中无 ADI 值规定；ADI 值单位为 mg/kg bw

2) 计算 IFS_c 的平均值 $\overline{IFS}$，评价农药对食品安全的影响程度

以 $\overline{IFS}$ 评价各种农药对人体健康危害的总程度，评价模型见公式(4-2)。

$$\overline{IFS} = \frac{\sum_{i=1}^{n} IFS_c}{n} \quad (4\text{-}2)$$

$\overline{\text{IFS}} \ll 1$,所研究消费者人群的食品安全状态很好;$\overline{\text{IFS}} \leqslant 1$,所研究消费者人群的食品安全状态可以接受;$\overline{\text{IFS}} > 1$,所研究消费者人群的食品安全状态不可接受。

本次评价中:

$\overline{\text{IFS}} \leqslant 0.1$,所研究消费者人群的茶叶安全状态很好;

$0.1 < \overline{\text{IFS}} \leqslant 1$,所研究消费者人群的茶叶安全状态可以接受;

$\overline{\text{IFS}} > 1$,所研究消费者人群的茶叶安全状态不可接受。

4.1.2.2 预警风险评估模型

2003年,我国检验检疫食品安全管理的研究人员根据WTO的有关原则和我国的具体规定,结合危害物本身的敏感性、风险程度及其相应的施检频率,首次提出了食品中危害物风险系数R的概念[12]。R是衡量一个危害物的风险程度大小最直观的参数,即在一定时期内其超标率或阳性检出率的高低,但受其施检频率的高低及其本身的敏感性(受关注程度)影响。该模型综合考察了农药在茶叶中的超标率、施检频率及其本身敏感性,能直观而全面地反映出农药在一段时间内的风险程度[13]。

1) R计算方法

危害物的风险系数综合考虑了危害物的超标率或阳性检出率、施检频率和其本身的敏感性影响,并能直观而全面地反映出危害物在一段时间内的风险程度。风险系数R的计算公式如式(4-3):

$$R = aP + \frac{b}{F} + S \qquad (4\text{-}3)$$

式中,P为该种危害物的超标率;F为危害物的施检频率;S为危害物的敏感因子;a,b分别为相应的权重系数。

本次评价中$F=1$;$S=1$;$a=100$;$b=0.1$,对参数P进行计算,计算时首先判断是否为禁用农药,如果为非禁用农药,P=超标的样品数(侦测出的含量高于食品最大残留限量标准值,即MRL)除以总样品数(包括超标、不超标、未侦测出);如果为禁用农药,则侦测出即为超标,P=能侦测出的样品数除以总样品数。判断重庆市茶叶农药残留是否超标的标准限值MRL分别以MRL中国国家标准[14]和MRL欧盟标准作为对照,具体值列于本报告附表一中。

2) 评价风险程度

$R \leqslant 1.5$,受检农药处于低度风险;

$1.5 < R \leqslant 2.5$,受检农药处于中度风险;

$R > 2.5$,受检农药处于高度风险。

4.1.2.3 食品膳食暴露风险和预警风险评估应用程序的开发

1) 应用程序开发的步骤

为成功开发膳食暴露风险和预警风险评估应用程序,与软件工程师多次沟通讨论,逐步提出并描述清楚计算需求，开发了初步应用程序。为明确出不同茶叶、不同农药、不同地域的风险水平，向软件工程师提出不同的计算需求，软件工程师对计算需求进行逐一分析，经过反复的细节沟通，需求分析得到明确后，开始进行解决方案的设计，在保证需求的完整性、一致性的前提下，编写出程序代码，最后设计出满足需求的风险评估专用计算软件，并通过一系列的软件测试和改进，完成专用程序的开发。软件开发基本步骤见图4-3。

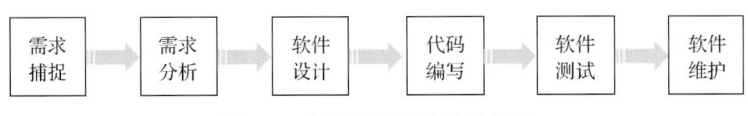

图4-3 专用程序开发总体步骤

2）膳食暴露风险评估专业程序开发的基本要求

首先直接利用公式(4-1)，分别计算 LC-Q-TOF/MS 和 GC-Q-TOF/MS 仪器侦测出的各茶叶样品中每种农药 IFS_c，将结果列出。为考察超标农药和禁用农药的使用安全性，分别以我国《食品安全国家标准　食品中农药最大残留限量》(GB 2763—2016)和欧盟食品中农药最大残留限量(以下简称 MRL 中国国家标准和 MRL 欧盟标准)为标准，对侦测出的禁用农药和超标的非禁用农药 IFS_c 单独进行评价；按 IFS_c 大小列表，并找出 IFS_c 值排名前 20 的样本重点关注。

对不同茶叶 i 中每一种侦测出的农药 c 的安全指数进行计算，多个样品时求平均值。按农药种类，计算整个监测时间段内每种农药的 IFS_c，不区分茶叶种类。

3）预警风险评估专业程序开发的基本要求

分别以 MRL 中国国家标准和 MRL 欧盟标准，按公式(4-3)逐个计算不同茶叶、不同农药的风险系数，禁用农药和非禁用农药分别列表。

为清楚了解各种农药的预警风险，不分时间，不分茶叶，按禁用农药和非禁用农药分类，分别计算各种侦测出农药全部检测时段内风险系数。由于有 MRL 中国国家标准的农药种类太少，无法计算超标数，非禁用农药的风险系数只以 MRL 欧盟标准为标准，进行计算。

4）风险程度评价专业应用程序的开发方法

采用 Python 计算机程序设计语言，Python 是一个高层次地结合了解释性、编译性、互动性和面向对象的脚本语言。风险评价专用程序主要功能包括：分别读入每例样品 LC-Q-TOF/MS 和 GC-Q-TOF/MS 农药残留检测数据，根据风险评价工作要求，依次对不同农药、不同食品、不同时间、不同采样点的 IFS_c 值和 R 值分别进行数据计算，筛选出禁用农药、超标农药(分别与 MRL 中国国家标准、MRL 欧盟标准限值进行对比)单独重点分析，再分别对各农药、各茶叶种类分类处理，设计出计算和排序程序，编写计算机代码，最后将生成的膳食暴露风险评估和超标风险评估定量计算结果列入设计好的各个表格中，并定性判断风险对目标的影响程度，直接用文字描述风险发生的高低，如"不可接受"、"可以接受"、"没有影响"、"高度风险"、"中度风险"、"低度风险"。

4.2 GC-Q-TOF/MS 侦测重庆市市售茶叶农药残留膳食暴露风险评估

4.2.1 每例茶叶样品中农药残留安全指数分析

基于 2019 年 4 月的农药残留侦测数据，发现在 211 例样品中侦测出农药 1064 频次，计算样品中每种残留农药的安全指数 IFS_c，并分析农药对样品安全的影响程度，结果详见附表二，农药残留对茶叶样品安全的影响程度频次分布情况如图 4-4 所示。

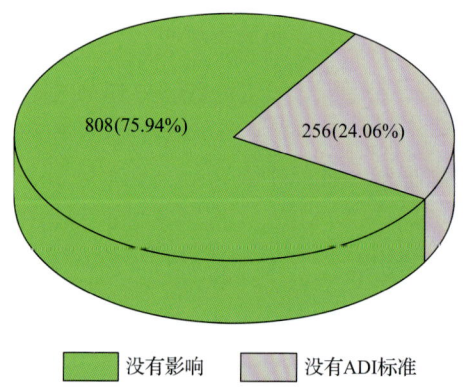

图 4-4 农药残留对茶叶样品安全的影响程度频次分布图

由图 4-4 可以看出，农药残留对样品安全的没有影响的频次为 808，占 75.94%。部分样品侦测出禁用农药 9 种 158 频次，为了明确残留的禁用农药对样品安全的影响，分析侦测出禁用农药残留的样品安全指数，禁用农药残留对茶叶样品安全的影响程度频次分布情况如图 4-5 所示，农药残留对样品安全没有影响的频次为 158，占 100%。

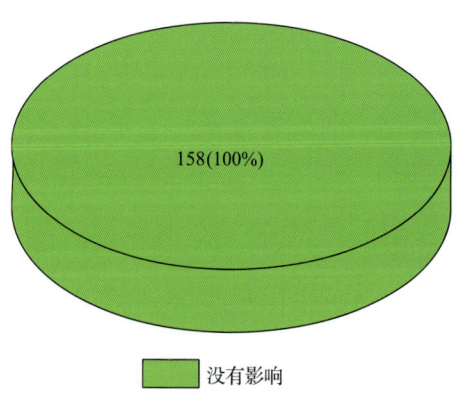

图 4-5 禁用农药对茶叶样品安全影响程度的频次分布图

此外，本次侦测发现部分样品中非禁用农药残留量超过了 MRL 欧盟标准，为了明确超标的非禁用农药对样品安全的影响，分析了非禁用农药残留超标的样品安全指数。

残留量超过 MRL 欧盟标准的非禁用农药对茶叶样品安全的影响程度频次分布情况如图 4-6 所示。可以看出超过 MRL 欧盟标准的非禁用农药共 466 频次,其中农药没有 ADI 的频次为 204,占 43.78%;农药残留对样品安全没有影响的频次为 262,占 56.22%。表 4-4 为茶叶样品中安全指数排名前 10 的残留超标非禁用农药列表。

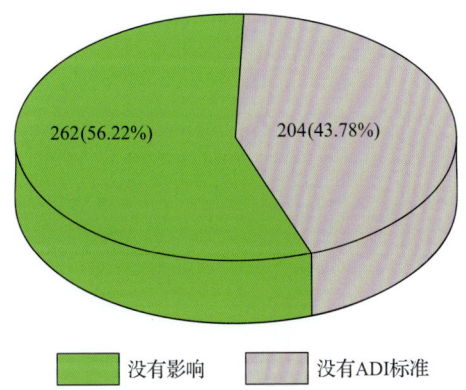

图 4-6 残留超标的非禁用农药对茶叶样品安全的影响程度频次分布图(MRL 欧盟标准)

表 4-4 茶叶样品中安全指数排名前 10 的残留超标非禁用农药列表(MRL 欧盟标准)

序号	样品编号	采样点	基质	农药	含量(mg/kg)	欧盟标准	IFS_c	影响程度
1	20190407-500106-USI-GT-15E	***超市(欣阳店)	绿茶	唑虫酰胺	3.0565	0.01	$3.99×10^{-2}$	没有影响
2	20190407-500103-USI-GT-10A	***超市(大坪协信店)	绿茶	唑虫酰胺	1.9458	0.01	$2.54×10^{-2}$	没有影响
3	20190407-500103-USI-GT-14A	***超市(龙湖时代天街店)	绿茶	唑虫酰胺	1.7866	0.01	$2.33×10^{-2}$	没有影响
4	20190407-500103-USI-GT-05B	***超市(日月光店)	绿茶	唑虫酰胺	1.7064	0.01	$2.23×10^{-2}$	没有影响
5	20190407-500103-USI-GT-13C	***超市(大坪店)	绿茶	唑虫酰胺	1.6855	0.01	$2.20×10^{-2}$	没有影响
6	20190407-500112-USI-GT-07E	***超市(星湖路店)	绿茶	唑虫酰胺	1.6265	0.01	$2.12×10^{-2}$	没有影响
7	20190407-500112-USI-GT-02A	***超市(重庆 SM 广场店)	绿茶	唑虫酰胺	1.6075	0.01	$2.10×10^{-2}$	没有影响
8	20190407-500112-USI-GT-07B	***超市(星湖路店)	绿茶	唑虫酰胺	1.5313	0.01	$2.00×10^{-2}$	没有影响
9	20190407-500103-USI-GT-17E	***超市(人和街店)	绿茶	唑虫酰胺	1.507	0.01	$1.97×10^{-2}$	没有影响
10	20190407-500106-USI-GT-15B	***超市(欣阳店)	绿茶	唑虫酰胺	1.4492	0.01	$1.89×10^{-2}$	没有影响

4.2.2 单种茶叶中农药残留安全指数分析

本次 5 种茶叶侦测 48 种农药,检出频次为 1064 次,其中 11 种农药没有 ADI,37 种农药存在 ADI 标准。5 种茶叶按不同种类分别计算侦测出的具有 ADI 标准的各种农药

的 IFS_c 值，农药残留对茶叶的安全指数分布图如图 4-7 所示。

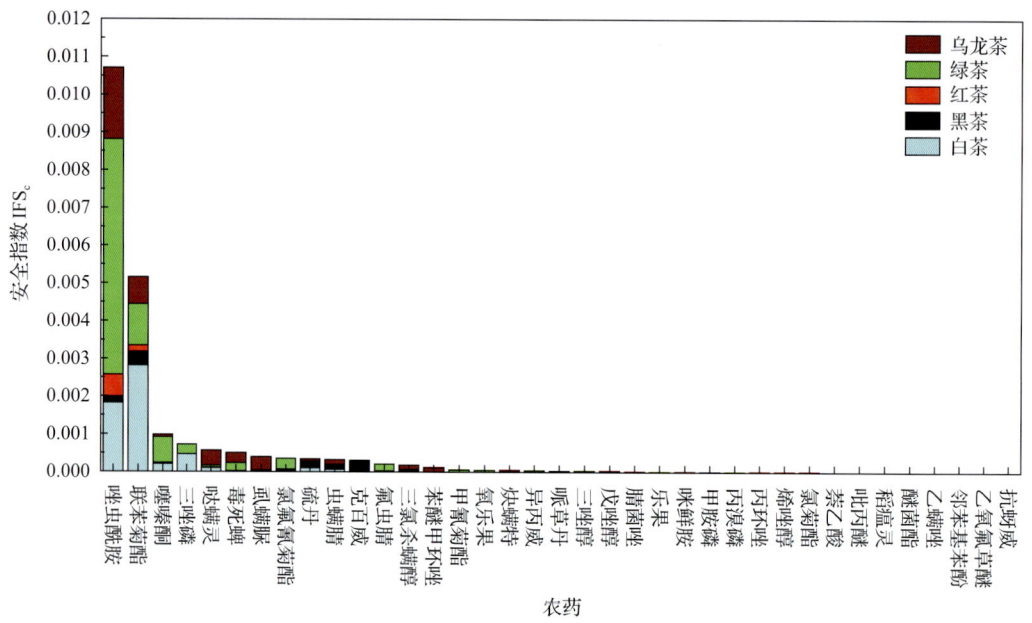

图 4-7 5 种茶叶中 37 种残留农药的安全指数分布图

本次侦测中，5 种茶叶和 48 种残留农药(包括没有 ADI)共涉及 95 个分析样本，农药对单种茶叶安全的影响程度分布情况如图 4-8 所示。可以看出，78.95%的样本中农药对茶叶安全没有影响。

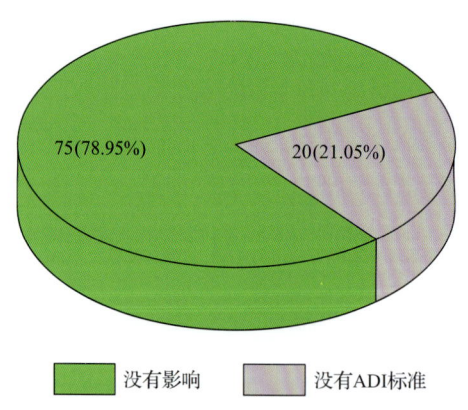

图 4-8 95 个分析样本的影响程度频次分布图

4.2.3 所有茶叶中农药残留安全指数分析

计算所有茶叶中 37 种农药的 IFS_c 值，结果如图 4-9 及表 4-5 所示。

分析发现，所有农药对茶叶安全的影响程度均为没有影响，说明茶叶中残留的农药不会对茶叶安全造成影响。

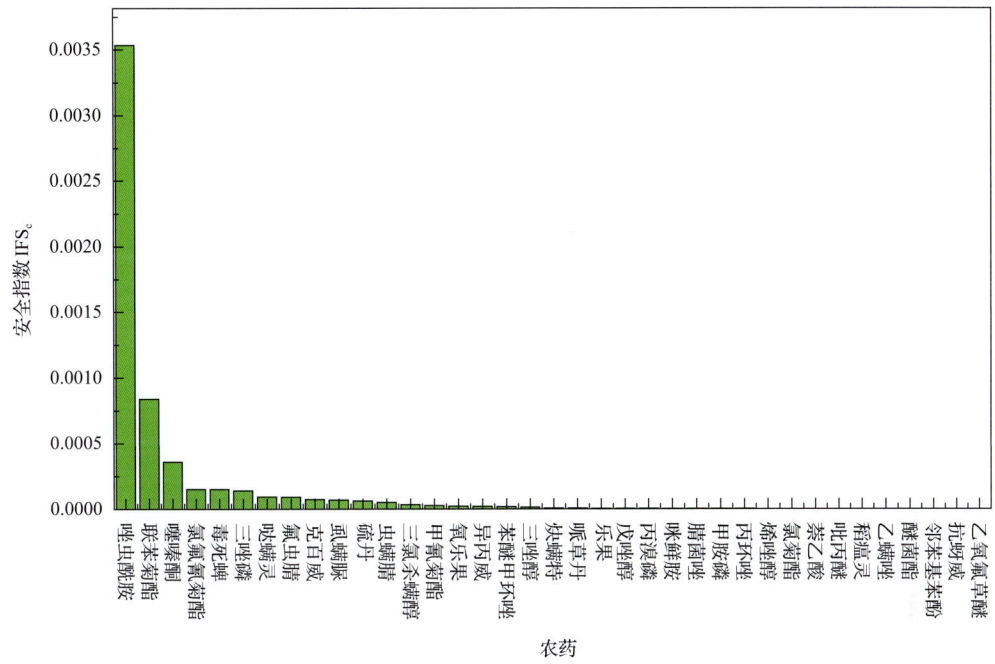

图 4-9　37 种残留农药对茶叶的安全影响程度统计图

表 4-5　茶叶中 37 种农药残留的安全指数表

序号	农药	检出频次	检出率(%)	IFS$_c$	影响程度	序号	农药	检出频次	检出率(%)	IFS$_c$	影响程度
1	唑虫酰胺	127	60.19	3.53×10^{-3}	没有影响	20	哌草丹	1	0.47	6.31×10^{-6}	没有影响
2	联苯菊酯	191	90.52	8.40×10^{-4}	没有影响	21	乐果	2	0.95	4.90×10^{-6}	没有影响
3	噻嗪酮	52	24.64	3.59×10^{-4}	没有影响	22	戊唑醇	4	1.90	4.32×10^{-6}	没有影响
4	氯氟氰菊酯	52	24.64	1.52×10^{-4}	没有影响	23	丙溴磷	19	9.00	3.83×10^{-6}	没有影响
5	毒死蜱	45	21.33	1.51×10^{-4}	没有影响	24	咪鲜胺	10	4.74	3.02×10^{-6}	没有影响
6	三唑磷	10	4.74	1.40×10^{-4}	没有影响	25	腈菌唑	4	1.90	2.07×10^{-6}	没有影响
7	哒螨灵	27	12.80	9.38×10^{-5}	没有影响	26	甲胺磷	6	2.84	1.87×10^{-6}	没有影响
8	氟虫腈	13	6.16	9.17×10^{-5}	没有影响	27	丙环唑	12	5.69	1.17×10^{-6}	没有影响
9	克百威	7	3.32	7.44×10^{-5}	没有影响	28	烯唑醇	1	0.47	5.05×10^{-7}	没有影响
10	虱螨脲	37	17.54	6.86×10^{-5}	没有影响	29	氯菊酯	1	0.47	4.21×10^{-7}	没有影响
11	硫丹	44	20.85	6.14×10^{-5}	没有影响	30	萘乙酸	3	1.42	4.09×10^{-7}	没有影响
12	虫螨腈	28	13.27	5.01×10^{-5}	没有影响	31	吡丙醚	5	2.37	3.57×10^{-7}	没有影响
13	三氯杀螨醇	30	14.22	3.38×10^{-5}	没有影响	32	稻瘟灵	4	1.90	2.81×10^{-7}	没有影响
14	甲氰菊酯	16	7.58	2.78×10^{-5}	没有影响	33	乙螨唑	2	0.95	1.11×10^{-7}	没有影响
15	氧乐果	1	0.47	2.25×10^{-5}	没有影响	34	醚菌酯	1	0.47	9.14×10^{-8}	没有影响
16	异内威	9	4.27	2.09×10^{-5}	没有影响	35	邻苯基苯酚	8	3.79	6.63×10^{0}	没有影响
17	苯醚甲环唑	7	3.32	1.87×10^{-5}	没有影响	36	抗蚜威	1	0.47	4.27×10^{-8}	没有影响
18	三唑醇	26	12.32	1.44×10^{-5}	没有影响	37	乙氧氟草醚	1	0.47	2.72×10^{-8}	没有影响
19	炔螨特	1	0.47	7.26×10^{-6}	没有影响						

4.3 GC-Q-TOF/MS 侦测重庆市市售茶叶农药残留预警风险评估

基于重庆市茶叶样品中农药残留 GC-Q-TOF/MS 侦测数据，分析禁用农药的检出率，同时参照中华人民共和国国家标准 GB 2763—2016 和欧盟农药最大残留限量（MRL）标准分析非禁用农药残留的超标率，并计算农药残留风险系数。分析单种茶叶中农药残留以及所有茶叶中农药残留的风险程度。

4.3.1 单种茶叶中农药残留风险系数分析

4.3.1.1 单种茶叶中禁用农药残留风险系数分析

侦测出的 48 种残留农药中有 9 种为禁用农药，且它们分布在 5 种茶叶中，计算 5 种茶叶中禁用农药的检出率，根据检出率计算风险系数 R，进而分析茶叶中禁用农药的风险程度，结果如图 4-10 与表 4-6 所示。分析发现绿茶中的氧乐果残留处于中度风险，其余禁用农药茶叶中的残留均处于高度风险。

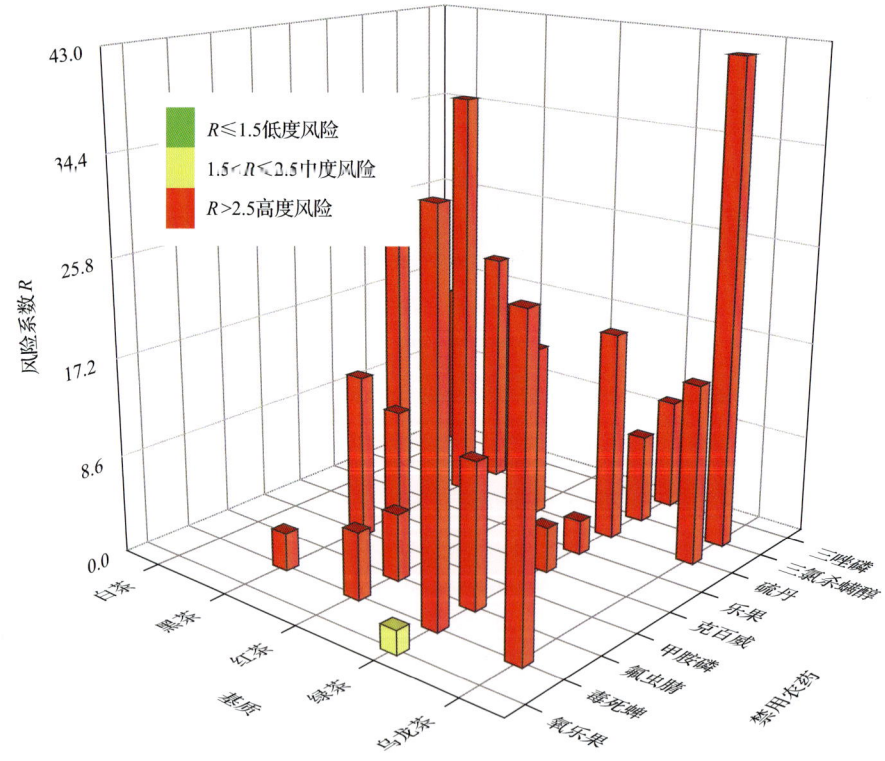

图 4-10 5 种茶叶中 9 种禁用农药残留的风险系数

表 4-6　5 种茶叶中 9 种禁用农药残留的风险系数表

序号	基质	农药	检出频次	检出率(%)	风险系数 R	风险程度
1	乌龙茶	三氯杀螨醇	14	41.18	42.28	高度风险
2	乌龙茶	毒死蜱	9	26.47	27.57	高度风险
3	乌龙茶	硫丹	5	14.71	15.81	高度风险
4	白茶	三唑磷	1	14.29	15.39	高度风险
5	白茶	硫丹	2	28.57	29.67	高度风险
6	红茶	毒死蜱	1	4.76	5.86	高度风险
7	红茶	氟虫腈	1	4.76	5.86	高度风险
8	红茶	硫丹	3	14.29	15.39	高度风险
9	绿茶	三唑磷	9	8.65	9.75	高度风险
10	绿茶	三氯杀螨醇	7	6.73	7.83	高度风险
11	绿茶	乐果	2	1.92	3.02	高度风险
12	绿茶	克百威	3	2.88	3.98	高度风险
13	绿茶	毒死蜱	34	32.69	33.79	高度风险
14	绿茶	氟虫腈	12	11.54	12.64	高度风险
15	绿茶	氧乐果	1	0.96	2.06	中度风险
16	绿茶	硫丹	18	17.31	18.41	高度风险
17	黑茶	三氯杀螨醇	9	20.00	21.10	高度风险
18	黑茶	克百威	4	8.89	9.99	高度风险
19	黑茶	毒死蜱	1	2.22	3.32	高度风险
20	黑茶	甲胺磷	6	13.33	14.43	高度风险
21	黑茶	硫丹	16	35.56	36.66	高度风险

4.3.1.2　基于 MRL 中国国家标准的单种茶叶中非禁用农药残留风险系数分析

参照中华人民共和国国家标准 GB 2763—2016 中农药残留限量计算每种茶叶中每种非禁用农药的超标率，进而计算其风险系数，根据风险系数大小判断残留农药的预警风险程度，茶叶中非禁用农药残留风险程度分布情况如图 4-11 所示。

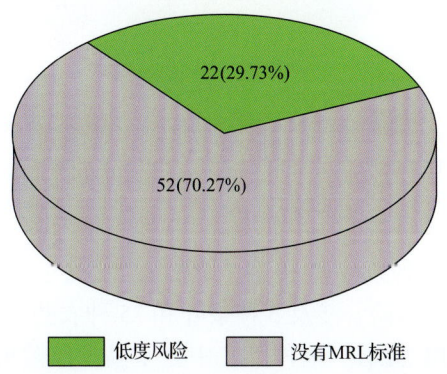

图 4-11　茶叶中非禁用农药残留的风险程度分布图（MRL 中国国家标准）

本次分析中，发现在 5 种茶叶检出 39 种残留非禁用农药，涉及样本 74 个，在 74 个样本中，29.73%处于低度风险，此外发现有 52 个样本没有 MRL 中国国家标准值，无法判断其风险程度，有 MRL 中国国家标准值的 22 个样本涉及 5 种茶叶中的 8 种非禁用农药，其风险系数 R 值如图 4-12 所示。

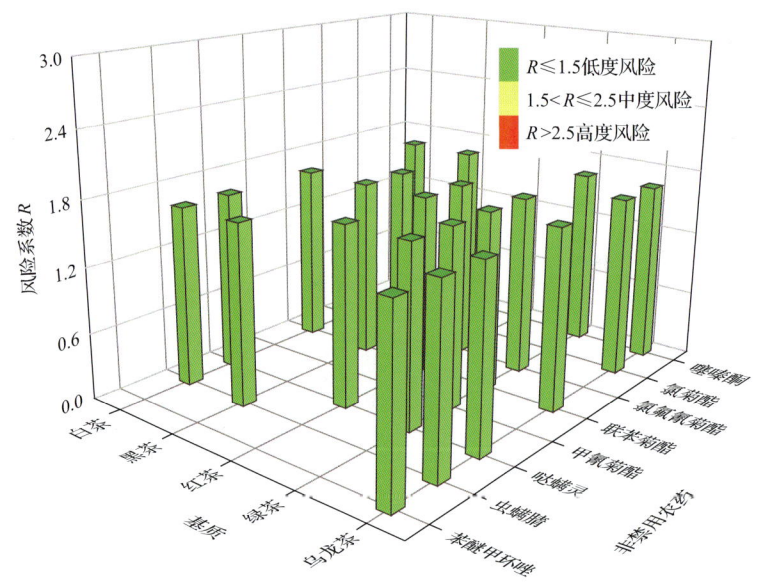

图 4-12　5 种茶叶中 8 种非禁用农药的风险系数分布图（MRL 中国国家标准）

4.3.1.3　基于 MRL 欧盟标准的单种茶叶中非禁用农药残留风险系数分析

参照 MRL 欧盟标准计算每种茶叶中每种非禁用农药的超标率，进而计算其风险系数，根据风险系数大小判断农药残留的预警风险程度，茶叶中非禁用农药残留风险程度分布情况如图 4-13 所示。

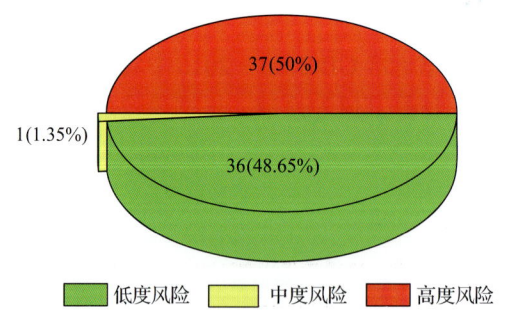

图 4-13　茶叶中非禁用农药残留的风险程度分布图（MRL 欧盟标准）

本次分析中，发现在 5 种茶叶中共侦测出 39 种非禁用农药，涉及样本 74 个，其中，50%处于高度风险，涉及 5 种茶叶和 19 种农药；1.35%处于中度风险，涉及 1 种茶叶和 1 种农药；48.65%处于低度风险，涉及 5 种茶叶和 25 种农药。单种茶叶中的非禁用农药风险系数分布图如图 4-14 所示。单种茶叶中处于高度风险的非禁用农药风险系数如图 4-15 和表 4-7 所示。

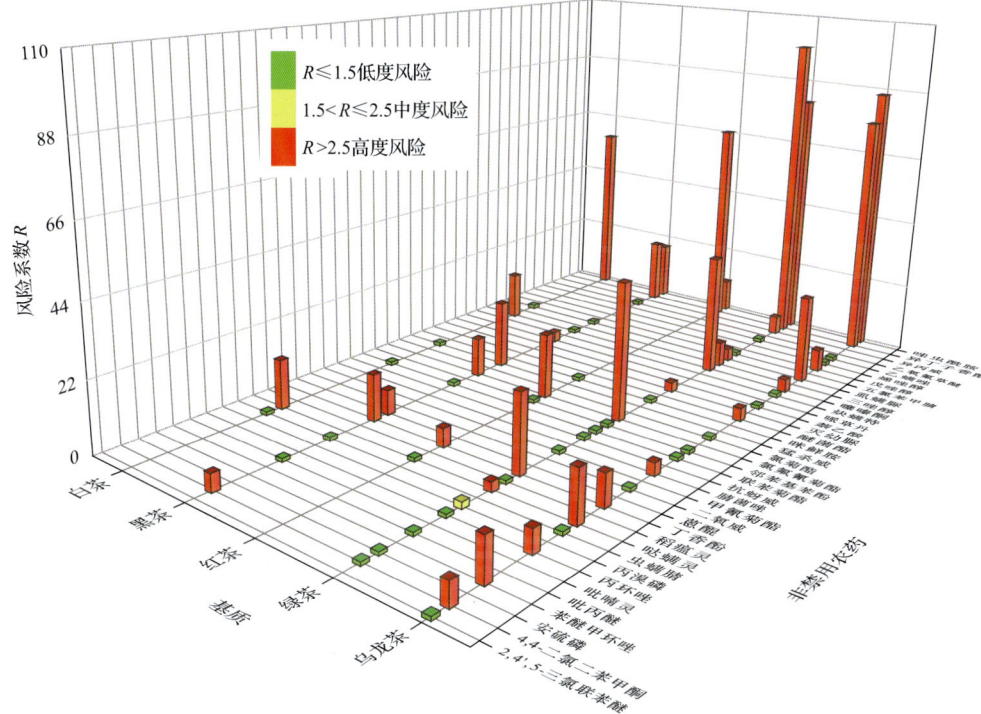

图 4-14　5 种茶叶中 39 种非禁用农药残留的风险系数（MRL 欧盟标准）

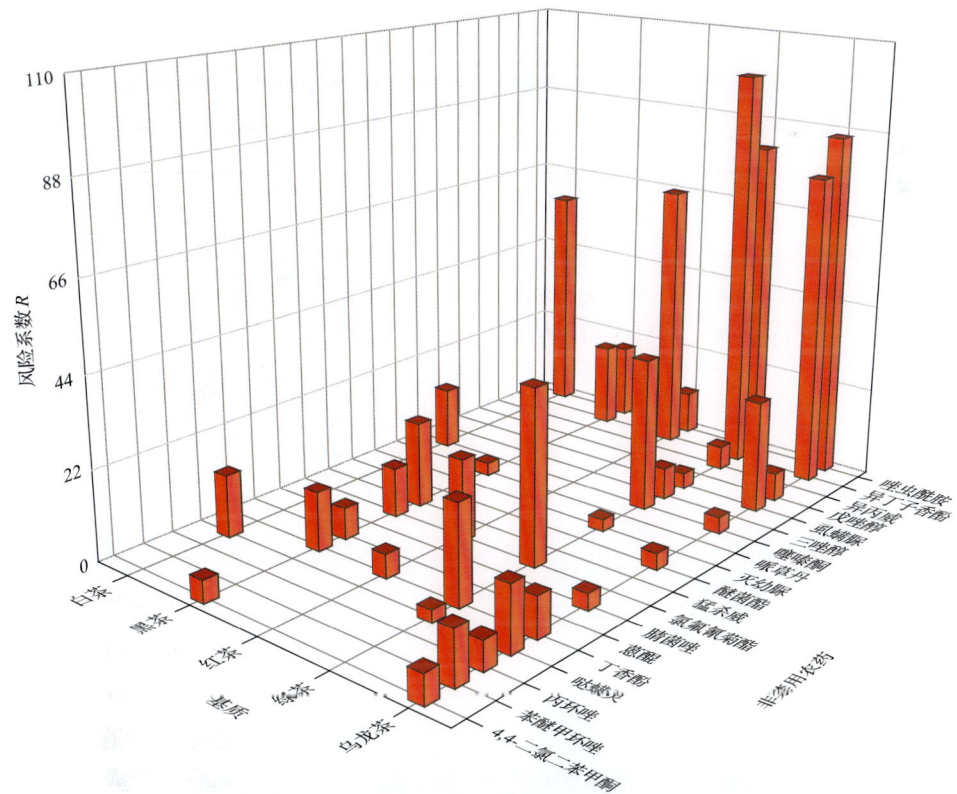

图 4-15　单种茶叶中处于高度风险的非禁用农药的风险系数（MRL 欧盟标准）

表 4-7　单种茶叶中处于高度风险的非禁用农药残留的风险系数表（MRL 欧盟标准）

序号	基质	农药	超标频次	超标率 P(%)	风险系数 R
1	绿茶	异丁子香酚	103	99.04	100.14
2	乌龙茶	唑虫酰胺	29	85.29	86.39
3	绿茶	唑虫酰胺	83	79.81	80.91
4	乌龙茶	异丁子香酚	26	76.47	77.57
5	红茶	异丁子香酚	14	66.67	67.77
6	白茶	唑虫酰胺	4	57.14	58.24
7	绿茶	氯氟氰菊酯	43	41.35	42.45
8	绿茶	噻嗪酮	38	36.54	37.64
9	乌龙茶	虱螨脲	9	26.47	27.57
10	绿茶	丁香酚	24	23.08	24.18
11	黑茶	异丁子香酚	9	20.00	21.10
12	黑茶	猛杀威	9	20.00	21.10
13	红茶	氯氟氰菊酯	4	19.05	20.15
14	黑茶	唑虫酰胺	8	17.78	18.88
15	乌龙茶	哒螨灵	5	14.71	15.81
16	白茶	哒螨灵	1	14.29	15.39
17	白茶	噻嗪酮	1	14.29	15.39
18	黑茶	丁香酚	6	13.33	14.43
19	乌龙茶	苯醚甲环唑	4	11.76	12.86
20	黑茶	氯氟氰菊酯	5	11.11	12.21
21	红茶	唑虫酰胺	2	9.52	10.62
22	乌龙茶	丁香酚	3	8.82	9.92
23	绿茶	三唑醇	7	6.73	7.83
24	黑茶	蒽醌	3	6.67	7.77
25	乌龙茶	4,4-二氯二苯甲酮	2	5.88	6.98
26	乌龙茶	丙环唑	2	5.88	6.98
27	乌龙茶	戊唑醇	2	5.88	6.98
28	绿茶	异丙威	5	4.81	5.91
29	红茶	丁香酚	1	4.76	5.86
30	黑茶	4,4-二氯二苯甲酮	2	4.44	5.54
31	乌龙茶	噻嗪酮	1	2.94	4.04
32	乌龙茶	腈菌唑	1	2.94	4.04
33	乌龙茶	醚菌酯	1	2.94	4.04
34	绿茶	虱螨脲	3	2.88	3.98
35	黑茶	哌草丹	1	2.22	3.32
36	绿茶	哒螨灵	2	1.92	3.02
37	绿茶	灭幼脲	2	1.92	3.02

4.3.2 所有茶叶中农药残留风险系数分析

4.3.2.1 所有茶叶中禁用农药残留风险系数分析

在侦测出的 48 种农药中有 9 种为禁用农药,计算所有茶叶中禁用农药的风险系数,结果如表 4-8 所示。在 9 种禁用农药中,7 种农药残留处于高度风险,2 种农药残留处于中度风险。

表 4-8 茶叶中 9 种禁用农药的风险系数表

序号	农药	检出频次	检出率(%)	风险系数 R	风险程度
1	毒死蜱	45	21.33	22.43	高度风险
2	硫丹	44	20.85	21.95	高度风险
3	三氯杀螨醇	30	14.22	15.32	高度风险
4	氟虫腈	13	6.16	7.26	高度风险
5	三唑磷	10	4.74	5.84	高度风险
6	克百威	7	3.32	4.42	高度风险
7	甲胺磷	6	2.84	3.94	高度风险
8	乐果	2	0.95	2.05	中度风险
9	氧乐果	1	0.47	1.57	中度风险

4.3.2.2 所有茶叶中非禁用农药残留风险系数分析

参照 MRL 欧盟标准计算所有茶叶中每种非禁用农药残留的风险系数,如图 4-16 与表 4-9 所示。在侦测出的 39 种非禁用农药中,13 种农药(33.33%)残留处于高度风险,7 种农药(17.95%)残留处于中度风险,19 种农药(48.72%)残留处于低度风险。

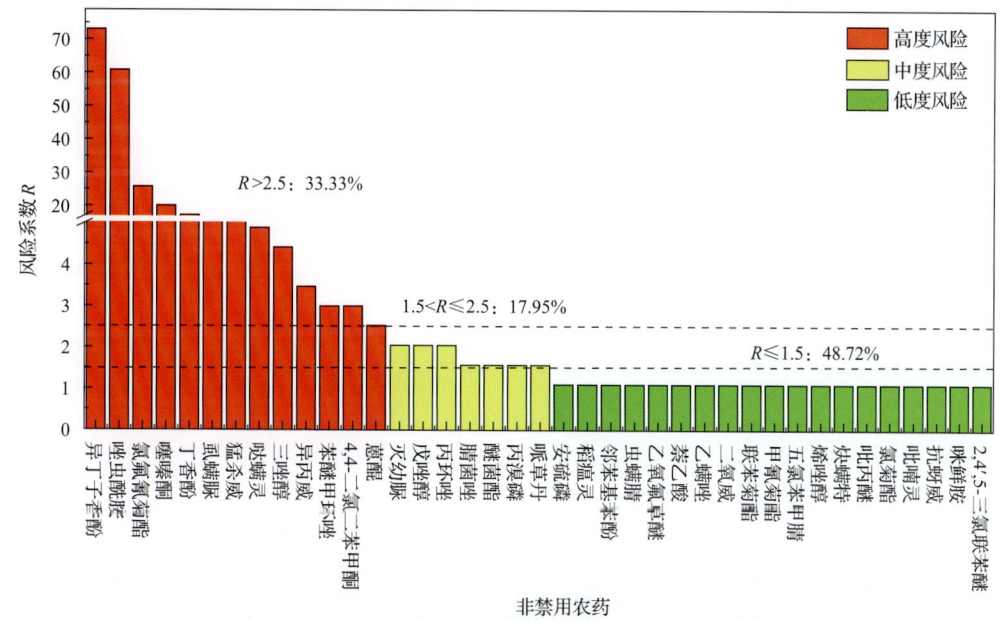

图 4-16 茶叶中 39 种非禁用农药的风险程度统计图

表 4-9　茶叶中 39 种非禁用农药的风险系数表

序号	农药	超标频次	超标率 P(%)	风险系数 R	风险程度
1	异丁子香酚	152	72.04	73.14	高度风险
2	唑虫酰胺	126	59.72	60.82	高度风险
3	氯氟氰菊酯	52	24.64	25.74	高度风险
4	噻嗪酮	40	18.96	20.06	高度风险
5	丁香酚	34	16.11	17.21	高度风险
6	虱螨脲	12	5.69	6.79	高度风险
7	猛杀威	9	4.27	5.37	高度风险
8	哒螨灵	8	3.79	4.89	高度风险
9	三唑醇	7	3.32	4.42	高度风险
10	异丙威	5	2.37	3.47	高度风险
11	苯醚甲环唑	4	1.90	3.00	高度风险
12	4,4-二氯二苯甲酮	4	1.90	3.00	高度风险
13	蒽醌	3	1.42	2.52	高度风险
14	灭幼脲	2	0.95	2.05	中度风险
15	戊唑醇	2	0.95	2.05	中度风险
16	丙环唑	2	0.95	2.05	中度风险
17	腈菌唑	1	0.47	1.57	中度风险
18	醚菌酯	1	0.47	1.57	中度风险
19	丙溴磷	1	0.47	1.57	中度风险
20	哌草丹	1	0.47	1.57	中度风险
21	安硫磷	0	0	1.10	低度风险
22	稻瘟灵	0	0	1.10	低度风险
23	邻苯基苯酚	0	0	1.10	低度风险
24	虫螨腈	0	0	1.10	低度风险
25	乙氧氟草醚	0	0	1.10	低度风险
26	萘乙酸	0	0	1.10	低度风险
27	乙螨唑	0	0	1.10	低度风险
28	二氧威	0	0	1.10	低度风险
29	联苯菊酯	0	0	1.10	低度风险
30	甲氰菊酯	0	0	1.10	低度风险
31	五氯苯甲腈	0	0	1.10	低度风险
32	烯唑醇	0	0	1.10	低度风险
33	炔螨特	0	0	1.10	低度风险
34	吡丙醚	0	0	1.10	低度风险
35	氯菊酯	0	0	1.10	低度风险
36	吡螨灵	0	0	1.10	低度风险
37	抗蚜威	0	0	1.10	低度风险
38	咪鲜胺	0	0	1.10	低度风险
39	2,4',5-三氯联苯醚	0	0	1.10	低度风险

4.4 GC-Q-TOF/MS 侦测重庆市市售茶叶农药残留风险评估结论与建议

农药残留是影响茶叶安全和质量的主要因素,也是我国食品安全领域备受关注的敏感话题和亟待解决的重大问题之一[15,16]。各种茶叶均存在不同程度的农药残留现象,本研究主要针对重庆市各类茶叶存在的农药残留问题,基于 2019 年 4 月对重庆市 211 例茶叶样品中农药残留侦测得出的 1064 个侦测结果,分别采用食品安全指数模型和风险系数模型,开展茶叶中农药残留的膳食暴露风险和预警风险评估。茶叶样品取自超市和茶叶专营店,符合大众的膳食来源,风险评价时更具有代表性和可信度。

本研究力求通用简单地反映食品安全中的主要问题,且为管理部门和大众容易接受,为政府及相关管理机构建立科学的食品安全信息发布和预警体系提供科学的规律与方法,加强对农药残留的预警和食品安全重大事件的预防,控制食品风险。

4.4.1 重庆市茶叶中农药残留膳食暴露风险评价结论

1) 茶叶样品中农药残留安全状态评价结论

采用食品安全指数模型,对 2019 年 4 月期间重庆市茶叶食品农药残留膳食暴露风险进行评价,根据 IFS_c 的计算结果发现,茶叶中农药的 $\overline{IFS}$ 为 1.57×10^{-4},说明重庆市茶叶总体处于可以接受的安全状态,但部分禁用农药、高残留农药在茶叶中仍有侦测出,导致膳食暴露风险的存在,成为不安全因素。

2) 禁用农药膳食暴露风险评价

本次检测发现部分茶叶样品中有禁用农药侦测出,侦测出禁用农药 9 种,侦测出频次为 158,茶叶样品中的禁用农药 IFS_c 计算结果表明,禁用农药残留膳食暴露风险没有影响的频次为 158,占 100%。

4.4.2 重庆市茶叶中农药残留预警风险评价结论

1) 单种茶叶中禁用农药残留的预警风险评价结论

本次检测过程中,在 5 种茶叶中检测出 9 种禁用农药,禁用农药为:三氯杀螨醇、氧乐果、硫丹、三唑磷、毒死蜱、氟虫腈、乐果、克百威、甲胺磷,茶叶为:乌龙茶、红茶、白茶、绿茶、黑茶,茶叶中禁用农药的风险系数分析结果显示,除绿茶中的氧乐果处于中度风险外,其他禁用农药在其他茶叶中的残留均处于高度风险,说明在单种茶叶中禁用农药的残留会导致较高的预警风险。

2) 单种茶叶中非禁用农药残留的预警风险评价结论

以 MRL 中国国家标准为标准,计算茶叶中非禁用农药风险系数情况下,74 个样本中,22 个处于低度风险(29.73%),52 个样本没有 MRL 中国国家标准(70.27%)。以 MRL

欧盟标准为标准，计算茶叶中非禁用农药风险系数情况下，发现有 37 个处于高度风险（50%），1 个处于中度风险（1.35%），36 个处于低度风险（48.65%）。基于两种 MRL 标准，评价的结果差异显著，可以看出 MRL 欧盟标准比中国国家标准更加严格和完善，过于宽松的 MRL 中国国家标准值能否有效保障人体的健康有待研究。

4.4.3 加强重庆市茶叶食品安全建议

我国食品安全风险评价体系仍不够健全，相关制度不够完善，多年来，由于农药用药次数多、用药量大或用药间隔时间短，产品残留量大，农药残留所造成的食品安全问题日益严峻，给人体健康带来了直接或间接的危害。据估计，美国与农药有关的癌症患者数约占全国癌症患者总数的 50%，中国更高。同样，农药对其他生物也会形成直接杀伤和慢性危害，植物中的农药可经过食物链逐级传递并不断蓄积，对人和动物构成潜在威胁，并影响生态系统。

基于本次农药残留侦测数据的风险评价结果，提出以下几点建议：

1）加快食品安全标准制定步伐

我国食品标准中对农药每日允许最大摄入量 ADI 的数据严重缺乏，在本次评价所涉及的 48 种农药中，仅有 77.08% 的农药具有 ADI 值，而 22.92% 的农药中国尚未规定相应的 ADI 值，亟待完善。

我国食品中农药最大残留限量值的规定严重缺乏，对评估涉及的不同茶叶中不同农药 95 个 MRL 限值进行统计来看，我国仅制定出 34 个标准，我国标准完整率仅为 35.79%，欧盟的完整率达到 100%（表 4-10）。因此，中国更应加快 MRL 的制定步伐。

表 4-10 我国国家食品标准农药的 ADI、MRL 值与欧盟标准的数量差异

分类		中国 ADI	MRL 中国国家标准	MRL 欧盟标准
标准限值（个）	有	37	34	95
	无	11	61	0
总数（个）		48	95	95
无标准限值比例（%）		22.92	64.21	0

此外，MRL 中国国家标准限值普遍高于欧盟标准限值，这些标准中共有 14 个高于欧盟。过高的 MRL 值难以保障人体健康，建议继续加强对限值基准和标准的科学研究，将农产品中的危险性减少到尽可能低的水平。

2）加强农药的源头控制和分类监管

在重庆市某些茶叶中仍有禁用农药残留，利用 GC-Q-TOF/MS 技术侦测出 9 种禁用农药，检出频次为 158 次，残留禁用农药均存在较大的膳食暴露风险和预警风险。早已列入黑名单的禁用农药在我国并未真正退出，有些药物由于价格便宜、工艺简单，此类高毒农药一直生产和使用。建议在我国采取严格有效的控制措施，从源头控制禁用农药。对于非禁用农药，在我国作为"田间地头"最典型单位的县级茶叶产地中，农药残留的检测几乎缺失。建议根据农药的毒性，对高毒、剧毒、中毒农药实现分类管理，减少

使用高毒和剧毒高残留农药,进行分类监管。

3) 加强农药生物基准和降解技术研究

市售茶叶中残留农药的品种多、频次高、禁用农药多次检出这一现状,说明了我国的田间土壤和水体因农药长期、频繁、不合理的使用而遭到严重污染。为此,建议中国相关部门出台相关政策,鼓励高校及科研院所积极开展分子生物学、酶学等研究,加强土壤、水体中残留农药的生物修复及降解新技术研究,切实加大农药监管力度,以控制农药的面源污染问题。

综上所述,在本工作基础上,根据茶叶残留危害,可进一步针对其成因提出和采取严格管理、大力推广无公害茶叶种植与生产、健全食品安全控制技术体系、加强茶叶质量检测体系建设和积极推行茶叶质量追溯制度等相应对策。建立和完善食品安全综合评价指数与风险监测预警系统,对食品安全进行实时、全面的监控与分析,为我国的食品安全科学监管与决策提供新的技术支持,可实现各类检验数据的信息化系统管理,降低食品安全事故的发生。

成　都　市

第5章 LC-Q-TOF/MS 侦测成都市 282 例市售茶叶样品农药残留报告

从成都市所属 5 个区，随机采集了 282 例茶叶样品，使用液相色谱-四极杆飞行时间质谱(LC-Q-TOF/MS)对 825 种农药化学污染物示范侦测(7 种负离子模式 ESI 未涉及)。

5.1 样品种类、数量与来源

5.1.1 样品采集与检测

为了真实反映百姓日常饮用的茶叶中农药残留污染状况，本次所有检测样品均由检验人员于 2019 年 3 月期间，从成都市所属 32 个采样点，包括 6 个茶叶专营店 26 个超市，以随机购买方式采集，总计 32 批 282 例样品，从中检出农药 57 种，1791 频次。采样及监测概况见表 5-1 及图 5-1，样品及采样点明细见表 5-2 及表 5-3(侦测原始数据见附表 1)。

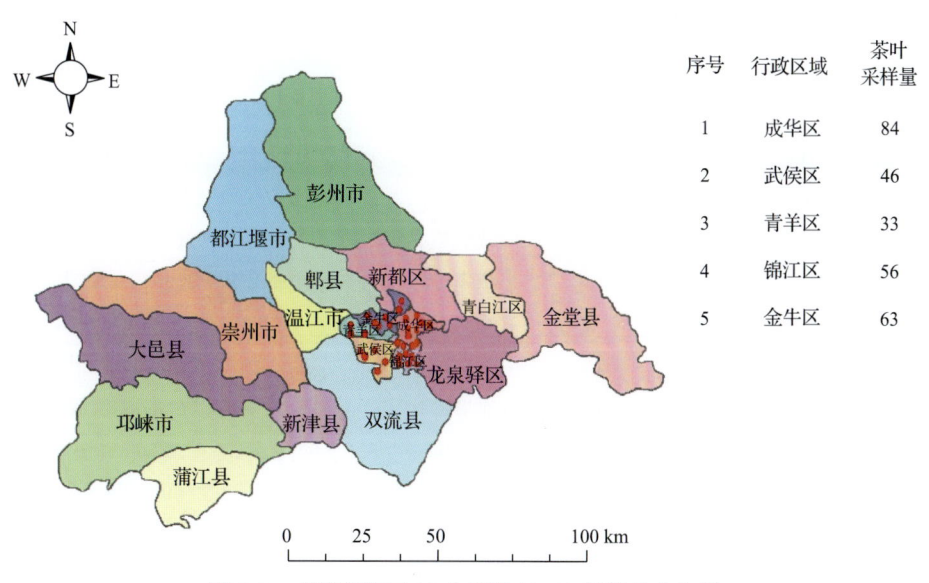

图 5-1 成都市所属 32 个采样点 282 例样品分布图

表 5-1 农药残留监测总体概况

行政区域	成都市所属 5 个区
采样点(茶叶专营店+超市)	32
样本总数	282
检出农药品种/频次	57/1791
各采样点样本农药残留检出率范围	71.4%~100.0%

表 5-2 样品分类及数量

样品分类	样品名称(数量)	数量小计
1. 茶叶		282
1)发酵类茶叶	黑茶(9),红茶(40),乌龙茶(57)	106
2)未发酵类茶叶	花茶(4),绿茶(172)	176
合计	1.茶叶 5 种	282

表 5-3 成都市采样点信息

采样点序号	行政区域	采样点
茶叶专营店(6)		
1	成华区	***茶庄(建设路店)
2	成华区	***茶庄(桃溪路店)
3	成华区	***茶叶店
4	金牛区	***茶庄
5	锦江区	***茶庄
6	锦江区	***茶叶店
超市(26)		
1	成华区	***超市(建设路店)
2	成华区	***超市(府青路店)
3	成华区	***超市(双桥子店)
4	成华区	***超市(三友路店)
5	成华区	***超市(SM 广场分店)
6	成华区	***超市(三三九广场店)
7	金牛区	***超市(金域港湾店)
8	金牛区	***超市(城市超市店)
9	金牛区	***超市(羊西店)
10	金牛区	***超市(金牛店)
11	金牛区	***超市(北城天街店)
12	金牛区	***超市(抚琴南路店)
13	锦江区	***超市(总府路店)
14	锦江区	***超市(翡翠城店)
15	锦江区	***超市(锦江商场店)
16	锦江区	***超市
17	锦江区	***超市(总府店)
18	锦江区	***超市(万达广场锦华路店)
19	青羊区	***超市(八宝街店)
20	青羊区	***超市(府河分店)
21	青羊区	***超市(西城分店)

续表

采样点序号	行政区域	采样点
超市(26)		
22	武侯区	***超市(红牌楼店)
23	武侯区	***超市(科华路店)
24	武侯区	***超市(高新店)
25	武侯区	***超市(亚太分店)
26	武侯区	***超市(凯德天府店)

5.1.2 检测结果

这次使用的检测方法是庞国芳院士团队最新研发的不需使用标准品对照，而以高分辨精确质量数(0.0001 m/z)为基准的 LC-Q-TOF/MS 检测技术，对于 282 例样品，每个样品均侦测了 825 种农药化学污染物的残留现状。通过本次侦测，在 282 例样品中共计检出农药化学污染物 57 种，检出 1791 频次。

5.1.2.1 各采样点样品检出情况

统计分析发现 32 个采样点中，被测样品的农药检出率范围为 71.4%~100.0%。其中，有 25 个采样点样品的检出率最高，达到了 100.0%，分别是：***超市(建设路店)、***超市(府青路店)、***超市(双桥子店)、***茶庄(桃溪路店)、***超市(SM 广场分店)、***茶叶店、***超市(三三九广场店)、***超市(羊西店)、***茶庄、***超市(北城天街店)、***超市(抚琴南路店)、***超市(总府路店)、***超市(锦江商场店)、***超市、***茶庄、***超市(总府店)、***茶叶店、***超市(万达广场锦华路店)、***超市(八宝街店)、***超市(西城分店)、***超市(红牌楼店)、***超市(科华路店)、***超市(高新店)、***超市(亚太分店)和***超市(凯德天府店)。***超市(三友路店)的检出率最低，为 71.4%，见图 5-2。

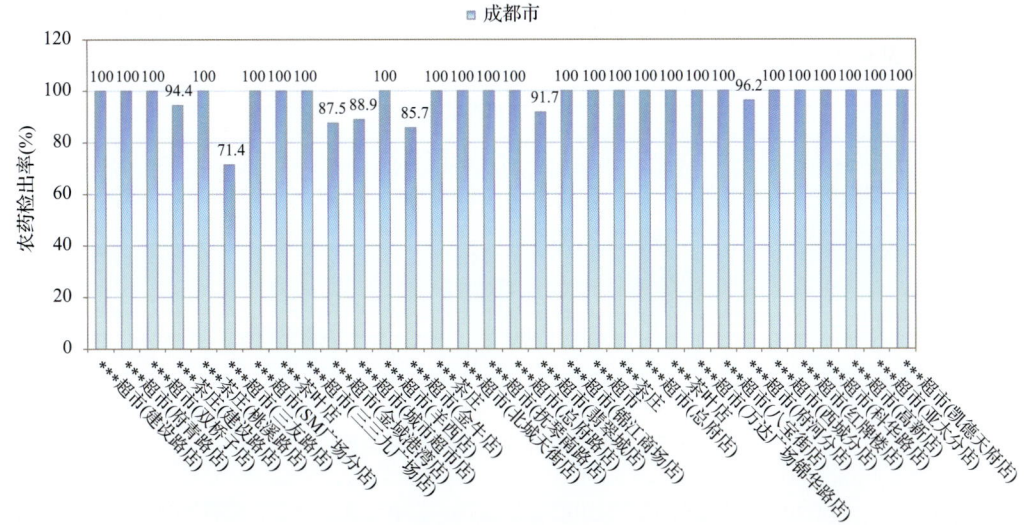

图 5-2 各采样点样品中的农药检出率

5.1.2.2 检出农药的品种总数与频次

统计分析发现,对于282例样品中825种农药化学污染物的侦测,共检出农药1791频次,涉及农药57种,结果如图5-3所示。其中唑虫酰胺检出频次最高,共检出249次。检出频次排名前10的农药如下:①唑虫酰胺(249),②啶虫脒(220),③噻嗪酮(200),④哒螨灵(150),⑤吡虫啉(139),⑥茚虫威(89),⑦噻虫嗪(82),⑧毒死蜱(78),⑨多菌灵(59),⑩苯醚甲环唑(58)。

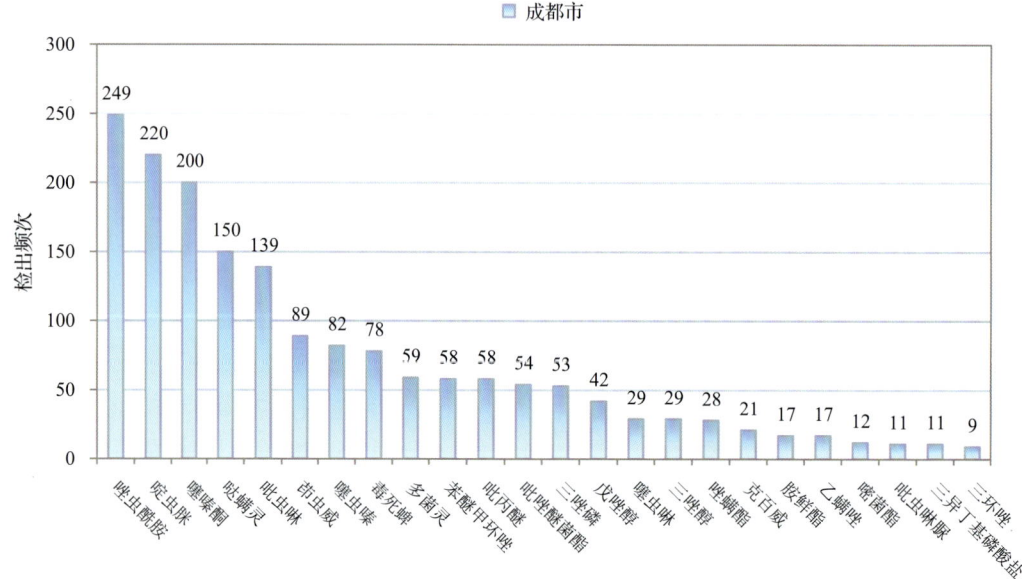

图 5-3 检出农药品种及频次(仅列出检出农药9频次及以上的数据)

由图 5-4 可见,绿茶、乌龙茶和红茶这3种茶叶样品中检出的农药品种数较高,均超过20种,其中,绿茶检出农药品种最多,为48种。由图5-5可见,绿茶、乌龙茶和红茶这3种茶叶样品中的农药检出频次较高,均超过100次,其中,绿茶检出农药频次最高,为1309次。

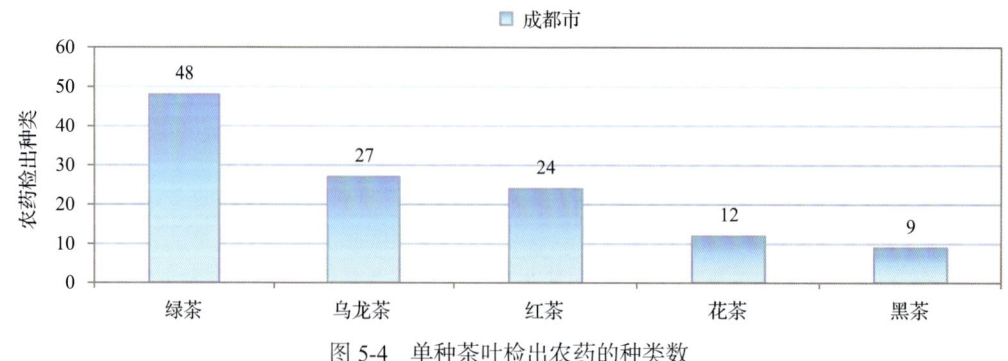

图 5-4 单种茶叶检出农药的种类数

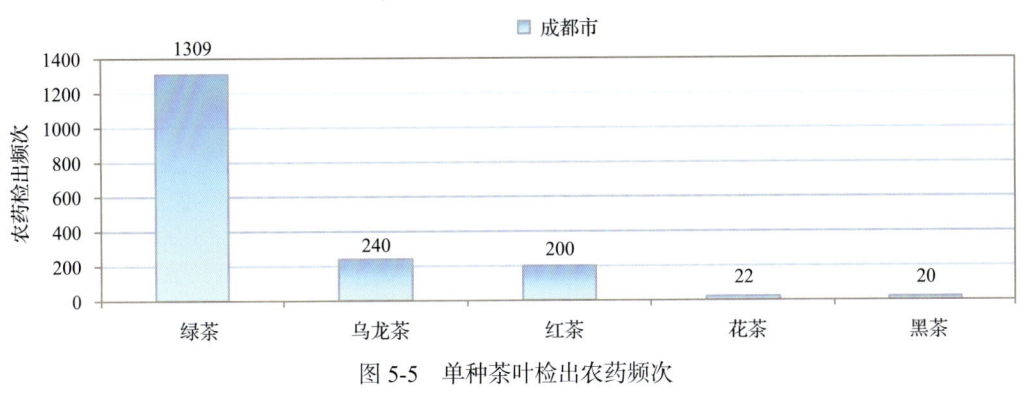

图 5-5 单种茶叶检出农药频次

5.1.2.3 单例样品农药检出种类与占比

对单例样品检出农药种类和频次进行统计发现，未检出农药的样品占总样品数的 3.5%，检出 1 种农药的样品占总样品数的 5.0%，检出 2~5 种农药的样品占总样品数的 35.5%，检出 6~10 种农药的样品占总样品数的 43.6%，检出大于 10 种农药的样品占总样品数的 12.4%。每例样品中平均检出农药为 6.4 种，数据见表 5-4 及图 5-6。

表 5-4 单例样品检出农药品种占比

检出农药品种数	样品数量/占比(%)
未检出	10/3.5
1 种	14/5.0
2~5 种	100/35.5
6~10 种	123/43.6
大于 10 种	35/12.4
单例样品平均检出农药品种	6.4 种

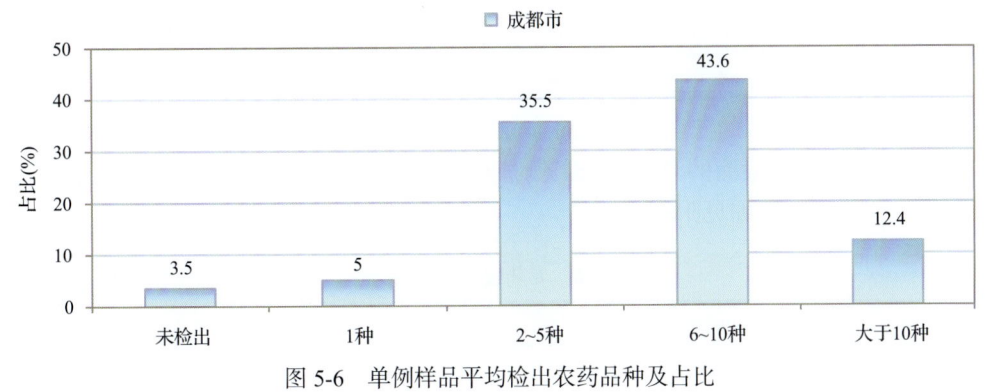

图 5-6 单例样品平均检出农药品种及占比

5.1.2.4 检出农药类别与占比

所有检出农药按功能分类，包括杀虫剂、杀菌剂、杀螨剂、除草剂、增效剂、植物生长调节剂共 6 类。其中杀虫剂与杀菌剂为主要检出的农药类别，分别占总数的 52.6%

和 28.1%，见表 5-5 及图 5-7。

表 5-5　检出农药所属类别/占比

农药类别	数量/占比(%)
杀虫剂	30/52.6
杀菌剂	16/28.1
杀螨剂	6/10.5
除草剂	3/5.3
增效剂	1/1.8
植物生长调节剂	1/1.8

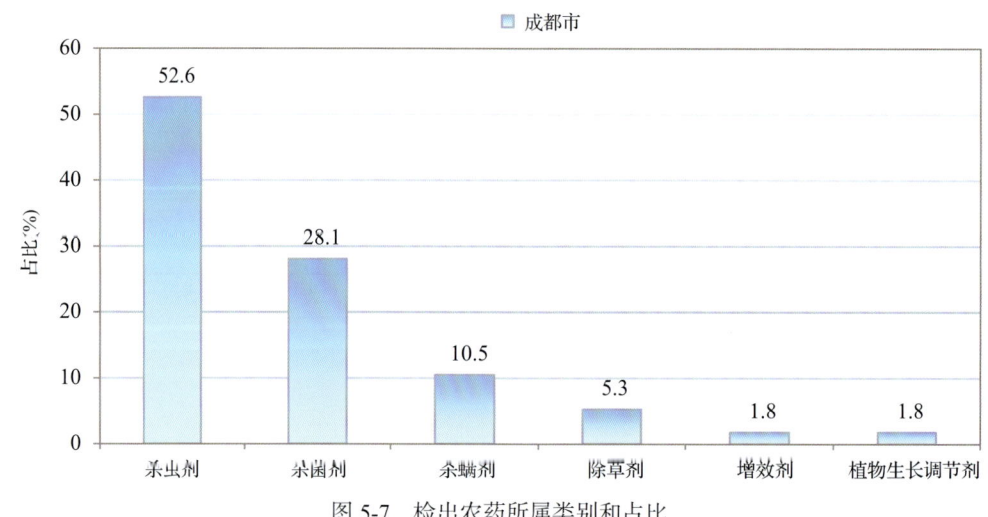

图 5-7　检出农药所属类别和占比

5.1.2.5　检出农药的残留水平

按检出农药残留水平进行统计，残留水平在 1~5 μg/kg(含)的农药占总数的 26.7%，在 5~10 μg/kg(含)的农药占总数的 15.9%，在 10~100 μg/kg(含)的农药占总数的 42.7%，在 100~1000 μg/kg(含)的农药占总数的 12.8%，在 >1000 μg/kg 的农药占总数的 1.9%。

由此可见，这次检测的 32 批 282 例茶叶样品中农药多数处于中高残留水平。结果见表 5-6 及图 5-8，数据见附表 2。

表 5-6　农药残留水平/占比

残留水平(μg/kg)	检出频次数/占比(%)
1~5(含)	479/26.7
5~10(含)	285/15.9
10~100(含)	764/42.7
100~1000(含)	229/12.8
>1000	34/1.9

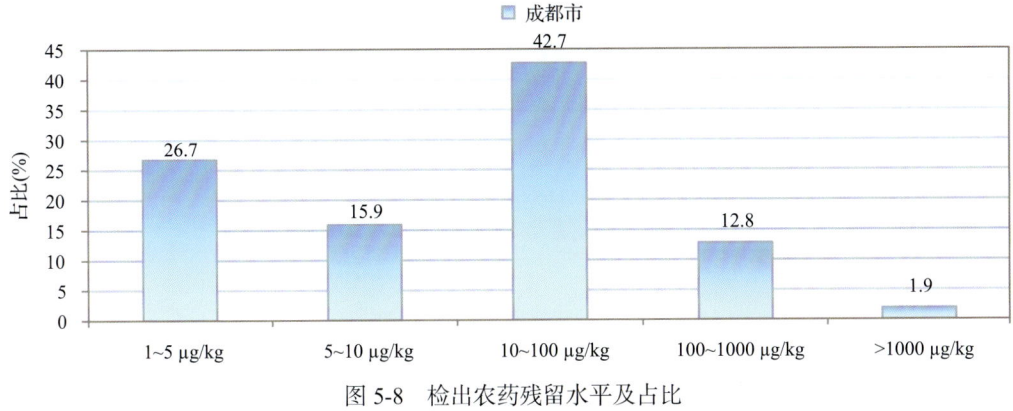

图 5-8 检出农药残留水平及占比

5.1.2.6 检出农药的毒性类别、检出频次和超标频次及占比

对这次检出的 57 种 1791 频次的农药，按剧毒、高毒、中毒、低毒和微毒这五个毒性类别进行分类，从中可以看出，成都市目前普遍使用的农药为中低微毒农药，品种占 89.5%，频次占 95.5%。结果见表 5-7 及图 5-9。

表 5-7 检出农药毒性类别/占比

毒性分类	农药品种/占比(%)	检出频次/占比(%)	超标频次/超标率(%)
剧毒农药	2/3.5	3/0.2	0/0.0
高毒农药	4/7.0	78/4.4	0/0.0
中毒农药	26/45.6	1204/67.2	0/0.0
低毒农药	14/24.6	346/19.3	0/0.0
微毒农药	11/19.3	160/8.9	0/0.0

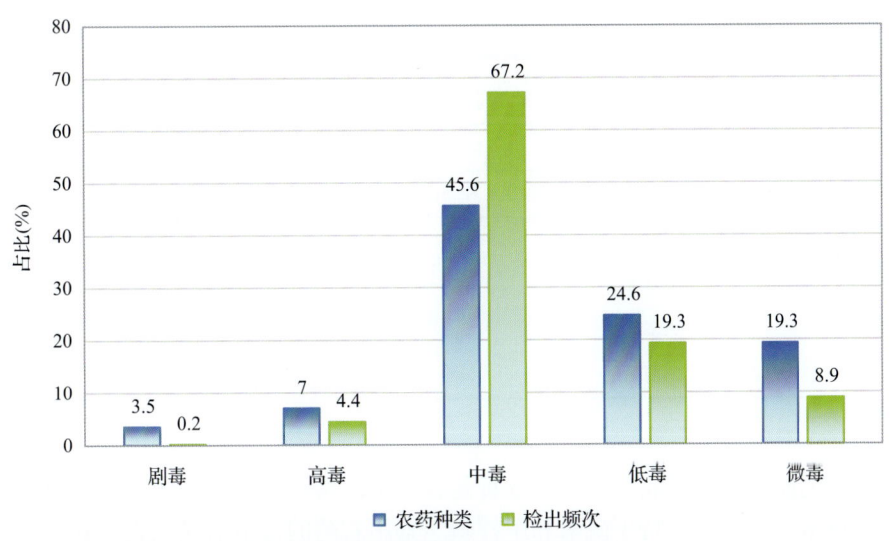

图 5-9 检出农药的毒性分类和占比

5.1.2.7 检出剧毒/高毒类农药的品种和频次

值得特别关注的是,在此次侦测的 282 例样品中有 4 种茶叶的 72 例样品检出了 6 种 81 频次的剧毒和高毒农药,占样品总量的 25.5%,详见图 5-10、表 5-8 及表 5-9。

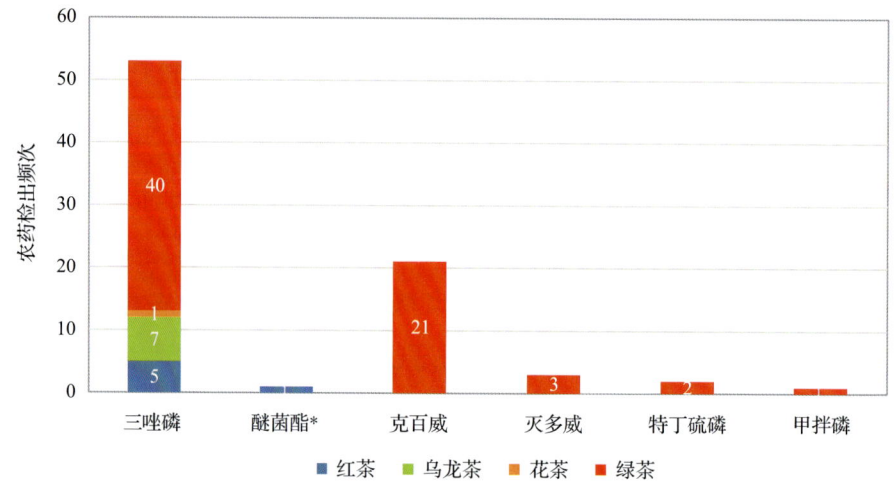

图 5-10 检出剧毒/高毒农药的样品情况

*表示允许在茶叶上使用的农药

表 5-8 剧毒农药检出情况

序号	农药名称	检出频次	超标频次	超标率
从 1 种茶叶中检出 2 种剧毒农药,共计检出 3 次				
1	特丁硫磷*	2	0	0.0%
2	甲拌磷*	1	0	0.0%
	合计	3	0	超标率:0.0%

表 5-9 高毒农药检出情况

序号	农药名称	检出频次	超标频次	超标率
从 4 种茶叶中检出 4 种高毒农药,共计检出 78 次				
1	三唑磷	53	0	0.0%
2	克百威	21	0	0.0%
3	灭多威	3	0	0.0%
4	醚菌酯	1	0	0.0%
	合计	78	0	超标率:0.0%

在检出的剧毒和高毒农药中,有 5 种是我国早已禁止在茶叶上使用的,分别是:灭多威、克百威、三唑磷、特丁硫磷和甲拌磷。禁用农药的检出情况见表 5-10。

表 5-10 禁用农药检出情况

序号	农药名称	检出频次	超标频次	超标率
从 4 种茶叶中检出 6 种禁用农药，共计检出 158 次				
1	毒死蜱	78	0	0.0%
2	三唑磷	53	0	0.0%
3	克百威	21	0	0.0%
4	灭多威	3	0	0.0%
5	特丁硫磷*	2	0	0.0%
6	甲拌磷*	1	0	0.0%
合计		158	0	超标率：0.0%

注：超标结果参考 MRL 中国国家标准计算

此次抽检的茶叶样品中，有 1 种茶叶检出了剧毒农药为绿茶中检出甲拌磷 1 次，检出特丁硫磷 2 次。

样品中检出剧毒和高毒农药残留水平没有超过 MRL 中国国家标准，但本次检出结果仍表明，高毒、剧毒农药的使用现象依旧存在。详见表 5-11。

表 5-11 各样本中检出剧毒/高毒农药情况

样品名称	农药名称	检出频次	超标频次	检出浓度(μg/kg)
茶叶 4 种				
红茶	三唑磷▲	5	0	6.0, 1.1, 1.0, 4.0, 3.7
红茶	醚菌酯	1	0	49.2
花茶	三唑磷▲	1	0	1.3
绿茶	特丁硫磷*▲	2	0	3.9, 6.0
绿茶	甲拌磷*▲	1	0	2.0
绿茶	三唑磷▲	40	0	2.0, 1.3, 2.0, 5.5, 1.5, 1.2, 4.3, 3.3, 1.7, 9.1, 1.8, 45.7, 42.9, 7.5, 9.7, 35.3, 1.0, 25.7, 12.2, 31.6, 66.2, 4.8, 8.3, 1.0, 4.5, 3.4, 2.5, 23.8, 4.0, 4.8, 1.8, 4.0, 7.2, 20.9, 2.5, 7.8, 6.2, 1.2, 2.2, 1.6
绿茶	克百威▲	21	0	47.0, 1.1, 1.2, 2.3, 1.7, 1.0, 4.5, 1.1, 1.1, 2.0, 1.2, 2.5, 3.2, 5.4, 2.0, 2.1, 4.5, 1.4, 1.3, 2.3, 4.0
绿茶	灭多威▲	3	0	39.3, 11.1, 27.7
乌龙茶	三唑磷▲	7	0	49.6, 9.1, 4.1, 26.4, 2.4, 8.7, 43.8
合计		81	0	超标率：0.0%

注：超标结果参考 MRL 中国国家标准计算

5.2 农药残留检出水平与最大残留限量标准对比分析

我国于 2016 年 12 月 18 日正式颁布并于 2017 年 6 月 18 日正式实施食品农药残留限量国家标准《食品中农药最大残留限量》（GB 2763—2016）。该标准包括 417 个农药条目,涉及最大残留限量(MRL)标准4140项。将1791频次检出农药的浓度水平与4140项 MRL 中国国家标准进行核对,其中只有1025频次的结果找到了对应的 MRL,占57.2%,还有766频次的结果则无相关 MRL 标准供参考,占42.8%。

将此次侦测结果与国际上现行 MRL 对比发现,在1791频次的检出结果中有1791频次的结果找到了对应的 MRL 欧盟标准,占100.0%,其中,1485频次的结果有明确对应的 MRL,占82.9%,其余306频次按照欧盟一律标准判定,占17.1%;有1791频次的结果找到了对应的 MRL 日本标准,占100.0%,其中,1586频次的结果有明确对应的 MRL,占88.6%,其余205频次按照日本一律标准判定,占11.4%;有883频次的结果找到了对应的 MRL 中国香港标准,占49.3%;有890频次的结果找到了对应的 MRL 美国标准,占49.7%;有755频次的结果找到了对应的 MRL CAC 标准,占42.2%(见图5-11和图5-12,数据见附表3至附表8)。

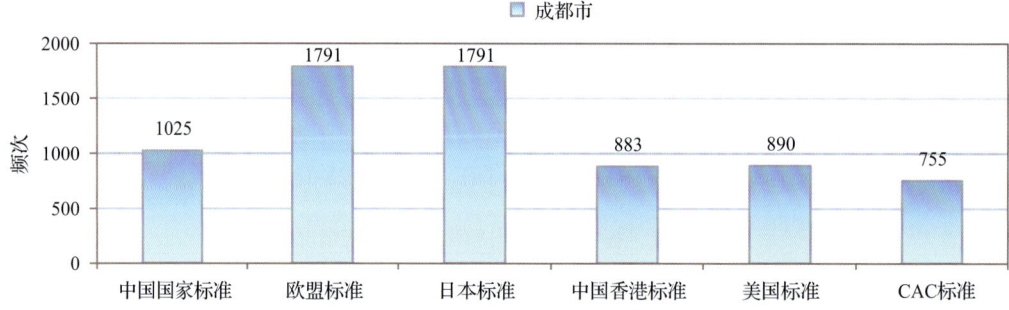

图5-11　1791频次检出农药可用 MRL 中国国家标准、欧盟标准、日本标准、中国香港标准、美国标准、CAC 标准判定衡量的数量

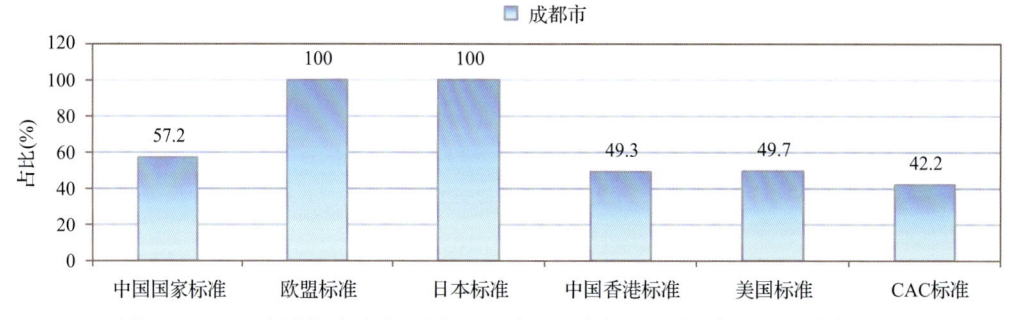

图5-12　1791频次检出农药可用 MRL 中国国家标准、欧盟标准、日本标准、中国香港标准、美国标准、CAC 标准衡量的占比

5.2.1　超标农药样品分析

本次侦测的282例样品中,10例样品未检出任何残留农药,占样品总量的3.5%,272例样品检出不同水平、不同种类的残留农药,占样品总量的96.5%。在此,我们将本次侦测的农残检出情况与 MRL 中国国家标准、欧盟标准、日本标准、中国香港标准、美国标准和 CAC 标准这6大国际主流标准进行对比分析,样品农残检出与超标情况见表5-12、图5-13和图5-14,详细数据见附表9至附表14。

表 5-12　各 MRL 标准下样本农残检出与超标数量及占比

	中国国家标准 数量/占比(%)	欧盟标准 数量/占比(%)	日本标准 数量/占比(%)	中国香港标准 数量/占比(%)	美国标准 数量/占比(%)	CAC 标准 数量/占比(%)
未检出	10/3.5	10/3.5	10/3.5	10/3.5	10/3.5	10/3.5
检出未超标	272/96.5	35/12.4	196/69.5	272/96.5	272/96.5	272/96.5
检出超标	0/0.0	237/84.0	76/27.0	0/0.0	0/0.0	0/0.0

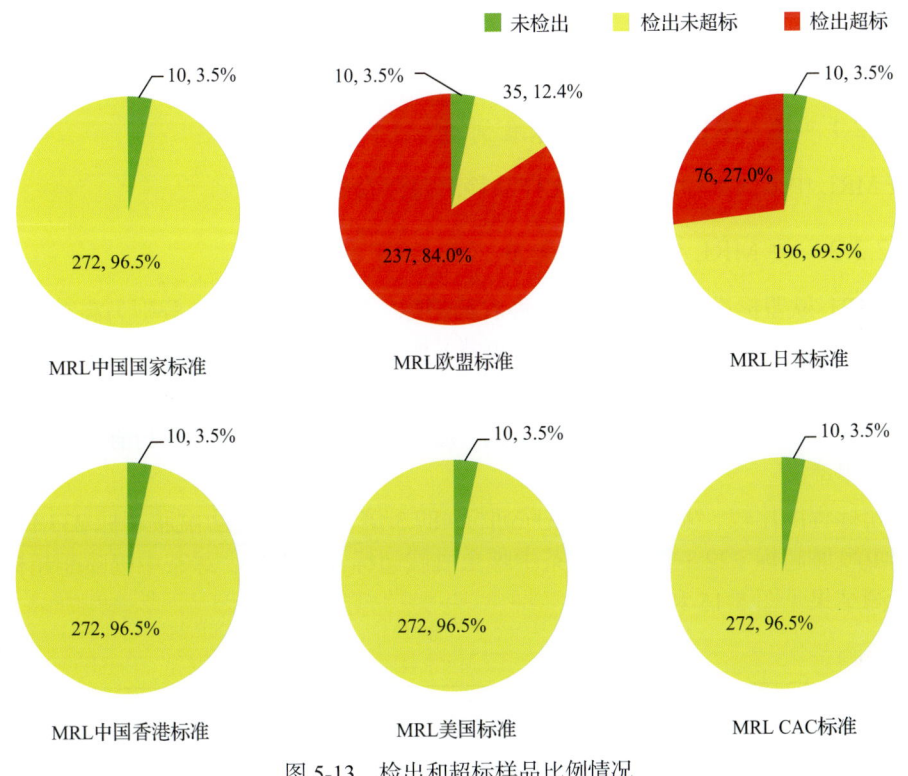

图 5-13　检出和超标样品比例情况

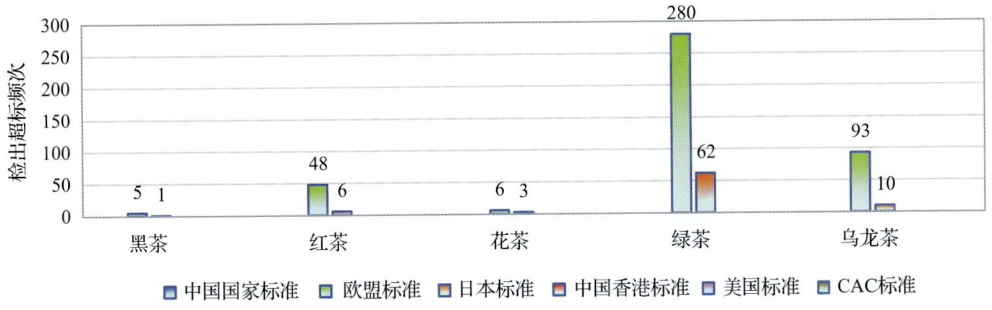

图 5-14　超过 MRL 中国国家标准、欧盟标准、日本标准、中国香港标准、美国标准和 CAC 标准结果在茶叶中的分布

5.2.2 超标农药种类分析

按照 MRL 中国国家标准、欧盟标准、日本标准、中国香港标准、美国标准和 CAC 标准这6大国际主流标准衡量，本次侦测检出的农药超标品种及频次情况见表5-13。

表5-13 各 MRL 标准下超标农药品种及频次

	中国国家标准	欧盟标准	日本标准	中国香港标准	美国标准	CAC 标准
超标农药品种	0	24	11	0	0	0
超标农药频次	0	432	82	0	0	0

5.2.2.1 按 MRL 中国国家标准衡量

按 MRL 中国国家标准衡量，无样品检出超标农药残留。

5.2.2.2 按 MRL 欧盟标准衡量

按 MRL 欧盟标准衡量，共有24种农药超标，检出432频次，分别为高毒农药三唑磷，中毒农药苯醚甲环唑、稻瘟灵、速灭威、吡虫啉、吡唑醚菌酯、异丙威、N-去甲基啶虫脒、啶虫脒、丙溴磷、三唑酮、三唑醇、唑虫酰胺、戊唑醇和哒螨灵，低毒农药丁醚脲、三异丁基磷酸盐、噻嗪酮、螺螨酯、胺鲜酯和呋虫胺，微毒农药醚菊酯、多菌灵和氯虫苯甲酰胺。

按超标程度比较，绿茶中唑虫酰胺超标487.3倍，花茶中唑虫酰胺超标233.1倍，红茶中唑虫酰胺超标222.3倍，乌龙茶中唑虫酰胺超标173.3倍，绿茶中噻嗪酮超标19.4倍。检测结果见图5-15和附表16。

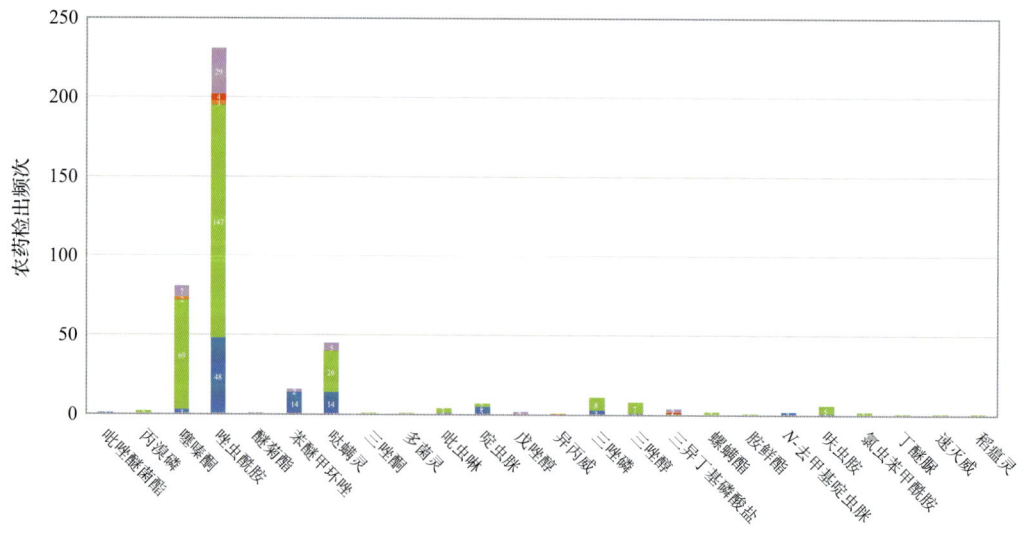

图5-15 超过 MRL 欧盟标准农药品种及频次

5.2.2.3 按 MRL 日本标准衡量

按 MRL 日本标准衡量，共有 11 种农药超标，检出 82 频次，分别为剧毒农药特丁硫磷、高毒农药三唑磷、中毒农药稻瘟灵、速灭威、氟硅唑、异丙威、N-去甲基啶虫脒、三环唑和茚虫威，低毒农药三异丁基磷酸盐和胺鲜酯。

按超标程度比较，红茶中三异丁基磷酸盐超标 18.2 倍，乌龙茶中茚虫威超标 15.4 倍，绿茶中速灭威超标 6.5 倍，绿茶中茚虫威超标 6.3 倍，绿茶中三唑磷超标 5.6 倍。检测结果见图 5-16 和附表 17。

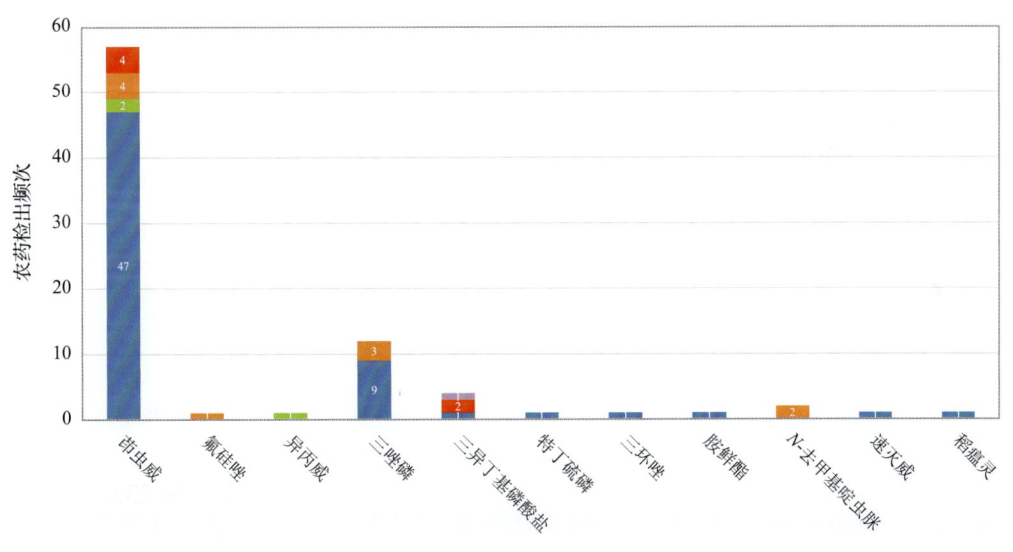

图 5-16 超过 MRL 日本标准农药品种及频次

5.2.2.4 按 MRL 中国香港标准衡量

按 MRL 中国香港标准衡量，无样品检出超标农药残留。

5.2.2.5 按 MRL 美国标准衡量

按 MRL 美国标准衡量，无样品检出超标农药残留。

5.2.2.6 按 MRL CAC 标准衡量

按 MRL CAC 标准衡量，无样品检出超标农药残留。

5.2.3 32 个采样点超标情况分析

5.2.3.1 按 MRL 中国国家标准衡量

按 MRL 中国国家标准衡量，所有采样点的样品均未检出超标农药残留。

5.2.3.2 按 MRL 欧盟标准衡量

按 MRL 欧盟标准衡量，所有采样点的样品均存在不同程度的超标农药检出，其中***超市(凯德天府店)、***超市(双桥子店)、***超市(北城天街店)、***超市(总府店)、***超市(总府路店)、***超市(西城分店)、***超市(建设路店)、***超市(红牌楼店)、***超市(八宝街店)和***超市(万达广场锦华路店)的超标率最高，为100.0%，如表5-14和图5-17所示。

表5-14 超过 MRL 欧盟标准茶叶在不同采样点分布

序号	采样点	样品总数	超标数量	超标率(%)	行政区域
1	***超市(府河分店)	26	22	84.6	青羊区
2	***茶庄(建设路店)	18	15	83.3	成华区
3	***超市(城市超市店)	18	13	72.2	金牛区
4	***超市(科华路店)	17	16	94.1	武侯区
5	***超市(高新店)	14	11	78.6	武侯区
6	***超市(金牛店)	14	11	78.6	金牛区
7	***茶叶店	13	12	92.3	成华区
8	***超市(翡翠城店)	12	9	75.0	锦江区
9	***超市	12	11	91.7	锦江区
10	***超市(府青路店)	11	10	90.9	成华区
11	***超市(凯德天府店)	10	10	100.0	武侯区
12	***茶庄(桃溪路店)	10	7	70.0	成华区
13	***超市(双桥子店)	8	8	100.0	成华区
14	***茶叶店	8	7	87.5	锦江区
15	***超市(金域港湾店)	8	6	75.0	金牛区
16	***超市(锦江商场店)	8	7	87.5	锦江区
17	***超市(SM广场分店)	8	7	87.5	成华区
18	***茶庄	7	6	85.7	金牛区
19	***超市(三友路店)	7	5	71.4	成华区
20	***超市(抚琴南路店)	6	4	66.7	金牛区
21	***超市(羊西店)	5	3	60.0	金牛区
22	***超市(北城天街店)	5	5	100.0	金牛区
23	***茶庄	5	3	60.0	锦江区
24	***超市(总府店)	5	5	100.0	锦江区
25	***超市(三三九广场店)	5	3	60.0	成华区
26	***超市(总府路店)	4	4	100.0	锦江区
27	***超市(西城分店)	4	4	100.0	青羊区
28	***超市(建设路店)	4	4	100.0	成华区
29	***超市(红牌楼店)	3	3	100.0	武侯区
30	***超市(八宝街店)	3	3	100.0	青羊区
31	***超市(亚太分店)	2	1	50.0	武侯区
32	***超市(万达广场锦华路店)	2	2	100.0	锦江区

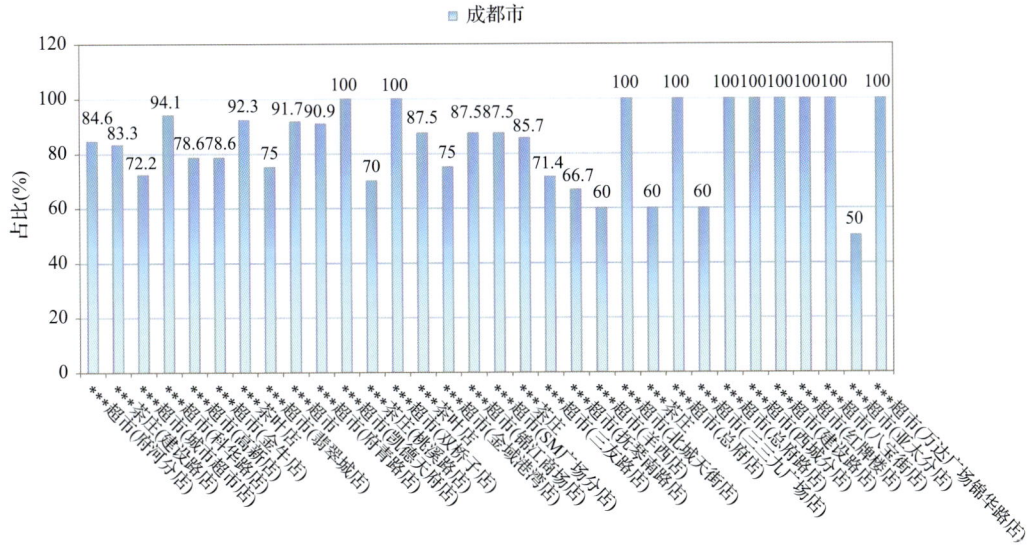

图 5-17　超过 MRL 欧盟标准茶叶在不同采样点分布

5.2.3.3　按 MRL 日本标准衡量

按 MRL 日本标准衡量，有 30 个采样点的样品存在不同程度的超标农药检出，其中***茶叶店的超标率最高，为 61.5%，如表 5-15 和图 5-18 所示。

表 5-15　超过 MRL 日本标准茶叶在不同采样点分布

序号	采样点	样品总数	超标数量	超标率(%)	行政区域
1	***超市(府河分店)	26	2	7.7	青羊区
2	***茶庄(建设路店)	18	4	22.2	成华区
3	***超市(城市超市店)	18	3	16.7	金牛区
4	***超市(科华路店)	17	5	29.4	武侯区
5	***超市(高新店)	14	4	28.6	武侯区
6	***超市(金牛店)	14	3	21.4	金牛区
7	***茶叶店	13	8	61.5	成华区
8	***超市(翡翠城店)	12	5	41.7	锦江区
9	***超市	12	3	25.0	锦江区
10	***超市(府青路店)	11	4	36.4	成华区
11	***超市(凯德天府店)	10	4	40.0	武侯区
12	***茶庄(桃溪路店)	10	1	10.0	成华区
13	***超市(双桥子店)	8	2	25.0	成华区
14	***茶叶店	8	1	12.5	锦江区
15	***超市(金域港湾店)	8	3	37.5	金牛区

续表

序号	采样点	样品总数	超标数量	超标率(%)	行政区域
16	***超市(锦江商场店)	8	4	50.0	锦江区
17	***超市(SM广场分店)	8	4	50.0	成华区
18	***茶庄	7	2	28.6	金牛区
19	***超市(三友路店)	7	2	28.6	成华区
20	***超市(抚琴南路店)	6	1	16.7	金牛区
21	***超市(北城天街店)	5	1	20.0	金牛区
22	***茶庄	5	1	20.0	锦江区
23	***超市(总府店)	5	1	20.0	锦江区
24	***超市(三三九广场店)	5	2	40.0	成华区
25	***超市(总府路店)	4	1	25.0	锦江区
26	***超市(西城分店)	4	1	25.0	青羊区
27	***超市(建设路店)	4	1	25.0	成华区
28	***超市(红牌楼店)	3	1	33.3	武侯区
29	***超市(八宝街店)	3	1	33.3	青羊区
30	***超市(万达广场锦华路店)	2	1	50.0	锦江区

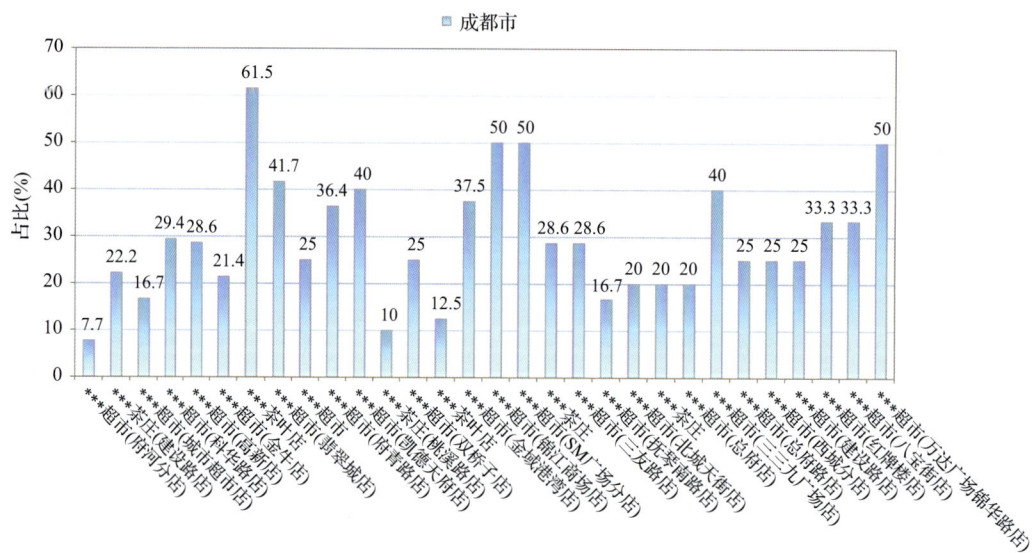

图 5-18 超过 MRL 日本标准茶叶在不同采样点分布

5.2.3.4 按 MRL 中国香港标准衡量

按 MRL 中国香港标准衡量，所有采样点的样品均未检出超标农药残留。

5.2.3.5 按 MRL 美国标准衡量

按 MRL 美国标准衡量,所有采样点的样品均未检出超标农药残留。

5.2.3.6 按 MRL CAC 标准衡量

按 MRL CAC 标准衡量,所有采样点的样品均未检出超标农药残留。

5.3 茶叶中农药残留分布

5.3.1 茶叶按检出农药品种和频次排名

本次残留侦测的茶叶共 5 种,包括黑茶、红茶、乌龙茶、花茶和绿茶。

根据检出农药品种及频次进行排名,将茶叶样品检出情况列表说明,详见表 5-16。

表 5-16 茶叶按检出农药品种和频次排名

按检出农药品种排名(品种)	①绿茶(48),②乌龙茶(27),③红茶(24),④花茶(12),⑤黑茶(9)
按检出农药频次排名(频次)	①绿茶(1309),②乌龙茶(240),③红茶(200),④花茶(22),⑤黑茶(20)
按检出禁用、高毒及剧毒农药品种排名(品种)	①绿茶(6),②红茶(3),③乌龙茶(2),④花茶(1)
按检出禁用、高毒及剧毒农药频次排名(频次)	①绿茶(137),②乌龙茶(14),③红茶(7),④花茶(1)

5.3.2 茶叶按超标农药品种和频次排名

鉴于欧盟和日本的 MRL 标准制定比较全面且覆盖率较高,我们参照 MRL 中国国家标准、欧盟标准和日本标准衡量茶叶样品中农残检出情况,将茶叶按超标农药品种及频次排名列表说明,详见表 5-17。

表 5-17 茶叶按超标农药品种和频次排名

按超标农药品种排名 (农药品种数)	MRL 中国国家标准	
	MRL 欧盟标准	①茶(18),②乌龙茶(11),③红茶(7),④花茶(3),⑤黑茶(2)
	MRL 日本标准	①绿茶(8),②乌龙茶(4),③红茶(2),④花茶(2),⑤黑茶(1)
按超标农药频次排名 (农药频次数)	MRL 中国国家标准	
	MRL 欧盟标准	①绿茶(280),②乌龙茶(93),③红茶(48),④花茶(6),⑤黑茶(5)
	MRL 日本标准	①茶(62),②乌龙茶(10),③红茶(6),④花茶(3),⑤黑茶(1)

通过对各品种茶叶样本总数及检出率进行综合分析发现,绿茶、乌龙茶和红茶的残留污染最为严重,在此,我们参照 MRL 中国国家标准、欧盟标准和日本标准对这 3 种茶叶的农残检出情况进行进一步分析。

5.3.3 农药残留检出率较高的茶叶样品分析

5.3.3.1 绿茶

这次共检测 172 例绿茶样品，166 例样品中检出了农药残留，检出率为 96.5%，检出农药共计 48 种。其中唑虫酰胺、啶虫脒、噻嗪酮、吡虫啉和哒螨灵检出频次较高，分别检出了 158、155、149、114 和 82 次。绿茶中农药检出品种和频次见图 5-19，超标农药见图 5-20 和表 5-18。

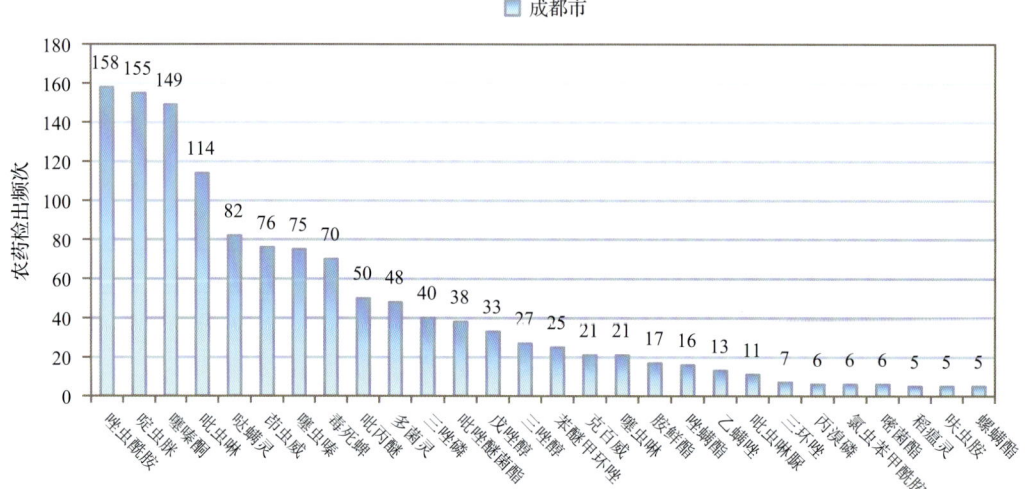

图 5-19 绿茶样品检出农药品种和频次分析(仅列出 5 频次及以上的数据)

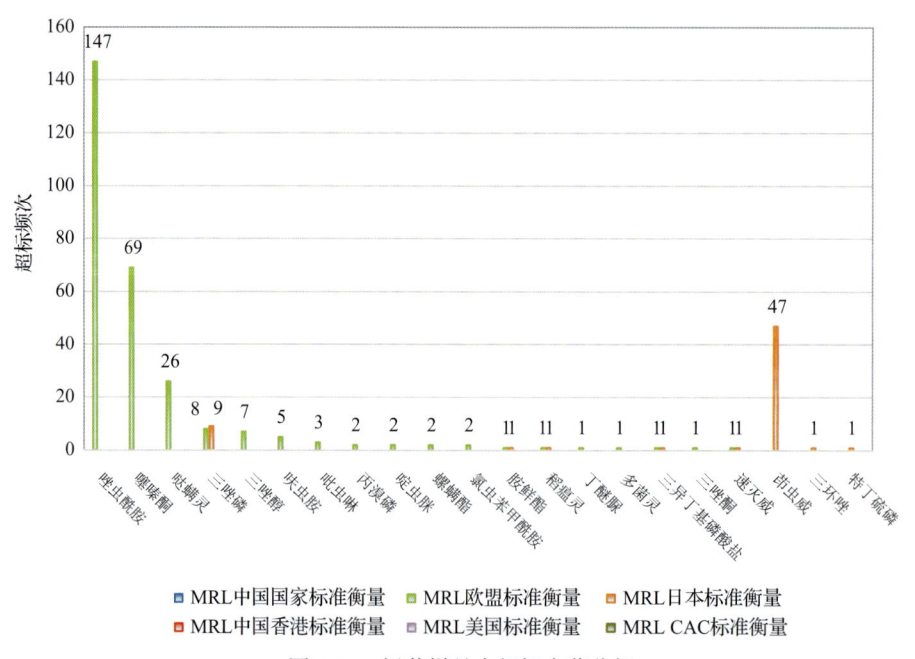

图 5-20 绿茶样品中超标农药分析

表 5-18 绿茶中农药残留超标情况明细表

样品总数	检出农药样品数	样品检出率(%)	检出农药品种总数
172	166	96.5	48
超标农药品种	超标农药频次	按照 MRL 中国国家标准、欧盟标准和日本标准衡量超标农药名称及频次	

	超标农药品种	超标农药频次	超标农药名称及频次
中国国家标准	0	0	
欧盟标准	18	280	唑虫酰胺(147)、噻嗪酮(69)、哒螨灵(26)、三唑磷(8)、三唑醇(7)、呋虫胺(5)、吡虫啉(3)、丙溴磷(2)、啶虫脒(2)、螺螨酯(2)、氯虫苯甲酰胺(2)、胺鲜酯(1)、稻瘟灵(1)、丁醚脲(1)、多菌灵(1)、三异丁基磷酸盐(1)、三唑酮(1)、速灭威(1)
日本标准	8	62	茚虫威(47)、三唑磷(9)、胺鲜酯(1)、稻瘟灵(1)、三环唑(1)、三异丁基磷酸盐(1)、速灭威(1)、特丁硫磷(1)

5.3.3.2 乌龙茶

这次共检测 57 例乌龙茶样品，55 例样品中检出了农药残留，检出率为 96.5%，检出农药共计 27 种。其中唑虫酰胺、哒螨灵、啶虫脒、苯醚甲环唑和噻嗪酮检出频次较高，分别检出了 51、40、30、26 和 23 次。乌龙茶中农药检出品种和频次见图 5-21，超标农药见图 5-22 和表 5-19。

5.3.3.3 红茶

这次共检测 40 例红茶样品，38 例样品中检出了农药残留，检出率为 95.0%，检出农药共计 24 种。其中唑虫酰胺、啶虫脒、噻嗪酮、哒螨灵和吡虫啉检出频次较高，分别检出了 30、28、26、25 和 11 次。红茶中农药检出品种和频次见图 5-23，超标农药见图 5-24 和表 5-20。

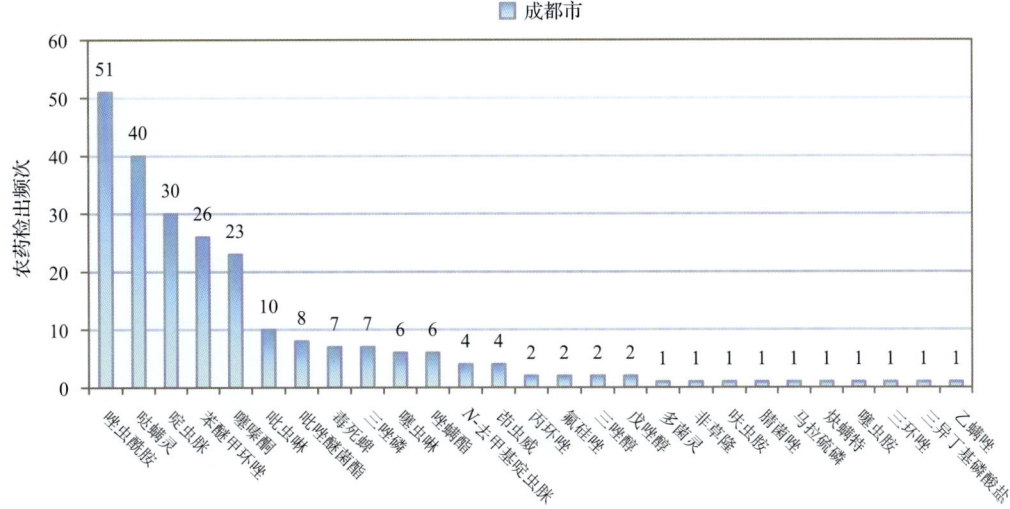

图 5-21 乌龙茶样品检出农药品种和频次分析

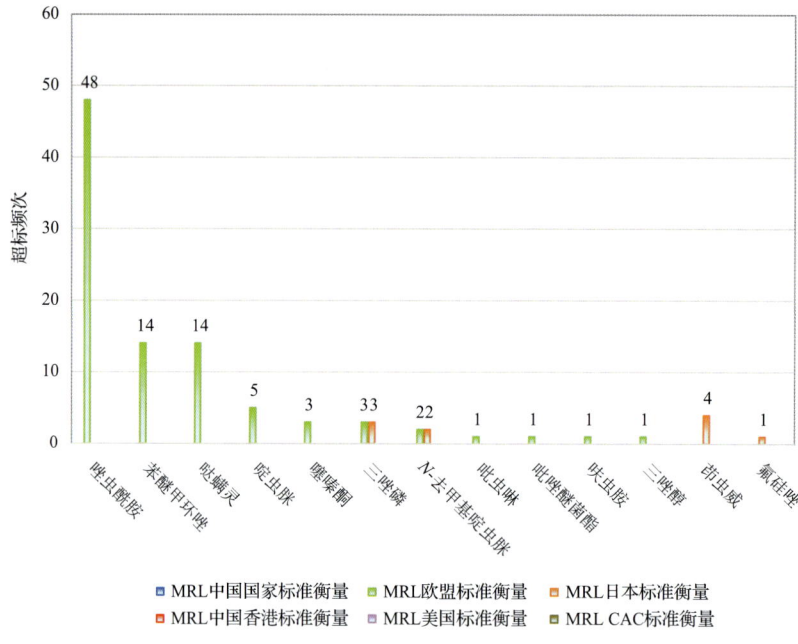

图 5-22　乌龙茶样品中超标农药分析

表 5-19　乌龙茶中农药残留超标情况明细表

样品总数		检出农药样品数	样品检出率(%)	检出农药品种总数
57		55	96.5	27
超标农药品种	超标农药频次	按照 MRL 中国国家标准、欧盟标准和日本标准衡量超标农药名称及频次		
中国国家标准	0	0		
欧盟标准	11	93	唑虫酰胺(48),苯醚甲环唑(14),哒螨灵(14),啶虫脒(5),噻嗪酮(3),二嗪磷(3),N-去甲基啶虫脒(2),吡虫啉(1),吡唑醚菌酯(1),呋虫胺(1),三唑醇(1)	
日本标准	4	10	茚虫威(4),三唑磷(3),N-去甲基啶虫脒(2),氟硅唑(1)	

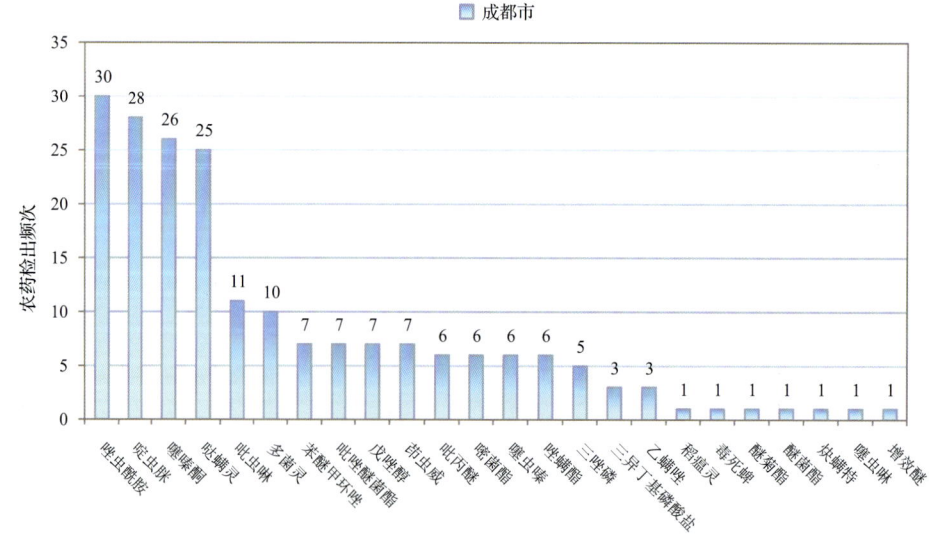

图 5-23　红茶样品检出农药品种和频次分析

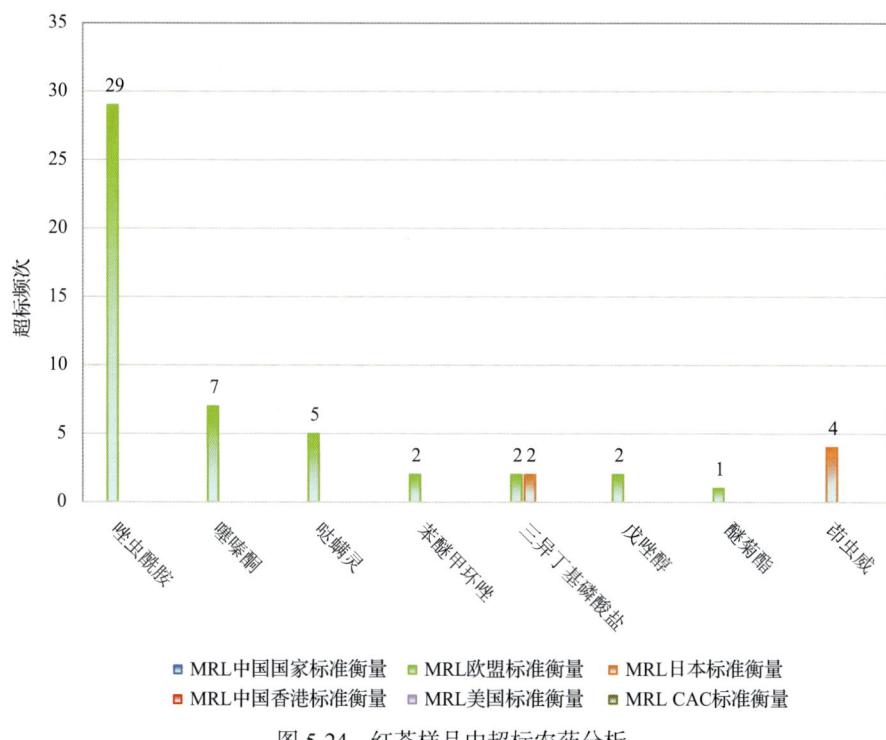

图 5-24 红茶样品中超标农药分析

表 5-20 红茶中农药残留超标情况明细表

样品总数		检出农药样品数	样品检出率(%)	检出农药品种总数
40		38	95	24
	超标农药品种	超标农药频次	按照 MRL 中国国家标准、欧盟标准和日本标准衡量超标农药名称及频次	
中国国家标准	0	0		
欧盟标准	7	48	唑虫酰胺(29),噻嗪酮(7),哒螨灵(5),苯醚甲环唑(2),三异丁基磷酸盐(2),戊唑醇(2),醚菊酯(1)	
日本标准	2	6	茚虫威(4),三异丁基磷酸盐(2)	

5.4 初步结论

5.4.1 成都市市售茶叶按 MRL 中国国家标准和国际主要 MRL 标准衡量的合格率

本次侦测的 282 例样品中,10 例样品未检出任何残留农药,占样品总量的 3.5%,272 例样品检出不同水平、不同种类的残留农药,占样品总量的 96.5%。在这 272 例检出农药残留的样品中:

按照 MRL 中国国家标准衡量,有 272 例样品检出残留农药但含量没有超标,占样品总数的 96.5%,无检出残留农药超标的样品。

按照 MRL 欧盟标准衡量，有 35 例样品检出残留农药但含量没有超标，占样品总数的 12.4%，有 237 例样品检出了超标农药，占样品总数的 84.0%。

按照 MRL 日本标准衡量，有 196 例样品检出残留农药但含量没有超标，占样品总数的 69.5%，有 76 例样品检出了超标农药，占样品总数的 27.0%。

按照 MRL 中国香港标准衡量，有 272 例样品检出残留农药但含量没有超标，占样品总数的 96.5%，无检出残留农药超标的样品。

按照 MRL 美国标准衡量，有 272 例样品检出残留农药但含量没有超标，占样品总数的 96.5%，无检出残留农药超标的样品。

按照 MRL CAC 标准衡量，有 272 例样品检出残留农药但含量没有超标，占样品总数的 96.5%，无检出残留农药超标的样品。

5.4.2 成都市市售茶叶中检出农药以中低微毒农药为主，占市场主体的 89.5%

这次侦测的 282 例茶叶样品共检出了 57 种农药，检出农药的毒性以中低微毒为主，详见表 5-21。

表 5-21 市场主体农药毒性分布

毒性	检出品种	占比	检出频次	占比
剧毒农药	2	3.5%	3	0.2%
高毒农药	4	7.0%	78	4.4%
中毒农药	26	45.6%	1204	67.2%
低毒农药	14	24.6%	346	19.3%
微毒农药	11	19.3%	160	8.9%
中低微毒农药，品种占比 89.5%，频次占比 95.5%				

5.4.3 检出剧毒、高毒和禁用农药现象应该警醒

在此次侦测的 282 例样品中有 4 种茶叶的 118 例样品检出了 7 种 159 频次的剧毒和高毒或禁用农药，占样品总量的 41.8%。其中剧毒农药特丁硫磷和甲拌磷以及高毒农药三唑磷、克百威和灭多威检出频次较高。

按 MRL 中国国家标准衡量，高毒农药按超标程度比较未超标。

剧毒、高毒或禁用农药的检出情况及按照 MRL 中国国家标准衡量的超标情况见表 5-22。

表 5-22 剧毒、高毒或禁用农药的检出及超标明细

序号	农药名称	样品名称	检出频次	超标频次	最大超标倍数	超标率
1.1	甲拌磷*▲	绿茶	1	0	0	0.0%
2.1	特丁硫磷*▲	绿茶	2	0	0	0.0%
3.1	克百威◇▲	绿茶	21	0	0	0.0%
4.1	醚菌酯◇	红茶	1	0	0	0.0%

续表

序号	农药名称	样品名称	检出频次	超标频次	最大超标倍数	超标率
5.1	灭多威°▲	绿茶	3	0	0	0.0%
6.1	三唑磷°▲	绿茶	40	0	0	0.0%
6.2	三唑磷°▲	乌龙茶	7	0	0	0.0%
6.3	三唑磷°▲	红茶	5	0	0	0.0%
6.4	三唑磷°▲	花茶	1	0	0	0.0%
7.1	毒死蜱▲	绿茶	70	0	0	0.0%
7.2	毒死蜱▲	乌龙茶	7	0	0	0.0%
7.3	毒死蜱▲	红茶	1	0	0	0.0%
合计			159	0		0.0%

注：超标倍数参照 MRL 中国国家标准衡量

这些剧毒和高毒农药都是中国政府早有规定禁止在茶叶中使用的，为什么还屡次被检出，应该引起警惕。

5.4.4 残留限量标准与先进国家或地区差距较大

1791 频次的检出结果与我国公布的(GB 2763—2016)《食品中农药最大残留限量》对比，有 1025 频次能找到对应的 MRL 中国国家标准，占 57.2%；还有 766 频次的侦测数据无相关 MRL 标准供参考，占 42.8%。

与国际上现行 MRL 对比发现：

有 1791 频次能找到对应的 MRL 欧盟标准，占 100.0%；

有 1791 频次能找到对应的 MRL 日本标准，占 100.0%；

有 883 频次能找到对应的 MRL 中国香港标准，占 49.3%；

有 890 频次能找到对应的 MRL 美国标准，占 49.7%；

有 755 频次能找到对应的 MRL CAC 标准，占 42.2%。

由上可见，MRL 中国国家标准与先进国家或地区标准还有很大差距，我们无标准，境外有标准，这就会导致我们在国际贸易中，处于受制于人的被动地位。

5.4.5 茶叶单种样品检出 24~48 种农药残留，拷问农药使用的科学性

通过此次监测发现，绿茶、乌龙茶和红茶是检出农药品种最多的 3 种茶叶，从中检出农药品种及频次详见表 5-23。

表 5-23 单种样品检出农药品种及频次

样品名称	样品总数	检出农药样品数	检出率	检出农药品种数	检出农药(频次)
绿茶	172	166	96.5%	48	唑虫酰胺(158)，啶虫脒(155)，噻嗪酮(149)，吡虫啉(114)，哒螨灵(82)，茚虫威(76)，噻虫嗪(75)，毒死蜱(70)，吡丙醚(50)，多菌灵(48)，三唑磷(40)，吡唑醚菌酯(38)，戊唑醇(33)，三唑醇(27)，苯醚甲环唑(25)，克百威(21)，噻虫啉(21)，胺鲜酯(17)，唑螨酯(16)，乙螨唑(13)，

续表

样品名称	样品总数	检出农药样品数	检出率	检出农药品种数	检出农药(频次)
绿茶	172	166	96.5%	48	吡虫啉脲(11)、三环唑(7)、丙溴磷(6)、氯虫苯甲酰胺(6)、嘧菌酯(6)、稻瘟灵(5)、呋虫胺(5)、螺螨酯(5)、炔螨特(4)、三异丁基磷酸盐(4)、灭多威(3)、特丁硫磷(2)、肟菌酯(2)、丙环唑(1)、虫酰肼(1)、丁醚脲(1)、氟虫脲(1)、氟环唑(1)、甲拌磷(1)、抗蚜威(1)、螺虫乙酯(1)、马拉硫磷(1)、咪鲜胺(1)、扑草净(1)、噻虫胺(1)、三唑酮(1)、速灭威(1)、莠灭净(1)
乌龙茶	57	55	96.5%	27	唑虫酰胺(51)、哒螨灵(40)、啶虫脒(30)、苯醚甲环唑(26)、噻嗪酮(23)、吡虫啉(10)、吡唑醚菌酯(8)、毒死蜱(7)、三氟磷(7)、噻虫啉(6)、唑螨酯(6)、N-去甲基啶虫脒(4)、茚虫威(4)、丙环唑(2)、氟硅唑(2)、三唑醇(2)、戊唑醇(2)、多菌灵(1)、非草隆(1)、呋虫胺(1)、腈菌唑(1)、马拉硫磷(1)、炔螨特(1)、噻虫胺(1)、三环唑(1)、三异丁基磷酸盐(1)、乙螨唑(1)
红茶	40	38	95.0%	24	唑虫酰胺(30)、啶虫脒(28)、噻嗪酮(26)、哒螨灵(25)、吡虫啉(11)、多菌灵(10)、苯醚甲环唑(7)、吡唑醚菌酯(7)、戊唑醇(7)、茚虫威(7)、吡丙醚(6)、嘧菌酯(6)、噻虫嗪(6)、唑螨酯(6)、三唑醇(5)、三异丁基磷酸盐(3)、乙螨唑(3)、稻瘟灵(1)、毒死蜱(1)、醚菊酯(1)、醚菌酯(1)、炔螨特(1)、噻虫啉(1)、增效醚(1)

上述3种茶叶，检出农药24~48种，是多种农药综合防治，还是未严格实施农业良好管理规范(GAP)，抑或根本就是乱施药，值得我们思考。

第 6 章 LC-Q-TOF/MS 侦测成都市市售茶叶农药残留膳食暴露风险与预警风险评估

6.1 农药残留风险评估方法

6.1.1 成都市农药残留侦测数据分析与统计

庞国芳院士科研团队建立的农药残留高通量侦测技术以高分辨精确质量数（0.0001 m/z 为基准）为识别标准，采用 LC-Q-TOF/MS 技术对 825 种农药化学污染物进行侦测。

科研团队于 2019 年 3 月期间在成都市 32 个采样点，随机采集了 282 例茶叶样品，具体位置如图 6-1 所示。

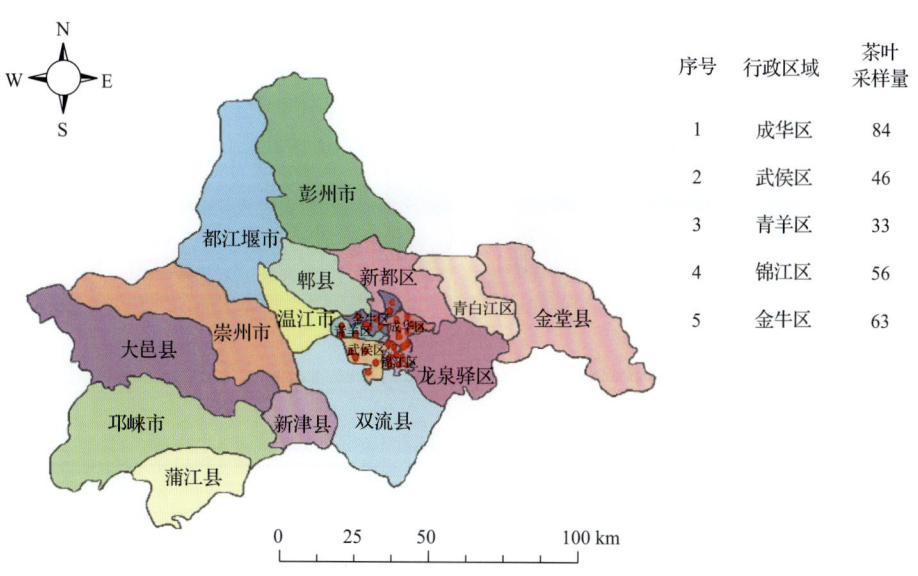

图 6-1 LC-Q-TOF/MS 侦测成都市 32 个采样点 282 例样品分布示意图

利用 LC-Q-TOF/MS 技术对 282 例样品中的农药进行侦测，侦测出残留农药 57 种，1791 频次。侦测出农药残留水平如表 6-1 和图 6-2 所示。检出频次最高的前 10 种农药如表 6-2 所示。从检测结果中可以看出，在茶叶中农药残留普遍存在，且有些茶叶存在高浓度的农药残留，这些可能存在膳食暴露风险，对人体健康产生危害，因此，为了定量地评价茶叶中农药残留的风险程度，有必要对其进行风险评价。

表 6-1 侦测出农药的不同残留水平及其所占比例列表

残留水平(μg/kg)	检出频次	占比(%)
1~5(含)	479	26.7
5~10(含)	285	15.9
10~100(含)	764	42.7
100~1000(含)	229	12.8
>1000	34	1.9
合计	1791	100

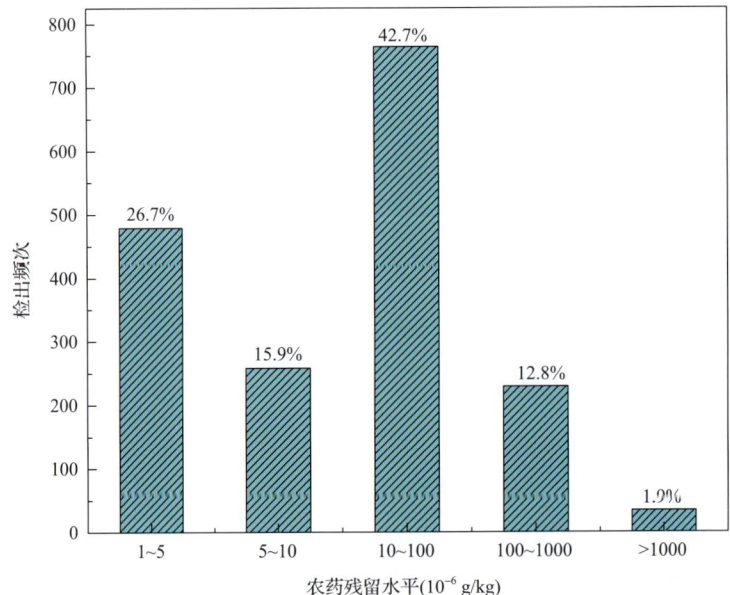

图 6-2 残留农药检出浓度频数分布图

表 6-2 检出频次最高的前 10 种农药列表

序号	农药	检出频次
1	唑虫酰胺	249
2	啶虫脒	220
3	噻嗪酮	200
4	哒螨灵	150
5	吡虫啉	139
6	茚虫威	89
7	噻虫嗪	82
8	毒死蜱	78
9	多菌灵	59
10	苯醚甲环唑	58

6.1.2 农药残留风险评价模型

对成都市茶叶中农药残留分别开展暴露风险评估和预警风险评估。膳食暴露风险评估利用食品安全指数模型对茶叶中的残留农药对人体可能产生的危害程度进行评价，该模型结合残留监测和膳食暴露评估评价化学污染物的危害；预警风险评价模型运用风险系数(risk index, R)，风险系数综合考虑了危害物的超标率、施检频率及其本身敏感性的影响，能直观而全面地反映出危害物在一段时间内的风险程度。

6.1.2.1 食品安全指数模型

为了加强食品安全管理，《中华人民共和国食品安全法》第二章第十七条规定"国家建立食品安全风险评估制度，运用科学方法，根据食品安全风险监测信息、科学数据以及有关信息，对食品、食品添加剂、食品相关产品中生物性、化学性和物理性危害因素进行风险评估"[1]，膳食暴露评估是食品危险度评估的重要组成部分，也是膳食安全性的衡量标准[2]。国际上最早研究膳食暴露风险评估的机构主要是 JMPR（FAO、WHO农药残留联合会议），该组织自 1995 年就已制定了急性毒性物质的风险评估急性毒性农药残留摄入量的预测。1960 年美国规定食品中不得加入致癌物质进而提出零阈值理论，渐渐零阈值理论发展成在一定概率条件下可接受风险的概念[3]，后衍变为食品中每日允许最大摄入量(ADI)，而国际食品农药残留法典委员会(CCPR)认为 ADI 不是独立风险评估的唯一标准[4]，1995 年 JMPR 开始研究农药急性膳食暴露风险评估，并对食品国际短期摄入量的计算方法进行了修正，亦对膳食暴露评估准则及评估方法进行了修正[5]，2002 年，在对世界上现行的食品安全评价方法，尤其是国际公认的 CAC 评价方法、全球环境监测系统/食品污染监测和评估规划(WHO GEMS/Food)及 FAO、WHO 食品添加剂联合专家委员会(JECFA)和 JMPR 对食品安全风险评估工作研究的基础之上，检验检疫食品安全管理的研究人员提出了结合残留监控和膳食暴露评估，以食品安全指数 IFS 计算食品中各种化学污染物对消费者的健康危害程度[6]。IFS 是表示食品安全状态的新方法，可有效地评价某种农药的安全性，进而评价食品中各种农药化学污染物对消费者健康的整体危害程度[7,8]。从理论上分析，IFS_c 可指出食品中的污染物 c 对消费者健康是否存在危害及危害的程度[9]。其优点在于操作简单且结果容易被接受和理解，不需要大量的数据来对结果进行验证，使用默认的标准假设或者模型即可[10,11]。

1) IFS_c 的计算

IFS_c 计算公式如下：

$$IFS_c = \frac{EDI_c \times f}{SI_c \times bw} \quad (6\text{-}1)$$

式中，c 为所研究的农药；EDI_c 为农药 c 的实际口摄入量估算值，等于 $\sum(R_i \times F_i \times E_i \times P_i)$ (i 为食品种类；R_i 为食品 i 中农药 c 的残留水平，mg/kg；F_i 为食品 i 的估计日消费量，g/(人·天)；E_i 为食品 i 的可食用部分因子；P_i 为食品 i 的加工处理因子）；SI_c 为安全摄入量，可采用每日允许最大摄入量 ADI；bw 为人平均体重，kg；f 为校正因子，如果安全摄入量采用 ADI，则 f 取 1。

$IFS_c \ll 1$，农药 c 对食品安全没有影响；$IFS_c \leq 1$，农药 c 对食品安全的影响可以接受；$IFS_c > 1$，农药 c 对食品安全的影响不可接受。

本次评价中：

$IFS_c \leq 0.1$，农药 c 对茶叶安全没有影响；

$0.1 < IFS_c \leq 1$，农药 c 对茶叶安全的影响可以接受；

$IFS_c > 1$，农药 c 对茶叶安全的影响不可接受。

本次评价中残留水平 R_i 取值为中国检验检疫科学研究院庞国芳院士课题组利用以高分辨精确质量数(0.0001 m/z)为基准的 LC-Q-TOF/MS 侦测技术于 2019 年 3 月期间对成都市茶叶农药残留的侦测结果，估计日消费量 F_i 取值 0.0047 kg/(人·天)，$E_i=1$，$P_i=1$，$f=1$，SI_c 采用《食品安全国家标准　食品中农药最大残留限量》(GB 2763—2016)中 ADI 值(具体数值见表 6-3)，人平均体重(bw)取值 60 kg。

表 6-3　成都市茶叶中侦测出农药的 ADI 值

序号	农药	ADI	序号	农药	ADI	序号	农药	ADI
1	唑虫酰胺	0.006	20	唑螨酯	0.01	39	咪鲜胺	0.01
2	噻嗪酮	0.009	21	噻虫嗪	0.08	40	嘧菌酯	0.2
3	毒死蜱	0.01	22	氟虫脲	0.04	41	氟环唑	0.02
4	哒螨灵	0.01	23	丁醚脲	0.003	42	噻虫胺	0.1
5	三唑磷	0.001	24	三唑酮	0.03	43	甲基嘧啶磷	0.03
6	苯醚甲环唑	0.01	25	丙溴磷	0.03	44	醚菌酯	0.4
7	茚虫威	0.01	26	吡丙醚	0.1	45	扑草净	0.04
8	克百威	0.001	27	灭多威	0.02	46	螺虫乙酯	0.05
9	多菌灵	0.03	28	氟硅唑	0.007	47	肟菌酯	0.04
10	三唑醇	0.03	29	甲拌磷	0.0007	48	抗蚜威	0.02
11	啶虫脒	0.07	30	胺鲜酯	0.023	49	马拉硫磷	0.3
12	炔螨特	0.01	31	虫酰肼	0.02	50	氯虫苯甲酰胺	2
13	噻虫啉	0.01	32	稻瘟灵	0.016	51	莠灭净	0.072
14	吡虫啉	0.06	33	乙螨唑	0.05	52	增效醚	0.2
15	螺螨酯	0.01	34	腈菌唑	0.03	53	N-去甲基啶虫脒	—
16	异丙威	0.002	35	呋虫胺	0.2	54	三异丁基磷酸盐	—
17	吡唑醚菌酯	0.03	36	三环唑	0.04	55	吡虫啉脲	—
18	戊唑醇	0.03	37	丙环唑	0.07	56	速灭威	—
19	特丁硫磷	0.0006	38	醚菊酯	0.03	57	非草隆	—

注："—"表示为国家标准中无 ADI 值规定；ADI 值单位为 mg/kg bw

2)计算 IFS_c 的平均值 $\overline{IFS}$,评价农药对食品安全的影响程度

以 $\overline{IFS}$ 评价各种农药对人体健康危害的总程度,评价模型见公式(6-2)。

$$\overline{IFS} = \frac{\sum_{i=1}^{n} IFS_c}{n} \tag{6-2}$$

$\overline{IFS} \ll 1$,所研究消费者人群的食品安全状态很好;$\overline{IFS} \leq 1$,所研究消费者人群的食品安全状态可以接受;$\overline{IFS} > 1$,所研究消费者人群的食品安全状态不可接受。

本次评价中:

$\overline{IFS} \leq 0.1$,所研究消费者人群的茶叶安全状态很好;

$0.1 < \overline{IFS} \leq 1$,所研究消费者人群的茶叶安全状态可以接受;

$\overline{IFS} > 1$,所研究消费者人群的茶叶安全状态不可接受。

6.1.2.2 预警风险评估模型

2003 年,我国检验检疫食品安全管理的研究人员根据 WTO 的有关原则和我国的具体规定,结合危害物本身的敏感性、风险程度及其相应的施检频率,首次提出了食品中危害物风险系数 R 的概念[12]。R 是衡量一个危害物的风险程度大小最直观的参数,即在一定时期内其超标率或阳性检出率的高低,但受其施检频率的高低及其本身的敏感性(受关注程度)影响。该模型综合考察了农药在茶叶中的超标率、施检频率及其本身敏感性,能直观而全面地反映出农药在一段时间内的风险程度[13]。

1)R 计算方法

危害物的风险系数综合考虑了危害物的超标率或阳性检出率、施检频率和其本身的敏感性影响,并能直观而全面地反映出危害物在一段时间内的风险程度。风险系数 R 的计算公式如式(6-3):

$$R = aP + \frac{b}{F} + S \tag{6-3}$$

式中,P 为该种危害物的超标率;F 为危害物的施检频率;S 为危害物的敏感因子;a,b 分别为相应的权重系数。

本次评价中 $F=1$;$S=1$;$a=100$;$b=0.1$,对参数 P 进行计算,计算时首先判断是否为禁用农药,如果为非禁用农药,P=超标的样品数(侦测出的含量高于食品最大残留限量标准值,即 MRL)除以总样品数(包括超标、不超标、未侦测出);如果为禁用农药,则侦测出即为超标,P=能侦测出的样品数除以总样品数。判断成都市茶叶农药残留是否超标的标准限值 MRL 分别以 MRL 中国国家标准[14]和 MRL 欧盟标准作为对照,具体值列于本报告附表 中。

2)评价风险程度

$R \leq 1.5$,受检农药处于低度风险;

$1.5 < R \leqslant 2.5$，受检农药处于中度风险；
$R > 2.5$，受检农药处于高度风险。

6.1.2.3 食品膳食暴露风险和预警风险评估应用程序的开发

1) 应用程序开发的步骤

为成功开发膳食暴露风险和预警风险评估应用程序，与软件工程师多次沟通讨论，逐步提出并描述清楚计算需求，开发了初步应用程序。为明确出不同茶叶、不同农药、不同地域的风险水平，向软件工程师提出不同的计算需求，软件工程师对计算需求进行逐一分析，经过反复的细节沟通，需求分析得到明确后，开始进行解决方案的设计，在保证需求的完整性、一致性的前提下，编写出程序代码，最后设计出满足需求的风险评估专用计算软件，并通过一系列的软件测试和改进，完成专用程序的开发。软件开发基本步骤见图6-3。

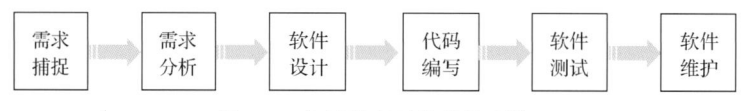

图6-3 专用程序开发总体步骤

2) 膳食暴露风险评估专业程序开发的基本要求

首先直接利用公式(6-1)，分别计算 LC-Q-TOF/MS 和 GC-Q-TOF/MS 仪器侦测出的各茶叶样品中每种农药 IFS_c，将结果列出。为考察超标农药和禁用农药的使用安全性，分别以我国《食品安全国家标准 食品中农药最大残留限量》（GB 2763—2016）和欧盟食品中农药最大残留限量（以下简称 MRL 中国国家标准和 MRL 欧盟标准）为标准，对侦测出的禁用农药和超标的非禁用农药 IFS_c 单独进行评价；按 IFS_c 大小列表，并找出 IFS_c 值排名前20的样本重点关注。

对不同茶叶 i 中每一种侦测出的农药 c 的安全指数进行计算，多个样品时求平均值。按农药种类，计算整个监测时间段内每种农药的 IFS_c，不区分茶叶种类。

3) 预警风险评估专业程序开发的基本要求

分别以 MRL 中国国家标准和 MRL 欧盟标准，按公式(6-3)逐个计算不同茶叶、不同农药的风险系数，禁用农药和非禁用农药分别列表。

为清楚了解各种农药的预警风险，不分时间，不分茶叶，按禁用农药和非禁用农药分类，分别计算各种侦测出农药全部检测时段内风险系数。由于有 MRL 中国国家标准的农药种类太少，无法计算超标数，非禁用农药的风险系数只以 MRL 欧盟标准为标准，进行计算。

4) 风险程度评价专业应用程序的开发方法

采用 Python 计算机程序设计语言，Python 是一个高层次地结合了解释性、编译性、互动性和面向对象的脚本语言。风险评价专用程序主要功能包括：分别读入每例样品 LC-Q-TOF/MS 和 GC-Q-TOF/MS 农药残留检测数据，根据风险评价工作要求，依次对不同农药、不同食品、不同时间、不同采样点的 IFS_c 值和 R 值分别进行数据计算，筛选出禁用农药、超标农药（分别与 MRL 中国国家标准、MRL 欧盟标准限值进行对比）单独重点分析，再分别对各农药、各茶叶种类分类处理，设计出计算和排序程序，编写计算机代码，最后将生成的膳食暴露风险评估和超标风险评估定量计算结果列入设计好的各个表格中，并定性判断风险对目标的影响程度，直接用文字描述风险发生的高低，如"不可接受"、"可以接受"、"没有影响"、"高度风险"、"中度风险"、"低度风险"。

6.2 LC-Q-TOF/MS 侦测成都市市售茶叶农药残留膳食暴露风险评估

6.2.1 每例茶叶样品中农药残留安全指数分析

基于 2019 年 3 月的农药残留侦测数据，发现在 282 例样品中侦测出农药 1791 频次，计算样品中每种残留农药的安全指数 IFS_c，并分析农药对样品安全的影响程度，结果详见附表二，农药残留对茶叶样品安全的影响程度频次分布情况如图 6-4 所示。

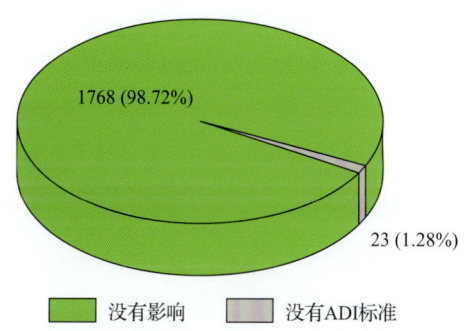

图 6-4　农药残留对茶叶样品安全的影响程度频次分布图

由图 6-4 可以看出，农药残留对样品安全的没有影响的频次为 1768，占 98.72%。

部分样品侦测出禁用农药 6 种 158 频次，为了明确残留的禁用农药对样品安全的影响，分析侦测出禁用农药残留的样品安全指数，禁用农药残留对茶叶样品安全的影响程度频次分布情况如图 6-5 所示，农药残留对样品安全没有影响的频次为 158，占 100%。

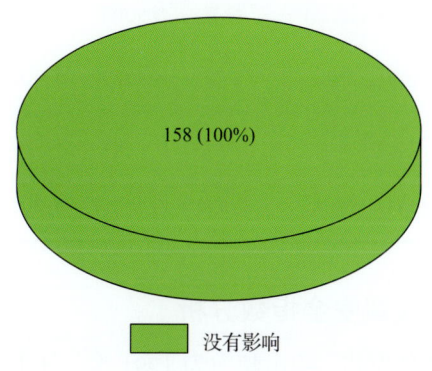

图 6-5　禁用农药对茶叶样品安全影响程度的频次分布图

此外，本次侦测发现部分样品中非禁用农药残留量超过了 MRL 欧盟标准，为了明确超标的非禁用农药对样品安全的影响，分析了非禁用农药残留超标的样品安全指数。

残留量超过 MRL 欧盟标准的非禁用农药对茶叶样品安全的影响程度频次分布情况如图 6-6 所示。可以看出超过 MRL 欧盟标准的非禁用农药共 421 频次，其中农药没有 ADI 的频次为 7，占 1.66%；农药残留对样品安全没有影响的频次为 414，占 98.34%。表 6-4 为茶叶样品中安全指数排名前 10 的残留超标非禁用农药列表。

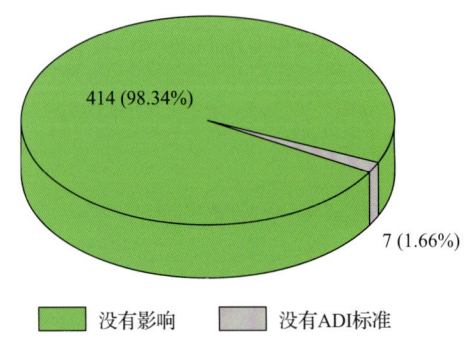

图 6-6 残留超标的非禁用农药对茶叶样品安全的影响程度频次分布图（MRL 欧盟标准）

表 6-4 茶叶样品中安全指数排名前 10 的残留超标非禁用农药列表（**MRL 欧盟标准**）

序号	样品编号	采样点	基质	农药	含量(mg/kg)	欧盟标准	IFS_c	影响程度
1	20190325-510100-USI-GT-03D	***超市（SM 广场分店）	绿茶	唑虫酰胺	4.8830	0.01	0.0638	没有影响
2	20190327-510100-USI-GT-22C	***超市（府河分店）	绿茶	唑虫酰胺	2.5267	0.01	0.0330	没有影响
3	20190325-510100-USI-FT-07A	***超市（凯德天府店）	花茶	唑虫酰胺	2.3406	0.01	0.0306	没有影响
4	20190327-510100-USI-BT-32E	***茶庄（建设路店）	红茶	唑虫酰胺	2.2335	0.01	0.0292	没有影响
5	20190326-510100-USI-GT-16B	***超市（城市超市店）	绿茶	唑虫酰胺	2.0260	0.01	0.0265	没有影响
6	20190325-510100-USI-OT-14C	***超市（科华路店）	乌龙茶	唑虫酰胺	1.7427	0.01	0.0228	没有影响
7	20190327-510100-USI-GT-29E	***茶庄（桃溪路店）	绿茶	唑虫酰胺	1.7207	0.01	0.0225	没有影响
8	20190327-510100-USI-BT-24A	***超市（总府店）	红茶	唑虫酰胺	1.5828	0.01	0.0207	没有影响
9	20190327-510100-USI-OT-31B	***茶叶店	乌龙茶	唑虫酰胺	1.5577	0.01	0.0203	没有影响
10	20190327-510100-USI-OT-22B	***超市（府河分店）	乌龙茶	唑虫酰胺	1.5217	0.01	0.0199	没有影响

6.2.2 单种茶叶中农药残留安全指数分析

本次 5 种茶叶侦测 57 种农药，检出频次为 1791 次，其中 5 种农药没有 ADI，52 种农药存在 ADI 标准。5 种茶叶按不同种类分别计算侦测出的具有 ADI 标准的各种农药的 IFS_c 值，农药残留对茶叶的安全指数分布图如图 6-7 所示。

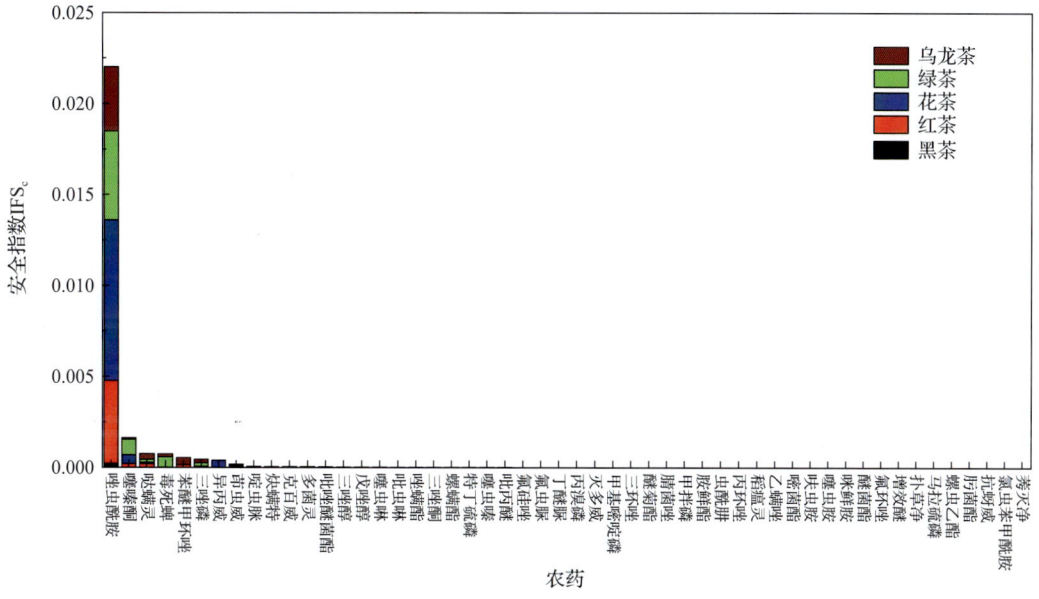

图 6-7　5 种茶叶中 52 种残留农药的安全指数分布图

本次侦测中，5 种茶叶和 57 种残留农药（包括没有 ADI）共涉及 120 个分析样本，农药对单种茶叶安全的影响程度分布情况如图 6-8 所示。可以看出，93.33%的样本中农药对茶叶安全没有影响。

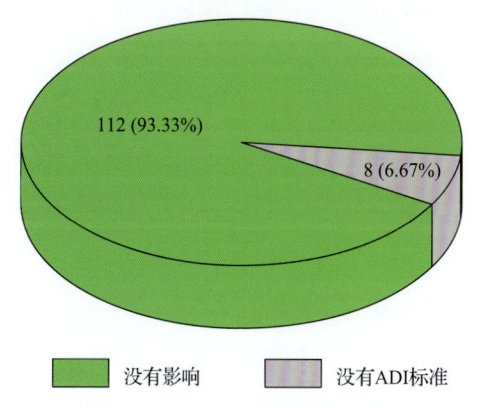

图 6-8　120 个分析样本的影响程度频次分布图

6.2.3　所有茶叶中农药残留安全指数分析

计算所有茶叶中 52 种农药的 IFS_c 值，结果如图 6-9 及表 6-5 所示。

分析发现，所有的农药对茶叶安全的影响程度均为没有影响，说明茶叶中残留的农药不会对茶叶安全造成影响。

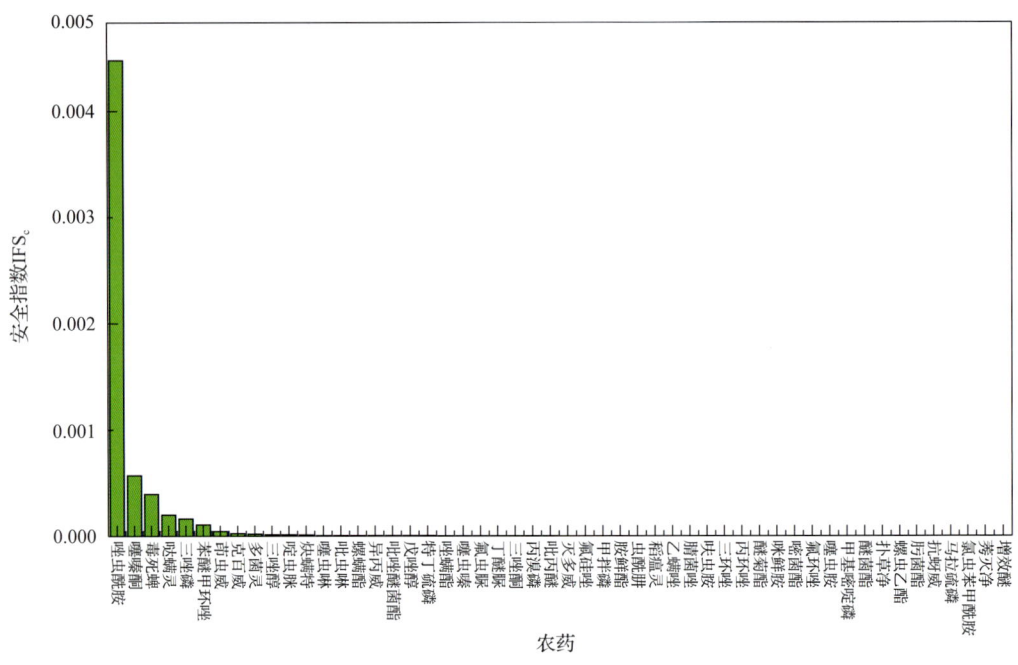

图 6-9 52 种残留农药对茶叶的安全影响程度统计图

表 6-5 茶叶中 52 种农药残留的安全指数表

序号	农药	检出频次	检出率(%)	IFS_c	影响程度	序号	农药	检出频次	检出率(%)	IFS_c	影响程度
1	唑虫酰胺	249	88.30	$4.48×10^{-3}$	没有影响	16	异丙威	1	0.35	$5.49×10^{-6}$	没有影响
2	噻嗪酮	200	70.92	$5.69×10^{-4}$	没有影响	17	吡唑醚菌酯	54	19.15	$5.20×10^{-6}$	没有影响
3	毒死蜱	78	27.66	$3.94×10^{-4}$	没有影响	18	戊唑醇	42	14.89	$4.86×10^{-6}$	没有影响
4	哒螨灵	150	53.19	$1.99×10^{-4}$	没有影响	19	特丁硫磷	2	0.71	$4.58×10^{-6}$	没有影响
5	三唑磷	53	18.79	$1.63×10^{-4}$	没有影响	20	唑螨酯	28	9.93	$2.98×10^{-6}$	没有影响
6	苯醚甲环唑	58	20.57	$1.07×10^{-4}$	没有影响	21	噻虫嗪	82	29.08	$2.94×10^{-6}$	没有影响
7	茚虫威	89	31.56	$4.53×10^{-5}$	没有影响	22	氟虫脲	1	0.35	$2.73×10^{-6}$	没有影响
8	克百威	21	7.45	$2.58×10^{-5}$	没有影响	23	丁醚脲	1	0.35	$2.32×10^{-6}$	没有影响
9	多菌灵	59	20.92	$1.86×10^{-5}$	没有影响	24	三唑酮	2	0.71	$1.93×10^{-6}$	没有影响
10	三唑醇	29	10.28	$1.40×10^{-5}$	没有影响	25	丙溴磷	6	2.13	$1.73×10^{-6}$	没有影响
11	啶虫脒	220	78.01	$1.29×10^{-5}$	没有影响	26	吡丙醚	58	20.57	$1.67×10^{-6}$	没有影响
12	炔螨特	6	2.13	$1.17×10^{-5}$	没有影响	27	灭多威	3	0.0106	$1.08×10^{-6}$	没有影响
13	噻虫啉	29	10.28	$6.60×10^{-6}$	没有影响	28	氟硅唑	2	0.0071	$1.07×10^{-6}$	没有影响
14	吡虫啉	139	49.29	$6.58×10^{-6}$	没有影响	29	甲拌磷	1	0.0035	$7.94×10^{-7}$	没有影响
15	螺螨酯	5	1.77	$6.36×10^{-6}$	没有影响	30	胺鲜酯	17	0.0603	$7.10×10^{-7}$	没有影响

续表

序号	农药	检出频次	检出率(%)	IFS$_c$	影响程度	序号	农药	检出频次	检出率(%)	IFS$_c$	影响程度
31	虫酰肼	1	0.0035	6.61×10^{-7}	没有影响	42	噻虫胺	2	0.71	1.03×10^{-7}	没有影响
32	稻瘟灵	6	0.0213	4.27×10^{-7}	没有影响	43	甲基嘧啶磷	1	0.35	5.65×10^{-8}	没有影响
33	乙螨唑	17	0.0603	2.86×10^{-7}	没有影响	44	醚菌酯	1	0.35	3.42×10^{-8}	没有影响
34	腈菌唑	1	0.35	2.79×10^{-7}	没有影响	45	扑草净	1	0.35	2.78×10^{-8}	没有影响
35	呋虫胺	6	2.12	2.72×10^{-7}	没有影响	46	螺虫乙酯	1	0.35	2.28×10^{-8}	没有影响
36	三环唑	9	3.19	2.64×10^{-7}	没有影响	47	肟菌酯	2	0.71	1.94×10^{-8}	没有影响
37	丙环唑	3	1.06	2.60×10^{-7}	没有影响	48	抗蚜威	1	0.35	1.53×10^{-8}	没有影响
38	醚菊酯	1	0.35	1.97×10^{-7}	没有影响	49	马拉硫磷	2	0.71	1.32×10^{-8}	没有影响
39	咪鲜胺	1	0.35	1.61×10^{-7}	没有影响	50	氯虫苯甲酰胺	6	2.13	1.28×10^{-8}	没有影响
40	嘧菌酯	12	4.26	1.45×10^{-7}	没有影响	51	莠灭净	1	0.35	8.87×10^{-9}	没有影响
41	氟环唑	1	0.35	1.35×10^{-7}	没有影响	52	增效醚	2	0.71	5.56×10^{-9}	没有影响

6.3 LC-Q-TOF/MS 侦测成都市市售茶叶农药残留预警风险评估

基于成都市茶叶样品中农药残留 LC-Q-TOF/MS 侦测数据，分析禁用农药的检出率，同时参照中华人民共和国国家标准 GB 2763—2016 和欧盟农药最大残留限量(MRL)标准分析非禁用农药残留的超标率，并计算农药残留风险系数。分析单种茶叶中农药残留以及所有茶叶中农药残留的风险程度。

6.3.1 单种茶叶中农药残留风险系数分析

6.3.1.1 单种茶叶中禁用农药残留风险系数分析

侦测出的 57 种残留农药中有 6 种为禁用农药，且它们分布在 4 种茶叶中，计算 4 种茶叶中禁用农药的检出率，根据检出率计算风险系数 R，进而分析茶叶中禁用农药的风险程度，结果如图 6-10 与表 6-6 所示。分析发现除绿茶中的特丁硫磷和花茶中的三唑磷处于中度风险，其余 4 种禁用农药在 4 种茶叶中的残留处于高度风险。

6.3.1.2 基于 MRL 中国国家标准的单种茶叶中非禁用农药残留风险系数分析

参照中华人民共和国国家标准 GB 2763—2016 中农药残留限量计算每种茶叶中每种非禁用农药的超标率，进而计算其风险系数，根据风险系数大小判断残留农药的预警风险程度,茶叶中非禁用农药残留风险程度分布情况如图 6-11 所示。

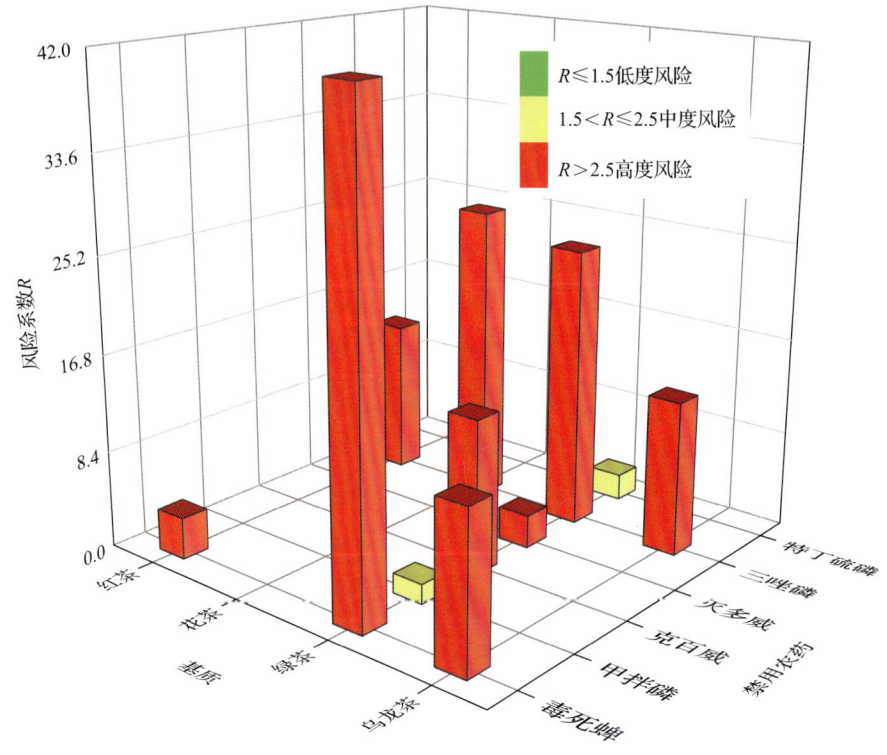

图 6-10　4 种茶叶中 6 种禁用农药残留的风险系数

表 6-6　4 种茶叶中 6 种禁用农药残留的风险系数列表

序号	基质	农药	检出频次	检出率(%)	风险系数 R	风险程度
1	乌龙茶	三唑磷	7	12.28	13.38	高度风险
2	乌龙茶	毒死蜱	7	12.28	13.38	高度风险
3	红茶	三唑磷	5	12.50	13.60	高度风险
4	红茶	毒死蜱	1	2.50	3.60	高度风险
5	绿茶	三唑磷	40	23.26	24.36	高度风险
6	绿茶	克百威	21	12.21	13.31	高度风险
7	绿茶	毒死蜱	70	40.70	41.80	高度风险
8	绿茶	灭多威	3	1.74	2.84	高度风险
9	绿茶	特丁硫磷	2	1.16	2.26	中度风险
10	绿茶	甲拌磷	1	0.58	1.68	中度风险
11	花茶	三唑磷	1	25.00	26.10	高度风险

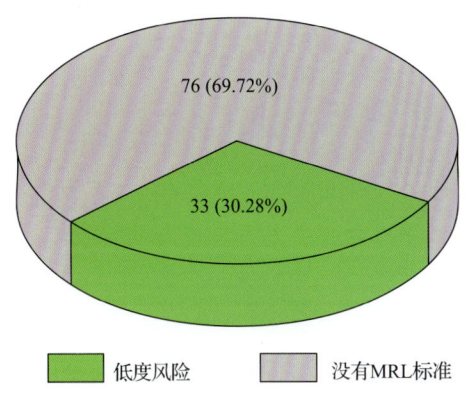

图 6-11 茶叶中非禁用农药残留的风险程度分布图（MRL 中国国家标准）

本次分析中，发现在 5 种茶叶检出 51 种残留非禁用农药，涉及样本 109 个，在 109 个样本中，30.28%处于低度风险，此外发现有 76 个样本没有 MRL 中国国家标准值，无法判断其风险程度，有 MRL 中国国家标准值的 33 个样本涉及 5 种茶叶中的 9 种非禁用农药，其风险系数 R 值如图 6-12 所示。

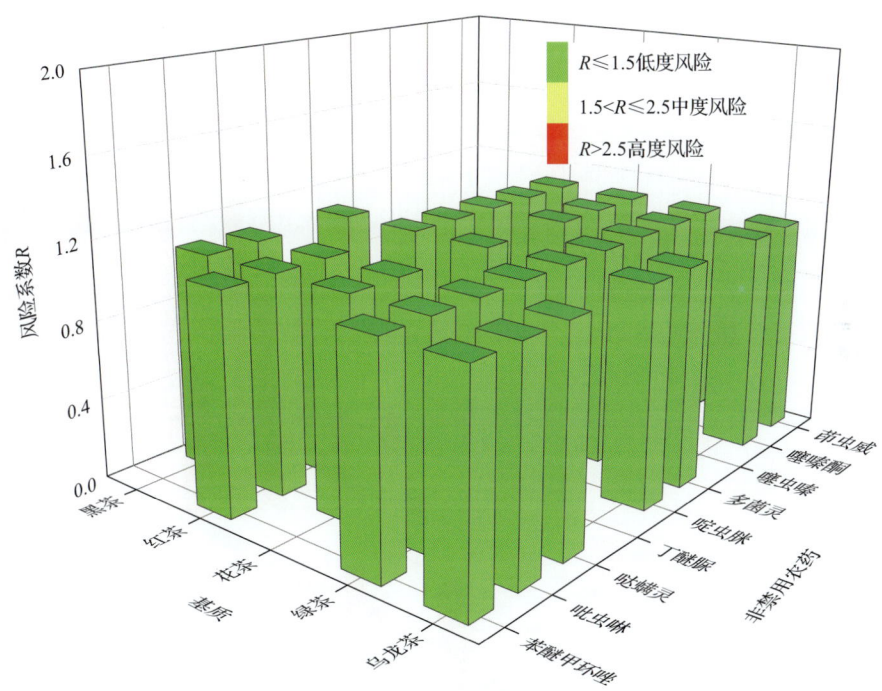

图 6-12 5 种茶叶中 9 种非禁用农药的风险系数分布图（MRL 中国国家标准）

6.3.1.3 基于 MRL 欧盟标准的单种茶叶中非禁用农药残留风险系数分析

参照 MRL 欧盟标准计算每种茶叶中每种非禁用农药的超标率，进而计算其风险系数，根据风险系数大小判断农药残留的预警风险程度，茶叶中非禁用农药残留风险程度分布情况如图 6-13 所示。

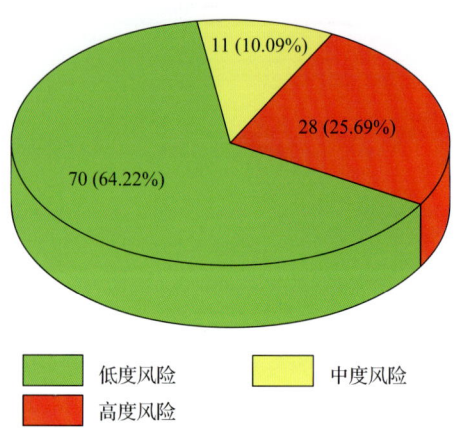

图 6-13 茶叶中非禁用农药残留的风险程度分布图（MRL 欧盟标准）

本次分析中，发现在 5 种茶叶中共侦测出 51 种非禁用农药，涉及样本 109 个，其中，25.69%处于高度风险，涉及 5 种茶叶和 14 种农药；10.09%处于中度风险，涉及 1 种茶叶和 11 种农药；64.22%处于低度风险，涉及 5 种茶叶和 38 种农药。单种茶叶中的非禁用农药风险系数分布图如图 6-14 所示。单种茶叶中处于高度风险的非禁用农药风险系数如图 6-15 和表 6-7 所示。

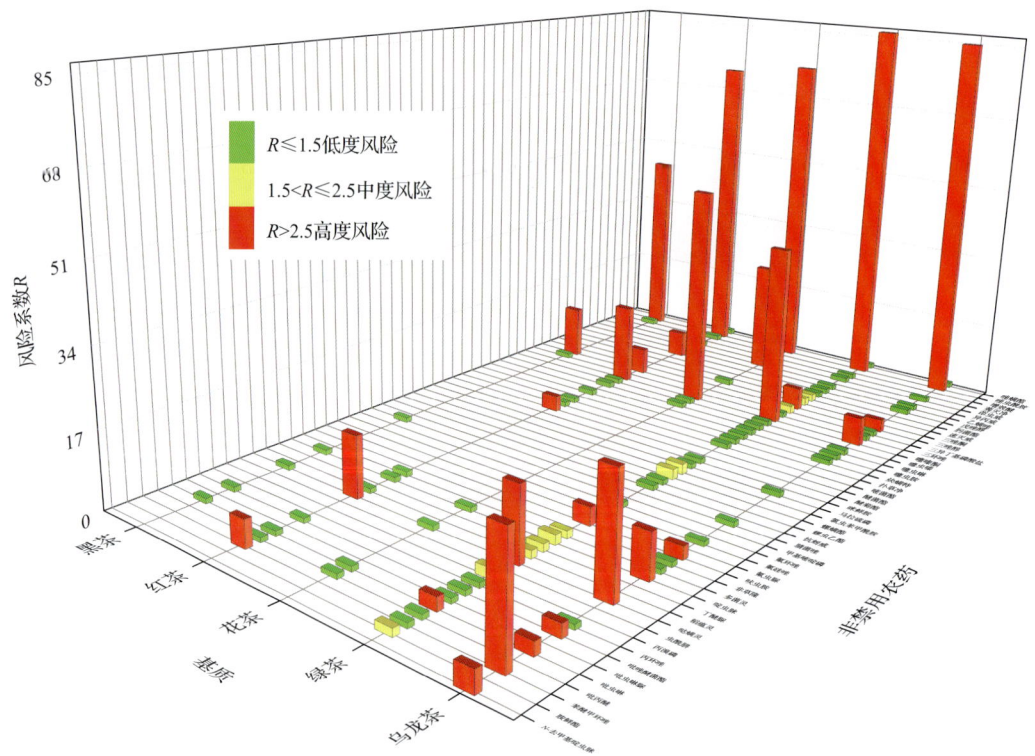

图 6-14 5 种茶叶中 51 种非禁用农药残留的风险系数（MRL 欧盟标准）

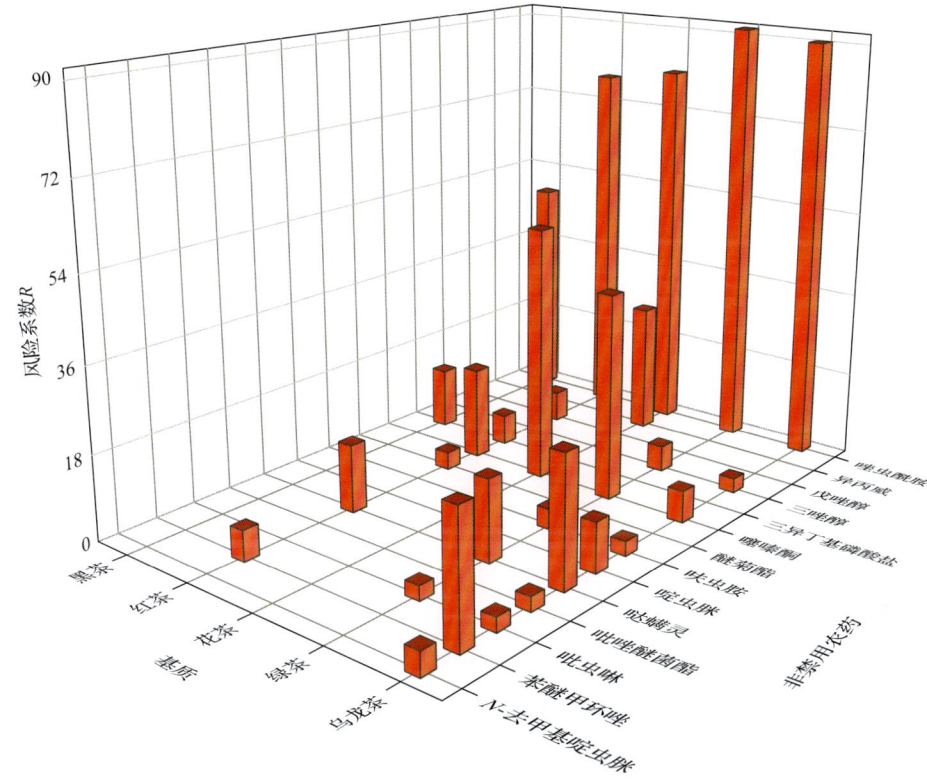

图 6-15　单种茶叶中处于高度风险的非禁用农药的风险系数（MRL 欧盟标准）

表 6-7　单种茶叶中处于高度风险的非禁用农药残留的风险系数表（**MRL 欧盟标准**）

序号	基质	农药	超标频次	超标率 P(%)	风险系数 R
1	绿茶	唑虫酰胺	147	85.47	86.57
2	乌龙茶	唑虫酰胺	48	84.21	85.31
3	花茶	唑虫酰胺	3	75.00	76.10
4	红茶	唑虫酰胺	29	72.50	73.60
5	花茶	噻嗪酮	2	50.00	51.10
6	黑茶	唑虫酰胺	4	44.44	45.54
7	绿茶	噻嗪酮	69	40.12	41.22
8	花茶	异丙威	1	25.00	26.10
9	乌龙茶	哒螨灵	14	24.56	25.66
10	乌龙茶	苯醚甲环唑	14	24.56	25.66
11	红茶	噻嗪酮	7	17.50	18.60
12	绿茶	哒螨灵	26	15.12	16.22
13	红茶	哒螨灵	5	12.50	13.60
14	黑茶	三异丁基磷酸盐	1	11.11	12.21

续表

序号	基质	农药	超标频次	超标率 P(%)	风险系数 R
15	乌龙茶	啶虫脒	5	8.77	9.87
16	乌龙茶	噻嗪酮	3	5.26	6.36
17	红茶	三异丁基磷酸盐	2	5.00	6.10
18	红茶	戊唑醇	2	5.00	6.10
19	红茶	苯醚甲环唑	2	5.00	6.10
20	绿茶	三唑醇	7	4.07	5.17
21	乌龙茶	N-去甲基啶虫脒	2	3.51	4.61
22	绿茶	呋虫胺	5	2.91	4.01
23	红茶	醚菊酯	1	2.50	3.60
24	乌龙茶	三唑醇	1	1.75	2.85
25	乌龙茶	吡唑醚菌酯	1	1.75	2.85
26	乌龙茶	吡虫啉	1	1.75	2.85
27	乌龙茶	呋虫胺	1	1.75	2.85
28	绿茶	吡虫啉	3	1.74	2.84

6.3.2 所有茶叶中农药残留风险系数分析

6.3.2.1 所有茶叶中禁用农药残留风险系数分析

在侦测出的 57 种农药中有 6 种为禁用农药，计算所有茶叶中禁用农药的风险系数，结果如表 6-8 所示。在 6 种禁用农药中，3 种农药残留处于高度风险，2 种农药残留处于中度风险，1 种农药残留处于低度风险。

表 6-8 茶叶中 6 种禁用农药的风险系数表

序号	农药	检出频次	检出率(%)	风险系数 R	风险程度
1	毒死蜱	78	0.28	28.76	高度风险
2	三唑磷	53	0.19	19.89	高度风险
3	克百威	21	0.07	8.55	高度风险
4	灭多威	3	0.01	2.16	中度风险
5	特丁硫磷	2	0.01	1.81	中度风险
6	甲拌磷	1	0.00	1.45	低度风险

6.3.2.2 所有茶叶中非禁用农药残留风险系数分析

参照 MRL 欧盟标准计算所有茶叶中每种非禁用农药残留的风险系数，如图 6-16 与表 6-9 所示。在侦测出的 51 种非禁用农药中，9 种农药(17.65%)残留处于高度风险，5

种农药(9.80%)残留处于中度风险，37 种农药(72.55%)残留处于低度风险。

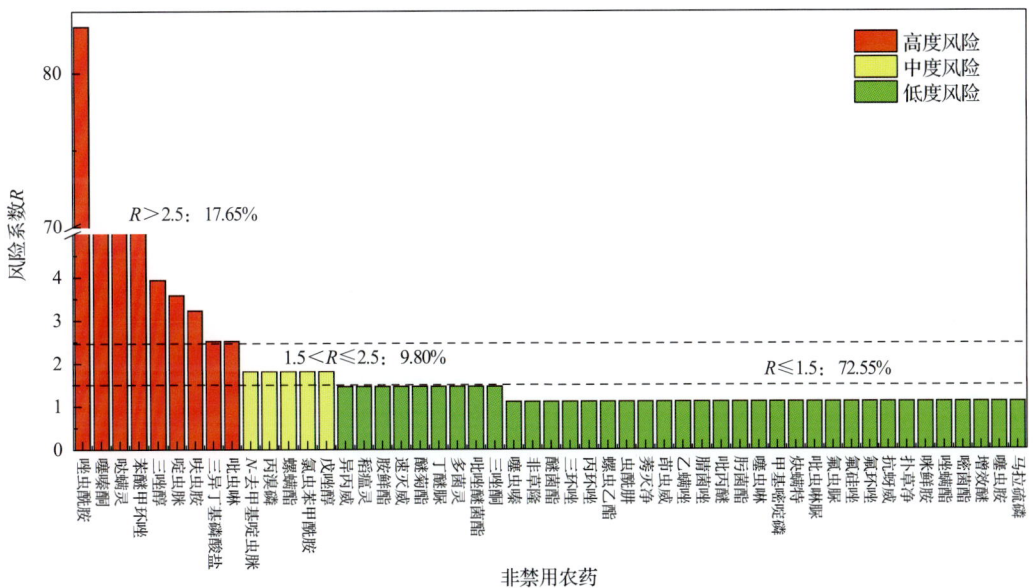

图 6-16　茶叶中 51 种非禁用农药的风险程度统计图

表 6-9　茶叶中 51 种非禁用农药的风险系数表

序号	农药	超标频次	超标率 P(%)	风险系数 R	风险程度
1	唑虫酰胺	231	81.91	83.01	高度风险
2	噻嗪酮	81	28.72	29.82	高度风险
3	哒螨灵	45	15.96	17.06	高度风险
4	苯醚甲环唑	16	5.67	6.77	高度风险
5	三唑醇	8	2.84	3.94	高度风险
6	啶虫脒	7	2.48	3.58	高度风险
7	呋虫胺	6	2.13	3.23	高度风险
8	三异丁基磷酸盐	4	1.42	2.52	高度风险
9	吡虫啉	4	1.42	2.52	高度风险
10	N-去甲基啶虫脒	2	0.71	1.81	中度风险
11	丙溴磷	2	0.71	1.81	中度风险
12	螺螨酯	2	0.71	1.81	中度风险
13	氯虫苯甲酰胺	2	0.71	1.81	中度风险
14	戊唑醇	2	0.71	1.81	中度风险
15	异丙威	1	0.35	1.45	低度风险
16	稻瘟灵	1	0.35	1.45	低度风险
17	胺鲜酯	1	0.35	1.45	低度风险

续表

序号	农药	超标频次	超标率 $P(\%)$	风险系数 R	风险程度
18	速灭威	1	0.35	1.45	低度风险
19	醚菊酯	1	0.35	1.45	低度风险
20	丁醚脲	1	0.35	1.45	低度风险
21	多菌灵	1	0.35	1.45	低度风险
22	吡唑醚菌酯	1	0.35	1.45	低度风险
23	三唑酮	1	0.35	1.45	低度风险
24	噻虫嗪	0	0	1.10	低度风险
25	非草隆	0	0	1.10	低度风险
26	醚菌酯	0	0	1.10	低度风险
27	三环唑	0	0	1.10	低度风险
28	丙环唑	0	0	1.10	低度风险
29	螺虫乙酯	0	0	1.10	低度风险
30	虫酰肼	0	0	1.10	低度风险
31	莠灭净	0	0	1.10	低度风险
32	茚虫威	0	0	1.10	低度风险
33	乙螨唑	0	0	1.10	低度风险
34	腈菌唑	0	0	1.10	低度风险
35	吡丙醚	0	0	1.10	低度风险
36	肟菌酯	0	0	1.10	低度风险
37	噻虫啉	0	0	1.10	低度风险
38	甲基嘧啶磷	0	0	1.10	低度风险
39	炔螨特	0	0	1.10	低度风险
40	吡虫啉脲	0	0	1.10	低度风险
41	氟虫脲	0	0	1.10	低度风险
42	氟硅唑	0	0	1.10	低度风险
43	氟环唑	0	0	1.10	低度风险
44	抗蚜威	0	0	1.10	低度风险
45	扑草净	0	0	1.10	低度风险
46	咪鲜胺	0	0	1.10	低度风险
47	唑螨酯	0	0	1.10	低度风险
48	嘧菌酯	0	0	1.10	低度风险
49	增效醚	0	0	1.10	低度风险
50	噻虫胺	0	0	1.10	低度风险
51	马拉硫磷	0	0	1.10	低度风险

6.4 LC-Q-TOF/MS 侦测成都市市售茶叶农药残留风险评估结论与建议

农药残留是影响茶叶安全和质量的主要因素,也是我国食品安全领域备受关注的敏感话题和亟待解决的重大问题之一[15,16]。各种茶叶均存在不同程度的农药残留现象,本研究主要针对成都市各类茶叶存在的农药残留问题,基于 2019 年 3 月对成都市 282 例茶叶样品中农药残留侦测得出的 1791 个侦测结果,分别采用食品安全指数模型和风险系数模型,开展茶叶中农药残留的膳食暴露风险和预警风险评估。茶叶样品取自超市和茶叶专营店,符合大众的膳食来源,风险评价时更具有代表性和可信度。

本研究力求通用简单地反映食品安全中的主要问题,且为管理部门和大众容易接受,为政府及相关管理机构建立科学的食品安全信息发布和预警体系提供科学的规律与方法,加强对农药残留的预警和食品安全重大事件的预防,控制食品风险。

6.4.1 成都市茶叶中农药残留膳食暴露风险评价结论

1) 茶叶样品中农药残留安全状态评价结论

采用食品安全指数模型,对 2019 年 3 月期间成都市茶叶食品农药残留膳食暴露风险进行评价,根据 IFS_c 的计算结果发现,茶叶中农药的 $\overline{IFS}$ 为 1.17×10^{-4},说明成都市茶叶总体处于可以接受的安全状态,但部分禁用农药、高残留农药在茶叶中仍有侦测出,导致膳食暴露风险的存在,成为不安全因素。

2) 禁用农药膳食暴露风险评价

本次检测发现部分茶叶样品中有禁用农药侦测出,侦测出禁用农药 6 种,侦测出频次为 158,茶叶样品中的禁用农药 IFS_c 计算结果表明,禁用农药残留膳食暴露风险没有影响的频次为 158,占 100%。

6.4.2 成都市茶叶中农药残留预警风险评价结论

1) 单种茶叶中禁用农药残留的预警风险评价结论

本次检测过程中,在 4 种茶叶中检测出 6 种禁用农药,禁用农药为:三唑磷、毒死蜱、克百威、灭多威、特丁硫磷、甲拌磷,茶叶为:乌龙茶、红茶、绿茶、花茶,茶叶中禁用农药的风险系数分析结果显示,除绿茶中的特丁硫磷和花茶中的三唑磷处于中度风险,其余 4 种禁用农药在 4 种茶叶中的残留处于高度风险,说明在单种茶叶中禁用农药的残留会导致较高的预警风险。

2) 单种茶叶中非禁用农药残留的预警风险评价结论

以 MRL 中国国家标准为标准,计算茶叶中非禁用农药风险系数情况下,109 个样本中,33 个处于低度风险(30.28%),76 个样本没有 MRL 中国国家标准(69.72%)。以 MRL

欧盟标准为标准，计算茶叶中非禁用农药风险系数情况下，发现有 28 个处于高度风险（25.69%），11 个处于中度风险（10.09%），70 个处于低度风险（64.22%）。基于两种 MRL 标准，评价的结果差异显著，可以看出 MRL 欧盟标准比中国国家标准更加严格和完善，过于宽松的 MRL 中国国家标准值能否有效保障人体的健康有待研究。

6.4.3 加强成都市茶叶食品安全建议

我国食品安全风险评价体系仍不够健全，相关制度不够完善，多年来，由于农药用药次数多、用药量大或用药间隔时间短，产品残留量大，农药残留所造成的食品安全问题日益严峻，给人体健康带来了直接或间接的危害。据估计，美国与农药有关的癌症患者数约占全国癌症患者总数的 50%，中国更高。同样，农药对其他生物也会形成直接杀伤和慢性危害，植物中的农药可经过食物链逐级传递并不断蓄积，对人和动物构成潜在威胁，并影响生态系统。

基于本次农药残留侦测数据的风险评价结果，提出以下几点建议：

1）加快食品安全标准制定步伐

我国食品标准中对农药每日允许最大摄入量 ADI 的数据严重缺乏，在本次评价所涉及的 57 种农药中，仅有 91.23% 的农药具有 ADI 值，而 8.77% 的农药中国尚未规定相应的 ADI 值，亟待完善。

我国食品中农药最大残留限量值的规定严重缺乏，对评估涉及的不同茶叶中不同农药 120 个 MRL 限值进行统计来看，我国仅制定出 37 个标准，我国标准完整率仅为 30.84%，欧盟的完整率达到 100%（表 6-10）。因此，中国更应加快 MRL 的制定步伐。

表 6-10 我国国家食品标准农药的 ADI、MRL 值与欧盟标准的数量差异

分类		中国 ADI	MRL 中国国家标准	MRL 欧盟标准
标准限值（个）	有	52	37	120
	无	5	83	0
总数（个）		57	120	120
无标准限值比例（%）		8.77	69.16	0

此外，MRL 中国国家标准限值普遍高于欧盟标准限值，这些标准中共有 27 个高于欧盟。过高的 MRL 值难以保障人体健康，建议继续加强对限值基准和标准的科学研究，将农产品中的危险性减少到尽可能低的水平。

2）加强农药的源头控制和分类监管

在成都市某些茶叶中仍有禁用农药残留，利用 LC-Q-TOF/MS 技术侦测出 6 种禁用农药，检出频次为 158 次，残留禁用农药均存在较大的膳食暴露风险和预警风险。早已列入黑名单的禁用农药在我国并未真正退出，有些药物由于价格便宜、工艺简单，此类高毒农药一直生产和使用。建议在我国采取严格有效的控制措施，从源头控制禁用农药。

对于非禁用农药，在我国作为"田间地头"最典型单位的县级茶叶产地中，农药残留的检测几乎缺失。建议根据农药的毒性，对高毒、剧毒、中毒农药实现分类管理，减

少使用高毒和剧毒高残留农药，进行分类监管。

3) 加强农药生物基准和降解技术研究

市售茶叶中残留农药的品种多、频次高、禁用农药多次检出这一现状，说明了我国的田间土壤和水体因农药长期、频繁、不合理的使用而遭到严重污染。为此，建议中国相关部门出台相关政策，鼓励高校及科研院所积极开展分子生物学、酶学等研究，加强土壤、水体中残留农药的生物修复及降解新技术研究，切实加大农药监管力度，以控制农药的面源污染问题。

综上所述，在本工作基础上，根据茶叶残留危害，可进一步针对其成因提出和采取严格管理、大力推广无公害茶叶种植与生产、健全食品安全控制技术体系、加强茶叶质量检测体系建设和积极推行茶叶质量追溯制度等相应对策。建立和完善食品安全综合评价指数与风险监测预警系统，对食品安全进行实时、全面的监控与分析，为我国的食品安全科学监管与决策提供新的技术支持，可实现各类检验数据的信息化系统管理，降低食品安全事故的发生。

第7章 GC-Q-TOF/MS 侦测成都市 282 例市售茶叶样品农药残留报告

从成都市所属 5 个区，随机采集了 282 例茶叶样品，使用气相色谱-四极杆飞行时间质谱(GC-Q-TOF/MS)对 684 种农药化学污染物示范侦测。

7.1 样品种类、数量与来源

7.1.1 样品采集与检测

为了真实反映百姓日常饮用的茶叶中农药残留污染状况，本次所有检测样品均由检验人员于2019年3月期间，从成都市所属32个采样点，包括6个茶叶专营店26个超市，以随机购买方式采集，总计32批282例样品，从中检出农药56种，1826频次。采样及监测概况见图7-1及表7-1，样品及采样点明细见表7-2及表7-3(侦测原始数据见附表1)。

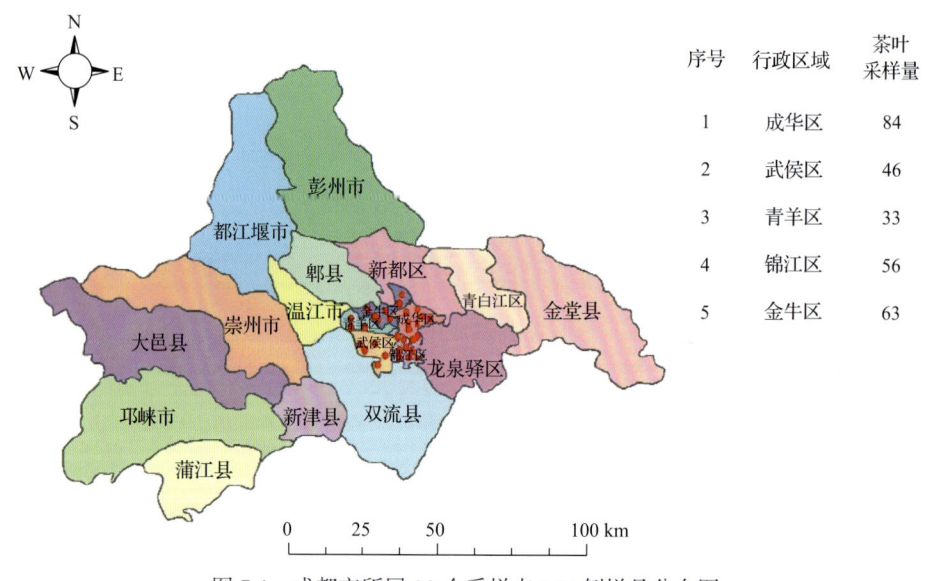

序号	行政区域	茶叶采样量
1	成华区	84
2	武侯区	46
3	青羊区	33
4	锦江区	56
5	金牛区	63

图 7-1 成都市所属 32 个采样点 282 例样品分布图

表 7-1 农药残留监测总体概况

行政区域	成都市所属 5 个区
采样点(茶叶专营店+超市)	32
样本总数	282
检出农药品种/频次	56/1826
各采样点样本农药残留检出率范围	85.7%~100.0%

表 7-2 样品分类及数量

样品分类	样品名称(数量)	数量小计
1. 茶叶		282
1)发酵类茶叶	黑茶(9),红茶(40),乌龙茶(57)	106
2)未发酵类茶叶	花茶(4),绿茶(172)	176
合计	1.茶叶 5 种	282

表 7-3 成都市采样点信息

采样点序号	行政区域	采样点
茶叶专营店(6)		
1	成华区	***茶庄(建设路店)
2	成华区	***茶庄(桃溪路店)
3	成华区	***茶叶店
4	金牛区	***茶庄
5	锦江区	***茶庄
6	锦江区	***茶叶店
超市(26)		
1	成华区	***超市(建设路店)
2	成华区	***超市(府青路店)
3	成华区	***超市(双桥子店)
4	成华区	***超市(三友路店)
5	成华区	***超市(SM 广场分店)
6	成华区	***超市(三三九广场店)
7	金牛区	***超市(金域港湾店)
8	金牛区	***超市(城市超市店)
9	金牛区	***超市(羊西店)
10	金牛区	***超市(金牛店)
11	金牛区	***超市(北城天街店)
12	金牛区	***超市(抚琴南路店)
13	锦江区	***超市(总府路店)
14	锦江区	***超市(翡翠城店)
15	锦江区	***超市(锦江商场店)
16	锦江区	***超市
17	锦江区	***超市(总府)
18	锦江区	***超市(万达广场锦华路店)
19	青羊区	***超市(八宝街店)

续表

采样点序号	行政区域	采样点
20	青羊区	***超市(府河分店)
21	青羊区	***超市(西城分店)
22	武侯区	***超市(红牌楼店)
23	武侯区	***超市(科华路店)
24	武侯区	***超市(高新店)
25	武侯区	***超市(亚太分店)
26	武侯区	***超市(凯德天府店)

7.1.2 检测结果

这次使用的检测方法是庞国芳院士团队最新研发的不需使用标准品对照,而以高分辨精确质量数(0.0001 m/z)为基准的 GC-Q-TOF/MS 检测技术,对于 282 例样品,每个样品均侦测了 684 种农药化学污染物的残留现状。通过本次侦测,在 282 例样品中共计检出农药化学污染物 56 种,检出 1826 频次。

7.1.2.1 各采样点样品检出情况

统计分析发现 32 个采样点中,被测样品的农药检出率范围为 85.7%~100.0%。其中,有 31 个采样点样品的检出率最高,达到了 100.0%,分别是:***超市(建设路店)、***超市(府青路店)、***超市(双桥子店)、***茶庄(建设路店)、***茶庄(桃溪路店)、***超市(SM 广场分店)、***茶叶店、***超市(三三九广场店)、***超市(金域港湾店)、***超市(城市超市店)、***超市(羊西店)、***超市(金牛店)、***茶庄、***超市(北城天街店)、***超市(抚琴南路店)、***超市(总府路店)、***超市(翡翠城店)、***超市(锦江商场店)、***超市、***茶庄、***超市(总府店)、***茶叶店、***超市(万达广场锦华路店)、***超市(八宝街店)、***超市(府河分店)、***超市(西城分店)、***超市(红牌楼店)、***超市(科华路店)、***超市(高新店)、***超市(亚太分店)和***超市(凯德天府店)。***超市(三友路店)的检出率最低,为 85.7%,见图 7-2。

7.1.2.2 检出农药的品种总数与频次

统计分析发现,对于 282 例样品中 684 种农药化学污染物的侦测,共检出农药 1826 频次,涉及农药 56 种,结果如图 7-3 所示。其中联苯菊酯检出频次最高,共检出 273 次。检出频次排名前 10 的农药如下:①联苯菊酯(273),②异丁子香酚(261),③唑虫酰胺(207),④丁香酚(96),⑤毒死蜱(94),⑥氯氟氰菊酯(94),⑦哒螨灵(87),⑧噻嗪酮(80),⑨苯醚氰菊酯(74),⑩三唑醇(73)。

由图 7-4 可见,绿茶、乌龙茶和红茶这 3 种茶叶样品中检出的农药品种数较高,均超过 25 种,其中,绿茶检出农药品种最多,为 45 种。由图 7-5 可见,绿茶、乌龙茶和红茶这 3 种茶叶样品中的农药检出频次较高,均超过 100 次,其中,绿茶检出农药频次最高,为 1241 次。

第 7 章 GC-Q-TOF/MS 侦测成都市 282 例市售茶叶样品农药残留报告

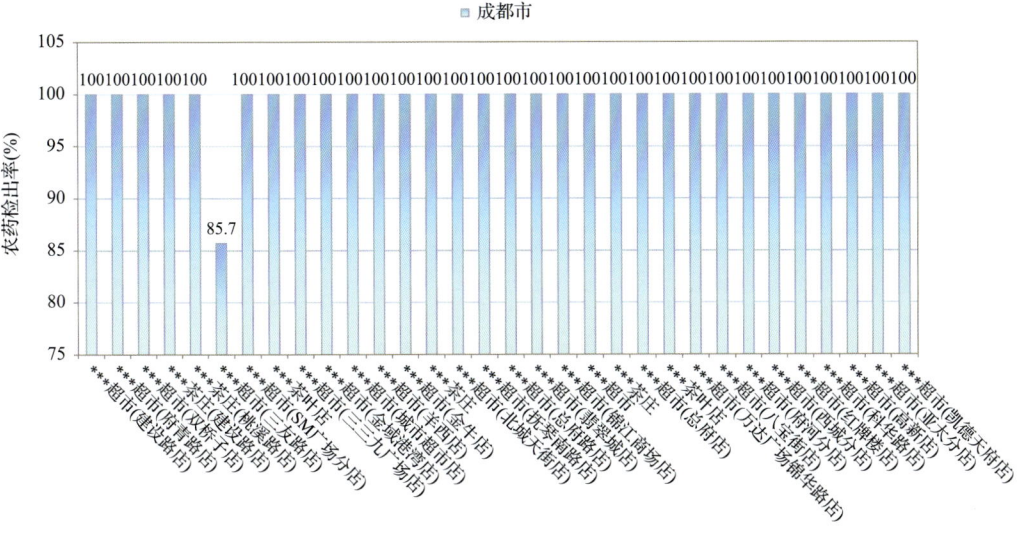

图 7-2 各采样点样品中的农药检出率

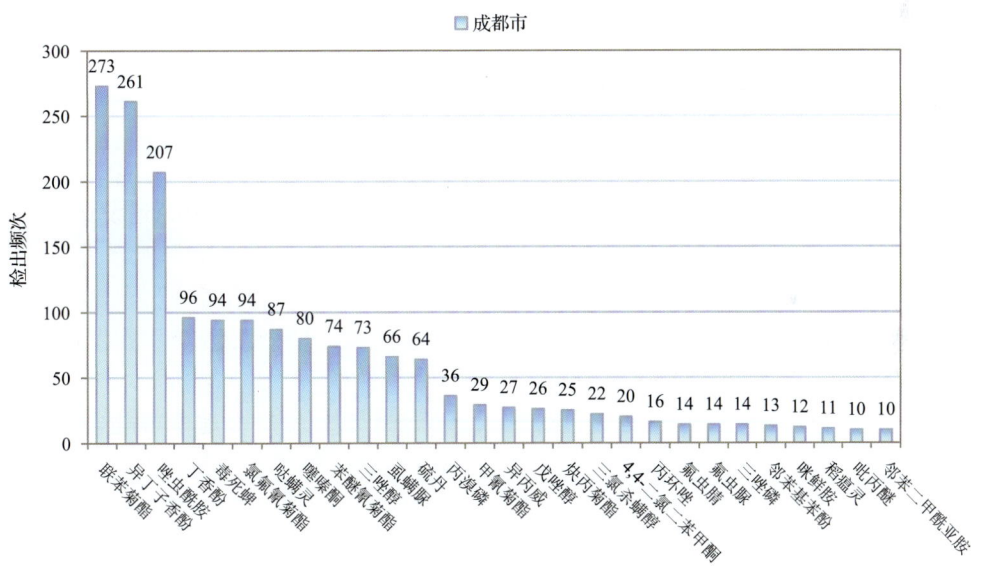

图 7-3 检出农药品种及频次（仅列出检出农药 10 频次及以上的数据）

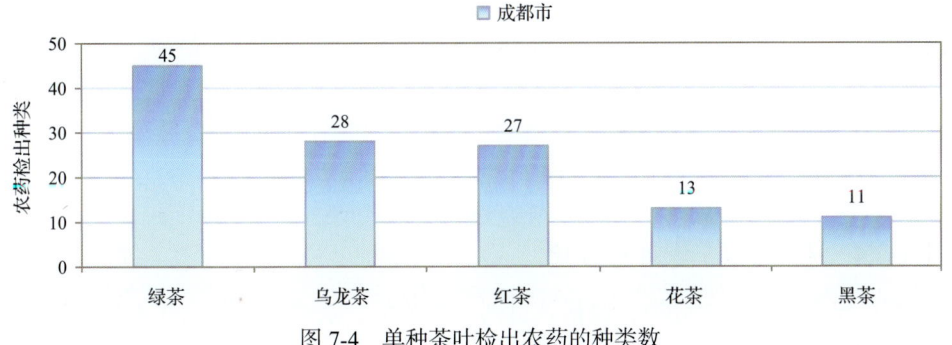

图 7-4 单种茶叶检出农药的种类数

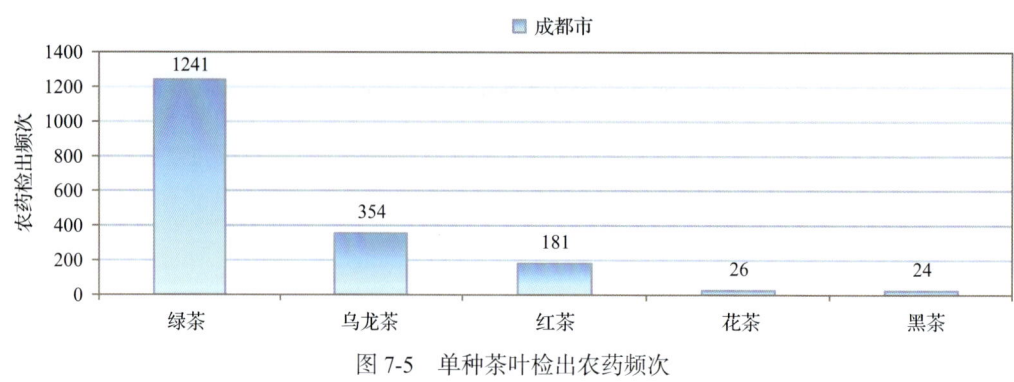

图 7-5　单种茶叶检出农药频次

7.1.2.3　单例样品农药检出种类与占比

对单例样品检出农药种类和频次进行统计发现，未检出农药的样品占总样品数的 0.4%，检出 1 种农药的样品占总样品数的 2.1%，检出 2~5 种农药的样品占总样品数的 37.2%，检出 6~10 种农药的样品占总样品数的 50.4%，检出大于 10 种农药的样品占总样品数的 9.9%。每例样品中平均检出农药为 6.5 种，数据见表 7-4 及图 7-6。

表 7-4　单例样品检出农药品种占比

检出农药品种数	样品数量/占比(%)
未检出	1/0.4
1 种	6/2.1
2~5 种	105/37.2
6~10 种	142/50.4
大于 10 种	28/9.9
单例样品平均检出农药品种	6.5 种

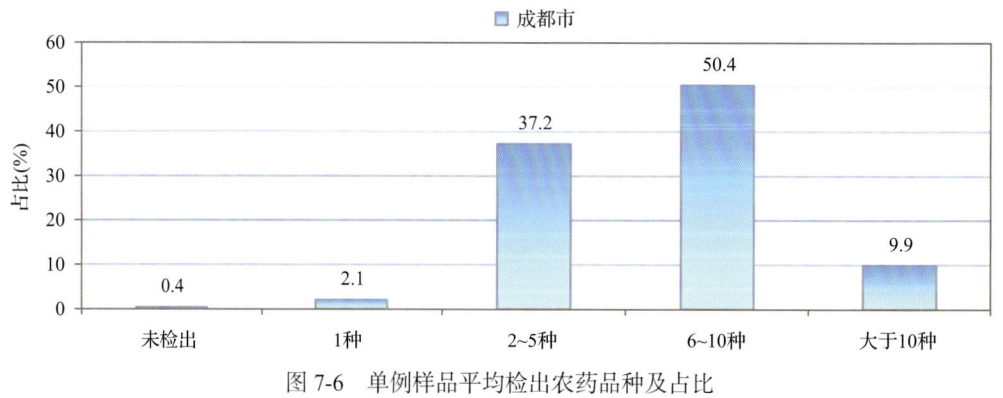

图 7-6　单例样品平均检出农药品种及占比

7.1.2.4　检出农药类别与占比

所有检出农药按功能分类，包括杀虫剂、杀菌剂、杀螨剂和其他共 4 类。其中杀虫剂与杀菌剂为主要检出的农药类别，分别占总数的 46.4%和 39.3%，见表 7-5 及图 7-7。

表 7-5　检出农药所属类别/占比

农药类别	数量/占比(%)
杀虫剂	26/46.4
杀菌剂	22/39.3
杀螨剂	6/10.7
其他	2/3.6

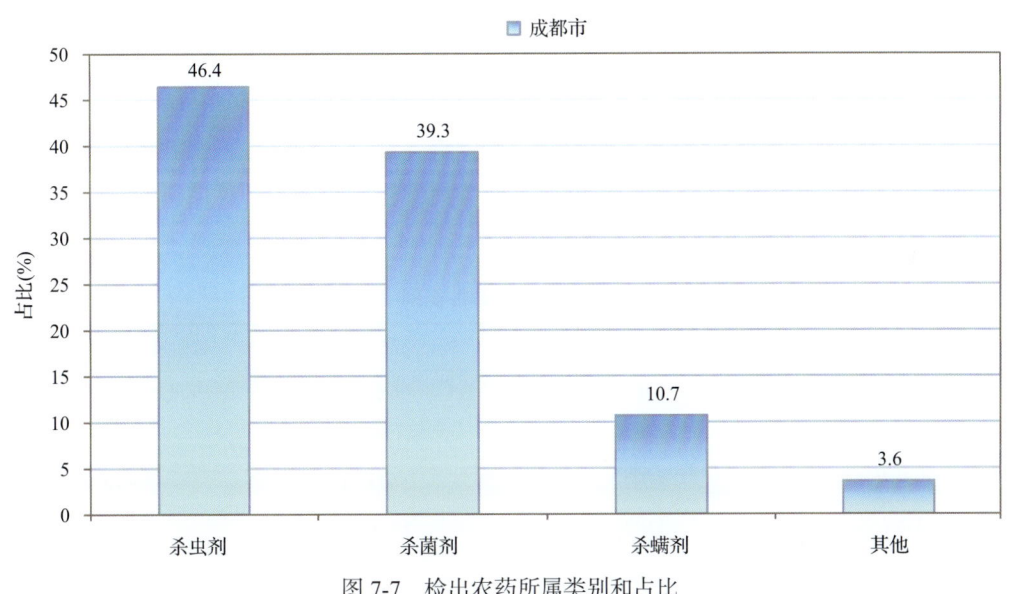

图 7-7　检出农药所属类别和占比

7.1.2.5　检出农药的残留水平

按检出农药残留水平进行统计，残留水平在 1~5 μg/kg(含)的农药占总数的 8.3%，在 5~10 μg/kg(含)的农药占总数的 5.6%，在 10~100 μg/kg(含)的农药占总数的 46.5%，在 100~1000 μg/kg(含)的农药占总数的 34.7%，在>1000 μg/kg 的农药占总数的 4.9%。

由此可见，这次检测的 32 批 282 例茶叶样品中农药多数处于中高残留水平。结果见表 7-6 及图 7-8，数据见附表 2。

表 7-6　农药残留水平/占比

残留水平(μg/kg)	检出频次数/占比(%)
1~5(含)	151/8.3
5~10(含)	102/5.6
10~100(含)	850/46.5
100~1000(含)	634/34.7
>1000	89/4.9

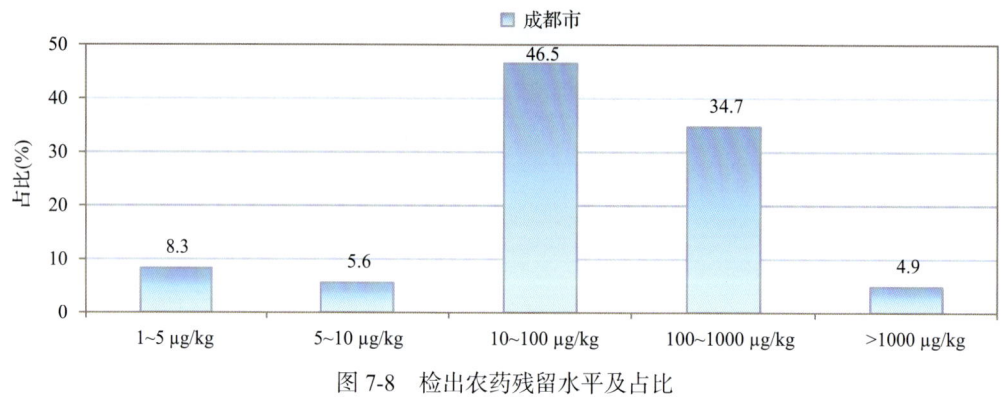

图 7-8 检出农药残留水平及占比

7.1.2.6 检出农药的毒性类别、检出频次和超标频次及占比

对这次检出的 56 种 1826 频次的农药，按剧毒、高毒、中毒、低毒和微毒这五个毒性类别进行分类，从中可以看出，成都市目前普遍使用的农药为中低微毒农药，品种占 92.9%，频次占 99.1%。结果见表 7-7 及图 7-9。

表 7-7 检出农药毒性类别/占比

毒性分类	农药品种/占比(%)	检出频次/占比(%)	超标频次/超标率(%)
剧毒农药	0/0	0/0.0	0/0.0
高毒农药	4/7.1	17/0.9	1/5.9
中毒农药	32/57.1	1560/85.4	0/0.0
低毒农药	13/23.2	230/12.6	0/0.0
微毒农药	7/12.5	19/1.0	0/0.0

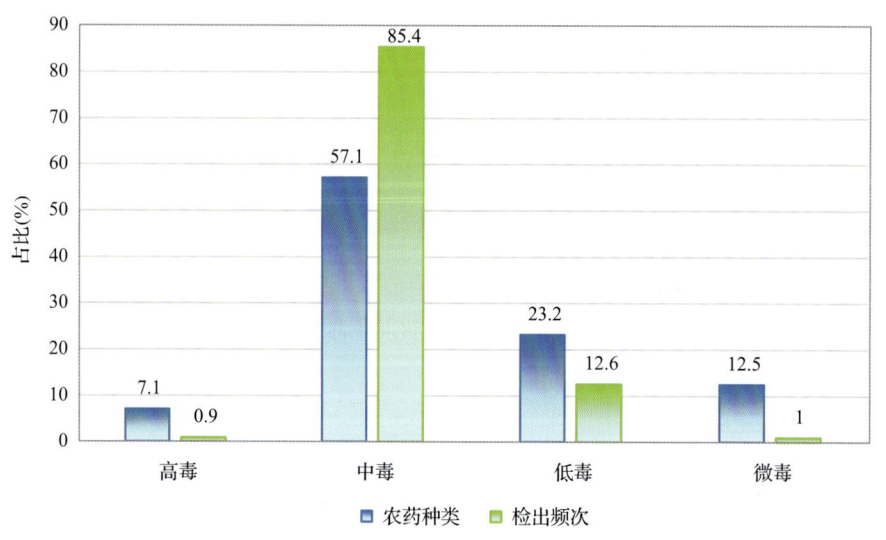

图 7-9 检出农药的毒性分类和占比

7.1.2.7 检出剧毒/高毒类农药的品种和频次

值得特别关注的是,在此次侦测的 282 例样品中有 3 种茶叶的 17 例样品检出了 4 种 17 频次的剧毒和高毒农药,占样品总量的 6.0%,详见图 7-10、表 7-8 及表 7-9。

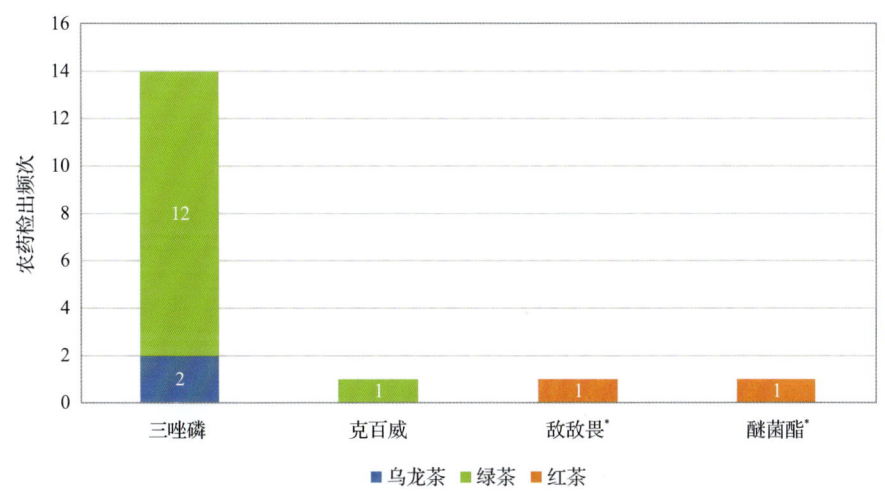

图 7-10　检出剧毒/高毒农药的样品情况

*表示允许在茶叶上使用的农药

表 7-8　剧毒农药检出情况

序号	农药名称	检出频次	超标频次	超标率
	茶叶中未检出剧毒农药			
	合计	0	0	超标率:0.0%

表 7-9　高毒农药检出情况

序号	农药名称	检出频次	超标频次	超标率
	从 3 种茶叶中检出 4 种高毒农药,共计检出 17 次			
1	三唑磷	14	0	0.0%
2	敌敌畏	1	0	0.0%
3	克百威	1	1	100.0%
4	醚菌酯	1	0	0.0%
	合计	17	1	超标率:5.9%

在检出的剧毒和高毒农药中,有 2 种是我国早已禁止在茶叶上使用的,分别是:克百威和三唑磷。禁用农药的检出情况见表 7-10。

表 7-10 禁用农药检出情况

序号	农药名称	检出频次	超标频次	超标率
从 5 种茶叶中检出 8 种禁用农药，共计检出 212 次				
1	毒死蜱	94	0	0.0%
2	硫丹	64	0	0.0%
3	三氯杀螨醇	22	0	0.0%
4	氟虫腈	14	0	0.0%
5	三唑磷	14	0	0.0%
6	滴滴涕	2	0	0.0%
7	克百威	1	1	100.0%
8	乐果	1	0	0.0%
合计		212	1	超标率：0.5%

此次抽检的茶叶样品中，没有检出剧毒农药。

样品中检出剧毒和高毒农药残留水平超过 MRL 中国国家标准的频次为 1 次，其中：绿茶检出克百威超标 1 次。本次检出结果表明，高毒、剧毒农药的使用现象依旧存在，详见表 7-11。

表 7-11 各样本中检出剧毒/高毒农药情况

样品名称	农药名称	检出频次	超标频次	检出浓度（μg/kg）
茶叶 3 种				
红茶	敌敌畏	1	0	1.0
红茶	醚菌酯	1	0	42.4
绿茶	三唑磷▲	12	0	44.2, 40.1, 16.4, 48.3, 20.1, 12.0, 28.6, 61.2, 14.7, 44.1, 19.0, 14.3
绿茶	克百威▲	1	1	176.8[a]
乌龙茶	三唑磷▲	2	0	28.9, 15.9
合计		17	1	超标率：5.9%

注：超标结果参考 MRL 中国国家标准计算

7.2 农药残留检出水平与最大残留限量标准对比分析

我国于 2016 年 12 月 18 日正式颁布并于 2017 年 06 月 18 日正式实施食品农药残留限量国家标准（GB 2763—2016）《食品中农药最大残留限量》。该标准包括 417 个农药条目，涉及最大残留限量（MRL）标准 4140 项。将 1826 频次检出农药的浓度水平与 4140 项 MRL 中国国家标准进行核对，其中只有 657 频次的结果找到了对应的 MRL，占 36.0%，还有 1169 频次的结果则无相关 MRL 标准供参考，占 64.0%。

将此次侦测结果与国际上现行 MRL 对比发现，在 1826 频次的检出结果中有 1826 频次的结果找到了对应的 MRL 欧盟标准，占 100.0%，其中，1086 频次的结果有明确对应的 MRL，占 59.5%，其余 740 频次按照欧盟一律标准判定，占 40.5%；有 1826 频次的结果找到了对应的 MRL 日本标准，占 100.0%，其中，1243 频次的结果有明确对应的 MRL，占 68.1%，其余 583 频次按照日本一律标准判定，占 31.9%；有 663 频次的结果找到了对应的 MRL 中国香港标准，占 36.3%；有 720 频次的结果找到了对应的 MRL 美国标准，占 39.4%；有 746 频次的结果找到了对应的 MRL CAC 标准，占 40.9%（见图 7-11 和图 7-12，数据见附表 3 至附表 8）。

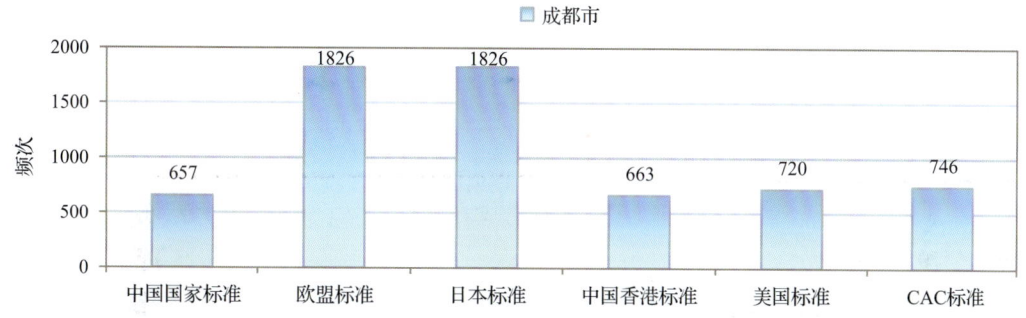

图 7-11　1826 频次检出农药可用 MRL 中国国家标准、欧盟标准、日本标准、中国香港标准、美国标准、CAC 标准判定衡量的数量

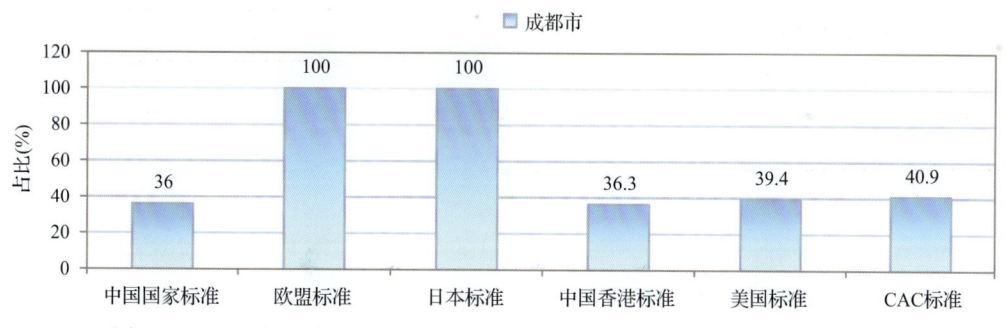

图 7-12　1826 频次检出农药可用 MRL 中国国家标准、欧盟标准、日本标准、中国香港标准、美国标准、CAC 标准衡量的占比

7.2.1　超标农药样品分析

本次侦测的 282 例样品中，1 例样品未检出任何残留农药，占样品总量的 0.4%，281 例样品检出不同水平、不同种类的残留农药，占样品总量的 99.6%。在此，我们将本次侦测的农残检出情况与 MRL 中国国家标准、欧盟标准、日本标准、中国香港标准、美国标准和CAC标准这6大国际主流标准进行对比分析，样品农残检出与超标情况见表7-12、图 7-13 和图 7-14，详细数据见附表 9 至附表 14。

表 7-12　各 MRL 标准下样本农残检出与超标数量及占比

	中国国家标准 数量/占比(%)	欧盟标准 数量/占比(%)	日本标准 数量/占比(%)	中国香港标准 数量/占比(%)	美国标准 数量/占比(%)	CAC 标准 数量/占比(%)
未检出	1/0.4	1/0.4	1/0.4	1/0.4	1/0.4	1/0.4
检出未超标	280/99.3	4/1.4	10/3.5	281/99.6	281/99.6	281/99.6
检出超标	1/0.4	277/98.2	271/96.1	0/0.0	0/0.0	0/0.0

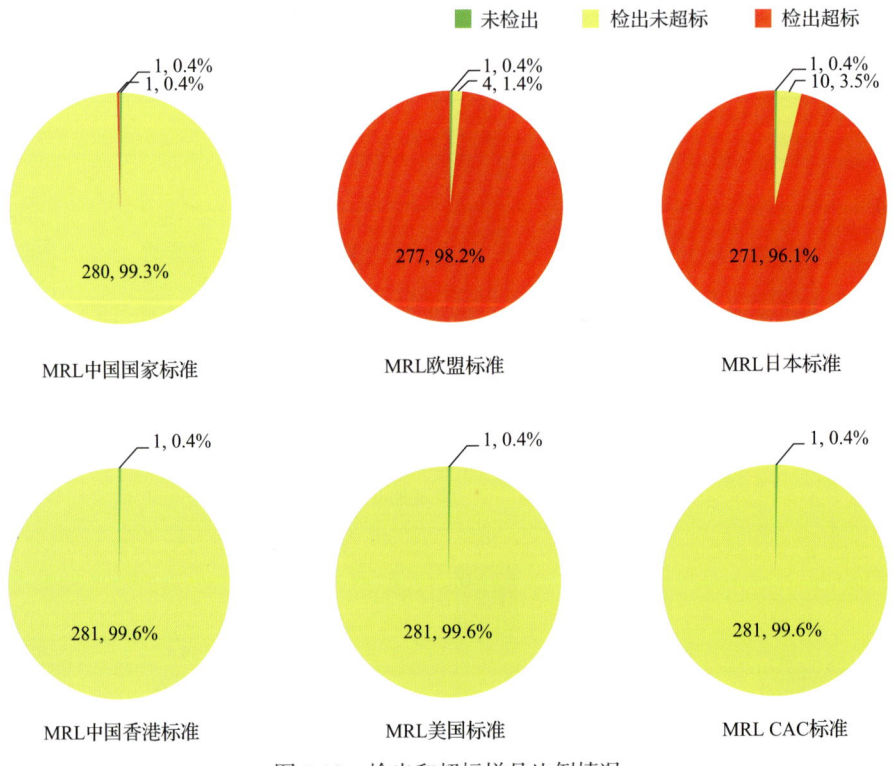

图 7-13　检出和超标样品比例情况

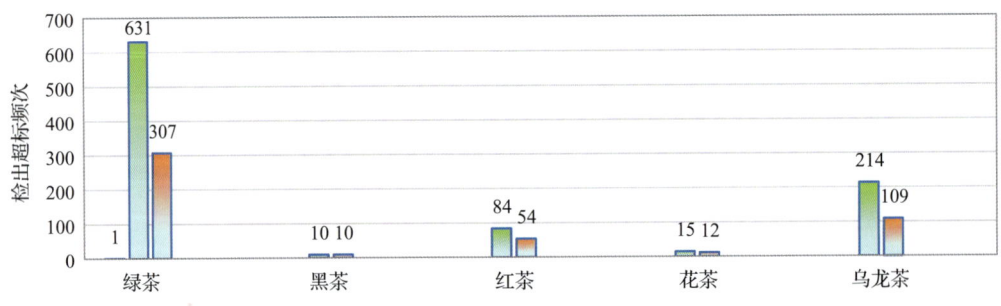

图 7-14　超过 MRL 中国国家标准、欧盟标准、日本标准、中国香港标准、美国标准和 CAC 标准结果在茶叶中的分布

7.2.2 超标农药种类分析

按照 MRL 中国国家标准、欧盟标准、日本标准、中国香港标准、美国标准和 CAC 标准这 6 大国际主流标准衡量,本次侦测检出的农药超标品种及频次情况见表 7-13。

表 7-13 各 MRL 标准下超标农药品种及频次

	中国国家标准	欧盟标准	日本标准	中国香港标准	美国标准	CAC 标准
超标农药品种	1	27	16	0	0	0
超标农药频次	1	954	492	0	0	0

7.2.2.1 按 MRL 中国国家标准衡量

按 MRL 中国国家标准衡量,有 1 种农药超标,检出 1 频次,为高毒农药克百威。按超标程度比较,绿茶中克百威超标 2.5 倍。检测结果见图 7-15 和附表 15。

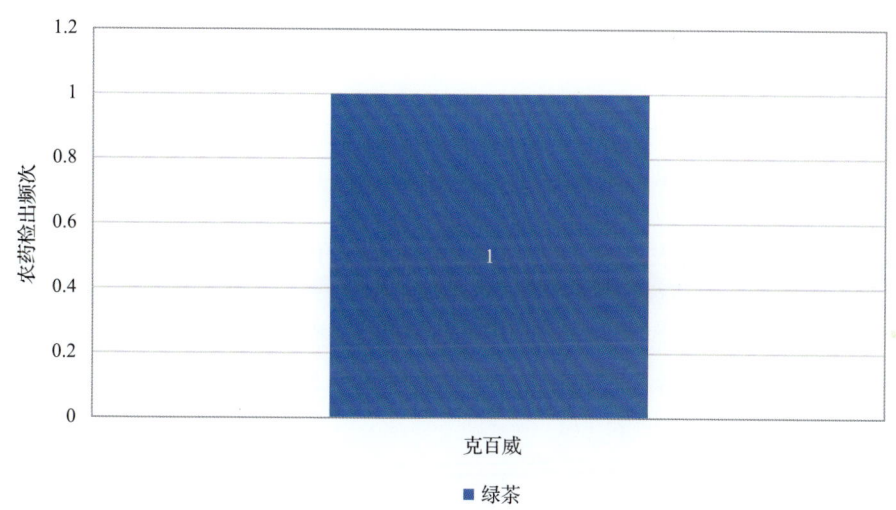

图 7-15 超过 MRL 中国国家标准农药品种及频次

7.2.2.2 按 MRL 欧盟标准衡量

按 MRL 欧盟标准衡量,共有 27 种农药超标,检出 954 频次,分别为高毒农药三唑磷和克百威,中毒农药苯醚甲环唑、稻瘟灵、速灭威、氯氟氰菊酯、异丁子香酚、异丙威、氟虫腈、丙溴磷、三唑酮、三唑醇、唑虫酰胺、戊唑醇、苯醚氰菊酯、哒螨灵、炔丙菊酯和丁香酚,低毒农药灭幼脲、邻苯二甲酰亚胺、三异丁基磷酸盐、噻嗪酮、虱螨脲和 4,4-二氯二苯甲酮,微毒农药醚菊酯、百菌清和噻呋酰胺。

按超标程度比较,绿茶中丁香酚超标 410.2 倍,绿茶中唑虫酰胺超标 376.1 倍,红茶中唑虫酰胺超标 365.1 倍,绿茶中氯氟氰菊酯超标 148.0 倍,乌龙茶中唑虫酰胺超标 136.7 倍。检测结果见图 7-16 和附表 16。

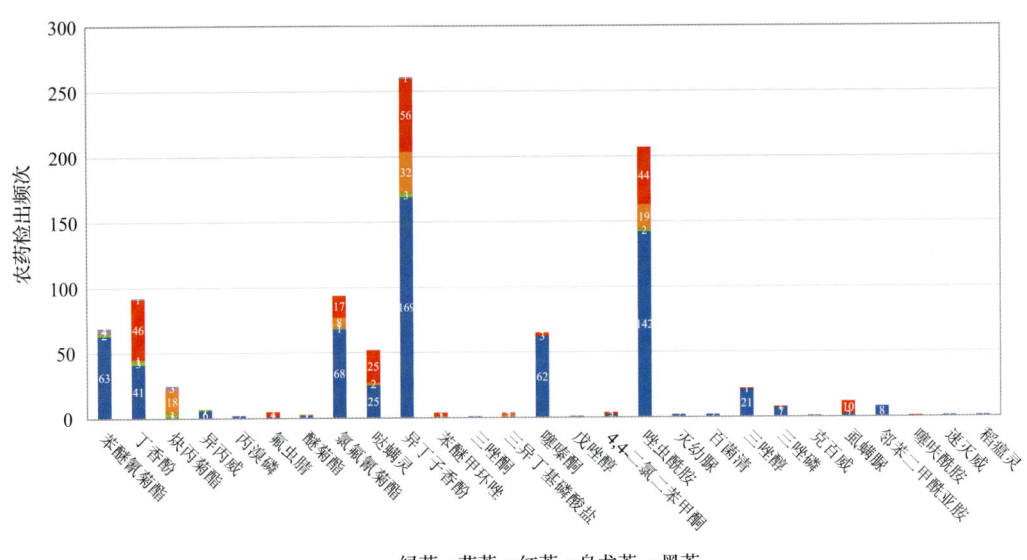

图 7-16 超过 MRL 欧盟标准农药品种及频次

7.2.2.3 按 MRL 日本标准衡量

按 MRL 日本标准衡量，共有 16 种农药超标，检出 492 频次，分别为高毒农药三唑磷，中毒农药稻瘟灵、速灭威、异丁子香酚、异丙威、氟虫腈、三环唑、苯醚氰菊酯、炔丙菊酯和丁香酚，低毒农药嘧霉胺、灭幼脲、邻苯二甲酰亚胺、三异丁基磷酸盐和 4,4-二氯二苯甲酮，微毒农药噻呋酰胺。

按超标程度比较，绿茶中丁香酚超标 410.2 倍，花茶中炔丙菊酯超标 112.0 倍，绿茶中苯醚氰菊酯超标 67.2 倍，乌龙茶中异丁子香酚超标 55.1 倍，花茶中丁香酚超标 25.7 倍。检测结果见图 7-17 和附表 17。

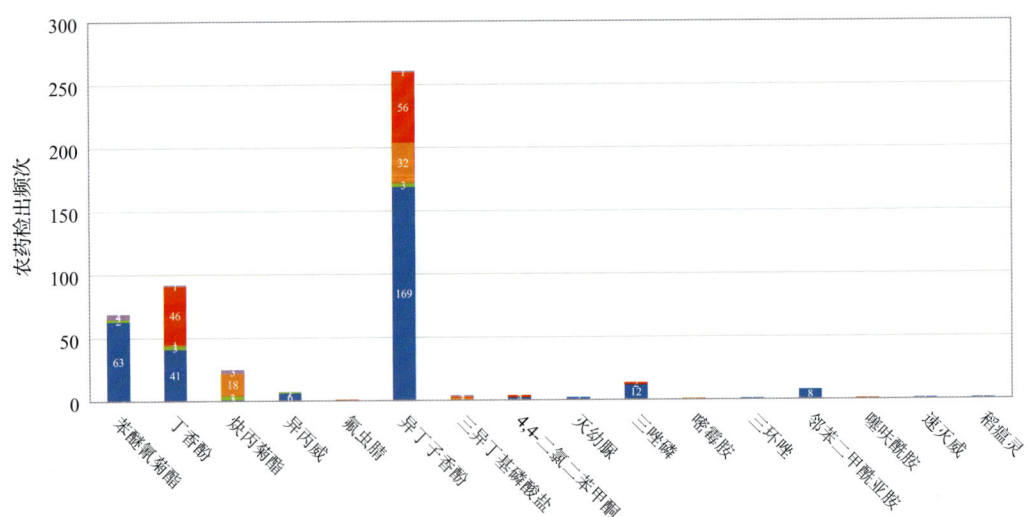

图 7-17 超过 MRL 日本标准农药品种及频次

7.2.2.4 按 MRL 中国香港标准衡量

按 MRL 中国香港标准衡量，无样品检出超标农药残留。

7.2.2.5 按 MRL 美国标准衡量

按 MRL 美国标准衡量，无样品检出超标农药残留。

7.2.2.6 按 MRL CAC 标准衡量

按 MRL CAC 标准衡量，无样品检出超标农药残留。

7.2.3 32 个采样点超标情况分析

7.2.3.1 按 MRL 中国国家标准衡量

按 MRL 中国国家标准衡量，有 1 个采样点的样品存在超标农药检出，超标率为 10.0%，如表 7-14 和图 7-18 所示。

表 7-14 超过 MRL 中国国家标准茶叶在不同采样点分布

序号	采样点	样品总数	超标数量	超标率(%)	行政区域
1	***超市(凯德天府店)	10	1	10.0	武侯区

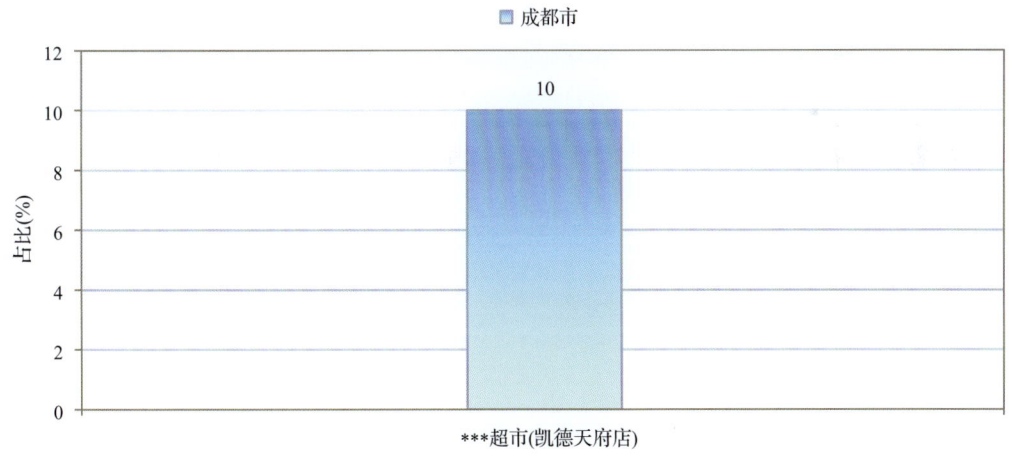

图 7-18 超过 MRL 中国国家标准茶叶在不同采样点分布

7.2.3.2 按 MRL 欧盟标准衡量

按 MRL 欧盟标准衡量，所有采样点的样品均存在不同程度的超标农药检出，其中***超市(府河分店)、***茶庄(建设路店)、***超市(城市超市店)、***超市(科华路店)、***超市(金牛店)、***茶叶店、***超市(翡翠城店)、***超市、***超市(凯德天府店)、***超市(双桥子店)、***茶叶店、***超市(金域港湾店)、***超市(锦江商场店)、***超市(SM 广场分店)、***茶庄、***超市(抚琴南路店)、***超市(羊西店)、***超市(北城天街店)、***茶庄、***超市(总府店)、***超市(三三九广场店)、***超市(总府路店)、***超市(建设路店)、***超市(红牌楼店)、***超市(八宝街店)、***超市(亚太分店)和***超市(万达广场锦华路店)的超标率最高,为 100.0%,如表 7-15 和图 7-19 所示。

表 7-15 超过 MRL 欧盟标准茶叶在不同采样点分布

序号	采样点	样品总数	超标数量	超标率(%)	行政区域
1	***超市(府河分店)	26	26	100.0	青羊区
2	***茶庄(建设路店)	18	18	100.0	成华区
3	***超市(城市超市店)	18	18	100.0	金牛区
4	***超市(科华路店)	17	17	100.0	武侯区
5	***超市(高新店)	14	13	92.9	武侯区
6	***超市(金牛店)	14	14	100.0	金牛区
7	***茶叶店	13	13	100.0	成华区
8	***超市(翡翠城店)	12	12	100.0	锦江区
9	***超市	12	12	100.0	锦江区
10	***超市(府青路店)	11	10	90.9	成华区
11	***超市(凯德天府店)	10	10	100.0	武侯区
12	***茶庄(桃溪路店)	10	9	90.0	成华区
13	***超市(双桥子店)	8	8	100.0	成华区
14	***茶叶店	8	8	100.0	锦江区
15	***超市(金域港湾店)	8	8	100.0	金牛区
16	***超市(锦江商场店)	8	8	100.0	锦江区
17	***超市(SM 广场分店)	8	8	100.0	成华区
18	***茶庄	7	7	100.0	金牛区
19	***超市(三友路店)	7	6	85.7	成华区
20	***超市(抚琴南路店)	6	6	100.0	金牛区
21	***超市(羊西店)	5	5	100.0	金牛区
22	***超市(北城天街店)	5	5	100.0	金牛区
23	***茶庄	5	5	100.0	锦江区
24	***超市(总府店)	5	5	100.0	锦江区
25	***超市(三三九广场店)	5	5	100.0	成华区
26	***超市(总府路店)	4	4	100.0	锦江区
27	***超市(西城分店)	4	3	75.0	青羊区
28	***超市(建设路店)	4	4	100.0	成华区
29	***超市(红牌楼店)	3	3	100.0	武侯区
30	***超市(八宝街店)	3	3	100.0	青羊区
31	***超市(亚太分店)	2	2	100.0	武侯区
32	***超市(万达广场锦华路店)	2	2	100.0	锦江区

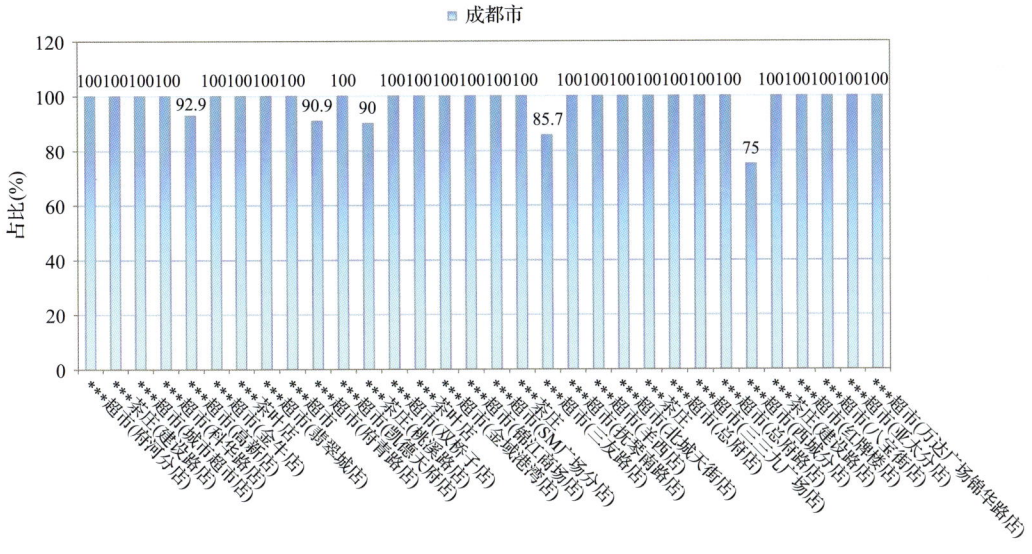

图 7-19 超过 MRL 欧盟标准茶叶在不同采样点分布

7.2.3.3 按 MRL 日本标准衡量

按 MRL 日本标准衡量，所有采样点的样品均存在不同程度的超标农药检出，其中***超市(府河分店)、***超市(科华路店)、***茶叶店、***超市(翡翠城店)、***超市、***超市(凯德天府店)、***超市(双桥子店)、***超市(金域港湾店)、***超市(锦江商场店)、***超市(SM 广场分店)、***茶庄、***超市(抚琴南路店)、***超市(羊西店)、***超市(北城天街店)、***茶庄、***超市(总府店)、***超市(三三九广场店)、***超市(总府路店)、***超市(建设路店)、***超市(红牌楼店)、***超市(八宝街店)、***超市(亚太分店)和***超市(万达广场锦华路店)的超标率最高，为 100.0%，如表 7-16 和图 7-20 所示。

表 7-16 超过 MRL 日本标准茶叶在不同采样点分布

序号	采样点	样品总数	超标数量	超标率(%)	行政区域
1	***超市(府河分店)	26	26	100.0	青羊区
2	***茶庄(建设路店)	18	17	94.4	成华区
3	***超市(城市超市店)	18	17	94.4	金牛区
4	***超市(科华路店)	17	17	100.0	武侯区
5	***超市(高新店)	14	13	92.9	武侯区
6	***超市(金牛店)	14	13	92.9	金牛区
7	***茶叶店	13	13	100.0	成华区
8	***超市(翡翠城店)	12	12	100.0	锦江区
9	***超市	12	12	100.0	锦江区
10	***超市(府青路店)	11	10	90.9	成华区
11	***超市(凯德天府店)	10	10	100.0	武侯区
12	***茶庄(桃溪路店)	10	9	90.0	成华区

续表

序号	采样点	样品总数	超标数量	超标率(%)	行政区域
13	***超市(双桥子店)	8	8	100.0	成华区
14	***茶叶店	8	6	75.0	锦江区
15	***超市(金域港湾店)	8	8	100.0	金牛区
16	***超市(锦江商场店)	8	8	100.0	锦江区
17	***超市(SM广场分店)	8	8	100.0	成华区
18	***茶庄	7	7	100.0	金牛区
19	***超市(三友路店)	7	5	71.4	成华区
20	***超市(抚琴南路店)	6	6	100.0	金牛区
21	***超市(羊西店)	5	5	100.0	金牛区
22	***超市(北城天街店)	5	5	100.0	金牛区
23	***茶庄	5	5	100.0	锦江区
24	***超市(总府店)	5	5	100.0	锦江区
25	***超市(三三九广场店)	5	5	100.0	成华区
26	***超市(总府路店)	4	4	100.0	锦江区
27	***超市(西城分店)	4	3	75.0	青羊区
28	***超市(建设路店)	4	4	100.0	成华区
29	***超市(红牌楼店)	3	3	100.0	武侯区
30	***超市(八宝街店)	3	3	100.0	青羊区
31	***超市(亚太分店)	2	2	100.0	武侯区
32	***超市(万达广场锦华路店)	2	2	100.0	锦江区

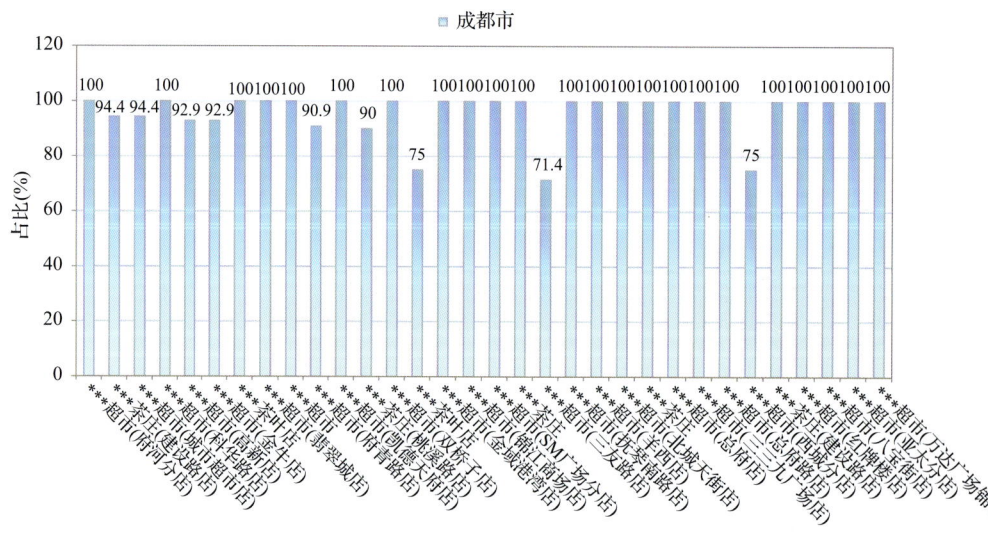

图 7-20 超过 MRL 日本标准茶叶在不同采样点分布

7.2.3.4 按 MRL 中国香港标准衡量

按 MRL 中国香港标准衡量，所有采样点的样品均未检出超标农药残留。

7.2.3.5 按 MRL 美国标准衡量

按 MRL 美国标准衡量，所有采样点的样品均未检出超标农药残留。

7.2.3.6 按 MRL CAC 标准衡量

按 MRL CAC 标准衡量，所有采样点的样品均未检出超标农药残留。

7.3 茶叶中农药残留分布

7.3.1 茶叶按检出农药品种和频次排名

本次残留侦测的茶叶共 5 种，包括黑茶、红茶、乌龙茶、花茶和绿茶。

根据检出农药品种及频次进行排名，将茶叶样品检出情况列表说明，详见表 7-17。

表 7-17 茶叶按检出农药品种和频次排名

按检出农药品种排名前 10(品种)	①绿茶(45)、②乌龙茶(28)、③红茶(27)、④花茶(13)、⑤黑茶(11)
按检出农药频次排名前 10(频次)	①绿茶(1241)、②乌龙茶(354)、③红茶(181)、④花茶(26)、⑤黑茶(24)
按检出禁用、高毒及剧毒农药品种排名前 10(品种)	①绿茶(7)、②红茶(5)、③乌龙茶(5)、④黑茶(3)、⑤花茶(1)
按检出禁用、高毒及剧毒农药频次排名前 10(频次)	①绿茶(156)、②乌龙茶(35)、③红茶(18)、④黑茶(4)、⑤花茶(1)

7.3.2 茶叶按超标农药品种和频次排名

鉴于 MRL 欧盟标准和日本标准制定比较全面且覆盖率较高，我们参照 MRL 中国国家标准、欧盟标准和日本标准衡量茶叶样品中农残检出情况，将茶叶按超标农药品种及频次排名列表说明，详见表 7-18。

表 7-18 茶叶按超标农药品种和频次排名

按超标农药品种排名 (农药品种数)	MRL 中国国家标准	①茶(1)
	MRL 欧盟标准	①茶(24)、②乌龙茶(14)、③红茶(9)、④花茶(7)、⑤黑茶(5)
	MRL 日本标准	①绿茶(12)、②乌龙茶(7)、③黑茶(5)、④红茶(5)、⑤花茶(5)
按超标农药频次排名 (农药频次数)	MRL 中国国家标准	①绿茶(1)
	MRL 欧盟标准	①绿茶(631)、②乌龙茶(214)、③红茶(84)、④花茶(15)、⑤黑茶(10)
	MRL 日本标准	①茶(307)、②乌龙茶(109)、③红茶(54)、④花茶(12)、⑤黑茶(10)

通过对各品种茶叶样本总数及检出率进行综合分析发现，绿茶、乌龙茶和红茶的残留污染最为严重，在此，我们参照 MRL 中国国家标准、欧盟标准和日本标准对这 3 种茶叶的农残检出情况进行进一步分析。

7.3.3 农药残留检出率较高的茶叶样品分析

7.3.3.1 绿茶

这次共检测 172 例绿茶样品，171 例样品中检出了农药残留，检出率为 99.4%，检出农药共计 45 种。其中异丁子香酚、联苯菊酯、唑虫酰胺、毒死蜱和氯氟氰菊酯检出频次较高，分别检出了 169、166、142、85 和 68 次。绿茶中农药检出品种和频次见图 7-21，超标农药见图 7-22 和表 7-19。

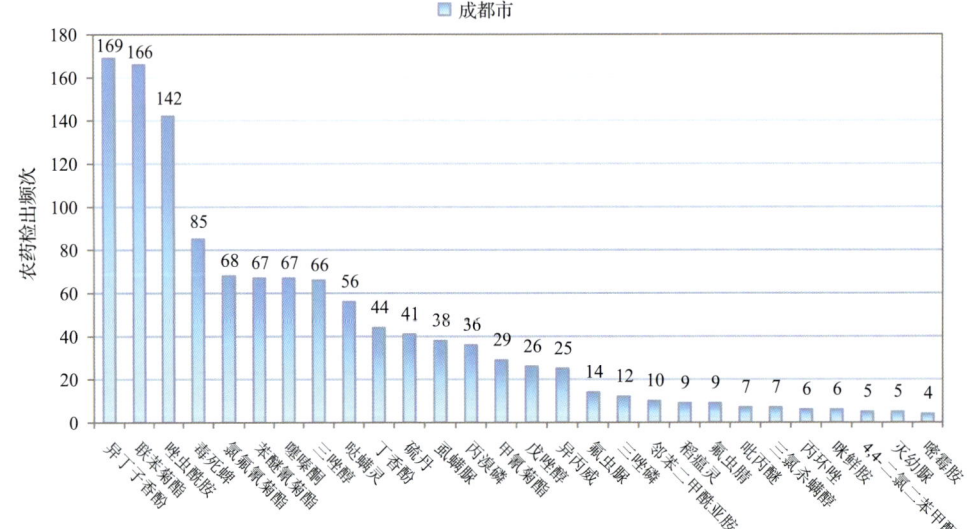

图 7-21 绿茶样品检出农药品种和频次分析(仅列出检出农药 4 频次及以上的数据)

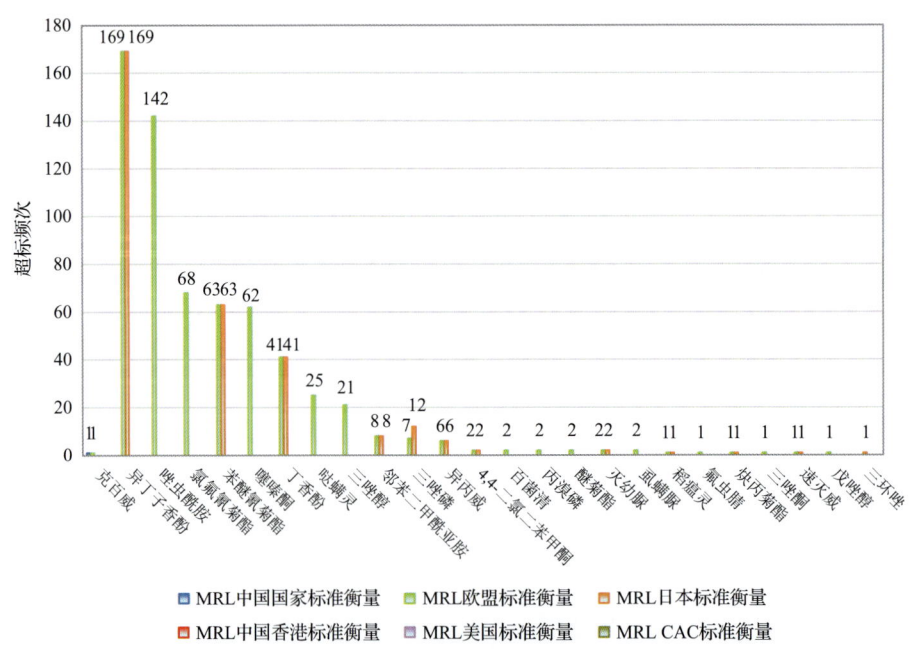

图 7-22 绿茶样品中超标农药分析

表 7-19　绿茶中农药残留超标情况明细表

样品总数		检出农药样品数	样品检出率(%)	检出农药品种总数
172		171	99.4	45
超标农药品种	超标农药频次	按照 MRL 中国国家标准、欧盟标准和日本标准衡量超标农药名称及频次		
中国国家标准	1	1	克百威(1)	
欧盟标准	24	631	异丁子香酚(169),唑虫酰胺(142),氯氟氰菊酯(68),苯醚氰菊酯(63),噻嗪酮(62),丁香酚(41),哒螨灵(25),三唑醇(21),邻苯二甲酰亚胺(8),三唑磷(7),异丙威(6),4,4-二氯二苯甲酮(2),百菌清(2),丙溴磷(2),醚菊酯(2),灭幼脲(2),虱螨脲(2),稻瘟灵(1),氟虫腈(1),克百威(1),炔丙菊酯(1),三唑酮(1),速灭威(1),戊唑醇(1)		
日本标准	12	307	异丁子香酚(169),苯醚氰菊酯(63),丁香酚(41),三唑磷(12),邻苯二甲酰亚胺(8),异丙威(6),4,4-二氯二苯甲酮(2),灭幼脲(2),稻瘟灵(1),炔丙菊酯(1),三环唑(1),速灭威(1)		

7.3.3.2　乌龙茶

这次共检测 57 例乌龙茶样品，全部检出了农药残留，检出率为 100.0%，检出农药共计 28 种。其中联苯菊酯、异丁子香酚、丁香酚、唑虫酰胺和哒螨灵检出频次较高，分别检出了 57、56、46、44 和 26 次。乌龙茶中农药检出品种和频次见图 7-23，超标农药见图 7-24 和表 7-20。

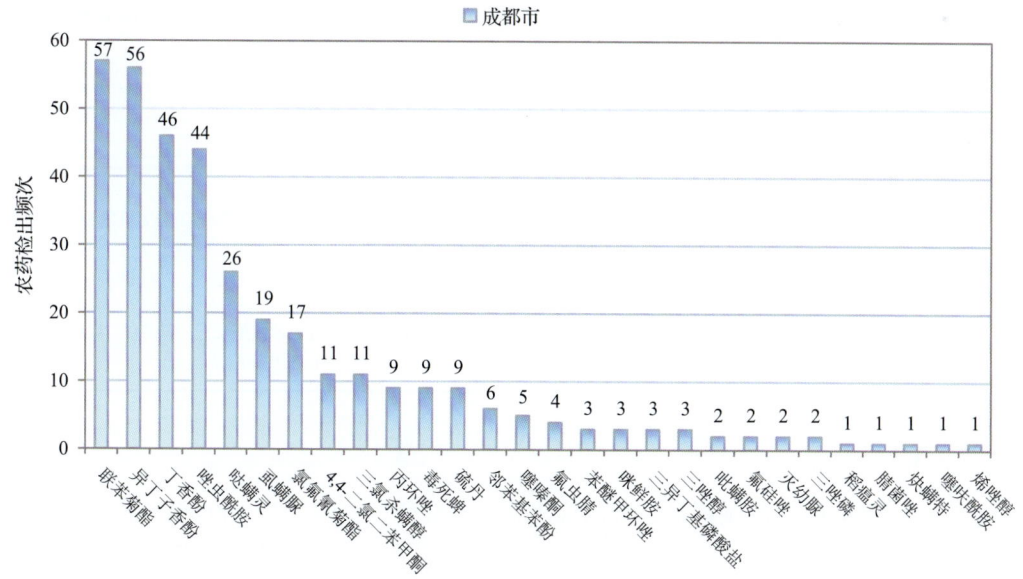

图 7-23　乌龙茶样品检出农药品种和频次分析

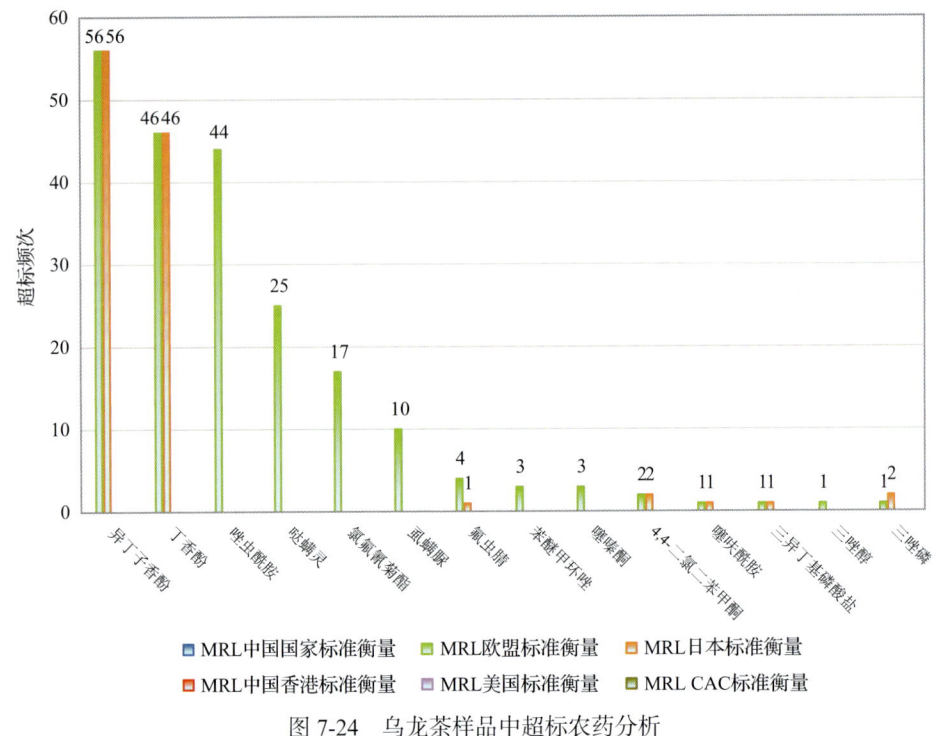

图 7-24 乌龙茶样品中超标农药分析

表 7-20 乌龙茶中农药残留超标情况明细表

样品总数		检出农药样品数	样品检出率(%)	检出农药品种总数
57		57	100	28
超标农药品种	超标农药频次	按照 MRL 中国国家标准、欧盟标准和日本标准衡量超标农药名称及频次		
中国国家标准	0	0		
欧盟标准	14	214	异丁子香酚(56),丁香酚(46),唑虫酰胺(44),哒螨灵(25),氯氟氰菊酯(17),虱螨脲(10),氟虫腈(4),苯醚甲环唑(3),噻嗪酮(3),4,4-二氯二苯甲酮(2),噻呋酰胺(1),三异丁基磷酸盐(1),三唑醇(1),三唑磷(1)		
日本标准	7	109	异丁子香酚(56),丁香酚(46),4,4-二氯二苯甲酮(2),三唑磷(2),氟虫腈(1),噻呋酰胺(1),三异丁基磷酸盐(1)		

7.3.3.3 红茶

这次共检测 40 例红茶样品,全部检出了农药残留,检出率为 100.0%,检出农药共计 27 种。其中联苯菊酯、异丁子香酚、唑虫酰胺、炔丙菊酯和硫丹检出频次较高,分别检出了 38、32、19、18 和 13 次。红茶中农药检出品种和频次见图 7-25,超标农药见图 7-26 和表 7-21。

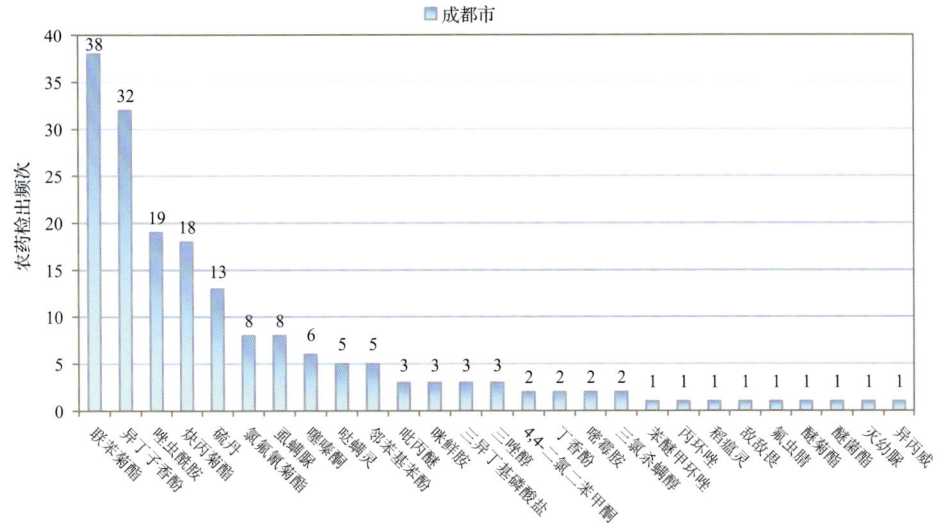

图 7-25　红茶样品检出农药品种和频次分析

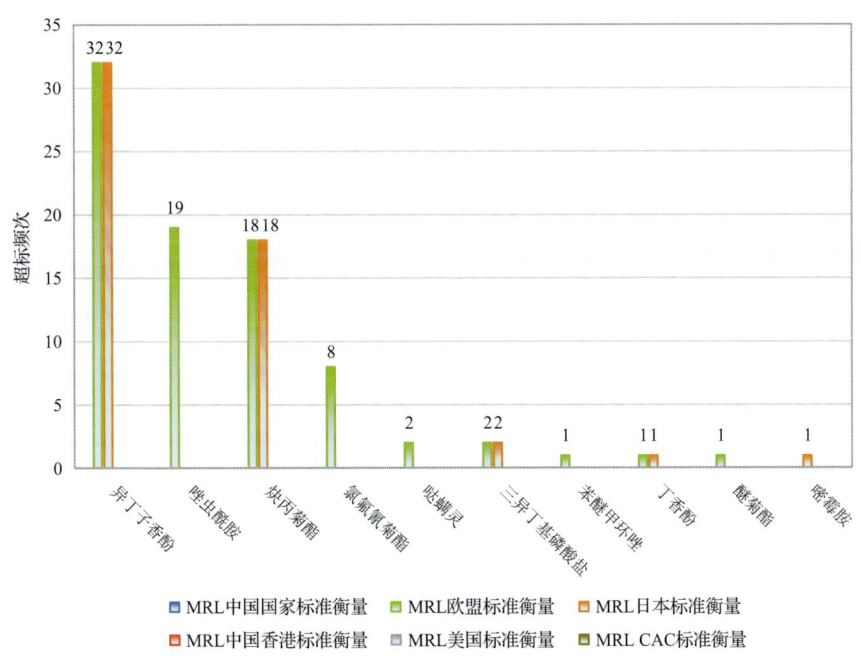

图 7-26　红茶样品中超标农药分析

表 7-21　红茶中农药残留超标情况明细表

样品总数		检出农药样品数	样品检出率(%)	检出农药品种总数
40		40	100	27
	超标农药品种	超标农药频次	按照 MRL 中国国家标准、欧盟标准和日本标准衡量超标农药名称及频次	
中国国家标准	0	0		
欧盟标准	9	84	异丁子香酚(32),唑虫酰胺(19),炔丙菊酯(18),氯氟氰菊酯(8),哒螨灵(2),三异丁基磷酸盐(2),苯醚甲环唑(1),丁香酚(1),醚菊酯(1)	
日本标准	5	54	异丁子香酚(32),炔丙菊酯(18),三异丁基磷酸盐(2),丁香酚(1),嘧霉胺(1)	

7.4 初步结论

7.4.1 成都市市售茶叶按 MRL 中国国家标准和国际主要 MRL 标准衡量的合格率

本次侦测的 282 例样品中，1 例样品未检出任何残留农药，占样品总量的 0.4%，281 例样品检出不同水平、不同种类的残留农药，占样品总量的 99.6%。在这 281 例检出农药残留的样品中：

按照 MRL 中国国家标准衡量，有 280 例样品检出残留农药但含量没有超标，占样品总数的 99.3%，有 1 例样品检出了超标农药，占样品总数的 0.4%。

按照 MRL 欧盟标准衡量，有 4 例样品检出残留农药但含量没有超标，占样品总数的 1.4%，有 277 例样品检出了超标农药，占样品总数的 98.2%。

按照 MRL 日本标准衡量，有 10 例样品检出残留农药但含量没有超标，占样品总数的 3.5%，有 271 例样品检出了超标农药，占样品总数的 96.1%。

按照 MRL 中国香港标准衡量，有 281 例样品检出残留农药但含量没有超标，占样品总数的 99.6%，无检出残留农药超标的样品。

按照 MRL 美国标准衡量，有 281 例样品检出残留农药但含量没有超标，占样品总数的 99.6%，无检出残留农药超标的样品。

按照 MRL CAC 标准衡量，有 281 例样品检出残留农药但含量没有超标，占样品总数的 99.6%，无检出残留农药超标的样品。

7.4.2 成都市市售茶叶中检出农药以中低微毒农药为主，占市场主体的 92.9%

这次侦测的 282 例茶叶样品共检出了 56 种农药，检出农药的毒性以中低微毒为主，详见表 7-22。

表 7-22 市场主体农药毒性分布

毒性	检出品种	占比	检出频次	占比
高毒农药	4	7.1%	17	0.9%
中毒农药	32	57.1%	1560	85.4%
低毒农药	13	23.2%	230	12.6%
微毒农药	7	12.5%	19	1.0%

中低微毒农药，品种占比 92.9%，频次占比 99.1%

7.4.3 检出剧毒、高毒和禁用农药现象应该警醒

在此次侦测的 282 例样品中有 5 种茶叶的 153 例样品检出了 10 种 214 频次的剧毒和高毒或禁用农药，占样品总量的 54.3%。其中高毒农药三唑磷、敌敌畏和克百威检出频次较高。

按 MRL 中国国家标准衡量,高毒农药克百威,检出 1 次,超标 1 次;按超标程度比较,绿茶中克百威超标 2.5 倍。

剧毒、高毒或禁用农药的检出情况及按照 MRL 中国国家标准衡量的超标情况见表 7-23。

表 7-23 剧毒、高毒或禁用农药的检出及超标明细

序号	农药名称	样品名称	检出频次	超标频次	最大超标倍数	超标率
1.1	敌敌畏°	红茶	1	0	0	0.0%
2.1	克百威°▲	绿茶	1	1	2.5	100.0%
3.1	醚菌酯°	红茶	1	0	0	0.0%
4.1	三唑磷°▲	绿茶	12	0	0	0.0%
4.2	三唑磷°▲	乌龙茶	2	0	0	0.0%
5.1	滴滴涕▲	黑茶	2	0	0	0.0%
6.1	毒死蜱▲	绿茶	85	0	0	0.0%
6.2	毒死蜱▲	乌龙茶	9	0	0	0.0%
7.1	氟虫腈▲	绿茶	9	0	0	0.0%
7.2	氟虫腈▲	乌龙茶	4	0	0	0.0%
7.3	氟虫腈▲	红茶	1	0	0	0.0%
8.1	乐果▲	绿茶	1	0	0	0.0%
9.1	硫丹▲	绿茶	41	0	0	0.0%
9.2	硫丹▲	红茶	13	0	0	0.0%
9.3	硫丹▲	乌龙茶	9	0	0	0.0%
9.4	硫丹▲	黑茶	1	0	0	0.0%
10.1	三氯杀螨醇▲	乌龙茶	11	0	0	0.0%
10.2	三氯杀螨醇▲	绿茶	7	0	0	0.0%
10.3	三氯杀螨醇▲	红茶	2	0	0	0.0%
10.4	三氯杀螨醇▲	黑茶	1	0	0	0.0%
10.5	三氯杀螨醇▲	花茶	1	0	0	0.0%
合计			214	1		0.5%

注:超标倍数参照 MRL 中国国家标准衡量

这些剧毒和高毒农药都是中国政府早有规定禁止在茶叶中使用的,为什么还屡次被检出,应该引起警惕。

7.4.4 残留限量标准与先进国家或地区差距较大

1826 频次的检出结果与我国公布的《食品中农药最大残留限量》(GB 2763—2016)对比,有 657 频次能找到对应的 MRL 中国国家标准,占 36.0%;还有 1169 频次的侦测数据无相关 MRL 标准供参考,占 64.0%。

与国际上现行 MRL 对比发现：

有 1826 频次能找到对应的 MRL 欧盟标准，占 100.0%；

有 1826 频次能找到对应的 MRL 日本标准，占 100.0%；

有 663 频次能找到对应的 MRL 中国香港标准，占 36.3%；

有 720 频次能找到对应的 MRL 美国标准，占 39.4%；

有 746 频次能找到对应的 MRL CAC 标准，占 40.9%。

由上可见，MRL 中国国家标准与先进国家或地区标准还有很大差距，我们无标准，境外有标准，这就会导致我们在国际贸易中，处于受制于人的被动地位。

7.4.5 茶叶单种样品检出 27~45 种农药残留，拷问农药使用的科学性

通过此次监测发现，绿茶、乌龙茶和红茶是检出农药品种最多的 3 种茶叶，从中检出农药品种及频次详见表 7-24。

表 7-24 单种样品检出农药品种及频次

样品名称	样品总数	检出农药样品数	检出率	检出农药品种数	检出农药(频次)
绿茶	172	171	99.4%	45	异丁子香酚(169)、联苯菊酯(166)、唑虫酰胺(142)、毒死蜱(85)、氯氟氰菊酯(68)、苯醚氰菊酯(67)、噻嗪酮(67)、三唑醇(66)、哒螨灵(56)、丁香酚(44)、硫丹(41)、虱螨脲(38)、丙溴磷(36)、甲氰菊酯(29)、戊唑醇(26)、异丙威(25)、氟虫脲(14)、三唑磷(12)、邻苯二甲酰亚胺(10)、稻瘟灵(9)、氟虫腈(9)、吡丙醚(7)、三氯杀螨醇(7)、丙环唑(6)、咪鲜胺(6)、4,4-二氯二苯甲酮(5)、灭幼脲(5)、嘧霉胺(5)、安硫磷(2)、百菌清(2)、邻苯基苯酚(2)、醚菊酯(2)、炔螨特(2)、氟环唑(1)、克百威(1)、乐果(1)、氯菊酯(1)、嘧菌酯(1)、炔丙菊酯(1)、三唑酮(1)、三唑酮(1)、速灭威(1)、五氯苯胺(1)、五氯苯甲腈(1)、乙螨唑(1)
乌龙茶	57	57	100.0%	28	联苯菊酯(57)、异丁子香酚(56)、丁香酚(46)、唑虫酰胺(44)、哒螨灵(26)、虱螨脲(19)、氯氟氰菊酯(17)、4,4-二氯二苯甲酮(11)、三氯杀螨醇(11)、丙环唑(9)、毒死蜱(9)、硫丹(9)、邻苯基苯酚(6)、噻嗪酮(5)、氟虫腈(4)、苯醚甲环唑(3)、咪鲜胺(3)、三异丁基磷酸盐(3)、三唑醇(3)、吡螨胺(2)、氟硅唑(2)、灭幼脲(2)、三唑磷(2)、稻瘟灵(1)、腈菌唑(1)、炔螨特(1)、噻呋酰胺(1)、烯唑醇(1)
红茶	40	40	100.0%	27	联苯菊酯(38)、异丁子香酚(32)、唑虫酰胺(19)、炔丙菊酯(18)、硫丹(13)、氯氟氰菊酯(8)、虱螨脲(8)、噻嗪酮(6)、哒螨灵(5)、邻苯基苯酚(5)、吡丙醚(3)、咪鲜胺(3)、三异丁基磷酸盐(3)、三唑醇(3)、4,4-二氯二苯甲酮(2)、丁香酚(2)、嘧霉胺(2)、三氯杀螨醇(2)、苯醚甲环唑(1)、丙环唑(1)、稻瘟灵(1)、敌敌畏(1)、氟虫腈(1)、醚菊酯(1)、醚菌酯(1)、灭幼脲(1)、异丙威(1)

上述 3 种茶叶，检出农药 27~45 种，是多种农药综合防治，还是未严格实施农业良好管理规范(GAP)，抑或根本就是乱施药，值得我们思考。

第 8 章 GC-Q-TOF/MS 侦测成都市市售茶叶农药残留膳食暴露风险与预警风险评估

8.1 农药残留风险评估方法

8.1.1 成都市农药残留侦测数据分析与统计

庞国芳院士科研团队建立的农药残留高通量侦测技术以高分辨精确质量数（0.0001 m/z 为基准）为识别标准，采用 GC-Q-TOF/MS 技术对 684 农药化学污染物进行侦测。

科研团队于 2019 年 3 月期间在成都市 32 个采样点，随机采集了 282 例茶叶样品，具体位置如图 8-1 所示。

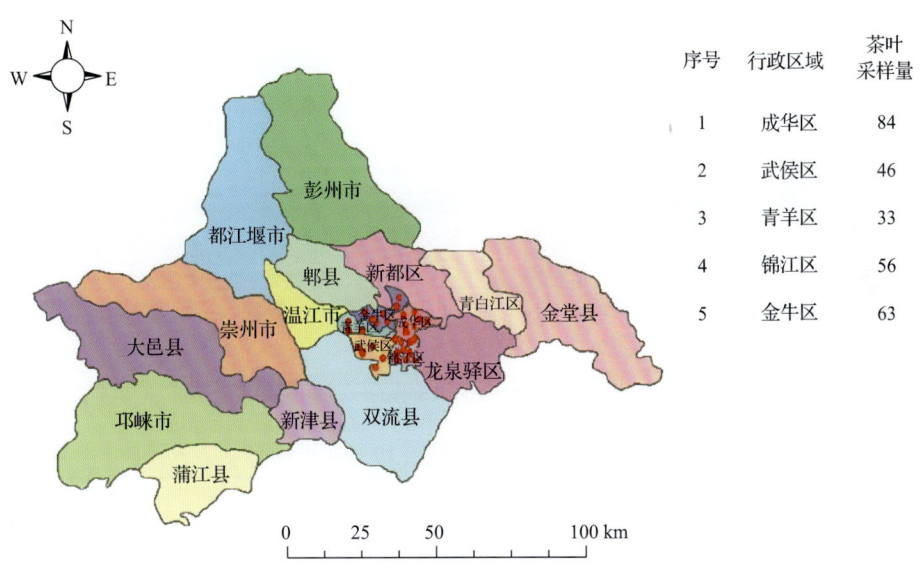

图 8-1 GC-Q-TOF/MS 侦测成都市 32 个采样点 282 例样品分布示意图

利用 GC-Q-TOF/MS 技术对 282 例样品中的农药进行侦测，侦测出残留农药 56 种，1826 频次。侦测出农药残留水平如表 8-1 和图 8-2 所示。检出频次最高的前 10 种农药如表 8-2 所示。从检测结果中可以看出，在茶叶中农药残留普遍存在，且有些茶叶存在高浓度的农药残留，这些可能存在膳食暴露风险，对人体健康产生危害，因此，为了定量地评价茶叶中农药残留的风险程度，有必要对其进行风险评价。

表 8-1　侦测出农药的不同残留水平及其所占比例列表

残留水平(μg/kg)	检出频次	占比(%)
1~5(含)	151	8.3
5~10(含)	102	5.6
10~100(含)	850	46.5
100~1000(含)	634	34.7
>1000	89	4.9
合计	1826	100

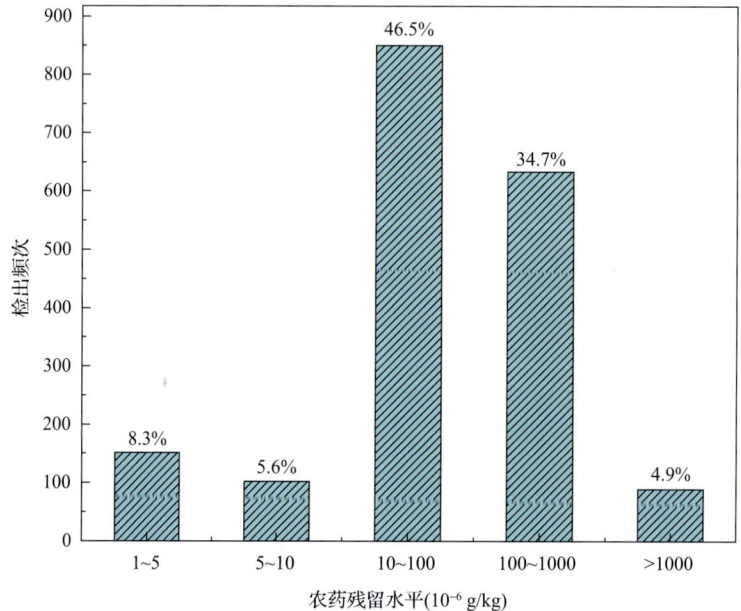

图 8-2　残留农药检出浓度频数分布图

表 8-2　检出频次最高的前 10 种农药列表

序号	农药	检出频次
1	联苯菊酯	273
2	异丁子香酚	261
3	唑虫酰胺	207
4	丁香酚	96
5	毒死蜱	94
6	氯氟氰菊酯	94
7	哒螨灵	87
8	噻嗪酮	80
9	苯醚氰菊酯	74
10	三唑醇	73

8.1.2 农药残留风险评价模型

对成都市茶叶中农药残留分别开展暴露风险评估和预警风险评估。膳食暴露风险评估利用食品安全指数模型对茶叶中的残留农药对人体可能产生的危害程度进行评价,该模型结合残留监测和膳食暴露评估评价化学污染物的危害;预警风险评价模型运用风险系数(risk index, R),风险系数综合考虑了危害物的超标率、施检频率及其本身敏感性的影响,能直观而全面地反映出危害物在一段时间内的风险程度。

8.1.2.1 食品安全指数模型

为了加强食品安全管理,《中华人民共和国食品安全法》第二章第十七条规定"国家建立食品安全风险评估制度,运用科学方法,根据食品安全风险监测信息、科学数据以及有关信息,对食品、食品添加剂、食品相关产品中生物性、化学性和物理性危害因素进行风险评估"[1],膳食暴露评估是食品危险度评估的重要组成部分,也是膳食安全性的衡量标准[2]。国际上最早研究膳食暴露风险评估的机构主要是 JMPR(FAO、WHO农药残留联合会议),该组织自1995年就已制定了急性毒性物质的风险评估急性毒性农药残留摄入量的预测。1960 年美国规定食品中不得加入致癌物质进而提出零阈值理论,渐渐零阈值理论发展成在一定概率条件下可接受风险的概念[3],后衍变为食品中每日允许最大摄入量(ADI),而国际食品农药残留法典委员会(CCPR)认为 ADI 不是独立风险评估的唯一标准[4],1995 年 JMPR 开始研究农药急性膳食暴露风险评估,并对食品国际短期摄入量的计算方法进行了修正,亦对膳食暴露评估准则及评估方法进行了修正[5],2002 年,在对世界上现行的食品安全评价方法,尤其是国际公认的 CAC 评价方法、全球环境监测系统/食品污染监测和评估规划(WHO GEMS/Food)及 FAO、WHO 食品添加剂联合专家委员会(JECFA)和 JMPR 对食品安全风险评估工作研究的基础之上,检验检疫食品安全管理的研究人员提出了结合残留监控和膳食暴露评估,以食品安全指数 IFS 计算食品中各种化学污染物对消费者的健康危害程度[6]。IFS 是表示食品安全状态的新方法,可有效地评价某种农药的安全性,进而评价食品中各种农药化学污染物对消费者健康的整体危害程度[7, 8]。从理论上分析,IFS_c 可指出食品中的污染物 c 对消费者健康是否存在危害及危害的程度[9]。其优点在于操作简单且结果容易被接受和理解,不需要大量的数据来对结果进行验证,使用默认的标准假设或者模型即可[10, 11]。

1) IFS_c 的计算

IFS_c 计算公式如下:

$$IFS_c = \frac{EDI_c \times f}{SI_c \times bw} \tag{8-1}$$

式中, c 为所研究的农药;EDI_c 为农药 c 的实际日摄入量估算值,等于 $\sum(R_i \times F_i \times E_i \times P_i)$ (i 为食品种类;R_i 为食品 i 中农药 c 的残留水平,mg/kg;F_i 为食品 i 的估计日消费量,g/(人·天);E_i 为食品 i 的可食用部分因子;P_i 为食品 i 的加工处理因子);SI_c 为安全摄入量,可采用每日允许最大摄入量 ADI;bw 为人平均体重,kg;f 为校正因子,如果安全摄入量采用 ADI，则 f 取 1。

$IFS_c \ll 1$，农药 c 对食品安全没有影响；$IFS_c \leq 1$，农药 c 对食品安全的影响可以接受；$IFS_c > 1$，农药 c 对食品安全的影响不可接受。

本次评价中：

$IFS_c \leq 0.1$，农药 c 对茶叶安全没有影响；

$0.1 < IFS_c \leq 1$，农药 c 对茶叶安全的影响可以接受；

$IFS_c > 1$，农药 c 对茶叶安全的影响不可接受。

本次评价中残留水平 R_i 取值为中国检验检疫科学研究院庞国芳院士课题组利用以高分辨精确质量数（0.0001 m/z）为基准的 GC-Q-TOF/MS 侦测技术于 2019 年 3 月期间对成都市茶叶农药残留的侦测结果，估计日消费量 F_i 取值 0.0047 kg/（人·天），E_i=1，P_i=1，f=1，SI_c 采用《食品安全国家标准 食品中农药最大残留限量》（GB 2763—2016）中 ADI 值（具体数值见表 8-3），人平均体重（bw）取值 60 kg。

表 8-3 成都市茶叶中侦测出农药的 ADI 值

序号	农药	ADI	序号	农药	ADI	序号	农药	ADI
1	唑虫酰胺	0.006	20	百菌清	0.02	39	氟环唑	0.02
2	联苯菊酯	0.01	21	氟虫脲	0.04	40	嘧菌酯	0.2
3	噻嗪酮	0.009	22	戊唑醇	0.03	41	醚菌酯	0.4
4	氯氟氰菊酯	0.02	23	醚菊酯	0.03	42	邻苯基苯酚	0.4
5	毒死蜱	0.01	24	咪鲜胺	0.01	43	4,4-二氯二苯甲酮	—
6	哒螨灵	0.01	25	吡丙醚	0.1	44	丁香酚	—
7	三唑磷	0.001	26	稻瘟灵	0.016	45	三异丁基磷酸盐	—
8	氟虫腈	0.0002	27	氟硅唑	0.007	46	五氯甲氧基苯	—
9	虱螨脲	0.015	28	丙环唑	0.07	47	五氯苯甲腈	—
10	硫丹	0.006	29	乐果	0.002	48	五氯苯胺	—
11	三唑醇	0.03	30	烯唑醇	0.005	49	吡螨胺	—
12	克百威	0.001	31	噻呋酰胺	0.014	50	安硫磷	—
13	甲氰菊酯	0.03	32	腈菌唑	0.03	51	异丁子香酚	—
14	异丙威	0.002	33	氯菊酯	0.05	52	灭幼脲	—
15	三氯杀螨醇	0.002	34	三环唑	0.04	53	炔丙菊酯	—
16	苯醚甲环唑	0.01	35	滴滴涕	0.01	54	苯醚氰菊酯	—
17	炔螨特	0.01	36	敌敌畏	0.004	55	速灭威	—
18	三唑酮	0.03	37	乙螨唑	0.05	56	邻苯二甲酰亚胺	—
19	丙溴磷	0.03	38	嘧霉胺	0.2			

注："—"表示为国家标准中无 ADI 值规定；ADI 值单位为 mg/kg bw

2) 计算 IFS_c 的平均值 $\overline{IFS}$，评价农药对食品安全的影响程度

以 $\overline{IFS}$ 评价各种农药对人体健康危害的总程度，评价模型见公式(8-2)。

$$\overline{IFS} = \frac{\sum_{i=1}^{n} IFS_c}{n} \tag{8-2}$$

$\overline{IFS} \ll 1$，所研究消费者人群的食品安全状态很好；$\overline{IFS} \leq 1$，所研究消费者人群的食品安全状态可以接受；$\overline{IFS} > 1$，所研究消费者人群的食品安全状态不可接受。

本次评价中：

$\overline{IFS} \leq 0.1$，所研究消费者人群的茶叶安全状态很好；

$0.1 < \overline{IFS} \leq 1$，所研究消费者人群的茶叶安全状态可以接受；

$\overline{IFS} > 1$，所研究消费者人群的茶叶安全状态不可接受。

8.1.2.2 预警风险评估模型

2003 年，我国检验检疫食品安全管理的研究人员根据 WTO 的有关原则和我国的具体规定，结合危害物本身的敏感性、风险程度及其相应的施检频率，首次提出了食品中危害物风险系数 R 的概念[12]。R 是衡量一个危害物的风险程度大小最直观的参数，即在一定时期内其超标率或阳性检出率的高低，但受其施检频率的高低及其本身的敏感性(受关注程度)影响。该模型综合考察了农药在茶叶中的超标率、施检频率及其本身敏感性，能直观而全面地反映出农药在一段时间内的风险程度[13]。

1) R 计算方法

危害物的风险系数综合考虑了危害物的超标率或阳性检出率、施检频率和其本身的敏感性影响，并能直观而全面地反映出危害物在一段时间内的风险程度。风险系数 R 的计算公式如式(8-3)：

$$R = aP + \frac{b}{F} + S \tag{8-3}$$

式中，P 为该种危害物的超标率；F 为危害物的施检频率；S 为危害物的敏感因子；a,b 分别为相应的权重系数。

本次评价中 $F=1$；$S=1$；$a=100$；$b=0.1$，对参数 P 进行计算，计算时首先判断是否为禁用农药，如果为非禁用农药，$P=$ 超标的样品数(侦测出的含量高于食品最大残留限量标准值，即 MRL)除以总样品数(包括超标、不超标、未侦测出)；如果为禁用农药，则侦测出即为超标，$P=$ 能侦测出的样品数除以总样品数。判断成都市茶叶农药残留是否超标的标准限值 MRL 分别以 MRL 中国国家标准[14]和 MRL 欧盟标准作为对照，具体值列于本报告附表一中。

2) 评价风险程度

$R \leq 1.5$，受检农药处于低度风险；

$1.5 < R \leq 2.5$，受检农药处于中度风险；

$R > 2.5$,受检农药处于高度风险。

8.1.2.3 食品膳食暴露风险和预警风险评估应用程序的开发

1) 应用程序开发的步骤

为成功开发膳食暴露风险和预警风险评估应用程序,与软件工程师多次沟通讨论,逐步提出并描述清楚计算需求,开发了初步应用程序。为明确出不同茶叶、不同农药、不同地域的风险水平,向软件工程师提出不同的计算需求,软件工程师对计算需求进行逐一分析,经过反复的细节沟通,需求分析得到明确后,开始进行解决方案的设计,在保证需求的完整性、一致性的前提下,编写出程序代码,最后设计出满足需求的风险评估专用计算软件,并通过一系列的软件测试和改进,完成专用程序的开发。软件开发基本步骤见图 8-3。

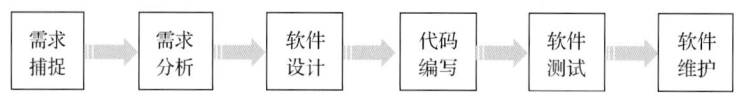

图 8-3 专用程序开发总体步骤

2) 膳食暴露风险评估专业程序开发的基本要求

首先直接利用公式(8-1),分别计算 LC-Q-TOF/MS 和 GC-Q-TOF/MS 仪器侦测出的各茶叶样品中每种农药 IFS_c,将结果列出。为考察超标农药和禁用农药的使用安全性,分别以我国《食品安全国家标准 食品中农药最大残留限量》(GB 2763—2016)和欧盟食品中农药最大残留限量(以下简称 MRL 中国国家标准和 MRL 欧盟标准)为标准,对侦测出的禁用农药和超标的非禁用农药 IFS_c 单独进行评价;按 IFS_c 大小列表,并找出 IFS_c 值排名前 20 的样本重点关注。

对不同茶叶 i 中每一种侦测出的农药 c 的安全指数进行计算,多个样品时求平均值。按农药种类,计算整个监测时间段内每种农药的 IFS_c,不区分茶叶种类。

3) 预警风险评估专业程序开发的基本要求

分别以 MRL 中国国家标准和 MRL 欧盟标准,按公式(8-3)逐个计算不同茶叶、不同农药的风险系数,禁用农药和非禁用农药分别列表。

为清楚了解各种农药的预警风险,不分时间,不分茶叶,按禁用农药和非禁用农药分类,分别计算各种侦测出农药全部检测时段内风险系数。由于有 MRL 中国国家标准的农药种类太少,无法计算超标数,非禁用农药的风险系数只以 MRL 欧盟标准为标准,进行计算。

4) 风险程度评价专业应用程序的开发方法

采用 Python 计算机程序设计语言,Python 是一个高层次地结合了解释性、编译性、互动性和面向对象的脚本语言。风险评价专用程序主要功能包括:分别读入每例样品 LC-Q-TOF/MS 和 GC-Q-TOF/MS 农药残留检测数据,根据风险评价工作要求,依次对不同农药、不同食品、不同时间、不同采样点的 IFS_c 值和 R 值分别进行数据计算,筛选出禁用农药、超标农药(分别与 MRL 中国国家标准、MRL 欧盟标准限值进行对比)单独重点分析,再分别对各农药、各茶叶种类分类处理,设计出计算和排序程序,编写计算机代码,最后将生成的膳食暴露风险评估和超标风险评估定量计算结果列入设计好的各个表格中,并定性判断风险对目标的影响程度,直接用文字描述风险发生的高低,如"不可接受"、"可以接受"、"没有影响"、"高度风险"、"中度风险"、"低度风险"。

8.2 GC-Q-TOF/MS 侦测成都市市售茶叶农药残留膳食暴露风险评估

8.2.1 每例茶叶样品中农药残留安全指数分析

基于 2019 年 3 月的农药残留侦测数据,发现在 282 例样品中侦测出农药 1826 频次,计算样品中每种残留农药的安全指数 IFS_c,并分析农药对样品安全的影响程度,结果详见附表二,农药残留对茶叶样品安全的影响程度频次分布情况如图 8-4 所示。

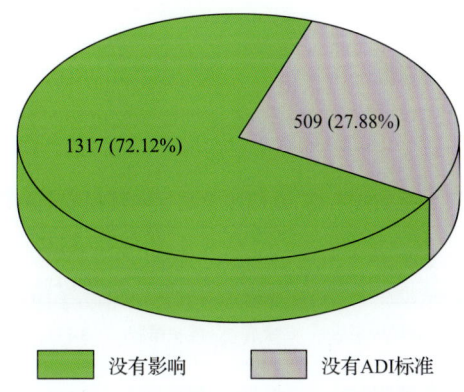

图 8-4　农药残留对茶叶样品安全的影响程度频次分布图

由图 8-4 可以看出,农药残留对样品安全的没有影响的频次为 1317,占 72.12%。

部分样品侦测出禁用农药 8 种 212 频次,为了明确残留的禁用农药对样品安全的影响,分析侦测出禁用农药残留的样品安全指数,禁用农药残留对茶叶样品安全的影响程度频次分布情况如图 8-5 所示,农药残留对样品安全没有影响的频次为 212,占 100%。

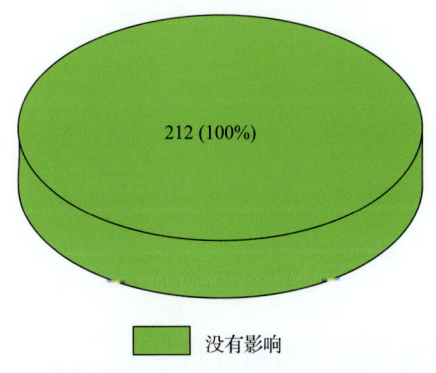

图 8-5　禁用农药对茶叶样品安全影响程度的频次分布图

此外，本次侦测发现部分样品中非禁用农药残留量超过了 MRL 欧盟标准，为了明确超标的非禁用农药对样品安全的影响，分析了非禁用农药残留超标的样品安全指数。

残留量超过 MRL 欧盟标准的非禁用农药对茶叶样品安全的影响程度频次分布情况如图 8-6 所示。可以看出超过 MRL 欧盟标准的非禁用农药共 940 频次，其中农药没有 ADI 的频次为 466，占 49.57%；农药残留对样品安全没有影响的频次为 474，占 50.43%。表 8-4 为茶叶样品中安全指数排名前 10 的残留超标非禁用农药列表。

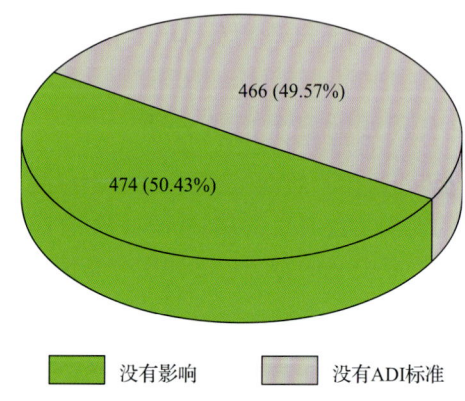

图 8-6　残留超标的非禁用农药对茶叶样品安全的影响程度频次分布图（MRL 欧盟标准）

表 8-4　茶叶样品中安全指数排名前 10 的残留超标非禁用农药列表（MRL 欧盟标准）

序号	样品编号	采样点	基质	农药	含量 (mg/kg)	欧盟标准	IFS_c	影响程度
1	20190326-510100-USI-GT-20A	***超市（北城王街店）	绿茶	唑虫酰胺	3.771	0.01	0.0492	没有影响
2	20190327-510100-USI-BT-32E	***茶庄（建设路店）	红茶	唑虫酰胺	3.661	0.01	0.0478	没有影响
3	20190325-510100-USI-GT-13C	***超市（翡翠城店）	绿茶	唑虫酰胺	3.399	0.01	0.0444	没有影响
4	20190327-510100-USI-GT-30D	***茶庄	绿茶	唑虫酰胺	3.200	0.01	0.0418	没有影响
5	20190326-510100-USI-GT-21G	***超市（锦江商场店）	绿茶	唑虫酰胺	3.149	0.01	0.0411	没有影响
6	20190326-510100-USI-GT-16B	***超市（城市超市店）	绿茶	唑虫酰胺	3.125	0.01	0.0408	没有影响
7	20190327-510100-USI-GT-24B	***超市（总府店）	绿茶	唑虫酰胺	3.088	0.01	0.0403	没有影响
8	20190325-510100-USI-GT-07D	***超市（凯德天府店）	绿茶	唑虫酰胺	3.057	0.01	0.0399	没有影响
9	20190325-510100-USI-GT-04A	***超市（亚太分店）	绿茶	唑虫酰胺	3.053	0.01	0.0399	没有影响
10	20190327-510100-USI-GT-29E	***茶庄（桃溪路店）	绿茶	唑虫酰胺	2.946	0.01	0.0385	没有影响

8.2.2　单种茶叶中农药残留安全指数分析

本次 5 种茶叶侦测 56 种农药，检出频次为 1826 次，其中 14 种农药没有 ADI，42

种农药存在 ADI 标准。5 种茶叶按不同种类分别计算侦测出的具有 ADI 标准的各种农药的 IFS_c 值，农药残留对茶叶的安全指数分布图如图 8-7 所示。

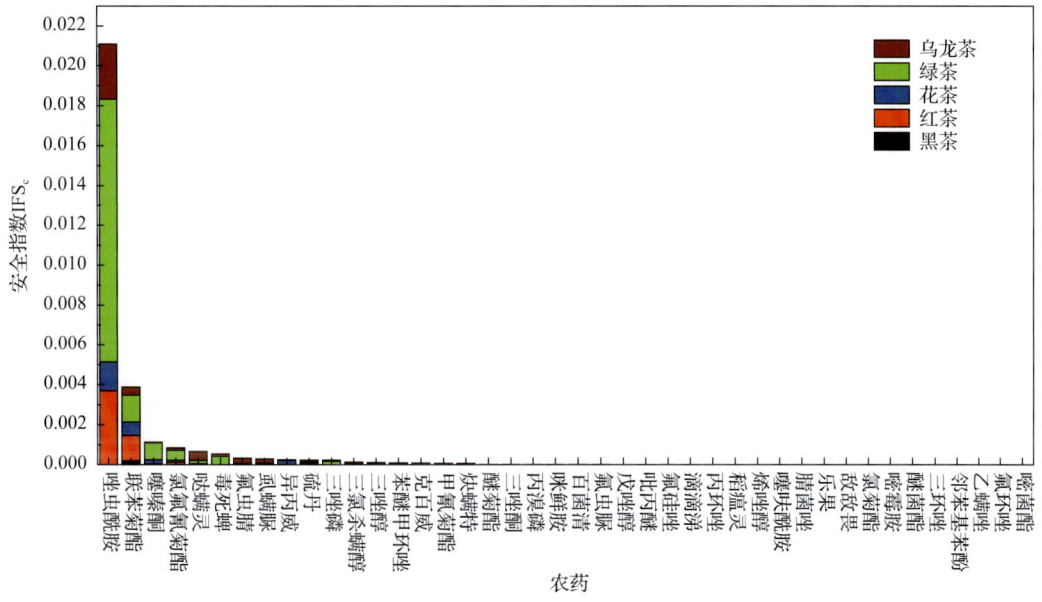

图 8-7　5 种茶叶中 42 种残留农药的安全指数分布图

本次侦测中，5 种茶叶和 56 种残留农药（包括没有 ADI）共涉及 124 个分析样本，农药对单种茶叶安全的影响程度分布情况如图 8-8 所示。可以看出，71.77%的样本中农药对茶叶安全没有影响。

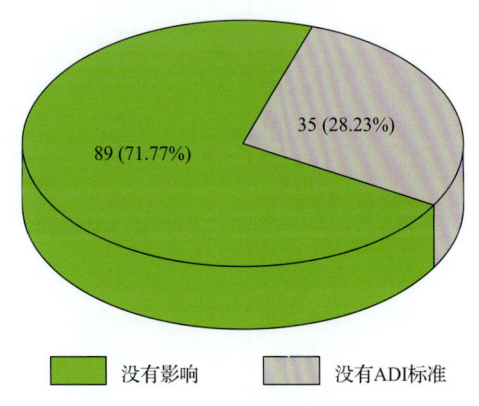

图 8-8　124 个分析样本的影响程度频次分布图

8.2.3　所有茶叶中农药残留安全指数分析

计算所有茶叶中 42 种农药的 IFS_c 值，结果如图 8-9 及表 8-5 所示。

分析发现，所有的农药对茶叶安全的影响程度均为没有影响，说明茶叶中残留的农药不会对茶叶安全造成影响。

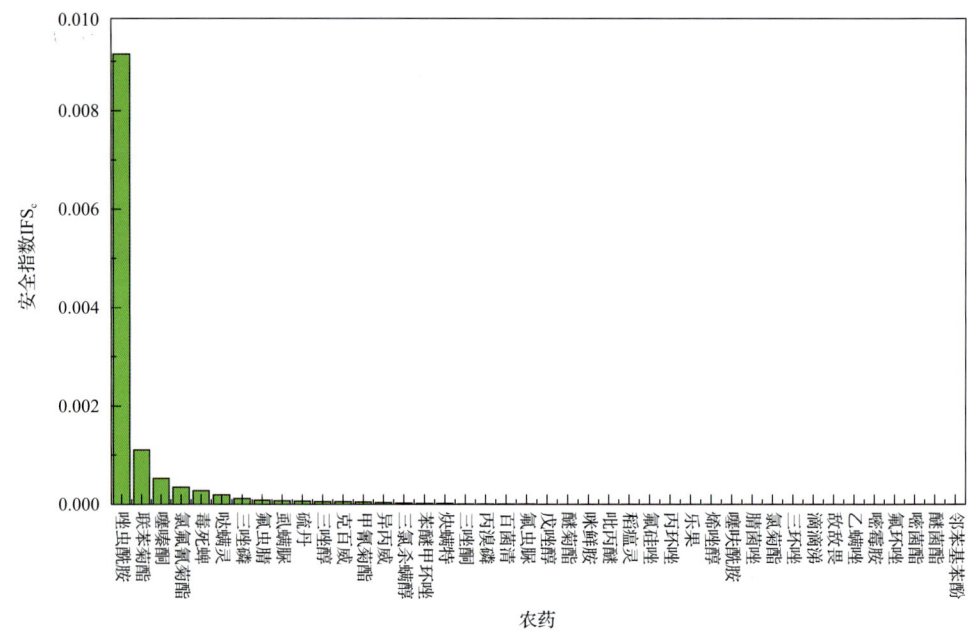

图 8-9 42 种残留农药对茶叶的安全影响程度统计图

表 8-5 茶叶中 42 种农药残留的安全指数表

序号	农药	检出频次	检出率(%)	IFS$_c$	影响程度	序号	农药	检出频次	检出率(%)	IFS$_c$	影响程度
1	唑虫酰胺	207	73.40	$9.15×10^{-3}$	没有影响	22	戊唑醇	26	9.22	$2.84×10^{-6}$	没有影响
2	联苯菊酯	273	96.81	$1.10×10^{-3}$	没有影响	23	醚菊酯	3	1.06	$2.73×10^{-6}$	没有影响
3	噻嗪酮	80	28.37	$5.23×10^{-4}$	没有影响	24	咪鲜胺	12	4.26	$1.71×10^{-6}$	没有影响
4	氯氟氰菊酯	94	33.33	$3.46×10^{-4}$	没有影响	25	吡丙醚	10	3.55	$1.41×10^{-6}$	没有影响
5	毒死蜱	94	33.33	$2.79×10^{-4}$	没有影响	26	稻瘟灵	11	3.90	$7.29×10^{-7}$	没有影响
6	哒螨灵	87	30.85	$1.92×10^{-4}$	没有影响	27	氟硅唑	2	0.71	$5.75×10^{-7}$	没有影响
7	三唑磷	14	4.96	$1.13×10^{-4}$	没有影响	28	丙环唑	16	5.67	$5.30×10^{-7}$	没有影响
8	氟虫腈	14	4.96	$8.24×10^{-5}$	没有影响	29	乐果	1	0.35	$4.31×10^{-7}$	没有影响
9	虱螨脲	66	23.40	$6.83×10^{-5}$	没有影响	30	烯唑醇	1	0.35	$2.94×10^{-7}$	没有影响
10	硫丹	64	22.70	$6.48×10^{-5}$	没有影响	31	噻呋酰胺	1	0.35	$2.62×10^{-7}$	没有影响
11	三唑醇	73	25.89	$4.99×10^{-5}$	没有影响	32	腈菌唑	1	0.35	$2.57×10^{-7}$	没有影响
12	克百威	1	0.35	$4.91×10^{-5}$	没有影响	33	氯菊酯	1	0.35	$2.15×10^{-7}$	没有影响
13	甲氰菊酯	29	10.28	$4.38×10^{-5}$	没有影响	34	三环唑	1	0.35	$8.68×10^{-8}$	没有影响
14	异丙威	27	9.57	$3.35×10^{-5}$	没有影响	35	滴滴涕	2	0.71	$8.33×10^{-8}$	没有影响
15	三氯杀螨醇	22	7.80	$2.48×10^{-5}$	没有影响	36	敌敌畏	1	0.35	$6.94×10^{-8}$	没有影响
16	苯醚甲环唑	4	1.42	$1.72×10^{-5}$	没有影响	37	乙螨唑	1	0.35	$4.89×10^{-8}$	没有影响
17	炔螨特	3	1.06	$1.62×10^{-5}$	没有影响	38	嘧霉胺	6	2.13	$4.32×10^{-8}$	没有影响
18	三唑酮	1	0.35	$5.10×10^{-6}$	没有影响	39	氟环唑	1	0.35	$3.19×10^{-8}$	没有影响
19	丙溴磷	36	12.77	$4.83×10^{-6}$	没有影响	40	嘧菌酯	1	0.35	$2.97×10^{-8}$	没有影响
20	百菌清	2	0.71	$3.70×10^{-6}$	没有影响	41	醚菌酯	1	0.35	$2.94×10^{-8}$	没有影响
21	氟虫脲	14	4.96	$3.11×10^{-6}$	没有影响	42	邻苯基苯酚	13	4.61	$2.80×10^{-8}$	没有影响

8.3 GC-Q-TOF/MS 侦测成都市市售茶叶农药残留预警风险评估

基于成都市茶叶样品中农药残留 GC-Q-TOF/MS 侦测数据,分析禁用农药的检出率,同时参照中华人民共和国国家标准 GB 2763—2016 和欧盟农药最大残留限量(MRL)标准分析非禁用农药残留的超标率,并计算农药残留风险系数。分析单种茶叶中农药残留以及所有茶叶中农药残留的风险程度。

8.3.1 单种茶叶中农药残留风险系数分析

8.3.1.1 单种茶叶中禁用农药残留风险系数分析

侦测出的 56 种残留农药中有 8 种为禁用农药,且它们分布在 5 种茶叶中,计算 5 种茶叶中禁用农药的检出率,根据检出率计算风险系数 R,进而分析茶叶中禁用农药的风险程度,结果如图 8-10 与表 8-6 所示。分析发现 6 种禁用农药在 5 种茶叶中的残留处于高度风险。

8.3.1.2 基于 MRL 中国国家标准的单种茶叶中非禁用农药残留风险系数分析

参照中华人民共和国国家标准 GB 2763—2016 中农药残留限量计算每种茶叶中每种非禁用农药的超标率,进而计算其风险系数,根据风险系数大小判断残留农药的预警风险程度,茶叶中非禁用农药残留风险程度分布情况如图 8-11 所示。

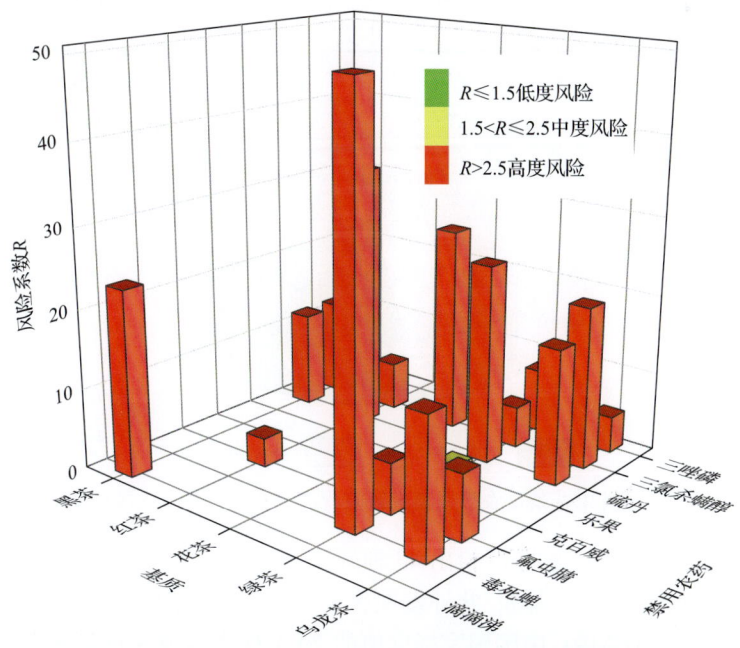

图 8-10 5 种茶叶中 8 种禁用农药残留的风险系数

表 8-6 5 种茶叶中 8 种禁用农药残留的风险系数列表

序号	基质	农药	检出频次	检出率(%)	风险系数 R	风险程度
1	乌龙茶	三唑磷	2	4	4.61	高度风险
2	乌龙茶	三氯杀螨醇	11	19	20.40	高度风险
3	乌龙茶	毒死蜱	9	16	16.89	高度风险
4	乌龙茶	氟虫腈	4	7	8.12	高度风险
5	乌龙茶	硫丹	9	16	16.89	高度风险
6	红茶	三氯杀螨醇	2	5	6.10	高度风险
7	红茶	氟虫腈	1	3	3.60	高度风险
8	红茶	硫丹	13	33	33.60	高度风险
9	绿茶	三唑磷	12	7	8.08	高度风险
10	绿茶	三氯杀螨醇	7	4	5.17	高度风险
11	绿茶	乐果	1	1	1.68	中度风险
12	绿茶	克百威	1	1	1.68	中度风险
13	绿茶	毒死蜱	85	49	50.52	高度风险
14	绿茶	氟虫腈	9	5	6.33	高度风险
15	绿茶	硫丹	41	24	24.94	高度风险
16	花茶	三氯杀螨醇	1	25	26.10	高度风险
17	黑茶	三氯杀螨醇	1	11	12.21	高度风险
18	黑茶	滴滴涕	2	22	23.32	高度风险
19	黑茶	硫丹	1	11	12.21	高度风险

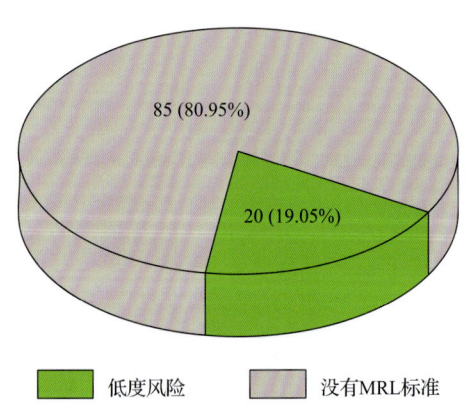

图 8-11 茶叶中非禁用农药残留的风险程度分布图（MRL 中国国家标准）

本次分析中，发现在 5 种茶叶检出 48 种残留非禁用农药，涉及样本 105 个，在 105 个样本中，19.05%处于低度风险，此外发现有 85 个样本没有 MRL 中国国家标准值，无法判断其风险程度，有 MRL 中国国家标准值的 20 个样本涉及 5 种茶叶中的 7 种非禁用农药，其风险系数 R 值如图 8-12 所示。

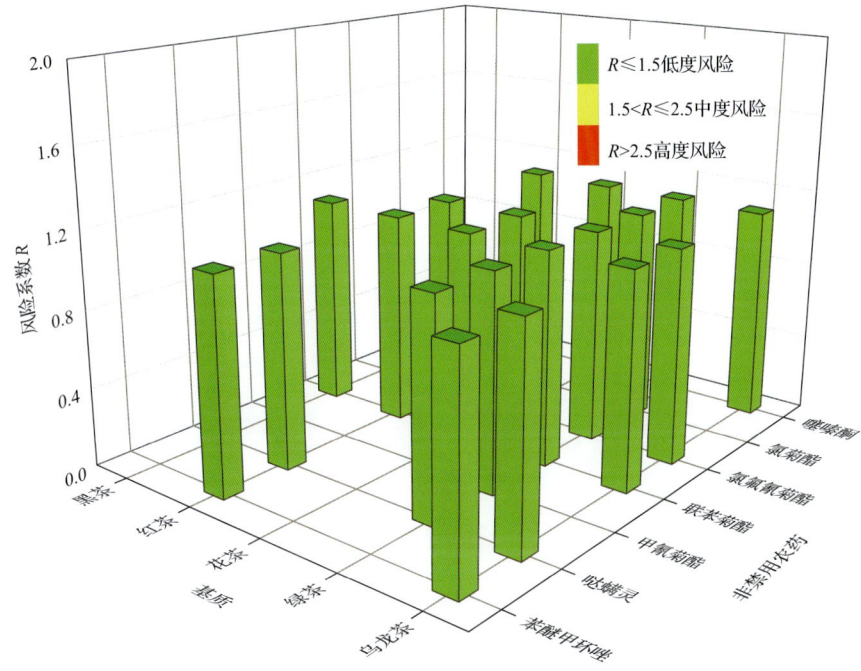

图 8-12　5 种茶叶中 7 种非禁用农药的风险系数分布图（MRL 中国国家标准）

8.3.1.3　基于 MRL 欧盟标准的单种茶叶中非禁用农药残留风险系数分析

参照 MRL 欧盟标准计算每种茶叶中每种非禁用农药的超标率，进而计算其风险系数，根据风险系数大小判断农药残留的预警风险程度，茶叶中非禁用农药残留风险程度分布情况如图 8-13 所示。

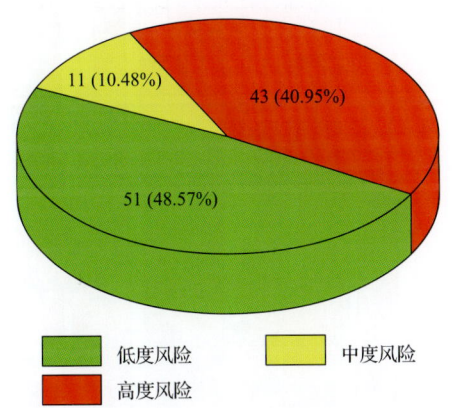

图 8-13　茶叶中非禁用农药残留的风险程度分布图（MRL 欧盟标准）

本次分析中，发现在 5 种茶叶中共侦测出 48 种非禁用农药，涉及样本 105 个，其中，40.95%处于高度风险，涉及 5 种茶叶和 17 种农药；10.48%处于中度风险，涉及 1 种茶叶和 11 种农药；48.57%处于低度风险，涉及 5 种茶叶和 31 种农药。单种茶叶中的非禁用农药风险系数分布图如图 8-14 所示。单种茶叶中处于高度风险的非禁用农药风险系数如图 8-15 和表 8-7 所示。

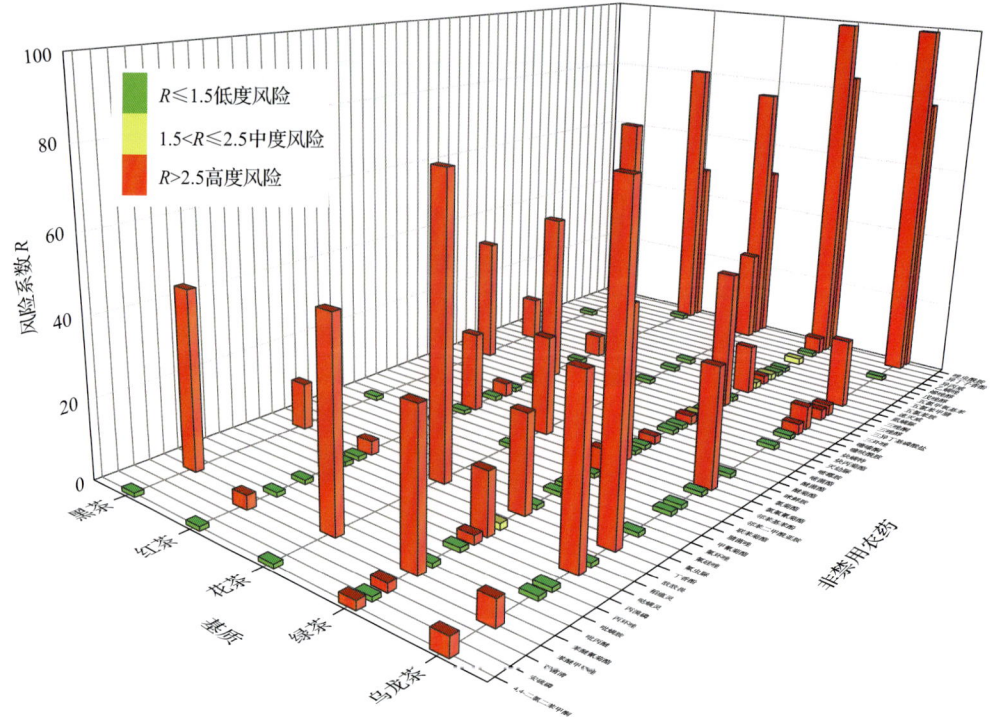

图 8-14 5 种茶叶中 48 种非禁用农药残留的风险系数(MRL 欧盟标准)

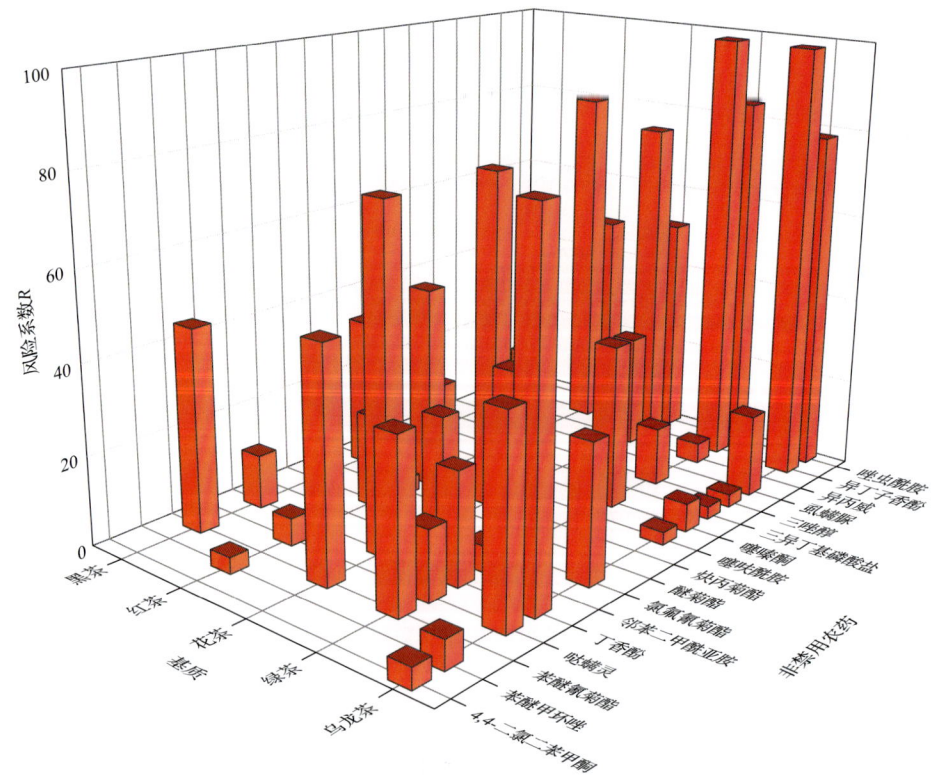

图 8-15 单种茶叶中处于高度风险的非禁用农药的风险系数(MRL 欧盟标准)

表 8-7 单种茶叶中处于高度风险的非禁用农药残留的风险系数表（MRL 欧盟标准）

序号	基质	农药	超标频次	超标率 P(%)	风险系数 R
1	绿茶	异丁子香酚	169	98.26	99.36
2	乌龙茶	异丁子香酚	56	98.25	99.35
3	绿茶	唑虫酰胺	142	82.56	83.66
4	乌龙茶	丁香酚	46	80.70	81.80
5	红茶	异丁子香酚	32	80.00	81.10
6	乌龙茶	唑虫酰胺	44	77.19	78.29
7	花茶	丁香酚	3	75.00	76.10
8	花茶	异丁子香酚	3	75.00	76.10
9	花茶	炔丙菊酯	3	75.00	76.10
10	花茶	唑虫酰胺	2	50.00	51.10
11	花茶	苯醚氰菊酯	2	50.00	51.10
12	红茶	唑虫酰胺	19	47.50	48.60
13	红茶	炔丙菊酯	18	45.00	46.10
14	黑茶	苯醚氰菊酯	4	44.44	45.54
15	乌龙茶	哒螨灵	25	43.86	44.96
16	绿茶	氯氟氰菊酯	68	39.53	40.63
17	绿茶	苯醚氰菊酯	63	36.63	37.73
18	绿茶	噻嗪酮	62	36.05	37.15
19	黑茶	炔丙菊酯	3	33.33	34.43
20	乌龙茶	氯氟氰菊酯	17	29.82	30.92
21	花茶	异丙威	1	25.00	26.10
22	花茶	氯氟氰菊酯	1	25.00	26.10
23	绿茶	丁香酚	41	23.84	24.94
24	红茶	氯氟氰菊酯	8	20.00	21.10
25	乌龙茶	虱螨脲	10	17.54	18.64
26	绿茶	哒螨灵	25	14.53	15.63
27	绿茶	三唑醇	21	12.21	13.31
28	黑茶	丁香酚	1	11.11	12.21
29	黑茶	三异丁基磷酸盐	1	11.11	12.21
30	黑茶	异丁子香酚	1	11.11	12.21
31	乌龙茶	噻嗪酮	3	5.26	6.36
32	乌龙茶	苯醚甲环唑	3	5.26	6.36
33	红茶	三异丁基磷酸盐	2	5.00	6.10

续表

序号	基质	农药	超标频次	超标率 P(%)	风险系数 R
34	红茶	哒螨灵	2	5.00	6.10
35	绿茶	邻苯二甲酰亚胺	8	4.65	5.75
36	乌龙茶	4,4-二氯二苯甲酮	2	3.51	4.61
37	绿茶	异丙威	6	3.49	4.59
38	红茶	丁香酚	1	2.50	3.60
39	红茶	苯醚甲环唑	1	2.50	3.60
40	红茶	醚菊酯	1	2.50	3.60
41	乌龙茶	三唑醇	1	1.75	2.85
42	乌龙茶	三异丁基磷酸盐	1	1.75	2.85
43	乌龙茶	噻呋酰胺	1	1.75	2.85

8.3.2 所有茶叶中农药残留风险系数分析

8.3.2.1 所有茶叶中禁用农药残留风险系数分析

在侦测出的 56 种农药中有 8 种为禁用农药，计算所有茶叶中禁用农药的风险系数，结果如表 8-8 所示。在 8 种禁用农药中，5 种农药残留处于高度风险，1 种农药残留处于中度风险，2 种农药残留处于低度风险。

表 8-8 茶叶中 8 种禁用农药的风险系数表

序号	农药	检出频次	检出率(%)	风险系数 R	风险程度
1	毒死蜱	94	33.33	34.43	高度风险
2	硫丹	64	22.70	23.80	高度风险
3	三氯杀螨醇	22	7.80	8.90	高度风险
4	三唑磷	14	4.96	6.06	高度风险
5	氟虫腈	14	4.96	6.06	高度风险
6	滴滴涕	2	0.71	1.81	中度风险
7	乐果	1	0.35	1.45	低度风险
8	克百威	1	0.35	1.45	低度风险

8.3.2.2 所有茶叶中非禁用农药残留风险系数分析

参照 MRL 欧盟标准计算所有茶叶中每种非禁用农药残留的风险系数，如图 8-16 与表 8-9 所示。在侦测出的 48 种非禁用农药中，15 种农药(31.25%)残留处于高度风险，4 种农药(8.33%)残留处于中度风险，29 种农药(60.42%)残留处于低度风险。

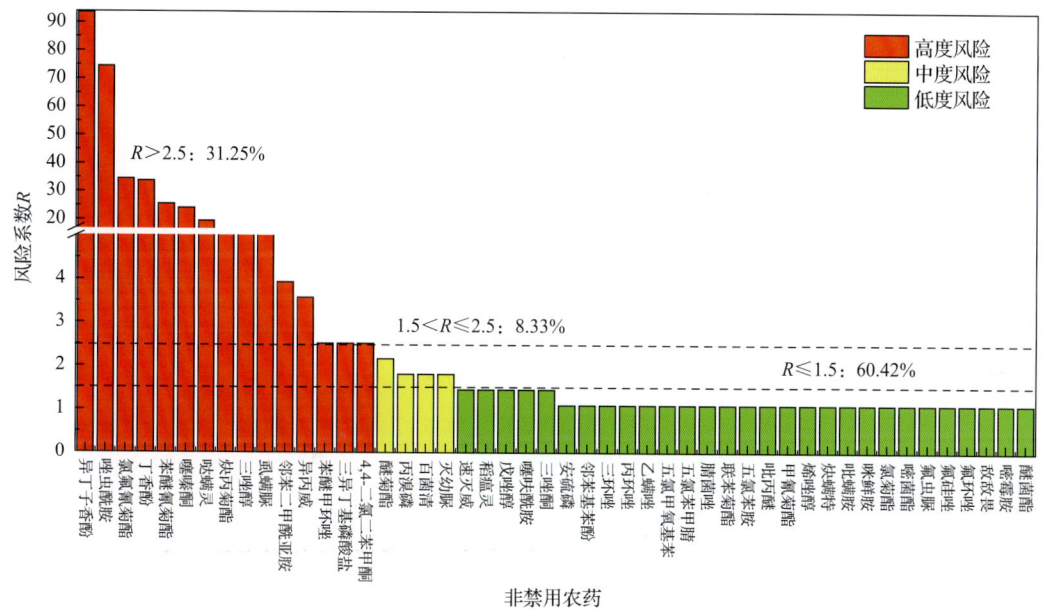

图 8-16　茶叶中 48 种非禁用农药的风险程度统计图

表 8-9　茶叶中 48 种非禁用农药的风险系数表

序号	农药	超标频次	超标率 $P(\%)$	风险系数 R	风险程度
1	异丁子香酚	261	92.55	93.65	高度风险
2	唑虫酰胺	207	73.40	74.50	高度风险
3	氯氟氰菊酯	94	33.33	34.43	高度风险
4	丁香酚	92	32.62	33.72	高度风险
5	苯醚氰菊酯	69	24.47	25.57	高度风险
6	噻嗪酮	65	23.05	24.15	高度风险
7	哒螨灵	52	18.44	19.54	高度风险
8	炔丙菊酯	25	8.87	9.97	高度风险
9	三唑醇	22	7.80	8.90	高度风险
10	虱螨脲	12	4.26	5.36	高度风险
11	邻苯二甲酰亚胺	8	2.84	3.94	高度风险
12	异丙威	7	2.48	3.58	高度风险
13	苯醚甲环唑	4	1.42	2.52	高度风险
14	三异丁基磷酸盐	4	1.42	2.52	高度风险
15	4,4-二氯二苯甲酮	4	1.42	2.52	高度风险
16	醚菊酯	3	1.06	2.16	中度风险
17	丙溴磷	2	0.71	1.81	中度风险

续表

序号	农药	超标频次	超标率 $P(\%)$	风险系数 R	风险程度
18	百菌清	2	0.71	1.81	中度风险
19	灭幼脲	2	0.71	1.81	中度风险
20	速灭威	1	0.35	1.45	低度风险
21	稻瘟灵	1	0.35	1.45	低度风险
22	戊唑醇	1	0.35	1.45	低度风险
23	噻呋酰胺	1	0.35	1.45	低度风险
24	三唑酮	1	0.35	1.45	低度风险
25	安硫磷	0	0	1.10	低度风险
26	邻苯基苯酚	0	0	1.10	低度风险
27	三环唑	0	0	1.10	低度风险
28	丙环唑	0	0	1.10	低度风险
29	乙螨唑	0	0	1.10	低度风险
30	五氯甲氧基苯	0	0	1.10	低度风险
31	五氯苯甲腈	0	0	1.10	低度风险
32	腈菌唑	0	0	1.10	低度风险
33	联苯菊酯	0	0	1.10	低度风险
34	五氯苯胺	0	0	1.10	低度风险
35	吡丙醚	0	0	1.10	低度风险
36	甲氰菊酯	0	0	1.10	低度风险
37	烯唑醇	0	0	1.10	低度风险
38	炔螨特	0	0	1.10	低度风险
39	吡螨胺	0	0	1.10	低度风险
40	咪鲜胺	0	0	1.10	低度风险
41	氯菊酯	0	0	1.10	低度风险
42	嘧菌酯	0	0	1.10	低度风险
43	氟虫脲	0	0	1.10	低度风险
44	氟硅唑	0	0	1.10	低度风险
45	氟环唑	0	0	1.10	低度风险
46	敌敌畏	0	0	1.10	低度风险
47	嘧霉胺	0	0	1.10	低度风险
48	醚菌酯	0	0	1.10	低度风险

8.4 GC-Q-TOF/MS 侦测成都市市售茶叶农药残留风险评估结论与建议

农药残留是影响茶叶安全和质量的主要因素，也是我国食品安全领域备受关注的敏感话题和亟待解决的重大问题之一[15,16]。各种茶叶均存在不同程度的农药残留现象，本研究主要针对成都市各类茶叶存在的农药残留问题，基于2019年3月对成都市282例茶叶样品中农药残留侦测得出的1826个侦测结果，分别采用食品安全指数模型和风险系数模型，开展茶叶中农药残留的膳食暴露风险和预警风险评估。茶叶样品取自超市和茶叶专营店，符合大众的膳食来源，风险评价时更具有代表性和可信度。

本研究力求通用简单地反映食品安全中的主要问题，且为管理部门和大众容易接受，为政府及相关管理机构建立科学的食品安全信息发布和预警体系提供科学的规律与方法，加强对农药残留的预警和食品安全重大事件的预防，控制食品风险。

8.4.1 成都市茶叶中农药残留膳食暴露风险评价结论

1) 茶叶样品中农药残留安全状态评价结论

采用食品安全指数模型，对2019年3月期间成都市茶叶食品农药残留膳食暴露风险进行评价，根据 IFS_c 的计算结果发现，茶叶中农药的 $\overline{IFS}$ 为 2.90×10^{-4}，说明成都市茶叶总体处于可以接受的安全状态，但部分禁用农药、高残留农药在茶叶中仍有侦测出，导致膳食暴露风险的存在，成为不安全因素。

2) 禁用农药膳食暴露风险评价

本次检测发现部分茶叶样品中有禁用农药侦测出，侦测出禁用农药8种，侦测出频次为212，茶叶样品中的禁用农药 IFS_c 计算结果表明，禁用农药残留膳食暴露风险没有影响的频次为212，占100%。

8.4.2 成都市茶叶中农药残留预警风险评价结论

1) 单种茶叶中禁用农药残留的预警风险评价结论

本次检测过程中，在5种茶叶中检测出8种禁用农药，禁用农药为：三唑磷、三氯杀螨醇、毒死蜱、氟虫腈、硫丹、乐果、克百威、滴滴涕，茶叶为：乌龙茶、红茶、绿茶、花茶、黑茶，茶叶中禁用农药的风险系数分析结果显示，6种禁用农药在5种茶叶中的残留处于高度风险，说明在单种茶叶中禁用农药的残留会导致较高的预警风险。

2) 单种茶叶中非禁用农药残留的预警风险评价结论

以 MRL 中国国家标准为标准，计算茶叶中非禁用农药风险系数情况下，105个样本中，20个处于低度风险(19.05%)，85个样本没有 MRL 中国国家标准(80.95%)。以 MRL 欧盟标准为标准，计算茶叶中非禁用农药风险系数情况下，发现有43个处于高度风险

(40.95%)，11个处于中度风险(10.48%)，51个处于低度风险(48.57%)。基于两种MRL标准，评价的结果差异显著，可以看出MRL欧盟标准比中国国家标准更加严格和完善，过于宽松的MRL中国国家标准值能否有效保障人体的健康有待研究。

8.4.3 加强成都市茶叶食品安全建议

我国食品安全风险评价体系仍不够健全，相关制度不够完善，多年来，由于农药用药次数多、用药量大或用药间隔时间短，产品残留量大，农药残留所造成的食品安全问题日益严峻，给人体健康带来了直接或间接的危害。据估计，美国与农药有关的癌症患者数约占全国癌症患者总数的50%，中国更高。同样，农药对其它生物也会形成直接杀伤和慢性危害，植物中的农药可经过食物链逐级传递并不断蓄积，对人和动物构成潜在威胁，并影响生态系统。

基于本次农药残留侦测数据的风险评价结果，提出以下几点建议：

1) 加快食品安全标准制定步伐

我国食品标准中对农药每日允许最大摄入量ADI的数据严重缺乏，在本次评价所涉及的56种农药中，仅有75%的农药具有ADI值，而25%的农药中国尚未规定相应的ADI值，亟待完善。

我国食品中农药最大残留限量值的规定严重缺乏，对评估涉及的不同茶叶中不同农药124个MRL限值进行统计来看，我国仅制定出31个标准，我国标准完整率仅为25%，欧盟的完整率达到100%(表8-10)。因此，中国更应加快MRL的制定步伐。

表8-10 我国国家食品标准农药的ADI、MRL值与欧盟标准的数量差异

分类		中国ADI	MRL中国国家标准	MRL欧盟标准
标准限值(个)	有	42	31	124
	无	14	93	0
总数(个)		56	124	124
无标准限值比例(%)		25	75	0

此外，MRL中国国家标准限值普遍高于欧盟标准限值，这些标准中共有15个高于欧盟。过高的MRL值难以保障人体健康，建议继续加强对限值基准和标准的科学研究，将农产品中的危险性减少到尽可能低的水平。

2) 加强农药的源头控制和分类监管

在成都市某些茶叶中仍有禁用农药残留，利用GC-Q-TOF/MS技术侦测出8种禁用农药，检出频次为212次，残留禁用农药均存在较大的膳食暴露风险和预警风险。早已列入黑名单的禁用农药在我国并未真正退出，有些药物由于价格便宜、工艺简单，此类高毒农药一直生产和使用。建议在我国采取严格有效的控制措施，从源头控制禁用农药。

对于非禁用农药，在我国作为"田间地头"最典型单位的县级茶叶产地中，农药残留的检测几乎缺失。建议根据农药的毒性，对高毒、剧毒、中毒农药实现分类管理，减少使用高毒和剧毒高残留农药，进行分类监管。

3) 加强农药生物基准和降解技术研究

市售茶叶中残留农药的品种多、频次高、禁用农药多次检出这一现状，说明了我国的田间土壤和水体因农药长期、频繁、不合理的使用而遭到严重污染。为此，建议中国相关部门出台相关政策，鼓励高校及科研院所积极开展分子生物学、酶学等研究，加强土壤、水体中残留农药的生物修复及降解新技术研究，切实加大农药监管力度，以控制农药的面源污染问题。

综上所述，在本工作基础上，根据茶叶残留危害，可进一步针对其成因提出和采取严格管理、大力推广无公害茶叶种植与生产、健全食品安全控制技术体系、加强茶叶质量检测体系建设和积极推行茶叶质量追溯制度等相应对策。建立和完善食品安全综合评价指数与风险监测预警系统，对食品安全进行实时、全面的监控与分析，为我国的食品安全科学监管与决策提供新的技术支持，可实现各类检验数据的信息化系统管理，降低食品安全事故的发生。

贵阳市

第9章　LC-Q-TOF/MS 侦测贵阳市 131 例市售茶叶样品农药残留报告

从贵阳市所属 5 个区，随机采集了 131 例茶叶样品，使用液相色谱-四极杆飞行时间质谱(LC-Q-TOF/MS)对 825 种农药化学污染物示范侦测(7 种负离子模式 ESI 未涉及)。

9.1　样品种类、数量与来源

9.1.1　样品采集与检测

为了真实反映百姓日常饮用的茶叶中农药残留污染状况，本次所有检测样品均由检验人员于 2019 年 2 月至 3 月期间，从贵阳市所属 17 个采样点，包括 17 个超市，以随机购买方式采集，总计 17 批 131 例样品，从中检出农药 41 种，664 频次。采样及监测概况见图 9-1 及表 9-1，样品及采样点明细见表 9-2 及表 9-3(侦测原始数据见附表 1)。

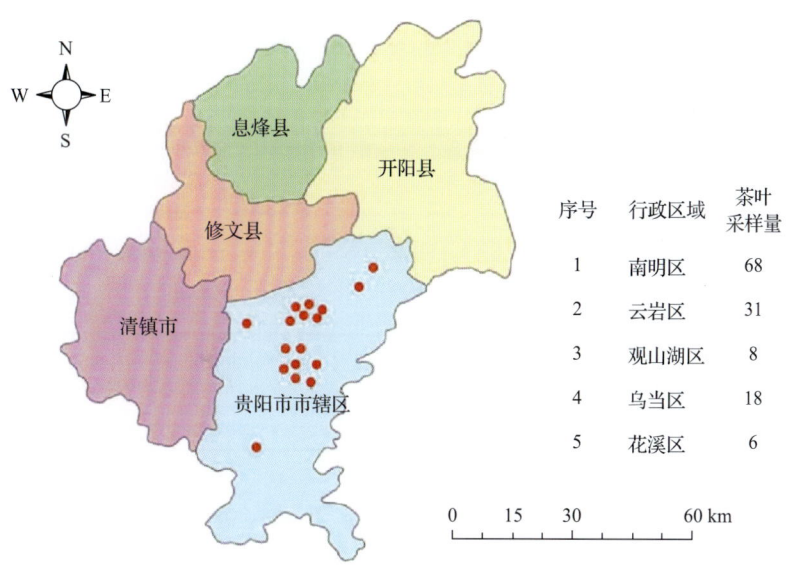

图 9-1　贵阳市所属 17 个采样点 131 例样品分布图

表 9-1　农药残留监测总体概况

行政区域	贵阳市所属 5 个区
采样点(超市)	17
样本总数	131
检出农药品种/频次	41/664
各采样点样本农药残留检出率范围	80.0%~100.0%

表 9-2 样品分类及数量

样品分类	样品名称(数量)	数量小计
1. 茶叶		131
1) 发酵类茶叶	白茶(3),黑茶(2),红茶(18),乌龙茶(9)	32
2) 未发酵类茶叶	花茶(1),绿茶(98)	99
合计	1.茶叶 6 种	131

表 9-3 贵阳市采样点信息

采样点序号	行政区域	采样点
超市(17)		
1	观山湖区	***超市(林城西路店)
2	花溪区	***超市(黄河路店)
3	南明区	***超市(鸿通城店)
4	南明区	***超市(湘雅店)
5	南明区	***超市(文昌店)
6	南明区	***超市(人民广场店)
7	南明区	***超市(沙冲路店)
8	南明区	***超市(花果园店)
9	南明区	***超市(中铁国际店)
10	乌当区	***超市(诚信南路店)
11	乌当区	***超市(金源购物中心店)
12	云岩区	***超市(二桥黔春路店)
13	云岩区	***超市(贵山店)
14	云岩区	***超市(贵乌北路店)
15	云岩区	***超市(枫丹白鹭店)
16	云岩区	***超市(贵乌店)
17	云岩区	***超市(恒峰店)

9.1.2 检测结果

这次使用的检测方法是庞国芳院士团队最新研发的不需使用标准品对照,而以高分辨精确质量数(0.0001 m/z)为基准的 LC-Q-TOF/MS 检测技术,对于 131 例样品,每个样品均侦测了 825 种农药化学污染物的残留现状。通过本次侦测,在 131 例样品中共计检出农药化学污染物 41 种,检出 664 频次。

9.1.2.1 各采样点样品检出情况

统计分析发现 17 个采样点中,被测样品的农药检出率范围为 80.0%~100.0%。其中,有 13 个采样点样品的检出率最高,达到了 100.0%,分别是:***超市(林城西路店)、***超市(黄河路店)、***超市(鸿通城店)、***超市(湘雅店)、***超市(人民广场店)、***

超市(沙冲路店)、***超市(花果园店)、***超市(中铁国际店)、***超市(二桥黔春路店)、***超市(贵山店)、***超市(贵乌北路店)、***超市(枫丹白鹭)和***超市(贵乌店)。***超市(诚信南路店)的检出率最低,为80.0%,见图9-2。

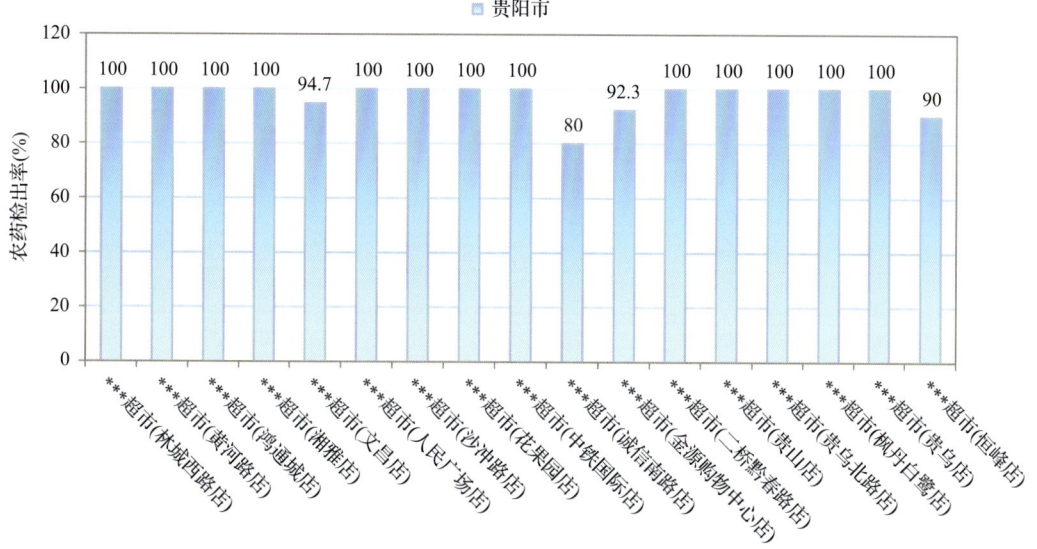

图9-2 各采样点样品中的农药检出率

9.1.2.2 检出农药的品种总数与频次

统计分析发现,对于131例样品中825种农药化学污染物的侦测,共检出农药664频次,涉及农药41种,结果如图9-3所示。其中啶虫脒检出频次最高,共检出110次。检出频次排名前10的农药如下:①啶虫脒(110),②噻嗪酮(59),③唑虫酰胺(50),④哒螨灵(43),⑤吡虫啉(39),⑥三唑醇(38),⑦苯醚甲环唑(36),⑧戊唑醇(36),⑨多菌灵(31),⑩噻虫嗪(30)。

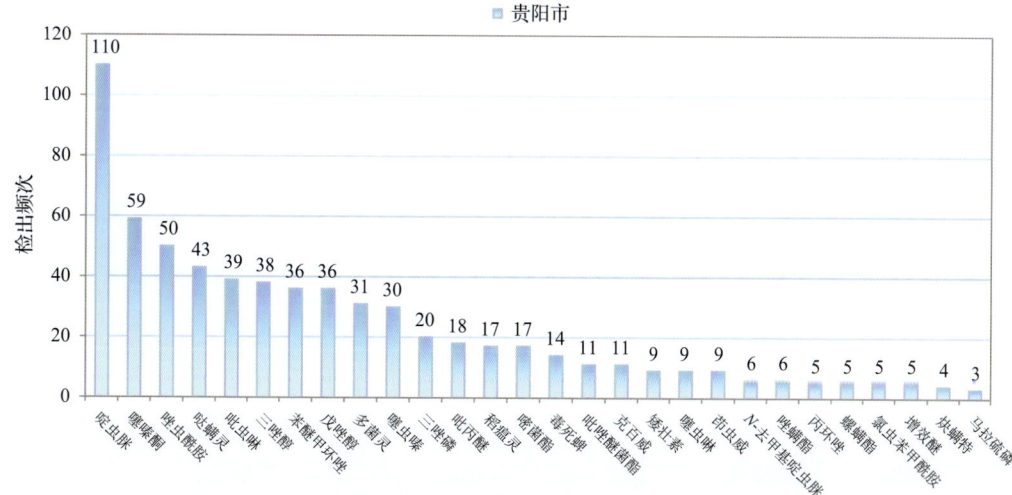

图9-3 检出农药品种及频次(仅列出3频次及以上的数据)

由图 9-4 可见，绿茶、红茶和乌龙茶这 3 种茶叶样品中检出的农药品种数较高，均超过 15 种，其中，绿茶检出农药品种最多，为 39 种。由图 9-5 可见，绿茶、红茶和乌龙茶这 3 种茶叶样品中的农药检出频次较高，均超过 50 次，其中，绿茶检出农药频次最高，为 498 次。

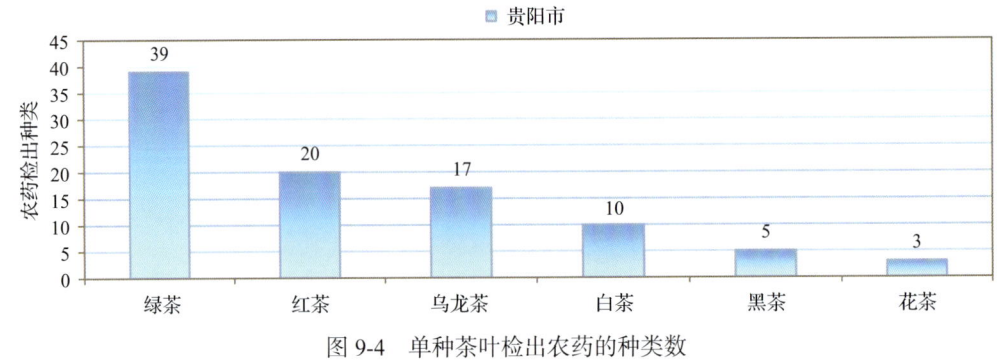

图 9-4　单种茶叶检出农药的种类数

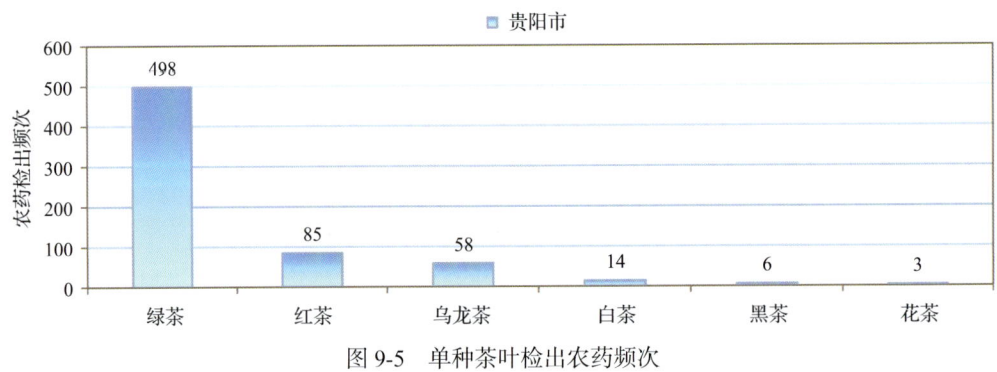

图 9-5　单种茶叶检出农药频次

9.1.2.3　单例样品农药检出种类与占比

对单例样品检出农药种类和频次进行统计发现，未检出农药的样品占总样品数的 3.1%，检出 1 种农药的样品占总样品数的 9.2%，检出 2~5 种农药的样品占总样品数的 42.0%，检出 6~10 种农药的样品占总样品数的 42.0%，检出大于 10 种农药的样品占总样品数的 3.8%。每例样品中平均检出农药为 5.1 种，数据见表 9-4 及图 9-6。

表 9-4　单例样品检出农药品种占比

检出农药品种数	样品数量/占比(%)
未检出	4/3.1
1 种	12/9.2
2~5 种	55/42.0
6~10 种	55/42.0
大于 10 种	5/3.8
单例样品平均检出农药品种	5.1 种

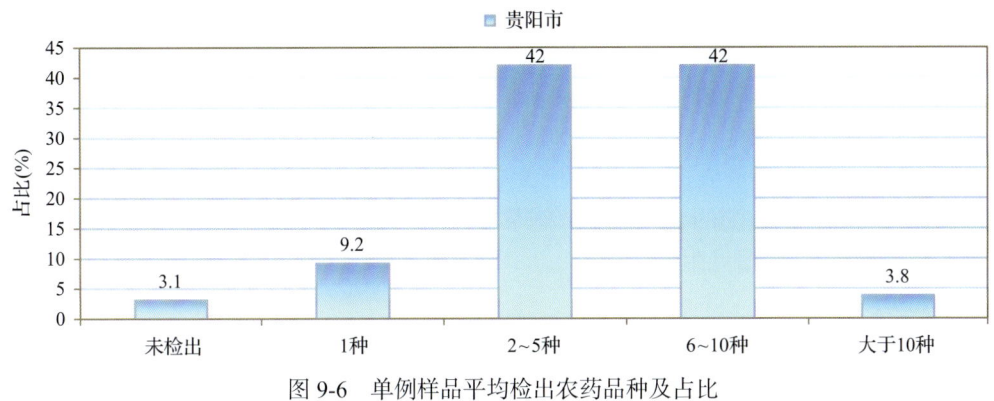

图 9-6　单例样品平均检出农药品种及占比

9.1.2.4　检出农药类别与占比

所有检出农药按功能分类，包括杀虫剂、杀菌剂、杀螨剂、除草剂、增效剂、植物生长调节剂共 6 类。其中杀虫剂与杀菌剂为主要检出的农药类别，分别占总数的 53.7% 和 24.4%，见表 9-5 及图 9-7。

表 9-5　检出农药所属类别/占比

农药类别	数量/占比（%）
杀虫剂	22/53.7
杀菌剂	10/24.4
杀螨剂	5/12.2
除草剂	2/4.9
增效剂	1/2.4
植物生长调节剂	1/2.4

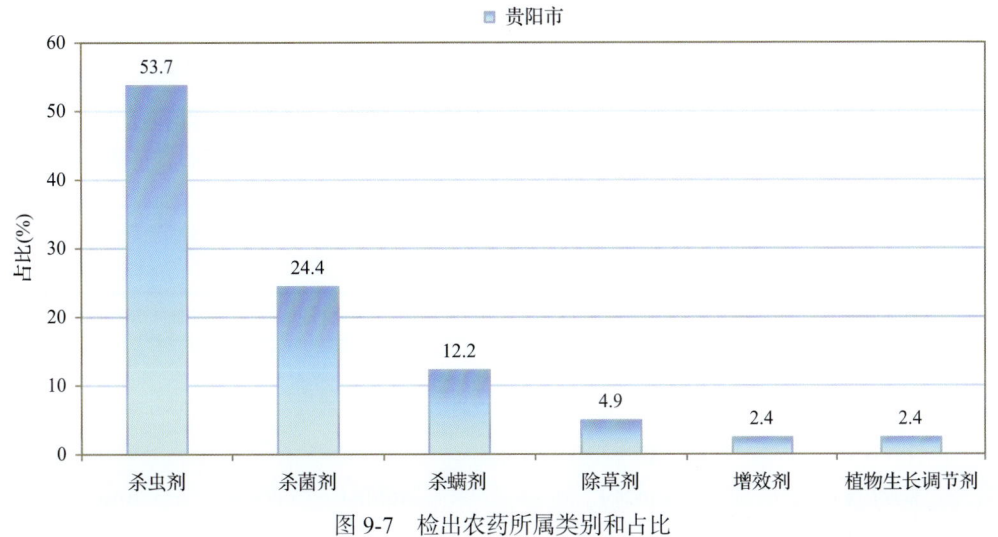

图 9-7　检出农药所属类别和占比

9.1.2.5 检出农药的残留水平

按检出农药残留水平进行统计，残留水平在 1~5 μg/kg（含）的农药占总数的 25.0%，在 5~10 μg/kg（含）的农药占总数的 17.5%，在 10~100 μg/kg（含）的农药占总数的 51.1%，在 100~1000 μg/kg（含）的农药占总数的 5.9%，在＞1000 μg/kg 的农药占总数的 0.6%。

由此可见，这次检测的 17 批 131 例茶叶样品中农药多数处于中高残留水平。结果见表 9-6 及图 9-8，数据见附表 2。

表 9-6 农药残留水平/占比

残留水平(μg/kg)	检出频次数/占比(%)
1~5（含）	166/25.0
5~10（含）	116/17.5
10~100（含）	339/51.1
100~1000（含）	39/5.9
＞1000	4/0.6

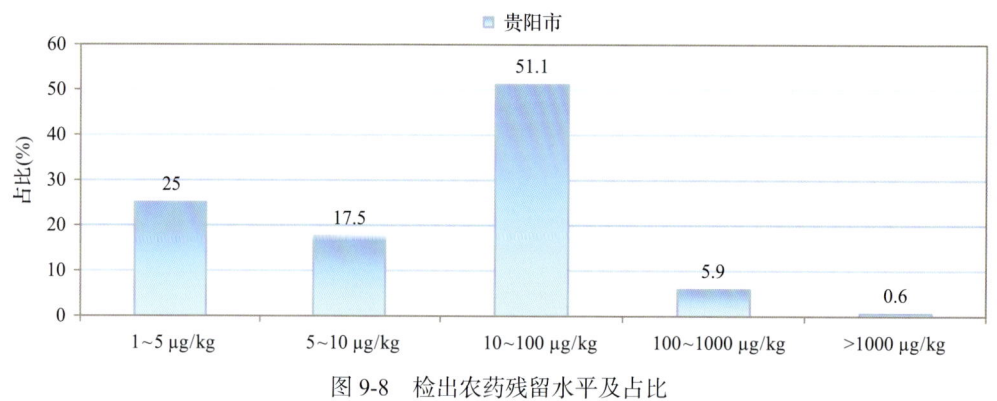

图 9-8 检出农药残留水平及占比

9.1.2.6 检出农药的毒性类别、检出频次和超标频次及占比

对这次检出的 41 种 664 频次的农药，按剧毒、高毒、中毒、低毒和微毒这五个毒性类别进行分类，从中可以看出，贵阳市目前普遍使用的农药为中低微毒农药，品种占 90.2%，频次占 94.9%。结果见表 9-7 及图 9-9。

表 9-7 检出农药毒性类别/占比

毒性分类	农药品种/占比(%)	检出频次/占比(%)	超标频次/超标率(%)
剧毒农药	1/2.4	1/0.2	0/0.0
高毒农药	3/7.3	33/5.0	0/0.0
中毒农药	19/46.3	443/66.7	0/0.0
低毒农药	10/24.4	107/16.1	0/0.0
微毒农药	8/19.5	80/12.0	0/0.0

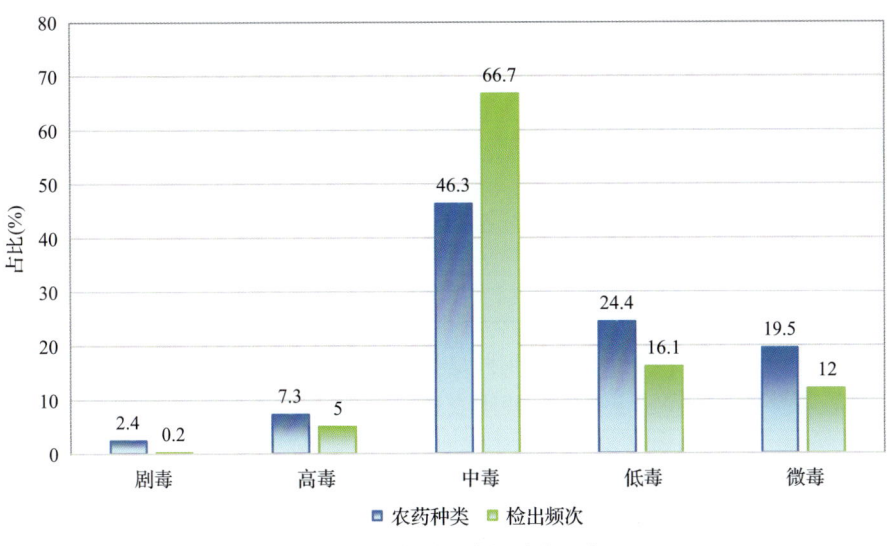

图 9-9 检出农药的毒性分类和占比

9.1.2.7 检出剧毒/高毒类农药的品种和频次

值得特别关注的是，在此次侦测的 131 例样品中有 3 种茶叶的 32 例样品检出了 4 种 34 频次的剧毒和高毒农药，占样品总量的 24.4%，详见图 9-10、表 9-8 及表 9-9。

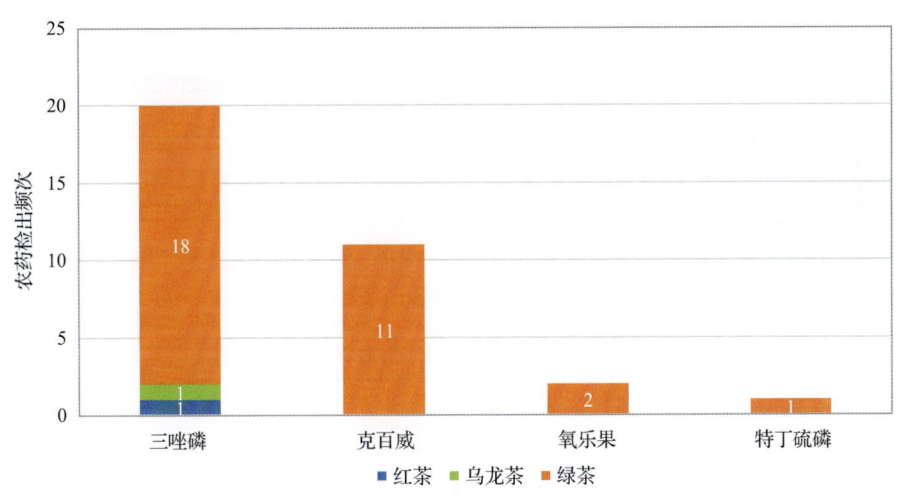

图 9-10 检出剧毒/高毒农药的样品情况

表 9-8 剧毒农药检出情况

序号	农药名称	检出频次	超标频次	超标率
	从 1 种茶叶中检出 1 种剧毒农药，共计检出 1 次			
1	特丁硫磷*	1	0	0.0%
	合计	1	0	超标率：0.0%

表 9-9 高毒农药检出情况

序号	农药名称	检出频次	超标频次	超标率
从 3 种茶叶中检出 3 种高毒农药，共计检出 33 次				
1	三唑磷	20	0	0.0%
2	克百威	11	0	0.0%
3	氧乐果	2	0	0.0%
	合计	33	0	超标率：0.0%

在检出的剧毒和高毒农药中，有 4 种是我国早已禁止在茶叶上使用的，分别是：克百威、氧乐果、三唑磷和特丁硫磷。禁用农药的检出情况见表 9-10。

表 9-10 禁用农药检出情况

序号	农药名称	检出频次	超标频次	超标率
从 4 种茶叶中检出 6 种禁用农药，共计检出 50 次				
1	三唑磷	20	0	0.0%
2	毒死蜱	14	0	0.0%
3	克百威	11	0	0.0%
4	乐果	2	0	0.0%
5	氧乐果	2	0	0.0%
6	特丁硫磷*	1	0	0.0%
	合计	50	0	超标率：0.0%

注：超标结果参考 MRL 中国国家标准计算

此次抽检的茶叶样品中，有 1 种茶叶检出了剧毒农药，为：绿茶中检出特丁硫磷 1 次。

样品中检出剧毒和高毒农药残留水平没有超过 MRL 中国国家标准，但本次检出结果仍表明，高毒、剧毒农药的使用现象依旧存在。详见表 9-11。

表 9-11 各样本中检出剧毒/高毒农药情况

样品名称	农药名称	检出频次	超标频次	检出浓度(μg/kg)
茶叶 3 种				
红茶	三唑磷▲	1	0	7.1
绿茶	特丁硫磷*▲	1	0	1.3
绿茶	三唑磷▲	18	0	19.7、4.8、4.4、5.9、15.1、5.8、27.8、4.2、17.6、76.8、3.7、7.8、8.1、28.3、10.6、6.6、3.6、9.1
绿茶	克百威▲	11	0	5.2、8.8、2.9、1.7、2.5、1.1、6.8、3.8、3.2、2.0、1.1
绿茶	氧乐果▲	2	0	23.7、19.4
乌龙茶	三唑磷▲	1	0	25.5
	合计	34	0	超标率：0.0%

注：超标结果参考 MRL 中国国家标准计算

9.2 农药残留检出水平与最大残留限量标准对比分析

我国于 2016 年 12 月 18 日正式颁布并于 2017 年 6 月 18 日正式实施食品农药残留限量国家标准《食品中农药最大残留限量》(GB 2763—2016)。该标准包括 417 个农药条目,涉及最大残留限量(MRL)标准 4140 项。将 664 频次检出农药的浓度水平与 4140 项 MRL 中国国家标准进行核对,其中只有 371 频次的结果找到了对应的 MRL,占 55.9%,还有 293 频次的结果则无相关 MRL 标准供参考,占 44.1%。

将此次侦测结果与国际上现行 MRL 对比发现,在 664 频次的检出结果中有 664 频次的结果找到了对应的 MRL 欧盟标准,占 100.0%,其中,601 频次的结果有明确对应的 MRL,占 90.5%,其余 63 频次按照欧盟一律标准判定,占 9.5%;有 664 频次的结果找到了对应的 MRL 日本标准,占 100.0%,其中,592 频次的结果有明确对应的 MRL,占 89.2%,其余 72 频次按照日本一律标准判定,占 10.8%;有 368 频次的结果找到了对应的 MRL 中国香港标准,占 55.4%;有 306 频次的结果找到了对应的 MRL 美国标准,占 46.1%;有 170 频次的结果找到了对应的 MRL CAC 标准,占 25.6%(见图 9-11 和图 9-12,数据见附表 3 至附表 8)。

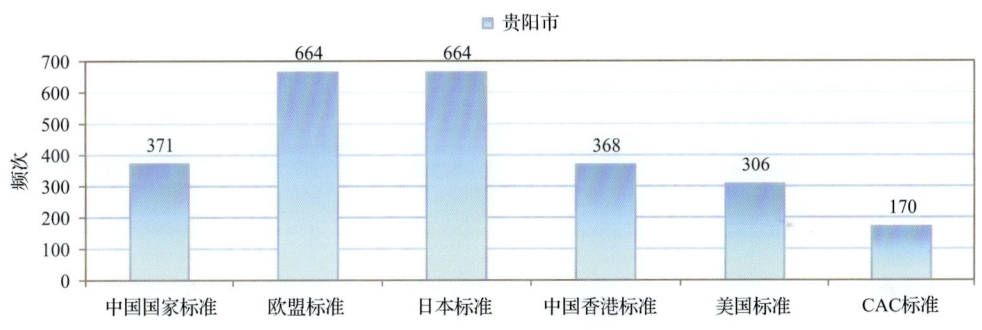

图 9-11 664 频次检出农药可用 MRL 中国国家标准、欧盟标准、日本标准、中国香港标准、美国标准、CAC 标准判定衡量的数量

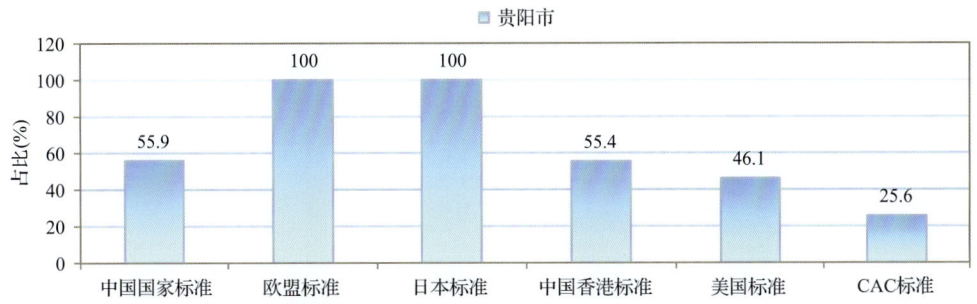

图 9-12 664 频次检出农药可用 MRL 中国国家标准、欧盟标准、日本标准、中国香港标准、美国标准、CAC 标准衡量的占比

9.2.1 超标农药样品分析

本次侦测的 131 例样品中,4 例样品未检出任何残留农药,占样品总量的 3.1%,127

例样品检出不同水平、不同种类的残留农药,占样品总量的 96.9%。在此,我们将本次侦测的农残检出情况与 MRL 中国国家标准、欧盟标准、日本标准、中国香港标准、美国标准和 CAC 标准这 6 大国际主流标准进行对比分析,样品农残检出与超标情况见表 9-12、图 9-13 和图 9-14,详细数据见附表 9 至附表 14。

表 9-12 各 MRL 标准下样本农残检出与超标数量及占比

	中国国家标准 数量/占比(%)	欧盟标准 数量/占比(%)	日本标准 数量/占比(%)	中国香港标准 数量/占比(%)	美国标准 数量/占比(%)	CAC 标准 数量/占比(%)
未检出	4/3.1	4/3.1	4/3.1	4/3.1	4/3.1	4/3.1
检出未超标	127/96.9	53/40.5	103/78.6	127/96.9	127/96.9	127/96.9
检出超标	0/0.0	74/56.5	24/18.3	0/0.0	0/0.0	0/0.0

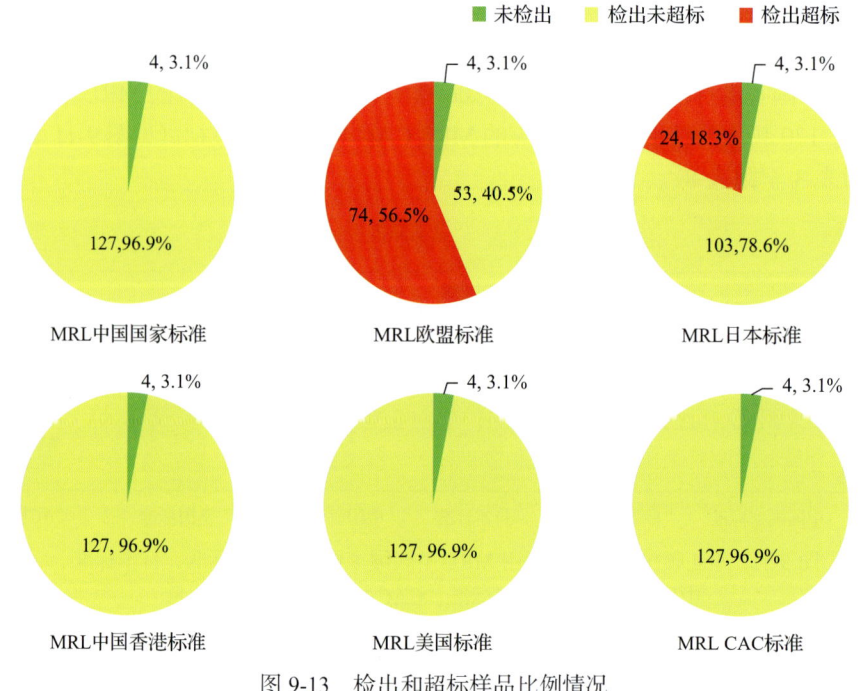

图 9-13 检出和超标样品比例情况

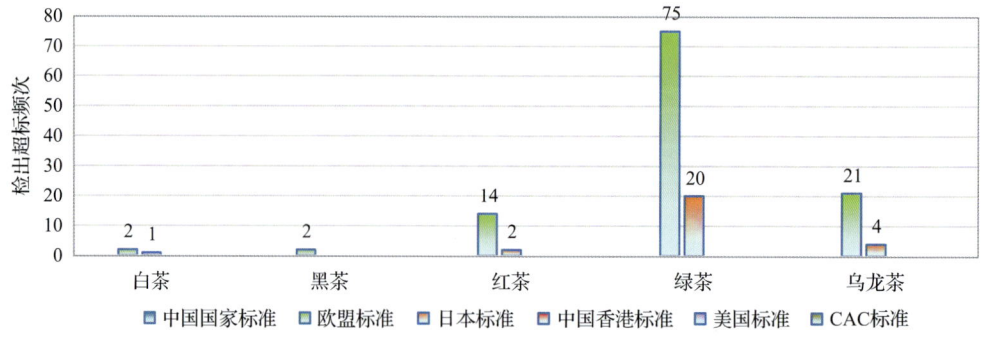

图 9-14 超过 MRL 中国国家标准、欧盟标准、日本标准、中国香港标准、美国标准和 CAC 标准判定结果在茶叶中的分布

9.2.2 超标农药种类分析

按照 MRL 中国国家标准、欧盟标准、日本标准、中国香港标准、美国标准和 CAC 标准这 6 大国际主流标准衡量，本次侦测检出的农药超标品种及频次情况见表 9-13。

表 9-13 各 MRL 标准下超标农药品种及频次

	中国国家标准	欧盟标准	日本标准	中国香港标准	美国标准	CAC 标准
超标农药品种	0	18	7	0	0	0
超标农药频次	0	114	27	0	0	0

9.2.2.1 按 MRL 中国国家标准衡量

按中国 MRL 标准衡量，无样品检出超标农药残留。

9.2.2.2 按 MRL 欧盟标准衡量

按 MRL 欧盟标准衡量，共有 18 种农药超标，检出 114 频次，分别为高毒农药三唑磷，中毒农药苯醚甲环唑、稻瘟灵、丙环唑、吡虫啉、N-去甲基啶虫脒、啶虫脒、三唑醇、唑虫酰胺、双丙氨膦、戊唑醇和哒螨灵，低毒农药噻嗪酮、螺螨酯和虱螨脲，微毒农药醚菊酯、多菌灵和氯虫苯甲酰胺。

按超标程度比较，绿茶中唑虫酰胺超标 263.2 倍，乌龙茶中唑虫酰胺超标 157.6 倍，绿茶中双丙氨膦超标 55.4 倍，红茶中唑虫酰胺超标 16.2 倍，绿茶中三唑醇超标 13.3 倍。检测结果见图 9-15 和附表 15。

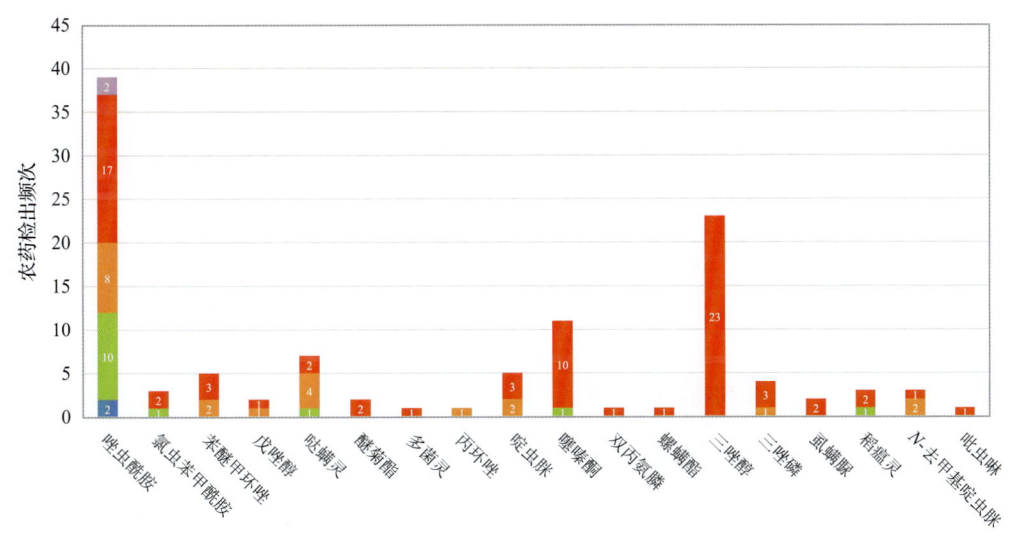

图 9-15 超过 MRL 欧盟标准农药品种及频次

9.2.2.3 按 MRL 日本标准衡量

按 MRL 日本标准衡量，共有 7 种农药超标，检出 27 频次，分别为高毒农药三唑磷，中毒农药稻瘟灵、N-去甲基啶虫脒、双丙氨膦和茚虫威，低毒农药马拉硫磷和异丙甲草胺。

按超标程度比较，绿茶中双丙氨膦超标 139.9 倍，红茶中稻瘟灵超标 13.2 倍，绿茶中三唑磷超标 6.7 倍，白茶中茚虫威超标 5.5 倍，绿茶中异丙甲草胺超标 2.5 倍。检测结果见图 9-16 和附表 16。

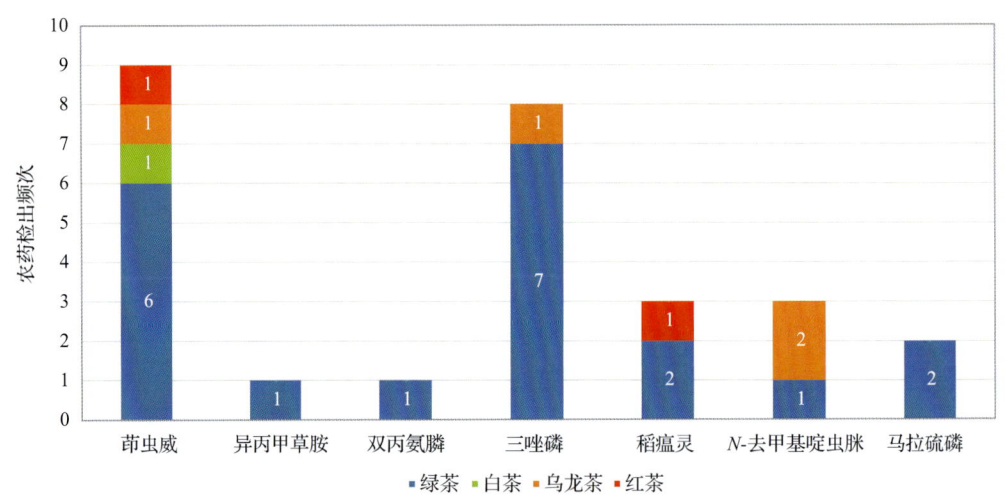

图 9-16 超过 MRL 日本标准农药品种及频次

9.2.2.4 按 MRL 中国香港标准衡量

按 MRL 中国香港标准衡量，无样品检出超标农药残留。

9.2.2.5 按 MRL 美国标准衡量

按 MRL 美国标准衡量，无样品检出超标农药残留。

9.2.2.6 按 MRL CAC 标准衡量

按 MRL CAC 标准衡量，无样品检出超标农药残留。

9.2.3 17 个采样点超标情况分析

9.2.3.1 按 MRL 中国国家标准衡量

按 MRL 中国国家标准衡量，所有采样点的样品均未检出超标农药残留。

9.2.3.2 按 MRL 欧盟标准衡量

按 MRL 欧盟标准衡量，有 16 个采样点的样品存在不同程度的超标农药检出，其中***超市(黄河路店)和***超市(中铁国际店)的超标率最高，为 100.0%，如表 9-14

和图 9-17 所示。

表 9-14 超过 MRL 欧盟标准茶叶在不同采样点分布

序号	采样点	样品总数	超标数量	超标率(%)	行政区域
1	***超市(文昌店)	19	14	73.7	南明区
2	***超市(沙冲路店)	14	4	28.6	南明区
3	***超市(金源购物中心店)	13	7	53.8	乌当区
4	***超市(人民广场店)	12	8	66.7	南明区
5	***超市(贵乌北路店)	11	5	45.5	云岩区
6	***超市(恒峰店)	10	7	70.0	云岩区
7	***超市(湘雅店)	9	3	33.3	南明区
8	***超市(林城西路店)	8	4	50.0	观山湖区
9	***超市(花果园店)	7	6	85.7	南明区
10	***超市(黄河路店)	6	6	100.0	花溪区
11	***超市(诚信南路店)	5	2	40.0	乌当区
12	***超市(鸿通城店)	4	2	50.0	南明区
13	***超市(中铁国际店)	3	3	100.0	南明区
14	***超市(贵山店)	3	1	33.3	云岩区
15	***超市(二桥黔春路店)	2	1	50.0	云岩区
16	***超市(枫丹白鹭店)	2	1	50.0	云岩区

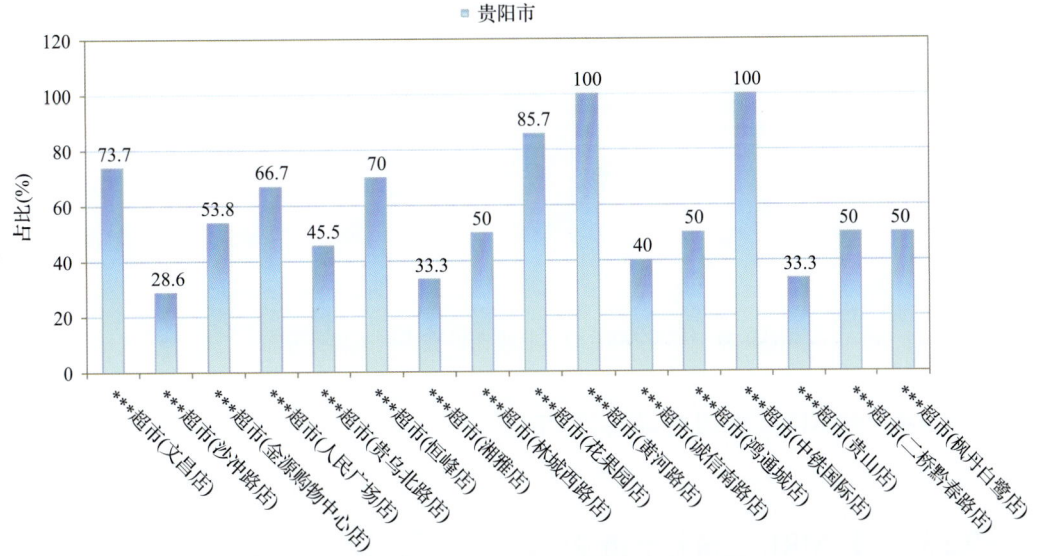

图 9-17 超过 MRL 欧盟标准茶叶在不同采样点分布

9.2.3.3 按 MRL 日本标准衡量

按 MRL 日本标准衡量，有 9 个采样点的样品存在不同程度的超标农药检出，其中***超市（花果园店）的超标率最高，为 57.1%，如表 9-15 和图 9-18 所示。

表 9-15 超过 MRL 日本标准茶叶在不同采样点分布

序号	采样点	样品总数	超标数量	超标率(%)	行政区域
1	***超市（文昌店）	19	10	52.6	南明区
2	***超市（金源购物中心店）	13	1	7.7	乌当区
3	***超市（人民广场店）	12	1	8.3	南明区
4	***超市（恒峰店）	10	3	30.0	云岩区
5	***超市（林城西路店）	8	1	12.5	观山湖区
6	***超市（花果园店）	7	4	57.1	南明区
7	***超市（黄河路店）	6	2	33.3	花溪区
8	***超市（鸿通城店）	4	1	25.0	南明区
9	***超市（枫丹白鹭店）	2	1	50.0	云岩区

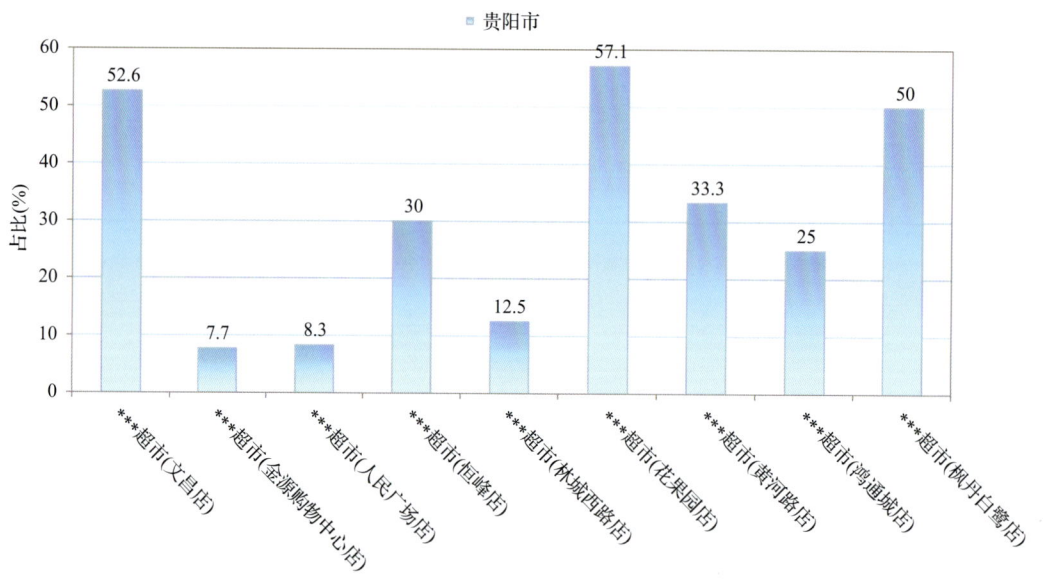

图 9-18 超过 MRL 日本标准茶叶在不同采样点分布

9.2.3.4 按 MRL 中国香港标准衡量

按 MRL 中国香港标准衡量，所有采样点的样品均未检出超标农药残留。

9.2.3.5 按 MRL 美国标准衡量

按 MRL 美国标准衡量，所有采样点的样品均未检出超标农药残留。

9.2.3.6 按 MRL CAC 标准衡量

按 MRL CAC 标准衡量，所有采样点的样品均未检出超标农药残留。

9.3 茶叶中农药残留分布

9.3.1 茶叶按检出农药品种和频次排名

本次残留侦测的茶叶共 6 种，包括白茶、黑茶、红茶、乌龙茶、花茶和绿茶。根据检出农药品种及频次进行排名，将茶叶样品检出情况列表说明，详见表 9-16。

表 9-16 茶叶按检出农药品种和频次排名

按检出农药品种排名(品种)	①绿茶(39)，②红茶(20)，③乌龙茶(17)，④白茶(10)，⑤黑茶(5)，⑥花茶(3)
按检出农药频次排名(频次)	①绿茶(498)，②红茶(85)，③乌龙茶(58)，④白茶(14)，⑤黑茶(6)，⑥花茶(3)
按检出禁用、高毒及剧毒农药品种排名(品种)	①绿茶(5)，②白茶(2)，③红茶(2)，④乌龙茶(1)
按检出禁用、高毒及剧毒农药频次排名(频次)	①绿茶(44)，②白茶(3)，③红茶(2)，④乌龙茶(1)

9.3.2 茶叶按超标农药品种和频次排名

鉴于 MRL 欧盟标准和日本标准的制定比较全面且覆盖率较高，我们参照 MRL 中国国家标准、欧盟标准和日本标准衡量茶叶样品中农残检出情况，将茶叶按超标农药品种及频次排名列表说明，详见表 9-17。

表 9-17 茶叶按超标农药品种和频次排名

按超标农药品种排名 (农药品种数)	MRL 中国国家标准	
	MRL 欧盟标准	①绿茶(17)，②乌龙茶(8)，③红茶(5)，④白茶(1)，⑤黑茶(1)
	MRL 日本标准	①绿茶(7)，②乌龙茶(3)，③红茶(2)，④白茶(1)
按超标农药频次排名 (农药频次数)	MRL 中国国家标准	
	MRL 欧盟标准	①绿茶(75)，②乌龙茶(21)，③红茶(14)，④白茶(2)，⑤黑茶(2)
	MRL 日本标准	①绿茶(20)，②乌龙茶(4)，③红茶(2)，④白茶(1)

通过对各品种茶叶样本总数及检出率进行综合分析发现，绿茶、黑茶和乌龙茶的残留污染最为严重，在此，我们参照 MRL 中国国家标准、欧盟标准和日本标准对这 3 种茶叶的农残检出情况进行进一步分析。

9.3.3 农药残留检出率较高的茶叶样品分析

9.3.3.1 绿茶

这次共检测 5 例绿茶样品，全部检出了农药残留，检出率为 100.0%，检出农药共计

18 种。其中异丁子香酚、联苯菊酯、硫丹、氯氟氰菊酯和唑虫酰胺检出频次较高,分别检出了 5、4、4、3 和 3 次。绿茶中农药检出品种和频次见图 9-19,超标农药见图 9-20 和表 9-18。

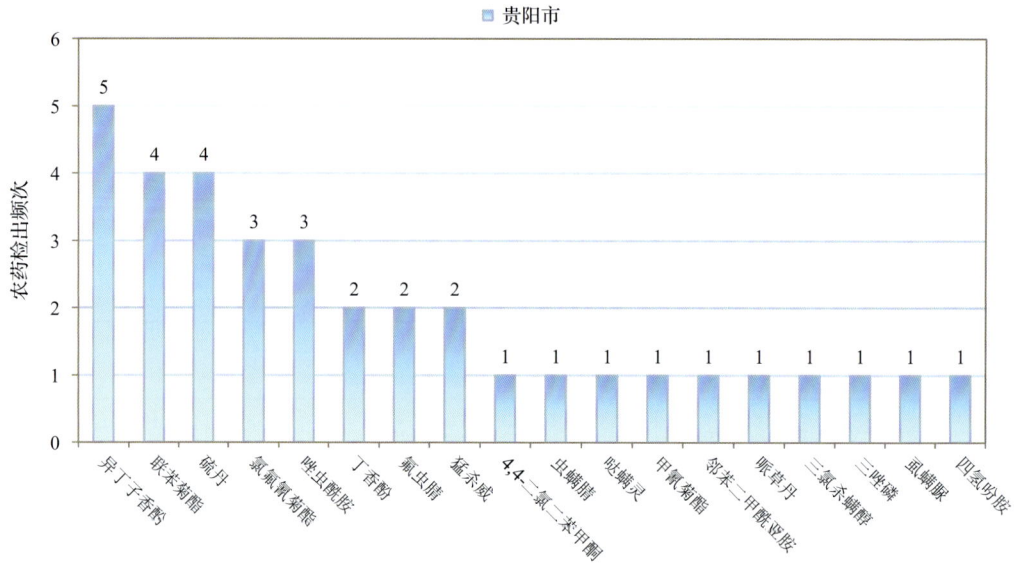

图 9-19 绿茶样品检出农药品种和频次分析

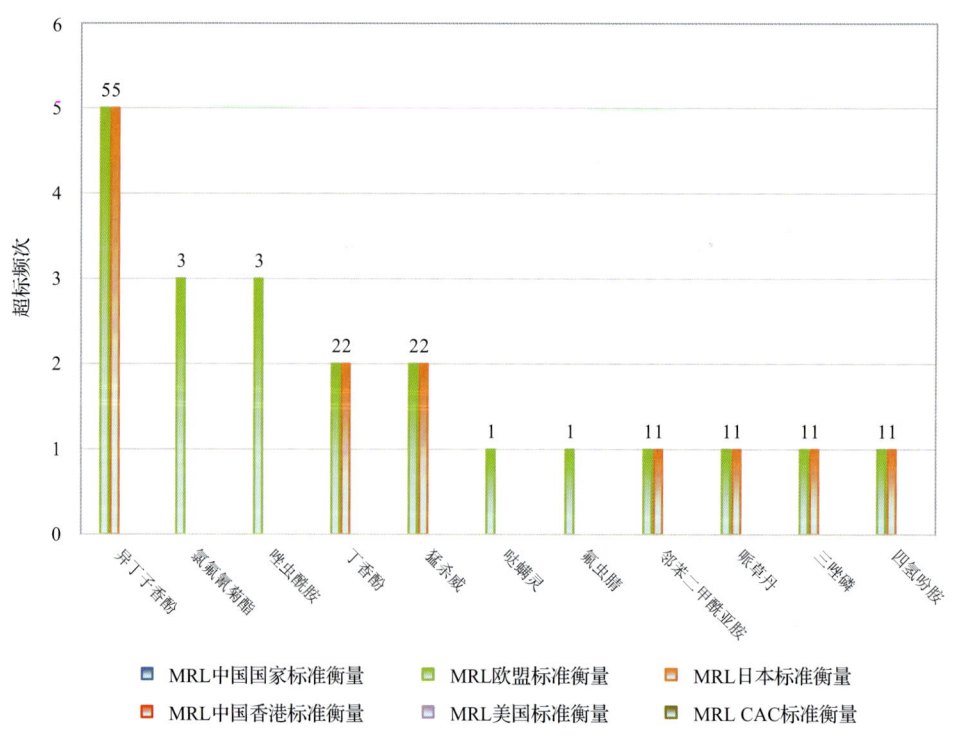

图 9-20 绿茶样品中超标农药分析

表 9-18 绿茶中农药残留超标情况明细表

样品总数		检出农药样品数	样品检出率(%)	检出农药品种总数
5		5	100	18
	超标农药品种	超标农药频次	按照 MRL 中国国家标准、欧盟标准和日本标准衡量超标农药名称及频次	
中国国家标准	0	0		
欧盟标准	11	21	异丁子香酚(5)，氯氟氰菊酯(3)，唑虫酰胺(3)，丁香酚(2)，猛杀威(2)，哒螨灵(1)，氟虫腈(1)，邻苯二甲酰亚胺(1)，哌草丹(1)，三唑磷(1)，四氢吩胺(1)	
日本标准	7	13	异丁子香酚(5)，丁香酚(2)，猛杀威(2)，邻苯二甲酰亚胺(1)，哌草丹(1)，三唑磷(1)，四氢吩胺(1)	

9.3.3.2 黑茶

这次共检测 21 例黑茶样品，全部检出了农药残留，检出率为 100.0%，检出农药共计 16 种。其中联苯菊酯、异丁子香酚、硫丹、唑虫酰胺和 4,4-二氯二苯甲酮检出频次较高，分别检出了 21、15、14、10 和 8 次。黑茶中农药检出品种和频次见图 9-21，超标农药见表 9-19 和图 9-22。

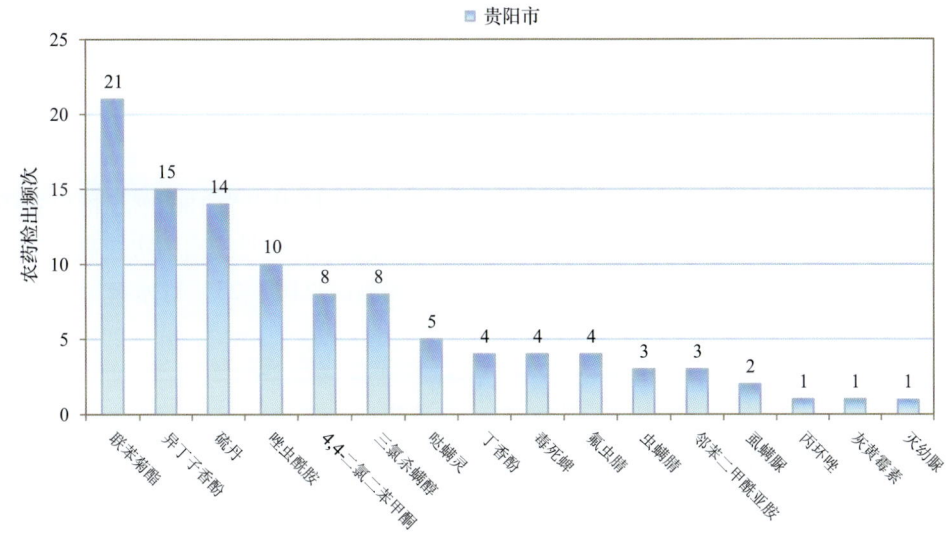

图 9-21 黑茶样品检出农药品种和频次分析

表 9-19 黑茶中农药残留超标情况明细表

样品总数		检出农药样品数	样品检出率(%)	检出农药品种总数
21		21	100	16
	超标农药品种	超标农药频次	按照 MRL 中国国家标准、欧盟标准和日本标准衡量超标农药名称及频次	
中国国家标准	0	0		
欧盟标准	7	39	异丁子香酚(15)，唑虫酰胺(10)，哒螨灵(5)，丁香酚(4)，邻苯二甲酰亚胺(3)，氟虫腈(1)，灰黄霉素(1)	
日本标准	5	24	异丁子香酚(15)，丁香酚(4)，邻苯二甲酰亚胺(3)，氟虫腈(1)，灰黄霉素(1)	

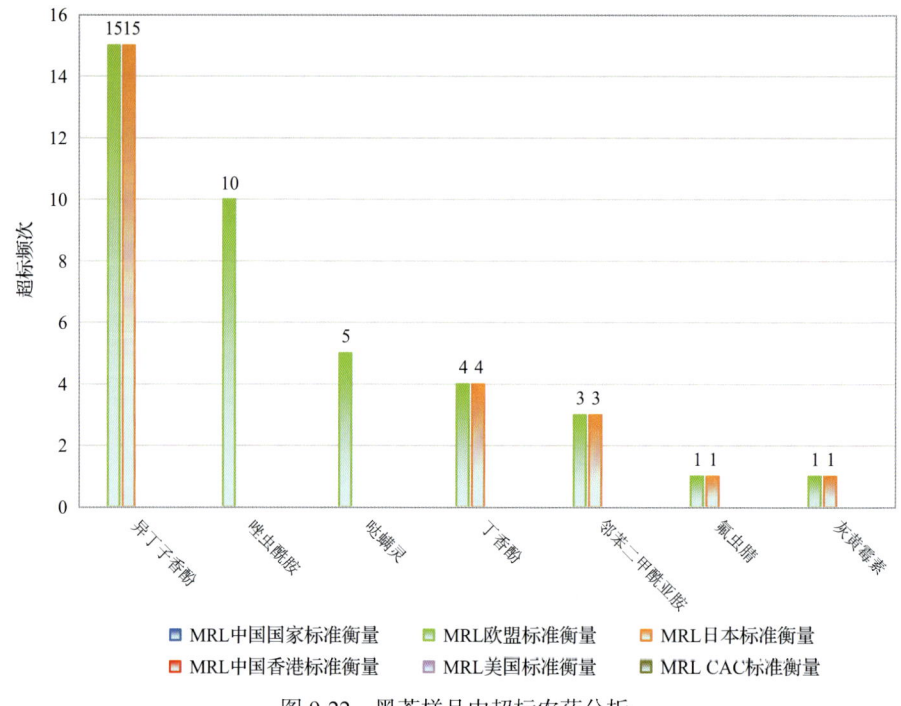

图 9-22 黑茶样品中超标农药分析

9.3.3.3 乌龙茶

这次共检测 9 例乌龙茶样品，全部检出了农药残留，检出率为 100.0%，检出农药共计 15 种。其中联苯菊酯、异丁子香酚、丁香酚、唑虫酰胺和硫丹检出频次较高，分别检出了 9、9、8、8 和 4 次。乌龙茶中农药检出品种和频次见图 9-23，超标农药见图 9-24 和表 9-20。

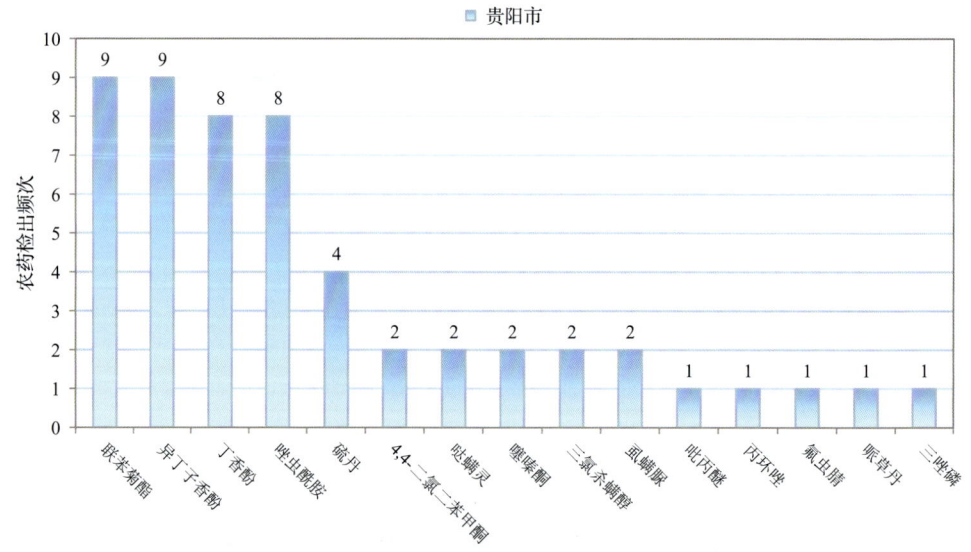

图 9-23 乌龙茶样品检出农药品种和频次分析

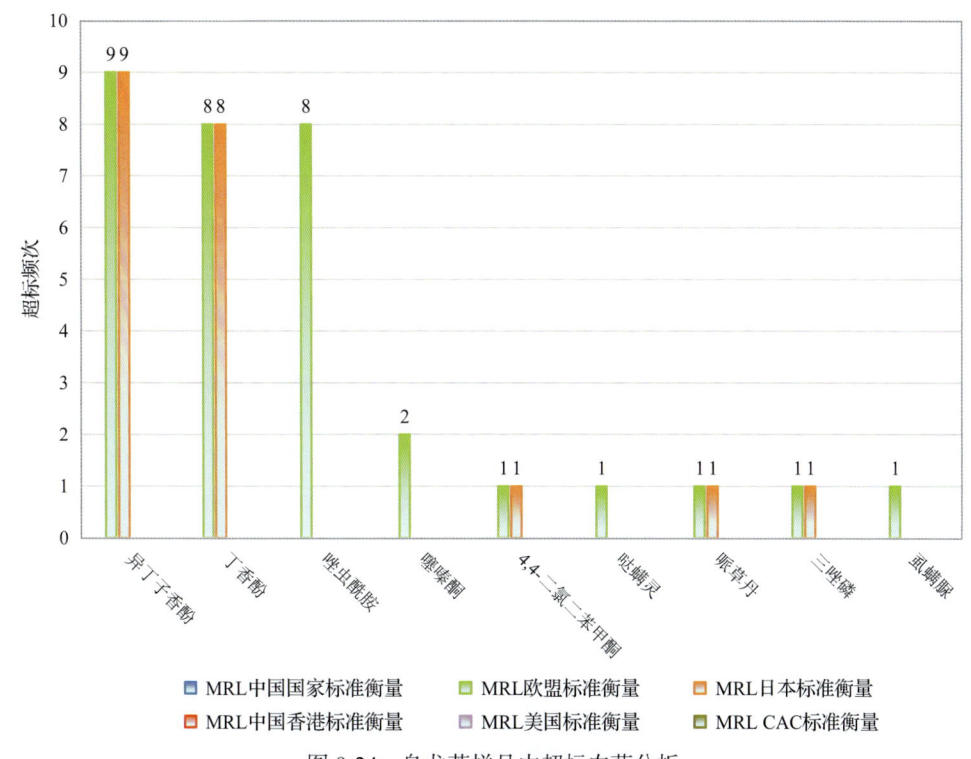

图 9-24　乌龙茶样品中超标农药分析

表 9-20　乌龙茶中农药残留超标情况明细表

样品总数	检出农药样品数	样品检出率(%)	检出农药品种总数
9	9	100	15
	超标农药品种	超标农药频次	按照 MRL 中国国家标准、欧盟标准和日本标准衡量超标农药名称及频次
中国国家标准	0	0	
欧盟标准	9	32	异丁子香酚(9)，丁香酚(8)，唑虫酰胺(8)，噻嗪酮(2)，4,4-二氯二苯甲酮(1)，哒螨灵(1)，哌草丹(1)，三唑磷(1)，虱螨脲(1)
日本标准	5	20	异丁子香酚(9)，丁香酚(8)，4,4-二氯二苯甲酮(1)，哌草丹(1)，三唑磷(1)

9.4　初　步　结　论

9.4.1　贵阳市市售茶叶按 MRL 中国国家标准和国际主要 MRL 标准衡量的合格率

本次侦测的 131 例样品中，4 例样品未检出任何残留农药，占样品总量的 3.1%，127 例样品检出不同水平、不同种类的残留农药，占样品总量的 96.9%。在这 127 例检出农药残留的样品中：

按照 MRL 中国国家标准衡量，有 127 例样品检出残留农药但含量没有超标，占样品总数的96.9%，无检出残留农药超标的样品。

按照MRL欧盟标准衡量，有53例样品检出残留农药但含量没有超标，占样品总数的40.5%，有74例样品检出了超标农药，占样品总数的56.5%。

按照MRL日本标准衡量，有103例样品检出残留农药但含量没有超标，占样品总数的78.6%，有24例样品检出了超标农药，占样品总数的18.3%。

按照MRL中国香港标准衡量，有127例样品检出残留农药但含量没有超标，占样品总数的96.9%，无检出残留农药超标的样品。

按照MRL美国标准衡量，有127例样品检出残留农药但含量没有超标，占样品总数的96.9%，无检出残留农药超标的样品。

按照MRL CAC标准衡量，有127例样品检出残留农药但含量没有超标，占样品总数的96.9%，无检出残留农药超标的样品。

9.4.2 贵阳市市售茶叶中检出农药以中低微毒农药为主，占市场主体的90.2%

这次侦测的131例茶叶样品共检出了41种农药，检出农药的毒性以中低微毒为主，详见表9-21。

表9-21 市场主体农药毒性分布

毒性	检出品种	占比	检出频次	占比
剧毒农药	1	2.4%	1	0.2%
高毒农药	3	7.3%	33	5.0%
中毒农药	19	46.3%	443	66.7%
低毒农药	10	24.4%	107	16.1%
微毒农药	8	19.5%	80	12.0%

中低微毒农药，品种占比90.2%，频次占比94.9%

9.4.3 检出剧毒、高毒和禁用农药现象应该警醒

在此次侦测的131例样品中有4种茶叶的38例样品检出了6种50频次的剧毒和高毒或禁用农药，占样品总量的29.0%。其中剧毒农药特丁硫磷以及高毒农药三唑磷、克百威和氧乐果检出频次较高。

按MRL中国国家标准衡量，检出剧毒农药高毒农药按超标程度比较均未超标。

剧毒、高毒或禁用农药的检出情况及按照MRL中国国家标准衡量的超标情况见表9-22。

表9-22 剧毒、高毒或禁用农药的检出及超标明细

序号	农药名称	样品名称	检出频次	超标频次	最大超标倍数	超标率
1.1	特丁硫磷*▲	绿茶	1	0	0	0.0%
2.1	克百威◇▲	绿茶	11	0	0	0.0%
3.1	三唑磷◇▲	绿茶	18	0	0	0.0%
3.2	三唑磷◇▲	红茶	1	0	0	0.0%
3.3	三唑磷◇▲	乌龙茶	1	0	0	0.0%

续表

序号	农药名称	样品名称	检出频次	超标频次	最大超标倍数	超标率
4.1	氧乐果º▲	绿茶	2	0	0	0.0%
5.1	毒死蜱▲	绿茶	12	0	0	0.0%
5.2	毒死蜱▲	白茶	2	0	0	0.0%
6.1	乐果▲	白茶	1	0	0	0.0%
6.2	乐果▲	红茶	1	0	0	0.0%
合计			50	0		0.0%

注：超标倍数参照 MRL 中国国家标准衡量

这些剧毒和高毒农药都是中国政府早有规定禁止在茶叶中使用的，为什么还屡次被检出，应该引起警惕。

9.4.4 残留限量标准与先进国家或地区差距较大

664 频次的检出结果与我国公布的《食品中农药最大残留限量》（GB 2763—2016）对比，有 371 频次能找到对应的 MRL 中国国家标准，占 55.9%；还有 293 频次的侦测数据无相关 MRL 标准供参考，占 44.1%。

与国际上现行 MRL 对比发现：

有 664 频次能找到对应的 MRL 欧盟标准，占 100.0%；

有 664 频次能找到对应的 MRL 日本标准，占 100.0%；

有 368 频次能找到对应的 MRL 中国香港标准，占 55.4%；

有 306 频次能找到对应的 MRL 美国标准，占 46.1%；

有 170 频次能找到对应的 MRL CAC 标准，占 25.6%。

由上可见，MRL 中国国家标准与先进国家或地区标准还有很大差距，我们无标准，境外有标准，这就会导致我们在国际贸易中，处于受制于人的被动地位。

9.4.5 茶叶单种样品检出 17~39 种农药残留，拷问农药使用的科学性

通过此次监测发现，绿茶、红茶和乌龙茶是检出农药品种最多的 3 种茶叶，从中检出农药品种及频次详见表 9-23。

表 9-23　单种样品检出农药品种及频次

样品名称	样品总数	检出农药样品数	检出率	检出农药品种数	检出农药（频次）
绿茶	98	95	96.9%	39	啶虫脒(86)，噻嗪酮(38)，三唑醇(37)，戊唑醇(32)，多菌灵(29)，吡虫啉(27)，唑虫酰胺(26)，苯醚甲环唑(24)，噻虫嗪(24)，哒螨灵(22)，三唑磷(18)，吡丙醚(14)，稻瘟灵(14)，嘧菌酯(14)，毒死蜱(12)，克百威(11)，矮壮素(9)，噻虫啉(8)，吡唑醚菌酯(7)，茚虫威(6)，螺螨酯(5)，唑螨酯(4)，N-去甲基啶虫脒(3)，氯虫苯甲酰胺(3)，马拉硫磷(3)，炔螨特(3)，丙环唑(2)，丙溴磷(2)，醚菊酯(2)，虱螨脲(2)，氧乐果(2)，增效醚(2)，吡虫啉脲(1)，嘧霉胺(1)，双丙氨膦(1)，特丁硫磷(1)，肟菌酯(1)，乙螨唑(1)，异丙甲草胺(1)

续表

样品名称	样品总数	检出农药样品数	检出率	检出农药品种数	检出农药(频次)
红茶	18	17	94.4%	20	啶虫脒(14)，哒螨灵(12)，唑虫酰胺(12)，噻嗪酮(11)，吡虫啉(6)，苯醚甲环唑(4)，吡唑醚菌酯(3)，稻瘟灵(3)，嘧菌酯(3)，噻虫嗪(3)，吡丙醚(2)，多菌灵(2)，氯虫苯甲酰胺(2)，戊唑醇(2)，氟虫脲(1)，乐果(1)，三唑醇(1)，三唑磷(1)，茚虫威(1)，增效醚(1)
乌龙茶	9	9	100.0%	17	苯醚甲环唑(8)，唑虫酰胺(8)，哒螨灵(7)，啶虫脒(7)，噻嗪酮(7)，吡虫啉(4)，N-去甲基啶虫脒(3)，丙环唑(3)，戊唑醇(2)，增效醚(2)，吡唑醚菌酯(1)，炔螨特(1)，噻虫啉(1)，噻虫嗪(1)，三唑磷(1)，茚虫威(1)，唑螨酯(1)

上述3种茶叶，检出农药17~39种，是多种农药综合防治，还是未严格实施农业良好管理规范(GAP)，抑或根本就是乱施药，值得我们思考。

第10章 LC-Q-TOF/MS 侦测贵阳市市售茶叶农药残留膳食暴露风险与预警风险评估

10.1 农药残留风险评估方法

10.1.1 贵阳市农药残留侦测数据分析与统计

庞国芳院士科研团队建立的农药残留高通量侦测技术以高分辨精确质量数（0.0001 m/z 为基准）为识别标准，采用 LC-Q-TOF/MS 技术对 825 种农药化学污染物进行侦测。

科研团队于 2019 年 2 月至 3 月期间在贵阳市 17 个采样点，随机采集了 131 例茶叶样品，具体位置如图 10-1 所示。

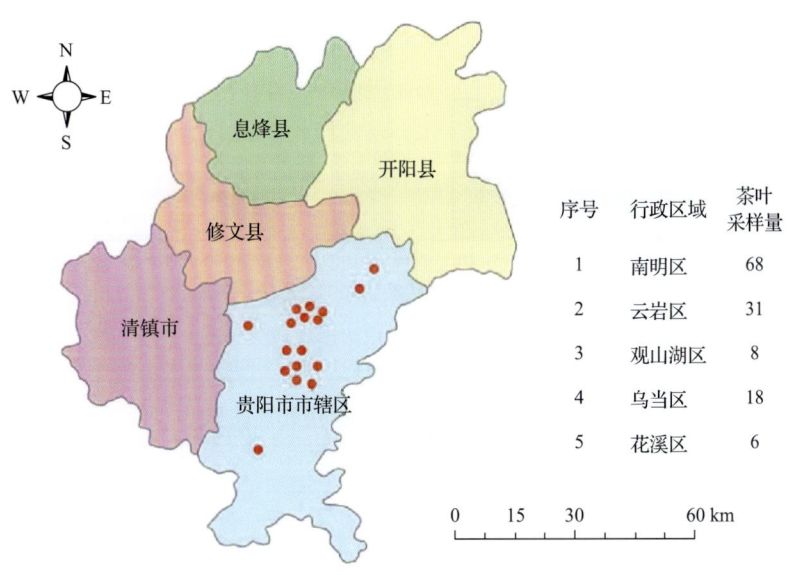

图 10-1　LC-Q-TOF/MS 侦测贵阳市 17 个采样点 131 例样品分布示意图

利用 LC-Q-TOF/MS 技术对 131 例样品中的农药进行侦测，侦测出残留农药 41 种，664 频次。侦测出农药残留水平如表 10-1 和图 10-2 所示。检出频次最高的前 10 种农药如表 10-2 所示。从检测结果中可以看出，在茶叶中农药残留普遍存在，且有些茶叶存在高浓度的农药残留，这些可能存在膳食暴露风险，对人体健康产生危害，因此，为了定量地评价茶叶中农药残留的风险程度，有必要对其进行风险评价。

表 10-1　侦测出农药的不同残留水平及其所占比例列表

残留水平(μg/kg)	检出频次	占比(%)
1~5(含)	166	25.0
5~10(含)	116	17.5
10~100(含)	339	51.1
100~1000(含)	39	5.9
>1000	4	0.6
合计	664	100.1

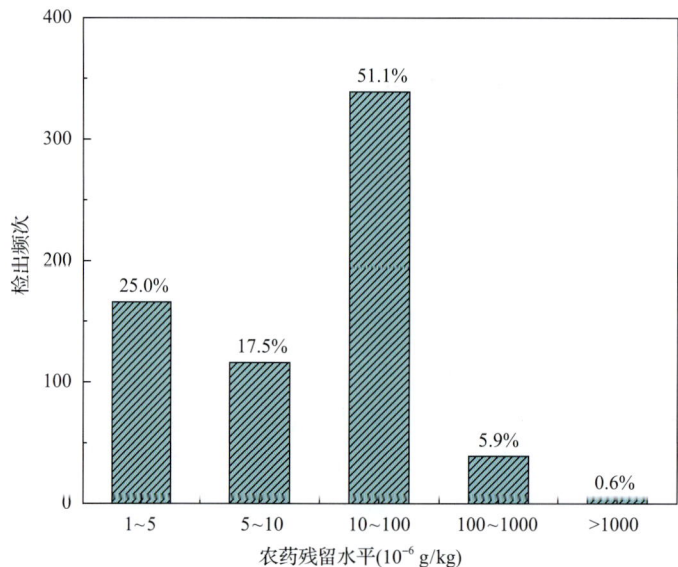

图 10-2　残留农药检出浓度频数分布图

表 10-2　检出频次最高的前 10 种农药列表

序号	农药	检出频次
1	啶虫脒	110
2	噻嗪酮	59
3	唑虫酰胺	50
4	哒螨灵	43
5	吡虫啉	39
6	三唑醇	38
7	苯醚甲环唑	36
8	戊唑醇	36
9	多菌灵	31
10	噻虫嗪	30

10.1.2 农药残留风险评价模型

对贵阳市茶叶中农药残留分别开展暴露风险评估和预警风险评估。膳食暴露风险评估利用食品安全指数模型对茶叶中的残留农药对人体可能产生的危害程度进行评价，该模型结合残留监测和膳食暴露评估评价化学污染物的危害；预警风险评价模型运用风险系数(risk index，R)，风险系数综合考虑了危害物的超标率、施检频率及其本身敏感性的影响，能直观而全面地反映出危害物在一段时间内的风险程度。

10.1.2.1 食品安全指数模型

为了加强食品安全管理，《中华人民共和国食品安全法》第二章第十七条规定"国家建立食品安全风险评估制度，运用科学方法，根据食品安全风险监测信息、科学数据以及有关信息，对食品、食品添加剂、食品相关产品中生物性、化学性和物理性危害因素进行风险评估"[1]，膳食暴露评估是食品危险度评估的重要组成部分，也是膳食安全性的衡量标准[2]。国际上最早研究膳食暴露风险评估的机构主要是 JMPR(FAO、WHO 农药残留联合会议)，该组织自 1995 年就已制定了急性毒性物质的风险评估急性毒性农药残留摄入量的预测。1960 年美国规定食品中不得加入致癌物质进而提出零阈值理论，渐渐零阈值理论发展成在一定概率条件下可接受风险的概念[3]，后衍变为食品中每日允许最大摄入量(ADI)，而国际食品农药残留法典委员会(CCPR)认为 ADI 不是独立风险评估的唯一标准[4]，1995 年 JMPR 开始研究农药急性膳食暴露风险评估，并对食品国际短期摄入量的计算方法进行了修正，亦对膳食暴露评估准则及评估方法进行了修正[5]，2002 年，在对世界上现行的食品安全评价方法，尤其是国际公认的 CAC 评价方法、全球环境监测系统/食品污染监测和评估规划(WHO GEMS/Food)及 FAO、WHO 食品添加剂联合专家委员会(JECFA)和 JMPR 对食品安全风险评估工作研究的基础之上，检验检疫食品安全管理的研究人员提出了结合残留监控和膳食暴露评估，以食品安全指数 IFS 计算食品中各种化学污染物对消费者的健康危害程度[6]。IFS 是表示食品安全状态的新方法，可有效地评价某种农药的安全性，进而评价食品中各种农药化学污染物对消费者健康的整体危害程度[7, 8]。从理论上分析，IFS_c 可指出食品中的污染物 c 对消费者健康是否存在危害及危害的程度[9]。其优点在于操作简单且结果容易被接受和理解，不需要大量的数据来对结果进行验证，使用默认的标准假设或者模型即可[10, 11]。

1) IFS_c 的计算

IFS_c 计算公式如下：

$$IFS_c = \frac{EDI_c \times f}{SI_c \times bw} \tag{10-1}$$

式中，c 为所研究的农药；EDI_c 为农药 c 的实际日摄入量估算值，等于 $\sum(R_i \times F_i \times E_i \times P_i)$（$i$ 为食品种类；R_i 为食品 i 中农药 c 的残留水平，mg/kg；F_i 为食品 i 的估计日消费量，

g/(人·天)；E_i 为食品 i 的可食用部分因子；P_i 为食品 i 的加工处理因子）；SI_c 为安全摄入量，可采用每日允许最大摄入量 ADI；bw 为人平均体重，kg；f 为校正因子，如果安全摄入量采用 ADI，则 f 取 1。

$IFS_c \leqslant 1$，农药 c 对食品安全没有影响；$IFS_c \leqslant 1$，农药 c 对食品安全的影响可以接受；$IFS_c > 1$，农药 c 对食品安全的影响不可接受。

本次评价中：

$IFS_c \leqslant 0.1$，农药 c 对茶叶安全没有影响；

$0.1 < IFS_c \leqslant 1$，农药 c 对茶叶安全的影响可以接受；

$IFS_c > 1$，农药 c 对茶叶安全的影响不可接受。

本次评价中残留水平 R_i 取值为中国检验检疫科学研究院庞国芳院士课题组利用以高分辨精确质量数（0.0001 m/z）为基准的 LC-Q-TOF/MS 侦测技术于 2017 年 4 月期间对贵阳市茶叶农药残留的侦测结果，估计日消费量 F_i 取值 0.0047 kg/(人·天)，$E_i=1$，$P_i=1$，$f=1$，SI_c 采用《食品安全国家标准 食品中农药最大残留限量》（GB 2763—2016）中 ADI 值（具体数值见表 10-3），人平均体重（bw）取值 60 kg。

表 10-3 贵阳市茶叶中侦测出农药的 ADI 值

序号	农药	ADI	序号	农药	ADI	序号	农药	ADI
1	唑虫酰胺	0.006	15	多菌灵	0.03	29	丙环唑	0.07
2	三唑磷	0.001	16	稻瘟灵	0.016	30	矮壮素	0.05
3	毒死蜱	0.01	17	螺螨酯	0.01	31	异丙甲草胺	0.1
4	噻嗪酮	0.009	18	吡虫啉	0.06	32	嘧菌酯	0.2
5	氧乐果	0.0003	19	噻虫啉	0.01	33	马拉硫磷	0.3
6	哒螨灵	0.01	20	氟虫脲	0.04	34	肟菌酯	0.04
7	三唑醇	0.03	21	醚菊酯	0.03	35	氯虫苯甲酰胺	2
8	苯醚甲环唑	0.01	22	噻虫嗪	0.08	36	增效醚	0.2
9	克百威	0.001	23	唑螨酯	0.01	37	乙螨唑	0.05
10	炔螨特	0.01	24	吡唑醚菌酯	0.03	38	嘧霉胺	0.2
11	啶虫脒	0.07	25	特丁硫磷	0.0006	39	N-去甲基啶虫脒	—
12	戊唑醇	0.03	26	乐果	0.002	40	双丙氨膦	—
13	虱螨脲	0.015	27	丙溴磷	0.03	41	吡虫啉脲	—
14	茚虫威	0.01	28	吡丙醚	0.1			

注："—"表示为国家标准中无 ADI 值规定；ADI 值单位为 mg/kg bw

2）计算 IFS_c 的平均值 $\overline{IFS}$，评价农药对食品安全的影响程度

以 $\overline{IFS}$ 评价各种农药对人体健康危害的总程度，评价模型见公式（10-2）。

$$\overline{\text{IFS}} = \frac{\sum_{i=1}^{n} \text{IFS}_c}{n} \quad (10\text{-}2)$$

$\overline{\text{IFS}} \ll 1$，所研究消费者人群的食品安全状态很好；$\overline{\text{IFS}} \leqslant 1$，所研究消费者人群的食品安全状态可以接受；$\overline{\text{IFS}} > 1$，所研究消费者人群的食品安全状态不可接受。

本次评价中：

$\overline{\text{IFS}} \leqslant 0.1$，所研究消费者人群的茶叶安全状态很好；

$0.1 < \overline{\text{IFS}} \leqslant 1$，所研究消费者人群的茶叶安全状态可以接受；

$\overline{\text{IFS}} > 1$，所研究消费者人群的茶叶安全状态不可接受。

10.1.2.2 预警风险评估模型

2003年，我国检验检疫食品安全管理的研究人员根据WTO的有关原则和我国的具体规定，结合危害物本身的敏感性、风险程度及其相应的施检频率，首次提出了食品中危害物风险系数R的概念[12]。R是衡量一个危害物的风险程度大小最直观的参数，即在一定时期内其超标率或阳性检出率的高低，但受其施检频率的高低及其本身的敏感性（受关注程度）影响。该模型综合考察了农药在茶叶中的超标率、施检频率及其本身敏感性，能直观而全面地反映出农药在一段时间内的风险程度[13]。

1) R计算方法

危害物的风险系数综合考虑了危害物的超标率或阳性检出率、施检频率和其本身的敏感性影响，并能直观而全面地反映出危害物在一段时间内的风险程度。风险系数R的计算公式如式(10-3)：

$$R = aP + \frac{b}{F} + S \quad (10\text{-}3)$$

式中，P为该种危害物的超标率；F为危害物的施检频率；S为危害物的敏感因子；a，b分别为相应的权重系数。

本次评价中$F=1$；$S=1$；$a=100$；$b=0.1$，对参数P进行计算，计算时首先判断是否为禁用农药，如果为非禁用农药，$P=$超标的样品数（侦测出的含量高于食品最大残留限量标准值，即MRL）除以总样品数（包括超标、不超标、未侦测出）；如果为禁用农药，则侦测出即为超标，$P=$能侦测出的样品数除以总样品数。判断贵阳市茶叶农药残留是否超标的标准限值MRL分别以MRL中国国家标准[14]和MRL欧盟标准作为对照，具体值列于本报告附表一中。

2) 评价风险程度

$R \leqslant 1.5$，受检农药处于低度风险；

$1.5 < R \leqslant 2.5$，受检农药处于中度风险；

$R > 2.5$，受检农药处于高度风险。

10.1.2.3 食品膳食暴露风险和预警风险评估应用程序的开发

1) 应用程序开发的步骤

为成功开发膳食暴露风险和预警风险评估应用程序,与软件工程师多次沟通讨论,逐步提出并描述清楚计算需求,开发了初步应用程序。为明确出不同茶叶、不同农药、不同地域的风险水平,向软件工程师提出不同的计算需求,软件工程师对计算需求进行逐一分析,经过反复的细节沟通,需求分析得到明确后,开始进行解决方案的设计,在保证需求的完整性、一致性的前提下,编写出程序代码,最后设计出满足需求的风险评估专用计算软件,并通过一系列的软件测试和改进,完成专用程序的开发。软件开发基本步骤见图 10-3。

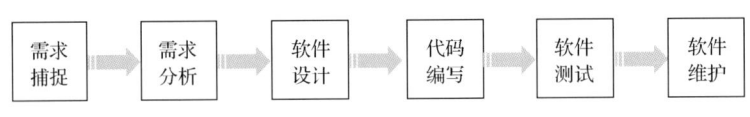

图 10-3 专用程序开发总体步骤

2) 膳食暴露风险评估专业程序开发的基本要求

首先直接利用公式(10-1),分别计算 LC-Q-TOF/MS 和 GC-Q-TOF/MS 仪器侦测出的各茶叶样品中每种农药 IFS_c,将结果列出。为考察超标农药和禁用农药的使用安全性,分别以我国《食品安全国家标准 食品中农药最大残留限量》(GB 2763—2016)和欧盟食品中农药最大残留限量(以下简称 MRL 中国国家标准和 MRL 欧盟标准)为标准,对侦测出的禁用农药和超标的非禁用农药 IFS_c 单独进行评价;按 IFS_c 大小列表,并找出 IFS_c 值排名前 20 的样本重点关注。

对不同茶叶 i 中每一种侦测出的农药 c 的安全指数进行计算,多个样品时求平均值。按农药种类,计算整个监测时间段内每种农药的 IFS_c,不区分茶叶种类。

3) 预警风险评估专业程序开发的基本要求

分别以 MRL 中国国家标准和 MRL 欧盟标准,按公式(10-3)逐个计算不同茶叶、不同农药的风险系数,禁用农药和非禁用农药分别列表。

为清楚了解各种农药的预警风险,不分时间,不分茶叶,按禁用农药和非禁用农药分类,分别计算各种侦测出农药全部检测时段内风险系数。由于有 MRL 中国国家标准的农药种类太少,无法计算超标数,非禁用农药的风险系数只以 MRL 欧盟标准为标准,进行计算。

4) 风险程度评价专业应用程序的开发方法

采用 Python 计算机程序设计语言,Python 是一个高层次地结合了解释性、编译性、互动性和面向对象的脚本语言。风险评价专用程序主要功能包括:分别读入每例样品 LC-Q-TOF/MS 和 GC-Q-TOF/MS 农药残留检测数据,根据风险评价工作要求,依次对不同农药、不同食品、不同时间、不同采样点的 IFS_c 值和 R 值分别进行数据计算,筛选出禁用农药、超标农药(分别与 MRL 中国国家标准、MRL 欧盟标准限值进行对比)

单独重点分析，再分别对各农药、各茶叶种类分类处理，设计出计算和排序程序，编写计算机代码，最后将生成的膳食暴露风险评估和超标风险评估定量计算结果列入设计好的各个表格中，并定性判断风险对目标的影响程度，直接用文字描述风险发生的高低，如"不可接受"、"可以接受"、"没有影响"、"高度风险"、"中度风险"、"低度风险"。

10.2 LC-Q-TOF/MS 侦测贵阳市市售茶叶农药残留膳食暴露风险评估

10.2.1 每例茶叶样品中农药残留安全指数分析

基于 2019 年 2 月的农药残留侦测数据，发现在 131 例样品中侦测出农药 664 频次，计算样品中每种残留农药的安全指数 IFS_c，并分析农药对样品安全的影响程度，结果详见附表二，农药残留对茶叶样品安全的影响程度频次分布情况如图 10-4 所示。

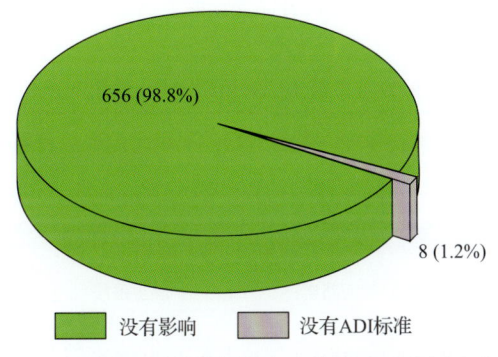

图 10-4　农药残留对茶叶样品安全的影响程度频次分布图

由图 10-4 可以看出，农药残留对样品安全的没有影响的频次为 656，占 98.8%。

部分样品侦测出禁用农药 6 种 50 频次，为了明确残留的禁用农药对样品安全的影响，分析侦测出禁用农药残留的样品安全指数，禁用农药残留对茶叶样品安全的影响程度频次分布情况如图 10-5 所示，农药残留对样品安全没有影响的频次为 50，占 100%。

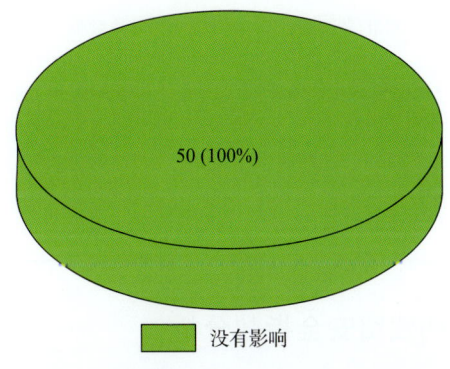

图 10-5　禁用农药对茶叶样品安全影响程度的频次分布图

残留量超过 MRL 欧盟标准的非禁用农药对茶叶样品安全的影响程度频次分布情况如图 10-6 所示。可以看出超过 MRL 欧盟标准的非禁用农药共 110 频次，其中农药没有 ADI 的频次为 4，占 3.64%；农药残留对样品安全没有影响的频次为 106，占 96.36%。表 10-4 为茶叶样品中安全指数排名前 10 的残留超标非禁用农药列表。

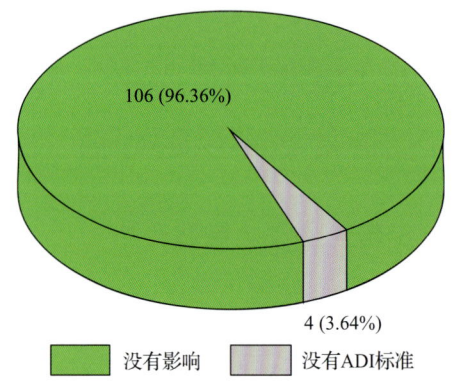

图 10-6　残留超标的非禁用农药对茶叶样品安全的影响程度频次分布图（MRL 欧盟标准）

表 10-4　茶叶样品中安全指数排名前 10 的残留超标非禁用农药列表（MRL 欧盟标准）

序号	样品编号	采样点	基质	农药	含量 (mg/kg)	欧盟标准	IFS_c	影响程度
1	20190305-520100-USI-GT-17C	***超市（黄河路店）	绿茶	唑虫酰胺	2.6425	0.01	0.0345	没有影响
2	20190305-520100-USI-GT-17D	***超市（黄河路店）	绿茶	唑虫酰胺	2.5475	0.01	0.0333	没有影响
3	20190301-520100-USI-OT-07C	***超市（花果园店）	乌龙茶	唑虫酰胺	1.5856	0.01	0.0207	没有影响
4	20190301-520100-USI-OT-07A	***超市（花果园店）	乌龙茶	唑虫酰胺	1.1382	0.01	0.0149	没有影响
5	20190301-520100-USI-OT-03B	***超市（人民广场店）	乌龙茶	唑虫酰胺	0.7649	0.01	0.0100	没有影响
6	20190305-520100-USI-GT-17F	***超市（黄河路店）	绿茶	唑虫酰胺	0.753	0.01	0.0098	没有影响
7	20190305-520100-USI-GT-17A	***超市（黄河路店）	绿茶	唑虫酰胺	0.6978	0.01	0.0091	没有影响
8	20190301-520100-USI-OT-03A	***超市（人民广场店）	乌龙茶	唑虫酰胺	0.5681	0.01	0.0074	没有影响
9	20190228-520100-USI-OT-10A	***超市（恒峰店）	乌龙茶	唑虫酰胺	0.4772	0.01	0.0062	没有影响
10	20190301-520100-USI-OT-07B	***超市（花果园店）	乌龙茶	唑虫酰胺	0.2556	0.01	0.0033	没有影响

10.2.2　单种茶叶中农药残留安全指数分析

本次 6 种茶叶侦测 41 种农药，检出频次为 664 次，其中 3 种农药没有 ADI，38 种农药存在 ADI 标准。6 种茶叶按不同种类分别计算侦测出的具有 ADI 标准的各种农药的 IFS_c 值，农药残留对茶叶的安全指数分布图如图 10-7 所示。

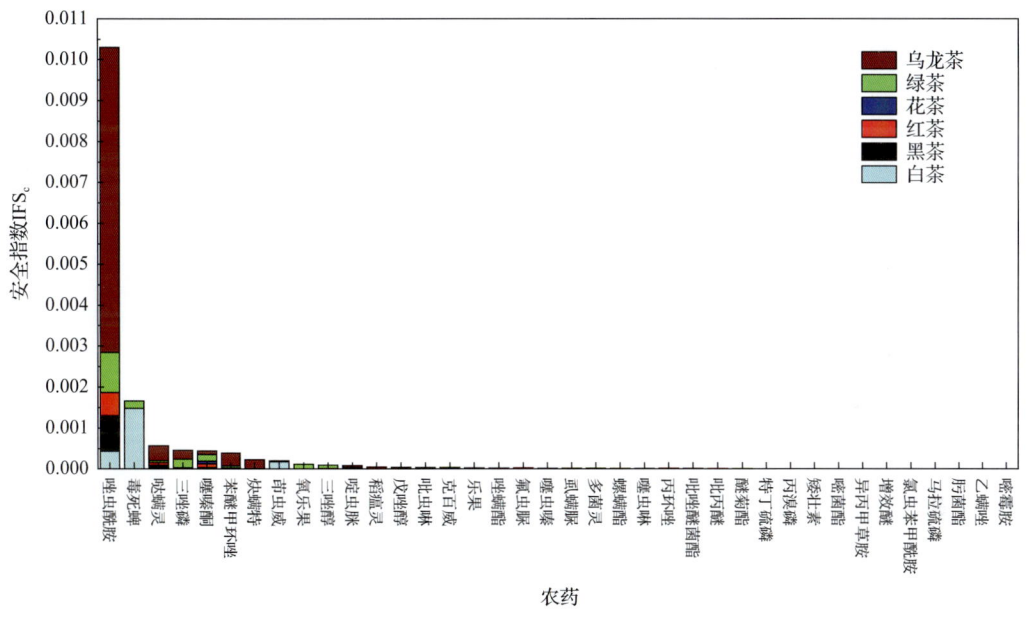

图 10-7 6 种茶叶中 38 种残留农药的安全指数分布图

本次侦测中，6 种茶叶和 41 种残留农药（包括没有 ADI）共涉及 94 个分析样本，农药对单种茶叶安全的影响程度分布情况如图 10-8 所示。可以看出，95.74%的样本中农药对茶叶安全没有影响。

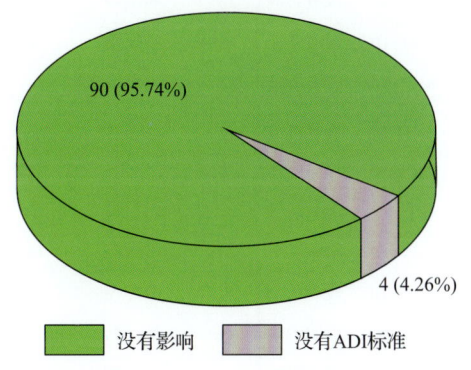

图 10-8 94 个分析样本的影响程度频次分布图

10.2.3 所有茶叶中农药残留安全指数分析

计算所有茶叶中 38 种农药的 IFS_c 值，结果如图 10-9 及表 10-5 所示。

分析发现，所有农药对茶叶安全的影响程度均为没有影响，说明茶叶中残留的农药不会对茶叶安全造成影响。

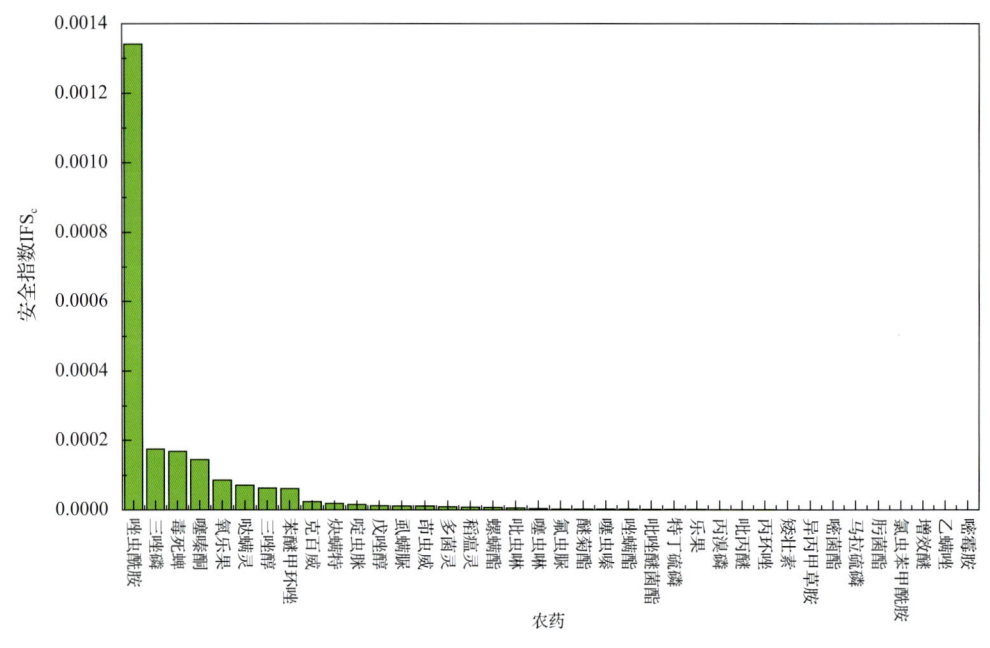

图 10-9 38 种残留农药对茶叶的安全影响程度统计图

表 10-5 茶叶中 38 种农药残留的安全指数表

序号	农药	检出频次	检出率(%)	IFS_c	影响程度	序号	农药	检出频次	检出率(%)	IFS_c	影响程度
1	唑虫酰胺	50	38.17	1.34×10^{-3}	没有影响	20	氟虫脲	1	0.76	2.58×10^{-6}	没有影响
2	三唑磷	20	15.27	1.75×10^{-4}	没有影响	21	醚菊酯	2	1.53	2.51×10^{-6}	没有影响
3	毒死蜱	14	10.69	1.68×10^{-4}	没有影响	22	噻虫嗪	30	22.90	2.26×10^{-6}	没有影响
4	噻嗪酮	59	45.04	1.44×10^{-4}	没有影响	23	唑螨酯	6	4.58	2.21×10^{-6}	没有影响
5	氧乐果	2	1.53	8.59×10^{-5}	没有影响	24	吡唑醚菌酯	11	8.40	1.37×10^{-6}	没有影响
6	哒螨灵	43	32.82	7.12×10^{-5}	没有影响	25	特丁硫磷	1	0.76	1.30×10^{-6}	没有影响
7	三唑醇	38	29.01	6.29×10^{-5}	没有影响	26	乐果	2	1.53	1.26×10^{-6}	没有影响
8	苯醚甲环唑	36	27.48	6.09×10^{-5}	没有影响	27	丙溴磷	2	1.53	1.09×10^{-6}	没有影响
9	克百威	11	8.40	2.34×10^{-5}	没有影响	28	吡丙醚	18	13.74	9.65×10^{-7}	没有影响
10	炔螨特	4	3.05	1.85×10^{-5}	没有影响	29	丙环唑	5	3.82	8.07×10^{-7}	没有影响
11	啶虫脒	110	83.97	1.53×10^{-5}	没有影响	30	矮壮素	9	6.87	2.54×10^{-7}	没有影响
12	戊唑醇	36	27.48	1.21×10^{-5}	没有影响	31	异丙甲草胺	1	0.76	2.10×10^{-7}	没有影响
13	虱螨脲	2	1.53	1.15×10^{-5}	没有影响	32	嘧菌酯	17	12.98	1.44×10^{-7}	没有影响
14	茚虫威	9	6.87	1.15×10^{-5}	没有影响	33	马拉硫磷	3	2.29	6.48×10^{-8}	没有影响
15	多菌灵	31	23.66	8.64×10^{-6}	没有影响	34	肟菌酯	1	0.76	4.93×10^{-8}	没有影响
16	稻瘟灵	17	12.98	7.83×10^{-6}	没有影响	35	氯虫苯甲酰胺	5	3.82	4.51×10^{-8}	没有影响
17	螺螨酯	5	3.82	7.31×10^{-6}	没有影响	36	增效醚	5	3.82	4.37×10^{-8}	没有影响
18	吡虫啉	39	29.77	5.69×10^{-6}	没有影响	37	乙螨唑	1	0.76	1.91×10^{-8}	没有影响
19	噻虫啉	9	6.87	4.17×10^{-6}	没有影响	38	嘧霉胺	1	0.76	1.82×10^{-8}	没有影响

10.3　LC-Q-TOF/MS 侦测贵阳市市售茶叶农药残留预警风险评估

基于贵阳市茶叶样品中农药残留 LC-Q-TOF/MS 侦测数据，分析禁用农药的检出率，同时参照中华人民共和国国家标准 GB 2763—2016 和欧盟农药最大残留限量（MRL）标准分析非禁用农药残留的超标率，并计算农药残留风险系数。分析单种茶叶中农药残留以及所有茶叶中农药残留的风险程度。

10.3.1　单种茶叶中农药残留风险系数分析

10.3.1.1　单种茶叶中禁用农药残留风险系数分析

侦测出的 41 种残留农药中有 6 种为禁用农药，且它们分布在 4 种茶叶中，计算 4 种茶叶中禁用农药的检出率，根据检出率计算风险系数 R，进而分析茶叶中禁用农药的风险程度，结果如图 10-10 与表 10-6 所示。分析发现绿茶中的特丁硫磷残留处于中度风险，其余均处于高度风险。

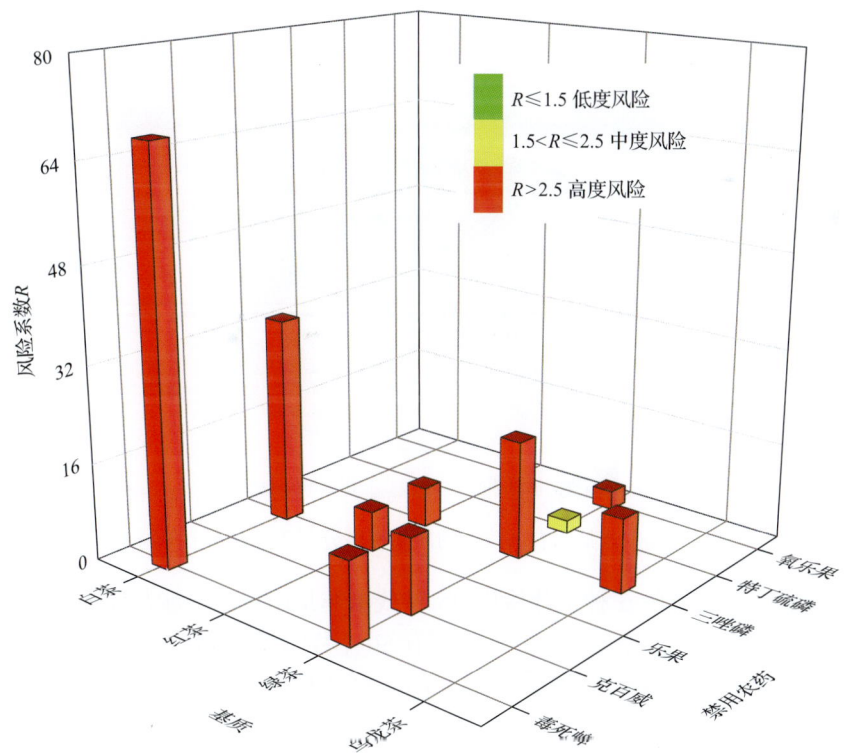

图 10-10　4 种茶叶中 6 种禁用农药残留的风险系数

表 10-6 4 种茶叶中 6 种禁用农药残留的风险系数表

序号	基质	农药	检出频次	检出率(%)	风险系数 R	风险程度
1	乌龙茶	三唑磷	1	11.11	12.21	高度风险
2	白茶	乐果	1	33.33	34.43	高度风险
3	白茶	毒死蜱	2	66.67	67.77	高度风险
4	红茶	三唑磷	1	5.56	6.66	高度风险
5	红茶	乐果	1	5.56	6.66	高度风险
6	绿茶	三唑磷	18	18.37	19.47	高度风险
7	绿茶	克百威	11	11.22	12.32	高度风险
8	绿茶	毒死蜱	12	12.24	13.34	高度风险
9	绿茶	氧乐果	2	2.04	3.14	高度风险
10	绿茶	特丁硫磷	1	1.02	2.12	中度风险

10.3.1.2 基于 MRL 中国国家标准的单种茶叶中非禁用农药残留风险系数分析

参照中华人民共和国国家标准 GB 2763—2016 中农药残留限量计算每种茶叶中每种非禁用农药的超标率，进而计算其风险系数，根据风险系数大小判断残留农药的预警风险程度，茶叶中非禁用农药残留风险程度分布情况如图 10-11 所示。

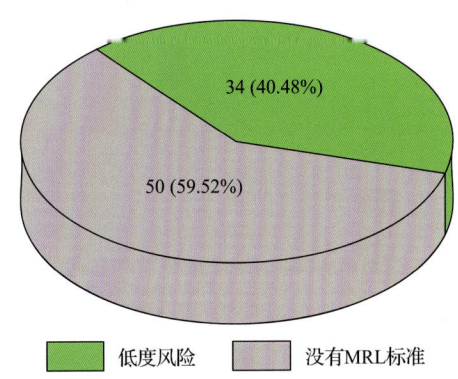

图 10-11 茶叶中非禁用农药残留的风险程度分布图（MRL 中国国家标准）

本次分析中，发现在 6 种茶叶检出 35 种残留非禁用农药，涉及样本 84 个，在 84 个样本中，40.48%处于低度风险，此外发现有 50 个样本没有 MRL 中国国家标准值，无法判断其风险程度，有 MRL 中国国家标准值的 34 个样本涉及 6 种茶叶中的 8 种非禁用农药，其风险系数 R 值如图 10-12 所示。

10.3.1.3 基于 MRL 欧盟标准的单种茶叶中非禁用农药残留风险系数分析

参照 MRL 欧盟标准计算每种茶叶中每种非禁用农药的超标率，进而计算其风险系数，根据风险系数大小判断农药残留的预警风险程度，茶叶中非禁用农药残留风险程度分布情况如图 10-13 所示。

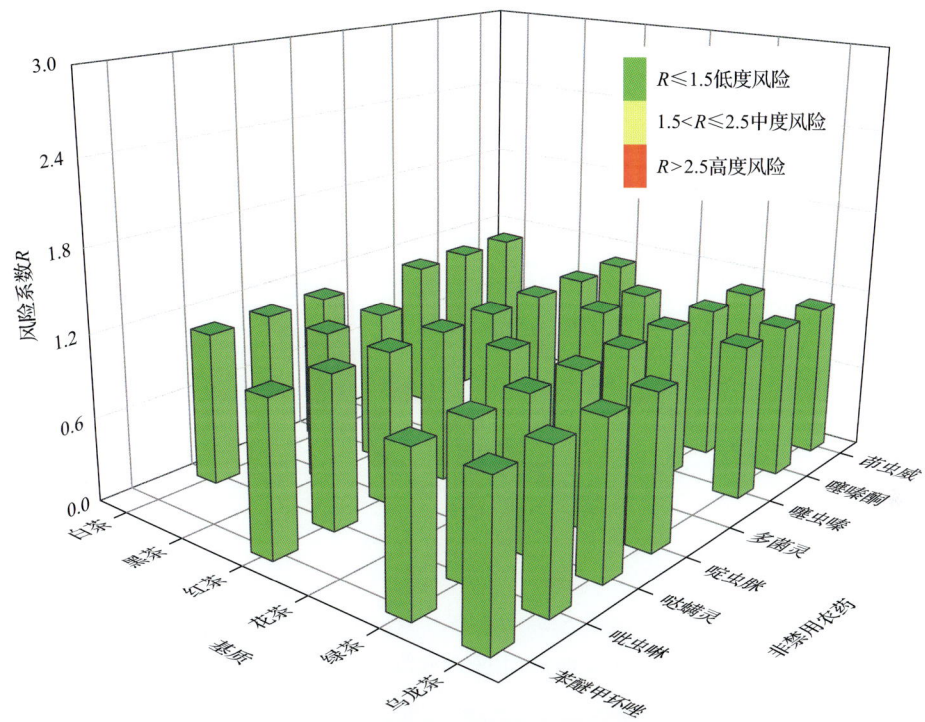

图 10-12　6 种茶叶中 8 种非禁用农药的风险系数分布图（MRL 中国国家标准）

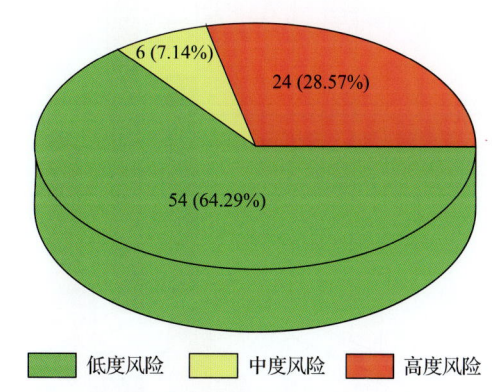

图 10-13　茶叶中非禁用农药残留的风险程度分布图（MRL 欧盟标准）

本次分析中，发现在 6 种茶叶中共侦测出 35 种非禁用农药，涉及样本 84 个，其中，28.57%处于高度风险，涉及 5 种茶叶和 13 种农药；7.14%处于中度风险，涉及 1 种茶叶和 6 种农药；64.29%处于低度风险，涉及 6 种茶叶和 27 种农药。单种茶叶中的非禁用农药风险系数分布图如图 10-14 所示。单种茶叶中处于高度风险的非禁用农药风险系数如图 10-15 和表 10-7 所示。

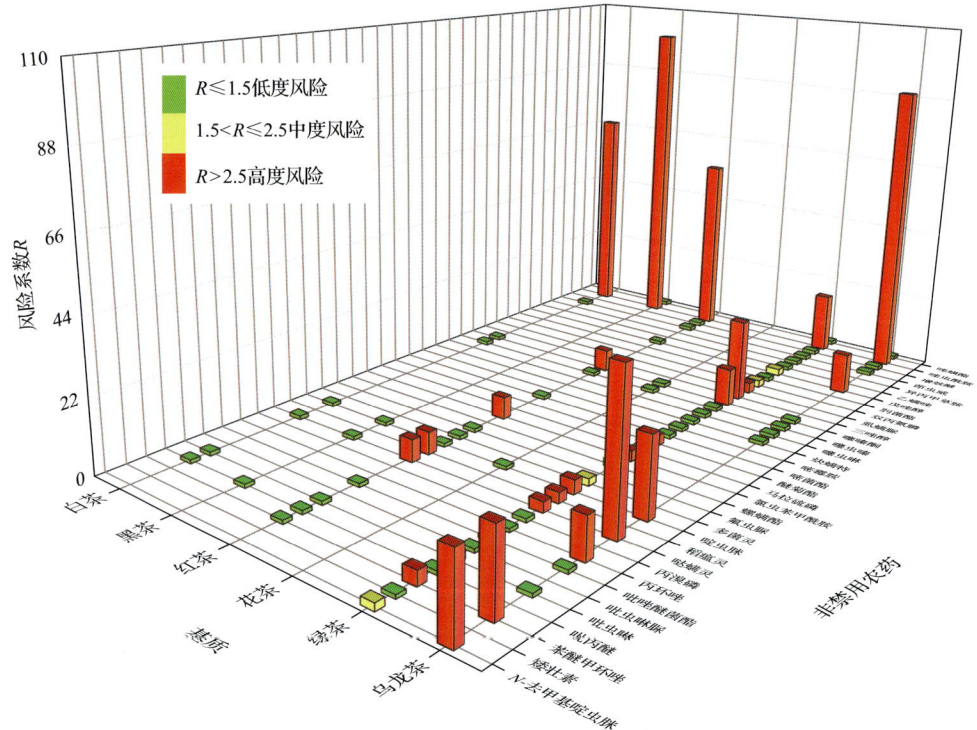

图 10-14　6 种茶叶中 35 种非禁用农药残留的风险系数（MRL 欧盟标准）

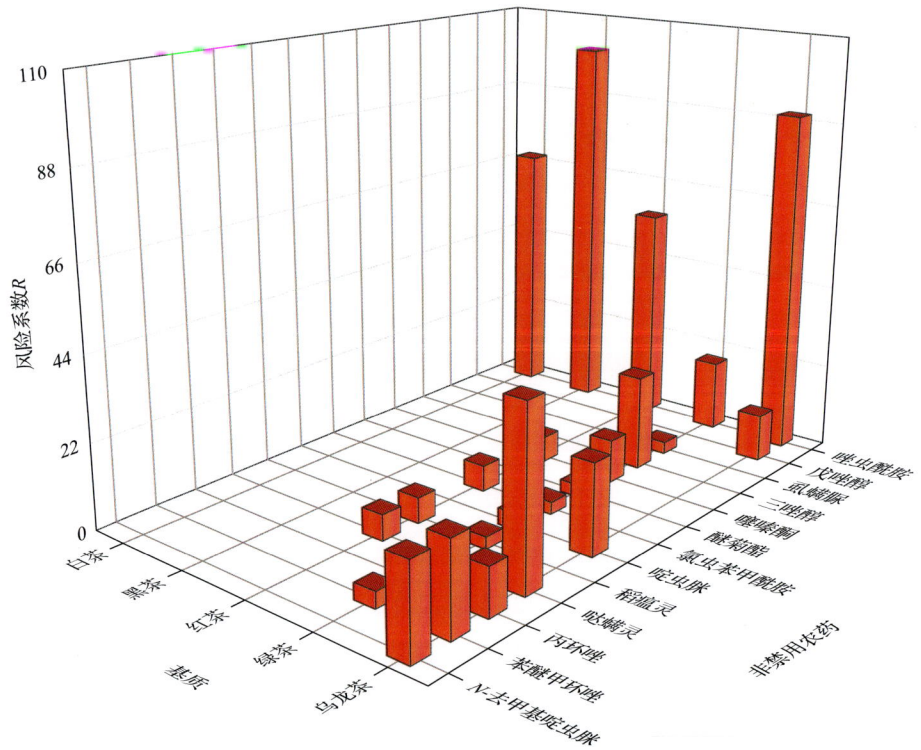

图 10-15　单种茶叶中处于高度风险的非禁用农药的风险系数（MRL 欧盟标准）

表 10-7 单种茶叶中处于高度风险的非禁用农药残留的风险系数表（MRL 欧盟标准）

序号	基质	农药	超标频次	超标率 $P(\%)$	风险系数 R
1	黑茶	唑虫酰胺	2	100.00	101.10
2	乌龙茶	唑虫酰胺	8	88.89	89.99
3	白茶	唑虫酰胺	2	66.67	67.77
4	红茶	唑虫酰胺	10	55.56	56.66
5	乌龙茶	哒螨灵	4	44.44	45.54
6	绿茶	三唑醇	23	23.47	24.57
7	乌龙茶	N-去甲基啶虫脒	2	22.22	23.32
8	乌龙茶	啶虫脒	2	22.22	23.32
9	乌龙茶	苯醚甲环唑	2	22.22	23.32
10	绿茶	唑虫酰胺	17	17.35	18.45
11	乌龙茶	丙环唑	1	11.11	12.21
12	乌龙茶	戊唑醇	1	11.11	12.21
13	绿茶	噻嗪酮	10	10.20	11.30
14	红茶	哒螨灵	1	5.56	6.66
15	红茶	噻嗪酮	1	5.56	6.66
16	红茶	氯虫苯甲酰胺	1	5.56	6.66
17	红茶	稻瘟灵	1	5.56	6.66
18	绿茶	啶虫脒	3	3.06	4.16
19	绿茶	苯醚甲环唑	3	3.06	4.16
20	绿茶	哒螨灵	2	2.04	3.14
21	绿茶	氯虫苯甲酰胺	2	2.04	3.14
22	绿茶	稻瘟灵	2	2.04	3.14
23	绿茶	虱螨脲	2	2.04	3.14
24	绿茶	醚菊酯	2	2.04	3.14

10.3.2 所有茶叶中农药残留风险系数分析

10.3.2.1 所有茶叶中禁用农药残留风险系数分析

在侦测出的 41 种农药中有 6 种为禁用农药，计算所有茶叶中禁用农药的风险系数，结果如表 10-8 所示。在 6 种禁用农药中，5 种农药残留处于高度风险，1 种农药残留处于中度风险。

表 10-8　茶叶中 6 种禁用农药的风险系数表

序号	农药	检出频次	检出率(%)	风险系数 R	风险程度
1	三唑磷	20	15.27	16.37	高度风险
2	毒死蜱	14	10.69	11.79	高度风险
3	克百威	11	8.40	9.50	高度风险
4	乐果	2	1.53	2.63	高度风险
5	氧乐果	2	1.53	2.63	高度风险
6	特丁硫磷	1	0.76	1.86	中度风险

10.3.2.2　所有茶叶中非禁用农药残留风险系数分析

参照 MRL 欧盟标准计算所有茶叶中每种非禁用农药残留的风险系数，如图 10-16 与表 10-9 所示。在侦测出的 35 种非禁用农药中，12 种农药(34.28%)残留处于高度风险，5 种农药(14.29%)残留处于中度风险，18 种农药(51.43%)残留处于低度风险。

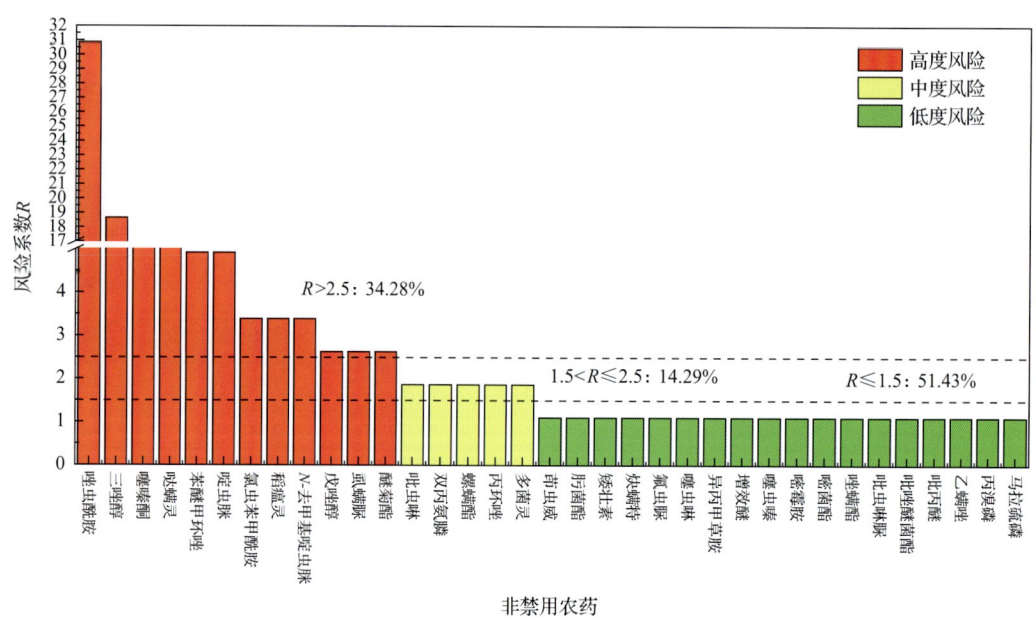

图 10-16　茶叶中 35 种非禁用农药的风险程度统计图

表 10-9　茶叶中 35 种非禁用农药的风险系数表

序号	农药	超标频次	超标率 P(%)	风险系数 R	风险程度
1	唑虫酰胺	39	29.77	30.87	高度风险
2	三唑醇	23	17.56	18.66	高度风险
3	噻嗪酮	11	8.40	9.50	高度风险
4	哒螨灵	7	5.34	6.44	高度风险

续表

序号	农药	超标频次	超标率 $P(\%)$	风险系数 R	风险程度
5	苯醚甲环唑	5	3.82	4.92	高度风险
6	啶虫脒	5	3.82	4.92	高度风险
7	氯虫苯甲酰胺	3	2.29	3.39	高度风险
8	稻瘟灵	3	2.29	3.39	高度风险
9	N-去甲基啶虫脒	3	2.29	3.39	高度风险
10	戊唑醇	2	1.53	2.63	高度风险
11	虱螨脲	2	1.53	2.63	高度风险
12	醚菊酯	2	1.53	2.63	高度风险
13	吡虫啉	1	0.76	1.86	中度风险
14	双丙氨膦	1	0.76	1.86	中度风险
15	螺螨酯	1	0.76	1.86	中度风险
16	丙环唑	1	0.76	1.86	中度风险
17	多菌灵	1	0.76	1.86	中度风险
18	茚虫威	0	0.00	1.10	低度风险
19	肟菌酯	0	0.00	1.10	低度风险
20	矮壮素	0	0.00	1.10	低度风险
21	炔螨特	0	0.00	1.10	低度风险
22	氟虫脲	0	0.00	1.10	低度风险
23	噻虫啉	0	0.00	1.10	低度风险
24	异丙甲草胺	0	0.00	1.10	低度风险
25	增效醚	0	0.00	1.10	低度风险
26	噻虫嗪	0	0.00	1.10	低度风险
27	嘧霉胺	0	0.00	1.10	低度风险
28	嘧菌酯	0	0.00	1.10	低度风险
29	唑螨酯	0	0.00	1.10	低度风险
30	吡虫啉脲	0	0.00	1.10	低度风险
31	吡唑醚菌酯	0	0.00	1.10	低度风险
32	吡丙醚	0	0.00	1.10	低度风险
33	乙螨唑	0	0.00	1.10	低度风险
34	丙溴磷	0	0.00	1.10	低度风险
35	马拉硫磷	0	0.00	1.10	低度风险

10.4 LC-Q-TOF/MS 侦测贵阳市市售茶叶农药残留风险评估结论与建议

农药残留是影响茶叶安全和质量的主要因素，也是我国食品安全领域备受关注的敏感话题和亟待解决的重大问题之一[15,16]。各种茶叶均存在不同程度的农药残留现象，本研究主要针对贵阳市各类茶叶存在的农药残留问题，基于 2019 年 2 月对贵阳市 131 例茶叶样品中农药残留侦测得出的 664 个侦测结果，分别采用食品安全指数模型和风险系数模型，开展茶叶中农药残留的膳食暴露风险和预警风险评估。茶叶样品取自超市和茶叶专营店，符合大众的膳食来源，风险评价时更具有代表性和可信度。

本研究力求通用简单地反映食品安全中的主要问题，且为管理部门和大众容易接受，为政府及相关管理机构建立科学的食品安全信息发布和预警体系提供科学的规律与方法，加强对农药残留的预警和食品安全重大事件的预防，控制食品风险。

10.4.1 贵阳市茶叶中农药残留膳食暴露风险评价结论

1) 茶叶样品中农药残留安全状态评价结论

采用食品安全指数模型，对 2019 年 2 月至 3 月期间贵阳市茶叶食品农药残留膳食暴露风险进行评价，根据 IFS_c 的计算结果发现，茶叶中农药的 $\overline{IFS}$ 为 5.93×10^{-5}，说明贵阳市茶叶总体处于可以接受的安全状态，但部分禁用农药、高残留农药在茶叶中仍有侦测出，导致膳食暴露风险的存在，成为不安全因素。

2) 禁用农药膳食暴露风险评价

本次检测发现部分茶叶样品中有禁用农药侦测出，侦测出禁用农药 6 种，侦测出频次为 50，茶叶样品中的禁用农药 IFS_c 计算结果表明，禁用农药残留膳食暴露风险没有影响的频次为 50，占 100%。

10.4.2 贵阳市茶叶中农药残留预警风险评价结论

1) 单种茶叶中禁用农药残留的预警风险评价结论

本次检测过程中，在 4 种茶叶中检测出 6 种禁用农药，禁用农药为：三唑磷、毒死蜱、克百威、乐果、氧乐果、特丁硫磷，茶叶为：乌龙茶、白茶、红茶、绿茶，茶叶中禁用农药的风险系数分析结果显示，绿茶中的特丁硫磷残留处于中度风险，其余均处于高度风险，说明在单种茶叶中禁用农药的残留会导致较高的预警风险。

2) 单种茶叶中非禁用农药残留的预警风险评价结论

以 MRL 中国国家标准为标准，计算茶叶中非禁用农药风险系数情况下，84 个样本中，34 个处于低度风险(40.48%)，50 个样本没有 MRL 中国国家标准(59.52%)。以 MRL 欧盟标准为标准，计算茶叶中非禁用农药风险系数情况下，发现有 24 个处于高度风险(28.57%)，6 个处于中度风险(7.14%)，54 个处于低度风险(64.29%)。基于两种 MRL 标准，评价的结果差异显著，可以看出 MRL 欧盟标准比中国国家标准更加严格和完善，过于宽松的 MRL 中国国家标准值能否有效保障人体的健康有待研究。

10.4.3 加强贵阳市茶叶食品安全建议

我国食品安全风险评价体系仍不够健全，相关制度不够完善，多年来，由于农药用药次数多、用药量大或用药间隔时间短，产品残留量大，农药残留所造成的食品安全问题日益严峻，给人体健康带来了直接或间接的危害。据估计，美国与农药有关的癌症患者数约占全国癌症患者总数的 50%，中国更高。同样，农药对其他生物也会形成直接杀伤和慢性危害，植物中的农药可经过食物链逐级传递并不断蓄积，对人和动物构成潜在威胁，并影响生态系统。

基于本次农药残留侦测数据的风险评价结果，提出以下几点建议：

1) 加快食品安全标准制定步伐

我国食品标准中对农药每日允许最大摄入量 ADI 的数据严重缺乏，在本次评价所涉及的 41 种农药中，仅有 92.68% 的农药具有 ADI 值，而 7.32% 的农药中国尚未规定相应的 ADI 值，亟待完善。

我国食品中农药最大残留限量值的规定严重缺乏，对评估涉及的不同茶叶中不同农药 94 个 MRL 限值进行统计来看，我国仅制定出 37 个标准，我国标准完整率仅为 39.36%，欧盟的完整率达到 100%（表 10-10）。因此，中国更应加快 MRL 的制定步伐。

表 10-10 我国国家食品标准农药的 ADI、MRL 值与欧盟标准的数量差异

分类		中国 ADI	MRL 中国国家标准	MRL 欧盟标准
标准限值(个)	有	38	37	94
	无	3	57	0
总数(个)		41	94	94
无标准限值比例(%)		7.32	60.64	0

此外，MRL 中国国家标准限值普遍高于欧盟标准限值，这些标准中共有 25 个高于欧盟。过高的 MRL 值难以保障人体健康，建议继续加强对限值基准和标准的科学研究，将农产品中的危险性减少到尽可能低的水平。

2) 加强农药的源头控制和分类监管

在贵阳市某些茶叶中仍有禁用农药残留，利用 LC-Q-TOF/MS 技术侦测出 6 种禁用农药，检出频次为 50 次，残留禁用农药均存在较大的膳食暴露风险和预警风险。早已列入黑名单的禁用农药在我国并未真正退出，有些药物由于价格便宜、工艺简单，此类高毒农药一直生产和使用。建议在我国采取严格有效的控制措施，从源头控制禁用农药。

对于非禁用农药，在我国作为"田间地头"最典型单位的县级茶叶产地中，农药残留的检测几乎缺失。建议根据农药的毒性，对高毒、剧毒、中毒农药实现分类管理，减少使用高毒和剧毒高残留农药，进行分类监管。

3）加强农药生物基准和降解技术研究

市售茶叶中残留农药的品种多、频次高、禁用农药多次检出这一现状，说明了我国的田间土壤和水体因农药长期、频繁、不合理的使用而遭到严重污染。为此，建议中国相关部门出台相关政策，鼓励高校及科研院所积极开展分子生物学、酶学等研究，加强土壤、水体中残留农药的生物修复及降解新技术研究，切实加大农药监管力度，以控制农药的面源污染问题。

综上所述，在本工作基础上，根据茶叶残留危害，可进一步针对其成因提出和采取严格管理、大力推广无公害茶叶种植与生产、健全食品安全控制技术体系、加强茶叶质量检测体系建设和积极推行茶叶质量追溯制度等相应对策。建立和完善食品安全综合评价指数与风险监测预警系统，对食品安全进行实时、全面的监控与分析，为我国的食品安全科学监管与决策提供新的技术支持，可实现各类检验数据的信息化系统管理，降低食品安全事故的发生。

第 11 章　GC-Q-TOF/MS 侦测贵阳市 131 例市售茶叶样品农药残留报告

从贵阳市所属 5 个区，随机采集了 131 例茶叶样品，使用气相色谱-四极杆飞行时间质谱(GC-Q-TOF/MS)对 684 种农药化学污染物进行示范侦测。

11.1　样品种类、数量与来源

11.1.1　样品采集与检测

为了真实反映百姓日常饮用的茶叶中农药残留污染状况，本次所有检测样品均由检验人员于 2019 年 2 月至 3 月期间，从贵阳市所属 17 个采样点，包括 17 个超市，以随机购买方式采集，总计 17 批 131 例样品，从中检出农药 38 种，614 频次。采样及监测概况见图 11-1 及表 11-1，样品及采样点明细见表 11-2 及表 11-3(侦测原始数据见附表 1)。

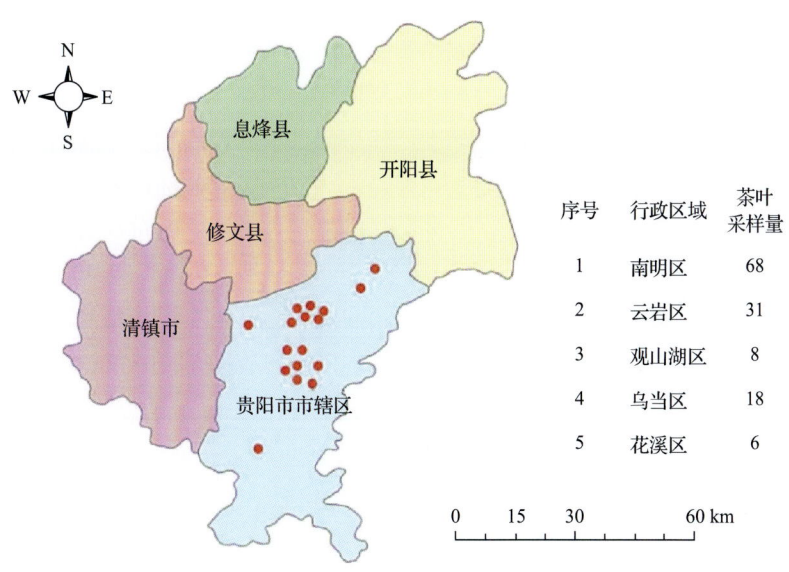

图 11-1　贵阳市所属 17 个采样点 131 例样品分布图

表 11-1　农药残留监测总体概况

行政区域	贵阳市所属 5 个区
采样点(超市)	17
样本总数	131
检出农药品种/频次	38/614
各采样点样本农药残留检出率范围	92.3%~100.0%

表 11-2　样品分类及数量

样品分类	样品名称(数量)	数量小计
1. 茶叶		131
1)发酵类茶叶	白茶(3)，黑茶(2)，红茶(18)，乌龙茶(9)	32
2)未发酵类茶叶	花茶(1)，绿茶(98)	99
合计	1.茶叶 6 种	131

表 11-3　贵阳市采样点信息

采样点序号	行政区域	采样点
超市(17)		
1	观山湖区	***超市(林城西路店)
2	花溪区	***超市(黄河路店)
3	南明区	***超市(鸿通城店)
4	南明区	***超市(湘雅店)
5	南明区	***超市(文昌店)
6	南明区	***超市(人民广场店)
7	南明区	***超市(沙冲路店)
8	南明区	***超市(花果园店)
9	南明区	***超市(中铁国际店)
10	乌当区	***超市(诚信南路店)
11	乌当区	***超市(金源购物中心店)
12	云岩区	***超市(二桥黔春路店)
13	云岩区	***超市(贵山店)
14	云岩区	***超市(贵乌北路店)
15	云岩区	***超市(枫丹白鹭店)
16	云岩区	***超市(贵乌店)
17	云岩区	***超市(恒峰店)

11.1.2　检测结果

这次使用的检测方法是庞国芳院士团队最新研发的不需使用标准品对照，而以高分辨精确质量数(0.0001 m/z)为基准的 GC-Q-TOF/MS 检测技术，对于 131 例样品，每个样品均侦测了 684 种农药化学污染物的残留现状。通过本次侦测，在 131 例样品中共计检出农药化学污染物 38 种，检出 614 频次。

11.1.2.1　各采样点样品检出情况

统计分析发现 17 个采样点中，被测样品的农药检出率范围为 92.3%~100.0%。其中，有 16 个采样点样品的检出率最高，达到了 100.0%，分别是：***超市(林城西路店)、***超市(黄河路店)、***超市(鸿通城店)、***超市(湘雅店)、***超市(文昌店)、***超市(人民广场店)、***超市(沙冲路店)、***超市(花果园店)、***超市(中铁国际店)、***超市(诚信南路店)、***超市(二桥黔春路店)、***超市(贵山店)、***超市(贵乌北路店)、***超市(枫丹白鹭店)、***超市(贵乌店)和***超市(恒峰店)。***超市(金源购物中心店)的检出率最低,为 92.3%,见图 11-2。

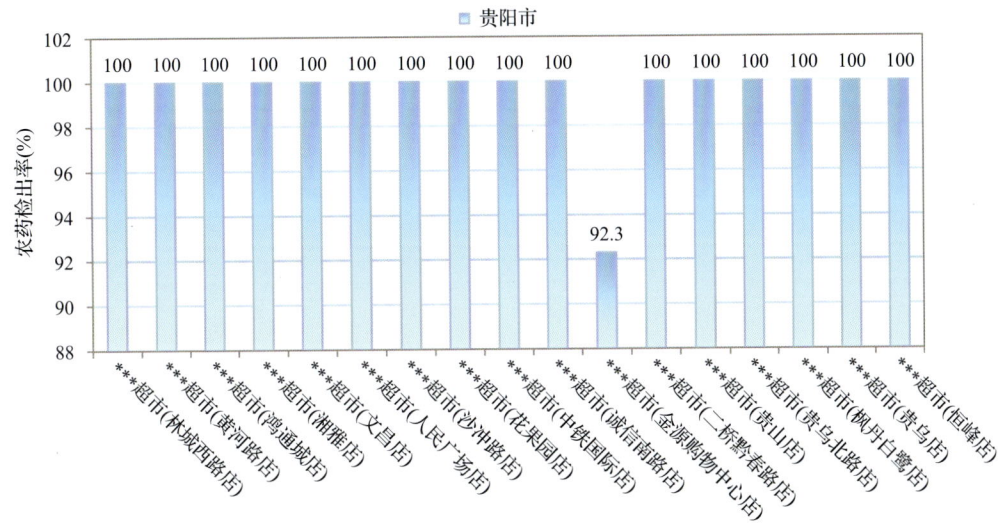

图 11-2　各采样点样品中的农药检出率

11.1.2.2　检出农药的品种总数与频次

统计分析发现,对于 131 例样品中 684 种农药化学污染物的侦测,共检出农药 614 频次,涉及农药 38 种,结果如图 11-3 所示。其中联苯菊酯检出频次最高,共检出 127 次。检出频次排名前 10 的农药如下:①联苯菊酯(127),②唑虫酰胺(81),③三唑醇(61),④异丁子香酚(54),⑤虫螨腈(36),⑥戊唑醇(34),⑦噻嗪酮(26),⑧虱螨脲(19),⑨丙环唑(17),⑩毒死蜱(17)。

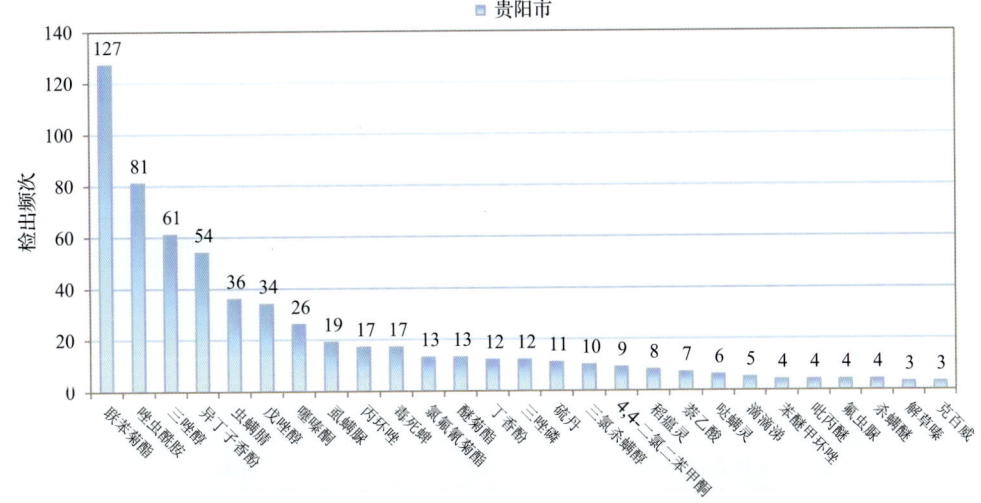

图 11-3　检出农药品种及频次(仅列出 3 频次及以上的数据)

由图 11-4 可见，绿茶、红茶和乌龙茶这 3 种茶叶样品中检出的农药品种数较高，均超过 15 种，其中，绿茶检出农药品种最多，为 33 种。由图 11-5 可见，绿茶、红茶和乌龙茶这 3 种茶叶样品中的农药检出频次较高，均超过 60 次，其中，绿茶检出农药频次最高，为 473 次。

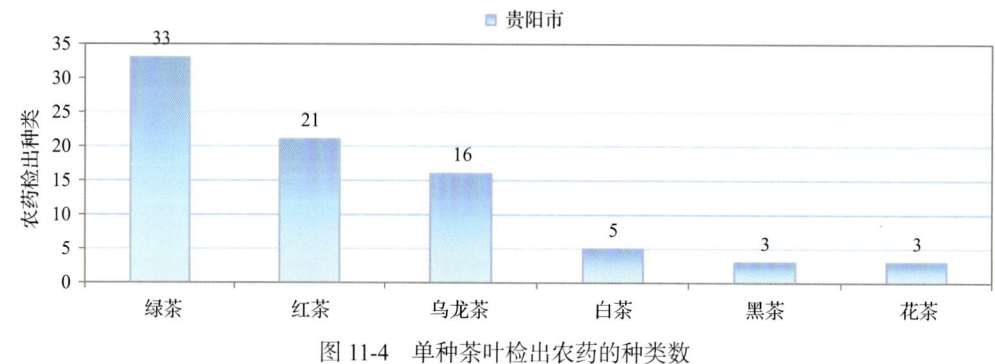

图 11-4　单种茶叶检出农药的种类数

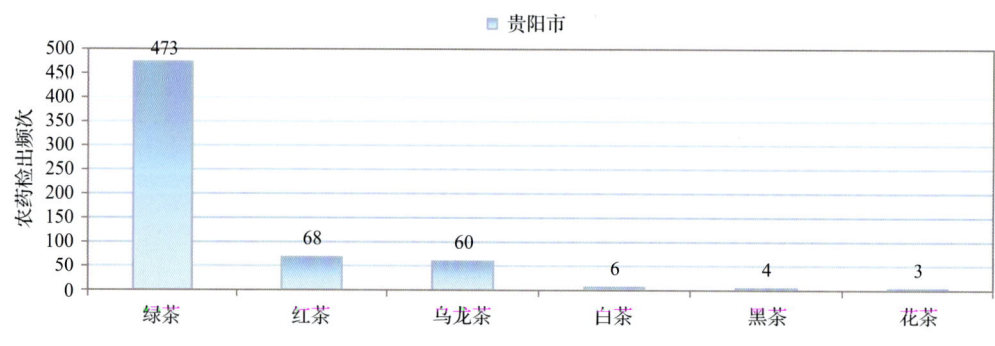

图 11-5　单种茶叶检出农药频次

11.1.2.3　单例样品农药检出种类与占比

对单例样品检出农药种类和频次进行统计发现，未检出农药的样品占总样品数的 0.8%，检出 1 种农药的样品占总样品数的 6.9%，检出 2~5 种农药的样品占总样品数的 62.6%，检出 6~10 种农药的样品占总样品数的 29.0%，检出大于 10 种农药的样品占总样品数的 0.8%。每例样品中平均检出农药为 4.7 种，数据见表 11-4 及图 11-6。

表 11-4　单例样品检出农药品种占比

检出农药品种数	样品数量/占比(%)
未检出	1/0.8
1 种	9/6.9
2~5 种	82/62.6
6~10 种	38/29.0
大于 10 种	1/0.8
单例样品平均检出农药品种	4.7 种

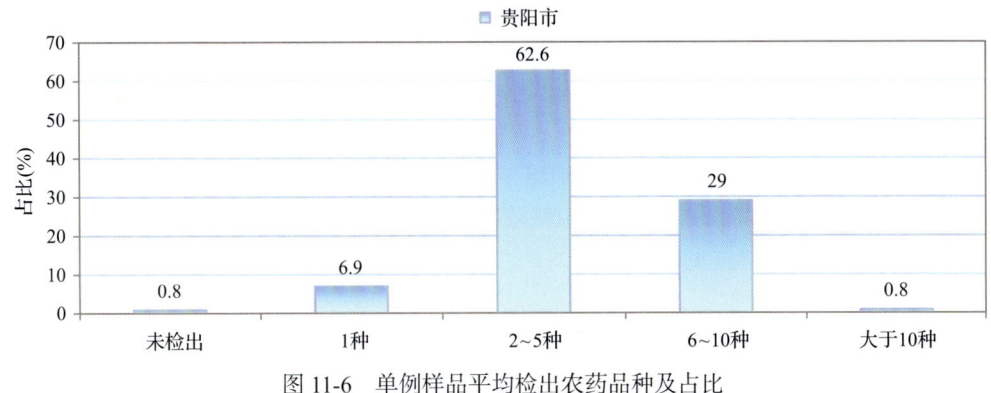

图 11-6 单例样品平均检出农药品种及占比

11.1.2.4 检出农药类别与占比

所有检出农药按功能分类，包括杀虫剂、杀菌剂、除草剂、杀螨剂、植物生长调节剂和其他共 6 类。其中杀虫剂与杀菌剂为主要检出的农药类别，分别占总数的 52.6%和 21.1%，见表 11-5 及图 11-7。

表 11-5 检出农药所属类别/占比

农药类别	数量/占比(%)
杀虫剂	20/52.6
杀菌剂	8/21.1
除草剂	4/10.5
杀螨剂	3/7.9
植物生长调节剂	1/2.6
其他	2/5.3

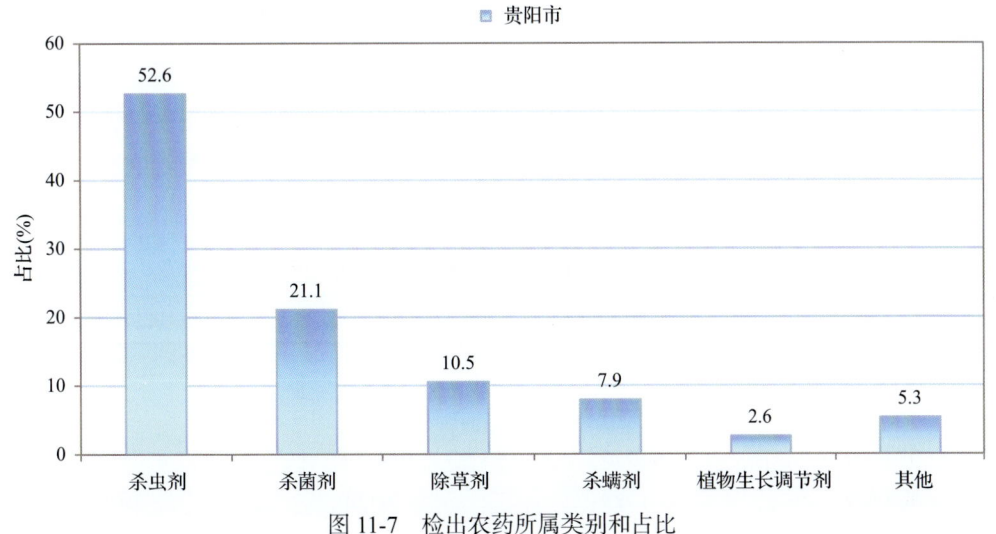

图 11-7 检出农药所属类别和占比

11.1.2.5 检出农药的残留水平

按检出农药残留水平进行统计,残留水平在 1~5 μg/kg(含)的农药占总数的 8.8%,在 5~10 μg/kg(含)的农药占总数的 9.0%,在 10~100 μg/kg(含)的农药占总数的 51.5%,在 100~1000 μg/kg(含)的农药占总数的 28.3%,在＞1000 μg/kg 的农药占总数的 2.4%。

由此可见,这次检测的 17 批 131 例茶叶样品中农药多数处于中高残留水平。结果见表 11-6 及图 11-8,数据见附表 2。

表 11-6 农药残留水平/占比

残留水平(μg/kg)	检出频次数/占比(%)
1~5(含)	54/8.8
5~10(含)	55/9.0
10~100(含)	316/51.5
100~1000(含)	174/28.3
＞1000	15/2.4

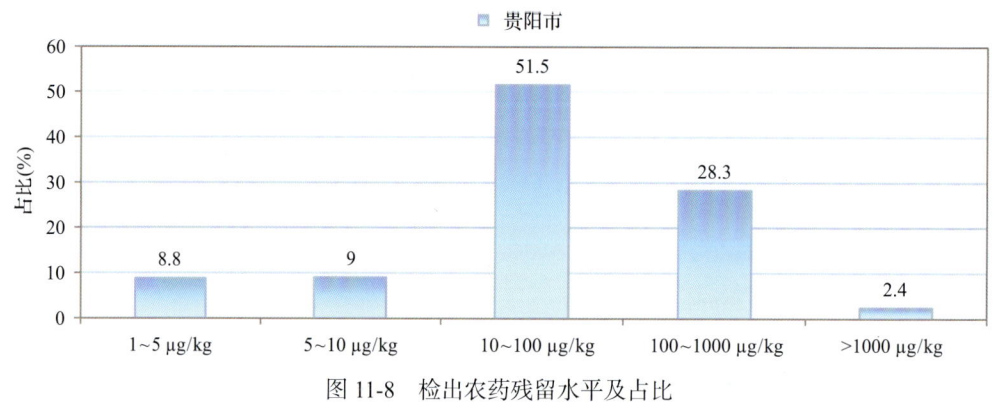

图 11-8 检出农药残留水平及占比

11.1.2.6 检出农药的毒性类别、检出频次和超标频次及占比

对这次检出的 38 种 614 频次的农药,按剧毒、高毒、中毒、低毒和微毒这五个毒性类别进行分类,从中可以看出,贵阳市目前普遍使用的农药为中低微毒农药,品种占 92.1%,频次占 97.4%。结果见表 11-7 及图 11-9。

表 11-7 检出农药毒性类别/占比

毒性分类	农药品种/占比(%)	检出频次/占比(%)	超标频次/超标率(%)
剧毒农药	0/0	0/0.0	0/0.0
高毒农药	3/7.9	16/2.6	2/12.5
中毒农药	21/55.3	502/81.8	0/0.0
低毒农药	11/28.9	76/12.4	0/0.0
微毒农药	3/7.9	20/3.3	0/0.0

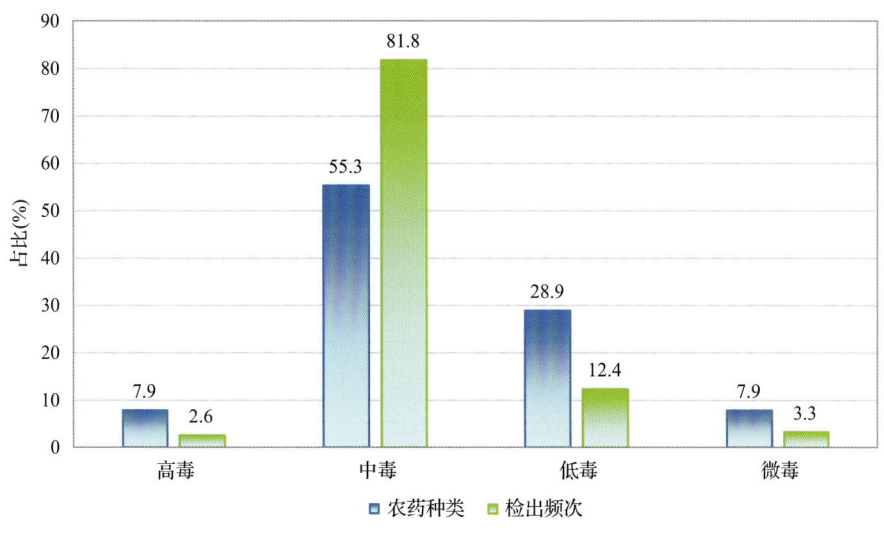

图 11-9　检出农药的毒性分类和占比

11.1.2.7　检出剧毒/高毒类农药的品种和频次

值得特别关注的是，在此次侦测的 131 例样品中有 2 种茶叶的 16 例样品检出了 3 种 16 频次的剧毒和高毒农药，占样品总量的 12.2%，详见图 11-10、表 11-8 及表 11-9。

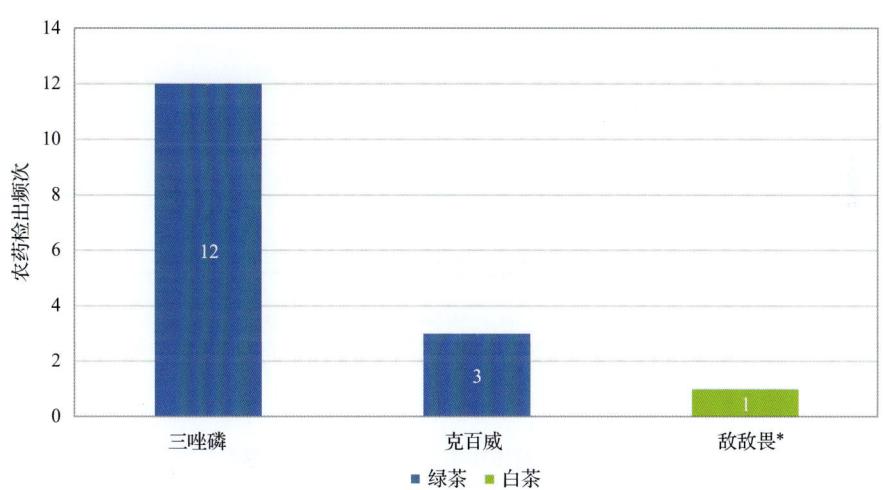

图 11-10　检出剧毒/高毒农药的样品情况
*表示允许在茶叶上使用的农药

表 11-8　剧毒农药检出情况

序号	农药名称	检出频次	超标频次	超标率
		茶叶中未检出剧毒农药		
	合计	0	0	超标率：0.0%

表 11-9 高毒农药检出情况

序号	农药名称	检出频次	超标频次	超标率
从 2 种茶叶中检出 3 种高毒农药,共计检出 16 次				
1	三唑磷	12	0	0.0%
2	克百威	3	2	66.7%
3	敌敌畏	1	0	0.0%
	合计	16	2	超标率:12.5%

在检出的剧毒和高毒农药中,有 2 种是我国早已禁止在茶叶上使用的,分别是:克百威和三唑磷。禁用农药的检出情况见表 11-10。

表 11-10 禁用农药检出情况

序号	农药名称	检出频次	超标频次	超标率
从 5 种茶叶中检出 6 种禁用农药,共计检出 58 次				
1	毒死蜱	17	0	0.0%
2	三唑磷	12	0	0.0%
3	硫丹	11	0	0.0%
4	三氯杀螨醇	10	0	0.0%
5	滴滴涕	5	0	0.0%
6	克百威	3	2	66.7%
	合计	58	2	超标率:3.4%

注:超标结果参考 MRL 中国国家标准计算

此次抽检的茶叶样品中,没有检出剧毒农药。

样品中检出剧毒和高毒农药残留水平超过 MRL 中国国家标准的频次为 2 次,其中:绿茶检出克百威超标 2 次。本次检出结果表明,高毒、剧毒农药的使用现象依旧存在,详见表 11-11。

表 11-11 各样本中检出剧毒/高毒农药情况

样品名称	农药名称	检出频次	超标频次	检出浓度(µg/kg)
茶叶 2 种				
白茶	敌敌畏	1	0	24.5
绿茶	三唑磷▲	12	0	473.8, 406.5, 360.5, 349.1, 374.6, 256.6, 367.0, 329.5, 191.6, 197.4, 452.2, 497.3
绿茶	克百威▲	3	2	35.9, 51.5[a], 51.4[a]
	合计	16	2	超标率: 12.5%

注:超标结果参考 MRL 中国国家标准计算

11.2 农药残留检出水平与最大残留限量标准对比分析

我国于 2016 年 12 月 18 日正式颁布并于 2017 年 6 月 18 日正式实施食品农药残留限量国家标准《食品中农药最大残留限量》(GB 2763—2016)。该标准包括 417 个农药条目,涉及最大残留限量(MRL)标准 4140 项。将 614 频次检出农药的浓度水平与 4140 项 MRL 中国国家标准进行核对,其中只有 242 频次的结果找到了对应的 MRL,占 39.4%,还有 372 频次的结果则无相关 MRL 标准供参考,占 60.6%。

将此次侦测结果与国际上现行 MRL 对比发现,在 614 频次的检出结果中有 614 频次的结果找到了对应的 MRL 欧盟标准,占 100.0%,其中,447 频次的结果有明确对应的 MRL,占 72.8%,其余 167 频次按照欧盟一律标准判定,占 27.2%;有 614 频次的结果找到了对应的 MRL 日本标准,占 100.0%,其中,495 频次的结果有明确对应的 MRL,占 80.6%,其余 119 频次按照日本一律标准判定,占 19.4%;有 244 频次的结果找到了对应的 MRL 中国香港标准,占 39.7%;有 316 频次的结果找到了对应的 MRL 美国标准,占 51.5%;有 254 频次的结果找到了对应的 MRL CAC 标准,占 41.4%(见图 11-11 和图 11-12,数据见附表 3 至附表 8)。

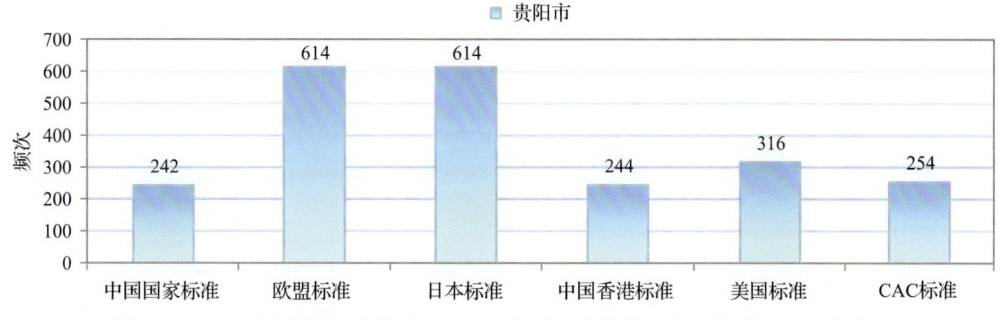

图 11-11 614 频次检出农药可用 MRL 中国国家标准、欧盟标准、日本标准、中国香港标准、美国标准、CAC 标准判定衡量的数量

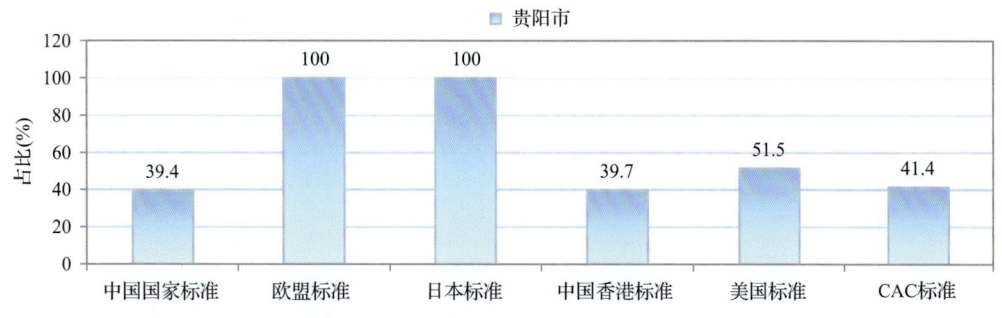

图 11-12 614 频次检出农药可用 MRL 中国国家标准、欧盟标准、日本标准、中国香港标准、美国标准、CAC 标准衡量的占比

11.2.1 超标农药样品分析

本次侦测的 131 例样品中,1 例样品未检出任何残留农药,占样品总量的 0.8%,130

例样品检出不同水平、不同种类的残留农药,占样品总量的 99.2%。在此,我们将本次侦测的农残检出情况与 MRL 中国国家标准、欧盟标准、日本标准、中国香港标准、美国标准和 CAC 标准这 6 大国际主流标准进行对比分析,样品农残检出与超标情况见表 11-12、图 11-13 和图 11-14,详细数据见附表 9 至附表 14。

表 11-12　各 MRL 标准下样本农残检出与超标数量及占比

	中国国家标准 数量/占比(%)	欧盟标准 数量/占比(%)	日本标准 数量/占比(%)	中国香港标准 数量/占比(%)	美国标准 数量/占比(%)	CAC 标准 数量/占比(%)
未检出	1/0.8	1/0.8	1/0.8	1/0.8	1/0.8	1/0.8
检出未超标	128/97.7	14/10.7	57/43.5	130/99.2	130/99.2	130/99.2
检出超标	2/1.5	116/88.5	73/55.7	0/0.0	0/0.0	0/0.0

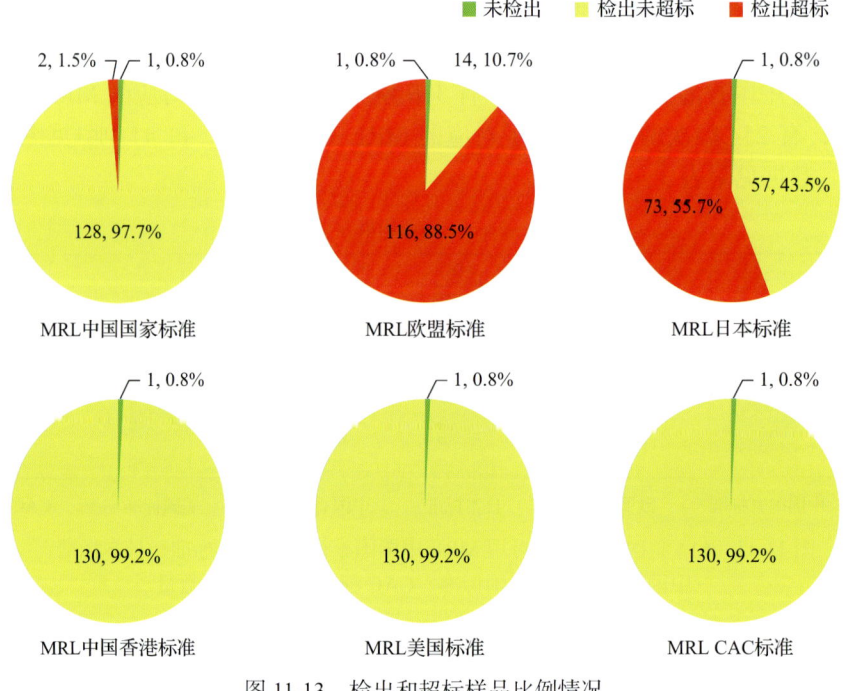

图 11-13　检出和超标样品比例情况

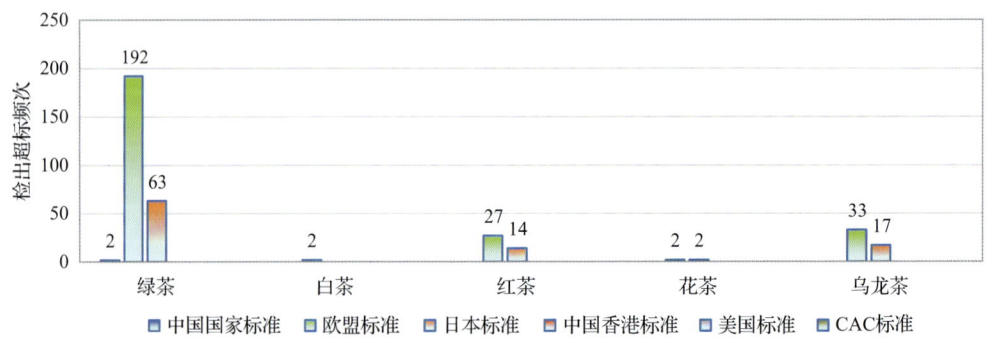

图 11-14　超过 MRL 中国国家标准、欧盟标准、日本标准、中国香港标准、美国标准和 CAC 标准判定结果在茶叶中的分布

11.2.2 超标农药种类分析

按照 MRL 中国国家标准、欧盟标准、日本标准、中国香港标准、美国标准和 CAC 标准这 6 大国际主流标准衡量,本次侦测检出的农药超标品种及频次情况见表 11-13。

表 11-13　各 MRL 标准下超标农药品种及频次

	中国国家标准	欧盟标准	日本标准	中国香港标准	美国标准	CAC 标准
超标农药品种	1	23	12	0	0	0
超标农药频次	2	256	96	0	0	0

11.2.2.1　按 MRL 中国国家标准衡量

按 MRL 中国国家标准衡量,有 1 种农药超标,检出 2 频次,为高毒农药克百威。

按超标程度比较,绿茶中克百威超标倍数与 MRL 中国国家标准相当。检测结果见图 11-15 和附表 15。

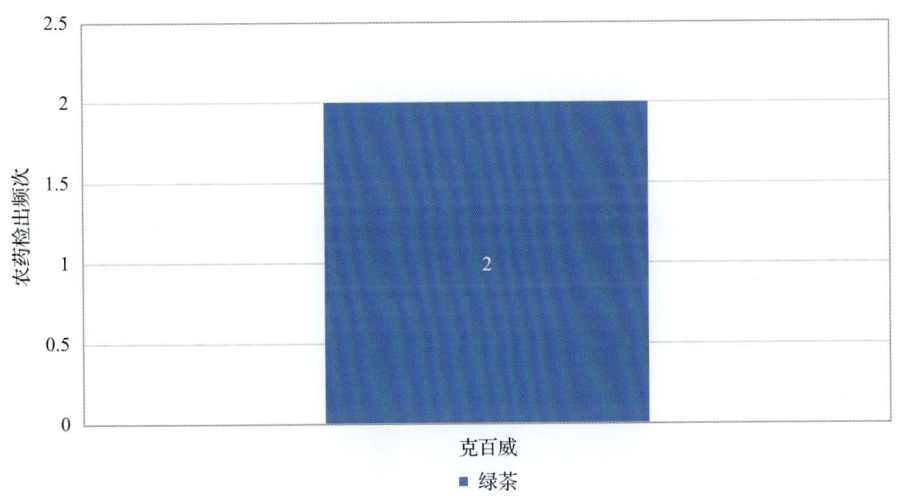

图 11-15　超过 MRL 中国国家标准农药品种及频次

11.2.2.2　按 MRL 欧盟标准衡量

按 MRL 欧盟标准衡量,共有 23 种农药超标,检出 256 频次,分别为高毒农药敌敌畏、三唑磷和克百威,中毒农药苯醚甲环唑、稻瘟灵、丙环唑、氯氟氰菊酯、异丁子香酚、丙溴磷、三唑醇、唑虫酰胺、戊唑醇、哒螨灵、哌草丹和丁香酚,低毒农药噻嗪酮、威杀灵、虱螨脲、五氯苯甲腈、4,4-二氯二苯甲酮和萘乙酸,微毒农药醚菊酯和解草嗪。

按超标程度比较,绿茶中唑虫酰胺超标 504.0 倍,绿茶中异丁子香酚超标 175.0 倍,乌龙茶中唑虫酰胺超标 120.5 倍,绿茶中三唑醇超标 72.5 倍,乌龙茶中异丁子香酚超标 23.9 倍。检测结果见图 11-16 和附表 16。

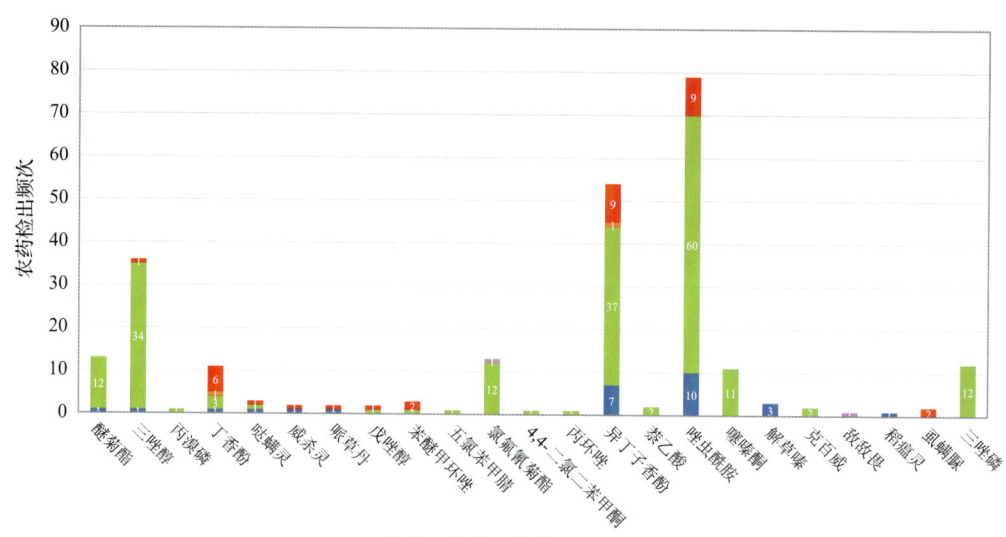

图 11-16 超过 MRL 欧盟标准农药品种及频次

11.2.2.3 按 MRL 日本标准衡量

按 MRL 日本标准衡量，共有 12 种农药超标，检出 96 频次，分别为高毒农药三唑磷，中毒农药稻瘟灵、异丁子香酚、丙溴磷、哌草丹和丁香酚，低毒农药异丙甲草胺、威杀灵、五氯苯甲腈、4,4-二氯二苯甲酮和萘乙酸，微毒农药解草嗪。

按超标程度比较，绿茶中异丁子香酚超标 175.0 倍，绿茶中三唑磷超标 48.7 倍，乌龙茶中异丁子香酚超标 23.9 倍，花茶中丁香酚超标 20.6 倍，红茶中稻瘟灵超标 15.0 倍。检测结果见图 11-17 和附表 17。

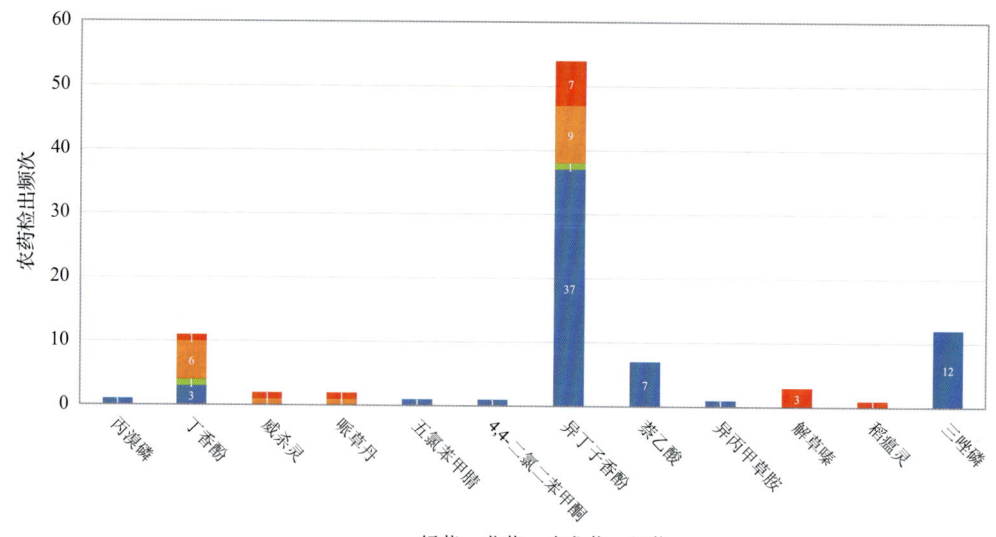

图 11-17 超过 MRL 日本标准农药品种及频次

11.2.2.4 按 MRL 中国香港标准衡量

按 MRL 中国香港标准衡量，无样品检出超标农药残留。

11.2.2.5 按 MRL 美国标准衡量

按 MRL 美国标准衡量，无样品检出超标农药残留。

11.2.2.6 按 MRL CAC 标准衡量

按 MRL CAC 标准衡量，无样品检出超标农药残留。

11.2.3 17 个采样点超标情况分析

11.2.3.1 按 MRL 中国国家标准衡量

按 MRL 中国国家标准衡量，有 1 个采样点的样品存在超标农药检出，超标率为 50.0%，如表 11-14 和图 11-18 所示。

表 11-14 超过 MRL 中国国家标准茶叶在不同采样点分布

序号	采样点	样品总数	超标数量	超标率(%)	行政区域
1	***超市(鸿通城店)	4	2	50.0	南明区

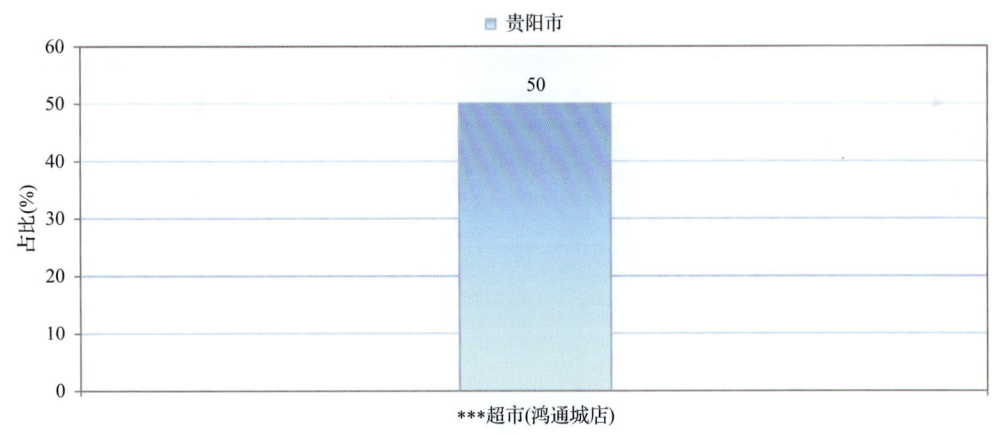

图 11-18 超过 MRL 中国国家标准茶叶在不同采样点分布

11.2.3.2 按 MRL 欧盟标准衡量

按 MRL 欧盟标准衡量，所有采样点的样品存在不同程度的超标农药检出，其中***超市(文昌店)、***超市(恒峰店)、***超市(湘雅店)、***超市(林城西路店)、***超市(花果园店)、***超市(黄河路店)、***超市(鸿通城店)、***超市(二桥黔春路店)和***超市(枫丹白鹭店)的超标率最高，为 100.0%，如表 11-15 和图 11-19 所示。

表 11-15 超过 MRL 欧盟标准茶叶在不同采样点分布

序号	采样点	样品总数	超标数量	超标率(%)	行政区域
1	***超市(文昌店)	19	19	100.0	南明区
2	***超市(沙冲路店)	14	10	71.4	南明区
3	***超市(金源购物中心店)	13	11	84.6	乌当区
4	***超市(人民广场店)	12	9	75.0	南明区
5	***超市(贵乌北路店)	11	10	90.9	云岩区
6	***超市(恒峰店)	10	10	100.0	云岩区
7	***超市(湘雅店)	9	9	100.0	南明区
8	***超市(林城西路店)	8	8	100.0	观山湖区
9	***超市(花果园店)	7	7	100.0	南明区
10	***超市(黄河路店)	6	6	100.0	花溪区
11	***超市(诚信南路店)	5	4	80.0	乌当区
12	***超市(鸿通城店)	4	4	100.0	南明区
13	***超市(贵乌店)	3	1	33.3	云岩区
14	***超市(中铁国际店)	3	2	66.7	南明区
15	***超市(贵山店)	3	2	66.7	云岩区
16	***超市(二桥黔春路店)	2	2	100.0	云岩区
17	***超市(枫丹白鹭店)	2	2	100.0	云岩区

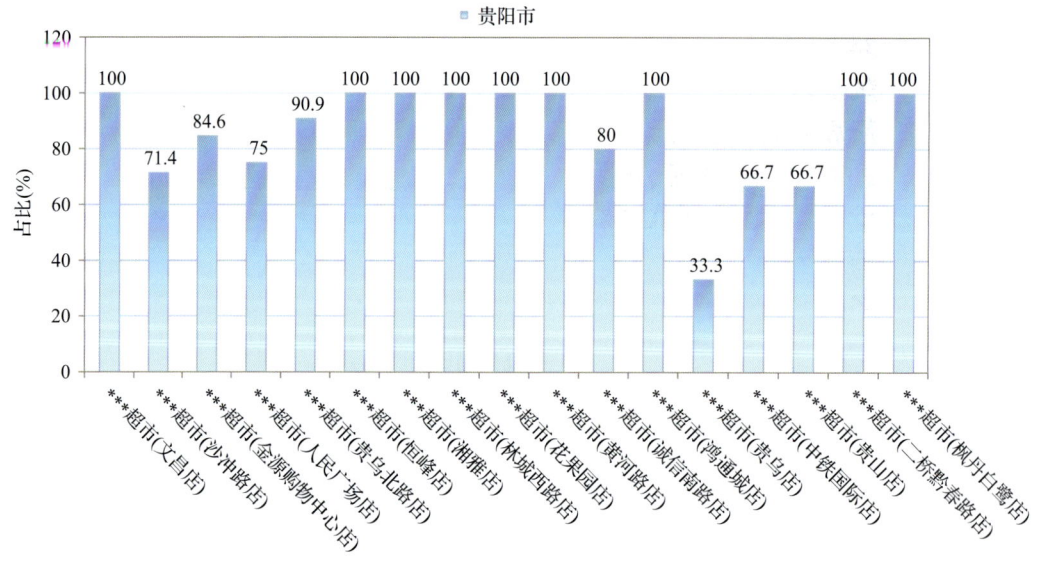

图 11-19 超过 MRL 欧盟标准茶叶在不同采样点分布

11.2.3.3 按 MRL 日本标准衡量

按 MRL 日本标准衡量,有 15 个采样点的样品存在不同程度的超标农药检出,其中***超市(花果园店)的超标率最高,为 100.0%,如表 11-16 和图 11-20 所示。

表 11-16 超过 MRL 日本标准茶叶在不同采样点分布

序号	采样点	样品总数	超标数量	超标率(%)	行政区域
1	***超市(文昌店)	19	16	84.2	南明区
2	***超市(沙冲路店)	14	7	50.0	南明区
3	***超市(金源购物中心店)	13	11	84.6	乌当区
4	***超市(人民广场店)	12	4	33.3	南明区
5	***超市(贵乌北路店)	11	5	45.5	云岩区
6	***超市(恒峰店)	10	8	80.0	云岩区
7	***超市(湘雅店)	9	4	44.4	南明区
8	***超市(林城西路店)	8	4	50.0	观山湖区
9	***超市(花果园店)	7	7	100.0	南明区
10	***超市(黄河路店)	6	2	33.3	花溪区
11	***超市(诚信南路店)	5	1	20.0	乌当区
12	***超市(贵乌店)	3	1	33.3	云岩区
13	***超市(中铁国际店)	3	1	33.3	南明区
14	***超市(贵山店)	3	1	33.3	云岩区
15	***超市(枫丹白鹭店)	2	1	50.0	云岩区

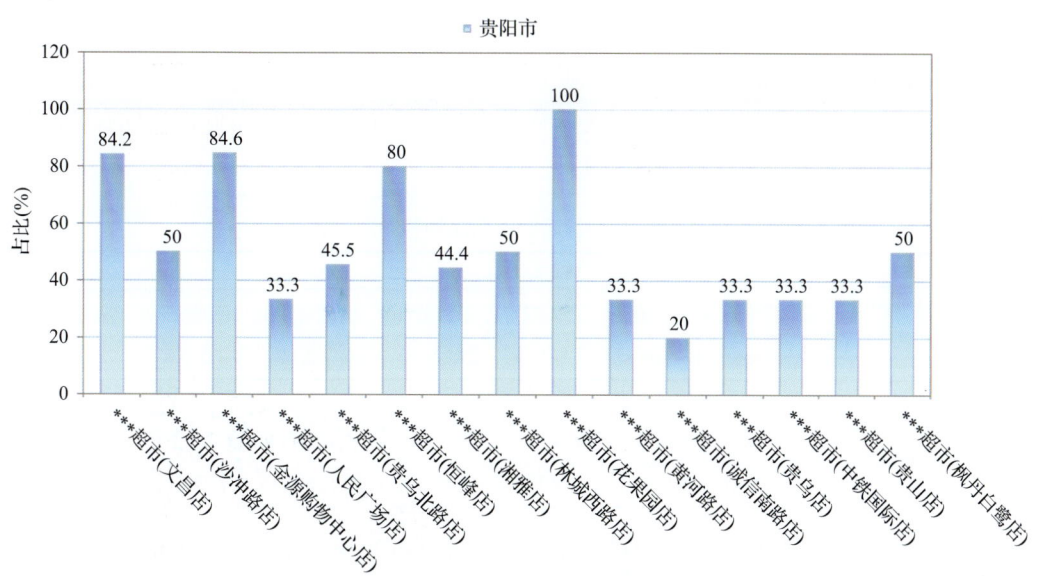

图 11-20 超过 MRL 日本标准茶叶在不同采样点分布

11.2.3.4 按 MRL 中国香港标准衡量

按 MRL 中国香港标准衡量,所有采样点的样品均未检出超标农药残留。

11.2.3.5 按 MRL 美国标准衡量

按 MRL 美国标准衡量,所有采样点的样品均未检出超标农药残留。

11.2.3.6 按 MRL CAC 标准衡量

按 MRL CAC 标准衡量，所有采样点的样品均未检出超标农药残留。

11.3 茶叶中农药残留分布

11.3.1 茶叶按检出农药品种和频次排名

本次残留侦测的茶叶共 6 种，包括白茶、黑茶、红茶、乌龙茶、花茶和绿茶。根据检出农药品种及频次进行排名，将茶叶样品检出情况列表说明，详见表 11-17。

表 11-17 茶叶按检出农药品种和频次排名

按检出农药品种排名(品种)	①绿茶(33)，②红茶(21)，③乌龙茶(16)，④白茶(5)，⑤黑茶(3)，⑥花茶(3)
按检出农药频次排名(频次)	①绿茶(473)，②红茶(68)，③乌龙茶(60)，④白茶(6)，⑤黑茶(4)，⑥花茶(3)
按检出禁用、高毒及剧毒农药品种排名(品种)	①绿茶(6)，②红茶(3)，③白茶(2)，④黑茶(1)，⑤乌龙茶(1)
按检出禁用、高毒及剧毒农药频次排名(频次)	①绿茶(46)，②红茶(7)，③乌龙茶(3)，④白茶(2)，⑤黑茶(1)

11.3.2 茶叶按超标农药品种和频次排名

鉴于 MRL 欧盟标准和日本标准的制定比较全面且覆盖率较高，我们参照 MRL 中国国家标准、欧盟标准和日本标准衡量茶叶样品中农残检出情况，将茶叶按超标农药品种及频次排名列表说明，详见表 11-18。

表 11-18 茶叶按超标农药品种和频次排名

按超标农药品种排名（农药品种数）	MRL 中国国家标准	①绿茶(1)
	MRL 欧盟标准	①绿茶(17)，②红茶(10)，③乌龙茶(10)，④白茶(2)，⑤花茶(2)
	MRL 日本标准	①绿茶(8)，②红茶(6)，③乌龙茶(4)，④花茶(2)
按超标农药频次排名（农药频次数）	MRL 中国国家标准	
	MRL 欧盟标准	①绿茶(44)，②红茶(28)，③花茶(19)，④乌龙茶(6)
	MRL 日本标准	①绿茶(16)，②红茶(12)，③乌龙茶(5)，④花茶(3)

通过对各品种茶叶样本总数及检出率进行综合分析发现，绿茶、红茶和乌龙茶的残留污染最为严重，在此，我们参照 MRL 中国国家标准、欧盟标准和日本标准对这 3 种茶叶的农残检出情况进行进一步分析。

11.3.3 农药残留检出率较高的茶叶样品分析

11.3.3.1 绿茶

这次共检测 50 例绿茶样品，42 例样品中检出了农药残留，检出率为 84.0%，检出农药共计 19 种。其中唑虫酰胺、噻嗪酮、啶虫脒、哒螨灵和茚虫威检出频次较高，分别检出了 31、26、25、16 和 8 次。绿茶中农药检出品种和频次见图 11-21，超标农药见图 11-22 和表 11-19。

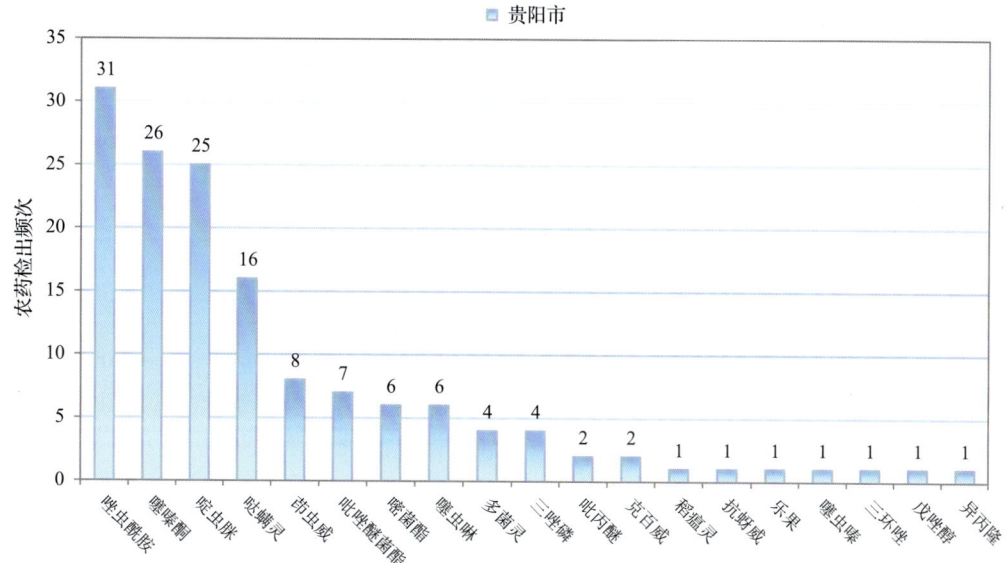

图 11-21　绿茶样品检出农药品种和频次分析

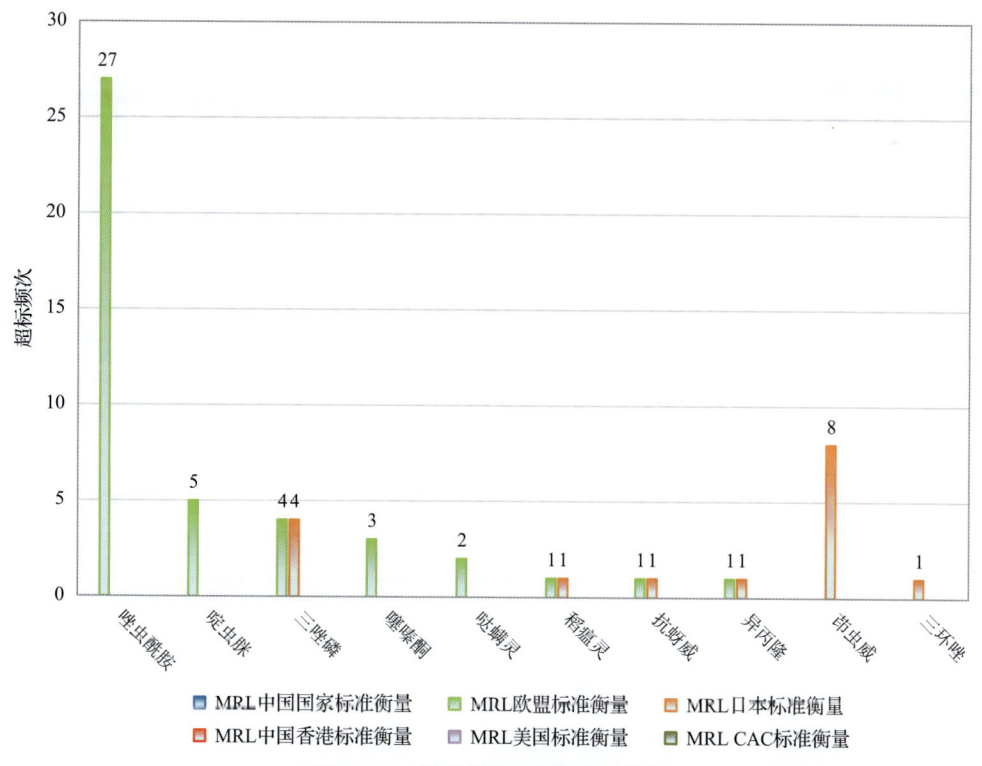

图 11-22　绿茶样品中超标农药分析

表 11-19　绿茶中农药残留超标情况明细表

样品总数		检出农药样品数	样品检出率(%)	检出农药品种总数
50		42	84	19
超标农药品种	超标农药频次	按照 MRL 中国国家标准、欧盟标准和日本标准衡量超标农药名称及频次		
中国国家标准	0	0		
欧盟标准	8	44	唑虫酰胺(27)，啶虫脒(5)，三唑磷(4)，噻嗪酮(3)，哒螨灵(2)，稻瘟灵(1)，抗蚜威(1)，异丙隆(1)	
日本标准	6	16	茚虫威(8)，三唑磷(4)，稻瘟灵(1)，抗蚜威(1)，三环唑(1)，异丙隆(1)	

11.3.3.2　红茶

这次共检测 40 例红茶样品，34 例样品中检出了农药残留，检出率为 85.0%，检出农药共计 16 种。其中噻嗪酮、唑虫酰胺、啶虫脒、哒螨灵和苄氨基嘌呤检出频次较高，分别检出了 20、18、15、7 和 6 次。红茶中农药检出品种和频次见图 11-23，超标农药见表 11-20 和图 11-24。

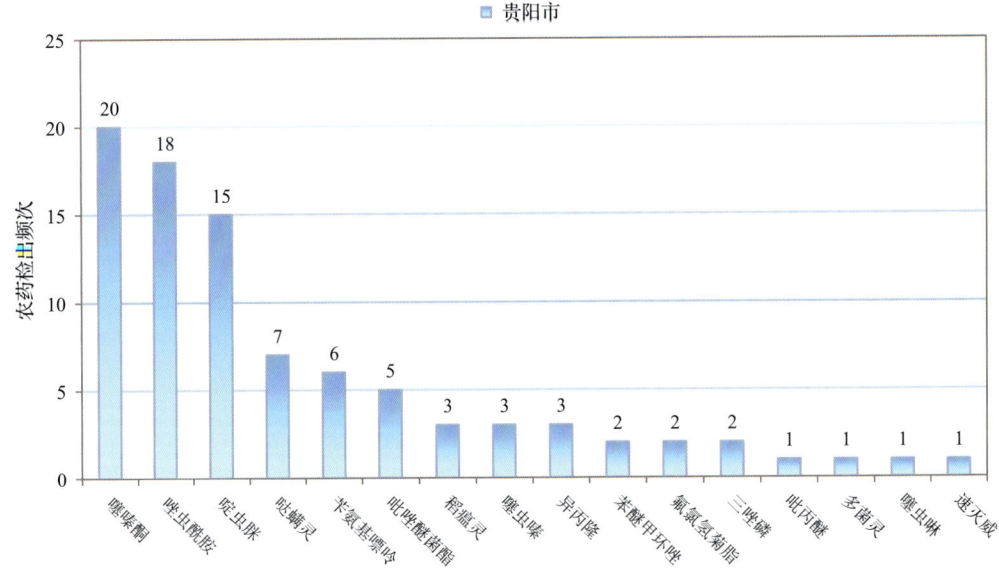

图 11-23　红茶样品检出农药品种和频次分析

表 11-20　红茶中农药残留超标情况明细表

样品总数		检出农药样品数	样品检出率(%)	检出农药品种总数
40		34	85	16
超标农药品种	超标农药频次	按照 MRL 中国国家标准、欧盟标准和日本标准衡量超标农药名称及频次		
中国国家标准	0	0		
欧盟标准	9	28	唑虫酰胺(10)，苄氨基嘌呤(5)，啶虫脒(4)，苯醚甲环唑(2)，去异丙基莠去津(2)，异丙隆(2)，哒螨灵(1)，稻瘟灵(1)，速灭威(1)	
日本标准	5	12	苄氨基嘌呤(5)，异丙隆(3)，去异丙基莠去津(2)，稻瘟灵(1)，速灭威(1)	

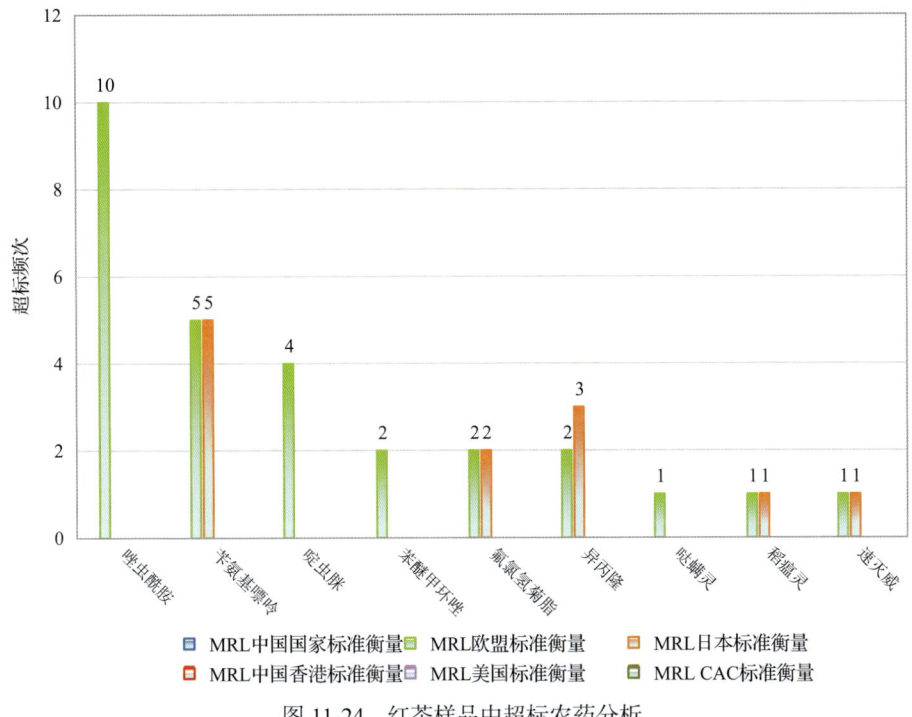

图 11-24　红茶样品中超标农药分析

11.3.3.3　乌龙茶

这次共检测 20 例乌龙茶样品，18 例样品中检出了农药残留，检出率为 90.0%，检出农药共计 9 种。其中唑虫酰胺、哒螨灵、噻嗪酮、吡唑醚菌酯和啶虫脒检出频次较高，分别检出了 12、11、7、4 和 3 次。乌龙茶中农药检出品种和频次见图 11-25，超标农药见图 11-26 和表 11-21。

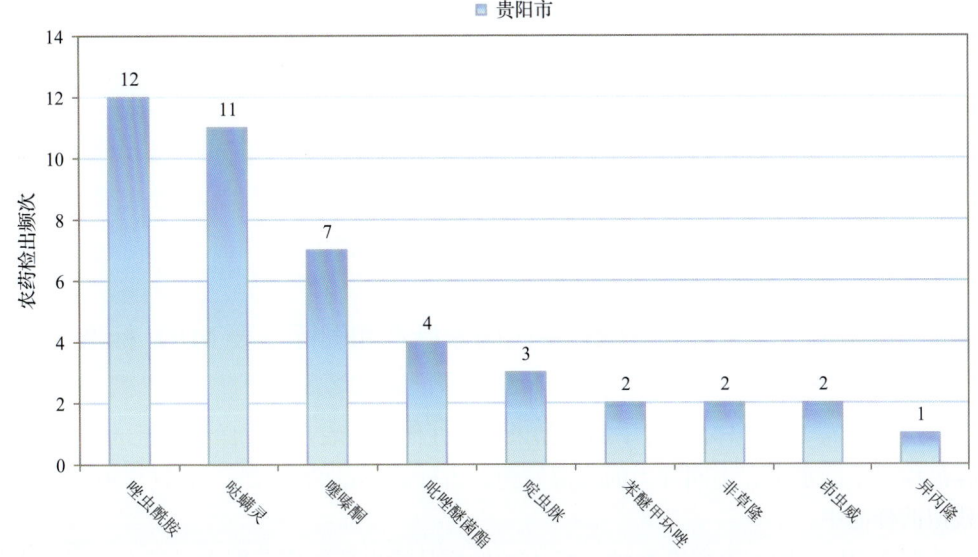

图 11-25　乌龙茶样品检出农药品种和频次分析

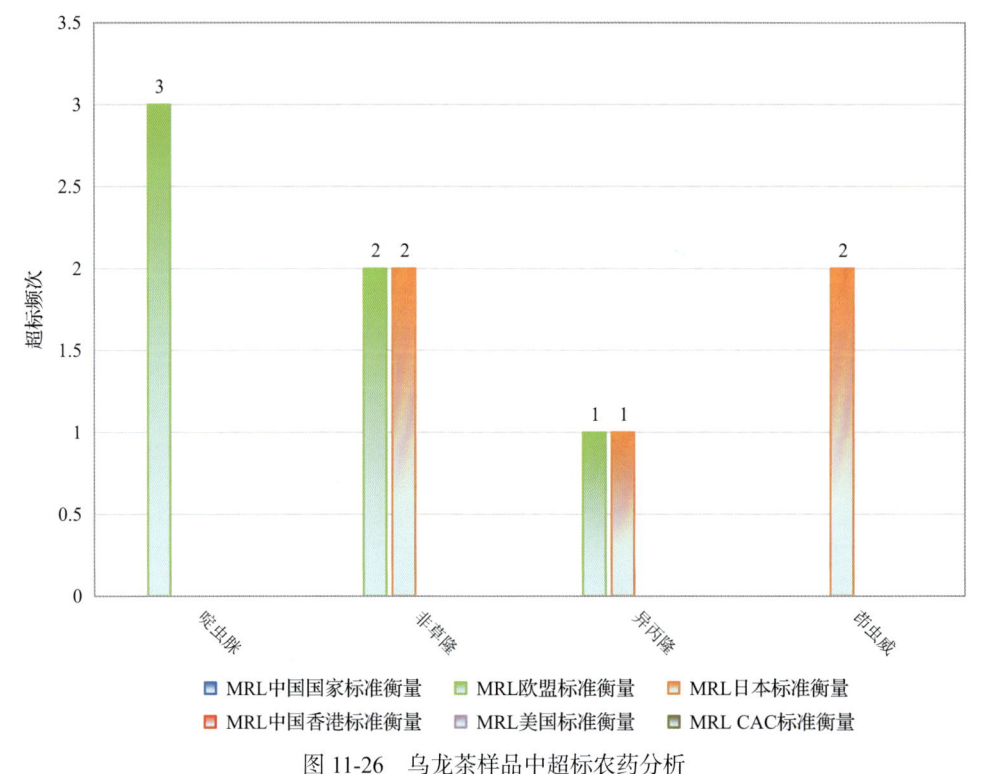

图 11-26 乌龙茶样品中超标农药分析

表 11-21 乌龙茶中农药残留超标情况明细表

样品总数		检出农药样品数	样品检出率(%)	检出农药品种总数
20		18	90	9
	超标农药品种	超标农药频次	按照 MRL 中国国家标准、欧盟标准和日本标准衡量超标农药名称及频次	
中国国家标准	0	0		
欧盟标准	3	6	啶虫脒(3)，非草隆(2)，异丙隆(1)	
日本标准	3	5	非草隆(2)，茚虫威(2)，异丙隆(1)	

11.4 初 步 结 论

11.4.1 贵阳市市售茶叶按 MRL 中国国家标准和国际主要 MRL 标准衡量的合格率

本次侦测的 131 例样品中，1 例样品未检出任何残留农药，占样品总量的 0.8%，130 例样品检出不同水平、不同种类的残留农药，占样品总量的 99.2%。在这 130 例检出农药残留的样品中：

按照 MRL 中国国家标准衡量，有 128 例样品检出残留农药但含量没有超标，占样品总数的 97.7%，有 2 例样品检出了超标农药，占样品总数的 1.5%。

按照 MRL 欧盟标准衡量，有 14 例样品检出残留农药但含量没有超标，占样品总数的 10.7%，有 116 例样品检出了超标农药，占样品总数的 88.5%。

按照 MRL 日本标准衡量，有 57 例样品检出残留农药但含量没有超标，占样品总数的 43.5%，有 73 例样品检出了超标农药，占样品总数的 55.7%。

按照 MRL 中国香港标准衡量，有 130 例样品检出残留农药但含量没有超标，占样品总数的 99.2%，无检出残留农药超标的样品。

按照 MRL 美国标准衡量，有 130 例样品检出残留农药但含量没有超标，占样品总数的 99.2%，无检出残留农药超标的样品。

按照 MRL CAC 标准衡量，有 130 例样品检出残留农药但含量没有超标，占样品总数的 99.2%，无检出残留农药超标的样品。

11.4.2 贵阳市市售茶叶中检出农药以中低微毒农药为主，占市场主体的 92.1%

这次侦测的 131 例茶叶样品共检出了 38 种农药，检出农药的毒性以中低微毒为主，详见表 11-22。

表 11-22 市场主体农药毒性分布

毒性	检出品种	占比	检出频次	占比
高毒农药	3	7.9%	16	2.6%
中毒农药	21	55.3%	502	81.8%
低毒农药	11	28.9%	76	12.4%
微毒农药	3	7.9%	20	3.3%
中低微毒农药，品种占比 92.1%，频次占比 97.4%				

11.4.3 检出剧毒、高毒和禁用农药现象应该警醒

在此次侦测的 131 例样品中有 5 种茶叶的 46 例样品检出了 7 种 59 频次的剧毒和高毒或禁用农药，占样品总量的 35.1%。其中高毒农药三唑磷、克百威和敌敌畏检出频次较高。

按 MRL 中国国家标准衡量，高毒农药克百威，检出 3 次，超标 2 次；按超标程度比较，绿茶中克百威超标 0.03 倍。

剧毒、高毒或禁用农药的检出情况及按照 MRL 中国国家标准衡量的超标情况见表 11-23。

表 11-23 剧毒、高毒或禁用农药的检出及超标明细

序号	农药名称	样品名称	检出频次	超标频次	最大超标倍数	超标率
1.1	敌敌畏◊	白茶	1	0	0	0.0%
2.1	克百威◊▲	绿茶	3	2	0.03	66.7%

续表

序号	农药名称	样品名称	检出频次	超标频次	最大超标倍数	超标率
3.1	三唑磷°▲	绿茶	12	0	0	0.0%
4.1	滴滴涕▲	绿茶	5	0	0	0.0%
5.1	毒死蜱▲	绿茶	15	0	0	0.0%
5.2	毒死蜱▲	白茶	1	0	0	0.0%
5.3	毒死蜱▲	红茶	1	0	0	0.0%
6.1	硫丹▲	绿茶	6	0	0	0.0%
6.2	硫丹▲	红茶	5	0	0	0.0%
7.1	三氯杀螨醇▲	绿茶	5	0	0	0.0%
7.2	三氯杀螨醇▲	乌龙茶	3	0	0	0.0%
7.3	三氯杀螨醇▲	黑茶	1	0	0	0.0%
7.4	三氯杀螨醇▲	红茶	1	0	0	0.0%
合计			59	2		3.4%

注：超标倍数参照 MRL 中国国家标准衡量

这些剧毒和高毒农药都是中国政府早有规定禁止在茶叶中使用的，为什么还屡次被检出，应该引起警惕。

11.4.4　残留限量标准与先进国家或地区差距较大

614 频次的检出结果与我国公布的《食品中农药最大残留限量》(GB 2763—2016) 对比，有 242 频次能找到对应的 MRL 中国国家标准，占 39.4%；还有 372 频次的侦测数据无相关 MRL 标准供参考，占 60.6%。

与国际上现行 MRL 对比发现：

有 614 频次能找到对应的 MRL 欧盟标准，占 100.0%；

有 614 频次能找到对应的 MRL 日本标准，占 100.0%；

有 244 频次能找到对应的 MRL 中国香港标准，占 39.7%；

有 316 频次能找到对应的 MRL 美国标准，占 51.5%；

有 254 频次能找到对应的 MRL CAC 标准，占 41.4%。

由上可见，MRL 中国国家标准与先进国家或地区标准还有很大差距，我们无标准，境外有标准，这就会导致我们在国际贸易中，处于受制于人的被动地位。

11.4.5　茶叶单种样品检出 16~33 种农药残留，拷问农药使用的科学性

通过此次监测发现，绿茶、红茶和乌龙茶是检出农药品种最多的 3 种茶叶，从中检出农药品种及频次详见表 11-24。

表 11-24 单种样品检出农药品种及频次

样品名称	样品总数	检出农药样品数	检出率	检出农药品种数	检出农药(频次)
绿茶	98	98	100.0%	33	联苯菊酯(96),唑虫酰胺(60),三唑醇(55),异丁子香酚(37),虫螨腈(35),戊唑醇(29),噻嗪酮(23),毒死蜱(15),丙环唑(14),氯氟氰菊酯(12),醚菊酯(12),三唑磷(12),虱螨脲(9),稻瘟灵(7),萘乙酸(7),硫丹(6),滴滴涕(5),三氯杀螨醇(5),4,4-二氯二苯甲酮(4),哒螨灵(4),丁香酚(4),杀螨醚(4),吡丙醚(3),氟虫脲(3),克百威(3),苯醚甲环唑(2),丙溴磷(1),腈菌唑(1),氯菊酯(1),嘧霉胺(1),灭幼脲(1),五氯苯甲腈(1),异丙甲草胺(1)
红茶	18	18	100.0%	21	联苯菊酯(17),唑虫酰胺(12),异丁子香酚(7),硫丹(5),三唑醇(4),虱螨脲(4),解草嗪(3),戊唑醇(3),4,4-二氯二苯甲酮(1),吡丙醚(1),哒螨灵(1),稻瘟灵(1),丁香酚(1),毒死蜱(1),氟虫脲(1),醚菊酯(1),哌草丹(1),噻嗪酮(1),三氯杀螨醇(1),威杀灵(1),五氯苯甲腈(1)
乌龙茶	9	9	100.0%	16	联苯菊酯(9),异丁子香酚(9),唑虫酰胺(9),丁香酚(6),虱螨脲(6),4,4-二氯二苯甲酮(3),丙环唑(3),三氯杀螨醇(3),苯醚甲环唑(2),噻嗪酮(2),三唑醇(2),戊唑醇(2),哒螨灵(1),哌草丹(1),特丁通(1),威杀灵(1)

上述 3 种茶叶,检出农药 16~33 种,是多种农药综合防治,还是未严格实施农业良好管理规范(GAP),抑或根本就是乱施药,值得我们思考。

第 12 章 GC-Q-TOF/MS 侦测贵阳市市售茶叶农药残留膳食暴露风险与预警风险评估

12.1 农药残留风险评估方法

12.1.1 贵阳市农药残留侦测数据分析与统计

庞国芳院士科研团队建立的农药残留高通量侦测技术以高分辨精确质量数（0.0001 m/z 为基准）为识别标准，采用 GC-Q-TOF/MS 技术对 684 种农药化学污染物进行侦测。

科研团队于 2019 年 2 月至 3 月期间在贵阳市 17 个采样点，随机采集了 131 例茶叶样品，具体位置如图 12-1 所示

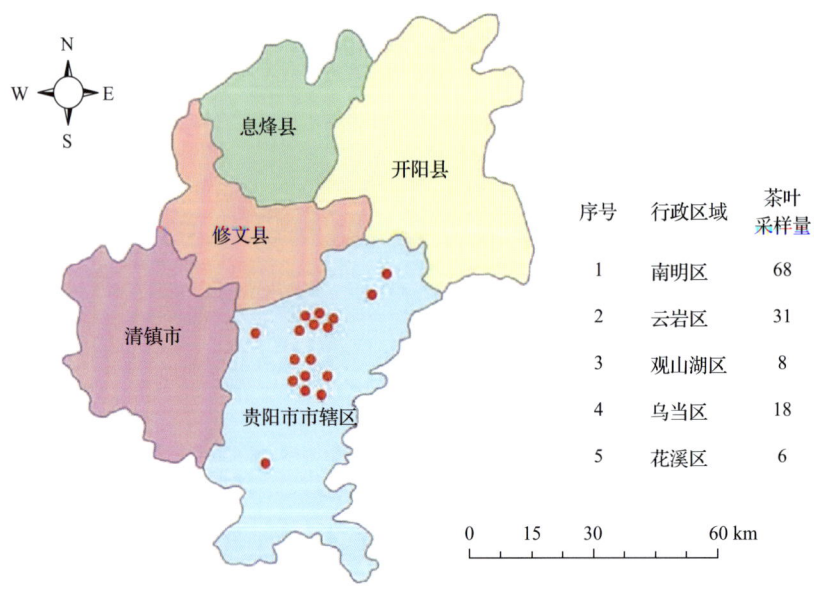

图 12-1 GC-Q-TOF/MS 侦测贵阳市 17 个采样点 131 例样品分布示意图

利用 GC-Q-TOF/MS 技术对 131 例样品中的农药进行侦测，侦测出残留农药 38 种，614 频次。侦测出农药残留水平如表 12-1 和图 12-2 所示。检出频次最高的前 10 种农药如表 12-2 所示。从检测结果中可以看出，在茶叶中农药残留普遍存在，且有些茶叶存在高浓度的农药残留，这些可能存在膳食暴露风险，对人体健康产生危害，因此，为了定量地评价茶叶中农药残留的风险程度，有必要对其进行风险评价。

表 12-1 侦测出农药的不同残留水平及其所占比例列表

残留水平(μg/kg)	检出频次	占比(%)
1~5(含)	54	8.8
5~10(含)	55	9.0
10~100(含)	316	51.5
100~1000(含)	174	28.3
>1000	15	2.4
合计	614	100

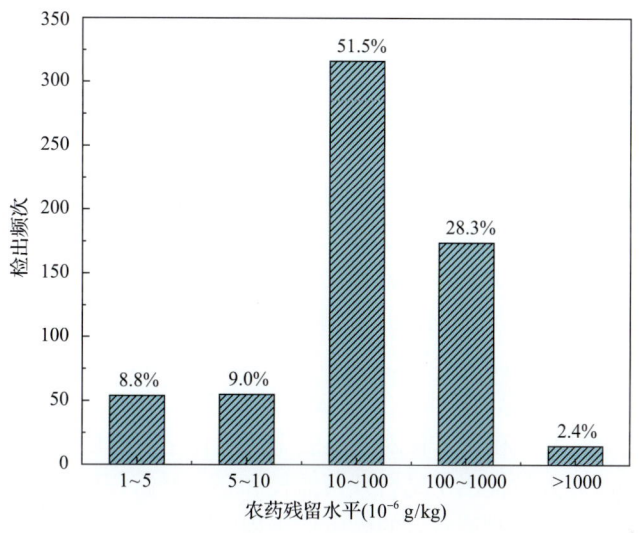

图 12-2 残留农药检出浓度频数分布图

表 12-2 检出频次最高的前 10 种农药列表

序号	农药	检出频次
1	联苯菊酯	127
2	唑虫酰胺	81
3	三唑醇	61
4	异丁子香酚	54
5	虫螨腈	36
6	戊唑醇	34
7	噻嗪酮	26
8	虱螨脲	19
9	丙环唑	17
10	毒死蜱	17

12.1.2 农药残留风险评价模型

对贵阳市茶叶中农药残留分别开展暴露风险评估和预警风险评估。膳食暴露风险评估利用食品安全指数模型对茶叶中的残留农药对人体可能产生的危害程度进行评价,该模型结合残留监测和膳食暴露评估评价化学污染物的危害;预警风险评价模型运用风险系数(risk index,R),风险系数综合考虑了危害物的超标率、施检频率及其本身敏感性的影响,能直观而全面地反映出危害物在一段时间内的风险程度。

12.1.2.1 食品安全指数模型

为了加强食品安全管理,《中华人民共和国食品安全法》第二章第十七条规定"国家建立食品安全风险评估制度,运用科学方法,根据食品安全风险监测信息、科学数据以及有关信息,对食品、食品添加剂、食品相关产品中生物性、化学性和物理性危害因素进行风险评估"[1],膳食暴露评估是食品危险度评估的重要组成部分,也是膳食安全性的衡量标准[2]。国际上最早研究膳食暴露风险评估的机构主要是 JMPR(FAO、WHO 农药残留联合会议),该组织自1995年就已制定了急性毒性物质的风险评估急性毒性农药残留摄入量的预测。1960年美国规定食品中不得加入致癌物质进而提出零阈值理论,渐渐零阈值理论发展成在一定概率条件下可接受风险的概念[3],后衍变为食品中每日允许最大摄入量(ADI),而国际食品农药残留法典委员会(CCPR)认为 ADI 不是独立风险评估的唯一标准[4],1995年 JMPR 开始研究农药急性膳食暴露风险评估,并对食品国际短期摄入量的计算方法进行了修正,亦对膳食暴露评估准则及评估方法进行了修正[5],2002年,在对世界上现行的食品安全评价方法,尤其是国际公认的 CAC 评价方法、全球环境监测系统/食品污染监测和评估规划(WHO GEMS/Food)及 FAO、WHO 食品添加剂联合专家委员会(JECFA)和 JMPR 对食品安全风险评估工作研究的基础之上,检验检疫食品安全管理的研究人员提出了结合残留监控和膳食暴露评估,以食品安全指数 IFS 计算食品中各种化学污染物对消费者的健康危害程度[6]。IFS 是表示食品安全状态的新方法,可有效地评价某种农药的安全性,进而评价食品中各种农药化学污染物对消费者健康的整体危害程度[7,8]。从理论上分析,IFS_c 可指出食品中的污染物 c 对消费者健康是否存在危害及危害的程度[9]。其优点在于操作简单且结果容易被接受和理解,不需要大量的数据来对结果进行验证,使用默认的标准假设或者模型即可[10,11]。

1) IFS_c 的计算

IFS_c 计算公式如下:

$$IFS_c = \frac{EDI_c \times f}{SI_c \times bw} \quad (12-1)$$

式中,c 为所研究的农药;EDI_c 为农药 c 的实际日摄入量估算值,等于 $\sum(R_i \times F_i \times E_i \times P_i)$($i$ 为食品种类;R_i 为食品 i 中农药 c 的残留水平,mg/kg;F_i 为食品 i 的估计日消费量,g/(人·天);E_i 为食品 i 的可食用部分因子;P_i 为食品 i 的加工处理因子);SI_c 为安全摄入量,可采用每日允许最大摄入量 ADI;bw 为人平均体重,kg;f 为校正因子,如果安全摄入量采用 ADI,则 f 取 1。

$IFS_c \ll 1$,农药 c 对食品安全没有影响;$IFS_c \leq 1$,农药 c 对食品安全的影响可以接受;$IFS_c > 1$,农药 c 对食品安全的影响不可接受。

本次评价中:

$IFS_c \leq 0.1$,农药 c 对茶叶安全没有影响;

$0.1 < IFS_c \leq 1$,农药 c 对茶叶安全的影响可以接受;

$IFS_c > 1$,农药 c 对茶叶安全的影响不可接受。

本次评价中残留水平 R_i 取值为中国检验检疫科学研究院庞国芳院士课题组利用以高分辨精确质量数(0.0001 m/z)为基准的 GC-Q-TOF/MS 侦测技术于 2017 年 4 月期间对贵阳市茶叶农药残留的侦测结果,估计日消费量 F_i 取值 0.0047 kg/(人·天),$E_i=1$,$P_i=1$,$f=1$,SI_c 采用《食品安全国家标准 食品中农药最大残留限量》(GB 2763—2016)中 ADI 值(具体数值见表 12-3),人平均体重(bw)取值 60 kg。

表 12-3 贵阳市茶叶中侦测出农药的 ADI 值

序号	农药	ADI	序号	农药	ADI	序号	农药	ADI
1	唑虫酰胺	0.006	14	三氯杀螨醇	0.002	27	腈菌唑	0.03
2	三唑磷	0.001	15	醚菊酯	0.03	28	氯菊酯	0.05
3	联苯菊酯	0.01	16	虫螨腈	0.03	29	嘧霉胺	0.2
4	三唑醇	0.03	17	丙溴磷	0.03	30	4,4-二氯二苯甲酮	—
5	噻嗪酮	0.009	18	戊唑醇	0.03	31	丁香酚	—
6	毒死蜱	0.01	19	稻瘟灵	0.016	32	五氯苯甲腈	—
7	克百威	0.001	20	滴滴涕	0.01	33	威杀灵	—
8	硫丹	0.006	21	敌敌畏	0.004	34	异丁子香酚	—
9	氯氟氰菊酯	0.02	22	氟虫脲	0.04	35	杀螨醚	—
10	哒螨灵	0.01	23	萘乙酸	0.15	36	灭幼脲	—
11	虱螨脲	0.015	24	丙环唑	0.07	37	特丁通	—
12	哌草丹	0.001	25	吡丙醚	0.1	38	解草嗪	—
13	苯醚甲环唑	0.01	26	异丙甲草胺	0.1			

注:"—"表示为国家标准中无 ADI 值规定;ADI 值单位为 mg/kg bw

2) 计算 IFS_c 的平均值 $\overline{IFS}$,评价农药对食品安全的影响程度

以 $\overline{IFS}$ 评价各种农药对人体健康危害的总程度,评价模型见公式(12-2)。

$$\overline{IFS} = \frac{\sum_{i=1}^{n} IFS_c}{n} \tag{12-2}$$

$IFS \leq 1$,所研究消费者人群的食品安全状态很好;$\overline{IFS} \leq 1$,所研究消费者人群的食品安全状态可以接受;$\overline{IFS} > 1$,所研究消费者人群的食品安全状态不可接受。

本次评价中:

$\overline{IFS} \leq 0.1$,所研究消费者人群的茶叶安全状态很好;

$0.1 < \overline{IFS} \leq 1$,所研究消费者人群的茶叶安全状态可以接受;

$\overline{IFS} > 1$,所研究消费者人群的茶叶安全状态不可接受。

12.1.2.2 预警风险评估模型

2003年,我国检验检疫食品安全管理的研究人员根据WTO的有关原则和我国的具体规定,结合危害物本身的敏感性、风险程度及其相应的施检频率,首次提出了食品中危害物风险系数R的概念[12]。R是衡量一个危害物的风险程度大小最直观的参数,即在一定时期内其超标率或阳性检出率的高低,但受其施检频率的高低及其本身的敏感性(受关注程度)影响。该模型综合考察了农药在茶叶中的超标率、施检频率及其本身敏感性,能直观而全面地反映出农药在一段时间内的风险程度[13]。

1) R计算方法

危害物的风险系数综合考虑了危害物的超标率或阳性检出率、施检频率和其本身的敏感性影响,并能直观而全面地反映出危害物在一段时间内的风险程度。风险系数R的计算公式如式(12-3):

$$R = aP + \frac{b}{F} + S \tag{12-3}$$

式中,P为该种危害物的超标率;F为危害物的施检频率;S为危害物的敏感因子;a,b分别为相应的权重系数。

本次评价中$F=1$;$S=1$;$a=100$;$b=0.1$,对参数P进行计算,计算时首先判断是否为禁用农药,如果为非禁用农药,P=超标的样品数(侦测出的含量高于食品最大残留限量标准值,即MRL)除以总样品数(包括超标、不超标、未侦测出);如果为禁用农药,则侦测出即为超标,P=能侦测出的样品数除以总样品数。判断贵阳市茶叶农药残留是否超标的标准限值MRL分别以MRL中国国家标准[14]和MRL欧盟标准作为对照,具体值列于本报告附表一中。

2) 评价风险程度

$R \leqslant 1.5$,受检农药处于低度风险;

$1.5 < R \leqslant 2.5$,受检农药处于中度风险;

$R > 2.5$,受检农药处于高度风险。

12.1.2.3 食品膳食暴露风险和预警风险评估应用程序的开发

1) 应用程序开发的步骤

为成功开发膳食暴露风险和预警风险评估应用程序,与软件工程师多次沟通讨论,逐步提出并描述清楚计算需求,开发了初步应用程序。为明确出不同茶叶、不同农药、不同地域的风险水平,向软件工程师提出不同的计算需求,软件工程师对计算需求进行逐一分析,经过反复的细节沟通,需求分析得到明确后,开始进行解决方案的设计,在保证需求的完整性、一致性的前提下,编写出程序代码,最后设计出满足需求的风险评估专用计算软件,并通过一系列的软件测试和改进,完成专用程序的开发。软件开发基本步骤见图12-3。

图 12-3 专用程序开发总体步骤

2) 膳食暴露风险评估专业程序开发的基本要求

首先直接利用公式(12-1)，分别计算 LC-Q-TOF/MS 和 GC-Q-TOF/MS 仪器侦测出的各茶叶样品中每种农药 IFS_c，将结果列出。为考察超标农药和禁用农药的使用安全性，分别以我国《食品安全国家标准　食品中农药最大残留限量》(GB 2763—2016)和欧盟食品中农药最大残留限量(以下简称 MRL 中国国家标准和 MRL 欧盟标准)为标准，对侦测出的禁用农药和超标的非禁用农药 IFS_c 单独进行评价；按 IFS_c 大小列表，并找出 IFS_c 值排名前 20 的样本重点关注。

对不同茶叶 i 中每一种侦测出的农药 c 的安全指数进行计算，多个样品时求平均值。按农药种类，计算整个监测时间段内每种农药的 IFS_c，不区分茶叶种类。

3) 预警风险评估专业程序开发的基本要求

分别以 MRL 中国国家标准和 MRL 欧盟标准，按公式(12-3)逐个计算不同茶叶、不同农药的风险系数，禁用农药和非禁用农药分别列表。

为清楚了解各种农药的预警风险，不分时间，不分茶叶，按禁用农药和非禁用农药分类，分别计算各种侦测出农药全部检测时段内风险系数。由于有 MRL 中国国家标准的农药种类太少，无法计算超标数，非禁用农药的风险系数只以 MRL 欧盟标准为标准，进行计算。

4) 风险程度评价专业应用程序的开发方法

采用 Python 计算机程序设计语言，Python 是一个高层次地结合了解释性、编译性、互动性和面向对象的脚本语言。风险评价专用程序主要功能包括：分别读入每例样品 GC-Q-TOF/MS 和 GC-Q-TOF/MS 农药残留检测数据，根据风险评价工作要求，依次对不同农药、不同食品、不同时间、不同采样点的 IFS_c 值和 R 值分别进行数据计算，筛选出禁用农药、超标农药(分别与 MRL 中国国家标准、MRL 欧盟标准限值进行对比)单独重点分析，再分别对各农药、各茶叶种类分类处理，设计出计算和排序程序，编写计算机代码，最后将生成的膳食暴露风险评估和超标风险评估定量计算结果列入设计好的各个表格中，并定性判断风险对目标的影响程度，直接用文字描述风险发生的高低，如"不可接受"、"可以接受"、"没有影响"、"高度风险"、"中度风险"、"低度风险"。

12.2　GC-Q-TOF/MS侦测贵阳市市售茶叶农药残留膳食暴露风险评估

12.2.1　每例茶叶样品中农药残留安全指数分析

基于 2017 年 4 月的农药残留侦测数据，发现在 131 例样品中侦测出农药 614 频次，计算样品中每种残留农药的安全指数 IFS_c，并分析农药对样品安全的影响程度，结果详见附表二，农药残留对茶叶样品安全的影响程度频次分布情况如图 12-4 所示。

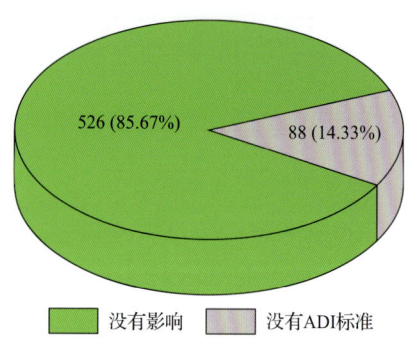

图 12-4 农药残留对茶叶样品安全的影响程度频次分布图

由图 12-4 可以看出，农药残留对样品安全的没有影响的频次为 526，占 85.67%。

部分样品侦测出禁用农药 6 种 58 频次，为了明确残留的禁用农药对样品安全的影响，分析侦测出禁用农药残留的样品安全指数，禁用农药残留对茶叶样品安全的影响程度频次分布情况如图 12-5 所示，农药残留对样品安全没有影响的频次为 58，占 100%。

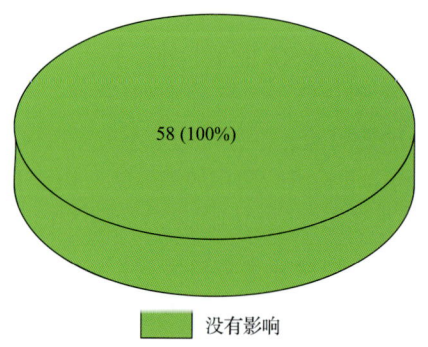

图 12-5 禁用农药对茶叶样品安全影响程度的频次分布图

此外，本次侦测发现部分样品中非禁用农药残留量超过了欧盟标准，为了明确超标的非禁用农药对样品安全的影响，分析了非禁用农药残留超标的样品安全指数。

残留量超过 MRL 欧盟标准的非禁用农药对茶叶样品安全的影响程度频次分布情况如图 12-6 所示。可以看出超过 MRL 欧盟标准的非禁用农药共 242 频次，其中农药没有 ADI 的频次为 72，占 29.75%；农药残留对样品安全没有影响的频次为 170，占 70.25%。

表 12-4 为茶叶样品中安全指数排名前 10 的残留超标非禁用农药列表。

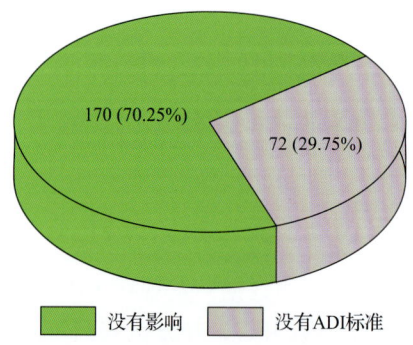

图 12-6 残留超标的非禁用农药对茶叶样品安全的影响程度频次分布图（MRL 欧盟标准）

表 12-4　茶叶样品中安全指数排名前 10 的残留超标非禁用农药列表（MRL 欧盟标准）

序号	样品编号	采样点	基质	农药	含量 (mg/kg)	欧盟标准	IFS$_c$	影响程度
1	20190301-520100-USI-GT-07A	***超市（花果园店）	绿茶	唑虫酰胺	5.05	0.01	0.0659	没有影响
2	20190304-520100-USI-GT-12E	***超市（诚信南路店）	绿茶	唑虫酰胺	3.78	0.01	0.0494	没有影响
3	20190305-520100-USI-GT-17C	***超市（黄河路店）	绿茶	唑虫酰胺	3.0164	0.01	0.0394	没有影响
4	20190305-520100-USI-GT-17D	***超市（黄河路店）	绿茶	唑虫酰胺	2.9945	0.01	0.0391	没有影响
5	20190228-520100-USI-GT-02I	***超市（沙冲路店）	绿茶	唑虫酰胺	2.962	0.01	0.0387	没有影响
6	20190228-520100-USI-GT-02D	***超市（沙冲路店）	绿茶	唑虫酰胺	2.7915	0.01	0.0364	没有影响
7	20190305-520100-USI-GT-04F	***超市（贵乌北路店）	绿茶	唑虫酰胺	1.7135	0.01	0.0224	没有影响
8	20190304-520100-USI-GT-11G	***超市（金源购物中心店）	绿茶	唑虫酰胺	1.4825	0.01	0.0194	没有影响
9	20190301-520100-USI-OT-07C	***超市（花果园店）	乌龙茶	唑虫酰胺	1.2152	0.01	0.0159	没有影响
10	20190304-520100-USI-GT-01H	***超市（文昌店）	绿茶	唑虫酰胺	1.1552	0.01	0.0151	没有影响

12.2.2　单种茶叶中农药残留安全指数分析

本次 6 种茶叶侦测 38 种农药，检出频次为 614 次，其中 9 种农药没有 ADI，29 种农药存在 ADI 标准。6 种茶叶按不同种类分别计算侦测出的具有 ADI 标准的各种农药的 IFS$_c$ 值，农药残留对茶叶的安全指数分布图如图 12-7 所示。

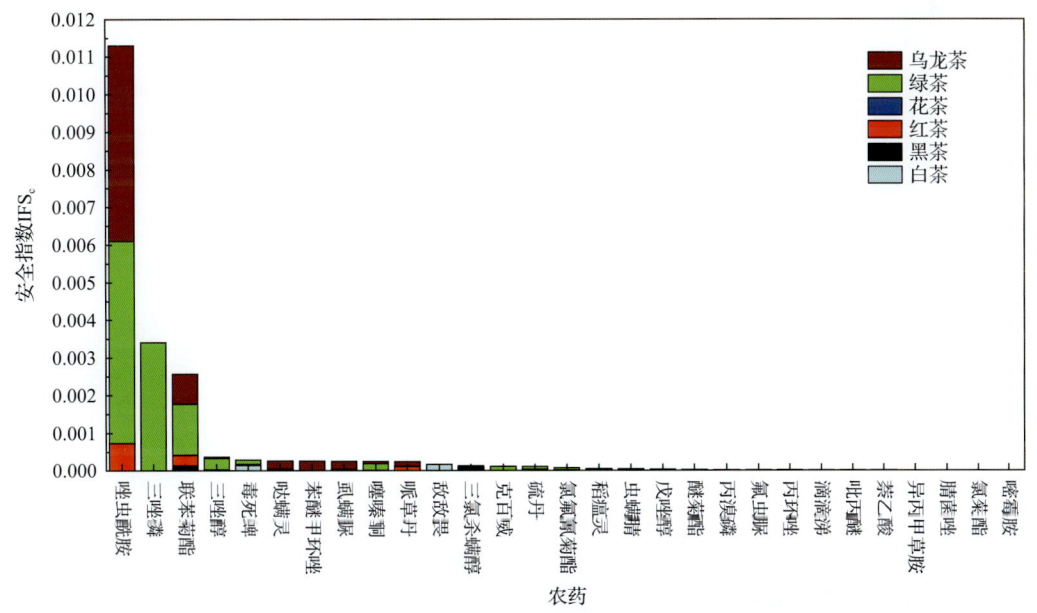

图 12-7　6 种茶叶中 29 种残留农药的安全指数分布图

本次侦测中，6 种茶叶和 38 种残留农药(包括没有 ADI)共涉及 81 个分析样本，农药对单种茶叶安全的影响程度分布情况如图 12-8 所示。可以看出，75.31%的样本中农药对茶叶安全没有影响。

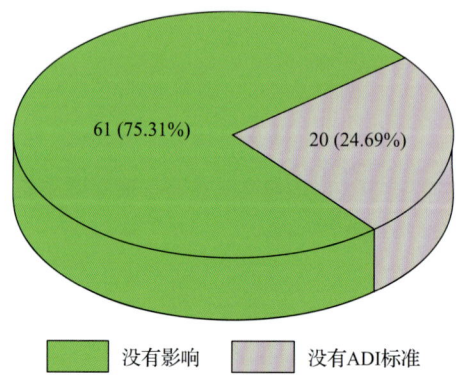

图 12-8　81 个分析样本的影响程度频次分布图

12.2.3　所有茶叶中农药残留安全指数分析

计算所有茶叶中 29 种农药的 IFS_c 值，结果如图 12-9 及表 12-5 所示。

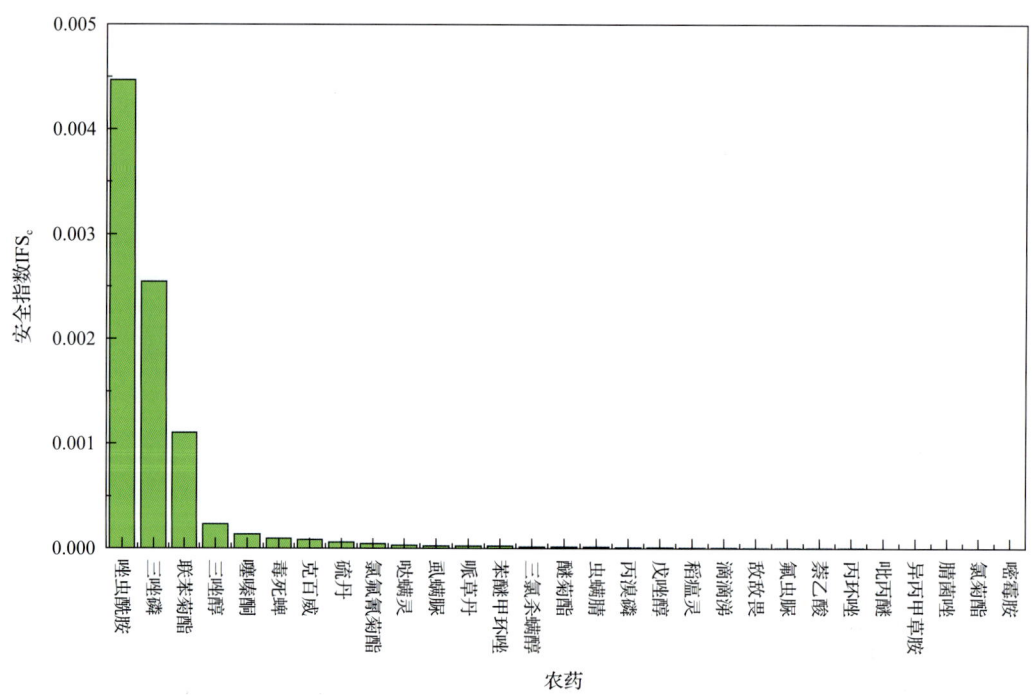

图 12-9　29 种残留农药对茶叶的安全影响程度统计图

分析发现，所有农药对茶叶安全的影响程度均为没有影响，说明茶叶中残留的农药不会对茶叶安全造成影响。

表 12-5 茶叶中 29 种农药残留的安全指数表

序号	农药	检出频次	检出率(%)	IFS$_c$	影响程度	序号	农药	检出频次	检出率(%)	IFS$_c$	影响程度
1	唑虫酰胺	81	61.83	4.47×10^{-3}	没有影响	16	虫螨腈	36	27.48	1.37×10^{-5}	没有影响
2	三唑磷	12	9.16	2.54×10^{-3}	没有影响	17	丙溴磷	1	0.76	9.31×10^{-6}	没有影响
3	联苯菊酯	127	96.95	1.10×10^{-3}	没有影响	18	戊唑醇	34	25.95	9.25×10^{-6}	没有影响
4	三唑醇	61	46.56	2.33×10^{-4}	没有影响	19	稻瘟灵	8	6.11	7.20×10^{-6}	没有影响
5	噻嗪酮	26	19.85	1.37×10^{-4}	没有影响	20	滴滴涕	5	3.82	4.38×10^{-6}	没有影响
6	毒死蜱	17	12.98	9.24×10^{-5}	没有影响	21	敌敌畏	1	0.76	3.66×10^{-6}	没有影响
7	克百威	3	2.29	8.30×10^{-5}	没有影响	22	氟虫脲	4	3.05	2.36×10^{-6}	没有影响
8	硫丹	11	8.40	5.81×10^{-5}	没有影响	23	萘乙酸	7	5.34	2.36×10^{-6}	没有影响
9	氯氟氰菊酯	13	9.92	4.48×10^{-5}	没有影响	24	丙环唑	17	12.98	1.97×10^{-6}	没有影响
10	哒螨灵	6	4.58	2.87×10^{-5}	没有影响	25	吡丙醚	4	3.05	1.27×10^{-6}	没有影响
11	虱螨脲	19	14.50	2.47×10^{-5}	没有影响	26	异丙甲草胺	1	0.76	2.52×10^{-7}	没有影响
12	哌草丹	2	1.53	2.38×10^{-5}	没有影响	27	腈菌唑	1	0.76	1.71×10^{-7}	没有影响
13	苯醚甲环唑	4	3.05	2.25×10^{-5}	没有影响	28	氯菊酯	1	0.76	1.14×10^{-7}	没有影响
14	三氯杀螨醇	10	7.63	1.41×10^{-5}	没有影响	29	嘧霉胺	1	0.76	2.69×10^{-8}	没有影响
15	醚菊酯	13	9.92	1.37×10^{-5}	没有影响						

12.3 GC-Q-TOF/MS 侦测贵阳市市售茶叶农药残留预警风险评估

基于贵阳市茶叶样品中农药残留 GC-Q-TOF/MS 侦测数据，分析禁用农药的检出率，同时参照中华人民共和国国家标准 GB 2763—2016 和欧盟农药最大残留限量(MRL)标准分析非禁用农药残留的超标率，并计算农药残留风险系数。分析单种茶叶中农药残留以及所有茶叶中农药残留的风险程度。

12.3.1 单种茶叶中农药残留风险系数分析

12.3.1.1 单种茶叶中禁用农药残留风险系数分析

侦测出的 38 种残留农药中有 6 种为禁用农药，且它们分布在 5 种茶叶中，计算 5 种茶叶中禁用农药的超标率，根据超标率计算风险系数 R，进而分析茶叶中禁用农药的风险程度，结果如图 12-10 与表 12-6 所示。分析发现 6 种禁用农药在 5 种茶叶中的残留处均于高度风险。

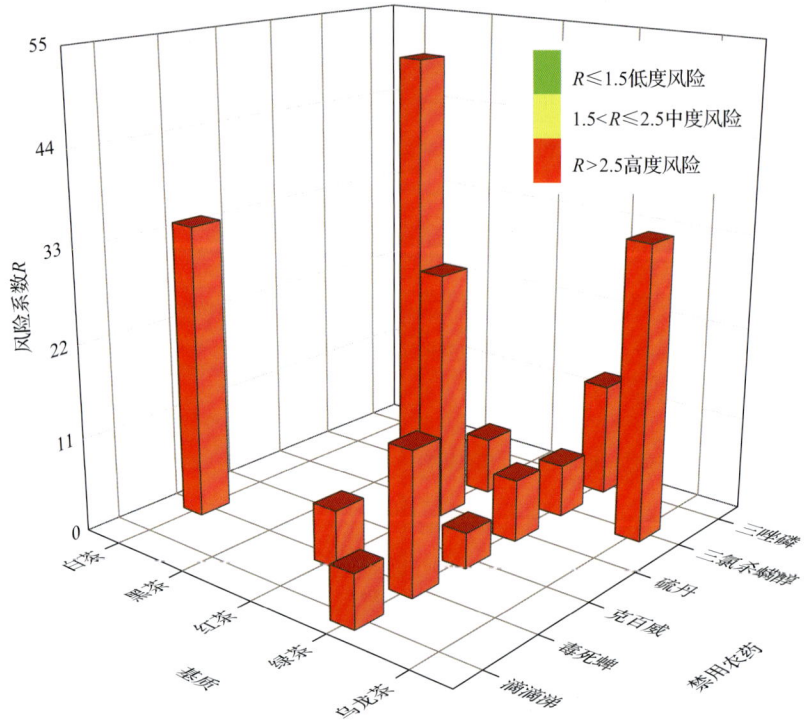

图 12-10　5 种茶叶中 6 种禁用农药残留的风险系数表

表 12-6　5 种茶叶中 6 种禁用农药残留的风险系数表

序号	基质	农药	检出频次	检出率(%)	风险系数 R	风险程度
1	乌龙茶	三氯杀螨醇	3	33.33	34.43	高度风险
2	白茶	毒死蜱	1	33.33	34.43	高度风险
3	红茶	三氯杀螨醇	1	5.56	6.66	高度风险
4	红茶	毒死蜱	1	5.56	6.66	高度风险
5	红茶	硫丹	5	27.78	28.88	高度风险
6	绿茶	三唑磷	12	12.24	13.34	高度风险
7	绿茶	三氯杀螨醇	5	5.10	6.20	高度风险
8	绿茶	克百威	3	3.06	4.16	高度风险
9	绿茶	毒死蜱	15	15.31	16.41	高度风险
10	绿茶	滴滴涕	5	5.10	6.20	高度风险
11	绿茶	硫丹	6	6.12	7.22	高度风险
12	黑茶	三氯杀螨醇	1	50.00	51.10	高度风险

12.3.1.2 基于 MRL 中国国家标准的单种茶叶中非禁用农药残留风险系数分析

参照中华人民共和国国家标准 GB 2763—2016 中农药残留限量计算每种茶叶中每种非禁用农药的超标率,进而计算其风险系数,根据风险系数大小判断残留农药的预警风险程度,茶叶中非禁用农药残留风险程度分布情况如图 12-11 所示。

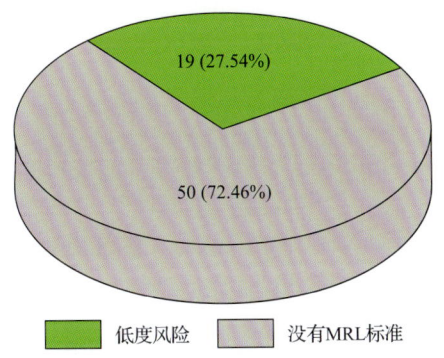

图 12-11 茶叶中非禁用农药残留的风险程度分布图(MRL 中国国家标准)

本次分析中,发现在 6 种茶叶检出 32 种残留非禁用农药,涉及样本 69 个,在 69 个样本中,27.54%处于低度风险,此外发现有 50 个样本没有 MRL 中国国家标准值,无法判断其风险程度,有 MRL 中国国家标准值的 19 个样本涉及 6 种茶叶中的 7 种非禁用农药,其风险系数 R 值如图 12-12 所示。

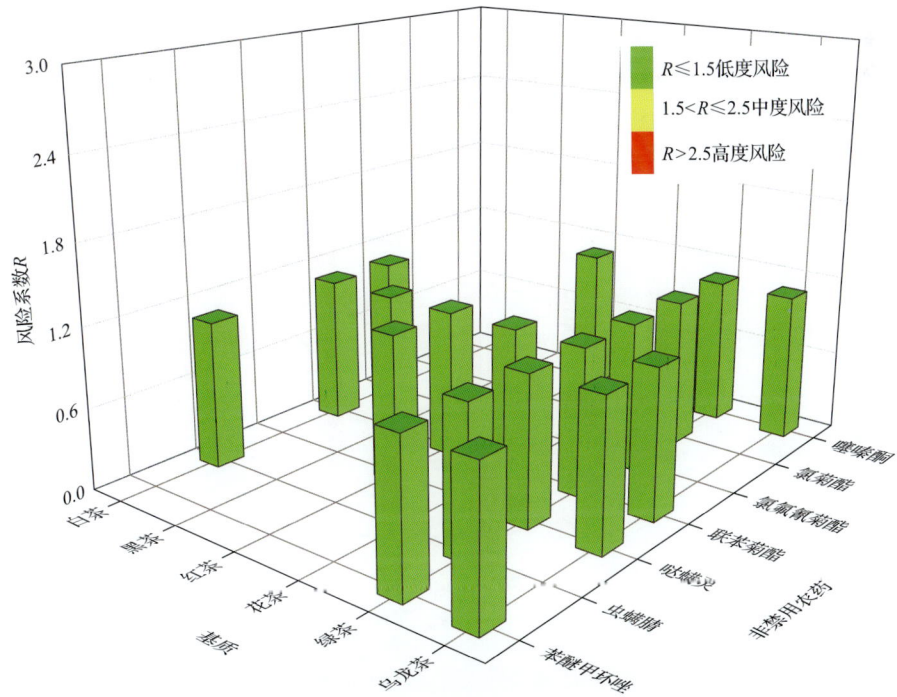

图 12-12 6 种茶叶中 7 种非禁用农药的风险系数分布图(MRL 中国国家标准)

12.3.1.3 基于MRL欧盟标准的单种茶叶中非禁用农药残留风险系数分析

参照MRL欧盟标准计算每种茶叶中每种非禁用农药的超标率，进而计算其风险系数，根据风险系数大小判断农药残留的预警风险程度，茶叶中非禁用农药残留风险程度分布情况如图12-13所示。

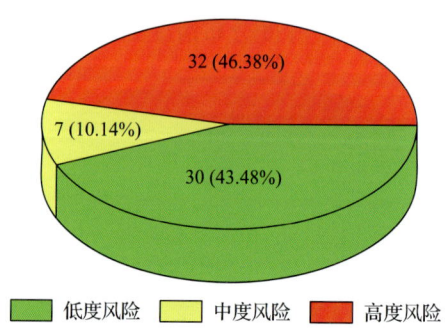

图12-13 茶叶中非禁用农药残留的风险程度分布图（MRL欧盟标准）

本次分析中，发现在6种茶叶中共侦测出32种非禁用农药，涉及样本69个，其中，46.38%处于高度风险，涉及5种茶叶和17种农药；10.14%处于中度风险，涉及1种茶叶和7种农药；43.48%处于低度风险，涉及6种茶叶和18种农药。单种茶叶中的非禁用农药风险系数分布图如图12-14所示。单种茶叶中处于高度风险的非禁用农药风险系数如图12-15和表12-7所示。

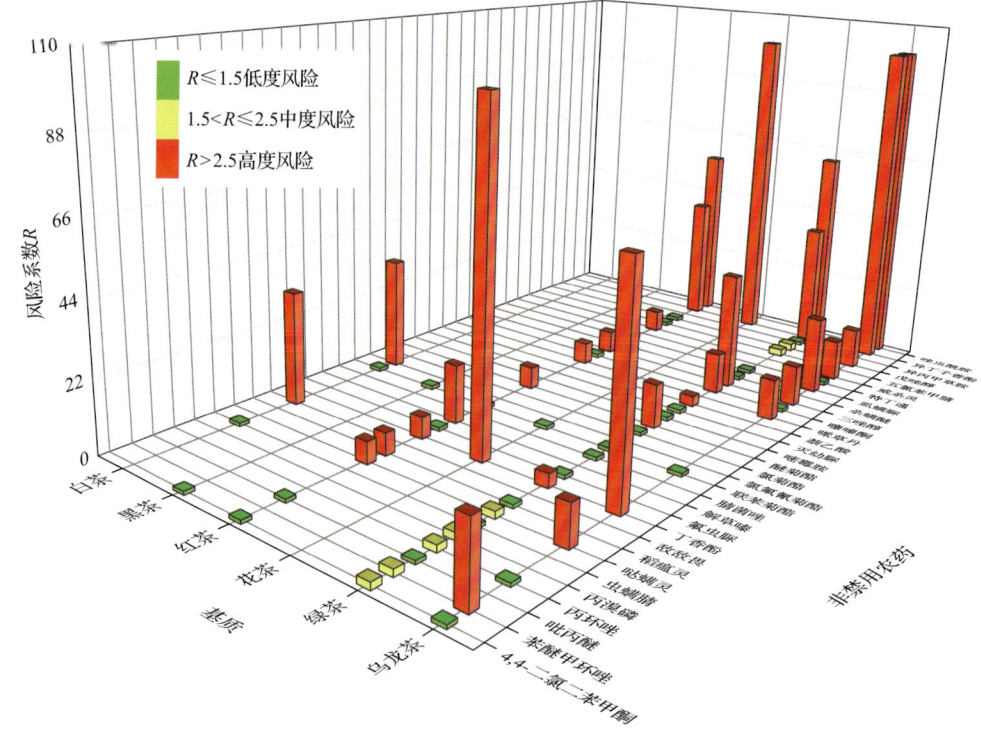

图12-14 6种茶叶中32种非禁用农药残留的风险系数（MRL欧盟标准）

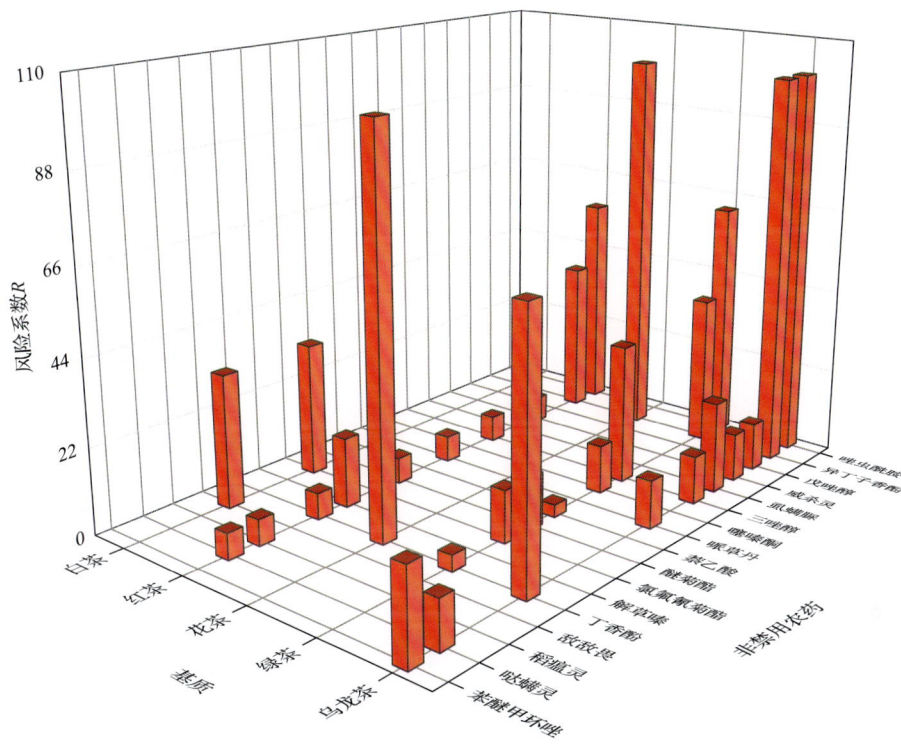

图 12-15 单种茶叶中处于高度风险的非禁用农药的风险系数(MRL 欧盟标准)

表 12-7 单种茶叶中处于高度风险的非禁用农药残留的风险系数表(**MRL 欧盟标准**)

序号	基质	农药	超标频次	超标率 $P(\%)$	风险系数 R
1	乌龙茶	唑虫酰胺	9	100.00	101.10
2	乌龙茶	异丁子香酚	9	100.00	101.10
3	花茶	丁香酚	1	100.00	101.10
4	花茶	异丁子香酚	1	100.00	101.10
5	乌龙茶	丁香酚	6	66.67	67.77
6	绿茶	唑虫酰胺	60	61.22	62.32
7	红茶	唑虫酰胺	10	55.56	56.66
8	红茶	异丁子香酚	7	38.89	39.99
9	绿茶	异丁子香酚	37	37.76	38.86
10	绿茶	三唑醇	34	34.69	35.79
11	白茶	敌敌畏	1	33.33	34.43
12	白茶	氯氟氰菊酯	1	33.33	34.43
13	乌龙茶	苯醚甲环唑	2	22.22	23.32
14	乌龙茶	虱螨脲	2	22.22	23.32
15	红茶	解草嗪	3	16.67	17.77
16	绿茶	氯氟氰菊酯	12	12.24	13.34

续表

序号	基质	农药	超标频次	超标率 P(%)	风险系数 R
17	绿茶	醚菊酯	12	12.24	13.34
18	绿茶	噻嗪酮	11	11.22	12.32
19	乌龙茶	三唑醇	1	11.11	12.21
20	乌龙茶	哌草丹	1	11.11	12.21
21	乌龙茶	哒螨灵	1	11.11	12.21
22	乌龙茶	威杀灵	1	11.11	12.21
23	乌龙茶	戊唑醇	1	11.11	12.21
24	红茶	丁香酚	1	5.56	6.66
25	红茶	三唑醇	1	5.56	6.66
26	红茶	哌草丹	1	5.56	6.66
27	红茶	哒螨灵	1	5.56	6.66
28	红茶	威杀灵	1	5.56	6.66
29	红茶	稻瘟灵	1	5.56	6.66
30	红茶	醚菊酯	1	5.56	6.66
31	绿茶	丁香酚	3	3.06	4.16
32	绿茶	萘乙酸	2	2.04	3.14

12.3.2 所有茶叶中农药残留风险系数分析

12.3.2.1 所有茶叶中禁用农药残留风险系数分析

在侦测出的 38 种农药中有 6 种为禁用农药，计算所有茶叶中禁用农药的风险系数，结果如表 12-8 所示。在 6 种禁用农药中，6 种农药残留均处于高度风险。

表 12-8 茶叶中 6 种禁用农药的风险系数表

序号	农药	检出频次	检出率(%)	风险系数 R	风险程度
1	毒死蜱	17	12.98	14.08	高度风险
2	三唑磷	12	9.16	10.26	高度风险
3	硫丹	11	8.40	9.50	高度风险
4	三氯杀螨醇	10	7.63	8.73	高度风险
5	滴滴涕	5	3.82	4.92	高度风险
6	克百威	3	2.29	3.39	高度风险

12.3.2.2 所有茶叶中非禁用农药残留风险系数分析

参照 MRL 欧盟标准计算所有茶叶中每种非禁用农药残留的风险系数，如图 12-16 与表 12-9 所示。在侦测出的 32 种非禁用农药中，15 种农药(46.88%)残留处于高度风险，

6 种农药(18.75%)残留处于中度风险，11 种农药(34.37%)残留处于低度风险。

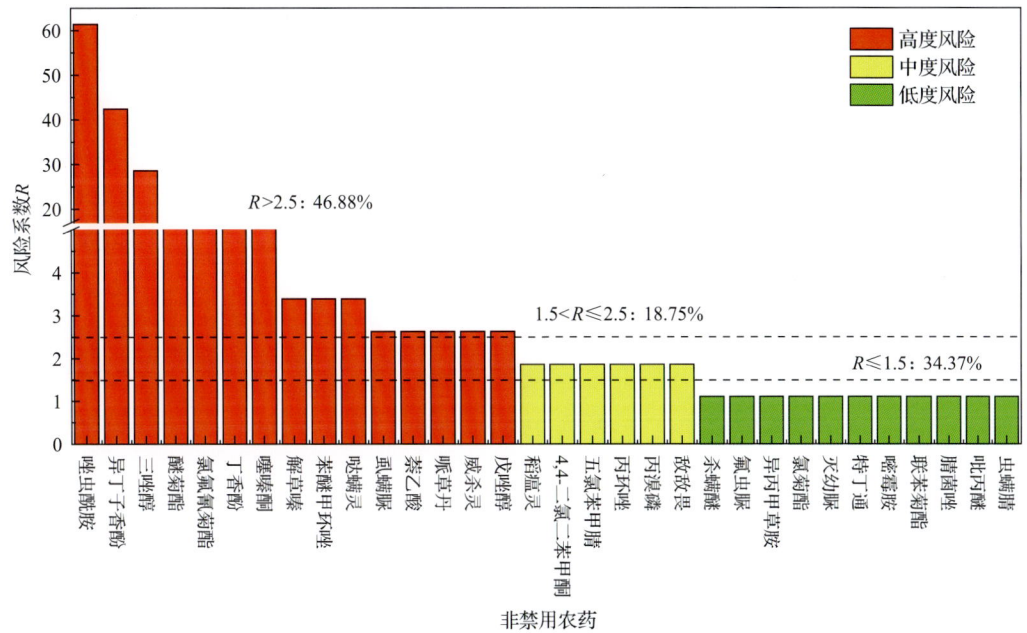

图 12-16 茶叶中 32 种非禁用农药的风险程度统计图

表 12-9 茶叶中 32 种非禁用农药的风险系数表

序号	农药	超标频次	超标率 $P(\%)$	风险系数 R	风险程度
1	唑虫酰胺	79	60.31	61.41	高度风险
2	异丁子香酚	54	41.22	42.32	高度风险
3	三唑醇	36	27.48	28.58	高度风险
4	醚菊酯	13	9.92	11.02	高度风险
5	氯氟氰菊酯	13	9.92	11.02	高度风险
6	丁香酚	11	8.40	9.50	高度风险
7	噻嗪酮	11	8.40	9.50	高度风险
8	解草嗪	3	2.29	3.39	高度风险
9	苯醚甲环唑	3	2.29	3.39	高度风险
10	哒螨灵	3	2.29	3.39	高度风险
11	虱螨脲	2	1.53	2.63	高度风险
12	萘乙酸	2	1.53	2.63	高度风险
13	哌草丹	2	1.53	2.63	高度风险
14	威杀灵	2	1.53	2.63	高度风险
15	戊唑醇	2	1.53	2.63	高度风险
16	稻瘟灵	1	0.76	1.86	中度风险

续表

序号	农药	超标频次	超标率 $P(\%)$	风险系数 R	风险程度
17	4,4-二氯二苯甲酮	1	0.76	1.86	中度风险
18	五氯苯甲腈	1	0.76	1.86	中度风险
19	丙环唑	1	0.76	1.86	中度风险
20	丙溴磷	1	0.76	1.86	中度风险
21	敌敌畏	1	0.76	1.86	中度风险
22	杀螨醚	0	0.00	1.10	低度风险
23	氟虫脲	0	0.00	1.10	低度风险
24	异丙甲草胺	0	0.00	1.10	低度风险
25	氯菊酯	0	0.00	1.10	低度风险
26	灭幼脲	0	0.00	1.10	低度风险
27	特丁通	0	0.00	1.10	低度风险
28	嘧霉胺	0	0.00	1.10	低度风险
29	联苯菊酯	0	0.00	1.10	低度风险
30	腈菌唑	0	0.00	1.10	低度风险
31	吡丙醚	0	0.00	1.10	低度风险
32	虫螨腈	0	0.00	1.10	低度风险

12.4 GC-Q-TOF/MS侦测贵阳市市售茶叶农药残留风险评估结论与建议

农药残留是影响茶叶安全和质量的主要因素，也是我国食品安全领域备受关注的敏感话题和亟待解决的重大问题之一[15,16]。各种茶叶均存在不同程度的农药残留现象，本研究主要针对贵阳市各类茶叶存在的农药残留问题，基于2019年2月至3月对贵阳市131例茶叶样品中农药残留侦测得出的614个侦测结果，分别采用食品安全指数模型和风险系数模型，开展茶叶中农药残留的膳食暴露风险和预警风险评估。茶叶样品取自超市和茶叶专营店，符合大众的膳食来源，风险评价时更具有代表性和可信度。

本研究力求通用简单地反映食品安全中的主要问题，且为管理部门和大众容易接受，为政府及相关管理机构建立科学的食品安全信息发布和预警体系提供科学的规律与方法，加强对农药残留的预警和食品安全重大事件的预防，控制食品风险。

12.4.1 贵阳市茶叶中农药残留膳食暴露风险评价结论

1) 茶叶样品中农药残留安全状态评价结论

采用食品安全指数模型，对2019年2月至3月期间贵阳市茶叶食品农药残留膳食暴露风险进行评价，根据 IFS$_c$ 的计算结果发现，茶叶中农药的 $\overline{\text{IFS}}$ 为 3.09×10^{-4}，说明贵阳市茶叶总体处于可以接受的安全状态，但部分禁用农药、高残留农药在茶叶中仍有侦测出，导致膳食暴露风险的存在，成为不安全因素。

2) 禁用农药膳食暴露风险评价

本次检测发现部分茶叶样品中有禁用农药侦测出，侦测出禁用农药 6 种，侦测出频次为 58，茶叶样品中的禁用农药 IFS$_c$ 计算结果表明，禁用农药残留膳食暴露风险没有影响的频次为 58，占 100%。

12.4.2 贵阳市茶叶中农药残留预警风险评价结论

1) 单种茶叶中禁用农药残留的预警风险评价结论

本次检测过程中，在 5 种茶叶中检测出 6 种禁用农药，禁用农药为：毒死蜱、三唑磷、硫丹、三氯杀螨醇、滴滴涕、克百威，茶叶为：白茶、黑茶、红茶、绿茶、乌龙茶，茶叶中禁用农药的风险系数分析结果显示，6 种禁用农药在 5 种茶叶中的残留均处于高度风险，说明在单种茶叶中禁用农药的残留会导致较高的预警风险。

2) 单种茶叶中非禁用农药残留的预警风险评价结论

以 MRL 中国国家标准为标准，计算茶叶中非禁用农药风险系数情况下，69 个样本中，19 个处于低度风险(27.54%)，50 个样本没有 MRL 中国国家标准(72.46%)。以 MRL 欧盟标准为标准，计算茶叶中非禁用农药风险系数情况下，发现有 32 个处于高度风险(46.38%)，7 个处于中度风险(10.14%)，30 个处于低度风险(43.48%)。基于两种 MRL 标准，评价的结果差异显著，可以看出 MRL 欧盟标准比中国国家标准更加严格和完善，过于宽松的 MRL 中国国家标准值能否有效保障人体的健康有待研究。

12.4.3 加强贵阳市茶叶食品安全建议

我国食品安全风险评价体系仍不够健全，相关制度不够完善，多年来，由于农药用药次数多、用药量大或用药间隔时间短，产品残留量大，农药残留所造成的食品安全问题日益严峻，给人体健康带来了直接或间接的危害。据估计，美国与农药有关的癌症患者数约占全国癌症患者总数的 50%，中国更高。同样，农药对其他生物也会形成直接杀伤和慢性危害，植物中的农药可经过食物链逐级传递并不断蓄积，对人和动物构成潜在威胁，并影响生态系统。

基于本次农药残留侦测数据的风险评价结果，提出以下几点建议：

1) 加快食品安全标准制定步伐

我国食品标准中对农药每日允许最大摄入量 ADI 的数据严重缺乏，在本次评价所涉及的 38 种农药中，仅有 76.32% 的农药具有 ADI 值，而 23.68% 的农药中国尚未规定相应的 ADI 值，亟待完善。

我国食品中农药最大残留限量值的规定严重缺乏，对评估涉及的不同茶叶中不同农药 81 个 MRL 限值进行统计来看，我国仅制定出 27 个标准，我国标准完整率仅为 33.33%，欧盟的完整率达到 100%（表 12-10）。因此，中国更应加快 MRL 的制定步伐。

表 12-10 我国国家食品标准农药的 ADI、MRL 值与欧盟标准的数量差异

分类		中国 ADI	MRL 中国国家标准	MRL 欧盟标准
标准限值（个）	有	29	27	81
	无	8	54	0
总数（个）		38	81	81
无标准限值比例（%）		23.68	66.67	0

此外，MRL 中国国家标准限值普遍高于欧盟标准限值，这些标准中共有 11 个高于欧盟。过高的 MRL 值难以保障人体健康，建议继续加强对限值基准和标准的科学研究，将农产品中的危险性减少到尽可能低的水平。

2）加强农药的源头控制和分类监管

在贵阳市某些茶叶中仍有禁用农药残留，利用 GC-Q-TOF/MS 技术侦测出 6 种禁用农药，检出频次为 58 次，残留禁用农药均存在较大的膳食暴露风险和预警风险。早已列入黑名单的禁用农药在我国并未真正退出，有些药物由于价格便宜、工艺简单，此类高毒农药一直生产和使用。建议在我国采取严格有效的控制措施，从源头控制禁用农药。

对于非禁用农药，在我国作为"田间地头"最典型单位的县级茶叶产地中，农药残留的检测几乎缺失。建议根据农药的毒性，对高毒、剧毒、中毒农药实现分类管理，减少使用高毒和剧毒高残留农药，进行分类监管。

3）加强农药生物基准和降解技术研究

从市售茶叶中残留农药的品种多、频次高、禁用农药多次检出这一现状，说明了我国的田间土壤和水体因农药长期、频繁、不合理的使用而遭到严重污染。为此，建议中国相关部门出台相关政策，鼓励高校及科研院所积极开展分子生物学、酶学等研究，加强土壤、水体中残留农药的生物修复及降解新技术研究，切实加大农药监管力度，以控制农药的面源污染问题。

综上所述，在本工作基础上，根据茶叶残留危害，可进一步针对其成因提出和采取严格管理、大力推广无公害茶叶种植与生产、健全食品安全控制技术体系、加强茶叶质量检测体系建设和积极推行茶叶质量追溯制度等相应对策。建立和完善食品安全综合评价指数与风险监测预警系统，对食品安全进行实时、全面的监控与分析，为我国的食品安全科学监管与决策提供新的技术支持，可实现各类检验数据的信息化系统管理，降低食品安全事故的发生。

昆 明 市

第 13 章　LC-Q-TOF/MS 侦测昆明市 186 例市售茶叶样品农药残留报告

从昆明市所属 4 个区，随机采集了 186 例茶叶样品，使用液相色谱-四极杆飞行时间质谱(LC-Q-TOF/MS)对 825 种农药化学污染物示范侦测(7 种负离子模式 ESI 未涉及)。

13.1　样品种类、数量与来源

13.1.1　样品采集与检测

为了真实反映百姓日常饮用的茶叶中农药残留污染状况，本次所有检测样品均由检验人员于 2019 年 3 月期间，从昆明市所属 24 个采样点，包括 24 个超市，以随机购买方式采集，总计 24 批 186 例样品，从中检出农药 51 种，591 频次。采样及监测概况见图 13-1 及表 13-1，样品及采样点明细见表 13-2 及表 13-3(侦测原始数据见附表 1)。

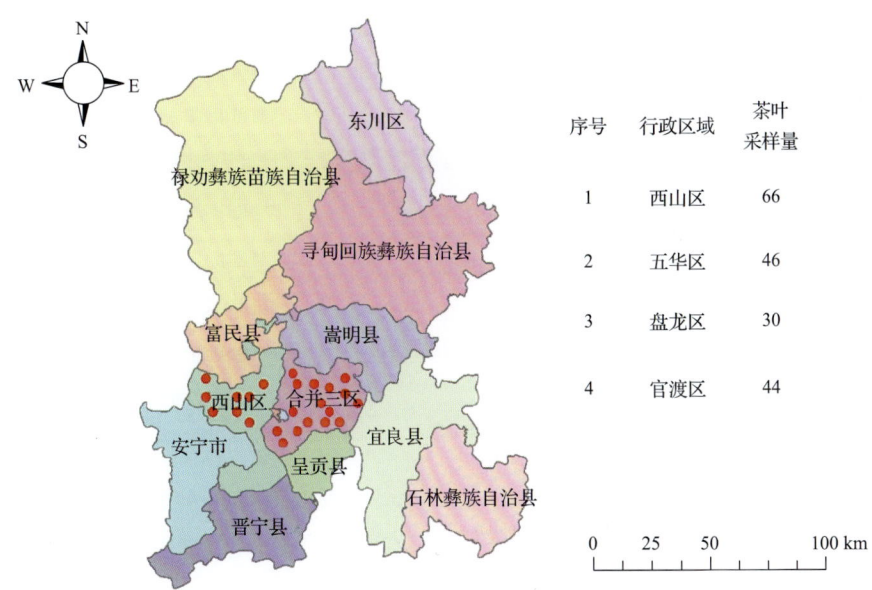

图 13-1　昆明市所属 24 个采样点 186 例样品分布图

表 13-1　农药残留监测总体概况

行政区域	昆明市所属 4 个区
采样点(超市)	24
样本总数	186
检出农药品种/频次	51/591
各采样点样本农药残留检出率范围	50.0%~100.0%

表 13-2 样品分类及数量

样品分类	样品名称(数量)	数量小计
1. 茶叶		186
1)发酵类茶叶	黑茶(53),红茶(47),乌龙茶(25)	125
2)未发酵类茶叶	花茶(11),绿茶(50)	61
合计	1. 茶叶 5 种	186

表 13-3 昆明市采样点信息

采样点序号	行政区域	采样点
超市(24)		
1	官渡区	***超市(官南店)
2	官渡区	***超市(广福店)
3	官渡区	***超市(云路中心旗舰店)
4	官渡区	***超市(宝海店)
5	官渡区	***超市(世纪城店)
6	官渡区	***超市(国贸店)
7	盘龙区	***超市(白云店)
8	盘龙区	***超市(集大店)
9	盘龙区	***超市(万宏路店)
10	盘龙区	***超市(新迎店)
11	五华区	***超市(龙泉店)
12	五华区	***超市(世纪广场店)
13	五华区	***超市(正大店)
14	五华区	***超市(昆明店)
15	五华区	***超市(昌源中路店)
16	五华区	***超市(大观店)
17	西山区	***超市(泽惠园店)
18	西山区	***超市(万达广场店)
19	西山区	***超市(广福店)
20	西山区	***超市(南亚第壹城店)
21	西山区	***超市(云纺店)
22	西山区	***超市(前兴店)
23	西山区	***超市(兴苑路店)
24	西山区	***超市(云山路店)

13.1.2 检测结果

这次使用的检测方法是庞国芳院士团队最新研发的不需使用标准品对照,而以高分辨精确质量数(0.0001 m/z)为基准的 LC-Q-TOF/MS 检测技术,对于 186 例样品,每个样品均侦测了 825 种农药化学污染物的残留现状。通过本次侦测,在 186 例样品中共计检出农药化学污染物 51 种,检出 591 频次。

13.1.2.1 各采样点样品检出情况

统计分析发现 24 个采样点中,被测样品的农药检出率范围为 50.0%~100.0%。其中,有 10 个采样点样品的检出率最高,达到了 100.0%,分别是:***超市(广福店)、***超市(云路中心旗舰店)、***超市(国贸店)、***超市(集大店)、***超市(万宏路店)、***超市(新迎店)、***超市(正大店)、***超市(昌源中路店)、***超市(泽惠园店)和***超市(兴苑路店)。***超市(南亚第壹城店)的检出率最低,为 50.0%,见图 13-2。

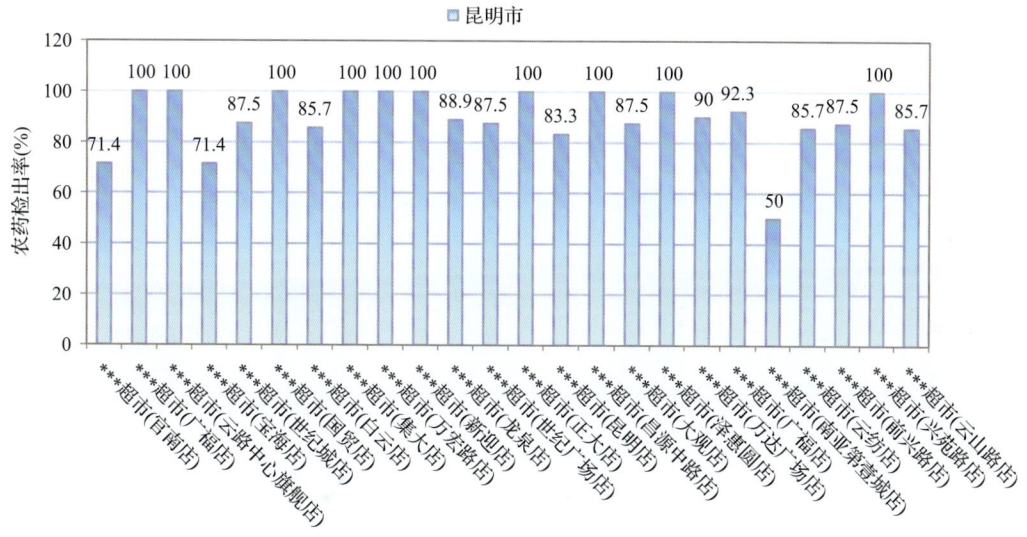

图 13-2 各采样点样品中的农药检出率

13.1.2.2 检出农药的品种总数与频次

统计分析发现,对于 186 例样品中 825 种农药化学污染物的侦测,共检出农药 591 频次,涉及农药 51 种,结果如图 13-3 所示。其中唑虫酰胺检出频次最高,共检出 124 次。检出频次排名前 10 的农药如下:①唑虫酰胺(124),②啶虫脒(103),③噻嗪酮(77),④哒螨灵(40),⑤吡虫啉(30),⑥噻虫嗪(29),⑦苯醚甲环唑(17),⑧三唑磷(17),⑨增效醚(17),⑩吡唑醚菌酯(16)。

由图 13-4 可见,花茶、绿茶和乌龙茶这 3 种茶叶样品中检出的农药品种数较高,均超过 20 种,其中,花茶检出农药品种最多,为 32 种。由图 13-5 可见,绿茶、黑茶、乌龙茶和红茶这 4 种茶叶样品中的农药检出频次较高,均超过 90 次,其中,绿茶检出农药频次最高,为 234 次。

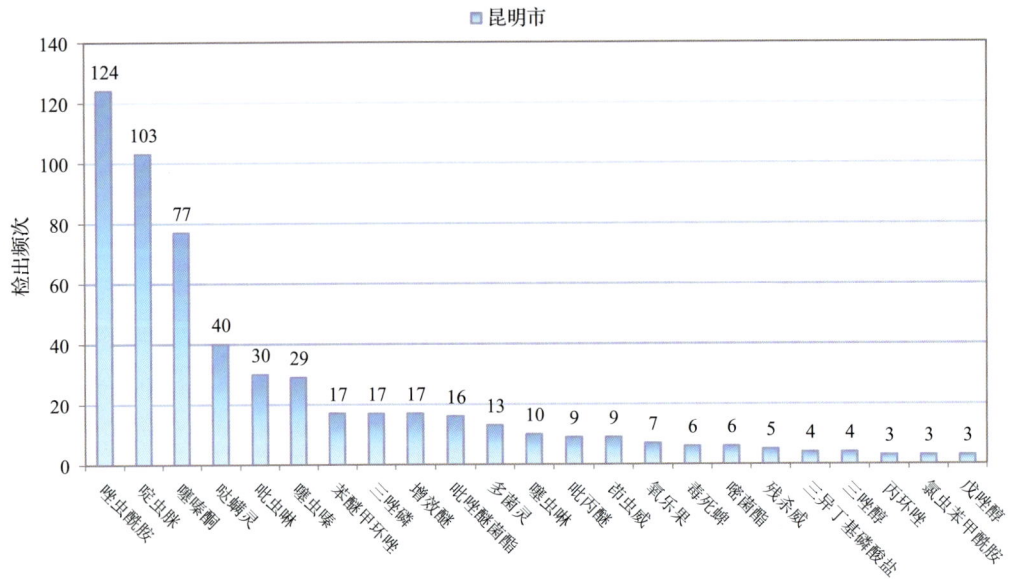

图 13-3　检出农药品种及频次(仅列出 3 频次及以上的数据)

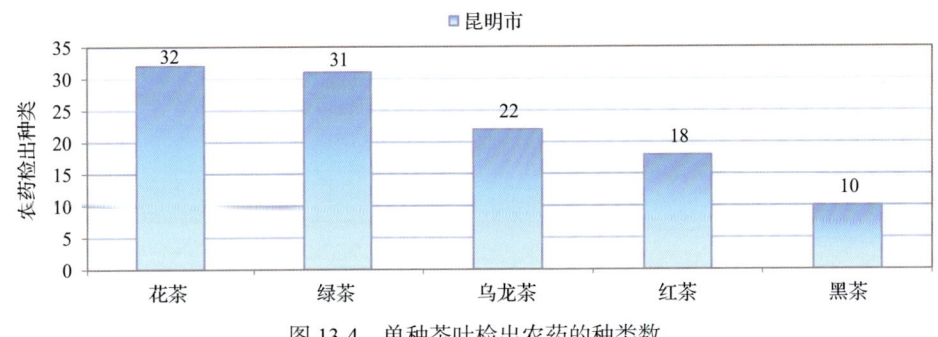

图 13-4　单种茶叶检出农药的种类数

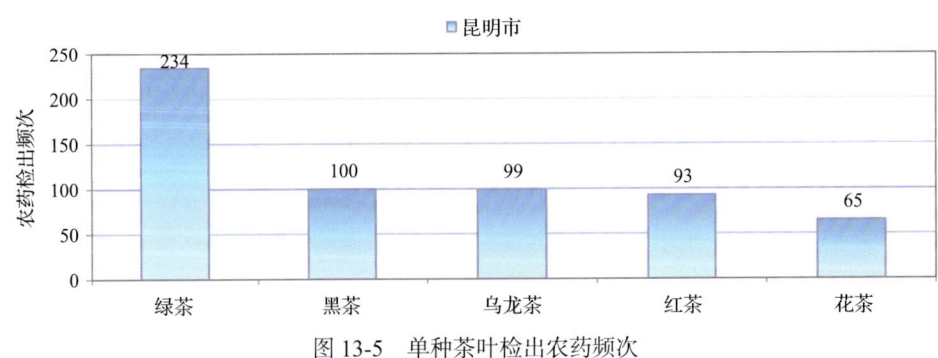

图 13-5　单种茶叶检出农药频次

13.1.2.3　单例样品农药检出种类与占比

对单例样品检出农药种类和频次进行统计发现,未检出农药的样品占总样品数的 10.2%,检出 1 种农药的样品占总样品数的 17.2%,检出 2~5 种农药的样品占总样品数的

59.1%，检出 6~10 种农药的样品占总样品数的 11.3%，检出大于 10 种农药的样品占总样品数的 2.2%。每例样品中平均检出农药为 3.2 种，数据见表 13-4 及图 13-6。

表 13-4 单例样品检出农药品种占比

检出农药品种数	样品数量/占比(%)
未检出	19/10.2
1 种	32/17.2
2~5 种	110/59.1
6~10 种	21/11.3
大于 10 种	4/2.2
单例样品平均检出农药品种	3.2 种

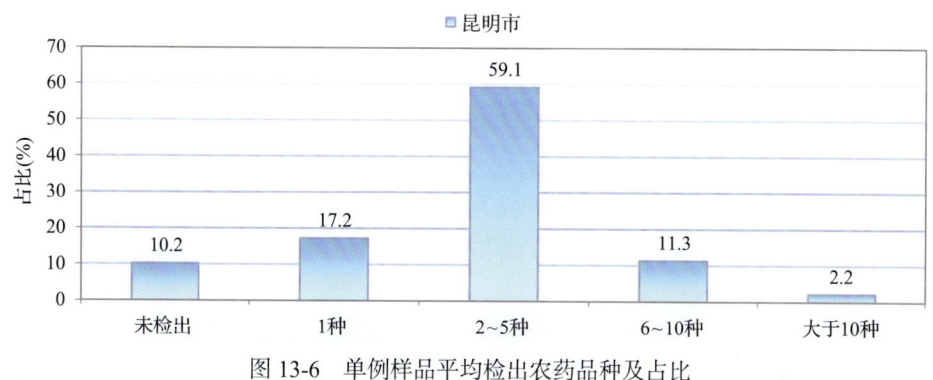

图 13-6 单例样品平均检出农药品种及占比

13.1.2.4 检出农药类别与占比

所有检出农药按功能分类，包括杀虫剂、杀菌剂、杀螨剂、除草剂、植物生长调节剂、增效剂共 6 类。其中杀虫剂与杀菌剂为主要检出的农药类别，分别占总数的 47.1% 和 29.4%，见表 13-5 及图 13-7。

表 13-5 检出农药所属类别/占比

农药类别	数量/占比(%)
杀虫剂	24/47.1
杀菌剂	15/29.4
杀螨剂	5/9.8
除草剂	3/5.9
植物生长调节剂	3/5.9
增效剂	1/2.0

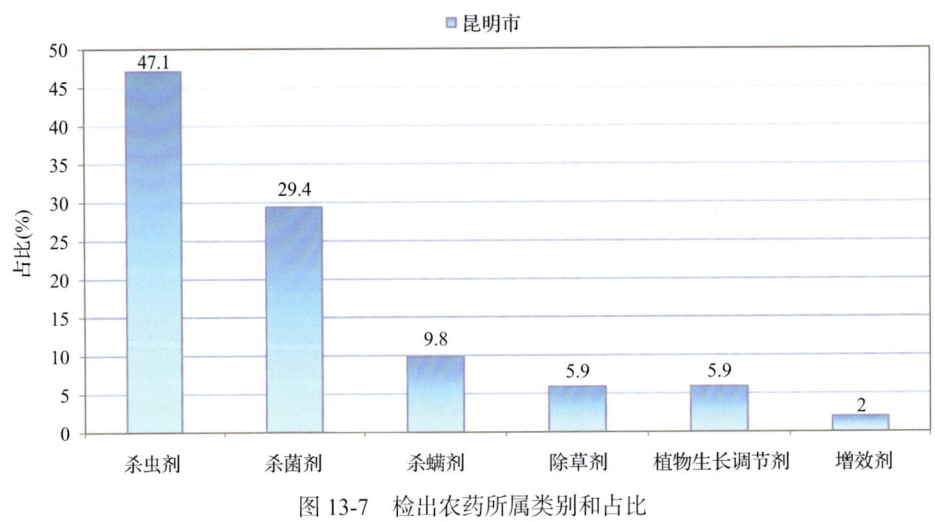

图 13-7 检出农药所属类别和占比

13.1.2.5 检出农药的残留水平

按检出农药残留水平进行统计，残留水平在 1~5 μg/kg（含）的农药占总数的 35.7%，在 5~10 μg/kg（含）的农药占总数的 17.9%，在 10~100 μg/kg（含）的农药占总数的 34.3%，在 100~1000 μg/kg（含）的农药占总数的 11.8%，在 >1000 μg/kg 的农药占总数的 0.2%。

由此可见，这次检测的 24 批 186 例茶叶样品中农药多数处于较低残留水平。结果见表 13-6 及图 13-8，数据见附表 2。

表 13-6 农药残留水平/占比

残留水平 (μg/kg)	检出频次数/占比 (%)
1~5（含）	211/35.7
5~10（含）	106/17.9
10~100（含）	203/34.3
100~1000（含）	70/11.8
>1000	1/0.2

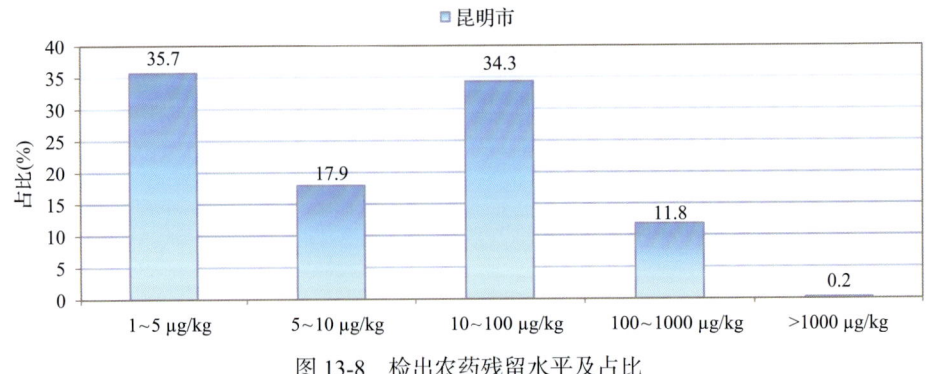

图 13-8 检出农药残留水平及占比

13.1.2.6 检出农药的毒性类别、检出频次和超标频次及占比

对这次检出的 51 种 591 频次的农药,按剧毒、高毒、中毒、低毒和微毒这五个毒性类别进行分类,从中可以看出,昆明市目前普遍使用的农药为中低微毒农药,品种占90.2%,频次占95.4%。结果见表 13-7 及图 13-9。

表 13-7 检出农药毒性类别/占比

毒性分类	农药品种/占比(%)	检出频次/占比(%)	超标频次/超标率(%)
剧毒农药	2/3.9	2/0.3	0/0.0
高毒农药	3/5.9	25/4.2	2/8.0
中毒农药	23/45.1	385/65.1	0/0.0
低毒农药	15/29.4	126/21.3	0/0.0
微毒农药	8/15.7	53/9.0	0/0.0

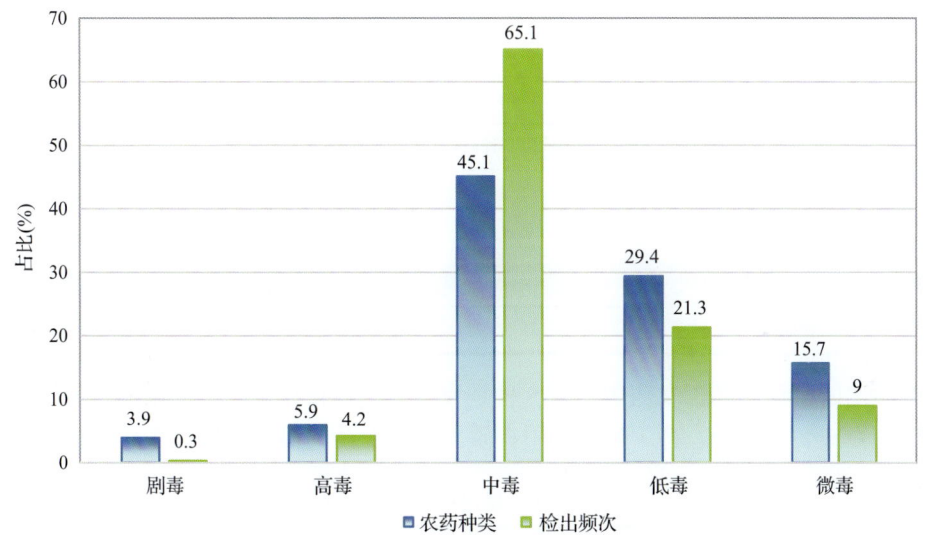

图 13-9 检出农药的毒性分类和占比

13.1.2.7 检出剧毒/高毒类农药的品种和频次

值得特别关注的是,在此次侦测的 186 例样品中有 4 种茶叶的 24 例样品检出了 5 种 27 频次的剧毒和高毒农药,占样品总量的 12.9%,详见图 13-10、表 13-8 及表 13-9。

表 13-8 剧毒农药检出情况

序号	农药名称	检出频次	超标频次	超标率
		从 1 种茶叶中检出 2 种剧毒农药,共计检出 2 次		
1	甲拌磷*	1	0	0.0%
2	特丁硫磷*	1	0	0.0%
	合计	2	0	超标率:0.0%

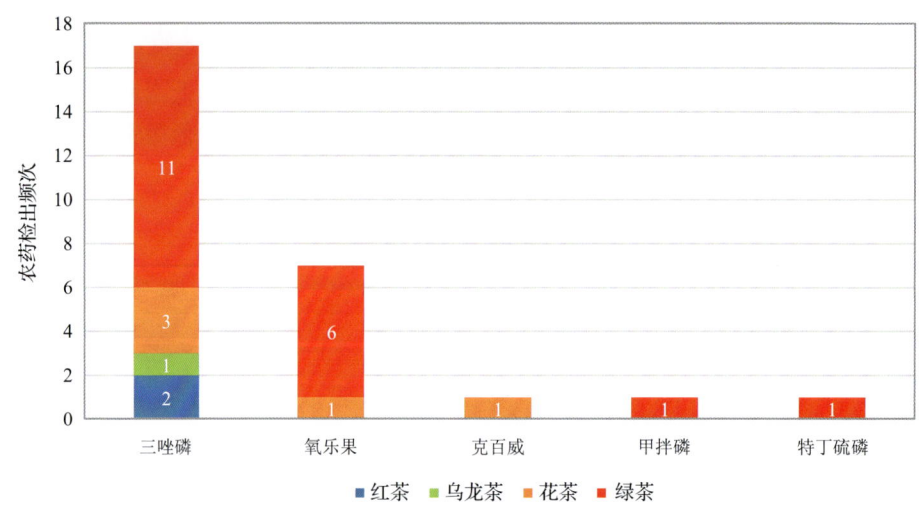

图 13-10 检出剧毒/高毒农药的样品情况

表 13-9 高毒农药检出情况

序号	农药名称	检出频次	超标频次	超标率
从 4 种茶叶中检出 3 种高毒农药,共计检出 25 次				
1	三唑磷	17	0	0.0%
2	氧乐果	7	1	14.3%
3	克百威	1	1	100.0%
	合计	25	2	超标率:8.0%

在检出的剧毒和高毒农药中,有 5 种是我国早已禁止在茶叶上使用的,分别是:氧乐果、克百威、三唑磷、特丁硫磷和甲拌磷。禁用农药的检出情况见表 13-10。

表 13-10 禁用农药检出情况

序号	农药名称	检出频次	超标频次	超标率
从 4 种茶叶中检出 6 种禁用农药,共计检出 33 次				
1	三唑磷	17	0	0.0%
2	氧乐果	7	1	14.3%
3	毒死蜱	6	0	0.0%
4	甲拌磷*	1	0	0.0%
5	克百威	1	1	100.0%
6	特丁硫磷*	1	0	0.0%
	合计	33	2	超标率:6.1%

注:超标结果参考 MRL 中国国家标准计算

此次抽检的茶叶样品中,有 1 种茶叶检出了剧毒农药,为绿茶中检出甲拌磷 1 次,检出特丁硫磷 1 次。

样品中检出剧毒和高毒农药残留水平超过 MRL 中国国家标准的频次为 2 次,其中:花茶检出克百威超标 1 次;绿茶检出氧乐果超标 1 次。本次检出结果表明,高毒、剧毒农药的使用现象依旧存在。详见表 13-11。

表 13-11　各样本中检出剧毒/高毒农药情况

样品名称	农药名称	检出频次	超标频次	检出浓度(μg/kg)
茶叶 4 种				
红茶	三唑磷▲	2	0	1.8, 1.0
花茶	三唑磷▲	3	0	97.8, 3.3, 1.9
花茶	克百威	1	1	85.8[a]
花茶	氧乐果▲	1	0	29.6
绿茶	甲拌磷*▲	1	0	2.0
绿茶	特丁硫磷*▲	1	0	1.0
绿茶	三唑磷▲	11	0	5.9, 2.1, 4.8, 17.5, 4.2, 162.2, 3.1, 14.1, 23.9, 2.0, 2.4
绿茶	氧乐果▲	6	1	60.9[a], 6.7, 2.8, 3.8, 5.2, 7.8
乌龙茶	三唑磷▲	1	0	5.0
合计		27	2	超标率: 7.4%

注:超标结果参考 MRL 中国国家标准计算

13.2　农药残留检出水平与最大残留限量标准对比分析

我国于 2016 年 12 月 18 日正式颁布并于 2017 年 6 月 18 日正式实施食品农药残留限量国家标准《食品中农药最大残留限量》(GB 2763—2016)。该标准包括 417 个农药条目,涉及最大残留限量(MRL)标准 4140 项。将 591 频次检出农药的浓度水平与 4140 项 MRL 中国国家标准进行核对,其中只有 330 频次的结果找到了对应的 MRL,占 55.8%,还有 261 频次的结果则无相关 MRL 标准供参考,占 44.2%。

将此次侦测结果与国际上现行 MRL 对比发现,在 591 频次的检出结果中有 591 频次的结果找到了对应的 MRL 欧盟标准,占 100.0%,其中,438 频次的结果有明确对应的 MRL,占 74.1%,其余 153 频次按照欧盟一律标准判定,占 25.9%;有 591 频次的结果找到了对应的 MRL 日本标准,占 100.0%,其中,522 频次的结果有明确对应的 MRL,占 88.3%,其余 69 频次按照日本一律标准判定,占 11.7%;有 277 频次的结果找到了对应的 MRL 中国香港标准,占 46.9%;有 358 频次的结果找到了对应的 MRL 美国标准,占 60.6%;有 155 频次的结果找到了对应的 MRL CAC 标准,占 26.2%(见图 13-11 和图 13-12,

数据见附表 3 至附表 8）。

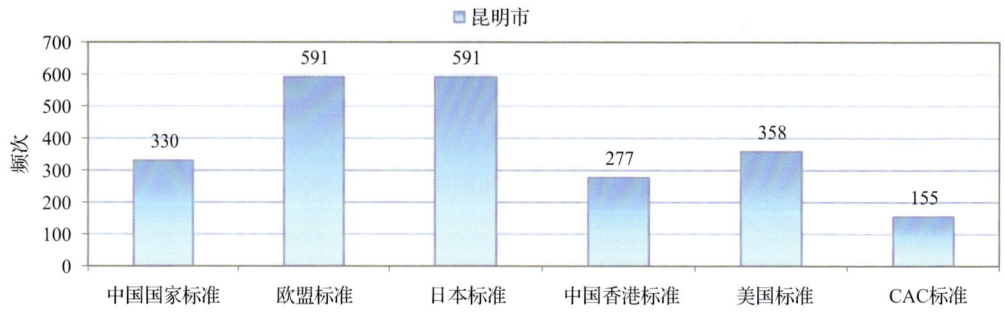

图 13-11　591 频次检出农药可用 MRL 中国国家标准、欧盟标准、日本标准、中国香港标准、美国标准、CAC 标准判定衡量的数量

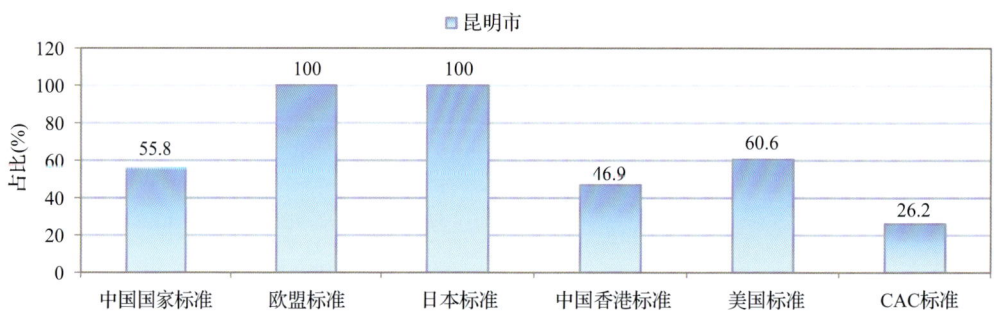

图 13-12　591 频次检出农药可用 MRL 中国国家标准、欧盟标准、日本标准、中国香港标准、美国标准、CAC 标准衡量的占比

13.2.1　超标农药样品分析

本次侦测的 186 例样品中，19 例样品未检出任何残留农药，占样品总量的 10.2%，167 例样品检出不同水平、不同种类的残留农药，占样品总量的 89.8%。在此，我们将本次侦测的农残检出情况与 MRL 中国国家标准、欧盟标准、日本标准、中国香港标准、美国标准和 CAC 标准这 6 大国际主流标准进行对比分析，样品农残检出与超标情况见表 13-12、图 13-13 和图 13-14，详细数据见附表 9 至附表 14。

表 13-12　各 MRL 标准下样本农残检出与超标数量及占比

	中国国家标准 数量/占比(%)	欧盟标准 数量/占比(%)	日本标准 数量/占比(%)	中国香港标准 数量/占比(%)	美国标准 数量/占比(%)	CAC 标准 数量/占比(%)
未检出	19/10.2	19/10.2	19/10.2	19/10.2	19/10.2	19/10.2
检出未超标	165/88.7	51/27.4	148/79.6	167/89.8	167/89.8	167/89.8
检出超标	2/1.1	116/62.4	19/10.2	0/0.0	0/0.0	0/0.0

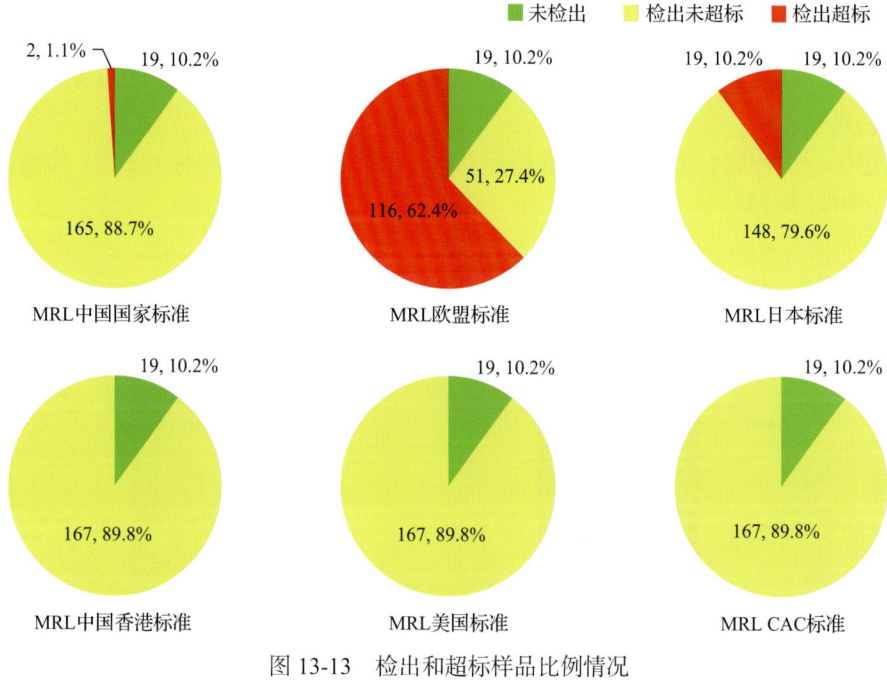

图 13-13 检出和超标样品比例情况

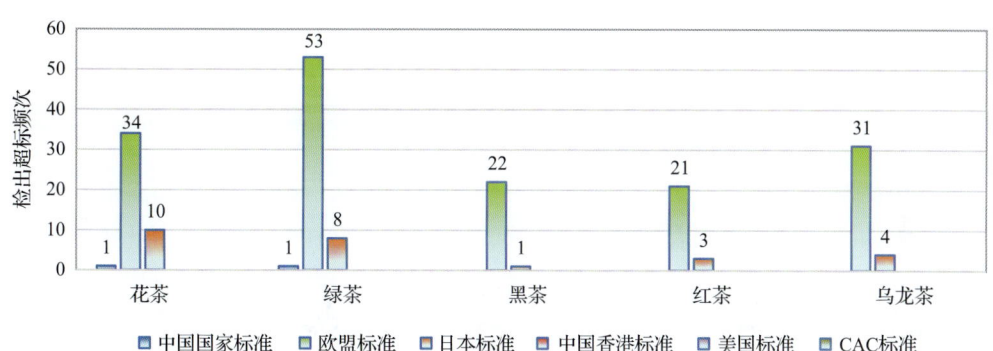

图 13-14 超过 MRL 中国国家标准、欧盟标准、日本标准、中国香港标准、
美国标准和 CAC 标准结果在茶叶中的分布

13.2.2 超标农药种类分析

按照 MRL 中国国家标准、欧盟标准、日本标准、中国香港标准、美国标准和 CAC 标准这 6 大国际主流标准衡量,本次侦测检出的农药超标品种及频次情况见表 13-13。

表 13-13 各 MRL 标准下超标农药品种及频次

	中国国家标准	欧盟标准	日本标准	中国香港标准	美国标准	CAC 标准
超标农药品种	2	28	15	0	0	0
超标农药频次	2	161	26	0	0	0

13.2.2.1 按 MRL 中国国家标准衡量

按 MRL 中国国家标准衡量，共有 2 种农药超标，检出 2 频次，分别为高毒农药氧乐果和克百威。

按超标程度比较，花茶中克百威超标 0.7 倍，绿茶中氧乐果超标 0.2 倍。检测结果见图 13-15 和附表 15。

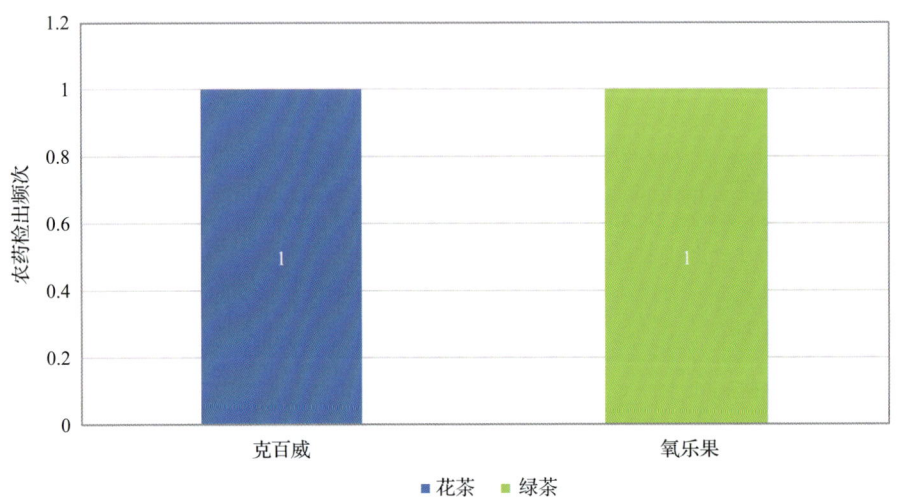

图 13-15 超过 MRL 中国国家标准农药品种及频次

13.2.2.2 按 MRL 欧盟标准衡量

按 MRL 欧盟标准衡量，共有 28 种农药超标，检出 161 频次，分别为高毒农药三唑磷、氧乐果和克百威，中毒农药苯醚甲环唑、粉唑醇、多效唑、吡虫啉、吡唑醚菌酯、莠灭净、啶虫脒、三唑酮、三唑醇、唑虫酰胺、仲丁威、矮壮素、戊唑醇和哒螨灵，低毒农药丁草胺、灭幼脲、吡蚜酮、噻嗪酮、烯酰吗啉和己唑醇，微毒农药嘧菌酯、霜霉威、肟菌酯、多菌灵和氯虫苯甲酰胺。

按超标程度比较，绿茶中唑虫酰胺超标 100.7 倍，花茶中唑虫酰胺超标 82.7 倍，红茶中唑虫酰胺超标 48.4 倍，乌龙茶中唑虫酰胺超标 23.8 倍，绿茶中噻嗪酮超标 18.9 倍。检测结果见图 13-16 和附表 16。

13.2.2.3 按 MRL 日本标准衡量

按 MRL 日本标准衡量，共有 15 种农药超标，检出 26 频次，分别为高毒农药三唑磷，中毒农药粉唑醇、甲霜灵、多效唑、莠灭净、仲丁威、矮壮素和茚虫威，低毒农药丁草胺、灭幼脲、氰氟虫腙、吡蚜酮、烯酰吗啉和己唑醇，微毒农药霜霉威。

按超标程度比较，花茶中己唑醇超标 55.1 倍，花茶中粉唑醇超标 51.3 倍，花茶中霜霉威超标 27.4 倍，乌龙茶中矮壮素超标 22.9 倍，花茶中矮壮素超标 21.7 倍。检测结果见图 13-17 和附表 17。

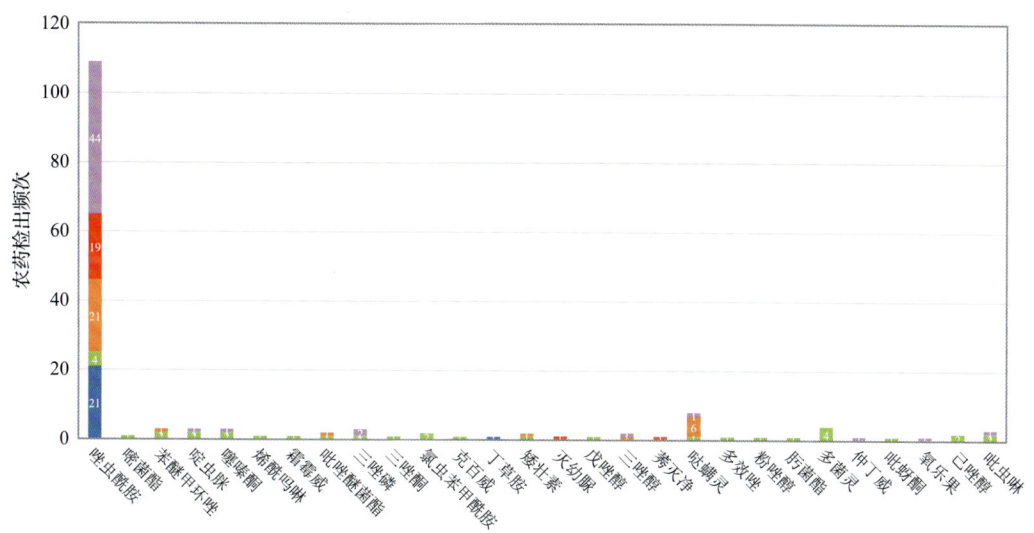

图 13-16　超过 MRL 欧盟标准农药品种及频次

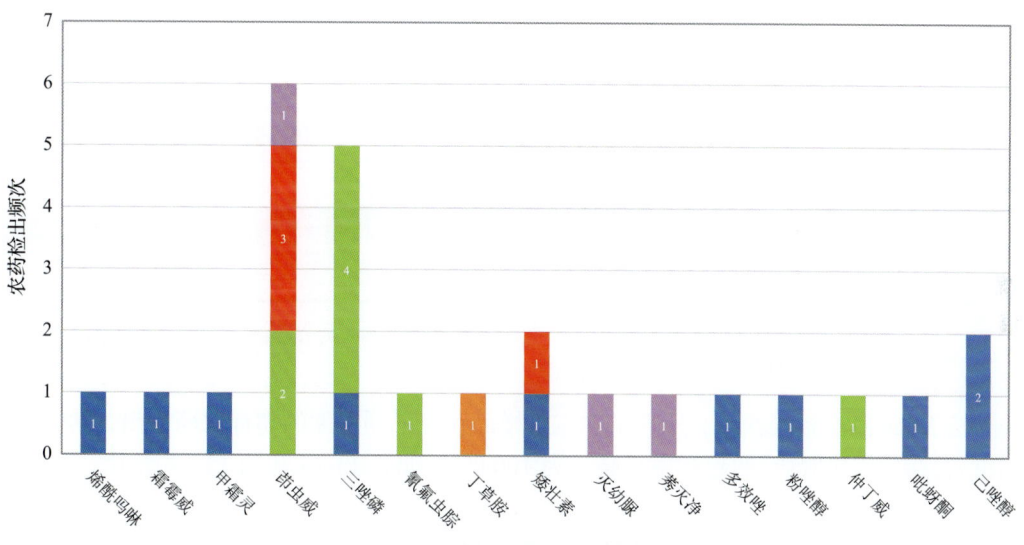

图 13-17　超过 MRL 日本标准农药品种及频次

13.2.2.4　按 MRL 中国香港标准衡量

按 MRL 中国香港标准衡量，无样品检出超标农药残留。

13.2.2.5　按 MRL 美国标准衡量

按 MRL 美国标准衡量，无样品检出超标农药残留。

13.2.2.6　按 MRL CAC 标准衡量

按 MRL CAC 标准衡量，无样品检出超标农药残留。

13.2.3 24 个采样点超标情况分析

13.2.3.1 按 MRL 中国国家标准衡量

按 MRL 中国国家标准衡量，有 2 个采样点的样品存在超标农药检出，超标率均为 12.5%，如图 13-18 和表 13-14 所示。

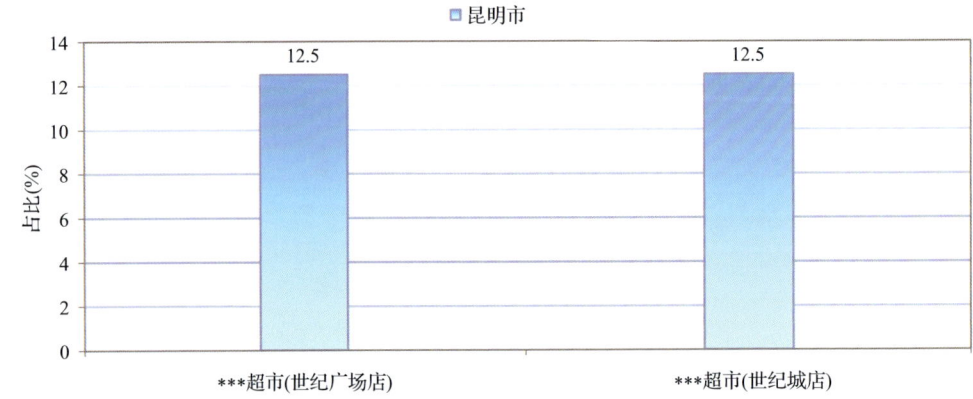

图 13-18　超过 MRL 中国国家标准茶叶在不同采样点分布

表 13-14　超过 MRL 中国国家标准茶叶在不同采样点分布

序号	采样点	样品总数	超标数量	超标率(%)	行政区域
1	***超市(世纪广场店)	8	1	12.5	五华区
2	***超市(世纪城店)	8	1	12.5	官渡区

13.2.3.2 按 MRL 欧盟标准衡量

按 MRL 欧盟标准衡量，所有采样点的样品存在不同程度的超标农药检出，其中***超市(云路中心旗舰店)的超标率最高，为 100.0%，如表 13-15 和图 13-19 所示。

表 13-15　超过 MRL 欧盟标准茶叶在不同采样点分布

序号	采样点	样品总数	超标数量	超标率(%)	行政区域
1	***超市(广福店)	13	10	76.9	西山区
2	***超市(万达广场店)	10	6	60.0	西山区
3	***超市(国贸店)	10	5	50.0	官渡区
4	***超市(龙泉店)	9	4	44.4	五华区
5	***超市(大观店)	8	5	62.5	五华区
6	***超市(兴苑路店)	8	4	50.0	西山区
7	***超市(南亚第壹城店)	8	1	12.5	西山区
8	***超市(集大店)	8	6	75.0	盘龙区

续表

序号	采样点	样品总数	超标数量	超标率(%)	行政区域
9	***超市(世纪广场店)	8	4	50.0	五华区
10	***超市(世纪城店)	8	5	62.5	官渡区
11	***超市(昌源中路店)	8	6	75.0	五华区
12	***超市(万宏路店)	8	6	75.0	盘龙区
13	***超市(前兴路店)	8	7	87.5	西山区
14	***超市(云山路店)	7	5	71.4	西山区
15	***超市(白云店)	7	2	28.6	盘龙区
16	***超市(云纺店)	7	4	57.1	西山区
17	***超市(正大店)	7	5	71.4	五华区
18	***超市(宝海店)	7	4	57.1	官渡区
19	***超市(广福店)	7	5	71.4	官渡区
20	***超市(新迎店)	7	5	71.4	盘龙区
21	***超市(官南店)	7	4	57.1	官渡区
22	***超市(昆明店)	6	4	66.7	五华区
23	***超市(云路中心旗舰店)	5	5	100.0	官渡区
24	***超市(泽惠园店)	5	4	80.0	西山区

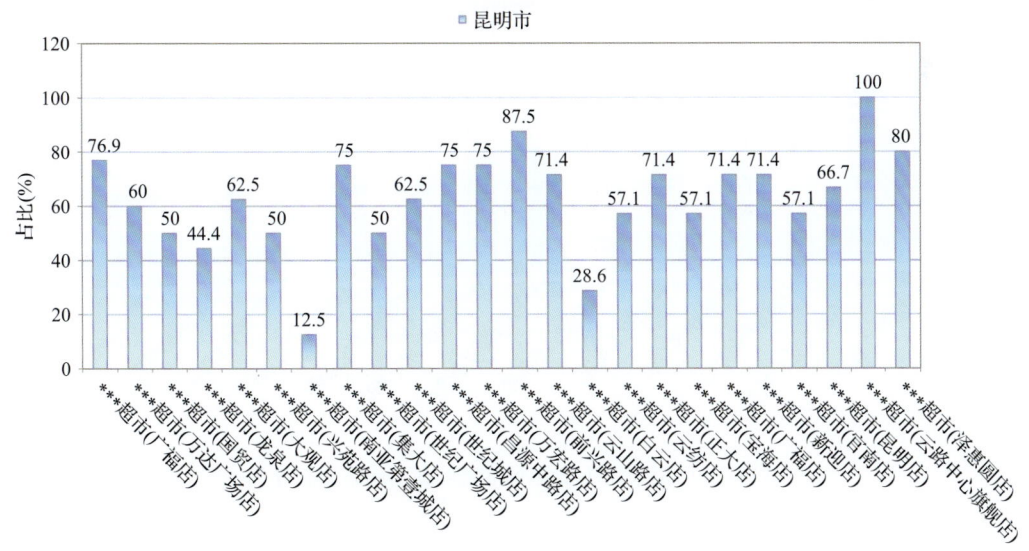

图 13-19 超过 MRL 欧盟标准茶叶在不同采样点分布

13.2.3.3 按 MRL 日本标准衡量

按 MRL 日本标准衡量,有 13 个采样点的样品存在不同程度的超标农药检出,其中 ***超市(万达广场店)的超标率最高,为 30.0%,如表 13-16 和图 13-20 所示。

表 13-16 超过 MRL 日本标准茶叶在不同采样点分布

序号	采样点	样品总数	超标数量	超标率(%)	行政区域
1	***超市(广福店)	13	3	23.1	西山区
2	***超市(万达广场店)	10	3	30.0	西山区
3	***超市(国贸店)	10	2	20.0	官渡区
4	***超市(龙泉店)	9	1	11.1	五华区
5	***超市(大观店)	8	1	12.5	五华区
6	***超市(兴苑路店)	8	1	12.5	西山区
7	***超市(南亚第壹城店)	8	1	12.5	西山区
8	***超市(世纪广场店)	8	1	12.5	五华区
9	***超市(万宏路店)	8	2	25.0	盘龙区
10	***超市(广福店)	7	1	14.3	官渡区
11	***超市(官南店)	7	1	14.3	官渡区
12	***超市(昆明店)	6	1	16.7	五华区
13	***超市(云路中心旗舰店)	5	1	20.0	官渡区

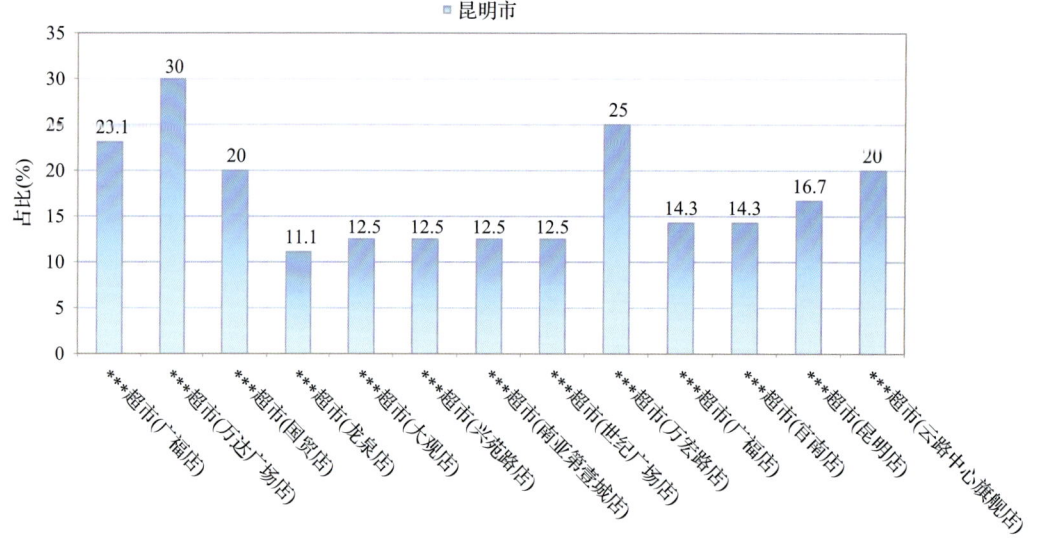

图 13-20 超过 MRL 日本标准茶叶在不同采样点分布

13.2.3.4 按 MRL 中国香港标准衡量

按 MRL 中国香港标准衡量，所有采样点的样品均未检出超标农药残留。

13.2.3.5 按 MRL 美国标准衡量

按 MRL 美国标准衡量，所有采样点的样品均未检出超标农药残留。

13.2.3.6 按 MRL CAC 标准衡量

按 MRL CAC 标准衡量，所有采样点的样品均未检出超标农药残留。

13.3 茶叶中农药残留分布

13.3.1 茶叶按检出农药品种和频次排名

本次残留侦测的茶叶共 5 种，包括黑茶、红茶、乌龙茶、花茶和绿茶。

根据检出农药品种及频次进行排名，将茶叶样品检出情况列表说明，详见表 13-17。

表 13-17 茶叶按检出农药品种和频次排名

按检出农药品种排名(品种)	①花茶(32),②绿茶(31),③乌龙茶(22),④红茶(18),⑤黑茶(10)
按检出农药频次排名(频次)	①绿茶(234),②黑茶(100),③乌龙茶(99),④红茶(93),⑤花茶(65)
按检出禁用、高毒及剧毒农药品种排名(品种)	①绿茶(5),②花茶(3),③红茶(2),④乌龙茶(2)
按检出禁用、高毒及剧毒农药频次排名(频次)	①绿茶(21),②花茶(5),③乌龙茶(4),④红茶(3)

13.3.2 茶叶按超标农药品种和频次排名

鉴于 MRL 欧盟标准和日本标准制定比较全面且覆盖率较高，我们参照 MRL 中国国家标准、欧盟标准和日本标准量茶叶样品中农残检出情况，将茶叶按超标农药品种及频次排名列表说明，详见表 13-18。

表 13-18 茶叶按超标农药品种和频次排名

按超标农药品种排名 (农药品种数)	MRL 中国国家标准	①花茶(1),②绿茶(1)
	MRL 欧盟标准	①花茶(22),②绿茶(9),③乌龙茶(6),④红茶(3),⑤黑茶(2)
	MRL 日本标准	①花茶(9),②绿茶(4),③红茶(3),④乌龙茶(2),⑤黑茶(1)
按超标农药频次排名 (农药频次数)	MRL 中国国家标准	①花茶(1),②绿茶(1)
	MRL 欧盟标准	①绿茶(53),②花茶(34),③乌龙茶(31),④黑茶(22),⑤红茶(21)
	MRL 日本标准	①花茶(10),②绿茶(8),③乌龙茶(4),④红茶(3),⑤黑茶(1)

通过对各品种茶叶样本总数及检出率进行综合分析发现，绿茶、乌龙茶和红茶的残留污染最为严重，在此，我们参照 MRL 中国国家标准、欧盟标准和日本标准对这 3 种茶叶的农残检出情况进行进一步分析。

13.3.3 农药残留检出率较高的茶叶样品分析

13.3.3.1 绿茶

这次共检测 50 例绿茶样品，48 例样品中检出了农药残留，检出率为 96.0%，检出农药共计 31 种。其中唑虫酰胺、啶虫脒、噻嗪酮、噻虫嗪和吡虫啉检出频次较高，分别检出了 45、40、32、21 和 14 次。绿茶中农药检出品种和频次见图 13-21，超标农药见图 13-22 和表 13-19。

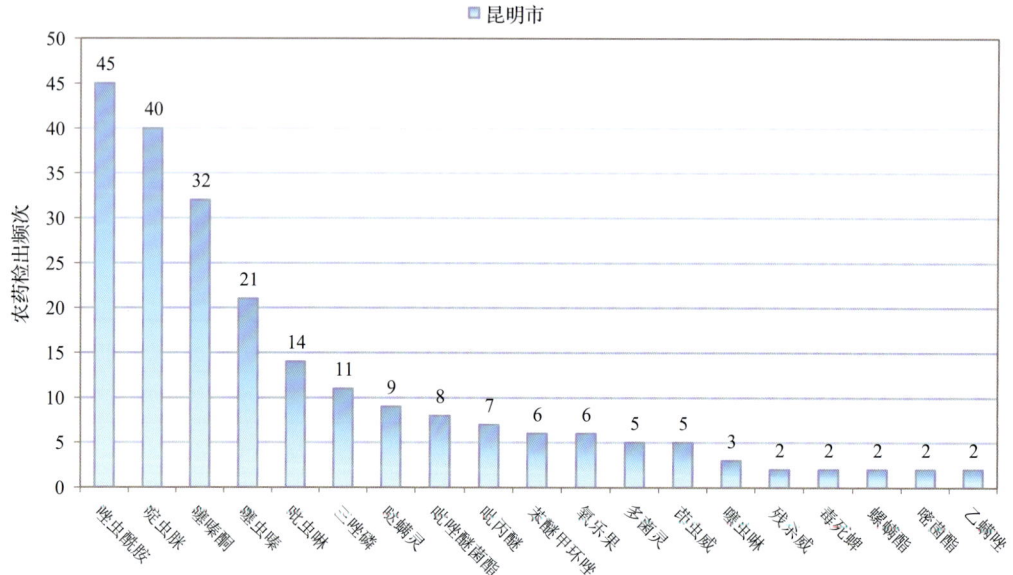

图 13-21　绿茶样品检出农药品种和频次分析(仅列出 2 频次及以上的数据)

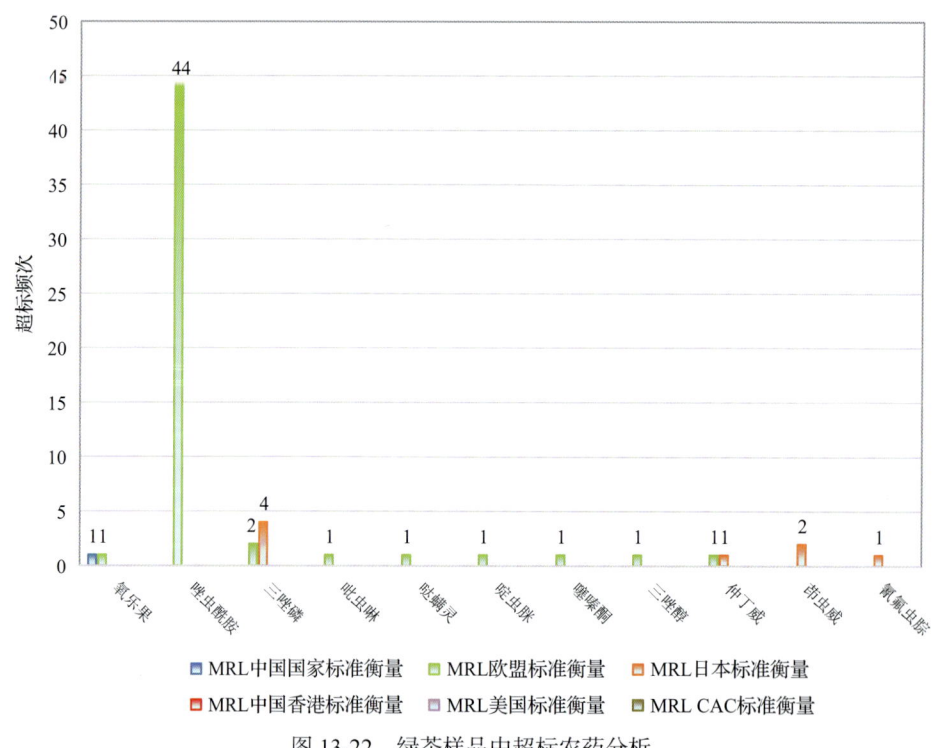

图 13-22　绿茶样品中超标农药分析

表 13-19 绿茶中农药残留超标情况明细表

样品总数		检出农药样品数	样品检出率(%)	检出农药品种总数
50		48	96	31
	超标农药品种	超标农药频次	按照 MRL 中国国家标准、欧盟标准和日本标准衡量超标农药名称及频次	
中国国家标准	1	1	氧乐果(1)	
欧盟标准	9	53	唑虫酰胺(44),三唑磷(2),吡虫啉(1),哒螨灵(1),啶虫脒(1),噻嗪酮(1),三唑醇(1),氧乐果(1),仲丁威(1)	
日本标准	4	8	三唑磷(4),茚虫威(2),氰氟虫腙(1),仲丁威(1)	

13.3.3.2 乌龙茶

这次共检测 25 例乌龙茶样品，全部检出了农药残留，检出率为 100.0%，检出农药共计 22 种。其中唑虫酰胺、哒螨灵、噻嗪酮、苯醚甲环唑和吡虫啉检出频次较高，分别检出了 23、18、11、7 和 6 次。乌龙茶中农药检出品种和频次见图 13-23，超标农药见图 13-24 和表 13-20。

表 13-20 乌龙茶中农药残留超标情况明细表

样品总数		检出农药样品数	样品检出率(%)	检出农药品种总数
25		25	100	22
	超标农药品种	超标农药频次	按照 MRL 中国国家标准、欧盟标准和日本标准衡量超标农药名称及频次	
中国国家标准	0	0		
欧盟标准	6	31	唑虫酰胺(21),哒螨灵(6),矮壮素(1),苯醚甲环唑(1),吡唑醚菌酯(1),三唑醇(1)	
日本标准	2	4	茚虫威(3),矮壮素(1)	

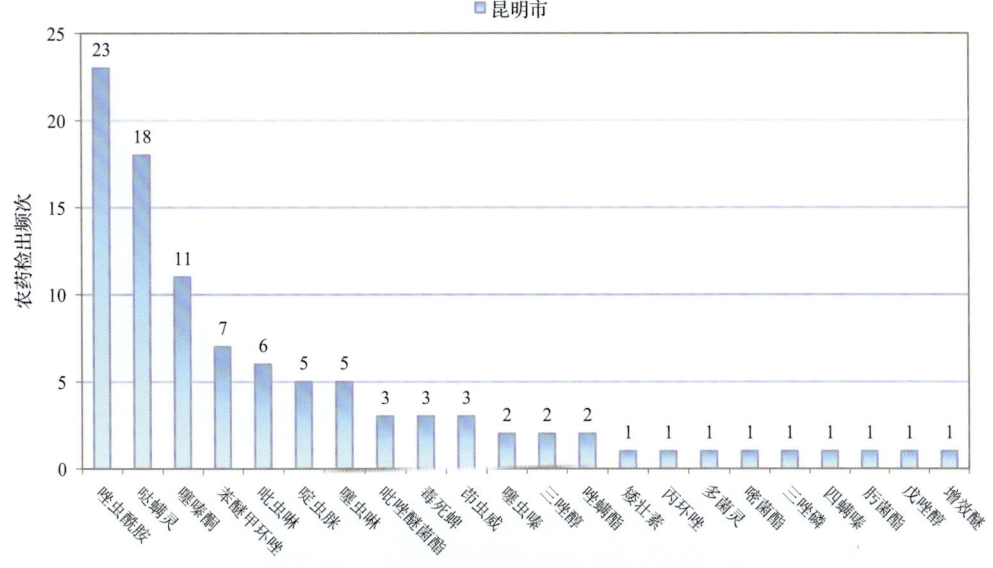

图 13-23 乌龙茶样品检出农药品种和频次分析

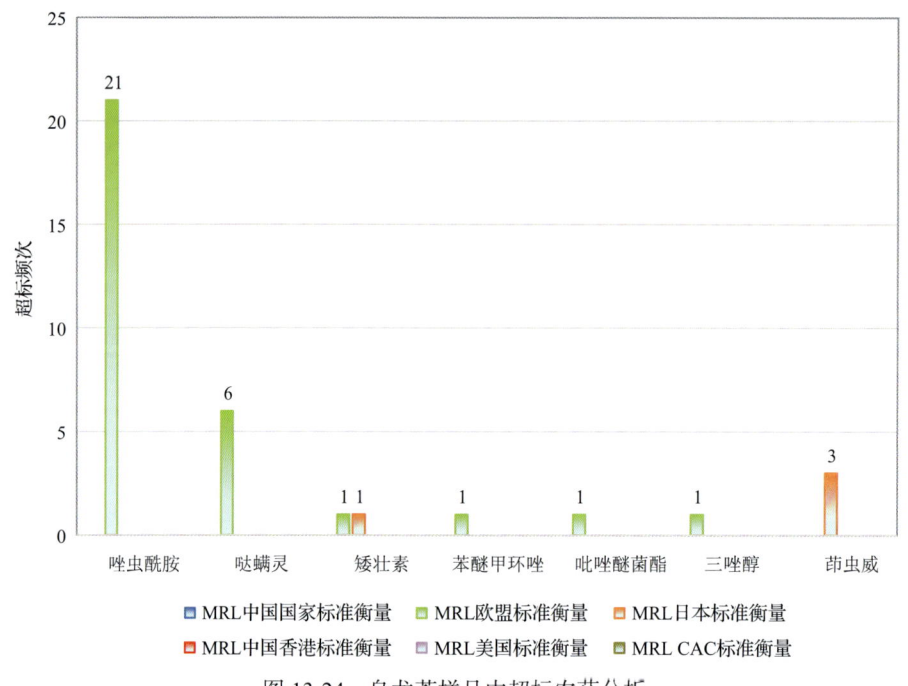

图 13-24　乌龙茶样品中超标农药分析

13.3.3.3　红茶

这次共检测 47 例红茶样品，39 例样品中检出了农药残留，检出率为 83.0%，检出农药共计 18 种。其中啶虫脒、唑虫酰胺、噻嗪酮、哒螨灵和吡虫啉检出频次较高，分别检出了 28、24、9、8 和 4 次。红茶中农药检出品种和频次见图 13-25，超标农药见图 13 26 和表 13-21。

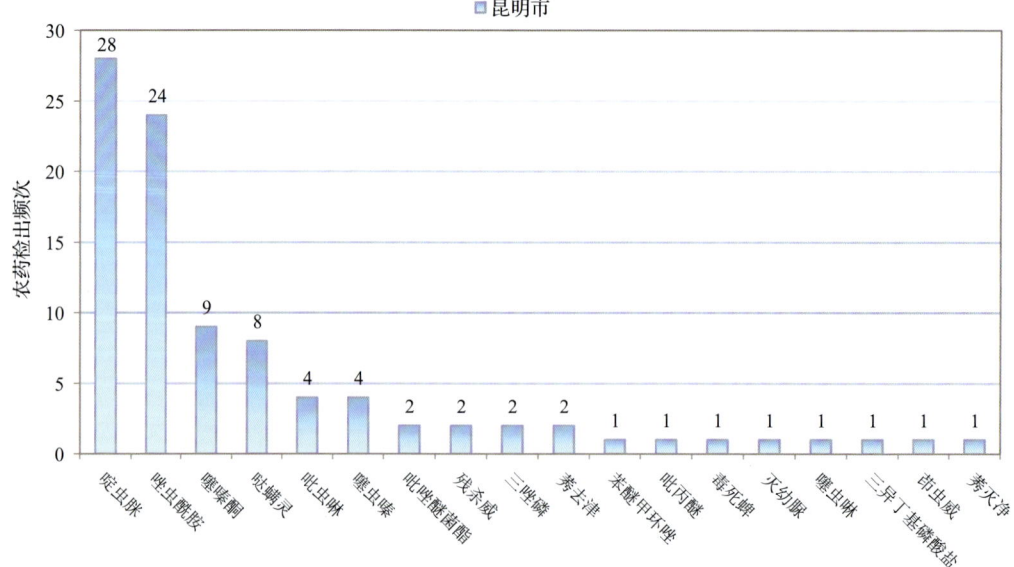

图 13-25　红茶样品检出农药品种和频次分析

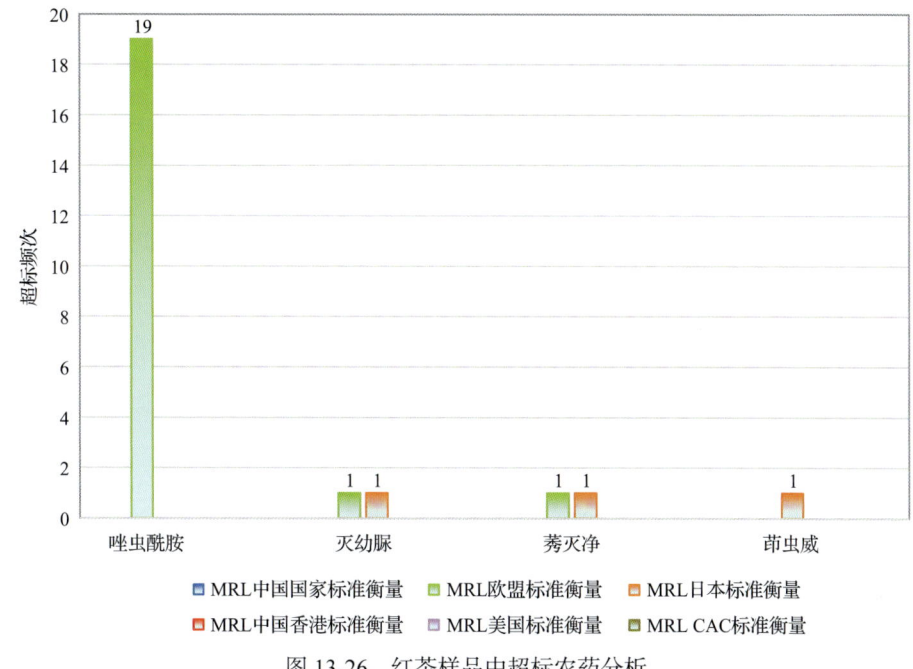

图 13-26　红茶样品中超标农药分析

表 13-21　红茶中农药残留超标情况明细表

样品总数		检出农药样品数	样品检出率(%)	检出农药品种总数
47		39	83	18
	超标农药品种	超标农药频次	按照 MRL 中国国家标准、欧盟标准和日本标准衡量超标农药名称及频次	
中国国家标准	0	0		
欧盟标准	3	21	唑虫酰胺(19),灭幼脲(1),莠灭净(1)	
日本标准	3	3	灭幼脲(1),茚虫威(1),莠灭净(1)	

13.4　初 步 结 论

13.4.1　昆明市市售茶叶按 MRL 中国国家标准和国际主要 MRL 标准衡量的合格率

本次侦测的 186 例样品中,19 例样品未检出任何残留农药,占样品总量的 10.2%,167 例样品检出不同水平、不同种类的残留农药,占样品总量的 89.8%。在这 167 例检出农药残留的样品中:

按照 MRL 中国国家标准衡量,有 165 例样品检出残留农药但含量没有超标,占样品总数的 88.7%,有 2 例样品检出了超标农药,占样品总数的 1.1%。

按照 MRL 欧盟标准衡量,有 51 例样品检出残留农药但含量没有超标,占样品总数的 27.4%,有 116 例样品检出了超标农药,占样品总数的 62.4%。

按照 MRL 日本标准衡量,有 148 例样品检出残留农药但含量没有超标,占样品总数的 79.6%，有 19 例样品检出了超标农药，占样品总数的 10.2%。

按照 MRL 中国香港标准衡量，有 167 例样品检出残留农药但含量没有超标，占样品总数的 89.8%，无检出残留农药超标的样品。

按照 MRL 美国标准衡量，有 167 例样品检出残留农药但含量没有超标，占样品总数的 89.8%，无检出残留农药超标的样品。

按照 MRL CAC 标准衡量，有 167 例样品检出残留农药但含量没有超标，占样品总数的 89.8%，无检出残留农药超标的样品。

13.4.2 昆明市市售茶叶中检出农药以中低微毒农药为主，占市场主体的 90.2%

这次侦测的 186 例茶叶样品共检出了 51 种农药，检出农药的毒性以中低微毒为主，详见表 13-22。

表 13-22 市场主体农药毒性分布

毒性	检出品种	占比	检出频次	占比
剧毒农药	2	3.9%	2	0.3%
高毒农药	3	5.9%	25	4.2%
中毒农药	23	45.1%	385	65.1%
低毒农药	15	29.4%	126	21.3%
微毒农药	8	15.7%	53	9.0%

中低微毒农药，品种占比 90.2%，频次占比 95.4%

13.4.3 检出剧毒、高毒和禁用农药现象应该警醒

在此次侦测的 186 例样品中有 4 种茶叶的 29 例样品检出了 6 种 33 频次的剧毒和高毒或禁用农药，占样品总量的 15.6%。其中剧毒农药甲拌磷和特丁硫磷以及高毒农药三唑磷、氧乐果和克百威检出频次较高。

按 MRL 中国国家标准衡量，高毒农药氧乐果，检出 7 次，超标 1 次；克百威，检出 1 次，超标 1 次；按超标程度比较，花茶中克百威超标 0.7 倍，绿茶中氧乐果超标 0.2 倍。

剧毒、高毒或禁用农药的检出情况及按照 MRL 中国国家标准衡量的超标情况见表 13-23。

表 13-23 剧毒、高毒或禁用农药的检出及超标明细

序号	农药名称	样品名称	检出频次	超标频次	最大超标倍数	超标率
1.1	甲拌磷*▲	绿茶	1	0	0	0.0%
2.1	特丁硫磷*▲	绿茶	1	0	0	0.0%
3.1	克百威°▲	花茶	1	1	0.7	100.0%
4.1	三唑磷°▲	绿茶	11	0	0	0.0%
4.2	三唑磷°▲	花茶	3	0	0	0.0%
4.3	三唑磷°▲	红茶	2	0	0	0.0%

续表

序号	农药名称	样品名称	检出频次	超标频次	最大超标倍数	超标率
4.4	三唑磷◇▲	乌龙茶	1	0	0	0.0%
5.1	氧乐果◇▲	绿茶	6	1	0.2	16.7%
5.2	氧乐果◇▲	花茶	1	0	0	0.0%
6.1	毒死蜱▲	乌龙茶	3	0	0	0.0%
6.2	毒死蜱▲	绿茶	2	0	0	0.0%
6.3	毒死蜱▲	红茶	1	0	0	0.0%
合计			33	2		6.1%

注：表中*为剧毒农药；◇ 为高毒农药；▲为禁用农药；超标倍数参照 MRL 中国国家标准衡量

这些剧毒和高毒农药都是中国政府早有规定禁止在茶叶中使用的，为什么还屡次被检出，应该引起警惕。

13.4.4 残留限量标准与先进国家或地区差距较大

591 频次的检出结果与我国公布的《食品中农药最大残留限量》（GB 2763—2016）对比，有 330 频次能找到对应的 MRL 中国国家标准，占 55.8%；还有 261 频次的侦测数据无相关 MRL 标准供参考，占 44.2%。

与国际上现行 MRL 对比发现：

有 591 频次能找到对应的 MRL 欧盟标准，占 100.0%；

有 591 频次能找到对应的 MRL 日本标准，占 100.0%；

有 277 频次能找到对应的 MRL 中国香港标准，占 46.9%；

有 358 频次能找到对应的 MRL 美国标准，占 60.6%；

有 155 频次能找到对应的 MRL CAC 标准，占 26.2%。

由上可见，MRL 中国国家标准与先进国家或地区标准还有很大差距，我们无标准，境外有标准，这就会导致我们在国际贸易中，处于受制于人的被动地位。

13.4.5 茶叶单种样品检出 22~32 种农药残留，拷问农药使用的科学性

通过此次监测发现，花茶、绿茶和乌龙茶是检出农药品种最多的 3 种茶叶，从中检出农药品种及频次详见表 13-24。

表 13-24 单种样品检出农药品种及频次

样品名称	样品总数	检出农药样品数	检出率	检出农药品种数	检出农药（频次）
花茶	11	11	100.0%	32	多菌灵(7)、啶虫脒(6)、噻嗪酮(5)、唑虫酰胺(4)、苯醚甲环唑(3)、嘧菌酯(3)、三唑磷(3)、吡虫啉(2)、吡唑醚菌酯(2)、丙环唑(2)、多效唑(2)、己唑醇(2)、氯虫苯甲酰胺(2)、噻虫嗪(2)、三唑酮(2)、戊唑醇(2)、矮壮素(1)、吡丙醚(1)、吡蚜酮(1)、哒螨灵(1)、稻瘟灵(1)、粉唑醇(1)、甲霜灵(1)、克百威(1)、噻虫啉(1)、三异丁基磷酸盐(1)、三唑醇(1)、霜霉威(1)、肟菌酯(1)、烯酰吗啉(1)、氧乐果(1)、增效醚(1)

续表

样品名称	样品总数	检出农药样品数	检出率	检出农药品种数	检出农药(频次)
绿茶	50	48	96.0%	31	唑虫酰胺(45)、啶虫脒(40)、噻嗪酮(32)、噻虫嗪(21)、吡虫啉(14)、三唑磷(11)、哒螨灵(9)、吡唑醚菌酯(8)、吡丙醚(7)、苯醚甲环唑(6)、氧乐果(6)、多菌灵(5)、茚虫威(5)、噻虫啉(3)、残杀威(2)、毒死蜱(2)、螺螨酯(2)、嘧菌酯(2)、乙螨唑(2)、胺鲜酯(1)、吡虫啉脲(1)、甲拌磷(1)、氯虫苯甲酰胺(1)、马拉硫磷(1)、氰氟虫腙(1)、三唑醇(1)、特丁硫磷(1)、辛硫磷(1)、莠灭净(1)、增效醚(1)、仲丁威(1)
乌龙茶	25	25	100.0%	22	唑虫酰胺(23)、哒螨灵(18)、噻嗪酮(11)、苯醚甲环唑(7)、吡虫啉(6)、啶虫脒(5)、噻虫啉(5)、吡唑醚菌酯(3)、毒死蜱(3)、茚虫威(3)、噻虫嗪(2)、三唑醇(2)、唑螨酯(2)、矮壮素(1)、丙环唑(1)、多菌灵(1)、嘧菌酯(1)、三唑磷(1)、四螨嗪(1)、肟菌酯(1)、戊唑醇(1)、增效醚(1)

上述 3 种茶叶，检出农药 22~32 种，是多种农药综合防治，还是未严格实施农业良好管理规范(GAP)，抑或根本就是乱施药，值得我们思考。

第 14 章　LC-Q-TOF/MS 侦测昆明市市售茶叶农药残留膳食暴露风险与预警风险评估

14.1　农药残留风险评估方法

14.1.1　昆明市农药残留侦测数据分析与统计

庞国芳院士科研团队建立的农药残留高通量侦测技术以高分辨精确质量数（0.0001 m/z 为基准）为识别标准，采用 LC-Q-TOF/MS 技术对 825 种农药化学污染物进行侦测。

科研团队于 2019 年 3 月期间在昆明 24 个采样点，随机采集了 186 例茶叶样品，具体位置如图 14-1 所示。

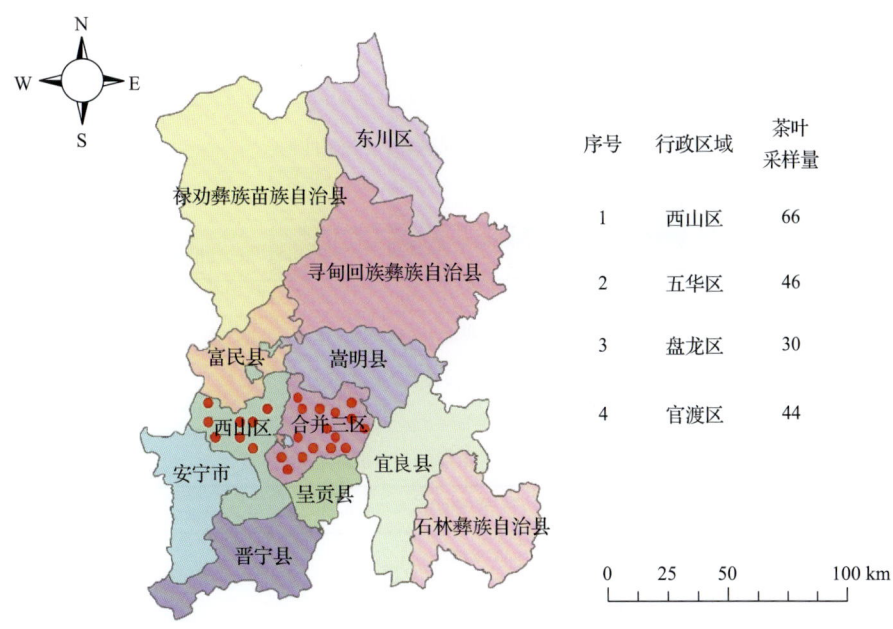

图 14-1　LC-Q-TOF/MS 侦测昆明 24 个采样点 186 例样品分布示意图

利用 LC-Q-TOF/MS (技术对 186 例样品中的农药进行侦测，侦测出残留农药 51 种，591 频次。侦测出农药残留水平如表 14-1 和图 14-2 所示。检出频次最高的前 10 种农药如表 14-2 所示。从检测结果中可以看出，在茶叶中农药残留普遍存在，且有些茶叶存在高浓度的农药残留，这些可能存在膳食暴露风险，对人体健康产生危害，因此，为了定量地评价茶叶中农药残留的风险程度，有必要对其进行风险评价。

表 14-1　侦测出农药的不同残留水平及其所占比例列表

残留水平(μg/kg)	检出频次	占比(%)
1~5(含)	211	35.7
5~10(含)	106	17.9
10~100(含)	203	34.3
100~1000(含)	70	11.8
>1000	1	0.2
合计	591	99.9

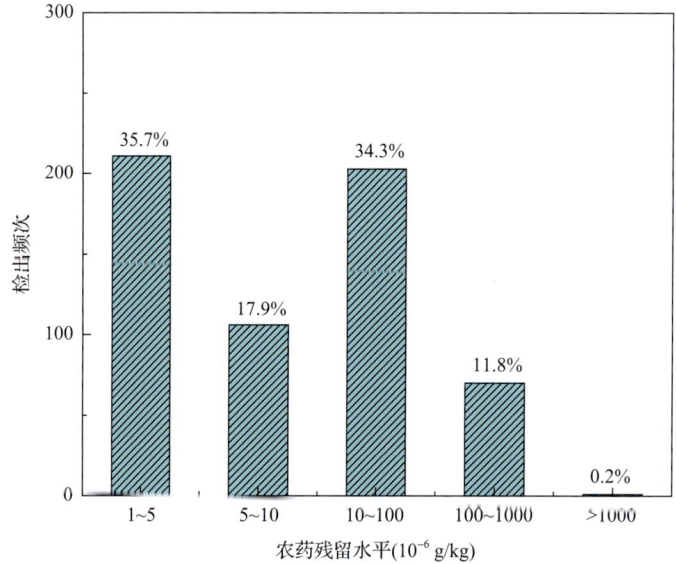

图 14-2　残留农药检出浓度频数分布图

表 14-2　检出频次最高的前 10 种农药列表

序号	农药	检出频次
1	唑虫酰胺	124
2	啶虫脒	103
3	噻嗪酮	77
4	哒螨灵	40
5	吡虫啉	30
6	噻虫嗪	29
7	苯醚甲环唑	17
8	三唑磷	17
9	增效醚	17
10	吡唑醚菌酯	16

14.1.2 农药残留风险评价模型

对昆明茶叶中农药残留分别开展暴露风险评估和预警风险评估。膳食暴露风险评估利用食品安全指数模型对茶叶中的残留农药对人体可能产生的危害程度进行评价,该模型结合残留监测和膳食暴露评估评价化学污染物的危害;预警风险评价模型运用风险系数(risk index,R),风险系数综合考虑了危害物的超标率、施检频率及其本身敏感性的影响,能直观而全面地反映出危害物在一段时间内的风险程度。

14.1.2.1 食品安全指数模型

为了加强食品安全管理,《中华人民共和国食品安全法》第二章第十七条规定"国家建立食品安全风险评估制度,运用科学方法,根据食品安全风险监测信息、科学数据以及有关信息,对食品、食品添加剂、食品相关产品中生物性、化学性和物理性危害因素进行风险评估"[1],膳食暴露评估是食品危险度评估的重要组成部分,也是膳食安全性的衡量标准[2]。国际上最早研究膳食暴露风险评估的机构主要是 JMPR(FAO、WHO 农药残留联合会议),该组织自 1995 年就已制定了急性毒性物质的风险评估急性毒性农药残留摄入量的预测。1960 年美国规定食品中不得加入致癌物质进而提出零阈值理论,渐渐零阈值理论发展成在一定概率条件下可接受风险的概念[3],后衍变为食品中每日允许最大摄入量(ADI),而国际食品农药残留法典委员会(CCPR)认为 ADI 不是独立风险评估的唯一标准[4],1995 年 JMPR 开始研究农药急性膳食暴露风险评估,并对食品国际短期摄入量的计算方法进行了修正,亦对膳食暴露评估准则及评估方法进行了修正[5],2002 年,在对世界上现行的食品安全评价方法,尤其是国际公认的 CAC 评价方法、全球环境监测系统/食品污染监测和评估规划(WHO GEMS/Food)及 FAO、WHO 食品添加剂联合专家委员会(JECFA)和 JMPR 对食品安全风险评估工作研究的基础之上,检验检疫食品安全管理的研究人员提出了结合残留监控和膳食暴露评估,以食品安全指数 IFS 计算食品中各种化学污染物对消费者的健康危害程度[6]。IFS 是表示食品安全状态的新方法,可有效地评价某种农药的安全性,进而评价食品中各种农药化学污染物对消费者健康的整体危害程度[7,8]。从理论上分析,IFS_c 可指出食品中的污染物 c 对消费者健康是否存在危害及危害的程度[9]。其优点在于操作简单且结果容易被接受和理解,不需要大量的数据来对结果进行验证,使用默认的标准假设或者模型即可[10,11]。

1) IFS_c 的计算

IFS_c 计算公式如下:

$$IFS_c = \frac{EDI_c \times f}{SI_c \times bw} \tag{14-1}$$

式中,c 为所研究的农药;EDI_c 为农药 c 的实际日摄入量估算值,等于 $\sum(R_i \times F_i \times E_i \times P_i)$ (i 为食品种类;R_i 为食品 i 中农药 c 的残留水平,mg/kg;F_i 为食品 i 的估计日消费量,g/(人·天);E_i 为食品 i 的可食用部分因子;P_i 为食品 i 的加工处理因子);SI_c 为安全摄入量,可采用每日允许最大摄入量 ADI;bw 为人平均体重,kg;f 为校正因子,如果安全摄入量采用 ADI，则 f 取 1。

$IFS_c \ll 1$，农药 c 对食品安全没有影响；$IFS_c \leqslant 1$，农药 c 对食品安全的影响可以接受；$IFS_c > 1$，农药 c 对食品安全的影响不可接受。

本次评价中：

$IFS_c \leqslant 0.1$，农药 c 对茶叶安全没有影响；

$0.1 < IFS_c \leqslant 1$，农药 c 对茶叶安全的影响可以接受；

$IFS_c > 1$，农药 c 对茶叶安全的影响不可接受。

本次评价中残留水平 R_i 取值为中国检验检疫科学研究院庞国芳院士课题组利用以高分辨精确质量数(0.0001 m/z)为基准的 LC-Q-TOF/MS 侦测技术于2017年4月期间对昆明茶叶农药残留的侦测结果，估计日消费量 F_i 取值 0.0047 kg/(人·天)，$E_i = 1$，$P_i = 1$，$f = 1$，SI_c 采用《食品安全国家标准 食品中农药最大残留限量》(GB 2763—2016)中 ADI 值(具体数值见表14-3)，人平均体重(bw)取值 60 kg。

表 14-3 昆明茶叶中侦测出农药的 ADI 值

序号	农药	ADI	序号	农药	ADI	序号	农药	ADI
1	唑虫酰胺	0.006	18	噻虫啉	0.01	35	莠灭净	0.072
2	氧乐果	0.0003	19	戊唑醇	0.03	36	多效唑	0.1
3	三唑磷	0.001	20	吡蚜酮	0.03	37	仲丁威	0.06
4	噻嗪酮	0.009	21	辛硫磷	0.004	38	稻瘟灵	0.016
5	哒螨灵	0.01	22	噻虫嗪	0.08	39	甲霜灵	0.08
6	己唑醇	0.005	23	三唑酮	0.03	40	吡丙醚	0.1
7	克百威	0.001	24	嘧菌酯	0.2	41	乙螨唑	0.05
8	苯醚甲环唑	0.01	25	甲拌磷	0.0007	42	氰氟虫腙	0.1
9	粉唑醇	0.01	26	特丁硫磷	0.0006	43	丁草胺	0.1
10	毒死蜱	0.01	27	螺螨酯	0.01	44	增效醚	0.2
11	多菌灵	0.03	28	肟菌酯	0.04	45	胺鲜酯	0.023
12	啶虫脒	0.07	29	唑螨酯	0.01	46	氯虫苯甲酰胺	2
13	吡唑醚菌酯	0.03	30	莠去津	0.02	47	马拉硫磷	0.3
14	茚虫威	0.01	31	丙环唑	0.07	48	三异丁基磷酸盐	—
15	三唑醇	0.03	32	四螨嗪	0.02	49	吡虫啉脲	—
16	矮壮素	0.05	33	烯酰吗啉	0.2	50	残杀威	
17	吡虫啉	0.06	34	霜霉威	0.4	51	灭幼脲	—

注："—"表示为国家标准中无 ADI 值规定；ADI 值单位为 mg/kg bw

2) 计算 IFS_c 的平均值 $\overline{IFS}$，评价农药对食品安全的影响程度

以 $\overline{IFS}$ 评价各种农药对人体健康危害的总程度，评价模型见公式(14-2)。

$$\overline{IFS} = \frac{\sum_{i=1}^{n} IFS_c}{n} \tag{14-2}$$

$\overline{\text{IFS}} \ll 1$，所研究消费者人群的食品安全状态很好；$\overline{\text{IFS}} \leqslant 1$，所研究消费者人群的食品安全状态可以接受；$\overline{\text{IFS}} > 1$，所研究消费者人群的食品安全状态不可接受。

本次评价中：

$\overline{\text{IFS}} \leqslant 0.1$，所研究消费者人群的茶叶安全状态很好；

$0.1 < \overline{\text{IFS}} \leqslant 1$，所研究消费者人群的茶叶安全状态可以接受；

$\overline{\text{IFS}} > 1$，所研究消费者人群的茶叶安全状态不可接受。

14.1.2.2 预警风险评估模型

2003年，我国检验检疫食品安全管理的研究人员根据WTO的有关原则和我国的具体规定，结合危害物本身的敏感性、风险程度及其相应的施检频率，首次提出了食品中危害物风险系数 R 的概念[12]。R 是衡量一个危害物的风险程度大小最直观的参数，即在一定时期内其超标率或阳性检出率的高低，但受其施检频率的高低及其本身的敏感性(受关注程度)影响。该模型综合考察了农药在茶叶中的超标率、施检频率及其本身敏感性，能直观而全面地反映出农药在一段时间内的风险程度[13]。

1) R 计算方法

危害物的风险系数综合考虑了危害物的超标率或阳性检出率、施检频率和其本身的敏感性影响，并能直观而全面地反映出危害物在一段时间内的风险程度。风险系数 R 的计算公式如式(14-3)：

$$R = aP + \frac{b}{F} + S \tag{14-3}$$

式中，P 为该种危害物的超标率；F 为危害物的施检频率；S 为危害物的敏感因子；a, b 分别为相应的权重系数。

本次评价中 $F=1$；$S=1$；$a=100$；$b=0.1$，对参数 P 进行计算，计算时首先判断是否为禁用农药，如果为非禁用农药，$P=$超标的样品数(侦测出的含量高于食品最大残留限量标准值，即MRL)除以总样品数(包括超标、不超标、未侦测出)；如果为禁用农药，则侦测出即为超标，$P=$能侦测出的样品数除以总样品数。判断昆明茶叶农药残留是否超标的标准限值MRL分别以MRL中国国家标准[14]和MRL欧盟标准作为对照，具体值列于本报告附表一中。

2) 评价风险程度

$R \leqslant 1.5$，受检农药处于低度风险；

$1.5 < R \leqslant 2.5$，受检农药处于中度风险；

$R > 2.5$，受检农药处于高度风险。

14.1.2.3 食品膳食暴露风险和预警风险评估应用程序的开发

1) 应用程序开发的步骤

为成功开发膳食暴露风险和预警风险评估应用程序，与软件工程师多次沟通讨论，

逐步提出并描述清楚计算需求，开发了初步应用程序。为明确出不同茶叶、不同农药、不同地域的风险水平，向软件工程师提出不同的计算需求，软件工程师对计算需求进行逐一分析，经过反复的细节沟通，需求分析得到明确后，开始进行解决方案的设计，在保证需求的完整性、一致性的前提下，编写出程序代码，最后设计出满足需求的风险评估专用计算软件，并通过一系列的软件测试和改进，完成专用程序的开发。软件开发基本步骤见图14-3。

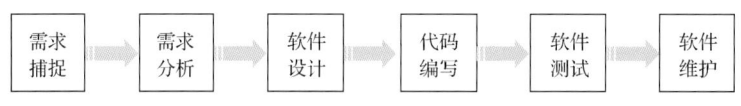

图14-3 专用程序开发总体步骤

2) 膳食暴露风险评估专业程序开发的基本要求

首先直接利用公式(14-1)，分别计算 LC-Q-TOF/MS 和 LC-Q-TOF/MS 仪器侦测出的各茶叶样品中每种农药 IFS_c，将结果列出。为考察超标农药和禁用农药的使用安全性，分别以我国《食品安全国家标准 食品中农药最大残留限量》(GB 2763—2016)和欧盟食品中农药最大残留限量(以下简称 MRL 中国国家标准和 MRL 欧盟标准)为标准，对侦测出的禁用农药和超标的非禁用农药 IFS_c 单独进行评价；按 IFS_c 大小列表，并找出 IFS_c 值排名前 20 的样本重点关注。

对不同茶叶 i 中每一种侦测出的农药 c 的安全指数进行计算，多个样品时求平均值。若监测数据为该市多个月的数据，则逐月、逐季度分别列出每个月、每个季度内每一种茶叶 i 对应的每一种农药 c 的 IFS_c。

按农药种类，计算整个监测时间段内每种农药的 IFS_c，不区分茶叶。若检测数据为该市多个月的数据，则需分别计算每个月、每个季度内每种农药的 IFS_c。

3) 预警风险评估专业程序开发的基本要求

分别以 MRL 中国国家标准和 MRL 欧盟标准，按公式(14-3)逐个计算不同茶叶、不同农药的风险系数，禁用农药和非禁用农药分别列表。

为清楚了解各种农药的预警风险，不分时间，不分茶叶，按禁用农药和非禁用农药分类，分别计算各种侦测出农药全部检测时段内风险系数。由于有 MRL 中国国家标准的农药种类太少，无法计算超标数，非禁用农药的风险系数只以 MRL 欧盟标准为标准，进行计算。若检测数据为多个月的，则按月计算每个月、每个季度内每种禁用农药残留的风险系数和以 MRL 欧盟标准为标准的非禁用农药残留的风险系数。

4) 风险程度评价专业应用程序的开发方法

采用 Python 计算机程序设计语言，Python 是一个高层次地结合了解释性、编译性、互动性和面向对象的脚本语言。风险评价专用程序主要功能包括：分别读入每例样品 LC-Q-TOF/MS 和 LC-Q-TOF/MS 农药残留检测数据，根据风险评价工作要求，依次对不同农药、不同食品、不同时间、不同采样点的 IFS_c 值和 R 值分别进行数据计算，筛选出禁用农药、超标农药(分别与 MRL 中国国家标准、MRL 欧盟标准限值进行对比)单独重点分析，再分别对各农药、各茶叶种类分类处理，设计出计算和排序程序，编写计算机代码，最后将生成的膳食暴露风险评估和超标风险评估定量计算结果列入设计好的各个表格中，并定性判断风险对目标的影响程度，直接用文字描述风险发生的高低，如"不可接受"、"可以接受"、"没有影响"、"高度风险"、"中度风险"、"低度风险"。

14.2　LC-Q-TOF/MS 侦测昆明市市售茶叶农药残留膳食暴露风险评估

14.2.1　每例茶叶样品中农药残留安全指数分析

基于 2019 年 3 月的农药残留侦测数据，发现在 186 例样品中侦测出农药 591 频次，计算样品中每种残留农药的安全指数 IFS_c，并分析农药对样品安全的影响程度，结果详见附表二，农药残留对茶叶样品安全的影响程度频次分布情况如图 14-4 所示。

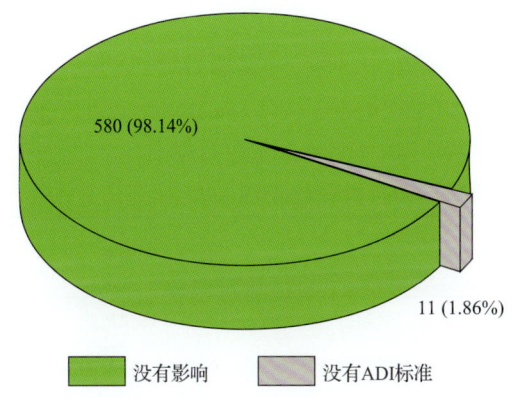

图 14-4　农药残留对茶叶样品安全的影响程度频次分布图

由图 14-4 可以看出，农药残留对样品安全的没有影响的频次为 580，占 98.14%。

部分样品侦测出禁用农药 6 种 33 频次，为了明确残留的禁用农药对样品安全的影响，分析侦测出禁用农药残留的样品安全指数，禁用农药残留对茶叶样品安全的影响程度频次分布情况如图 14-5 所示，农药残留对样品安全没有影响的频次为 33，占 100%。

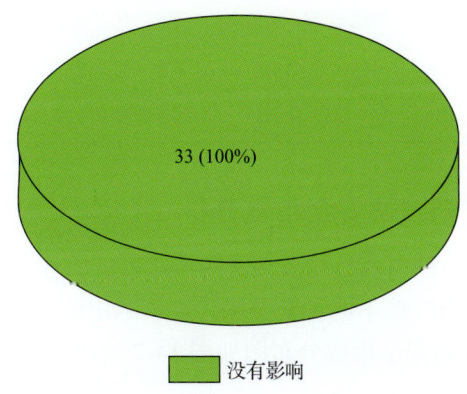

图 14-5　禁用农药对茶叶样品安全影响程度的频次分布图

此外，本次侦测发现部分样品中非禁用农药残留量超过了欧盟标准，为了明确超标的非禁用农药对样品安全的影响，分析了非禁用农药残留超标的样品安全指数。

残留量超过 MRL 欧盟标准的非禁用农药对茶叶样品安全的影响程度频次分布情况如图 14-6 所示。可以看出超过 MRL 欧盟标准的非禁用农药共频次，其中农药没有 ADI 的频次为 1，占 0.64%；农药残留对样品安全没有影响的频次为 155，占 99.36%。表 14-4 为茶叶样品中安全指数排名前 10 的残留超标非禁用农药列表。

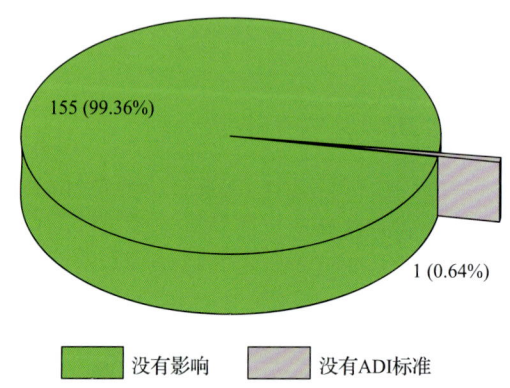

图 14-6 残留超标的非禁用农药对茶叶样品安全的影响程度频次分布图（MRL 欧盟标准）

表 14-4 茶叶样品中安全指数排名前 10 的残留超标非禁用农药列表（**MRL 欧盟标准**）

序号	样品编号	采样点	基质	农药	含量 (mg/kg)	欧盟标准	IFS_c	影响程度
1	20190322-530100-USI-GT-24B	***超市（官南店）	绿茶	唑虫酰胺	1.0167	0.01	0.0133	没有影响
2	20190322-530100-USI-GT-05B	***超市（万达广场店）	绿茶	唑虫酰胺	0.9033	0.01	0.0118	没有影响
3	20190322-530100-USI-GT-06B	***超市（万宏路店）	绿茶	唑虫酰胺	0.8939	0.01	0.0117	没有影响
4	20190322-530100-USI-FT-15A	***超市（大观店）	花茶	唑虫酰胺	0.8366	0.01	0.0109	没有影响
5	20190322-530100-USI-GT-02C	***超市（兴苑路店）	绿茶	唑虫酰胺	0.7833	0.01	0.0102	没有影响
6	20190322-530100-USI-FT-13A	***超市（世纪广场店）	花茶	己唑醇	0.561	0.05	0.0088	没有影响
7	20190322-530100-USI-GT-24B	***超市（官南店）	绿茶	噻嗪酮	0.9938	0.05	0.0086	没有影响
8	20190322-530100-USI-GT-04B	***超市（昌源中路店）	绿茶	唑虫酰胺	0.6118	0.01	0.0080	没有影响
9	20190322-530100-USI-GT-24A	***超市（官南店）	绿茶	唑虫酰胺	0.5519	0.01	0.0072	没有影响
10	20190322-530100-USI-BT-10A	***超市（昆明店）	红茶	唑虫酰胺	0.4939	0.01	0.0064	没有影响

14.2.2 单种茶叶中农药残留安全指数分析

本次 5 种茶叶侦测 51 种农药，检出频次为 591 次，其中 4 种农药没有 ADI，47 种农药存在 ADI 标准。5 种茶叶按不同种类分别计算侦测出的具有 ADI 标准的各种农药的 IFS_c 值，农药残留对茶叶的安全指数分布图如图 14-7 所示。

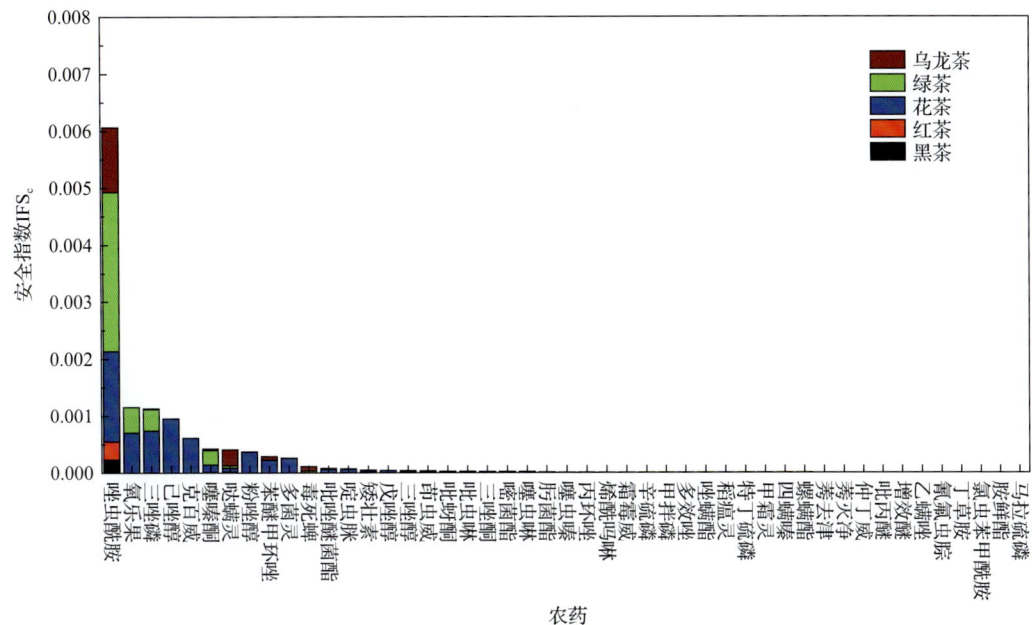

图 14-7　5 种茶叶中 47 种残留农药的安全指数分布图

本次侦测中，5 种茶叶和 51 种残留农药（包括没有 ADI）共涉及 113 个分析样本，农药对单种茶叶安全的影响程度分布情况如图 14-8 所示。可以看出，92.92%的样本中农药对茶叶安全没有影响。

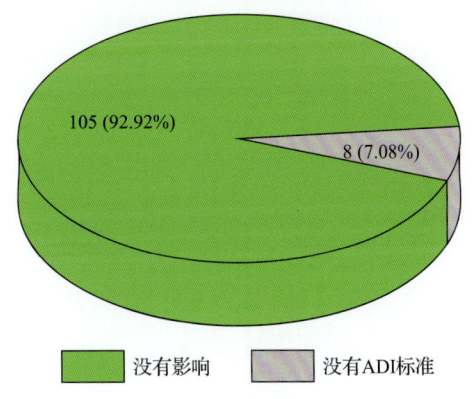

图 14-8　113 个分析样本的影响程度频次分布图

14.2.3　所有茶叶中农药残留安全指数分析

计算所有茶叶中 47 种农药的 IFS_c 值，结果如图 14-9 及表 14-5 所示。

分析发现，所有农药对茶叶安全的影响程度均为没有影响，说明所有农药对茶叶安全的影响均没有影响。

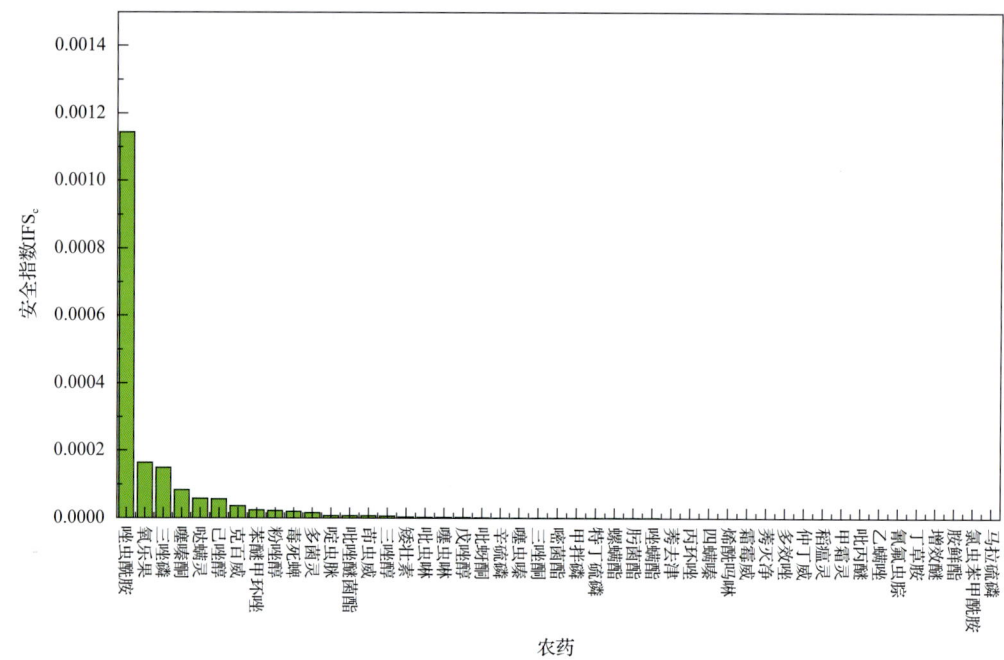

图 14-9　47 种残留农药对茶叶的安全影响程度统计图

表 14-5　茶叶中 47 种农药残留的安全指数表

序号	农药	检出频次	检出率(%)	IFS$_c$	影响程度	序号	农药	检出频次	检出率(%)	IFS$_c$	影响程度
1	唑虫酰胺	124	66.67%	1.14×10^{-3}	没有影响	20	蚍蚜酮	1	0.54%	1.47×10^{-6}	没有影响
2	氧乐果	7	3.76%	1.64×10^{-4}	没有影响	21	辛硫磷	1	0.54%	1.28×10^{-6}	没有影响
3	三唑磷	17	9.14%	1.49×10^{-4}	没有影响	22	噻虫嗪	29	15.59%	1.28×10^{-6}	没有影响
4	噻嗪酮	77	41.40%	8.34×10^{-5}	没有影响	23	三唑酮	2	1.08%	1.26×10^{-6}	没有影响
5	哒螨灵	40	21.51%	5.79×10^{-5}	没有影响	24	嘧菌酯	6	3.23%	1.24×10^{-6}	没有影响
6	己唑醇	2	1.08%	5.61×10^{-5}	没有影响	25	甲拌磷	1	0.54%	1.20×10^{-6}	没有影响
7	克百威	1	0.54%	3.61×10^{-5}	没有影响	26	特丁硫磷	1	0.54%	7.02×10^{-7}	没有影响
8	苯醚甲环唑	17	9.14%	2.33×10^{-5}	没有影响	27	螺螨酯	2	1.08%	6.40×10^{-7}	没有影响
9	粉唑醇	1	0.54%	2.20×10^{-5}	没有影响	28	肟菌酯	2	1.08%	5.89×10^{-7}	没有影响
10	毒死蜱	6	3.23%	1.91×10^{-5}	没有影响	29	唑螨酯	2	1.08%	4.59×10^{-7}	没有影响
11	多菌灵	13	6.99%	1.56×10^{-5}	没有影响	30	莠去津	2	1.08%	3.96×10^{-7}	没有影响
12	啶虫脒	103	55.38%	7.35×10^{-6}	没有影响	31	丙环唑	3	1.61%	3.84×10^{-7}	没有影响
13	吡唑醚菌酯	16	8.60%	6.73×10^{-6}	没有影响	32	四螨嗪	1	0.54%	3.26×10^{-7}	没有影响
14	茚虫威	9	4.84%	6.68×10^{-6}	没有影响	33	烯酰吗啉	1	0.54%	2.99×10^{-7}	没有影响
15	三唑醇	4	2.15%	6.56×10^{-6}	没有影响	34	霜霉威	1	0.54%	2.99×10^{-7}	没有影响
16	矮壮素	2	1.08%	3.92×10^{-6}	没有影响	35	莠灭净	2	1.08%	2.43×10^{-7}	没有影响
17	吡虫啉	30	16.13%	2.81×10^{-6}	没有影响	36	多效唑	2	1.08%	2.40×10^{-7}	没有影响
18	噻虫啉	10	5.38%	2.72×10^{-6}	没有影响	37	仲丁威	1	0.54%	1.92×10^{-7}	没有影响
19	戊唑醇	3	1.61%	2.59×10^{-6}	没有影响	38	稻瘟灵	1	0.54%	1.61×10^{-7}	没有影响

续表

序号	农药	检出频次	检出率(%)	IFS$_c$	影响程度	序号	农药	检出频次	检出率(%)	IFS$_c$	影响程度
39	甲霜灵	1	0.54%	1.44×10^{-7}	没有影响	44	增效醚	17	9.14%	8.28×10^{-8}	没有影响
40	吡丙醚	9	4.84%	1.42×10^{-7}	没有影响	45	胺鲜酯	1	0.54%	2.75×10^{-8}	没有影响
41	乙螨唑	2	1.08%	1.41×10^{-7}	没有影响	46	氯虫苯甲酰胺	3	1.61%	1.99×10^{-8}	没有影响
42	氰氟虫腙	1	0.54%	1.29×10^{-7}	没有影响	47	马拉硫磷	1	0.54%	2.25×10^{-9}	没有影响
43	丁草胺	2	1.08%	9.69×10^{-8}	没有影响						

14.3 LC-Q-TOF/MS 侦测昆明市市售茶叶农药残留预警风险评估

基于昆明茶叶样品中农药残留 LC-Q-TOF/MS 侦测数据，分析禁用农药的检出率，同时参照中华人民共和国国家标准 GB 2763—2016 和欧盟农药最大残留限量(MRL)标准分析非禁用农药残留的超标率，并计算农药残留风险系数。分析单种茶叶中农药残留以及所有茶叶中农药残留的风险程度。

14.3.1 单种茶叶中农药残留风险系数分析

14.3.1.1 单种茶叶中禁用农药残留风险系数分析

侦测出的 51 种残留农药中有 6 种为禁用农药，且它们分布在 4 种茶叶中，计算 4 种茶叶中禁用农药的检出率，根据检出率计算风险系数 R，进而分析茶叶中禁用农药的风险程度，结果如图 14-10 与表 14-6 所示。分析发现 6 种禁用农药在 4 种茶叶中的残留处均于高度风险。

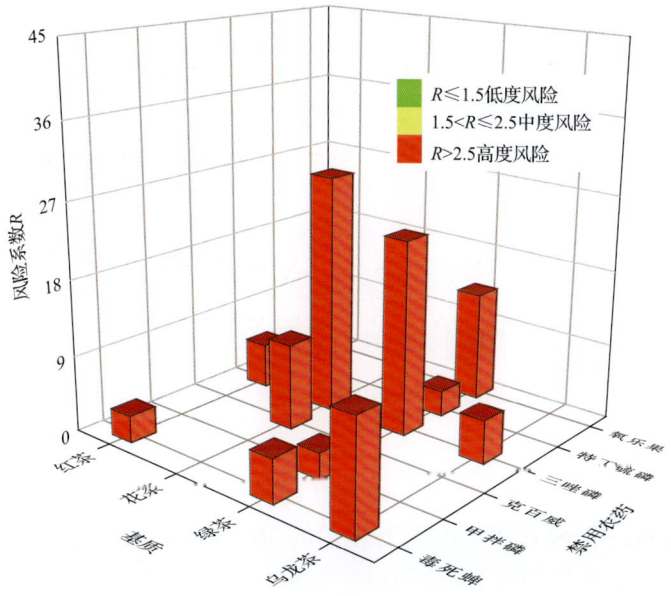

图 14-10　4 种茶叶中 6 种禁用农药残留的风险系数

表 14-6 4 种茶叶中 6 种禁用农药残留的风险系数列表

序号	基质	农药	检出频次	检出率(%)	风险系数 R	风险程度
1	乌龙茶	三唑磷	1	4.00	5.10	高度风险
2	乌龙茶	毒死蜱	3	12.00	13.10	高度风险
3	红茶	三唑磷	2	4.26	5.36	高度风险
4	红茶	毒死蜱	1	2.13	3.23	高度风险
5	绿茶	三唑磷	11	22.00	23.10	高度风险
6	绿茶	毒死蜱	2	4.00	5.10	高度风险
7	绿茶	氧乐果	6	12.00	13.10	高度风险
8	绿茶	特丁硫磷	1	2.00	3.10	高度风险
9	绿茶	甲拌磷	1	2.00	3.10	高度风险
10	花茶	三唑磷	3	27.27	28.37	高度风险
11	花茶	克百威	1	9.09	10.19	高度风险
12	花茶	氧乐果	1	9.09	10.19	高度风险

14.3.1.2 基于 MRL 中国国家标准的单种茶叶中非禁用农药残留风险系数分析

参照中华人民共和国国家标准 GB 2763—2016 中农药残留限量计算每种茶叶中每种非禁用农药的超标率，进而计算其风险系数，根据风险系数大小判断残留农药的预警风险程度，茶叶中非禁用农药残留风险程度分布情况如图 14-11 所示。

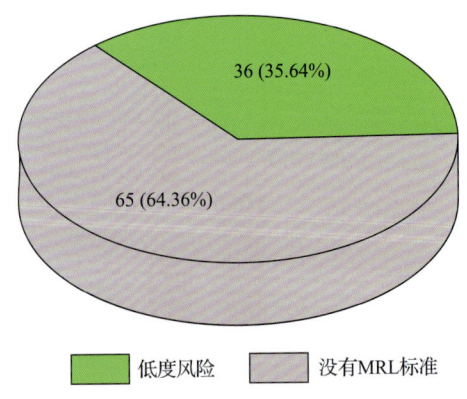

图 14-11 茶叶中非禁用农药残留的风险程度分布图(MRL 中国国家标准)

本次分析中，发现在 5 种茶叶检出 45 种残留非禁用农药，涉及样本 101 个，在 101 个样本中，35.64%处于低度风险，此外发现有 65 个样本没有 MRL 中国国家标准值，无法判断其风险程度，有 MRL 中国国家标准值的 36 个样本涉及 5 种茶叶中的 10 种非禁用农药，其风险系数 R 值如图 14-12 所示。

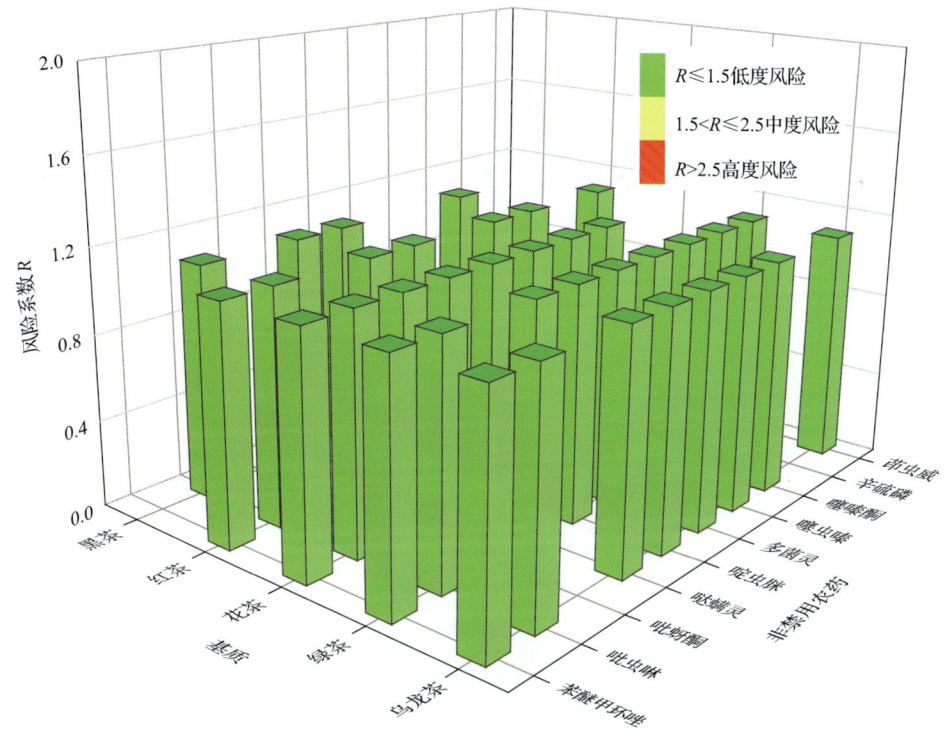

图 14-12　5 种茶叶中 10 种非禁用农药的风险系数分布图（MRL 中国国家标准）

14.3.1.3　基于 MRL 欧盟标准的单种茶叶中非禁用农药残留风险系数分析

参照 MRL 欧盟标准计算每种茶叶中每种非禁用农药的超标率，进而计算其风险系数，根据风险系数大小判断农药残留的预警风险程度，茶叶中非禁用农药残留风险程度分布情况如图 14-13 所示。

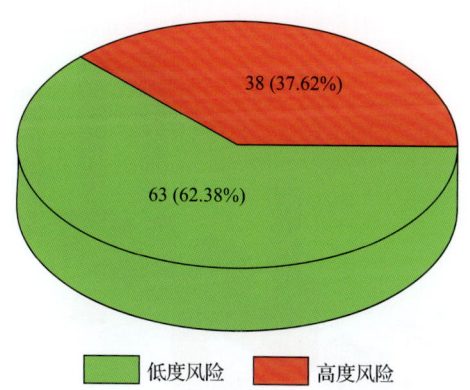

图 14-13　茶叶中非禁用农药残留的风险程度分布图（MRL 欧盟标准）

本次分析中，发现在 5 种茶叶中共侦测出 45 种非禁用农药，涉及样本 101 个，其中，37.62%处于高度风险，涉及 5 种茶叶和 25 种农药；62.38%处于低度风险，涉及 5 种茶叶和 33 种农药。单种茶叶中的非禁用农药风险系数分布图如图 14-14 所示。单种茶叶中处于高度风险的非禁用农药风险系数如图 14-15 和表 14-7 所示。

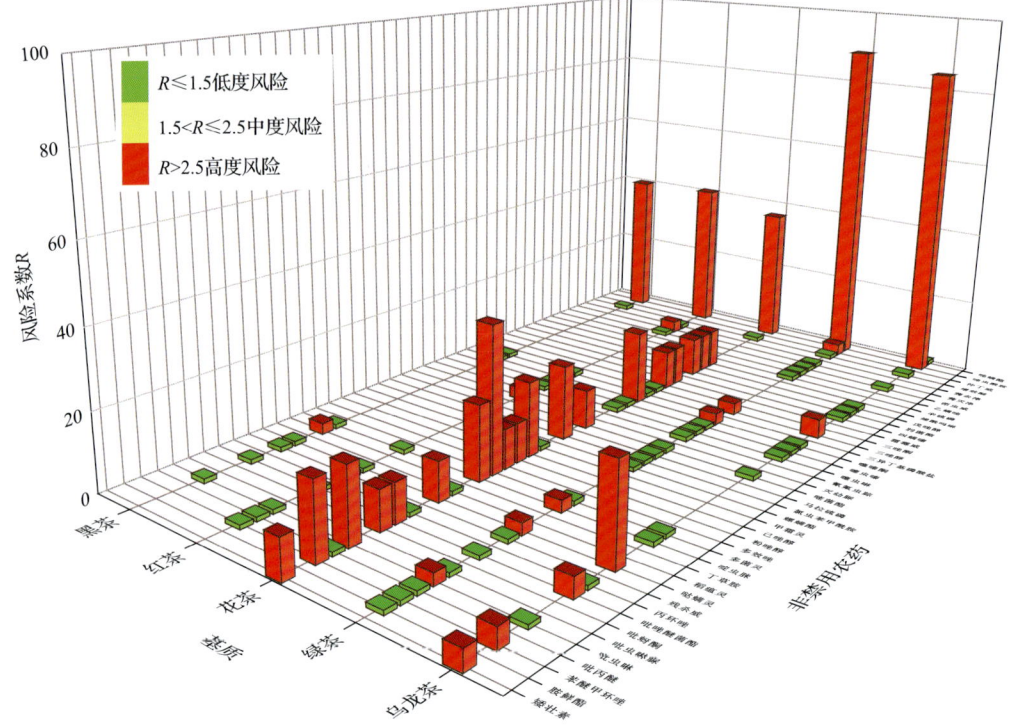

图 14-14　5 种茶叶中 45 种非禁用农药残留的风险系数（MRL 欧盟标准）

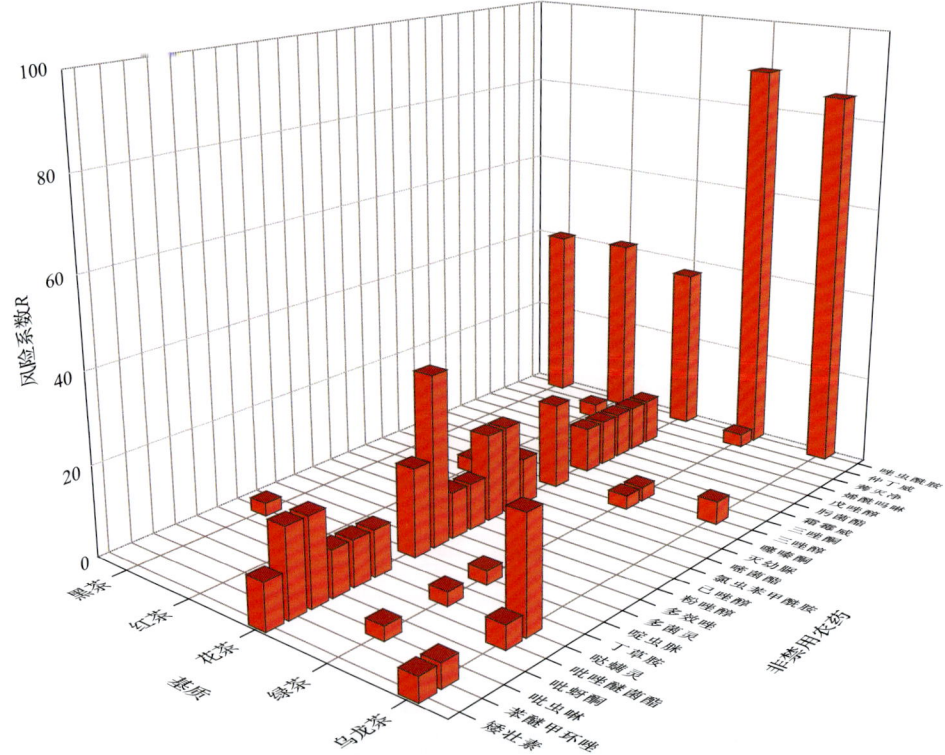

图 14-15　单种茶叶中处于高度风险的非禁用农药的风险系数（MRL 欧盟标准）

表 14-7 单种茶叶中处于高度风险的非禁用农药残留的风险系数表（MRL 欧盟标准）

序号	基质	农药	超标频次	超标率 P(%)	风险系数 R
1	绿茶	唑虫酰胺	44	88.00	89.10
2	乌龙茶	唑虫酰胺	21	84.00	85.10
3	红茶	唑虫酰胺	19	40.43	41.53
4	黑茶	唑虫酰胺	21	39.62	40.72
5	花茶	唑虫酰胺	4	36.36	37.46
6	花茶	多菌灵	4	36.36	37.46
7	乌龙茶	哒螨灵	6	24.00	25.10
8	花茶	吡虫啉	2	18.18	19.28
9	花茶	啶虫脒	2	18.18	19.28
10	花茶	噻嗪酮	2	18.18	19.28
11	花茶	己唑醇	2	18.18	19.28
12	花茶	氯虫苯甲酰胺	2	18.18	19.28
13	花茶	苯醚甲环唑	2	18.18	19.28
14	花茶	三唑酮	1	9.09	10.19
15	花茶	吡唑醚菌酯	1	9.09	10.19
16	花茶	吡蚜酮	1	9.09	10.19
17	花茶	哒螨灵	1	9.09	10.19
18	花茶	嘧菌酯	1	9.09	10.19
19	花茶	多效唑	1	9.09	10.19
20	花茶	戊唑醇	1	9.09	10.19
21	花茶	烯酰吗啉	1	9.09	10.19
22	花茶	矮壮素	1	9.09	10.19
23	花茶	粉唑醇	1	9.09	10.19
24	花茶	肟菌酯	1	9.09	10.19
25	花茶	霜霉威	1	9.09	10.19
26	乌龙茶	三唑醇	1	4.00	5.10
27	乌龙茶	吡唑醚菌酯	1	4.00	5.10
28	乌龙茶	矮壮素	1	4.00	5.10
29	乌龙茶	苯醚甲环唑	1	4.00	5.10
30	红茶	灭幼脲	1	2.13	3.23
31	红茶	莠灭净	1	2.13	3.23
32	绿茶	三唑醇	1	2.00	3.10
33	绿茶	仲丁威	1	2.00	3.10
34	绿茶	吡虫啉	1	2.00	3.10
35	绿茶	哒螨灵	1	2.00	3.10
36	绿茶	啶虫脒	1	2.00	3.10
37	绿茶	噻嗪酮	1	2.00	3.10
38	黑茶	丁草胺	1	1.89	2.99

14.3.2 所有茶叶中农药残留风险系数分析

14.3.2.1 所有茶叶中禁用农药残留风险系数分析

在侦测出的 51 种农药中有 6 种为禁用农药,计算所有茶叶中禁用农药的风险系数,结果如表 14-8 所示。在 6 种禁用农药中,3 种农药残留处于高度风险,3 种农药残留处于中度风险。

表 14-8 茶叶中 6 种禁用农药的风险系数表

序号	农药	检出频次	检出率(%)	风险系数 R	风险程度
1	三唑磷	17	9.14	10.24	高度风险
2	氧乐果	7	3.76	4.86	高度风险
3	毒死蜱	6	3.23	4.33	高度风险
4	克百威	1	0.54	1.64	中度风险
5	特丁硫磷	1	0.54	1.64	中度风险
6	甲拌磷	1	0.54	1.64	中度风险

14.3.2.2 所有茶叶中非禁用农药残留风险系数分析

参照 MRL 欧盟标准计算所有茶叶中每种非禁用农药残留的风险系数,如图 14-16 与表 14-9 所示。在侦测出的 45 种非禁用农药中,7 种农药(15.56%)残留处于高度风险,18 种农药(40.00%)残留处于中度风险,20 种农药(44.44%)残留处于低度风险。

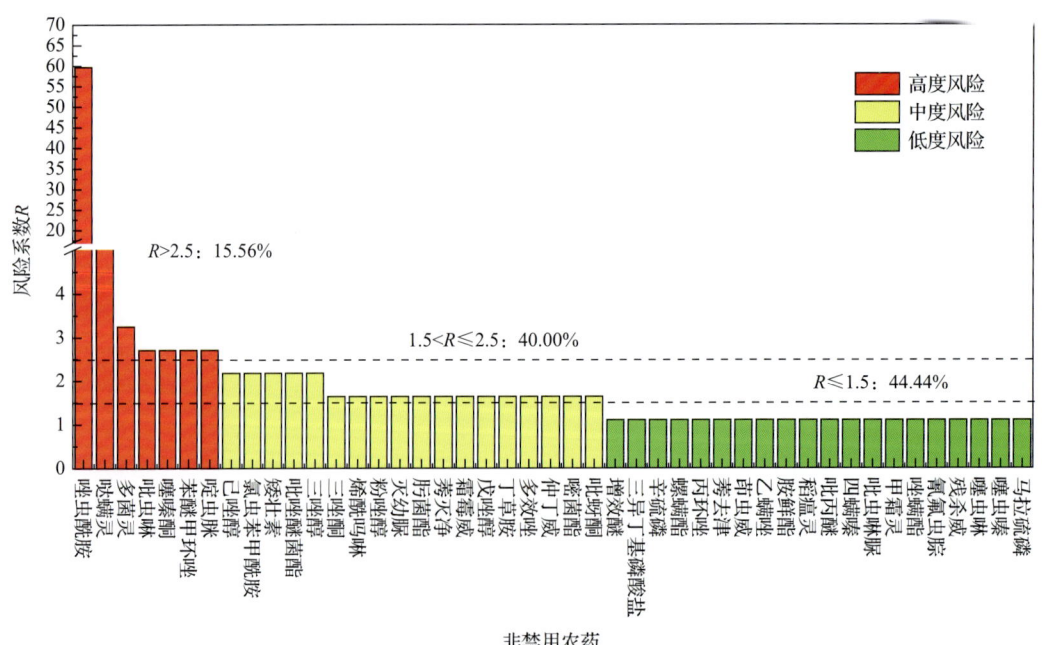

图 14-16 茶叶中 45 种非禁用农药的风险程度统计图

表 14-9 茶叶中 45 种非禁用农药的风险系数表

序号	农药	超标频次	超标率 P(%)	风险系数 R	风险程度
1	唑虫酰胺	109	58.60	59.70	高度风险
2	哒螨灵	8	4.30	5.40	高度风险
3	多菌灵	4	2.15	3.25	高度风险
4	吡虫啉	3	1.61	2.71	高度风险
5	噻嗪酮	3	1.61	2.71	高度风险
6	苯醚甲环唑	3	1.61	2.71	高度风险
7	啶虫脒	3	1.61	2.71	高度风险
8	己唑醇	2	1.08	2.18	中度风险
9	氯虫苯甲酰胺	2	1.08	2.18	中度风险
10	矮壮素	2	1.08	2.18	中度风险
11	吡唑醚菌酯	2	1.08	2.18	中度风险
12	三唑醇	2	1.08	2.18	中度风险
13	三唑酮	1	0.54	1.64	中度风险
14	烯酰吗啉	1	0.54	1.64	中度风险
15	粉唑醇	1	0.54	1.64	中度风险
16	灭幼脲	1	0.54	1.64	中度风险
17	肟菌酯	1	0.54	1.64	中度风险
18	莠灭净	1	0.54	1.64	中度风险
19	霜霉威	1	0.54	1.64	中度风险
20	戊唑醇	1	0.54	1.64	中度风险
21	丁草胺	1	0.54	1.64	中度风险
22	多效唑	1	0.54	1.64	中度风险
23	仲丁威	1	0.54	1.64	中度风险
24	嘧菌酯	1	0.54	1.64	中度风险
25	吡蚜酮	1	0.54	1.64	中度风险
26	增效醚	0	0.00	1.10	低度风险
27	三异丁基磷酸盐	0	0.00	1.10	低度风险
28	辛硫磷	0	0.00	1.10	低度风险
29	螺螨酯	0	0.00	1.10	低度风险
30	丙环唑	0	0.00	1.10	低度风险
31	莠去津	0	0.00	1.10	低度风险

续表

序号	农药	超标频次	超标率 P(%)	风险系数 R	风险程度
32	茚虫威	0	0.00	1.10	低度风险
33	乙螨唑	0	0.00	1.10	低度风险
34	胺鲜酯	0	0.00	1.10	低度风险
35	稻瘟灵	0	0.00	1.10	低度风险
36	吡丙醚	0	0.00	1.10	低度风险
37	四螨嗪	0	0.00	1.10	低度风险
38	吡虫啉脲	0	0.00	1.10	低度风险
39	甲霜灵	0	0.00	1.10	低度风险
40	唑螨酯	0	0.00	1.10	低度风险
41	氰氟虫腙	0	0.00	1.10	低度风险
42	残杀威	0	0.00	1.10	低度风险
43	噻虫啉	0	0.00	1.10	低度风险
44	噻虫嗪	0	0.00	1.10	低度风险
45	马拉硫磷	0	0.00	1.10	低度风险

14.4 LC-Q-TOF/MS 侦测昆明市市售茶叶农药残留风险评估结论与建议

农药残留是影响茶叶安全和质量的主要因素，也是我国食品安全领域备受关注的敏感话题和亟待解决的重大问题之一[15,16]。各种茶叶均存在不同程度的农药残留现象，本研究主要针对昆明各类茶叶存在的农药残留问题，基于2019年3月对昆明186例茶叶样品中农药残留侦测得出的591个侦测结果，分别采用食品安全指数模型和风险系数模型，开展茶叶中农药残留的膳食暴露风险和预警风险评估。茶叶样品取自超市和茶叶专营店，符合大众的膳食来源，风险评价时更具有代表性和可信度。

本研究力求通用简单地反映食品安全中的主要问题，且为管理部门和大众容易接受，为政府及相关管理机构建立科学的食品安全信息发布和预警体系提供科学的规律与方法，加强对农药残留的预警和食品安全重大事件的预防，控制食品风险。

14.4.1 昆明茶叶中农药残留膳食暴露风险评价结论

1) 茶叶样品中农药残留安全状态评价结论

采用食品安全指数模型，对2019年3月期间昆明茶叶食品农药残留膳食暴露风险进行评价，根据 IFS_c 的计算结果发现，茶叶中农药的 $\overline{IFS}$ 为 3.88×10^{-5}，说明昆明茶叶总体处于低度风险的安全状态，但部分禁用农药、高残留农药在茶叶中仍有侦测出，导致膳食暴露风险的存在，成为不安全因素。

2) 禁用农药膳食暴露风险评价

本次检测发现部分茶叶样品中有禁用农药侦测出，侦测出禁用农药 6 种，侦测出频次为 33，茶叶样品中的禁用农药 IFS。计算结果表明没有影响的频次为 33，占 100%。

14.4.2　昆明茶叶中农药残留预警风险评价结论

1) 单种茶叶中禁用农药残留的预警风险评价结论

本次检测过程中，在 4 种茶叶中检测出 6 种禁用农药，禁用农药为：三唑磷、毒死蜱、氧乐果、特丁硫磷、甲拌磷、克百威，茶叶为：乌龙茶、红茶、绿茶、花茶，茶叶中禁用农药的风险系数分析结果显示，6 种禁用农药在 4 种茶叶中的残留均处于高度风险，说明在单种茶叶中禁用农药的残留会导致预警风险。

2) 单种茶叶中非禁用农药残留的预警风险评价结论

以 MRL 中国国家标准为标准，计算茶叶中非禁用农药风险系数情况下，101 个样本中，36 个处于低度风险(35.64%)，65 个样本没有 MRL 中国国家标准(64.36%)。以 MRL 欧盟标准为标准，计算茶叶中非禁用农药风险系数情况下，发现有 38 个处于高度风险(37.62%)，63 个处于低度风险(62.38%)。基于两种 MRL 标准，评价的结果差异显著，可以看出 MRL 欧盟标准比中国国家标准更加严格和完善，过于宽松的 MRL 中国国家标准值能否有效保障人体的健康有待研究。

14.4.3　加强昆明茶叶食品安全建议

我国食品安全风险评价体系仍不够健全，相关制度不够完善，多年来，由于农药用药次数多、用药量大或用药间隔时间短，产品残留量大，农药残留所造成的食品安全问题日益严峻，给人体健康带来了直接或间接的危害。据估计，美国与农药有关的癌症患者数约占全国癌症患者总数的 50%，中国更高。同样，农药对其他生物也会形成直接杀伤和慢性危害，植物中的农药可经过食物链逐级传递并不断蓄积，对人和动物构成潜在威胁，并影响生态系统。

基于本次农药残留侦测数据的风险评价结果，提出以下几点建议：

1) 加快食品安全标准制定步伐

我国食品标准中对农药每日允许最大摄入量 ADI 的数据严重缺乏，在本次评价所涉及的 51 种农药中，仅有 92.16% 的农药具有 ADI 值，而 7.84% 的农药中国尚未规定相应的 ADI 值，亟待完善。

我国食品中农药最大残留限量值的规定严重缺乏，对评估涉及的不同茶叶中不同农药 113 个 MRL 限值进行统计来看，我国仅制定出 41 个标准，我国标准完整率仅为 36.28%，欧盟的完整率达到 100%(表 14-10)。因此，中国更应加快 MRL 的制定步伐。

表 14-10　我国国家食品标准农药的 ADI、MRL 值与欧盟标准的数量差异

分类		中国 ADI	MRL 中国国家标准	MRL 欧盟标准
标准限值(个)	有	47	41	113
	无	4	72	0
总数(个)		51	113	113
无标准限值比例(%)		7.84	63.72	0

此外，MRL 中国国家标准限值普遍高于欧盟标准限值，这些标准中共有 29 个高于欧盟。过高的 MRL 值难以保障人体健康，建议继续加强对限值基准和标准的科学研究，将农产品中的危险性减少到尽可能低的水平。

2) 加强农药的源头控制和分类监管

在昆明某些茶叶中仍有禁用农药残留，利用 LC-Q-TOF/MS 技术侦测出 6 种禁用农药，检出频次为 33 次，残留禁用农药均存在较大的膳食暴露风险和预警风险。早已列入黑名单的禁用农药在我国并未真正退出，有些药物由于价格便宜、工艺简单，此类高毒农药一直生产和使用。建议在我国采取严格有效的控制措施，从源头控制禁用农药。

对于非禁用农药，在我国作为"田间地头"最典型单位的县级茶叶产地中，农药残留的检测几乎缺失。建议根据农药的毒性，对高毒、剧毒、中毒农药实现分类管理，减少使用高毒和剧毒高残留农药，进行分类监管。

3) 加强农药生物基准和降解技术研究

市售茶叶中残留农药的品种多、频次高、禁用农药多次检出这一现状，说明了我国的田间土壤和水体因农药长期、频繁、不合理的使用而遭到严重污染。为此，建议中国相关部门出台相关政策，鼓励高校及科研院所积极开展分子生物学、酶学等研究，加强土壤、水体中残留农药的生物修复及降解新技术研究，切实加大农药监管力度，以控制农药的面源污染问题。

综上所述，在本工作基础上，根据茶叶残留危害，可进一步针对其成因提出和采取严格管理、大力推广无公害茶叶种植与生产、健全食品安全控制技术体系、加强茶叶质量检测体系建设和积极推行茶叶质量追溯制度等相应对策。建立和完善食品安全综合评价指数与风险监测预警系统，对食品安全进行实时、全面的监控与分析，为我国的食品安全科学监管与决策提供新的技术支持，可实现各类检验数据的信息化系统管理，降低食品安全事故的发生。

第15章 GC-Q-TOF/MS 侦测昆明市 186 例市售茶叶样品农药残留报告

从昆明市所属 4 个区，随机采集了 186 例茶叶样品，使用气相色谱-四极杆飞行时间质谱(GC-Q-TOF/MS)对 684 种农药化学污染物示范侦测。

15.1 样品种类、数量与来源

15.1.1 样品采集与检测

为了真实反映百姓日常饮用的茶叶中农药残留污染状况，本次所有检测样品均由检验人员于 2019 年 3 月期间，从昆明市所属 24 个采样点，包括 24 个超市，以随机购买方式采集，总计 24 批 186 例样品，从中检出农药 51 种，702 频次。采样及监测概况见图 15-1 及表 15-1，样品及采样点明细见表 15-2 及表 15-3(侦测原始数据见附表 1)。

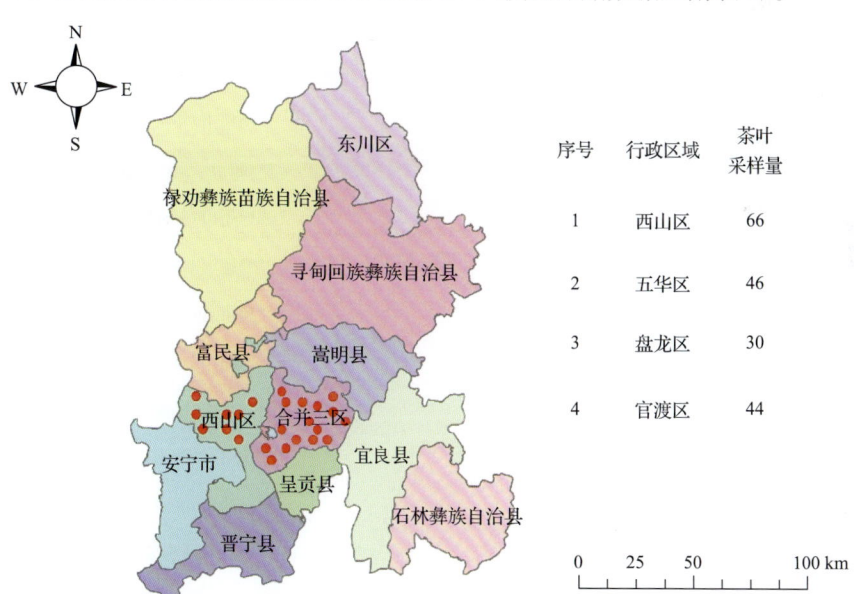

图 15-1 昆明市所属 24 个采样点 186 例样品分布图

表 15-1 农药残留监测总体概况

采样地区	昆明市所属 4 个区
采样点(超市)	24
样本总数	186
检出农药品种/频次	51/702
各采样点样本农药残留检出率范围	90.0%~100.0%

表 15-2　样品分类及数量

样品分类	样品名称(数量)	数量小计
1. 茶叶		186
1) 发酵类茶叶	黑茶(53),红茶(47),乌龙茶(25)	125
2) 未发酵类茶叶	花茶(11),绿茶(50)	61
合计	1. 茶叶 5 种	186

表 15-3　昆明市采样点信息

采样点序号	行政区域	采样点
超市(24)		
1	官渡区	***超市(官南店)
2	官渡区	***超市(广福店)
3	官渡区	***超市(云路中心旗舰店)
4	官渡区	***超市(宝海店)
5	官渡区	***超市(世纪城店)
6	官渡区	***超市(国贸店)
7	盘龙区	***超市(白云店)
8	盘龙区	***超市(集大店)
9	盘龙区	***超市(万宏路店)
10	盘龙区	***超市(新迎店)
11	五华区	***超市(龙泉店)
12	五华区	***超市(世纪广场店)
13	五华区	***超市(正大店)
14	五华区	***超市(昆明店)
15	五华区	***超市(昌源中路店)
16	五华区	***超市(大观店)
17	西山区	***超市(泽惠园店)
18	西山区	***超市(万达广场店)
19	西山区	***超市(广福店)
20	西山区	***超市(南亚第壹城店)
21	西山区	***超市(云纺店)
22	西山区	***超市(前兴路店)
23	西山区	***超市(兴苑路店)
24	西山区	***超市(云山路店)

15.1.2 检测结果

这次使用的检测方法是庞国芳院士团队最新研发的不需使用标准品对照,而以高分辨精确质量数(0.0001 m/z)为基准的 GC-Q-TOF/MS 检测技术,对于 186 例样品,每个样品均侦测了 684 种农药化学污染物的残留现状。通过本次侦测,在 186 例样品中共计检出农药化学污染物 51 种,检出 702 频次。

15.1.2.1 各采样点样品检出情况

统计分析发现 24 个采样点中,被测样品的农药检出率范围为 90.0%~100.0%。其中,有 23 个采样点样品的检出率最高,达到了 100.0%,分别是:***超市(官南店)、***超市(广福店)、***超市(云路中心旗舰店)、***超市(宝海店)、***超市(世纪城店)、***超市(白云店)、***超市(集大店)、***超市(万宏路店)、***超市(新迎店)、***超市(龙泉店)、***超市(世纪广场店)、***超市(正大店)、***超市(昆明店)、***超市(昌源中路店)、***超市(大观店)、***超市(泽惠园店)、***超市(万达广场店)、***超市(广福店)、***超市(南亚第壹城店)、***超市(云纺店)、***超市(前兴路店)、***超市(兴苑路店)和***超市(云山路店)。***超市(国贸店)的检出率最低,为 90.0%,见图 15-2。

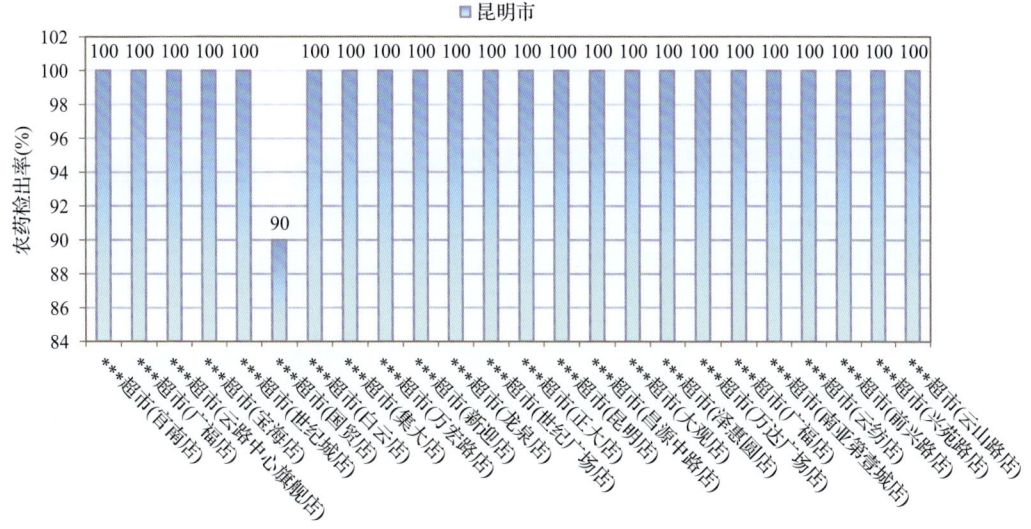

图 15-2　各采样点样品中的农药检出率

15.1.2.2 检出农药的品种总数与频次

统计分析发现,对于 186 例样品中 684 种农药化学污染物的侦测,共检出农药 702 频次,涉及农药 51 种,结果如图 15-3 所示。其中联苯菊酯检出频次最高,共检出 169 次。检出频次排名前 10 的农药如下:①联苯菊酯(169),②异丁子香酚(130),③唑虫酰胺(101),④丁香酚(84),⑤硫丹(35),⑥哒螨灵(24),⑦虱螨脲(18),⑧邻苯基苯酚(12),⑨三唑醇(12),⑩氟虫腈(10)。

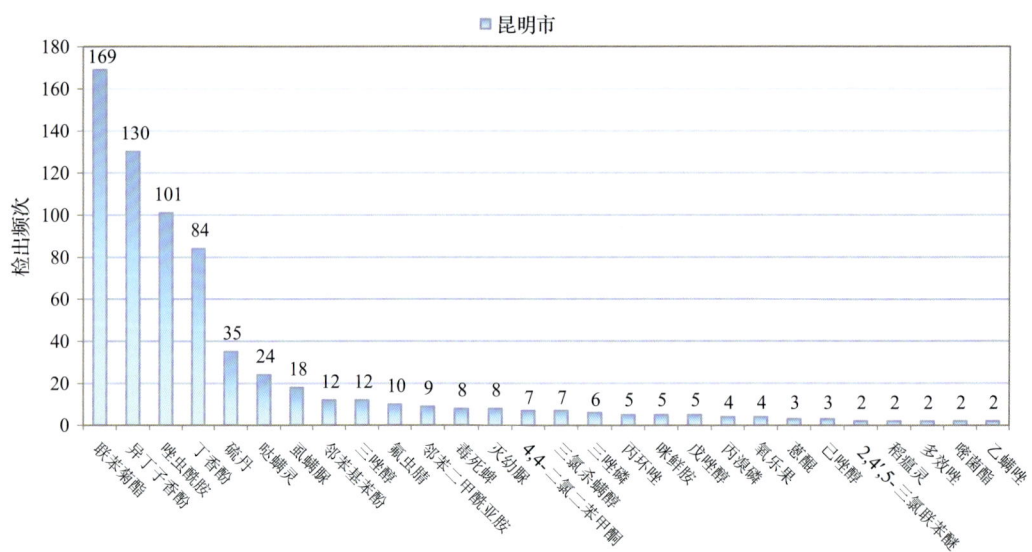

图 15-3　检出农药品种及频次(仅列出 2 频次及以上的数据)

由图 15-4 可见,花茶、绿茶和乌龙茶这 3 种茶叶样品中检出的农药品种数较高,均超过 20 种,其中,花茶检出农药品种最多,为 34 种。由图 15-5 可见,绿茶、乌龙茶、红茶和黑茶这 4 种茶叶样品中的农药检出频次较高,均超过 100 次,其中,绿茶检出农药频次最高,为 252 次。

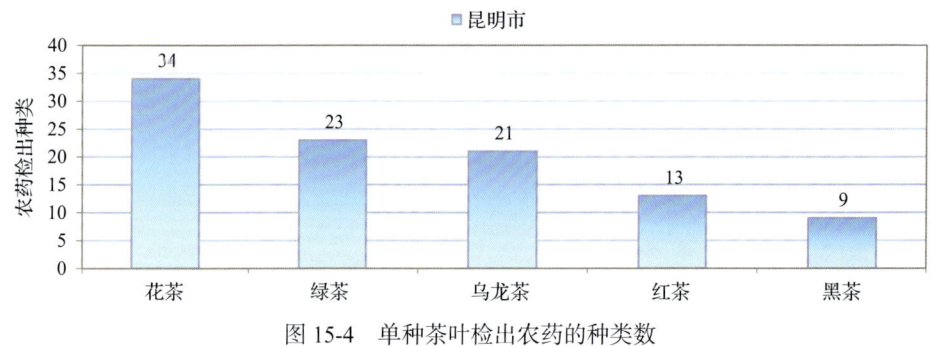

图 15-4　单种茶叶检出农药的种类数

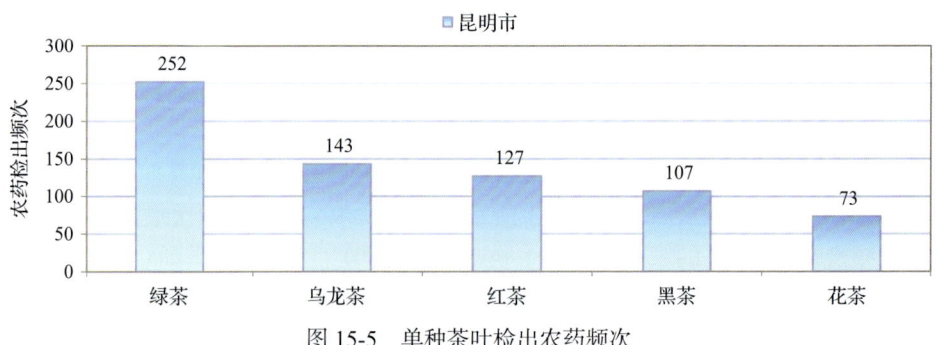

图 15-5　单种茶叶检出农药频次

15.1.2.3 单例样品农药检出种类与占比

对单例样品检出农药种类和频次进行统计发现,未检出农药的样品占总样品数的 0.5%,检出 1 种农药的样品占总样品数的 12.9%,检出 2~5 种农药的样品占总样品数的 66.1%,检出 6~10 种农药的样品占总样品数的 17.2%,检出大于 10 种农药的样品占总样品数的 3.2%。每例样品中平均检出农药为 3.8 种,数据见表 15-4 及图 15-6。

表 15-4 单例样品检出农药品种占比

检出农药品种数	样品数量/占比(%)
未检出	1/0.5
1 种	24/12.9
2~5 种	123/66.1
6~10 种	32/17.2
大于 10 种	6/3.2
单例样品平均检出农药品种	3.8 种

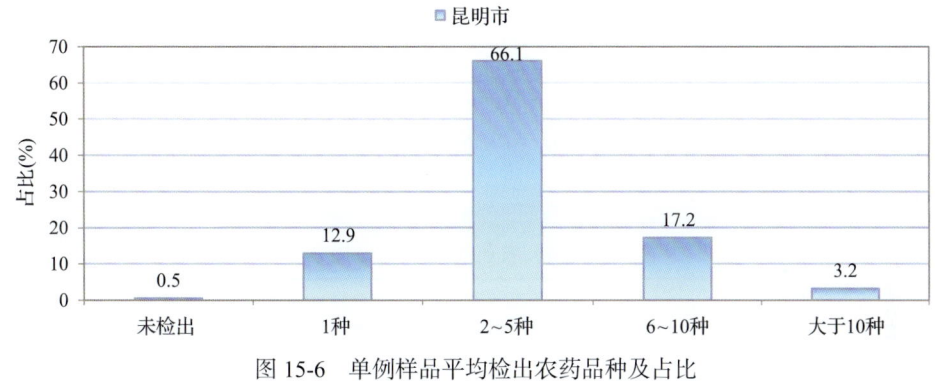

图 15-6 单例样品平均检出农药品种及占比

15.1.2.4 检出农药类别与占比

所有检出农药按功能分类,包括杀虫剂、杀菌剂、杀螨剂、除草剂、驱避剂、植物生长调节剂和其他共 7 类。其中杀虫剂与杀菌剂为主要检出的农药类别,分别占总数的 41.2% 和 37.3%,见表 15-5 及图 15-7。

表 15-5 检出农药所属类别/占比

农药类别	数量/占比(%)
杀虫剂	21/41.2
杀菌剂	19/37.3
杀螨剂	4/7.8
除草剂	2/3.9
驱避剂	1/2.0
植物生长调节剂	1/2.0
其他	3/5.9

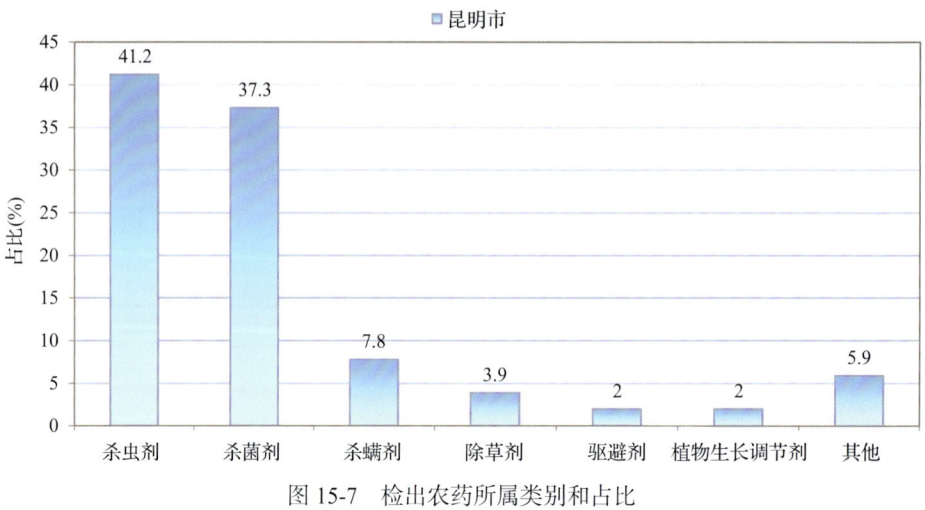

图 15-7 检出农药所属类别和占比

15.1.2.5 检出农药的残留水平

按检出农药残留水平进行统计，残留水平在 1~5 μg/kg（含）的农药占总数的 9.4%，在 5~10 μg/kg（含）的农药占总数的 7.0%，在 10~100 μg/kg（含）的农药占总数的 51.4%，在 100~1000 μg/kg（含）的农药占总数的 29.2%，在 >1000 μg/kg 的农药占总数的 3.0%。

由此可见，这次检测的 24 批 186 例茶叶样品中农药多数处于中高残留水平。结果见表 15-6 及图 15-8，数据见附表 15-2。

表 15-6 农药残留水平/占比

残留水平（μg/kg）	检出频次数/占比（%）
1~5（含）	66/9.4
5~10（含）	49/7.0
10~100（含）	361/51.4
100~1000（含）	205/29.2
>1000	21/3.0

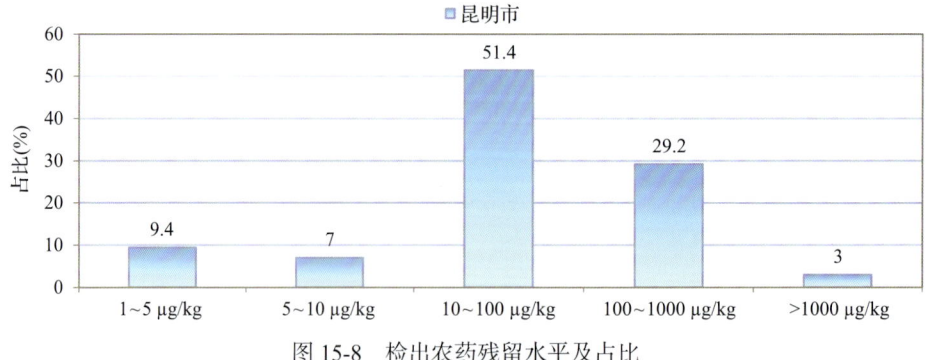

图 15-8 检出农药残留水平及占比

15.1.2.6 检出农药的毒性类别、检出频次和超标频次及占比

对这次检出的 51 种 702 频次的农药，按剧毒、高毒、中毒、低毒和微毒这五个毒性类别进行分类，从中可以看出，昆明市目前普遍使用的农药为中低微毒农药，品种占 90.2%，频次占 98.2%。结果见表 15-7 及图 15-9。

表 15-7 检出农药毒性类别/占比

毒性分类	农药品种/占比(%)	检出频次/占比(%)	超标频次/超标率(%)
剧毒农药	1/2.0	1/0.1	0/0.0
高毒农药	4/7.8	12/1.7	1/8.3
中毒农药	22/43.1	609/86.8	1/0.2
低毒农药	15/29.4	67/9.5	0/0.0
微毒农药	9/17.6	13/1.9	0/0.0

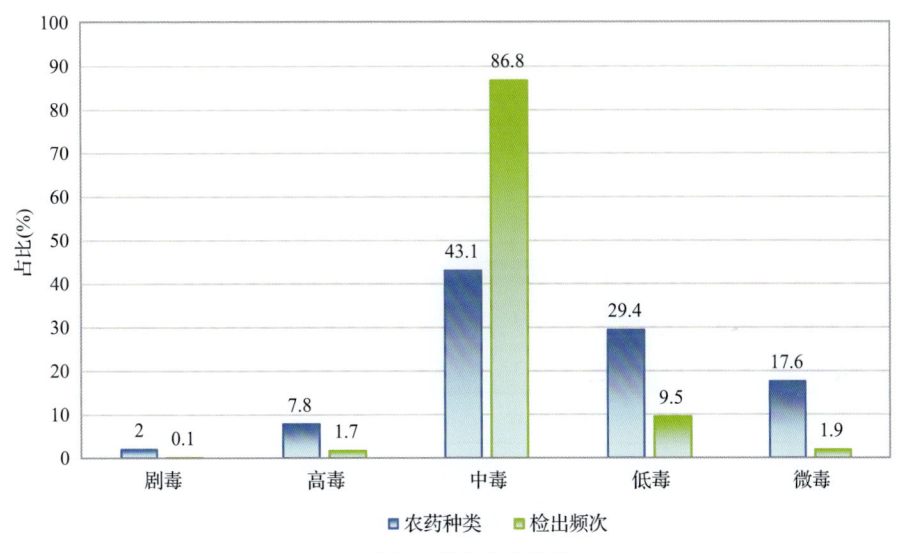

图 15-9 检出农药的毒性分类和占比

15.1.2.7 检出剧毒/高毒类农药的品种和频次

值得特别关注的是，在此次侦测的 186 例样品中有 3 种茶叶的 12 例样品检出了 5 种 13 频次的剧毒和高毒农药，占样品总量的 6.5%，详见图 15-10、表 15-8 及表 15-9。

表 15-8 剧毒农药检出情况

序号	农药名称	检出频次	超标频次	超标率
	从 1 种茶叶中检出 1 种剧毒农药，共计检出 1 次			
1	甲拌磷*	1	0	0.0%
	合计	1	0	超标率：0.0%

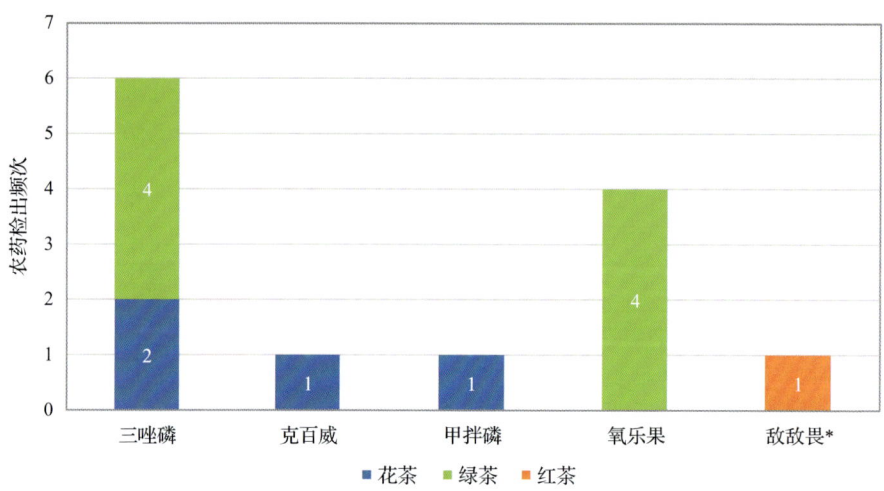

图 15-10 检出剧毒/高毒农药的样品情况
*表示允许在茶叶上使用的农药

表 15-9 高毒农药检出情况

序号	农药名称	检出频次	超标频次	超标率
从 3 种茶叶中检出 4 种高毒农药，共计检出 12 次				
1	三唑磷	6	0	0.0%
2	氧乐果	4	1	25.0%
3	敌敌畏	1	0	0.0%
4	克百威	1	0	0.0%
合计		12	1	超标率：8.3%

在检出的剧毒和高毒农药中，有 4 种是我国早已禁止在茶叶上使用的，分别是：氧乐果、克百威、三唑磷和甲拌磷。禁用农药的检出情况见表 15-10。

表 15-10 禁用农药检出情况

序号	农药名称	检出频次	超标频次	超标率
从 5 种茶叶中检出 9 种禁用农药，共计检出 73 次				
1	硫丹	35	0	0.0%
2	氟虫腈	10	0	0.0%
3	毒死蜱	8	0	0.0%
4	三氯杀螨醇	7	1	14.3%
5	三唑磷	6	0	0.0%
6	氧乐果	4	1	25.0%

续表

序号	农药名称	检出频次	超标频次	超标率
7	滴滴涕	1	0	0.0%
8	甲拌磷*	1	0	0.0%
9	克百威	1	0	0.0%
合计		73	2	超标率：2.7%

注：超标结果参考 MRL 中国国家标准计算

此次抽检的茶叶样品中，有 1 种茶叶检出了剧毒农药，为花茶中检出甲拌磷 1 次。

样品中检出剧毒和高毒农药残留水平超过 MRL 中国国家标准的频次为 1 次，其中：绿茶检出氧乐果超标 1 次。本次检出结果表明，高毒、剧毒农药的使用现象依旧存在。详见表 15-11。

表 15-11 各样本中检出剧毒/高毒农药情况

样品名称	农药名称	检出频次	超标频次	检出浓度(μg/kg)
茶叶 3 种				
红茶	敌敌畏	1	0	4.6
花茶	甲拌磷*▲	1	0	3.9
花茶	三唑磷▲	2	0	50.3, 83.7
花茶	克百威▲	1	0	7.5
绿茶	氧乐果▲	4	1	81.0^a, 4.5, 5.6, 5.2
绿茶	三唑磷▲	4	0	11.4, 115.9, 7.4, 16.2
合计		13	1	超标率：7.7%

注：超标结果参考 MRL 中国国家标准计算

15.2 农药残留检出水平与最大残留限量标准对比分析

我国于 2016 年 12 月 18 日正式颁布并于 2017 年 6 月 18 日正式实施食品农药残留限量国家标准《食品中农药最大残留限量》(GB 2763—2016)。该标准包括 417 个农药条目，涉及最大残留限量(MRL)标准 4140 项。将 702 频次检出农药的浓度水平与 4140 项 MRL 中国国家标准进行核对，其中只有 244 频次的结果找到了对应的 MRL，占 34.8%，还有 458 频次的结果则无相关 MRL 标准供参考，占 65.2%。

将此次侦测结果与国际上现行 MRL 对比发现，在 702 频次的检出结果中有 702 频次的结果找到了对应的 MRL 欧盟标准，占 100.0%，其中，355 频次的结果有明确对应的 MRL，占 50.6%，其余 347 频次按照欧盟一律标准判定，占 49.4%；有 702 频次的结果找到了对应的 MRL 日本标准，占 100.0%，其中，424 频次的结果有明确对应的 MRL，占 60.4%，其余 278 频次按照日本一律标准判定，占 39.6%；有 237 频次的结果找到了对应的 MRL 中国香港标准，占 33.8%；有 323 频次的结果找到了对应的 MRL 美国标准，占 46.0%；有 272 频次的结果找到了对应的 MRL CAC 标准，占 38.7%（见图 15-11 和图 15-12，数据见附表 3 至附表 8）。

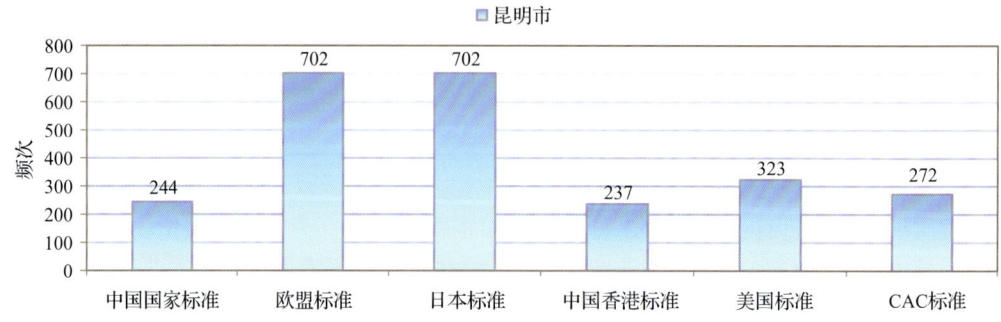

图 15-11　702 频次检出农药可用 MRL 中国国家标准、欧盟标准、日本标准、中国香港标准、美国标准、CAC 标准判定衡量的数量

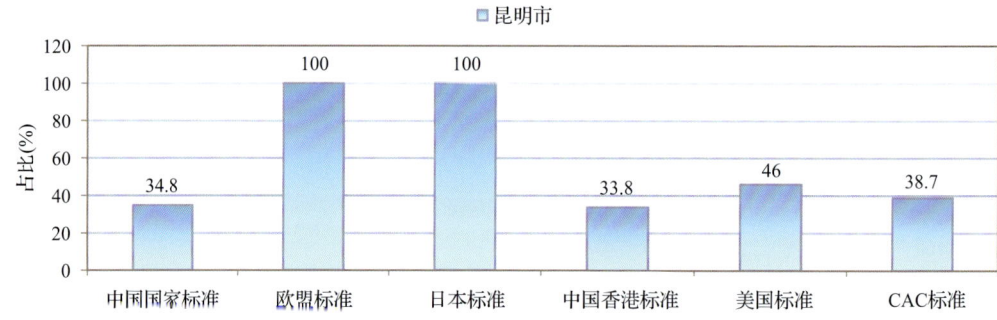

图 15-12　702 频次检出农药可用 MRL 中国国家标准、欧盟标准、日本标准、中国香港标准、美国标准、CAC 标准衡量的占比

15.2.1　超标农药样品分析

本次侦测的 186 例样品中，1 例样品未检出任何残留农药，占样品总量的 0.5%，185 例样品检出不同水平、不同种类的残留农药，占样品总量的 99.5%。在此，我们将本次侦测的农残检出情况与 MRL 中国国家标准、欧盟标准、日本标准、中国香港标准、美国标准和 CAC 标准这 6 大国际主流标准进行对比分析，样品农残检出与超标情况见表 15-12、图 15-13 和图 15-14，详细数据见附表 9 至附表 14。

表 15-12　各 MRL 标准下样本农残检出与超标数量及占比

	中国国家标准 数量/占比(%)	欧盟标准 数量/占比(%)	日本标准 数量/占比(%)	中国香港标准 数量/占比(%)	美国标准 数量/占比(%)	CAC 标准 数量/占比(%)
未检出	1/0.5	1/0.5	1/0.5	1/0.5	1/0.5	1/0.5
检出未超标	183/98.4	21/11.3	39/21.0	185/99.5	185/99.5	185/99.5
检出超标	2/1.1	164/88.2	146/78.5	0/0.0	0/0.0	0/0.0

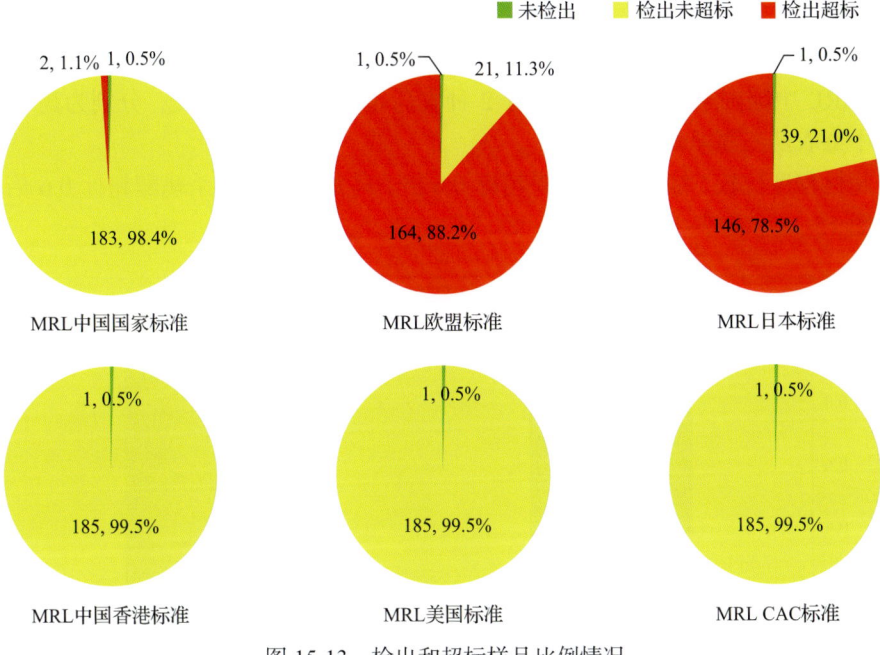

图 15-13　检出和超标样品比例情况

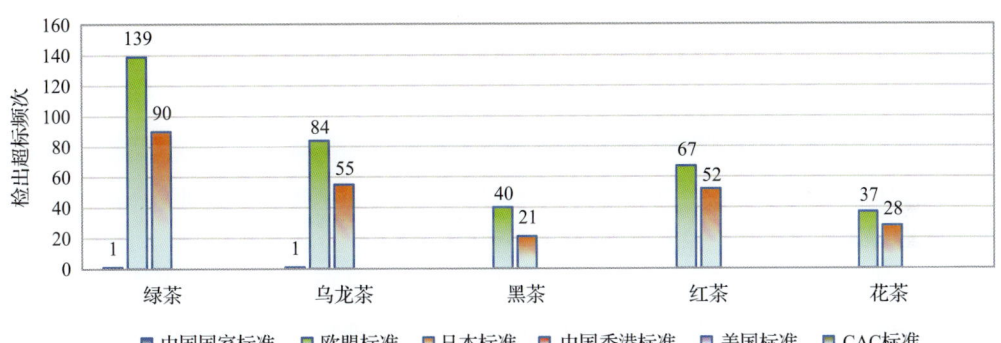

图 15-14　超过 MRL 中国国家标准、欧盟标准、日本标准、中国香港标准、
美国标准、CAC 标准结果在茶叶中的分布

15.2.2　超标农药种类分析

按照 MRL 中国国家标准、欧盟标准、日本标准、中国香港标准、美国标准和 CAC 标准这 6 大国际主流标准衡量，本次侦测检出的农药超标品种及频次情况见表 15-13。

表 15-13　各 MRL 标准下超标农药品种及频次

	中国国家标准	欧盟标准	日本标准	中国香港标准	美国标准	CAC 标准
超标农药品种	2	25	16	0	0	0
超标农药频次	2	367	246	0	0	0

15.2.2.1 按 MRL 中国国家标准衡量

按 MRL 中国国家标准衡量，共有 2 种农药超标，检出 2 频次，分别为高毒农药氧乐果，中毒农药三氯杀螨醇。

按超标程度比较，绿茶中氧乐果超标 0.6 倍，乌龙茶中三氯杀螨醇超标 0.6 倍。检测结果见图 15-15 和附表 15。

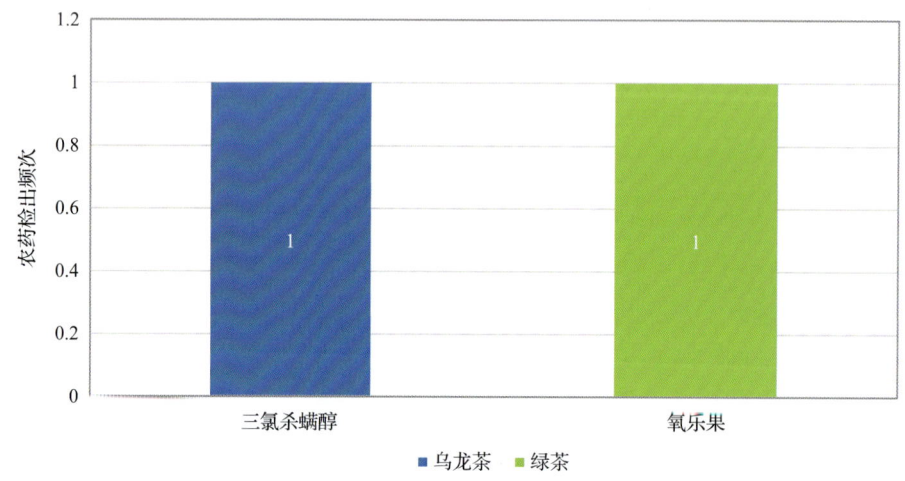

图 15-15　超过 MRL 中国国家标准农药品种及频次

15.2.2.2 按 MRL 欧盟标准衡量

按 MRL 欧盟标准衡量，共有 25 种农药超标，检出 367 频次，分别为高毒农药三唑磷和氧乐果，中毒农药粉唑醇、速灭威、多效唑、异丁子香酚、氟虫腈、丙溴磷、三唑醇、唑虫酰胺、戊唑醇、哒螨灵和丁香酚，低毒农药丁草胺、嘧霉胺、灭幼脲、邻苯二甲酰亚胺、异菌脲、噻嗪酮、烯酰吗啉、己唑醇、虱螨脲和 4,4-二氯二苯甲酮，微毒农药醚菊酯和嘧菌酯。

按超标程度比较，绿茶中唑虫酰胺超标 376.2 倍，花茶中丁香酚超标 248.4 倍，绿茶中丁香酚超标 229.1 倍，花茶中唑虫酰胺超标 101.2 倍，绿茶中异丁子香酚超标 70.6 倍。检测结果见图 15-16 和附表 16。

15.2.2.3 按 MRL 日本标准衡量

按 MRL 日本标准衡量，共有 16 种农药超标，检出 246 频次，分别为高毒农药三唑磷，中毒农药粉唑醇、速灭威、氟硅唑、多效唑、异丁子香酚、氟虫腈和丁香酚，低毒农药丁草胺、灭幼脲、嘧霉胺、邻苯二甲酰亚胺、邻苯基苯酚、己唑醇、4,4-二氯二苯甲酮和烯酰吗啉。

按超标程度比较，花茶中丁香酚超标 248.4 倍，绿茶中丁香酚超标 229.1 倍，绿茶中异丁子香酚超标 70.6 倍，花茶中己唑醇超标 49.6 倍，乌龙茶中异丁子香酚超标 44.3 倍。检测结果见图 15-17 和附表 17。

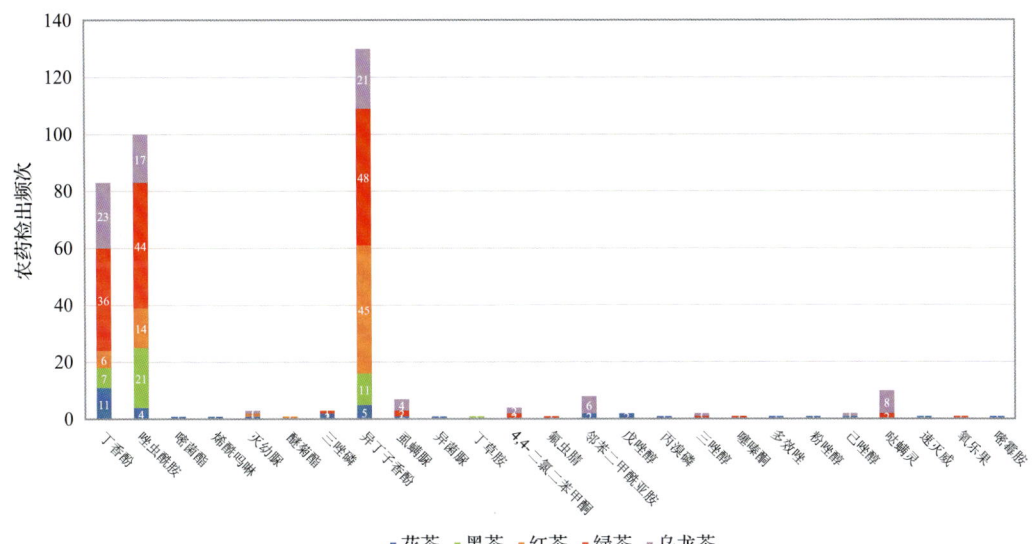

图 15-16　超过 MRL 欧盟标准农药品种及频次

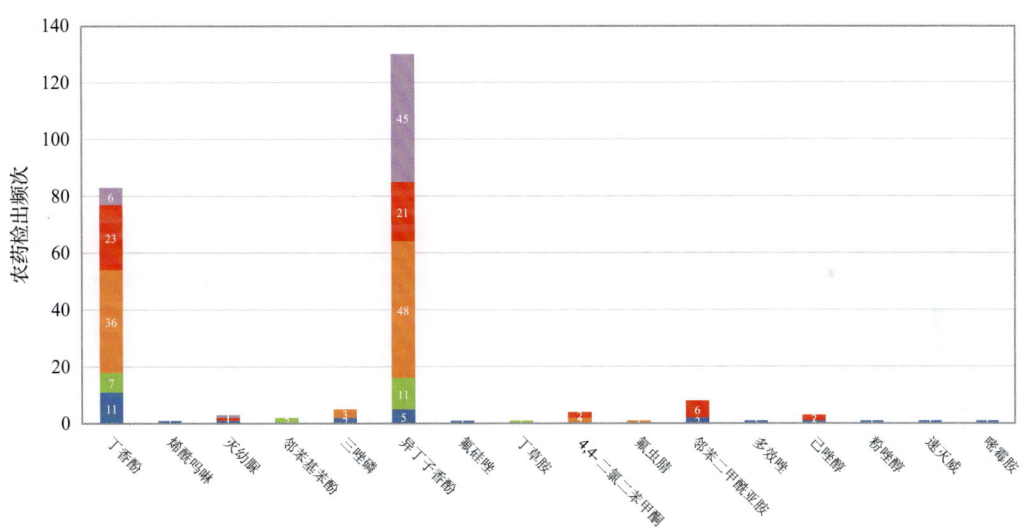

图 15-17　超过 MRL 日本标准农药品种及频次

15.2.2.4　按 MRL 中国香港标准衡量

按 MRL 中国香港标准衡量,无样品检出超标农药残留。

15.2.2.5　按 MRL 美国标准衡量

按 MRL 美国标准衡量,无样品检出超标农药残留。

15.2.2.6　按 MRL CAC 标准衡量

按 MRL CAC 标准衡量,无样品检出超标农药残留。

15.2.3　24 个采样点超标情况分析

15.2.3.1　按 MRL 中国国家标准衡量

按 MRL 中国国家标准衡量，有 2 个采样点的样品存在不同程度的超标农药检出，其中***超市(云纺店)的超标率最高，为 14.3%，如表 15-14 和图 15-18 所示。

表 15-14　超过 MRL 中国国家标准茶叶在不同采样点分布

序号	采样点	样品总数	超标数量	超标率(%)	行政区域
1	***超市(世纪城店)	8	1	12.5	官渡区
2	***超市(云纺店)	7	1	14.3	西山区

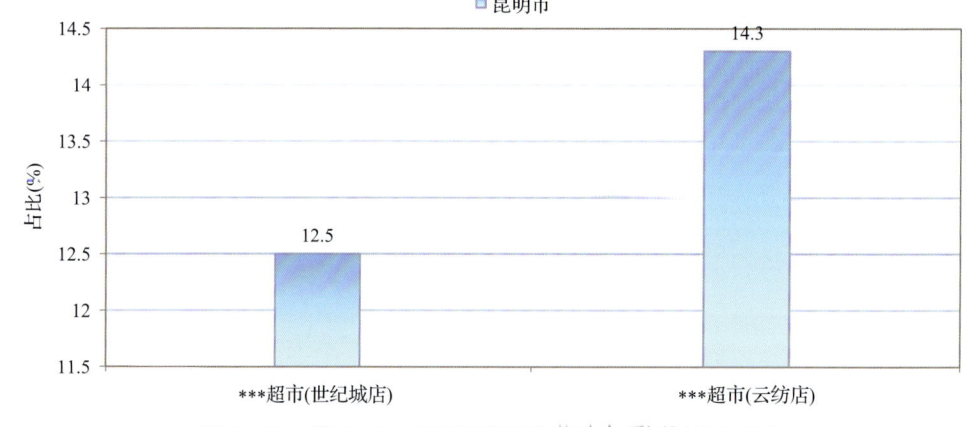

图 15-18　超过 MRL 中国国家标准茶叶在不同采样点分布

15.2.3.2　按 MRL 欧盟标准衡量

按 MRL 欧盟标准衡量，所有采样点的样品存在不同程度的超标农药检出，其中***超市(集大店)、***超市(世纪城店)、***超市(昌源中路店)、***超市(万宏路店)、***超市(前兴路店)、***超市(云山路店)、***超市(广福店)、***超市(昆明店)和***超市(云路中心旗舰店)的超标率最高，为 100.0%，如表 15-15 和图 15-19 所示。

表 15-15　超过 MRL 欧盟标准茶叶在不同采样点分布

序号	采样点	样品总数	超标数量	超标率(%)	行政区域
1	***超市(广福店)	13	11	84.6	西山区
2	***超市(万达广场店)	10	9	90.0	西山区
3	***超市(国贸店)	10	8	80.0	官渡区
4	***超市(龙泉店)	9	7	77.8	五华区
5	***超市(大观店)	8	7	87.5	五华区
6	***超市(兴苑路店)	8	6	75.0	西山区

续表

序号	采样点	样品总数	超标数量	超标率(%)	行政区域
7	***超市(南亚第壹城店)	8	5	62.5	西山区
8	***超市(集大店)	8	8	100.0	盘龙区
9	***超市(世纪广场店)	8	6	75.0	五华区
10	***超市(世纪城店)	8	8	100.0	官渡区
11	***超市(昌源中路店)	8	8	100.0	五华区
12	***超市(万宏路店)	8	8	100.0	盘龙区
13	***超市(前兴路店)	8	8	100.0	西山区
14	***超市(云山路店)	7	7	100.0	西山区
15	***超市(白云店)	7	6	85.7	盘龙区
16	***超市(云纺店)	7	6	85.7	西山区
17	***超市(正大店)	7	6	85.7	五华区
18	***超市(宝海店)	7	6	85.7	官渡区
19	***超市(广福店)	7	7	100.0	官渡区
20	***超市(新迎店)	7	6	85.7	盘龙区
21	***超市(官南店)	7	6	85.7	官渡区
22	***超市(昆明店)	6	6	100.0	五华区
23	***超市(云路中心旗舰店)	5	5	100.0	官渡区
24	***超市(泽惠园店)	5	4	80.0	西山区

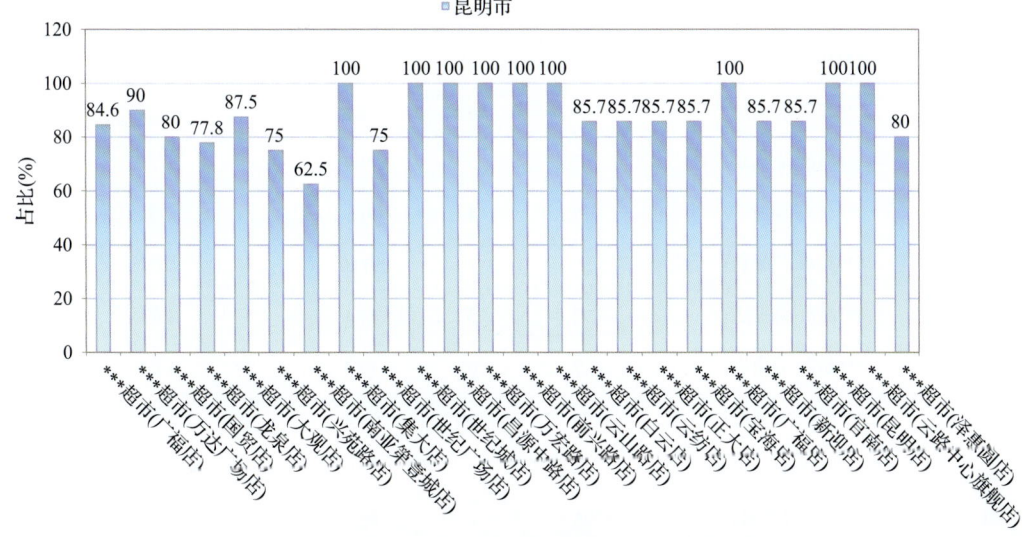

图 15-19 超过 MRL 欧盟标准茶叶在不同采样点分布

15.2.3.3 按 MRL 日本标准衡量

按 MRL 日本标准衡量，所有采样点的样品存在不同程度的超标农药检出，其中 *** 超市（世纪城店）、***超市（广福店）和***超市（昆明店）的超标率最高，为 100.0%，如表 15-16 和图 15-20 所示。

表 15-16 超过 MRL 日本标准茶叶在不同采样点分布

序号	采样点	样品总数	超标数量	超标率(%)	行政区域
1	***超市（广福店）	13	11	84.6	西山区
2	***超市（万达广场店）	10	8	80.0	西山区
3	***超市（国贸店）	10	6	60.0	官渡区
4	***超市（龙泉店）	9	7	77.8	五华区
5	***超市（大观店）	8	6	75.0	五华区
6	***超市（兴苑路店）	8	6	75.0	西山区
7	***超市（南亚第壹城店）	8	5	62.5	西山区
8	***超市（集大店）	8	6	75.0	盘龙区
9	***超市（世纪广场店）	8	6	75.0	五华区
10	***超市（世纪城店）	8	8	100.0	官渡区
11	***超市（昌源中路店）	8	6	75.0	五华区
12	***超市（万宏路店）	8	6	75.0	盘龙区
13	***超市（前兴路店）	8	6	75.0	西山区
14	***超市（云山路店）	7	6	85.7	西山区
15	***超市（白云店）	7	6	85.7	盘龙区
16	***超市（云纺店）	7	6	85.7	西山区
17	***超市（正大店）	7	5	71.4	五华区
18	***超市（宝海店）	7	4	57.1	官渡区
19	***超市（广福店）	7	7	100.0	官渡区
20	***超市（新迎店）	7	5	71.4	盘龙区
21	***超市（官南店）	7	6	85.7	官渡区
22	***超市（昆明店）	6	6	100.0	五华区
23	***超市（云路中心旗舰店）	5	4	80.0	官渡区
24	***超市（泽惠园店）	5	4	80.0	西山区

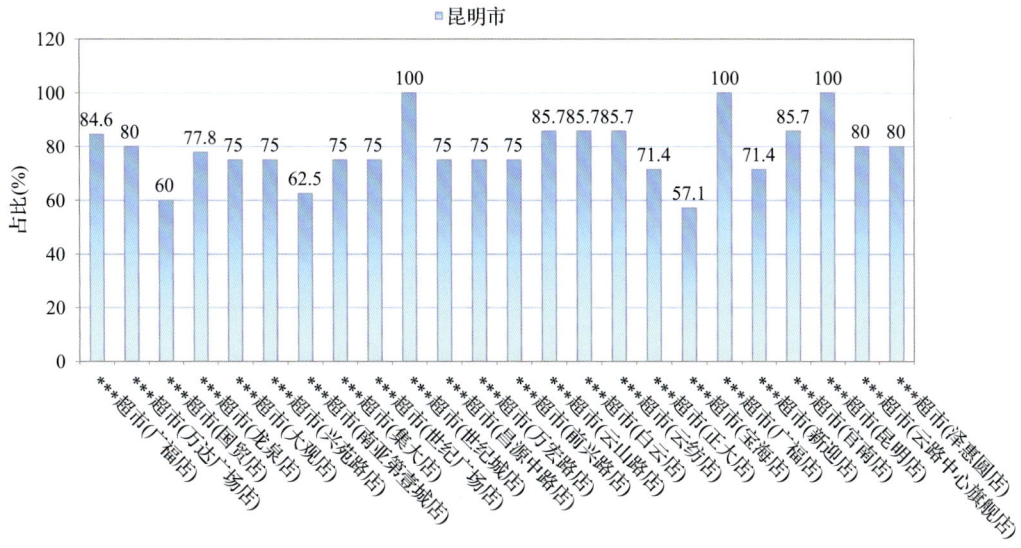

图 15-20　超过 MRL 日本标准茶叶在不同采样点分布

15.2.3.4　按 MRL 中国香港标准衡量

按 MRL 中国香港标准衡量，所有采样点的样品均未检出超标农药残留。

15.2.3.5　按 MRL 美国标准衡量

按 MRL 美国标准衡量，所有采样点的样品均未检出超标农药残留。

15.2.3.6　按 MRL CAC 标准衡量

按 MRL CAC 标准衡量，所有采样点的样品均未检出超标农药残留。

15.3　茶叶中农药残留分布

15.3.1　茶叶按检出农药品种和频次排名

本次残留侦测的茶叶共 5 种，包括黑茶、红茶、乌龙茶、花茶和绿茶。

根据检出农药品种及频次进行排名，将茶叶样品检出情况列表说明，详见表 15-17。

表 15-17　茶叶按检出农药品种和频次排名

按检出农药品种排名(品种)	①花茶(34),②绿茶(23),③乌龙茶(21),④红茶(13),⑤黑茶(9)
按检出农药频次排名(频次)	①绿茶(252),②乌龙茶(143),③红茶(127),④黑茶(107),⑤花茶(73)
按检出禁用、高毒及剧毒农药品种排名(品种)	①花茶(6),②绿茶(6),③乌龙茶(4),④红茶(3),⑤黑茶(1)
按检出禁用、高毒及剧毒农药频次排名(频次)	①绿茶(37),②花茶(11),③乌龙茶(11),④黑茶(8),⑤红茶(7)

15.3.2 茶叶按超标农药品种和频次排名

鉴于 MRL 欧盟标准和日本标准制定比较全面且覆盖率较高,我们参照 MRL 中国国家标准、欧盟标准和日本标准衡量茶叶样品中农残检出情况,将茶叶按超标农药品种及频次排名列表说明,详见表 15-18。

表 15-18 茶叶按超标农药品种和频次排名

按超标农药品种排名 (农药品种数)	MRL 中国国家标准	①绿茶(1),②乌龙茶(1)
	MRL 欧盟标准	①花茶(17),②绿茶(11),③乌龙茶(10),④红茶(5),⑤黑茶(4)
	MRL 日本标准	①花茶(12),②乌龙茶(6),③绿茶(5),④黑茶(4),⑤红茶(3)
按超标农药频次排名 (农药频次数)	MRL 中国国家标准	①绿茶(1),②乌龙茶(1)
	MRL 欧盟标准	①绿茶(139),②乌龙茶(84),③红茶(67),④黑茶(40),⑤花茶(37)
	MRL 日本标准	①绿茶(90),②乌龙茶(55),③红茶(52),④花茶(28),⑤黑茶(21)

通过对各品种茶叶样本总数及检出率进行综合分析发现,绿茶、乌龙茶和红茶的残留污染最为严重,在此,我们参照 MRL 中国国家标准、欧盟标准和日本标准对这 3 种茶叶的农残检出情况进行进一步分析。

15.3.3 农药残留检出率较高的茶叶样品分析

15.3.3.1 绿茶

这次共检测 50 例绿茶样品,49 例样品中检出了农药残留,检出率为 98.0%,检出农药共计 23 种。其中异丁子香酚、联苯菊酯、唑虫酰胺、丁香酚和硫丹检出频次较高,分别检出了 48、46、45、36 和 12 次。绿茶中农药检出品种和频次见图 15-21,超标农药见图 15-22 和表 15-19。

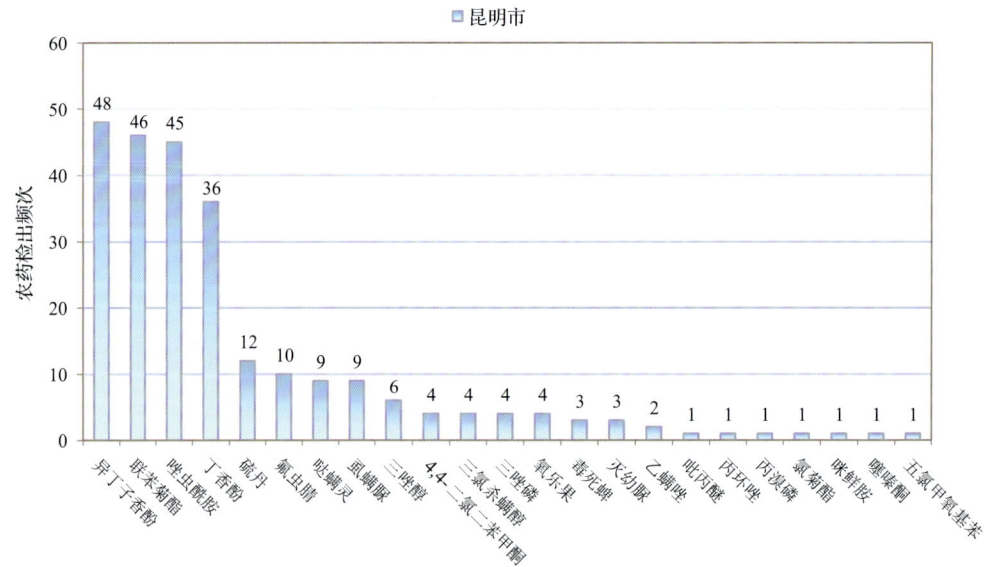

图 15-21 绿茶样品检出农药品种和频次分析

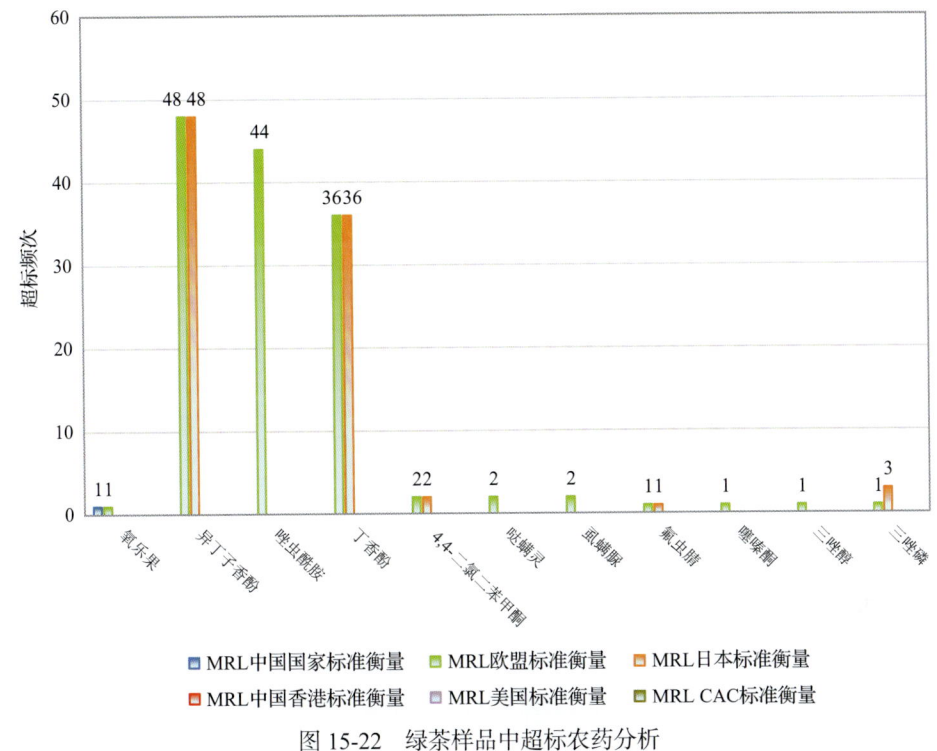

图 15-22 绿茶样品中超标农药分析

表 15-19 绿茶中农药残留超标情况明细表

样品总数		检出农药样品数	样品检出率(%)	检出农药品种总数
50		49	98	23
	超标农药品种	超标农药频次	按照 MRL 中国国家标准、欧盟标准和日本标准衡量超标农药名称及频次	
中国国家标准	1	1	氧乐果(1)	
欧盟标准	11	139	异丁子香酚(48),唑虫酰胺(44),丁香酚(36),4,4-二氯二苯甲酮(2),哒螨灵(2),虱螨脲(2),氟虫腈(1),噻嗪酮(1),三唑醇(1),三唑磷(1),氧乐果(1)	
日本标准	5	90	异丁子香酚(48),丁香酚(36),三唑磷(3),4,4-二氯二苯甲酮(2),氟虫腈(1)	

15.3.3.2 乌龙茶

这次共检测 25 例乌龙茶样品，全部检出了农药残留，检出率为 100.0%，检出农药共计 21 种。其中丁香酚、联苯菊酯、异丁子香酚、唑虫酰胺和哒螨灵检出频次较高，分别检出了 24、24、21、17 和 12 次。乌龙茶中农药检出品种和频次见图 15-23，超标农药见图 15-24 和表 15-20。

15.3.3.3 红茶

这次共检测 47 例红茶样品，全部检出了农药残留，检出率为 100.0%，检出农药共计 13 种。其中异丁子香酚、联苯菊酯、唑虫酰胺、邻苯基苯酚和丁香酚检出频次较高，分别检出了45、41、14、7和6次。红茶中农药检出品种和频次见图15-25，超标农药见图15-26和表15-21。

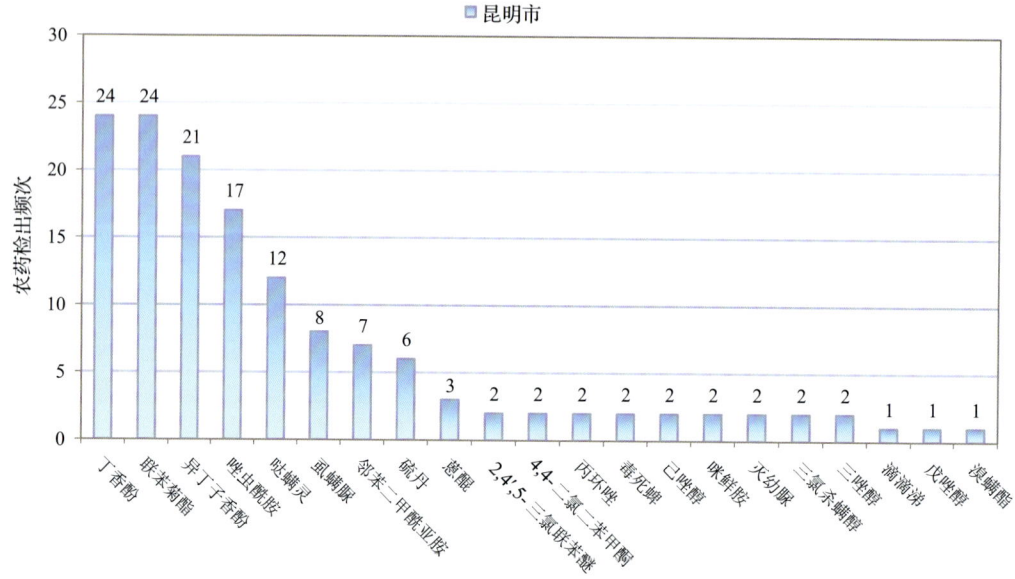

图 15-23　乌龙茶样品检出农药品种和频次分析

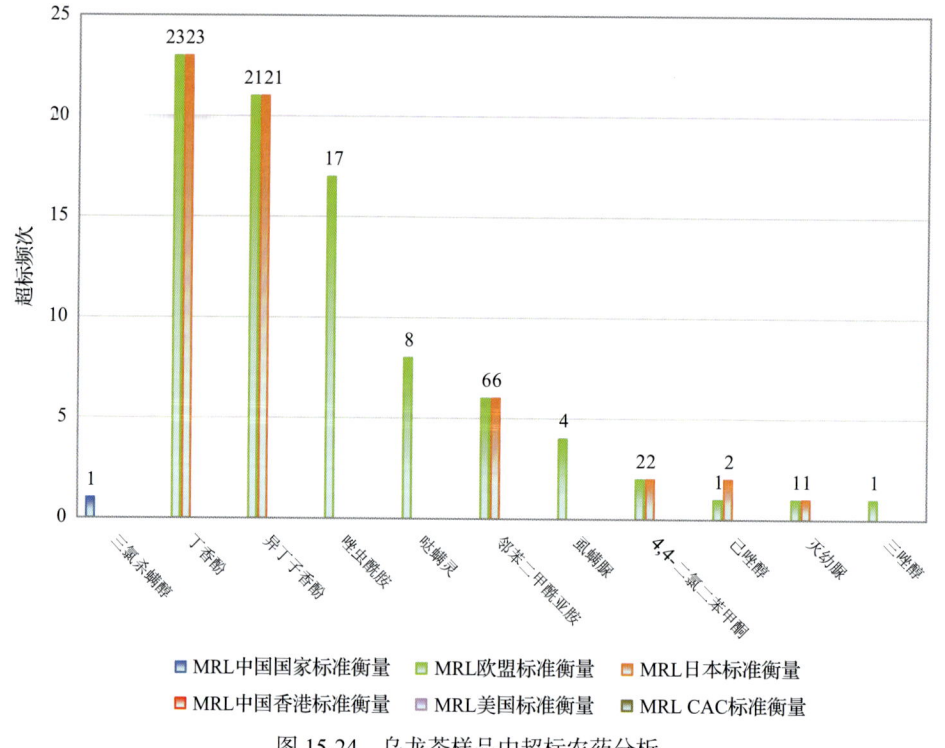

图 15-24　乌龙茶样品中超标农药分析

表 15-20 乌龙茶中农药残留超标情况明细表

样品总数		检出农药样品数	样品检出率(%)	检出农药品种总数
25		25	100	21
	超标农药品种	超标农药频次	按照 MRL 中国国家标准、欧盟标准和日本标准衡量超标农药名称及频次	
中国国家标准	1	1	三氯杀螨醇(1)	
欧盟标准	10	84	丁香酚(23),异丁子香酚(21),唑虫酰胺(17),哒螨灵(8),邻苯二甲酰亚胺(6),虱螨脲(4),4,4-二氯二苯甲酮(2),己唑醇(1),灭幼脲(1),三唑醇(1)	
日本标准	6	55	丁香酚(23),异丁子香酚(21),邻苯二甲酰亚胺(6),4,4-二氯二苯甲酮(2),己唑醇(2),灭幼脲(1)	

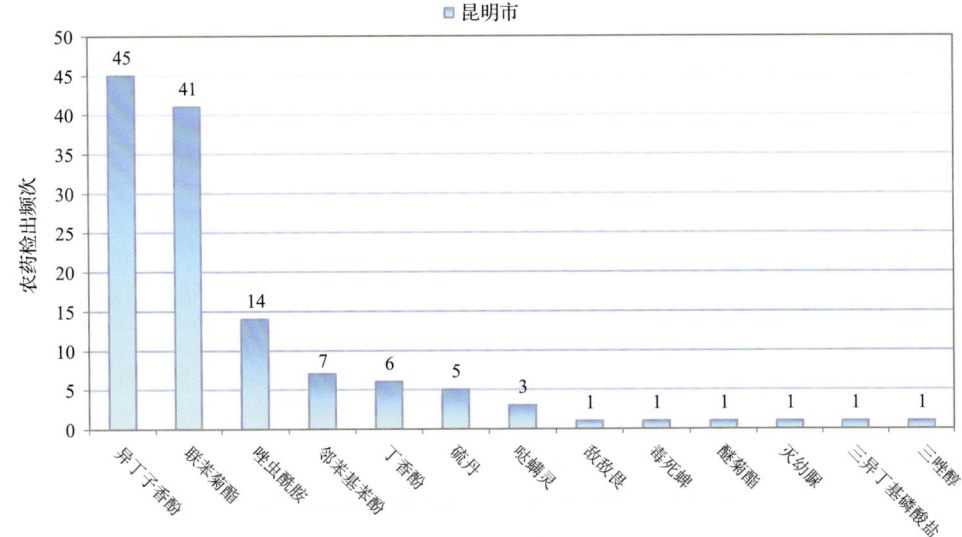

图 15-25 红茶样品检出农药品种和频次分析

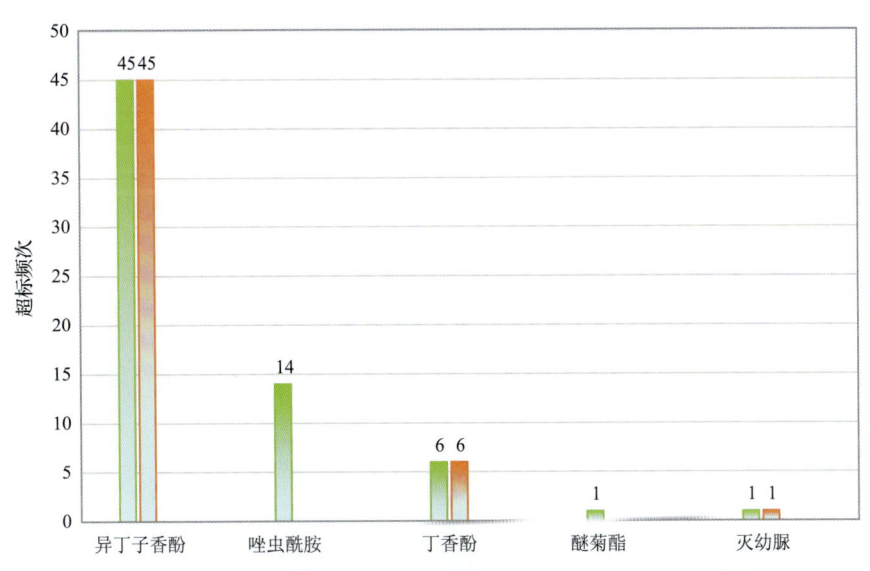

图 15-26 红茶样品中超标农药分析

表 15-21　红茶中农药残留超标情况明细表

样品总数		检出农药样品数	样品检出率(%)	检出农药品种总数
47		47	100	13
超标农药品种	超标农药频次	按照 MRL 中国国家标准、欧盟标准和日本标准衡量超标农药名称及频次		
中国国家标准	0	0		
欧盟标准	5	67	异丁子香酚(45),唑虫酰胺(14),丁香酚(6),醚菊酯(1),灭幼脲(1)	
日本标准	3	52	异丁子香酚(45),丁香酚(6),灭幼脲(1)	

15.4　初 步 结 论

15.4.1　昆明市市售茶叶按 MRL 中国国家标准和国际主要 MRL 标准衡量的合格率

本次侦测的 186 例样品中，1 例样品未检出任何残留农药，占样品总量的 0.5%，185 例样品检出不同水平、不同种类的残留农药，占样品总量的 99.5%。在这 185 例检出农药残留的样品中：

按照 MRL 中国国家标准衡量，有 183 例样品检出残留农药但含量没有超标，占样品总数的 98.4%，有 2 例样品检出了超标农药，占样品总数的 1.1%。

按照 MRL 欧盟标准衡量，有 21 例样品检出残留农药但含量没有超标，占样品总数的 11.3%，有 164 例样品检出了超标农药，占样品总数的 88.2%。

按照 MRL 日本标准衡量，有 39 例样品检出残留农药但含量没有超标，占样品总数的 21.0%，有 146 例样品检出了超标农药，占样品总数的 78.5%。

按照 MRL 中国香港标准衡量，有 185 例样品检出残留农药但含量没有超标，占样品总数的 99.5%，无检出残留农药超标的样品。

按照 MRL 美国标准衡量，有 185 例样品检出残留农药但含量没有超标，占样品总数的 99.5%，无检出残留农药超标的样品。

按照 MRL CAC 标准衡量，有 185 例样品检出残留农药但含量没有超标，占样品总数的 99.5%，无检出残留农药超标的样品。

15.4.2　昆明市市售茶叶中检出农药以中低微毒农药为主，占市场主体的 90.2%

这次侦测的 186 例茶叶样品共检出了 51 种农药，检出农药的毒性以中低微毒为主，详见表 15-22。

15.4.3　检出剧毒、高毒和禁用农药现象应该警醒

在此次侦测的 186 例样品中有 5 种茶叶的 50 例样品检出了 10 种 74 频次的剧毒和高毒或禁用农药，占样品总量的 26.9%。其中剧毒农药甲拌磷以及高毒农药三唑磷、氧乐果和敌敌畏检出频次较高。

表 15-22 市场主体农药毒性分布

毒性	检出品种	占比	检出频次	占比
剧毒农药	1	2.0%	1	0.1%
高毒农药	4	7.8%	12	1.7%
中毒农药	22	43.1%	609	86.8%
低毒农药	15	29.4%	67	9.5%
微毒农药	9	17.6%	13	1.9%

中低微毒农药，品种占比 90.2%，频次占比 98.1%。

按 MRL 中国国家标准衡量，高毒农药氧乐果，检出 4 次，超标 1 次；按超标程度比较，绿茶中氧乐果超标 0.6 倍。

剧毒、高毒或禁用农药的检出情况及按照 MRL 中国国家标准衡量的超标情况见表 15-23。

表 15-23 剧毒、高毒或禁用农药的检出及超标明细

序号	农药名称	样品名称	检出频次	超标频次	最大超标倍数	超标率
1.1	甲拌磷*▲	花茶	1	0	0	0.0%
2.1	敌敌畏◇	红茶	1	0	0	0.0%
3.1	克百威◇▲	花茶	1	0	0	0.0%
4.1	三唑磷◇▲	绿茶	4	0	0	0.0%
4.2	三唑磷◇▲	花茶	2	0	0	0.0%
5.1	氧乐果◇▲	绿茶	4	1	0.6	25.0%
6.1	滴滴涕▲	乌龙茶	1	0	0	0.0%
7.1	毒死蜱▲	绿茶	3	0	0	0.0%
7.2	毒死蜱▲	花茶	2	0	0	0.0%
7.3	毒死蜱▲	乌龙茶	2	0	0	0.0%
7.4	毒死蜱▲	红茶	1	0	0	0.0%
8.1	氟虫腈▲	绿茶	10	0	0	0.0%
9.1	硫丹▲	绿茶	12	0	0	0.0%
9.2	硫丹▲	黑茶	8	0	0	0.0%
9.3	硫丹▲	乌龙茶	6	0	0	0.0%
9.4	硫丹▲	红茶	5	0	0	0.0%
9.5	硫丹▲	花茶	4	0	0	0.0%
10.1	三氯杀螨醇▲	绿茶	4	0	0	0.0%
10.2	三氯杀螨醇▲	乌龙茶	2	1	0.6	50.0%
10.3	三氯杀螨醇▲	花茶	1	0	0	0.0%
合计			74	2		2.7%

注：超标倍数参照 MRL 中国国家标准衡量

这些剧毒和高毒农药都是中国政府早有规定禁止在茶叶中使用的，为什么还屡次被检出，应该引起警惕。

15.4.4 残留限量标准与先进国家或地区差距较大

702 频次的检出结果与我国公布的《食品中农药最大残留限量》（GB 2763—2016）对比，有 244 频次能找到对应的 MRL 中国国家标准，占 34.8%；还有 458 频次的侦测数据无相关 MRL 标准供参考，占 65.2%。

与国际上现行 MRL 对比发现：

有 702 频次能找到对应的 MRL 欧盟标准，占 100.0%；

有 702 频次能找到对应的 MRL 日本标准，占 100.0%；

有 237 频次能找到对应的 MRL 中国香港标准，占 33.8%；

有 323 频次能找到对应的 MRL 美国标准，占 46.0%；

有 272 频次能找到对应的 MRL CAC 标准，占 38.7%。

由上可见，MRL 中国国家标准与先进国家或地区标准还有很大差距，我们无标准，境外有标准，这就会导致我们在国际贸易中，处于受制于人的被动地位。

15.4.5 茶叶单种样品检出 21~34 种农药残留，拷问农药使用的科学性

通过此次监测发现，花茶、绿茶和乌龙茶是检出农药品种最多的 3 种茶叶，从中检出农药品种及频次详见表 15-24。

表 15-24 单种样品检出农药品种及频次

样品名称	样品总数	检出农药样品数	检出率	检出农药品种数	检出农药（频次）
花茶	11	11	100.0%	34	丁香酚(11),联苯菊酯(6),异丁子香酚(5),硫丹(4),戊唑醇(4),唑虫酰胺(4),丙溴磷(3),丙环唑(2),毒死蜱(2),多效唑(2),邻苯二甲酰亚胺(2),咪鲜胺(2),嘧菌酯(2),灭幼脲(2),三唑醇(2),三唑酮(2),4,4-二氯二苯甲酮(1),百菌清(1),稻瘟灵(1),粉唑醇(1),氟硅唑(1),己唑醇(1),甲拌磷(1),克百威(1),嘧霉胺(1),噻呋酰胺(1),三氯杀螨醇(1),三唑酮(1),虱螨脲(1),速灭威(1),戊菌唑(1),烯酰吗啉(1),异丙乐灵(1),异菌脲(1)
绿茶	50	49	98.0%	23	异丁子香酚(48),联苯菊酯(46),唑虫酰胺(45),丁香酚(36),硫丹(12),氟虫腈(10),哒螨灵(9),虱螨脲(9),三唑醇(6),4,4-二氯二苯甲酮(4),三氯杀螨醇(4),三唑磷(4),氧乐果(4),毒死蜱(3),灭幼脲(3),乙螨唑(2),吡丙醚(2),丙环唑(1),丙溴磷(1),氯菊酯(1),咪鲜胺(1),噻嗪酮(1),五氯甲氧基苯(1)
乌龙茶	25	25	100.0%	21	丁香酚(24),联苯菊酯(24),异丁子香酚(21),唑虫酰胺(17),哒螨灵(12),虱螨脲(8),邻苯二甲酰亚胺(7),硫丹(6),蒽醌(3),2,4′,5-三氯联苯醚(2),4,4-二氯二苯甲酮(2),丙环唑(2),毒死蜱(2),己唑醇(2),咪鲜胺(2),灭幼脲(2),三氯杀螨醇(2),三唑醇(2),滴滴涕(1),戊唑醇(1),溴螨酯(1)

上述 3 种茶叶，检出农药 21~34 种，是多种农药综合防治，还是未严格实施农业良好管理规范（GAP），抑或根本就是乱施药，值得我们思考。

第 16 章　GC-Q-TOF/MS 侦测昆明市市售茶叶农药残留膳食暴露风险与预警风险评估

16.1　农药残留风险评估方法

16.1.1　昆明市农药残留侦测数据分析与统计

庞国芳院士科研团队建立的农药残留高通量侦测技术以高分辨精确质量数（0.0001 m/z 为基准）为识别标准，采用 GC-Q-TOF/MS 技术对 684 农药化学污染物进行侦测。

科研团队于 2019 年 3 月期间在昆明 24 个采样点，随机采集了 186 例茶叶样品，从中检出农药 51 种，702 频次。具体位置如图 16-1 所示。

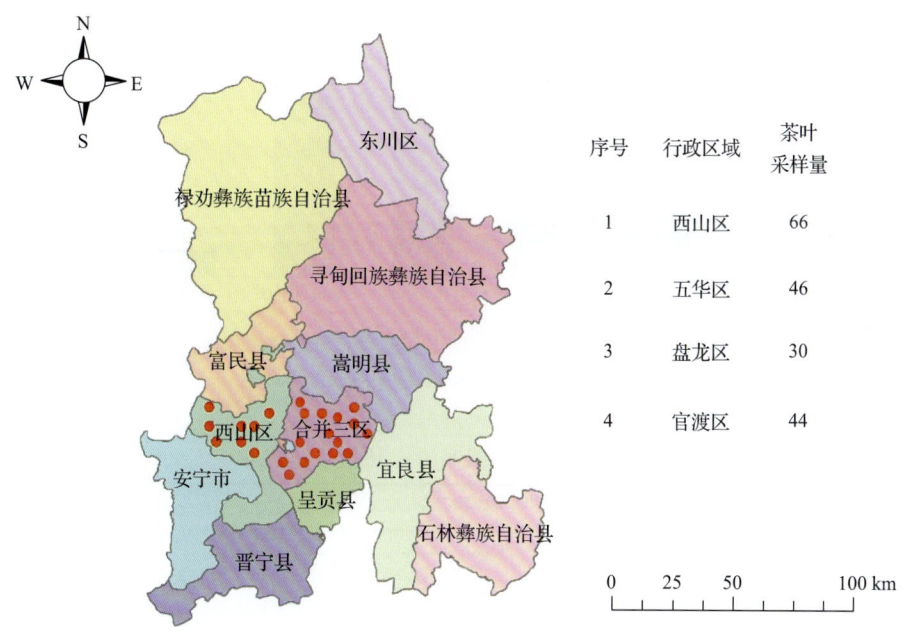

图 16-1　GC-Q-TOF/MS 侦测昆明 24 个采样点 186 例样品分布示意图

利用 GC-Q-TOF/MS（技术对 186 例样品中的农药进行侦测，侦测出残留农药 51 种，702 频次。侦测出农药残留水平如表 16-1 和图 16-2 所示。检出频次最高的前 10 种农药如表 16-2 所示。从检测结果中可以看出，在茶叶中农药残留普遍存在，且有些茶叶存在高浓度的农药残留，这些可能存在膳食暴露风险，对人体健康产生危害，因此，为了定量地评价茶叶中农药残留的风险程度，有必要对其进行风险评价。

表 16-1　侦测出农药的不同残留水平及其所占比例列表

残留水平(μg/kg)	检出频次	占比(%)
1~5(含)	66	9.4
5~10(含)	49	7.0
10~100(含)	361	51.4
100~1000(含)	205	29.2
>1000	21	3.0
合计	702	100

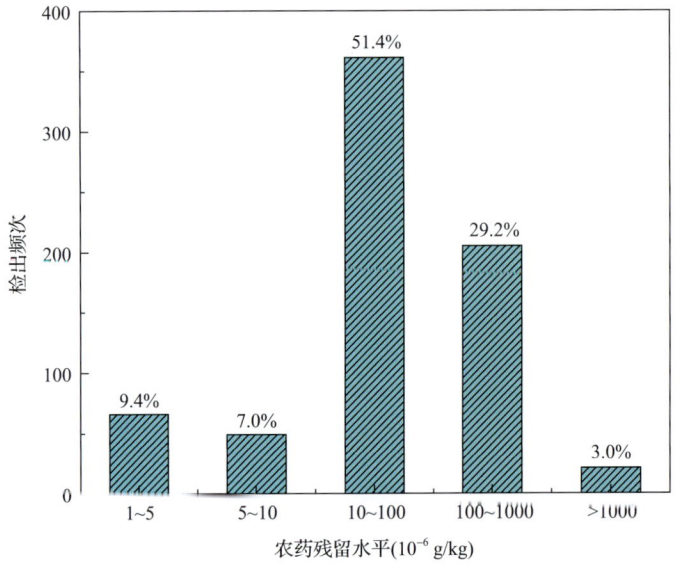

图 16-2　残留农药检出浓度频数分布图

表 16-2　检出频次最高的前 10 种农药列表

序号	农药	检出频次
1	联苯菊酯	169
2	异丁子香酚	130
3	唑虫酰胺	101
4	丁香酚	84
5	硫丹	35
6	哒螨灵	24
7	虱螨脲	18
8	邻苯基苯酚	12
9	三唑醇	12
10	虫螨腈	10

16.1.2 农药残留风险评价模型

对昆明茶叶中农药残留分别开展暴露风险评估和预警风险评估。膳食暴露风险评估利用食品安全指数模型对茶叶中的残留农药对人体可能产生的危害程度进行评价，该模型结合残留监测和膳食暴露评估评价化学污染物的危害；预警风险评价模型运用风险系数(risk index，R)，风险系数综合考虑了危害物的超标率、施检频率及其本身敏感性的影响，能直观而全面地反映出危害物在一段时间内的风险程度。

16.1.2.1 食品安全指数模型

为了加强食品安全管理，《中华人民共和国食品安全法》第二章第十七条规定"国家建立食品安全风险评估制度，运用科学方法，根据食品安全风险监测信息、科学数据以及有关信息，对食品、食品添加剂、食品相关产品中生物性、化学性和物理性危害因素进行风险评估"[1]，膳食暴露评估是食品危险度评估的重要组成部分，也是膳食安全性的衡量标准[2]。国际上最早研究膳食暴露风险评估的机构主要是 JMPR（FAO、WHO 农药残留联合会议），该组织自 1995 年就已制定了急性毒性物质的风险评估急性毒性农药残留摄入量的预测。1960 年美国规定食品中不得加入致癌物质进而提出零阈值理论，渐渐零阈值理论发展成在一定概率条件下可接受风险的概念[3]，后衍变为食品中每日允许最大摄入量(ADI)，而国际食品农药残留法典委员会(CCPR)认为 ADI 不是独立风险评估的唯一标准[4]，1995 年 JMPR 开始研究农药急性膳食暴露风险评估，并对食品国际短期摄入量的计算方法进行了修正，亦对膳食暴露评估准则及评估方法进行了修正[5]，2002 年，在对世界上现行的食品安全评价方法，尤其是国际公认的 CAC 评价方法、全球环境监测系统/食品污染监测和评估规划(WHO GEMS/Food)及 FAO、WHO 食品添加剂联合专家委员会(JECFA)和 JMPR 对食品安全风险评估工作研究的基础之上，检验检疫食品安全管理的研究人员提出了结合残留监控和膳食暴露评估，以食品安全指数 IFS 计算食品中各种化学污染物对消费者的健康危害程度[6]。IFS 是表示食品安全状态的新方法，可有效地评价某种农药的安全性，进而评价食品中各种农药化学污染物对消费者健康的整体危害程度[7,8]。从理论上分析，IFS$_c$ 可指出食品中的污染物 c 对消费者健康是否存在危害及危害的程度[9]。其优点在于操作简单且结果容易被接受和理解，不需要大量的数据来对结果进行验证，使用默认的标准假设或者模型即可[10,11]。

1) IFS$_c$ 的计算

IFS$_c$ 计算公式如下：

$$\text{IFS}_c = \frac{\text{EDI}_c \times f}{\text{SI}_c \times \text{bw}} \tag{16-1}$$

式中，c 为所研究的农药；EDI$_c$ 为农药 c 的实际日摄入量估算值，等于 $\sum(R_i \times F_i \times E_i \times P_i)$（i 为食品种类；$R_i$ 为食品 i 中农药 c 的残留水平，mg/kg；F_i 为食品 i 的估计日消费量，g/(人·天)；E_i 为食品 i 的可食用部分因子；P_i 为食品 i 的加工处理因子）；SI$_c$ 为安全摄入量，可采用每日允许最大摄入量 ADI；bw 为人平均体重，kg；f 为校正因子，如果安全摄入量采用 ADI，则 f 取 1。

$IFS_c \ll 1$，农药 c 对食品安全没有影响；$IFS_c \leqslant 1$，农药 c 对食品安全的影响可以接受；$IFS_c > 1$，农药 c 对食品安全的影响不可接受。

本次评价中：

$IFS_c \leqslant 0.1$，农药 c 对茶叶安全没有影响；

$0.1 < IFS_c \leqslant 1$，农药 c 对茶叶安全的影响可以接受；

$IFS_c > 1$，农药 c 对茶叶安全的影响不可接受。

本次评价中残留水平 R_i 取值为中国检验检疫科学研究院庞国芳院士课题组利用以高分辨精确质量数(0.0001 m/z)为基准的 GC-Q-TOF/MS 侦测技术于 2019 年 3 月期间对昆明茶叶农药残留的侦测结果，估计日消费量 F_i 取值 0.0047 kg/(人·天)，$E_i=1$，$P_i=1$，$f=1$，SI_c 采用《食品安全国家标准 食品中农药最大残留限量》(GB 2763—2016)中 ADI 值(具体数值见表 16-3)，人平均体重(bw)取值 60 kg。

表 16-3 昆明茶叶中侦测出农药的 ADI 值

序号	农药	ADI	序号	农药	ADI	序号	农药	ADI
1	唑虫酰胺	0.006	18	氟硅唑	0.007	35	嘧霉胺	0.2
2	联苯菊酯	0.01	19	丙溴磷	0.03	36	邻苯基苯酚	0.4
3	氧乐果	0.0003	20	咪鲜胺	0.01	37	丁草胺	0.1
4	三唑磷	0.001	21	异菌脲	0.06	38	吡丙醚	0.1
5	硫丹	0.006	22	三唑酮	0.03	39	滴滴涕	0.01
6	氟虫腈	0.0002	23	敌敌畏	0.004	40	戊菌唑	0.03
7	三氯杀螨醇	0.002	24	溴螨酯	0.03	41	2,4′,5-三氯联苯醚	—
8	哒螨灵	0.01	25	丙环唑	0.07	42	4,4-二氯二苯甲酮	—
9	己唑醇	0.005	26	烯酰吗啉	0.2	43	丁香酚	—
10	噻嗪酮	0.009	27	嘧菌酯	0.2	44	三异丁基磷酸盐	—
11	虱螨脲	0.015	28	醚菊酯	0.03	45	五氯甲氧基苯	—
12	毒死蜱	0.01	29	稻瘟灵	0.016	46	异丁子香酚	—
13	三唑醇	0.03	30	氯菊酯	0.05	47	异丙乐灵	—
14	戊唑醇	0.03	31	乙螨唑	0.05	48	灭幼脲	—
15	克百威	0.001	32	噻呋酰胺	0.014	49	蒽醌	—
16	粉唑醇	0.01	33	多效唑	0.1	50	速灭威	—
17	甲拌磷	0.0007	34	百菌清	0.02	51	邻苯二甲酰亚胺	—

注："—"表示为国家标准中无 ADI 值规定；ADI 值单位为 mg/kg bw

2) 计算 IFS_c 的平均值 $\overline{IFS}$，评价农药对食品安全的影响程度

以 $\overline{IFS}$ 评价各种农药对人体健康危害的总程度，评价模型见公式(16-2)。

$$\overline{IFS} = \frac{\sum_{i=1}^{n} IFS_c}{n} \tag{16-2}$$

$\overline{\text{IFS}} \ll 1$，所研究消费者人群的食品安全状态很好；$\overline{\text{IFS}} \leq 1$，所研究消费者人群的食品安全状态可以接受；$\overline{\text{IFS}} > 1$，所研究消费者人群的食品安全状态不可接受。

本次评价中：

$\overline{\text{IFS}} \leq 0.1$，所研究消费者人群的茶叶安全状态很好；

$0.1 < \overline{\text{IFS}} \leq 1$，所研究消费者人群的茶叶安全状态可以接受；

$\overline{\text{IFS}} > 1$，所研究消费者人群的茶叶安全状态不可接受。

16.1.2.2 预警风险评估模型

2003 年，我国检验检疫食品安全管理的研究人员根据 WTO 的有关原则和我国的具体规定，结合危害物本身的敏感性、风险程度及其相应的施检频率，首次提出了食品中危害物风险系数 R 的概念[12]。R 是衡量一个危害物的风险程度大小最直观的参数，即在一定时期内其超标率或阳性检出率的高低，但受其施检频率的高低及其本身的敏感性（受关注程度）影响。该模型综合考察了农药在茶叶中的超标率、施检频率及其本身敏感性，能直观而全面地反映出农药在一段时间内的风险程度[13]。

1) R 计算方法

危害物的风险系数综合考虑了危害物的超标率或阳性检出率、施检频率和其本身的敏感性影响，并能直观而全面地反映出危害物在一段时间内的风险程度。风险系数 R 的计算公式如式(16-3)：

$$R = aP + \frac{b}{F} + S \tag{16-3}$$

式中，P 为该种危害物的超标率；F 为危害物的施检频率；S 为危害物的敏感因子；a, b 分别为相应的权重系数。

本次评价中 F=1；S=1；a=100；b=0.1，对参数 P 进行计算，计算时首先判断是否为禁用农药，如果为非禁用农药，P=超标的样品数（侦测出的含量高于食品最大残留限量标准值，即 MRL）除以总样品数（包括超标、不超标、未侦测出）；如果为禁用农药，则侦测出即为超标，P=能侦测出的样品数除以总样品数。判断昆明茶叶农药残留是否超标的标准限值 MRL 分别以 MRL 中国国家标准[14]和 MRL 欧盟标准作为对照，具体值列于本报告附表一中。

2) 评价风险程度

$R \leq 1.5$，受检农药处于低度风险；

$1.5 < R \leq 2.5$，受检农药处于中度风险；

$R > 2.5$，受检农药处于高度风险。

16.1.2.3 食品膳食暴露风险和预警风险评估应用程序的开发

1) 应用程序开发的步骤

为成功开发膳食暴露风险和预警风险评估应用程序，与软件工程师多次沟通讨论，

逐步提出并描述清楚计算需求,开发了初步应用程序。为明确出不同茶叶、不同农药、不同地域的风险水平,向软件工程师提出不同的计算需求,软件工程师对计算需求进行逐一分析,经过反复的细节沟通,需求分析得到明确后,开始进行解决方案的设计,在保证需求的完整性、一致性的前提下,编写出程序代码,最后设计出满足需求的风险评估专用计算软件,并通过一系列的软件测试和改进,完成专用程序的开发。软件开发基本步骤见图16-3。

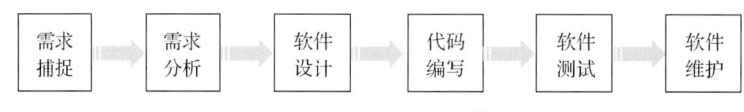

图16-3 专用程序开发总体步骤

2)膳食暴露风险评估专业程序开发的基本要求

首先直接利用公式(16-1),分别计算 LC-Q-TOF/MS 和 GC-Q-TOF/MS 仪器侦测出的各茶叶样品中每种农药 IFS_c,将结果列出。为考察超标农药和禁用农药的使用安全性,分别以我国《食品安全国家标准 食品中农药最大残留限量》(GB 2763—2016)和欧盟食品中农药最大残留限量(以下简称 MRL 中国国家标准和 MRL 欧盟标准)为标准,对侦测出的禁用农药和超标的非禁用农药 IFS_c 单独进行评价;按 IFS_c 大小列表,并找出 IFS_c 值排名前20的样本重点关注。

对不同茶叶 i 中每一种侦测出的农药 c 的安全指数进行计算,多个样品时求平均值。若监测数据为该市多个月的数据,则逐月、逐季度分别列出每个月、每个季度内每一种茶叶 i 对应的每一种农药 c 的 IFS_c。

按农药种类,计算整个监测时间段内每种农药的 IFS_c,不区分茶叶。若检测数据为该市多个月的数据,则需分别计算每个月、每个季度内每种农药的 IFS_c。

3)预警风险评估专业程序开发的基本要求

分别以 MRL 中国国家标准和 MRL 欧盟标准,按公式(16-3)逐个计算不同茶叶、不同农药的风险系数,禁用农药和非禁用农药分别列表。

为清楚了解各种农药的预警风险,不分时间,不分茶叶,按禁用农药和非禁用农药分类,分别计算各种侦测出农药全部检测时段内风险系数。由于有 MRL 中国国家标准的农药种类太少,无法计算超标数,非禁用农药的风险系数只以 MRL 欧盟标准为标准,进行计算。若检测数据为多个月的,则按月计算每个月、每个季度内每种禁用农药残留的风险系数和以 MRL 欧盟标准为标准的非禁用农药残留的风险系数。

4)风险程度评价专业应用程序的开发方法

采用 Python 计算机程序设计语言,Python 是一个高层次地结合了解释性、编译性、互动性和面向对象的脚本语言。风险评价专用程序主要功能包括:分别读入每例样品 LC-Q-TOF/MS 和 GC-Q-TOF/MS 农药残留检测数据,根据风险评价工作要求,依次对不同农药、不同食品、不同时间、不同采样点的 IFS_c 值和 R 值分别进行数据计算,筛选出禁用农药、超标农药(分别与 MRL 中国国家标准、MRL 欧盟标准限值进行对比)单独重点分析,再分别对各农药、各茶叶种类分类处理,设计出计算和排序程序,编写计算机代码，最后将生成的膳食暴露风险评估和超标风险评估定量计算结果列入设计好的各个表格中，并定性判断风险对目标的影响程度，直接用文字描述风险发生的高低，如"不可接受"、"可以接受"、"没有影响"、"高度风险"、"中度风险"、"低度风险"。

16.2 GC-Q-TOF/MS 侦测昆明市市售茶叶农药残留膳食暴露风险评估

16.2.1 每例茶叶样品中农药残留安全指数分析

基于 2019 年 3 月的农药残留侦测数据，发现在 186 例样品中侦测出农药 702 频次，计算样品中每种残留农药的安全指数 IFS_c，并分析农药对样品安全的影响程度，结果详见附表二，农药残留对茶叶样品安全的影响程度频次分布情况如图 16-4 所示。

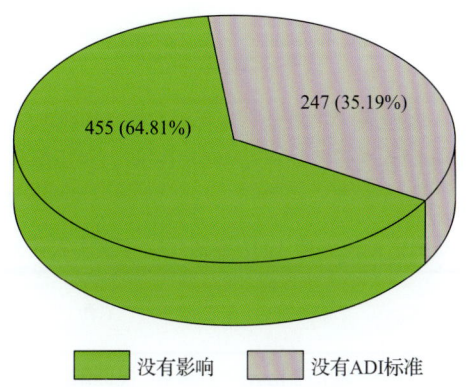

图 16-4　农药残留对茶叶样品安全的影响程度频次分布图

由图 16-4 可以看出，农药残留对样品安全的没有影响的频次为 455，占 64.81%。

部分样品侦测出禁用农药 9 种 73 频次，为了明确残留的禁用农药对样品安全的影响，分析侦测出禁用农药残留的样品安全指数，禁用农药残留对茶叶样品安全的影响程度频次分布情况如图 16-5 所示，农药残留对样品安全没有影响的频次为 73，占 100%。

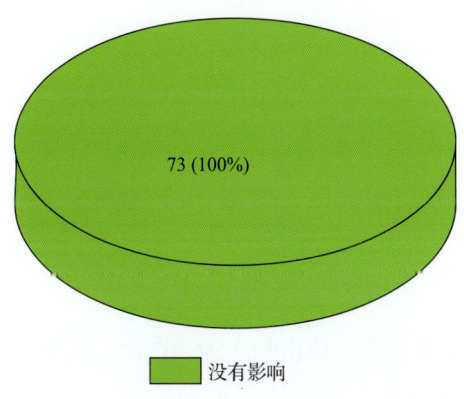

图 16-5　禁用农药对茶叶样品安全影响程度的频次分布图

此外，本次侦测发现部分样品中非禁用农药残留量超过了 MRL 欧盟标准，为了明确超标的非禁用农药对样品安全的影响，分析了非禁用农药残留超标的样品安全指数。

残留量超过 MRL 欧盟标准的非禁用农药对茶叶样品安全的影响程度频次分布情况如图 16-6 所示。可以看出超过 MRL 欧盟标准的非禁用农药共 362 频次，其中农药没有 ADI 的频次为 229，占 63.26%；农药残留对样品安全没有影响的频次为 133，占 36.74%。表 16-4 为茶叶样品中安全指数排名前 10 的残留超标非禁用农药列表。

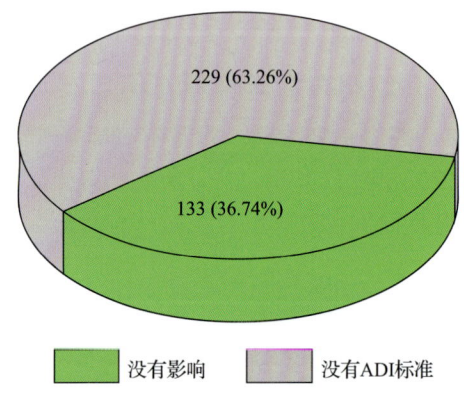

图 16-6　残留超标的非禁用农药对茶叶样品安全的影响程度频次分布图（MRL 欧盟标准）

表 16-4　茶叶样品中安全指数排名前 10 的残留超标非禁用农药列表（MRL 欧盟标准）

序号	样品编号	采样点	基质	农药	含量(mg/kg)	欧盟标准	IFS$_c$	影响程度
1	20190322-530100-USI-GT-24B	***超市(官南店)	绿茶	唑虫酰胺	3.7722	0.01	0.0492	没有影响
2	20190322-530100-USI-GT-06B	***超市(万宏路店)	绿茶	唑虫酰胺	3.771	0.01	0.0492	没有影响
3	20190322-530100-USI-GT-02C	***超市(兴苑路店)	绿茶	唑虫酰胺	3.5205	0.01	0.0460	没有影响
4	20190322-530100-USI-GT-01B	***超市(云山路店)	绿茶	唑虫酰胺	2.3537	0.01	0.0307	没有影响
5	20190322-530100-USI-GT-02A	***超市(兴苑路店)	绿茶	唑虫酰胺	2.0939	0.01	0.0273	没有影响
6	20190322-530100-USI-GT-05B	***超市(万达广场店)	绿茶	唑虫酰胺	1.8383	0.01	0.0240	没有影响
7	20190322-530100-USI-GT-04B	***超市(昌源中路店)	绿茶	唑虫酰胺	1.7017	0.01	0.0222	没有影响
8	20190322-530100-USI-GT-24A	***超市(官南店)	绿茶	唑虫酰胺	1.5189	0.01	0.0198	没有影响
9	20190322-530100-USI-GT-09A	***超市(新迎店)	绿茶	唑虫酰胺	1.5101	0.01	0.0197	没有影响
10	20190322-530100-USI-GT-04A	***超市(昌源中路店)	绿茶	唑虫酰胺	1.4371	0.01	0.0188	没有影响

16.2.2　单种茶叶中农药残留安全指数分析

本次 5 种茶叶侦测 51 种农药，检出频次为 702 次，其中 11 种农药没有 ADI，40 种农药存在 ADI 标准。5 种茶叶按不同种类分别计算侦测出的具有 ADI 标准的各种农药的

IFS$_c$ 值，农药残留对茶叶的安全指数分布图如图 16-7 所示。

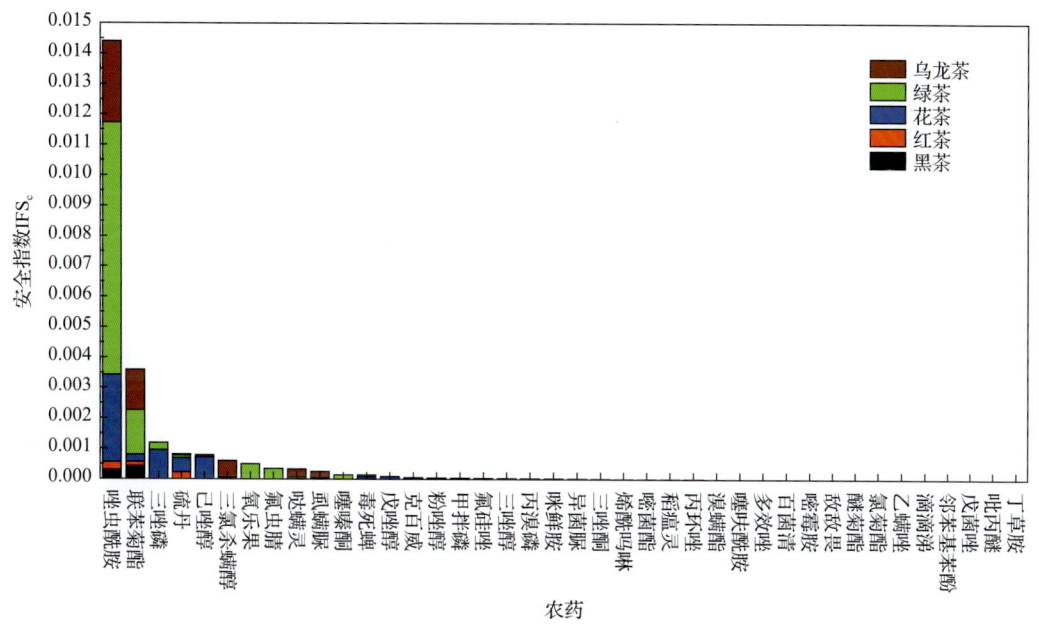

图 16-7　5 种茶叶中 40 种残留农药的安全指数分布图

本次侦测中，5 种茶叶和 51 种残留农药（包括没有 ADI）共涉及 100 个分析样本，农药对单种茶叶安全的影响程度分布情况如图 16-8 所示。可以看出，75%的样本中农药对茶叶安全没有影响。

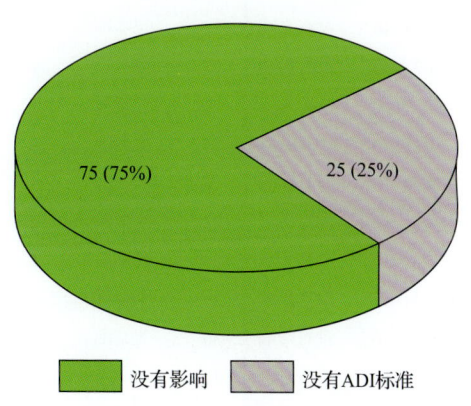

图 16-8　100 个分析样本的影响程度频次分布图

16.2.3　所有茶叶中农药残留安全指数分析

计算所有茶叶中 40 种农药的 IFS$_c$ 值，结果如图 16-9 及表 16 5 所示。

分析发现，所有农药对茶叶安全的影响程度均为没有影响，说明茶叶中残留的农药不会对茶叶安全造成影响。

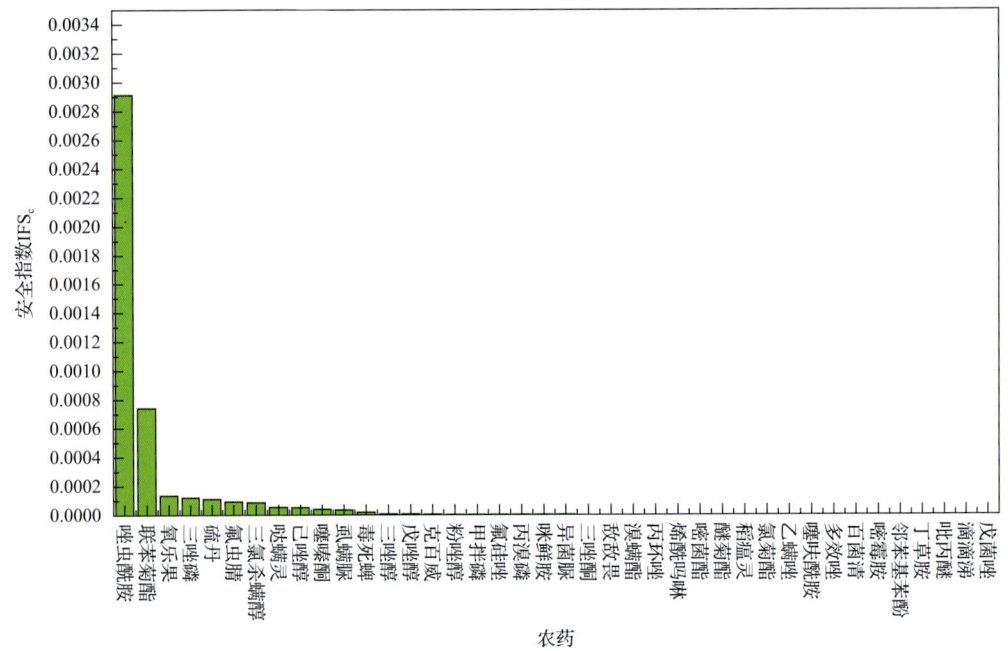

图 16-9 40 种残留农药对茶叶的安全影响程度统计图

表 16-5 茶叶中 40 种农药残留的安全指数表

序号	农药	检出频次	检出率(%)	IFS_c	影响程度	序号	农药	检出频次	检出率(%)	IFS_c	影响程度
1	啶虫脒胺	101	54.30	2.91×10^{-3}	没有影响	21	异菌脲	1	0.54	1.13×10^{-6}	没有影响
2	联苯菊酯	169	90.86	7.41×10^{-4}	没有影响	22	三唑酮	1	0.54	6.44×10^{-7}	没有影响
3	氧乐果	4	2.15	1.35×10^{-4}	没有影响	23	敌敌畏	1	0.54	4.84×10^{-7}	没有影响
4	三唑磷	6	3.23	1.20×10^{-4}	没有影响	24	溴螨酯	1	0.54	3.92×10^{-7}	没有影响
5	硫丹	35	18.82	1.11×10^{-4}	没有影响	25	丙环唑	5	2.69	3.25×10^{-7}	没有影响
6	氟虫腈	10	5.38	9.24×10^{-5}	没有影响	26	烯酰吗啉	1	0.54	3.20×10^{-7}	没有影响
7	三氯杀螨醇	7	3.76	8.64×10^{-5}	没有影响	27	嘧菌酯	2	1.08	3.14×10^{-7}	没有影响
8	哒螨灵	24	12.90	5.34×10^{-5}	没有影响	28	醚菊酯	1	0.54	2.92×10^{-7}	没有影响
9	己唑醇	3	1.61	5.11×10^{-5}	没有影响	29	稻瘟灵	2	1.08	2.71×10^{-7}	没有影响
10	噻嗪酮	1	0.54	3.92×10^{-5}	没有影响	30	氯菊酯	1	0.54	1.94×10^{-7}	没有影响
11	虱螨脲	18	9.68	3.54×10^{-5}	没有影响	31	乙螨唑	2	1.08	1.87×10^{-7}	没有影响
12	毒死蜱	8	4.30	1.88×10^{-5}	没有影响	32	噻呋酰胺	1	0.54	1.41×10^{-7}	没有影响
13	三唑醇	12	6.45	6.65×10^{-6}	没有影响	33	多效唑	2	1.08	1.40×10^{-7}	没有影响
14	戊唑醇	5	2.69	5.24×10^{-6}	没有影响	34	百菌清	1	0.54	1.39×10^{-7}	没有影响
15	克百威	1	0.54	3.16×10^{-6}	没有影响	35	嘧霉胺	1	0.54	1.17×10^{-7}	没有影响
16	粉唑醇	1	0.54	2.67×10^{-6}	没有影响	36	邻苯基苯酚	12	6.45	9.11×10^{-8}	没有影响
17	甲拌磷	1	0.54	2.35×10^{-6}	没有影响	37	丁草胺	1	0.54	6.02×10^{-8}	没有影响
18	氟硅唑	1	0.54	2.06×10^{-6}	没有影响	38	吡丙醚	1	0.54	5.98×10^{-8}	没有影响
19	丙溴磷	4	2.15	1.70×10^{-6}	没有影响	39	滴滴涕	1	0.54	5.47×10^{-8}	没有影响
20	咪鲜胺	5	2.69	1.53×10^{-6}	没有影响	40	戊菌唑	1	0.54	1.68×10^{-8}	没有影响

16.3 GC-Q-TOF/MS 侦测昆明市市售茶叶农药残留预警风险评估

基于昆明茶叶样品中农药残留 GC-Q-TOF/MS 侦测数据，分析禁用农药的检出率，同时参照中华人民共和国国家标准 GB 2763—2016 和欧盟农药最大残留限量(MRL)标准分析非禁用农药残留的超标率，并计算农药残留风险系数。分析单种茶叶中农药残留以及所有茶叶中农药残留的风险程度。

16.3.1 单种茶叶中农药残留风险系数分析

16.3.1.1 单种茶叶中禁用农药残留风险系数分析

侦测出的 51 种残留农药中有 9 种为禁用农药，且它们分布在 5 种茶叶中，计算 5 种茶叶中禁用农药的检出率，根据检出率计算风险系数 R，进而分析茶叶中禁用农药的风险程度，结果如图 16-10 与表 16-6 所示。分析发现 9 种禁用农药在 5 种茶叶中的残留处均于高度风险。

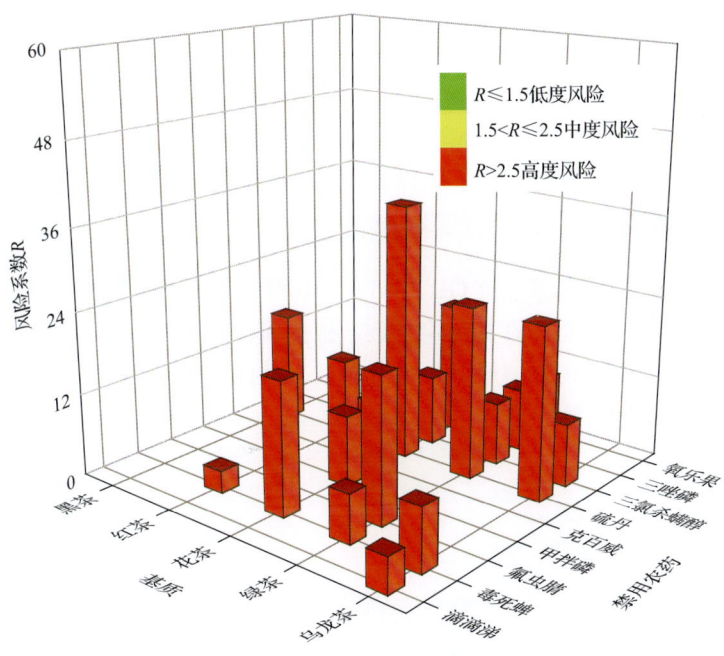

图 16-10　5 种茶叶中 9 种禁用农药残留的风险系数

表 16-6　5 种茶叶中 9 种禁用农药残留的风险系数列表

序号	基质	农药	检出频次	检出率(%)	风险系数 R	风险程度
1	乌龙茶	二氯杀螨醇	2	8.00	9.10	高度风险
2	乌龙茶	毒死蜱	2	8.00	9.10	高度风险
3	乌龙茶	滴滴涕	1	4.00	5.10	高度风险
4	乌龙茶	硫丹	6	24.00	25.10	高度风险

续表

序号	基质	农药	检出频次	检出率(%)	风险系数 R	风险程度
5	红茶	毒死蜱	1	2.13	3.23	高度风险
6	红茶	硫丹	5	10.64	11.74	高度风险
7	绿茶	三唑磷	4	8.00	9.10	高度风险
8	绿茶	三氯杀螨醇	4	8.00	9.10	高度风险
9	绿茶	毒死蜱	3	6.00	7.10	高度风险
10	绿茶	氟虫腈	10	20.00	21.10	高度风险
11	绿茶	氧乐果	4	8.00	9.10	高度风险
12	绿茶	硫丹	12	24.00	25.10	高度风险
13	花茶	三唑磷	2	18.18	19.28	高度风险
14	花茶	三氯杀螨醇	1	9.09	10.19	高度风险
15	花茶	克百威	1	9.09	10.19	高度风险
16	花茶	毒死蜱	2	18.18	19.28	高度风险
17	花茶	甲拌磷	1	9.09	10.19	高度风险
18	花茶	硫丹	4	36.36	37.46	高度风险
19	黑茶	硫丹	8	15.09	16.19	高度风险

16.3.1.2 基于 MRL 中国国家标准的单种茶叶中非禁用农药残留风险系数分析

参照中华人民共和国国家标准 GB 2763—2016 中农药残留限量计算每种茶叶中每种非禁用农药的超标率，进而计算其风险系数，根据风险系数大小判断残留农药的预警风险程度，茶叶中非禁用农药残留风险程度分布情况如图 16-11 所示。

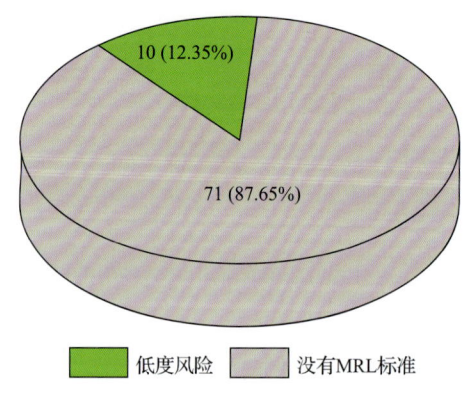

图 16-11 茶叶中非禁用农药残留的风险程度分布图（MRL 中国国家标准）

本次分析中，发现在 5 种茶叶检出 42 种残留非禁用农药，涉及样本 81 个，在 81 个样本中，12.35%处于低度风险，此外发现有 71 样本没有 MRL 中国国家标准值，无法判断其风险程度，有 MRL 中国国家标准值的 10 样本涉及 5 种茶叶中的 4 种非禁用农药，其风险系数 R 值如图 16-12 所示。

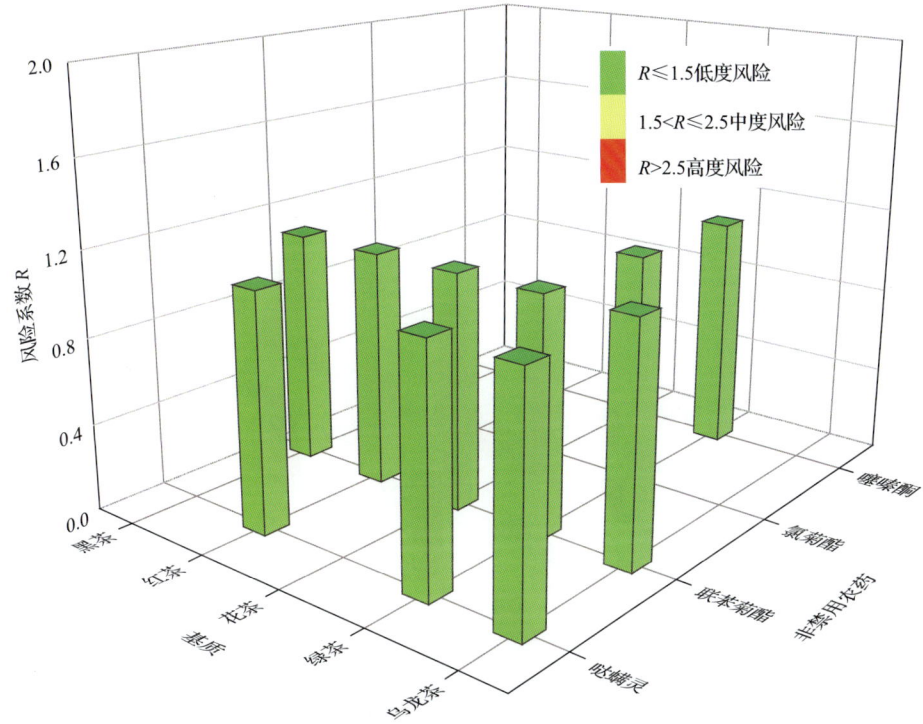

图 16-12　5 种茶叶中 4 种非禁用农药的风险系数分布图（MRL 中国国家标准）

16.3.1.3　基于 MRL 欧盟标准的单种茶叶中非禁用农药残留风险系数分析

参照 MRL 欧盟标准计算每种茶叶中每种非禁用农药的超标率，进而计算其风险系数，根据风险系数大小判断农药残留的预警风险程度，茶叶中非禁用农药残留风险程度分布情况如图 16-13 所示。

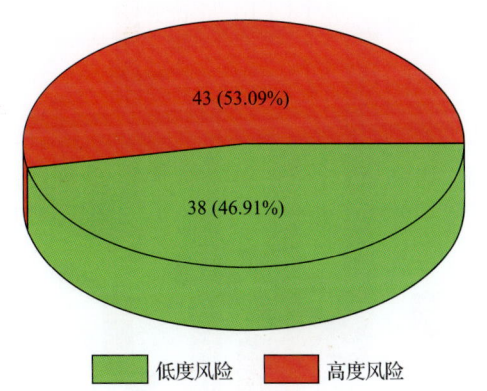

图 16-13　茶叶中非禁用农药残留的风险程度分布图（MRL 欧盟标准）

本次分析中，发现在 5 种茶叶中共侦测出 42 种非禁用农药，涉及样本 81 个，其中，53.09% 处于高度风险，涉及 5 种茶叶和 22 种农药；46.91% 处于低度风险，涉及 5 种茶叶和 26 种农药。单种茶叶中的非禁用农药风险系数分布图如图 16-14 所示。单种茶叶中处于高度风险的非禁用农药风险系数如图 16-15 和表 16-7 所示。

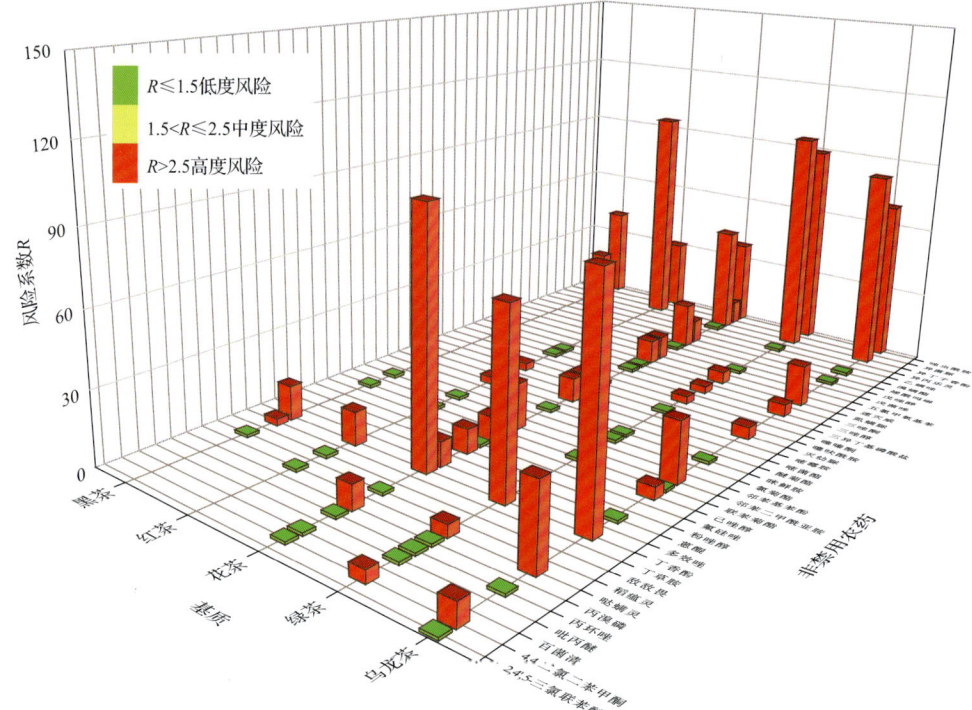

图 16-14 5 种茶叶中 42 种非禁用农药残留的风险系数(MRL 欧盟标准)

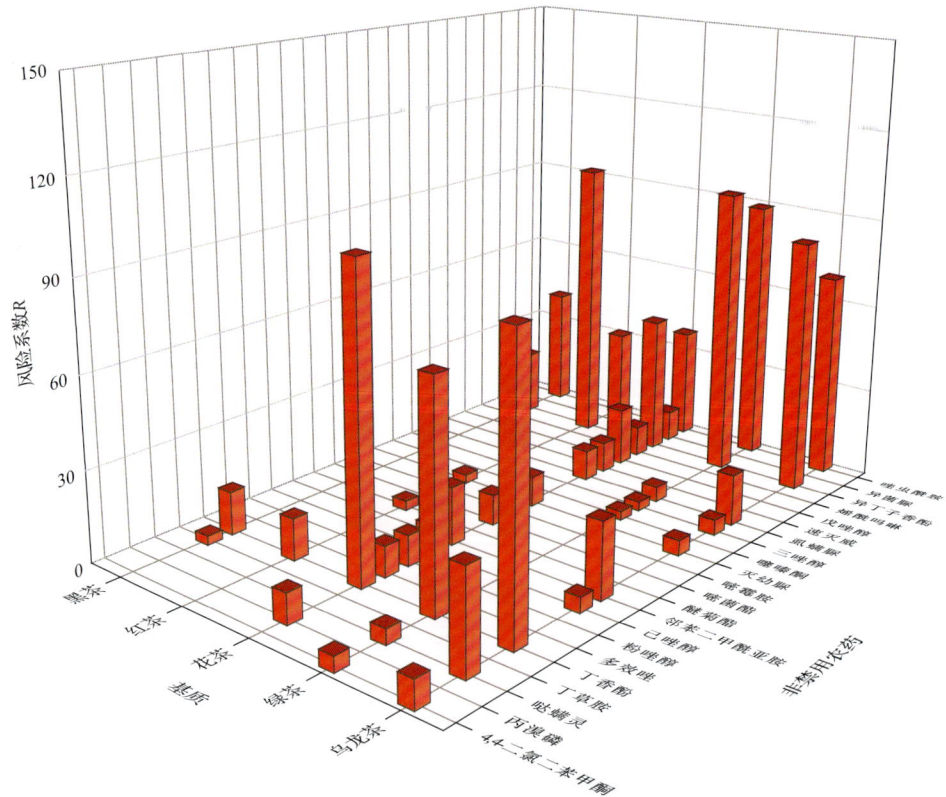

图 16-15 单种茶叶中处于高度风险的非禁用农药的风险系数(MRL 欧盟标准)

表 16-7 单种茶叶中处于高度风险的非禁用农药残留的风险系数表（MRL 欧盟标准）

序号	基质	农药	超标频次	超标率 $P(\%)$	风险系数 R
1	花茶	丁香酚	11	100.00	101.10
2	绿茶	异丁子香酚	48	96.00	97.10
3	红茶	异丁子香酚	45	95.74	96.84
4	乌龙茶	丁香酚	23	92.00	93.10
5	绿茶	唑虫酰胺	44	88.00	89.10
6	乌龙茶	异丁子香酚	21	84.00	85.10
7	绿茶	丁香酚	36	72.00	73.10
8	乌龙茶	唑虫酰胺	17	68.00	69.10
9	花茶	异丁子香酚	5	45.45	46.55
10	黑茶	唑虫酰胺	21	39.62	40.72
11	花茶	唑虫酰胺	4	36.36	37.46
12	乌龙茶	哒螨灵	8	32.00	33.10
13	红茶	唑虫酰胺	14	29.79	30.89
14	乌龙茶	邻苯二甲酰亚胺	6	24.00	25.10
15	黑茶	异丁子香酚	11	20.75	21.85
16	花茶	戊唑醇	2	18.18	19.28
17	花茶	邻苯二甲酰亚胺	2	18.18	19.28
18	乌龙茶	虱螨脲	4	16.00	17.10
19	黑茶	丁香酚	7	13.21	14.31
20	红茶	丁香酚	6	12.77	13.87
21	花茶	丙溴磷	1	9.09	10.19
22	花茶	嘧菌酯	1	9.09	10.19
23	花茶	嘧霉胺	1	9.09	10.19
24	花茶	多效唑	1	9.09	10.19
25	花茶	己唑醇	1	9.09	10.19
26	花茶	异菌脲	1	9.09	10.19
27	花茶	灭幼脲	1	9.09	10.19
28	花茶	烯酰吗啉	1	9.09	10.19
29	花茶	粉唑醇	1	9.09	10.19
30	花茶	虱螨脲	1	9.09	10.19
31	花茶	速灭威	1	9.09	10.19
32	乌龙茶	4,4-二氯二苯甲酮	2	8.00	9.10
33	乌龙茶	三唑醇	1	4.00	5.10

续表

序号	基质	农药	超标频次	超标率 $P(\%)$	风险系数 R
34	乌龙茶	己唑醇	1	4.00	5.10
35	乌龙茶	灭幼脲	1	4.00	5.10
36	绿茶	4,4-二氯二苯甲酮	2	4.00	5.10
37	绿茶	哒螨灵	2	4.00	5.10
38	绿茶	虱螨脲	2	4.00	5.10
39	红茶	灭幼脲	1	2.13	3.23
40	红茶	醚菊酯	1	2.13	3.23
41	绿茶	三唑醇	1	2.00	3.10
42	绿茶	噻嗪酮	1	2.00	3.10
43	黑茶	丁草胺	1	1.89	2.99

16.3.2 所有茶叶中农药残留风险系数分析

16.3.2.1 所有茶叶中禁用农药残留风险系数分析

在侦测出的 42 种农药中有 9 种为禁用农药，计算所有茶叶中禁用农药的风险系数，结果如表 16-8 所示。在 9 种禁用农药中，6 种农药残留处于高度风险，3 种农药残留处于中度风险。

表 16-8 茶叶中 9 种禁用农药的风险系数表

序号	农药	检出频次	检出率(%)	风险系数 R	风险程度
1	硫丹	35	18.82	19.92	高度风险
2	氟虫腈	10	5.38	6.48	高度风险
3	毒死蜱	8	4.30	5.40	高度风险
4	三氯杀螨醇	7	3.76	4.86	高度风险
5	三唑磷	6	3.22	4.33	高度风险
6	氧乐果	4	2.15	3.25	高度风险
7	克百威	1	0.54	1.64	中度风险
8	滴滴涕	1	0.54	1.64	中度风险
9	甲拌磷	1	0.54	1.64	中度风险

16.3.2.2 所有茶叶中非禁用农药残留风险系数分析

参照 MRL 欧盟标准计算所有茶叶中每种非禁用农药残留的风险系数，如图 16-16 与表 16-9 所示。在侦测出的 42 种非禁用农药中，8 种农药(19.05%)残留处于高度风险，14 种农药(33.33%)残留处于中度风险，20 种农药(47.62%)残留处于低度风险。

第 16 章　GC-Q-TOF/MS 侦测昆明市市售茶叶农药残留膳食暴露风险与预警风险评估

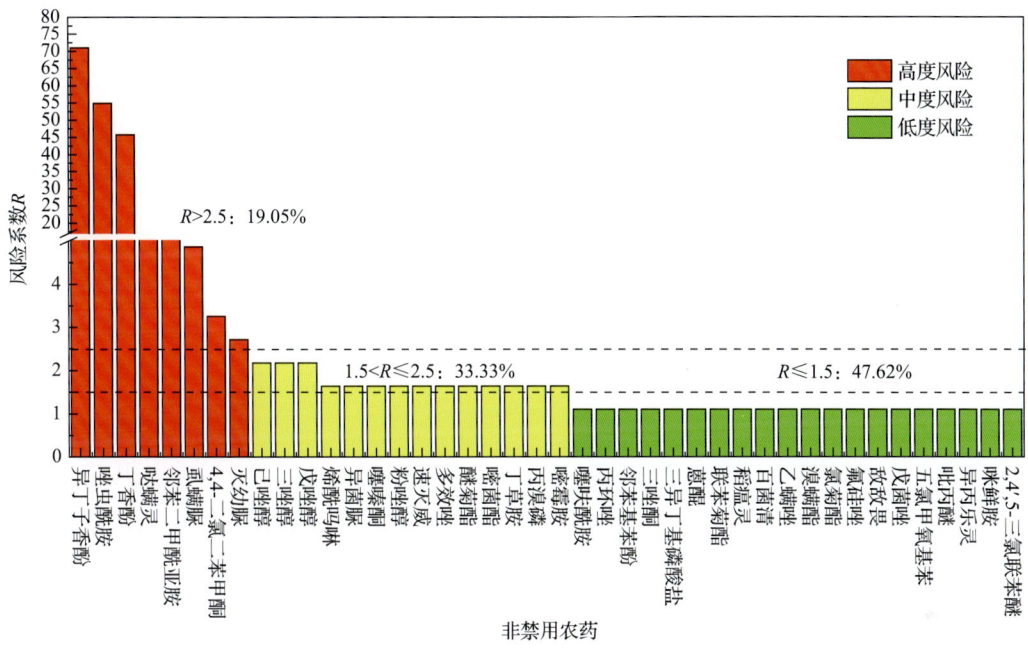

图 16-16　茶叶中 42 种非禁用农药的风险程度统计图

表 16-9　茶叶中 42 种非禁用农药的风险系数表

序号	农药	超标频次	超标率 $P(\%)$	风险系数 R	风险程度
1	异丁子香酚	130	69.89	70.99	高度风险
2	唑虫酰胺	100	53.76	54.86	高度风险
3	丁香酚	83	44.62	45.72	高度风险
4	哒螨灵	10	5.38	6.48	高度风险
5	邻苯二甲酰亚胺	8	4.30	5.40	高度风险
6	虱螨脲	7	3.76	4.86	高度风险
7	4,4-二氯二苯甲酮	4	2.15	3.25	高度风险
8	灭幼脲	3	1.61	2.71	高度风险
9	己唑醇	2	1.08	2.18	中度风险
10	三唑醇	2	1.08	2.18	中度风险
11	戊唑醇	2	1.08	2.18	中度风险
12	烯酰吗啉	1	0.54	1.64	中度风险
13	异菌脲	1	0.54	1.64	中度风险
14	噻嗪酮	1	0.54	1.64	中度风险
15	粉唑醇	1	0.54	1.64	中度风险
16	速灭威	1	0.54	1.64	中度风险

续表

序号	农药	超标频次	超标率 P(%)	风险系数 R	风险程度
17	多效唑	1	0.54	1.64	中度风险
18	醚菊酯	1	0.54	1.64	中度风险
19	嘧菌酯	1	0.54	1.64	中度风险
20	丁草胺	1	0.54	1.64	中度风险
21	丙溴磷	1	0.54	1.64	中度风险
22	嘧霉胺	1	0.54	1.64	中度风险
23	噻呋酰胺	0	0	1.10	低度风险
24	丙环唑	0	0	1.10	低度风险
25	邻苯基苯酚	0	0	1.10	低度风险
26	三唑酮	0	0	1.10	低度风险
27	三异丁基磷酸盐	0	0	1.10	低度风险
28	蒽醌	0	0	1.10	低度风险
29	联苯菊酯	0	0	1.10	低度风险
30	稻瘟灵	0	0	1.10	低度风险
31	百菌清	0	0	1.10	低度风险
32	乙螨唑	0	0	1.10	低度风险
33	溴螨酯	0	0	1.10	低度风险
34	氯菊酯	0	0	1.10	低度风险
35	氟硅唑	0	0	1.10	低度风险
36	敌敌畏	0	0	1.10	低度风险
37	戊菌唑	0	0	1.10	低度风险
38	五氯甲氧基苯	0	0	1.10	低度风险
39	吡丙醚	0	0	1.10	低度风险
40	异丙乐灵	0	0	1.10	低度风险
41	咪鲜胺	0	0	1.10	低度风险
42	2,4′,5-三氯联苯醚	0	0	1.10	低度风险

16.4 GC-Q-TOF/MS 侦测昆明市市售茶叶农药残留风险评估结论与建议

农药残留是影响茶叶安全和质量的主要因素，也是我国食品安全领域备受关注的敏感话题和亟待解决的重大问题之一[15,16]。各种茶叶均存在不同程度的农药残留现象,本研究主要针对昆明各类茶叶存在的农药残留问题,基于 2019 年 3 月对昆明 186 例茶叶样品中农药残留侦测得出的 702 个侦测结果,分别采用食品安全指数模型和风险系数模型,开展茶叶中农药残留的膳食暴露风险和预警风险评估。茶叶样品取自超市和茶叶专营店,符合大众的膳食来源,风险评价时更具有代表性和可信度。

本研究力求通用简单地反映食品安全中的主要问题,且为管理部门和大众容易接受,为政府及相关管理机构建立科学的食品安全信息发布和预警体系提供科学的规律与方法,加强对农药残留的预警和食品安全重大事件的预防,控制食品风险。

16.4.1 昆明茶叶中农药残留膳食暴露风险评价结论

1) 茶叶样品中农药残留安全状态评价结论

采用食品安全指数模型,对 2019 年 3 月期间昆明茶叶食品农药残留膳食暴露风险进行评价,根据 IFS_c 的计算结果发现,茶叶中农药的 $\overline{IFS}$ 为 1.11×10^{-4},说明昆明茶叶总体处于低度风险的安全状态,但部分禁用农药、高残留农药在茶叶中仍有侦测出,导致膳食暴露风险的存在,成为不安全因素。

2) 禁用农药膳食暴露风险评价

本次检测发现部分茶叶样品中有禁用农药侦测出,侦测出禁用农药 9 种,侦测出频次为 73,茶叶样品中的禁用农药 IFS_c 计算结果表明,没有影响的频次为 73,占 100%。

16.4.2 昆明市茶叶中农药残留预警风险评价结论

1) 单种茶叶中禁用农药残留的预警风险评价结论

本次检测过程中,在 5 种茶叶中检测出 9 种禁用农药,禁用农药为:三氯杀螨醇、毒死蜱、滴滴涕、硫丹、三唑磷、氟虫腈、氧乐果、克百威、甲拌磷,茶叶为:乌龙茶、红茶、绿茶、花茶、黑茶,茶叶中禁用农药的风险系数分析结果显示,9 种禁用农药在 5 种茶叶中的残留均处于高度风险,说明在单种茶叶中禁用农药的残留会导致较高的预警风险。

2) 单种茶叶中非禁用农药残留的预警风险评价结论

以 MRL 中国国家标准为标准,计算茶叶中非禁用农药风险系数情况下,81 个样本中,10 个处于低度风险(12.35%),71 个样本没有 MRL 中国国家标准(87.65%)。以 MRL 欧盟标准为标准,计算茶叶中非禁用农药风险系数情况下,发现有 43 个处于高度风险(53.09%),38 个处于低度风险(46.91%)。基于两种 MRL 标准,评价的结果差异显著,可以看出 MRL 欧盟标准比中国国家标准更加严格和完善,过于宽松的 MRL 中国国家标准值能否有效保障人体的健康有待研究。

16.4.3 加强昆明市茶叶食品安全建议

我国食品安全风险评价体系仍不够健全,相关制度不够完善,多年来,由于农药用药次数多、用药量大或用药间隔时间短，产品残留量大，农药残留所造成的食品安全问题日益严峻，给人体健康带来了直接或间接的危害。据估计，美国与农药有关的癌症患者数约占全国癌症患者总数的50%，中国更高。同样，农药对其他生物也会形成直接杀伤和慢性危害，植物中的农药可经过食物链逐级传递并不断蓄积，对人和动物构成潜在威胁，并影响生态系统。

基于本次农药残留侦测数据的风险评价结果，提出以下几点建议：

1)加快食品安全标准制定步伐

我国食品标准中对农药每日允许摄入量ADI的数据严重缺乏，在本次评价所涉及的51种农药中，仅有78.43%的农药具有ADI值，而21.57%的农药中国尚未规定相应的ADI值，亟待完善。

我国食品中农药最大残留限量值的规定严重缺乏，对评估涉及的不同茶叶中不同农药100个MRL限值进行统计来看，我国仅制定出22个标准，我国标准完整率仅为22%，欧盟的完整率达到100%(表16-10)。因此，中国更应加快MRL的制定步伐。

表16-10 我国国家食品标准农药的ADI、MRL值与欧盟标准的数量差异

分类		中国ADI	MRL 中国国家标准	MRL 欧盟标准
标准限值(个)	有	40	22	100
	无	11	78	0
总数(个)		51	100	100
无标准限值比例(%)		21.57	78	0

此外，MRL中国国家标准限值普遍高于欧盟标准限值，这些标准中共有5个高于欧盟。过高的MRL值难以保障人体健康，建议继续加强对限值基准和标准的科学研究，将农产品中的危险性减少到尽可能低的水平。

2)加强农药的源头控制和分类监管

在昆明某些茶叶中仍有禁用农药残留，利用GC-Q-TOF/MS技术侦测出9种禁用农药，检出频次为73次，残留禁用农药均存在较大的膳食暴露风险和预警风险。早已列入黑名单的禁用农药在我国并未真正退出，有些药物由于价格便宜、工艺简单，此类高毒农药一直生产和使用。建议在我国采取严格有效的控制措施，从源头控制禁用农药。

对于非禁用农药，在我国作为"田间地头"最典型单位的县级茶叶产地中，农药残留的检测几乎缺失。建议根据农药的毒性，对高毒、剧毒、中毒农药实现分类管理，减少使用高毒和剧毒高残留农药，进行分类监管。

3)加强农药生物基准和降解技术研究

市售茶叶中残留农药的品种多、频次高、禁用农药多次检出这一现状，说明了我国的田间土壤和水体因农药长期、频繁、不合理的使用而遭到严重污染。为此，建议中国相关部门出台相关政策，鼓励高校及科研院所积极开展分子生物学、酶学等研究，加强土壤、水体中残留农药的生物修复及降解新技术研究，切实加大农药监管力度，以控制农药的面源污染问题。

综上所述，在本工作基础上，根据茶叶残留危害，可进一步针对其成因提出和采取严格管理、大力推广无公害茶叶种植与生产、健全食品安全控制技术体系、加强茶叶质量检测体系建设和积极推行茶叶质量追溯制度等相应对策。建立和完善食品安全综合评价指数与风险监测预警系统，对食品安全进行实时、全面的监控与分析，为我国的食品安全科学监管与决策提供新的技术支持，可实现各类检验数据的信息化系统管理，降低食品安全事故的发生。

拉萨市及林芝地区

第17章 LC-Q-TOF/MS 侦测拉萨市及林芝地区 45 例市售茶叶样品农药残留报告

从拉萨市及林芝地区，随机采集了 45 例茶叶样品，使用液相色谱-四极杆飞行时间质谱(LC-Q-TOF/MS)对 825 种农药化学污染物示范侦测(7 种负离子模式 ESI⁻未涉及)。

17.1 样品种类、数量与来源

17.1.1 样品采集与检测

为了真实反映百姓日常饮用的茶叶中农药残留污染状况，本次所有检测样品均由检验人员于 2019 年 3 月期间，从拉萨市及林芝地区所属 5 个采样点，包括 1 个茶叶专营店 4 个超市，以随机购买方式采集，总计 5 批 45 例样品，从中检出农药 42 种，263 频次。采样及监测概况见图 17-1 及表 17-1，样品及采样点明细见表 17-2 及表 17-3(侦测原始数据见附表 1)。

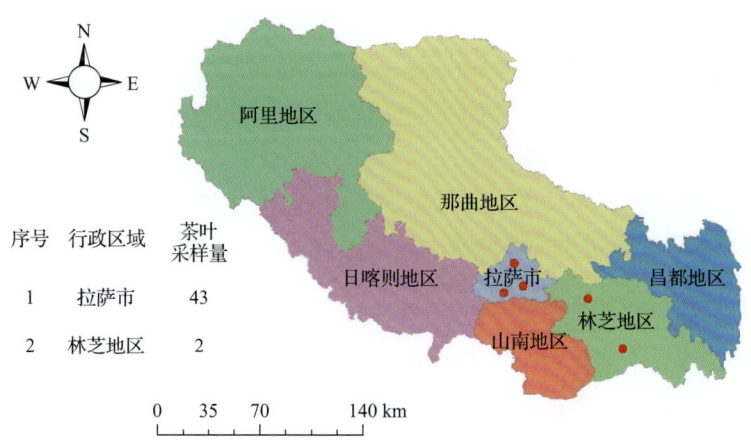

图 17-1 拉萨市及林芝地区所属 5 个采样点 45 例样品分布图

表 17-1 农药残留监测总体概况

行政区域	拉萨市及林芝地区
采样点(茶叶专营店+超市)	5
样本总数	45
检出农药品种/频次	42/263
各采样点样本农药残留检出率范围	96.0%～100.0%

表 17-2 样品分类及数量

样品分类	样品名称(数量)	数量小计
1. 茶叶		45
1)发酵类茶叶	黑茶(22),红茶(11)	33
2)未发酵类茶叶	绿茶(12)	12
合计	1.茶叶 3 种	45

表 17-3 拉萨市及林芝地区采样点信息

采样点序号	行政区域	采样点
茶叶专营店(1)		
1	拉萨市城关区	***茶庄
超市(4)		
1	拉萨市城关区	***超市(力泰店)
2	拉萨市城关区	***超市(神力广场店)
3	林芝地区林芝县	***超市(工布老街店)
4	林芝地区林芝县	***超市

17.1.2 检测结果

这次使用的检测方法是庞国芳院士团队最新研发的不需使用标准品对照,而以高分辨精确质量数(0.0001 m/z)为基准的 LC-Q-TOF/MS 检测技术,对于 45 例样品,每个样品均侦测了 825 种农药化学污染物的残留现状。通过本次侦测,在 45 例样品中共计检出农药化学污染物 42 种,检出 263 频次。

17.1.2.1 各采样点样品检出情况

统计分析发现 5 个采样点中,被测样品的农药检出率范围为 96.0%~100.0%。其中,有 4 个采样点样品的检出率最高,达到了 100.0%,分别是:***超市(力泰店)、***超市(神力广场店)、***超市(工布老街店)和***超市。***茶庄的检出率最低,为 96.0%,见图 17-2。

17.1.2.2 检出农药的品种总数与频次

统计分析发现,对于 45 例样品中 825 种农药化学污染物的侦测,共检出农药 263 频次,涉及农药 42 种,结果如图 17-3 所示。其中啶虫脒检出频次最高,共检出 34 次。检出频次排名前 10 的农药如下:①啶虫脒(34),②哒螨灵(32),③唑虫酰胺(29),④噻嗪酮(28),⑤茚虫威(21),⑥抑芽丹(12),⑦噻虫嗪(11),⑧吡虫啉(9),⑨四聚乙醛(8),⑩毒死蜱(7)。

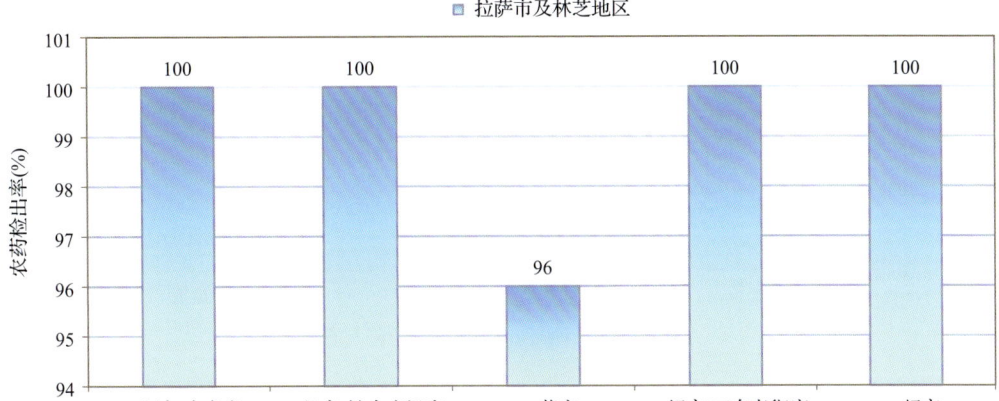

图 17-2 各采样点样品中的农药检出率

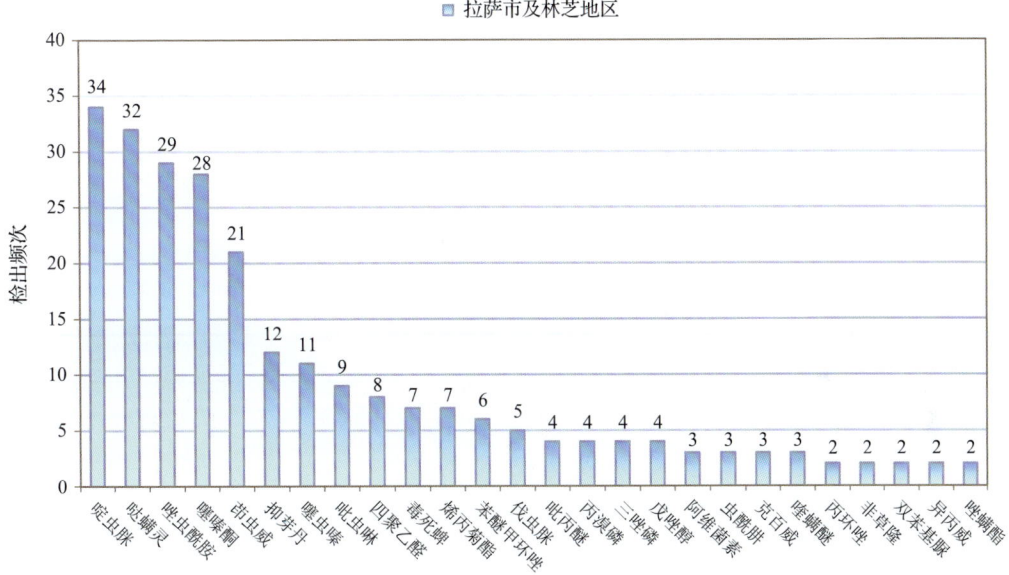

图 17-3 检出农药品种及频次(仅列出检出农药 2 频次及以上的数据)

由图 17-4 可见，红茶、绿茶和黑茶这 3 种茶叶样品中检出的农药品种数较高，均超过 20 种，其中，红茶检出农药品种最多，为 28 种。由图 17-5 可见，黑茶、绿茶和红茶这 3 种茶叶样品中的农药检出频次较高，均超过 70 次，其中，黑茶检出农药频次最高，为 95 次。

17.1.2.3 单例样品农药检出种类与占比

对单例样品检出农药种类和频次进行统计发现，未检出农药的样品占总样品数的 2.2%，检出 1 种农药的样品占总样品数的 15.6%，检出 2~5 种农药的样品占总样品数的 22.2%，检出 6~10 种农药的样品占总样品数的 48.9%，检出大于 10 种农药的样品占总样品数的 11.1%。每例样品中平均检出农药为 5.8 种，数据见表 17-4 及图 17-6。

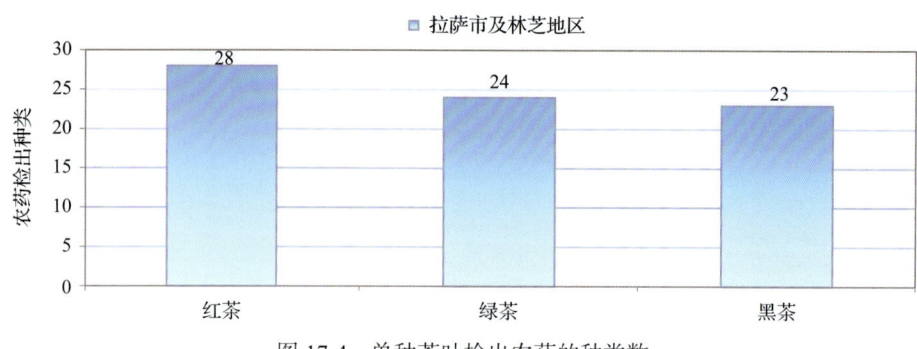

图 17-4　单种茶叶检出农药的种类数

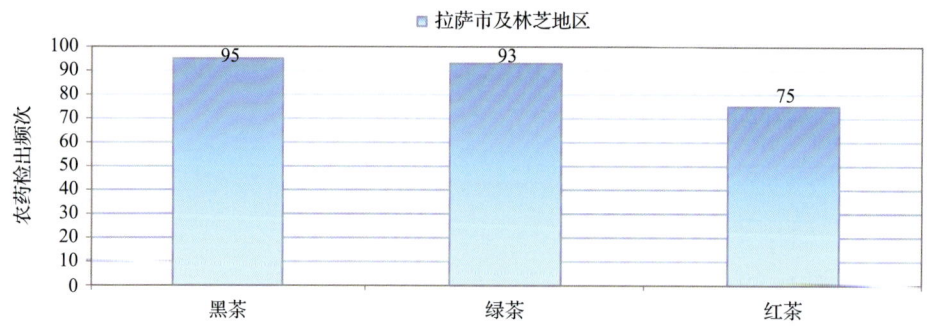

图 17-5　单种茶叶检出农药频次

表 17-4　单例样品检出农药品种占比

检出农药品种数	样品数量/占比(%)
未检出	1/2.2
1 种	7/15.6
2~5 种	10/22.2
6~10 种	22/48.9
大于 10 种	5/11.1
单例样品平均检出农药品种	5.8 种

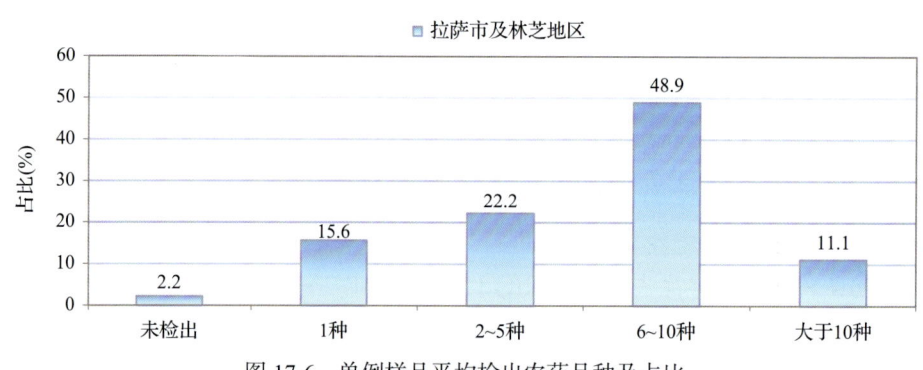

图 17-6　单例样品平均检出农药品种及占比

17.1.2.4 检出农药类别与占比

所有检出农药按功能分类,包括杀虫剂、杀菌剂、除草剂、杀螨剂、植物生长调节剂共 5 类。其中杀虫剂与杀菌剂为主要检出的农药类别,分别占总数的 50.0% 和 21.4%,见表 17-5 及图 17-7。

表 17-5 检出农药所属类别/占比

农药类别	数量/占比(%)
杀虫剂	21/50.0
杀菌剂	9/21.4
除草剂	5/11.9
杀螨剂	5/11.9
植物生长调节剂	2/4.8

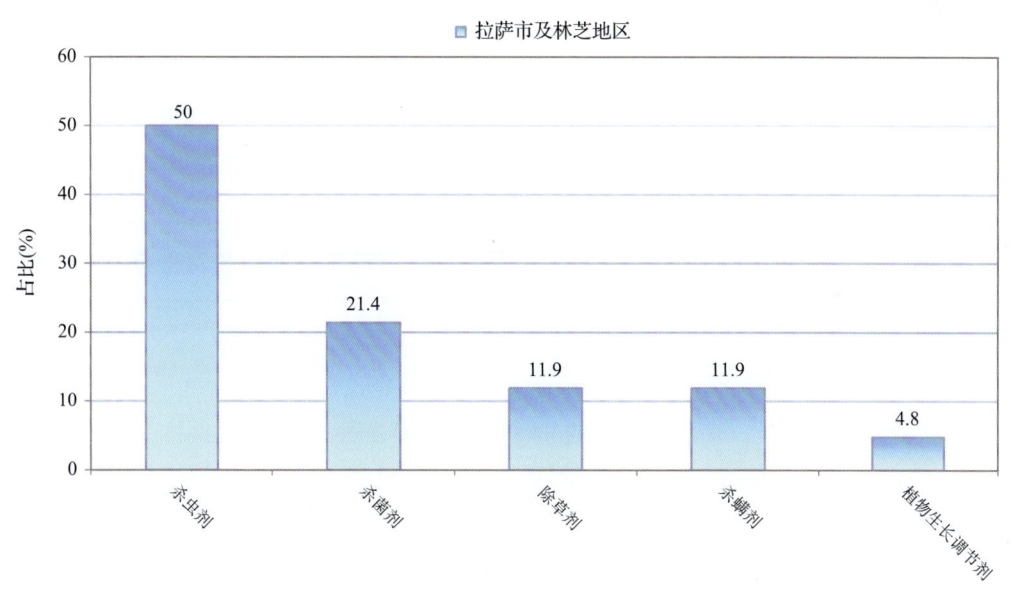

图 17-7 检出农药所属类别和占比

17.1.2.5 检出农药的残留水平

按检出农药残留水平进行统计,残留水平在 1~5 μg/kg(含)的农药占总数的 47.1%,在 5~10 μg/kg(含)的农药占总数的 15.6%,在 10~100 μg/kg(含)的农药占总数的 33.8%,在 100~1000 μg/kg 的农药占总数的 3.4%。

由此可见,这次检测的 5 批 45 例茶叶样品中农药多数处于较低残留水平。结果见表 17-6 及图 17-8,数据见附表 2。

表 17-6　农药残留水平/占比

残留水平(μg/kg)	检出频次数/占比(%)
1～5(含)	124/47.1
5～10(含)	41/15.6
10～100(含)	89/33.8
100～1000	9/3.4

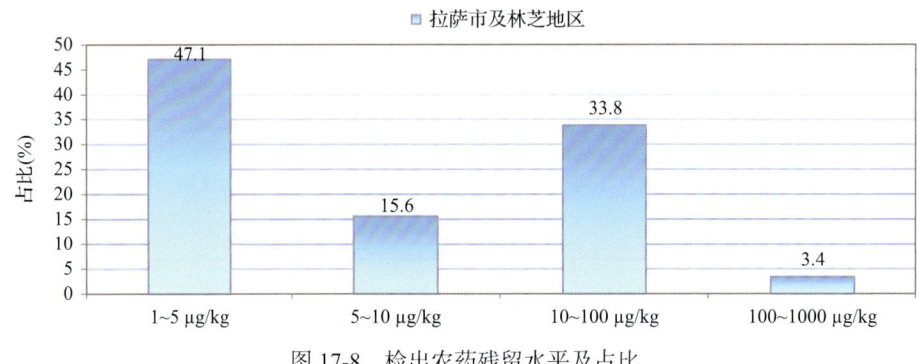

图 17-8　检出农药残留水平及占比

17.1.2.6　检出农药的毒性类别、检出频次和超标频次及占比

对这次检出的 42 种 263 频次的农药，按剧毒、高毒、中毒、低毒和微毒这五个毒性类别进行分类，从中可以看出，拉萨市及林芝地区目前普遍使用的农药为中低微毒农药，品种占 88.1%，频次占 93.9%。结果见表 17-7 及图 17-9。

17.1.2.7　检出剧毒/高毒类农药的品种和频次

值得特别关注的是，在此次侦测的 45 例样品中有 3 种茶叶的 13 例样品检出了 5 种 16 频次的剧毒和高毒农药，占样品总量的 28.9%，详见图 17-10、表 17-8 及表 17-9。

在检出的剧毒和高毒农药中，有 2 种是我国早已禁止在茶叶上使用的，分别是：克百威和三唑磷。禁用农药的检出情况见表 17-10。

表 17-7　检出农药毒性类别/占比

毒性分类	农药品种/占比(%)	检出频次/占比(%)	超标频次/超标率(%)
剧毒农药	0/0	0/0.0	0/0.0
高毒农药	5/11.9	16/6.1	0/0.0
中毒农药	20/47.6	176/66.9	0/0.0
低毒农药	11/26.2	48/18.3	0/0.0
微毒农药	6/14.3	23/8.7	0/0.0

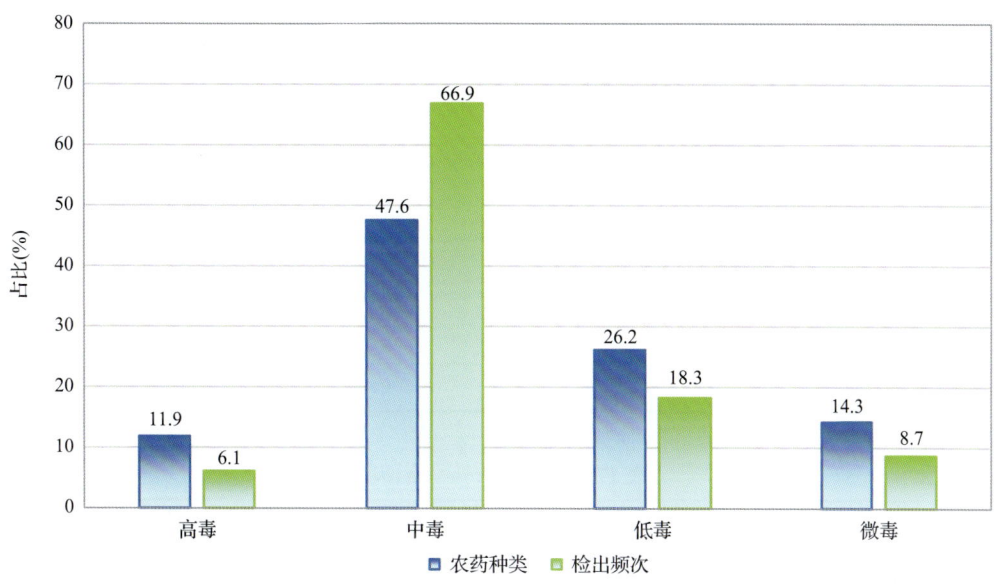

图 17-9 检出农药的毒性分类和占比

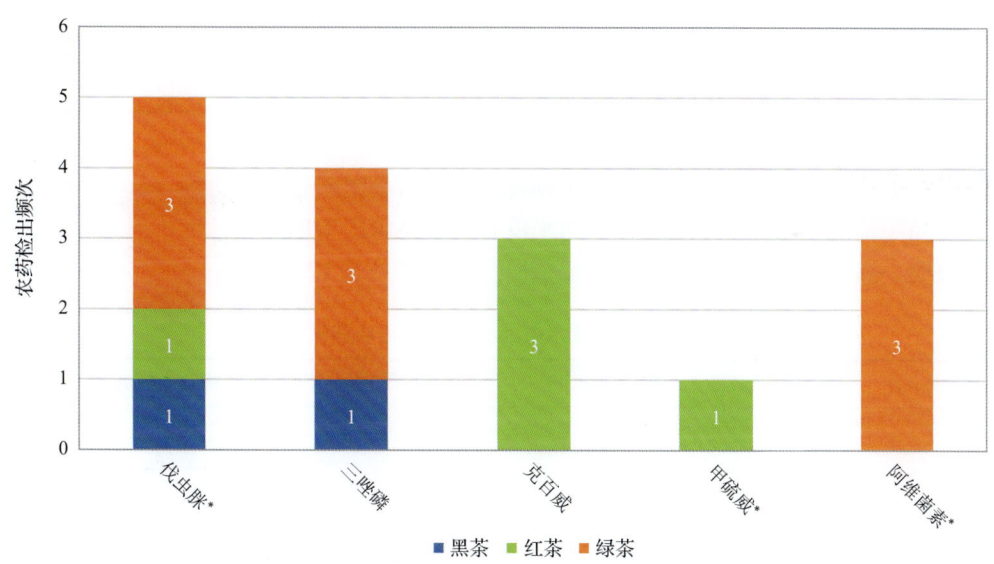

图 17-10 检出剧毒/高毒农药的样品情况

＊表示允许在茶叶上使用的农药

表 17-8 剧毒农药检出情况

序号	农药名称	检出频次	超标频次	超标率
	茶叶中未检出剧毒农药			
	合计	0	0	超标率：0.0%

表 17-9 高毒农药检出情况

序号	农药名称	检出频次	超标频次	超标率
从 3 种茶叶中检出 5 种高毒农药，共计检出 16 次				
1	伐虫脒	5	0	0.0%
2	三唑磷	4	0	0.0%
3	阿维菌素	3	0	0.0%
4	克百威	3	0	0.0%
5	甲硫威	1	0	0.0%
合计		16	0	超标率：0.0%

表 17-10 禁用农药检出情况

序号	农药名称	检出频次	超标频次	超标率
从 3 种茶叶中检出 3 种禁用农药，共计检出 14 次				
1	毒死蜱	7	0	0.0%
2	三唑磷	4	0	0.0%
3	克百威	3	0	0.0%
合计		14	0	超标率：0.0%

注：超标结果参考 MRL 中国国家标准计算

此次抽检的茶叶样品中，没有检出剧毒农药。

样品中检出剧毒和高毒农药残留水平没有超过 MRL 中国国家标准，但本次检出结果仍表明，高毒、剧毒农药的使用现象依旧存在，详见表 17-11。

表 17-11 各样本中检出剧毒/高毒农药情况

样品名称	农药名称	检出频次	超标频次	检出浓度（μg/kg）
茶叶 3 种				
黑茶	伐虫脒	1	0	35.7
黑茶	三唑磷▲	1	0	15.9
红茶	克百威▲	3	0	21.9, 8.7, 6.7
红茶	伐虫脒	1	0	194.5
红茶	甲硫威	1	0	38.7
绿茶	阿维菌素	3	0	13.4, 54.2, 151.6
绿茶	伐虫脒	3	0	152.3, 213.3, 164.3
绿茶	三唑磷▲	3	0	2.3, 1.2, 1.1
合计		16	0	超标率：0.0%

注：超标结果参考 MRL 中国国家标准计算

17.2 农药残留检出水平与最大残留限量标准对比分析

我国于 2016 年 12 月 18 日正式颁布并于 2017 年 6 月 18 日正式实施食品农药残留限量国家标准《食品中农药最大残留限量》(GB 2763—2016)。该标准包括 417 个农药条目,涉及最大残留限量(MRL)标准 4140 项。将 263 频次检出农药的浓度水平与 4140 项 MRL 中国国家标准进行核对,其中只有 148 频次的结果找到了对应的 MRL,占 56.3%,还有 115 频次的结果则无相关 MRL 标准供参考,占 43.7%。

将此次侦测结果与国际上现行 MRL 对比发现,在 263 频次的检出结果中有 263 频次的结果找到了对应的 MRL 欧盟标准,占 100.0%,其中,212 频次的结果有明确对应的 MRL,占 80.6%,其余 51 频次按照欧盟一律标准判定,占 19.4%;有 263 频次的结果找到了对应的 MRL 日本标准,占 100.0%,其中,203 频次的结果有明确对应的 MRL,占 77.2%,其余 60 频次按照日本一律标准判定,占 22.8%;有 103 频次的结果找到了对应的 MRL 中国香港标准,占 39.2%;有 114 频次的结果找到了对应的 MRL 美国标准,占 43.3%;有 73 频次的结果找到了对应的 MRL CAC 标准,占 27.8%(见图 17-11 和图 17-12,数据见附表 3 至附表 8)。

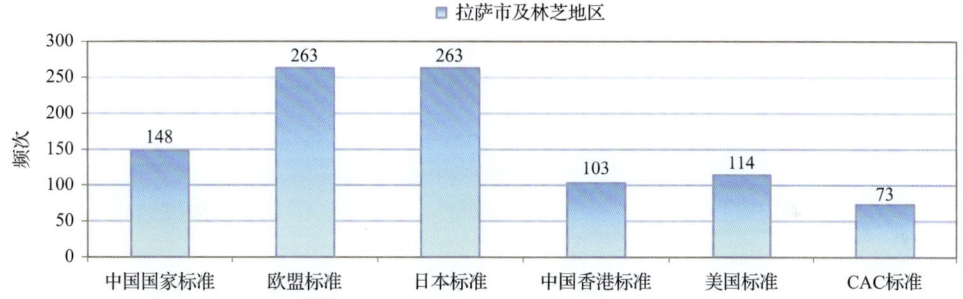

图 17-11 263 频次检出农药可用 MRL 中国国家标准、欧盟标准、日本标准、中国香港标准、美国标准、CAC 标准判定衡量的数量

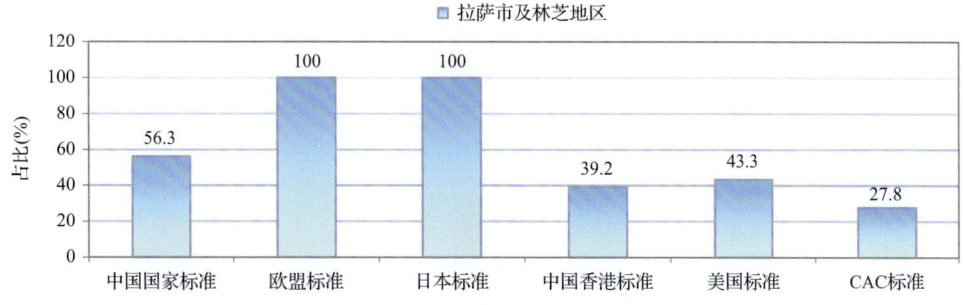

图 17-12 263 频次检出农药可用 MRL 中国国家标准、欧盟标准、日本标准、中国香港标准、美国标准、CAC 标准衡量的占比

17.2.1 超标农药样品分析

本次侦测的 45 例样品中,1 例样品未检出任何残留农药,占样品总量的 2.2%,44

例样品检出不同水平、不同种类的残留农药，占样品总量的 97.8%。在此，我们将本次侦测的农残检出情况与 MRL 中国国家标准、欧盟标准、日本标准、中国香港标准、美国标准和 CAC 标准这 6 大国际主流标准进行对比分析，样品农残检出与超标情况见表 17-12、图 17-13 和图 17-14，详细数据见附表 9 至附表 14。

表 17-12 各 MRL 标准下样本农残检出与超标数量及占比

	中国国家标准 数量/占比(%)	欧盟标准 数量/占比(%)	日本标准 数量/占比(%)	中国香港标准 数量/占比(%)	美国标准 数量/占比(%)	CAC 标准 数量/占比(%)
未检出	1/2.2	1/2.2	1/2.2	1/2.2	1/2.2	1/2.2
检出未超标	44/97.8	19/42.2	21/46.7	44/97.8	44/97.8	44/97.8
检出超标	0/0.0	25/55.6	23/51.1	0/0.0	0/0.0	0/0.0

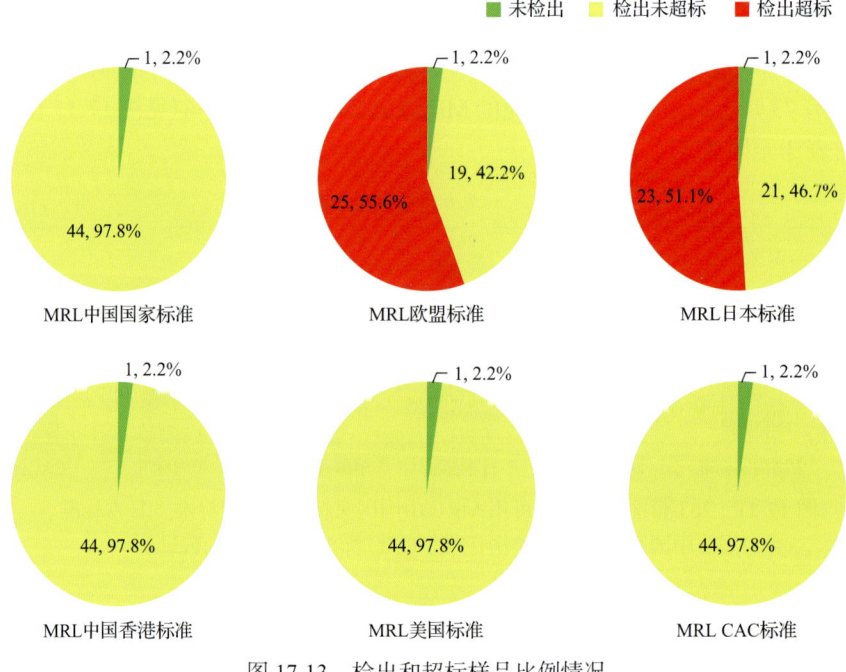

图 17-13 检出和超标样品比例情况

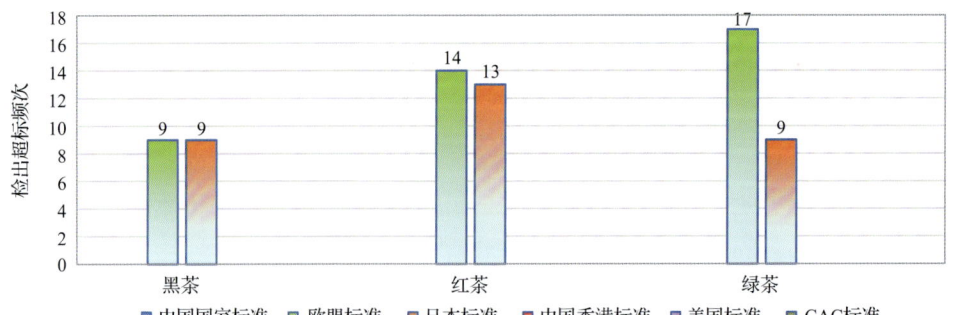

图 17-14 超过 MRL 中国国家标准、欧盟标准、日本标准、中国香港标准、美国标准和 CAC 标准结果在茶叶中的分布

17.2.2 超标农药种类分析

按照 MRL 中国国家标准、欧盟标准、日本标准、中国香港标准、美国标准和 CAC 标准这 6 大国际主流标准衡量，本次侦测检出的农药超标品种及频次情况见表 17-13。

表 17-13　各 MRL 标准下超标农药品种及频次

	中国国家标准	欧盟标准	日本标准	中国香港标准	美国标准	CAC 标准
超标农药品种	0	9	11	0	0	0
超标农药频次	0	40	31	0	0	0

17.2.2.1　按 MRL 中国国家标准衡量

按 MRL 中国国家标准衡量，无样品检出超标农药残留。

17.2.2.2　按 MRL 欧盟标准衡量

按 MRL 欧盟标准衡量，共有 9 种农药超标，检出 40 频次，分别为高毒农药阿维菌素和伐虫脒，中毒农药丙环唑、烯丙菊酯、异丙威和唑虫酰胺，低毒农药三异丁基磷酸盐、噻嗪酮和丁苯吗啉。

按超标程度比较，红茶中异丙威超标 7.8 倍，红茶中唑虫酰胺超标 5.8 倍，绿茶中唑虫酰胺超标 5.8 倍，红茶中烯丙菊酯超标 3.9 倍，绿茶中伐虫脒超标 3.3 倍。检测结果见图 17-15 和附表 16。

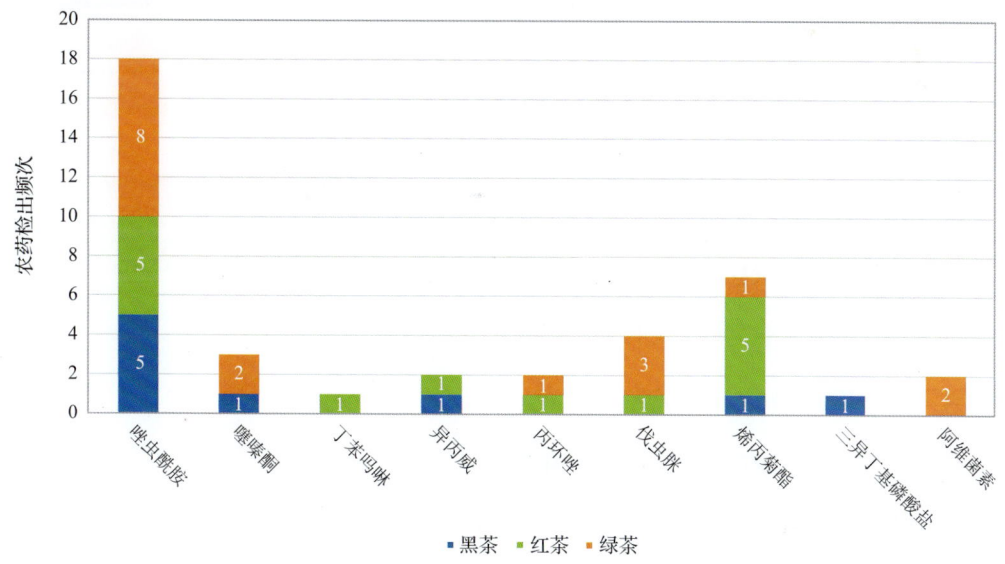

图 17-15　超过 MRL 欧盟标准农药品种及频次

17.2.2.3　按 MRL 日本标准衡量

按 MRL 日本标准衡量，共有 11 种农药超标，检出 31 频次，分别为高毒农药三唑磷、甲硫威和伐虫脒,中毒农药烯丙菊酯、异丙威、双丙氨膦、四聚乙醛和茚虫威,低毒农药三异丁基磷酸盐和丁苯吗啉,微毒农药抑芽丹。

按超标程度比较,绿茶中伐虫脒超标 20.3 倍,红茶中伐虫脒超标 18.4 倍,红茶中异丙威超标 7.8 倍,红茶中烯丙菊酯超标 3.9 倍,红茶中甲硫威超标 2.9 倍。检测结果见图 17-16 和附表 17。

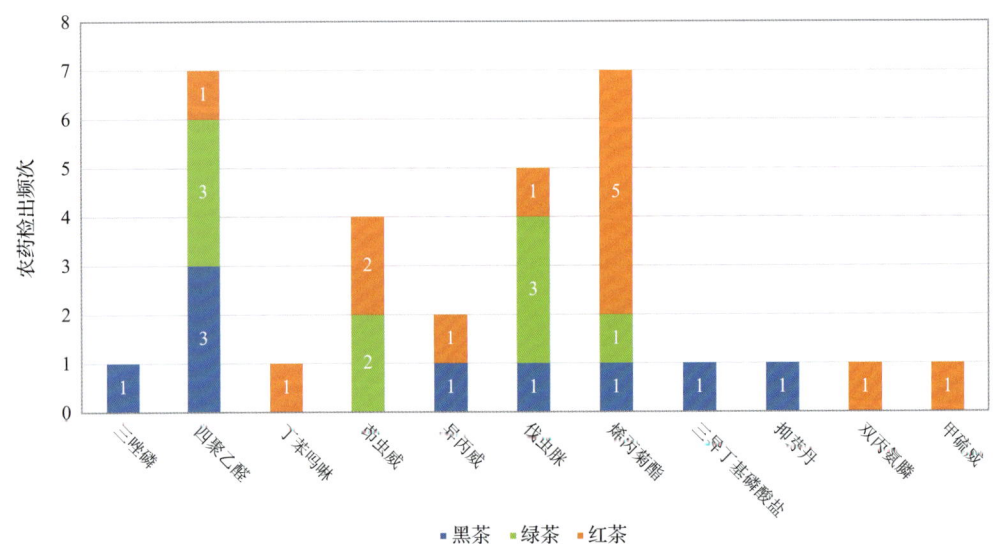

图 17-16 超过 MRL 日本标准农药品种及频次

17.2.2.4 按 MRL 中国香港标准衡量

按 MRL 中国香港标准衡量,无样品检出超标农药残留。

17.2.2.5 按 MRL 美国标准衡量

按 MRL 美国标准衡量,无样品检出超标农药残留。

17.2.2.6 按 MRL CAC 标准衡量

按 MRL CAC 标准衡量,无样品检出超标农药残留。

17.2.3 5 个采样点超标情况分析

17.2.3.1 按 MRL 中国国家标准衡量

按 MRL 中国国家标准衡量,所有采样点的样品均未检出超标农药残留。

17.2.3.2 按 MRL 欧盟标准衡量

按 MRL 欧盟标准衡量,有 4 个采样点的样品存在不同程度的超标农药检出,其中***超市(力泰店)和***超市(工布老街店)的超标率最高,为 100.0%,如表 17-14 和图 17-17 所示。

表 17-14 超过 MRL 欧盟标准茶叶在不同采样点分布

序号	采样点	样品总数	超标数量	超标率(%)	行政区域
1	***茶庄	25	7	28.0	拉萨市城关区
2	***超市(力泰店)	10	10	100.0	拉萨市城关区
3	***超市(神力广场店)	8	7	87.5	拉萨市城关区
4	***超市(工布老街店)	1	1	100.0	林芝地区林芝县

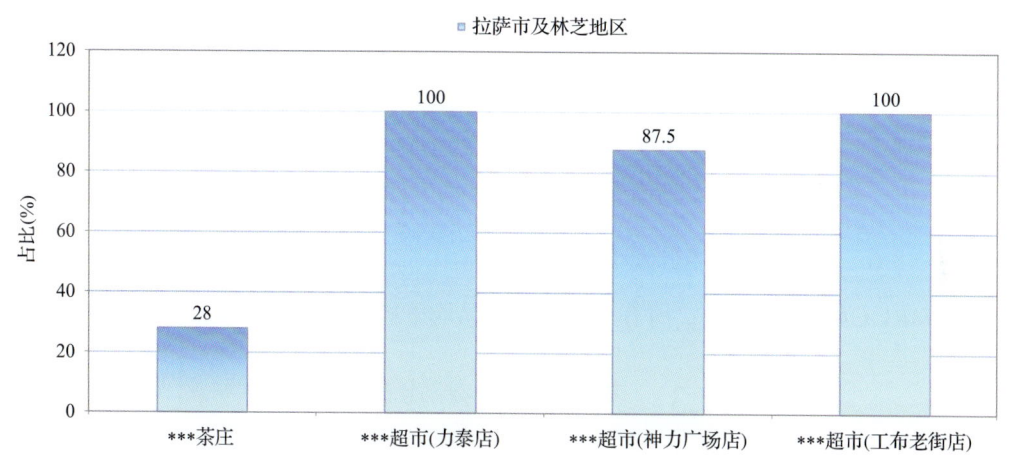

图 17-17 超过 MRL 欧盟标准茶叶在不同采样点分布

17.2.3.3 按 MRL 日本标准衡量

按 MRL 日本标准衡量，有 4 个采样点的样品存在不同程度的超标农药检出，其中 ***超市的超标率最高，为 100.0%，如图 17-18 和表 17-15 所示。

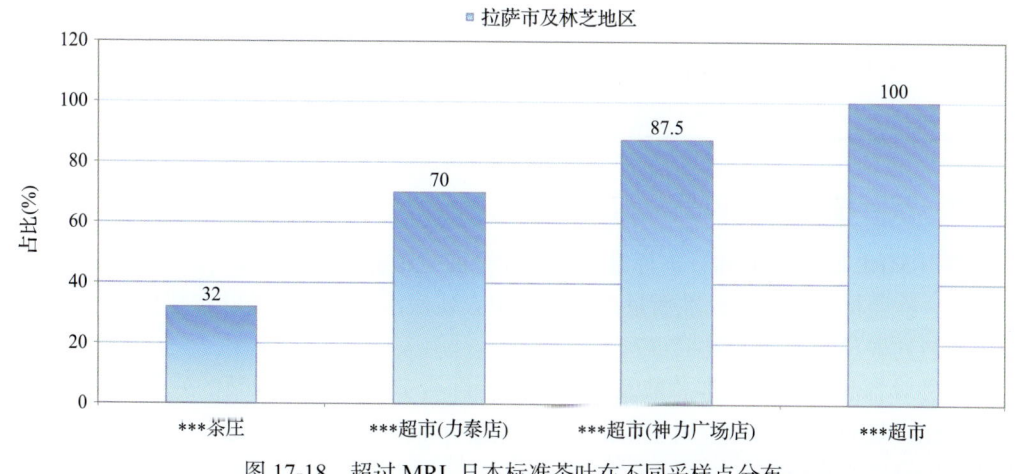

图 17-18 超过 MRL 日本标准茶叶在不同采样点分布

表 17-15　超过 MRL 日本标准茶叶在不同采样点分布

序号	采样点	样品总数	超标数量	超标率(%)	行政区域
1	***茶庄	25	8	32.0	拉萨市城关区
2	***超市(力泰店)	10	7	70.0	拉萨市城关区
3	***超市(神力广场店)	8	7	87.5	拉萨市城关区
4	***超市	1	1	100.0	林芝地区林芝县

17.2.3.4　按 MRL 中国香港标准衡量

按 MRL 中国香港标准衡量，所有采样点的样品均未检出超标农药残留。

17.2.3.5　按 MRL 美国标准衡量

按 MRL 美国标准衡量，所有采样点的样品均未检出超标农药残留。

17.2.3.6　按 MRL CAC 标准衡量

按 MRL CAC 标准衡量，所有采样点的样品均未检出超标农药残留。

17.3　茶叶中农药残留分布

17.3.1　茶叶按检出农药品种和频次排名

本次残留侦测的茶叶共 3 种，包括黑茶、红茶和绿茶。

根据检出农药品种及频次进行排名，将茶叶样品检出情况列表说明，详见表 17-16。

表 17-16　茶叶按检出农药品种和频次排名

按检出农药品种排名(品种)	①红茶(28)，②绿茶(24)，③黑茶(23)
按检出农药频次排名(频次)	①黑茶(95)，②绿茶(93)，③红茶(75)
按检出禁用、高毒及剧毒农药品种排名(品种)	①绿茶(4)，②黑茶(3)，③红茶(3)
按检出禁用、高毒及剧毒农药频次排名(频次)	①绿茶(12)，②黑茶(6)，③红茶(5)

17.3.2　茶叶按超标农药品种和频次排名

鉴于 MRL 欧盟标准和日本标准制定比较全面且覆盖率较高，我们参照 MRL 中国国家标准、欧盟标准和日本标准衡量茶叶样品中农残检出情况，将茶叶按超标农药品种及频次排名列表说明，详见表 17-17。

通过对各品种茶叶样本总数及检出率进行综合分析发现，绿茶的残留污染最为严重，在此，我们参照 MRL 中国国家标准、欧盟标准和日本标准对这 3 种茶叶的农残检出情况进行进一步分析。

第 17 章 LC-Q-TOF/MS 侦测拉萨市及林芝地区 45 例市售茶叶样品农药残留报告

表 17-17 茶叶按超标农药品种和频次排名

按超标农药品种排名（农药品种数）	MRL 中国国家标准	
	MRL 欧盟标准	①茶(6)，②绿茶(6)，③黑茶(5)
	MRL 日本标准	①红茶(8)，②黑茶(7)，③绿茶(4)
按超标农药频次排名（农药频次数）	MRL 中国国家标准	
	MRL 欧盟标准	①茶(17)，②红茶(14)，③黑茶(9)
	MRL 日本标准	①红茶(13)，②黑茶(9)，③绿茶(9)

17.3.3 农药残留检出率较高的茶叶样品分析

17.3.3.1 绿茶

这次共检测 12 例绿茶样品，全部检出了农药残留，检出率为 100.0%，检出农药共计 24 种。其中哒螨灵、啶虫脒、噻嗪酮、唑虫酰胺和茚虫威检出频次较高，分别检出了 10、10、10、9 和 8 次。绿茶中农药检出品种和频次见图 17-19，超标农药见表 17-18 和图 17-20。

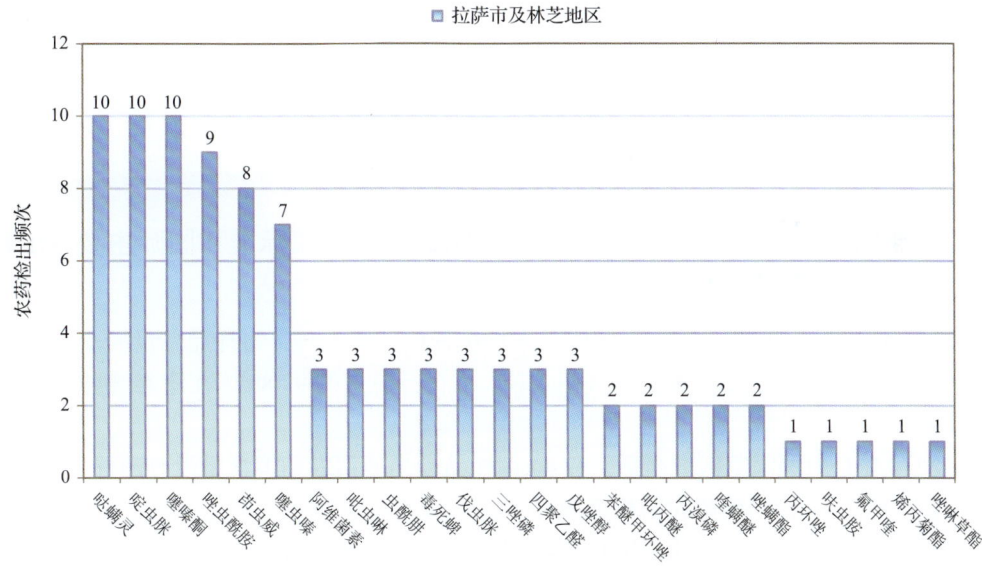

图 17-19 绿茶样品检出农药品种和频次分析

表 17-18 绿茶中农药残留超标情况明细表

样品总数		检出农药样品数	样品检出率(%)	检出农药品种总数
12		12	100	24
	超标农药品种	超标农药频次	按照 MRL 中国国家标准、欧盟标准和日本标准衡量超标农药名称及频次	
中国国家标准	0	0		
欧盟标准	6	17	唑虫酰胺(8)，伐虫脒(3)，阿维菌素(2)，噻嗪酮(2)，丙环唑(1)，烯丙菊酯(1)	
日本标准	4	9	伐虫脒(3)，四聚乙醛(3)，茚虫威(2)，烯丙菊酯(1)	

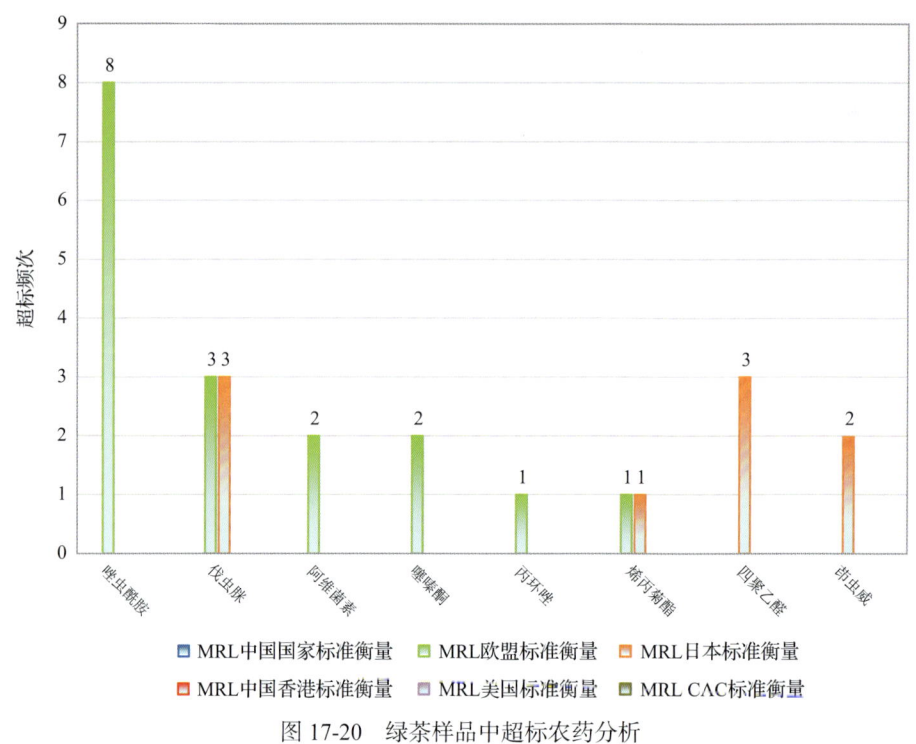

图 17-20 绿茶样品中超标农药分析

17.4 初步结论

17.4.1 拉萨市及林芝地区市售茶叶按 MRL 中国国家标准和国际主要 MRL 标准衡量的合格率

本次侦测的 45 例样品中，1 例样品未检出任何残留农药，占样品总量的 2.2%，44 例样品检出不同水平、不同种类的残留农药，占样品总量的 97.8%。在这 44 例检出农药残留的样品中：

按照 MRL 中国国家标准衡量，有 44 例样品检出残留农药但含量没有超标，占样品总数的 97.8%，无检出残留农药超标的样品。

按照 MRL 欧盟标准衡量，有 19 例样品检出残留农药但含量没有超标，占样品总数的 42.2%，有 25 例样品检出了超标农药，占样品总数的 55.6%。

按照 MRL 日本标准衡量，有 21 例样品检出残留农药但含量没有超标，占样品总数的 46.7%，有 23 例样品检出了超标农药，占样品总数的 51.1%。

按照 MRL 中国香港标准衡量，有 44 例样品检出残留农药但含量没有超标，占样品总数的 97.8%，无检出残留农药超标的样品。

按照 MRL 美国标准衡量，有 44 例样品检出残留农药但含量没有超标，占样品总数的 97.8%，无检出残留农药超标的样品。

按照 MRL CAC 标准衡量，有 44 例样品检出残留农药但含量没有超标，占样品总数的 97.8%，无检出残留农药超标的样品。

17.4.2 拉萨市及林芝地区市售茶叶中检出农药以中低微毒农药为主，占市场主体的 88.1%

这次侦测的 45 例茶叶样品共检出了 42 种农药，检出农药的毒性以中低微毒为主，详见表 17-19。

表 17-19 市场主体农药毒性分布

毒性	检出品种	占比	检出频次	占比
高毒农药	5	11.9%	16	6.1%
中毒农药	20	47.6%	176	66.9%
低毒农药	11	26.2%	48	18.3%
微毒农药	6	14.3%	23	8.7%

中低微毒农药，品种占比 88.1%，频次占比 93.9%

17.4.3 检出剧毒、高毒和禁用农药现象应该警醒

在此次侦测的 45 例样品中有 3 种茶叶的 17 例样品检出了 6 种 23 频次的剧毒和高毒或禁用农药，占样品总量的 37.8%。其中高毒农药伐虫脒、三唑磷和阿维菌素检出频次较高。

按 MRL 中国国家标准衡量，高毒农药按超标程度比较未超标。

剧毒、高毒或禁用农药的检出情况及按照 MRL 中国国家标准衡量的超标情况见表 17-20。

表 17-20 剧毒、高毒或禁用农药的检出及超标明细

序号	农药名称	样品名称	检出频次	超标频次	最大超标倍数	超标率
1.1	阿维菌素◇	绿茶	3	0	0	0.0%
2.1	伐虫脒◇	绿茶	3	0	0	0.0%
2.2	伐虫脒◇	黑茶	1	0	0	0.0%
2.3	伐虫脒◇	红茶	1	0	0	0.0%
3.1	甲硫威◇	红茶	1	0	0	0.0%
4.1	克百威◇▲	红茶	3	0	0	0.0%
5.1	三唑磷◇▲	绿茶	3	0	0	0.0%
5.2	三唑磷◇▲	黑茶	1	0	0	0.0%
6.1	毒死蜱▲	黑茶	4	0	0	0.0%
6.2	毒死蜱▲	绿茶	3	0	0	0.0%
合计			23	0	0	0.0%

注：超标倍数参照 MRL 中国国家标准衡量

这些剧毒和高毒农药都是中国政府早有规定禁止在茶叶中使用的，为什么还屡次被检出，应该引起警惕。

17.4.4 残留限量标准与先进国家或地区差距较大

263 频次的检出结果与我国公布的《食品中农药最大残留限量》（GB 2763—2016）对比，有 148 频次能找到对应的 MRL 中国国家标准，占 56.3%；还有 115 频次的侦测数据无相关 MRL 标准供参考，占 43.7%。

与国际上现行 MRL 对比发现：

有 263 频次能找到对应的 MRL 欧盟标准，占 100.0%；

有 263 频次能找到对应的 MRL 日本标准，占 100.0%；

有 103 频次能找到对应的 MRL 中国香港标准，占 39.2%；

有 114 频次能找到对应的 MRL 美国标准，占 43.3%；

有 73 频次能找到对应的 MRL CAC 标准，占 27.8%。

由上可见，MRL 中国国家标准与先进国家或地区标准还有很大差距，我们无标准，境外有标准，这就会导致我们在国际贸易中，处于受制于人的被动地位。

17.4.5 茶叶单种样品检出 23～28 种农药残留，拷问农药使用的科学性

通过此次监测发现，红茶、绿茶和黑茶是检出农药品种最多的 3 种茶叶，从中检出农药品种及频次详见表 17-21。

表 17-21 单种样品检出农药品种及频次

样品名称	样品总数	检出农药样品数	检出率	检出农药品种数	检出农药（频次）
红茶	11	11	100.0%	28	啶虫脒(10)、唑虫酰胺(9)、哒螨灵(7)、噻嗪酮(7)、烯丙菊酯(5)、茚虫威(5)、苯醚甲环唑(3)、克百威(3)、噻虫嗪(3)、抑芽丹(3)、非草隆(2)、双苯基脲(2)、吡虫醚(1)、吡虫啉(1)、丙环唑(1)、丙硫克百威(1)、丙溴磷(1)、丁苯吗啉(1)、伐虫脒(1)、甲硫威(1)、喹螨醚(1)、灭蝇胺(1)、去乙基莠丁津(1)、双丙氨膦(1)、四聚乙醛(1)、烯肟菌酯(1)、异丙威(1)、莠去津(1)
绿茶	12	12	100.0%	24	哒螨灵(10)、啶虫脒(10)、噻嗪酮(10)、唑虫酰胺(9)、茚虫威(8)、噻虫嗪(7)、阿维菌素(3)、吡虫啉(3)、虫酰肼(3)、毒死蜱(3)、伐虫脒(3)、三唑磷(3)、四聚乙醛(3)、戊唑醇(3)、苯醚甲环唑(2)、吡丙醚(2)、丙溴磷(2)、喹螨醚(2)、唑螨酯(2)、丙环唑(1)、呋虫胺(1)、氟甲喹(1)、烯丙菊酯(1)、唑啉草酯(1)
黑茶	22	21	95.5%	23	哒螨灵(15)、啶虫脒(14)、噻嗪酮(11)、唑虫酰胺(11)、抑芽丹(9)、茚虫威(8)、吡虫啉(5)、毒死蜱(4)、四聚乙醛(4)、N-去甲基啶虫脒(1)、苯醚甲环唑(1)、吡丙醚(1)、吡唑醚菌酯(1)、丙溴磷(1)、多菌灵(1)、伐虫脒(1)、灰黄霉素(1)、噻虫嗪(1)、三异丁基磷酸盐(1)、三唑磷(1)、戊唑醇(1)、烯丙菊酯(1)、异丙威(1)

上述 3 种茶叶，检出农药 23～28 种，是多种农药综合防治，还是未严格实施农业良好管理规范(GAP)，抑或根本就是乱施药，值得我们思考。

第18章 LC-Q-TOF/MS 侦测拉萨市及林芝地区市售茶叶农药残留膳食暴露风险与预警风险评估

18.1 农药残留风险评估方法

18.1.1 拉萨市及林芝地区农药残留侦测数据分析与统计

庞国芳院士科研团队建立的农药残留高通量侦测技术以高分辨精确质量数(0.0001 m/z 为基准)为识别标准,采用 LC-Q-TOF/MS 技术对 825 种农药化学污染物进行侦测。

科研团队于 2019 年 3 月在拉萨市及林芝地区所属的 5 个采样点,随机采集了 45 例茶叶样品,从中检出农药 42 种,263 频次采样点分布在超市和农贸市场,具体位置如图 18-1 所示,各月内茶叶样品采集数量如表 18-1 所示。

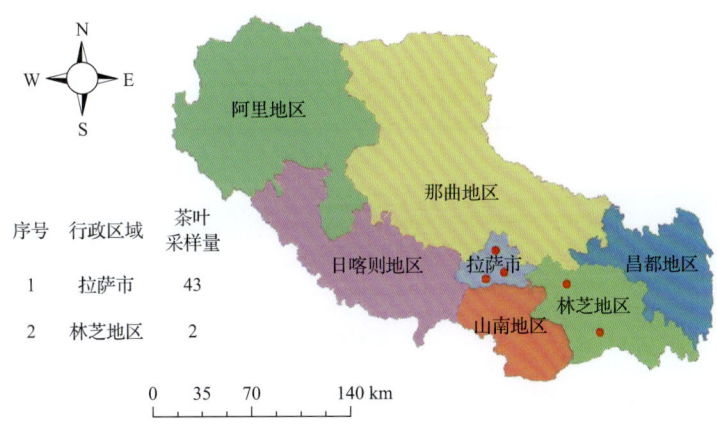

图 18-1 拉萨市及林芝地区市所属 5 个采样点 45 例样品分布图

利用 LC-Q-TOF/MS 技术对 45 例样品中的农药进行侦测,侦测出残留化学污染物 42 种,263 频次。侦测出农药残留水平如表 18-1 和图 18-2 所示。检出频次最高的前 10 种农药如表 18-2 所示。从侦测结果中可以看出,在茶叶中农药残留普遍存在,且有些茶叶存在高浓度的农药残留,这些可能存在膳食暴露风险,对人体健康产生危害,因此,为了定量地评价茶叶中农药残留的风险程度,有必要对其进行风险评价。

表 18-1 侦测出农药的不同残留水平及其所占比例列表

残留水平(μg/kg)	检出频次	占比(%)
1~5(含)	124	47.1
5~10(含)	41	15.6
10~100(含)	89	33.8
100~1000(含)	9	3.4
合计	263	100

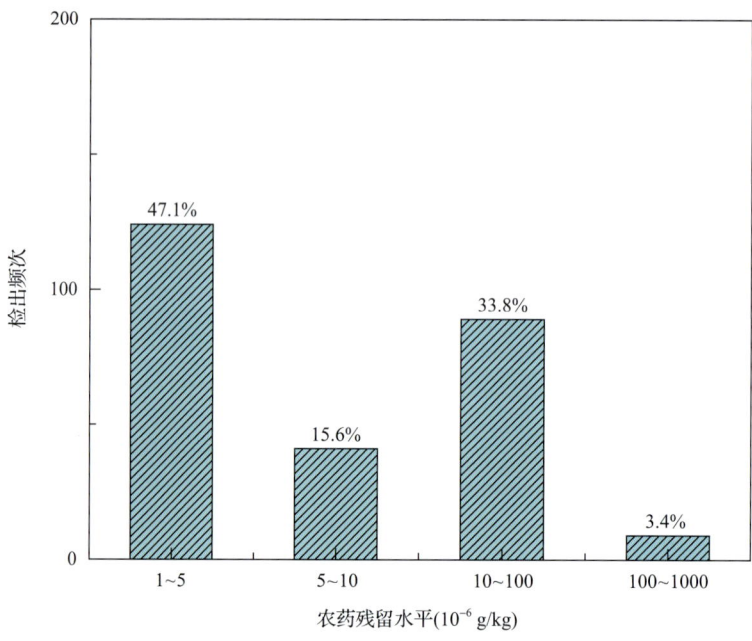

图 18-2 残留农药检出浓度频数分布图

表 18-2 检出频次最高的前 10 种农药列表

序号	农药	检出频次
1	啶虫脒	34
2	哒螨灵	32
3	唑虫酰胺	29
4	噻嗪酮	28
5	茚虫威	21
6	抑芽丹	12
7	噻虫嗪	11
8	吡虫啉	9
9	四聚乙醛	8
10	毒死蜱	7

18.1.2 农药残留风险评价模型

对拉萨市及林芝地区茶叶中农药残留分别开展暴露风险评估和预警风险评估。膳食暴露风险评估利用食品安全指数模型对茶叶中的残留农药对人体可能产生的危害程度进行评价,该模型结合残留监测和膳食暴露评估评价化学污染物的危害;预警风险评价模型运用风险系数(risk index,R),风险系数综合考虑了危害物的超标率、施检频率及其本身敏感性的影响,能直观而全面地反映出危害物在一段时间内的风险程度。

18.1.2.1 食品安全指数模型

为了加强食品安全管理,《中华人民共和国食品安全法》第二章第十七条规定"国家建立食品安全风险评估制度,运用科学方法,根据食品安全风险监测信息、科学数据以及有关信息,对食品、食品添加剂、食品相关产品中生物性、化学性和物理性危害因素进行风险评估"[1],膳食暴露评估是食品危险度评估的重要组成部分,也是膳食安全性的衡量标准[2]。国际上最早研究膳食暴露风险评估的机构主要是 JMPR(FAO、WHO 农药残留联合会议),该组织自 1995 年就已制定了急性毒性物质的风险评估急性毒性农药残留摄入量的预测。1960 年美国规定食品中不得加入致癌物质进而提出零阈值理论,渐渐零阈值理论发展成在一定概率条件下可接受风险的概念[3],后衍变为食品中每日允许最大摄入量(ADI),而国际食品农药残留法典委员会(CCPR)认为 ADI 不是独立风险评估的唯一标准[4],1995 年 JMPR 开始研究农药急性膳食暴露风险评估,并对食品国际短期摄入量的计算方法进行了修正,亦对膳食暴露评估准则及评估方法进行了修正[5],2002 年,在对世界上现行的食品安全评价方法,尤其是国际公认的 CAC 评价方法、全球环境监测系统/食品污染监测和评估规划(WHO GEMS/Food)及 FAO、WHO 食品添加剂联合专家委员会(JECFA)和 JMPR 对食品安全风险评估工作研究的基础之上,检验检疫食品安全管理的研究人员提出了结合残留监控和膳食暴露评估,以食品安全指数 IFS 计算食品中各种化学污染物对消费者的健康危害程度[6]。IFS 是表示食品安全状态的新方法,可有效地评价某种农药的安全性,进而评价食品中各种农药化学污染物对消费者健康的整体危害程度[7,8]。从理论上分析,IFS_c 可指出食品中的污染物 c 对消费者健康是否存在危害及危害的程度[9]。其优点在于操作简单且结果容易被接受和理解,不需要大量的数据来对结果进行验证,使用默认的标准假设或者模型即可[10,11]。

1) IFS_c 的计算

IFS_c 计算公式如下:

$$IFS_c = \frac{EDI_c \times f}{SI_c \times bw} \tag{18-1}$$

式中,c 为所研究的农药;EDI_c 为农药 c 的实际日摄入量估算值,等于 $\sum(R_i \times F_i \times E_i \times P_i)$($i$ 为食品种类;R_i 为食品 i 中农药 c 的残留水平,mg/kg;F_i 为食品 i 的估计日消费量,g/(人·天);E_i 为食品 i 的可食用部分因子;P_i 为食品 i 的加工处理因子);SI_c 为安全摄入量,可采用每日允许最大摄入量 ADI;bw 为人平均体重,kg;f 为校正因子,如果安全摄入量采用 ADI,则 f 取 1。

$IFS_c \ll 1$,农药 c 对食品安全没有影响;$IFS_c \leqslant 1$,农药 c 对食品安全的影响可以接受;$IFS_c > 1$,农药 c 对食品安全的影响不可接受。

本次评价中:

$IFS_c \leqslant 0.1$,农药 c 对茶叶安全没有影响;

$0.1 < IFS_c \leqslant 1$,农药 c 对茶叶安全的影响可以接受;

$IFS_c > 1$,农药 c 对茶叶安全的影响不可接受。

本次评价中残留水平 R_i 取值为中国检验检疫科学研究院庞国芳院士课题组利用以高分辨精确质量数（0.0001 m/z）为基准的 LC-Q-TOF/MS 侦测技术于 2019 年 3 月期间对拉萨市及林芝地区茶叶农药残留的侦测结果，估计日消费量 F_i 取值 0.0047 kg/（人·天），$E_i=1$，$P_i=1$，$f=1$，SI_c 采用《食品安全国家标准 食品中农药最大残留限量》（GB 2763—2016）中 ADI 值（具体数值见表 18-3），人平均体重（bw）取值 60 kg。

表 18-3　拉萨市及林芝地区茶叶中侦测出农药的 ADI 值

序号	农药	ADI	序号	农药	ADI	序号	农药	ADI
1	丁苯吗啉	0.003	15	啶虫脒	0.07	29	茚虫威	0.01
2	三唑磷	0.001	16	喹螨醚	0.005	30	莠去津	0.02
3	丙溴磷	0.03	17	噻嗪酮	0.009	31	虫酰肼	0.02
4	丙环唑	0.07	18	噻虫嗪	0.08	32	阿维菌素	0.002
5	丙硫克百威	0.01	19	四聚乙醛	0.01	33	N-去甲基啶虫脒	—
6	克百威	0.001	20	多菌灵	0.03	34	三异丁基磷酸盐	—
7	吡丙醚	0.003	21	异丙威	0.002	35	伐虫脒	—
8	吡唑醚菌酯	0.01	22	戊唑醇	0.03	36	去乙基另丁津	—
9	吡虫啉	0.03	23	抑芽丹	0.3	37	双丙氨膦	—
10	呋虫胺	0.06	24	毒死蜱	0.01	38	双苯基脲	—
11	哒螨灵	0.2	25	灭蝇胺	0.1	39	氟甲喹	—
12	唑啉草酯	0.01	26	烯肟菌酯	0.024	40	灰黄霉素	—
13	唑虫酰胺	0.3	27	甲硫威	0.02	41	烯丙菊酯	—
14	唑螨酯	0.006	28	苯醚甲环唑	0.01	42	非草隆	—

注："—"表示为国家标准中无 ADI 值规定；ADI 值单位为 mg/kg bw

2）计算 IFS_c 的平均值 $\overline{IFS}$，评价农药对食品安全的影响程度

以 $\overline{IFS}$ 评价各种农药对人体健康危害的总程度，评价模型见公式（18-2）。

$$\overline{IFS} = \frac{\sum_{i=1}^{n} IFS_c}{n} \tag{18-2}$$

$\overline{IFS} \ll 1$，所研究消费者人群的食品安全状态很好；$\overline{IFS} \leqslant 1$，所研究消费者人群的食品安全状态可以接受；$\overline{IFS} > 1$，所研究消费者人群的食品安全状态不可接受。

本次评价中：

$\overline{IFS} \leqslant 0.1$，所研究消费者人群的茶叶安全状态很好；

$0.1 < \overline{IFS} \leqslant 1$，所研究消费者人群的茶叶安全状态可以接受；

$\overline{IFS} > 1$，所研究消费者人群的茶叶安全状态不可接受。

18.1.2.2　预警风险评估模型

2003 年，我国检验检疫食品安全管理的研究人员根据 WTO 的有关原则和我国的具

体规定，结合危害物本身的敏感性、风险程度及其相应的施检频率，首次提出了食品中危害物风险系数 R 的概念[12]。R 是衡量一个危害物的风险程度大小最直观的参数，即在一定时期内其超标率或阳性检出率的高低，但受其施检频率的高低及其本身的敏感性（受关注程度）影响。该模型综合考察了农药在茶叶中的超标率、施检频率及其本身敏感性，能直观而全面地反映出农药在一段时间内的风险程度[13]。

1) R 计算方法

危害物的风险系数综合考虑了危害物的超标率或阳性检出率、施检频率和其本身的敏感性影响，并能直观而全面地反映出危害物在一段时间内的风险程度。风险系数 R 的计算公式如式(18-3)：

$$R = aP + \frac{b}{F} + S \tag{18-3}$$

式中，P 为该种危害物的超标率；F 为危害物的施检频率；S 为危害物的敏感因子；a, b 分别为相应的权重系数。

本次评价中 $F=1$；$S=1$；$a=100$；$b=0.1$，对参数 P 进行计算，计算时首先判断是否为禁用农药，如果为非禁用农药，$P=$超标的样品数（侦测出的含量高于食品最大残留限量标准值，即 MRL）除以总样品数（包括超标、不超标、未侦测出）；如果为禁用农药，则侦测出即为超标，$P=$能侦测出的样品数除以总样品数。判断拉萨市及林芝地区茶叶农药残留是否超标的标准限值 MRL 分别以 MRL 中国国家标准[14]和 MRL 欧盟标准作为对照，具体值列于本报告附表一中。

2) 评价风险程度

$R \leqslant 1.5$，受检农药处于低度风险；

$1.5 < R \leqslant 2.5$，受检农药处于中度风险；

$R > 2.5$，受检农药处于高度风险。

18.1.2.3　食品膳食暴露风险和预警风险评估应用程序的开发

1) 应用程序开发的步骤

为成功开发膳食暴露风险和预警风险评估应用程序，与软件工程师多次沟通讨论，逐步提出并描述清楚计算需求，开发了初步应用程序。为明确出不同茶叶、不同农药、不同地域的风险水平，向软件工程师提出不同的计算需求，软件工程师对计算需求进行逐一分析，经过反复的细节沟通，需求分析得到明确后，开始进行解决方案的设计，在保证需求的完整性、一致性的前提下，编写出程序代码，最后设计出满足需求的风险评估专用计算软件，并通过一系列的软件测试和改进，完成专用程序的开发。软件开发基本步骤见图 18-3。

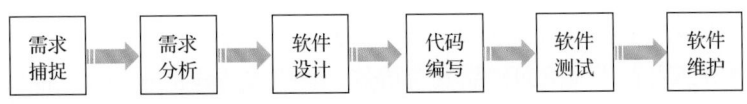

图 18-3　专用程序开发总体步骤

2) 膳食暴露风险评估专业程序开发的基本要求

首先直接利用公式(18-1),分别计算 LC-Q-TOF/MS 和 GC-Q-TOF/MS 仪器侦测出的各茶叶样品中每种农药 IFS_c,将结果列出。为考察超标农药和禁用农药的使用安全性,分别以我国《食品安全国家标准 食品中农药最大残留限量》(GB 2763—2016)和欧盟食品中农药最大残留限量(以下简称 MRL 中国国家标准和 MRL 欧盟标准)为标准,对侦测出的禁用农药和超标的非禁用农药 IFS_c 单独进行评价;按 IFS_c 大小列表,并找出 IFS_c 值排名前 20 的样本重点关注。

对不同茶叶 i 中每一种侦测出的农药 c 的安全指数进行计算,多个样品时求平均值。按农药种类,计算整个监测时间段内每种农药的 IFS_c,不区分茶叶。

3) 预警风险评估专业程序开发的基本要求

分别以 MRL 中国国家标准和 MRL 欧盟标准,按公式(18-3)逐个计算不同茶叶、不同农药的风险系数,禁用农药和非禁用农药分别列表。

为清楚了解各种农药的预警风险,不分时间,不分茶叶,按禁用农药和非禁用农药分类,分别计算各种侦测出农药全部检测时段内风险系数。由于有 MRL 中国国家标准的农药种类太少,无法计算超标数,非禁用农药的风险系数只以 MRL 欧盟标准为标准,进行计算。

4) 风险程度评价专业应用程序的开发方法

采用 Python 计算机程序设计语言,Python 是一个高层次地结合了解释性、编译性、互动性和面向对象的脚本语言。风险评价专用程序主要功能包括:分别读入每例样品 LC-Q-TOF/MS 和 GC-Q-TOF/MS 农药残留检测数据,根据风险评价工作要求,依次对不同农药、不同食品、不同时间、不同采样点的 IFS_c 值和 R 值分别进行数据计算,筛选出禁用农药、超标农药(分别与 MRL 中国国家标准、MRL 欧盟标准限值进行对比)单独重点分析,再分别对各农药、各茶叶种类分类处理,设计出计算和排序程序,编写计算机代码,最后将生成的膳食暴露风险评估和超标风险评估定量计算结果列入设计好的各个表格中,并定性判断风险对目标的影响程度,直接用文字描述风险发生的高低,如"不可接受"、"可以接受"、"没有影响"、"高度风险"、"中度风险"、"低度风险"。

18.2 LC-Q-TOF/MS 侦测拉萨市及林芝地区市售茶叶农药残留膳食暴露风险评估

18.2.1 每例茶叶样品中农药残留安全指数分析

基于 2019 年 3 月的农药残留侦测数据,发现在 45 例样品中侦测出农药 263 频次,计算样品中每种残留农药的安全指数 IFS_c,并分析农药对样品安全的影响程度,结果详见附表二,农药残留对茶叶样品安全的影响程度频次分布情况如图 18-4 所示。

由图 18-4 可以看出,农药残留对样品安全的没有影响的频次为 241,占 91.63%。

部分样品侦测出禁用农药 3 种 14 频次,为了明确残留的禁用农药对样品安全的影响,分析侦测出禁用农药残留的样品安全指数,禁用农药残留对茶叶样品安全的影响程度频次分布情况如图 18-5 所示,农药残留对样品安全没有影响的频次为 14,占 100%。

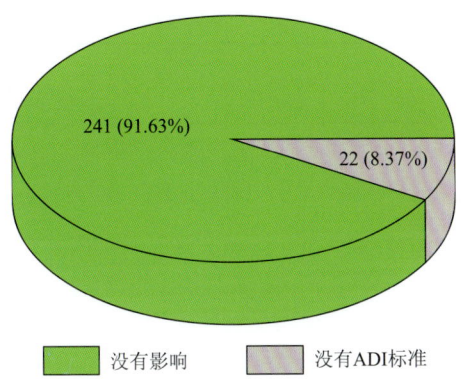

图 18-4　农药残留对茶叶样品安全的影响程度频次分布图

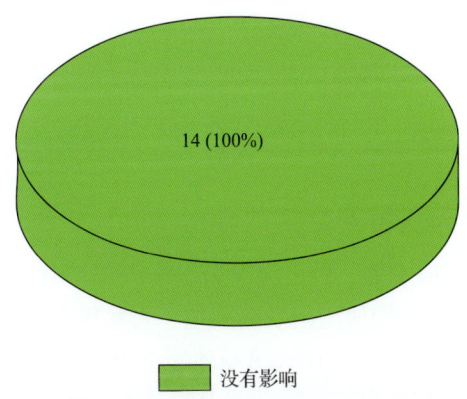

图 18-5　禁用农药对茶叶样品安全影响程度的频次分布图

此外，本次侦测没有发现样品中非禁用农药残留量超过了 MRL 中国国家标准。

残留量超过 MRL 欧盟标准的非禁用农药对茶叶样品安全的影响程度频次分布情况如图 18-6 所示。可以看出超过 MRL 欧盟标准的非禁用农药共 40 频次，其中农药没有 ADI 的频次为 12，占 30%；农药残留对样品安全没有影响的频次为 28，占 70%。表 18-4 为茶叶样品中安全指数排名前 10 的残留超标非禁用农药列表。

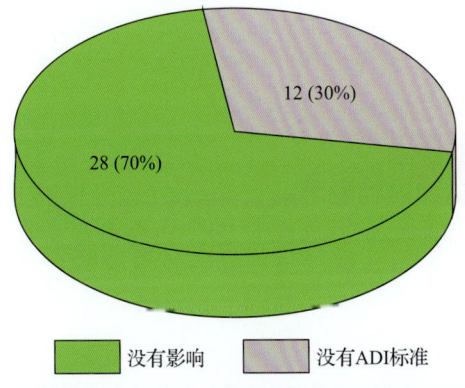

图 18-6　残留超标的非禁用农药对茶叶样品安全的影响程度频次分布图（MRL 欧盟标准）

表 18-4　茶叶样品中安全指数排名前 10 的残留超标非禁用农药列表（MRL 欧盟标准）

序号	样品编号	采样点	基质	农药	含量(mg/kg)	欧盟标准	IFS_c	影响程度
1	20190319-540100-FJCIQ-GT-03E	***超市（力泰店）	绿茶	阿维菌素	0.1516	0.05	5.94×10^{-3}	没有影响
2	20190330-540100-FJCIQ-BT-05G	***超市（神力广场店）	红茶	丁苯吗啉	0.1564	0.05	4.08×10^{-3}	没有影响
3	20190330-540100-FJCIQ-BT-05F	***超市（神力广场店）	红茶	异丙威	0.0883	0.01	3.46×10^{-3}	没有影响
4	20190319-540100-FJCIQ-GT-03H	***超市（力泰店）	绿茶	阿维菌素	0.0542	0.05	2.12×10^{-3}	没有影响
5	20190330-540100-FJCIQ-BT-05E	***超市（神力广场店）	红茶	唑虫酰胺	0.0685	0.01	8.94×10^{-4}	没有影响
6	20190319-540100-FJCIQ-GT-03C	***超市（力泰店）	绿茶	唑虫酰胺	0.0679	0.01	8.86×10^{-4}	没有影响
7	20190319-540100-FJCIQ-GT-03H	***超市（力泰店）	绿茶	唑虫酰胺	0.0545	0.01	7.12×10^{-4}	没有影响
8	20190319-540100-FJCIQ-GT-03H	***超市（力泰店）	绿茶	噻嗪酮	0.0785	0.05	6.83×10^{-4}	没有影响
9	20190321-542600-FJCIQ-GT-04A	***超市（工布老街店）	绿茶	唑虫酰胺	0.0509	0.01	6.65×10^{-4}	没有影响
10	20190319-540100-FJCIQ-GT-03E	***超市（力泰店）	绿茶	唑虫酰胺	0.0487	0.01	6.36×10^{-4}	没有影响

18.2.2　单种茶叶中农药残留安全指数分析

本次 3 种茶叶侦测 42 种农药，检出频次为 263 次，其中 10 种农药没有 ADI，32 种农药存在 ADI 标准。全部茶叶均侦测出农药残留，未发现茶叶侦测出农药残留全部没有 ADI，按不同种类分别计算检出的具有 ADI 标准的各种农药的 IFS_c 值，农药残留对茶叶的安全指数分布图如图 18-7 所示。

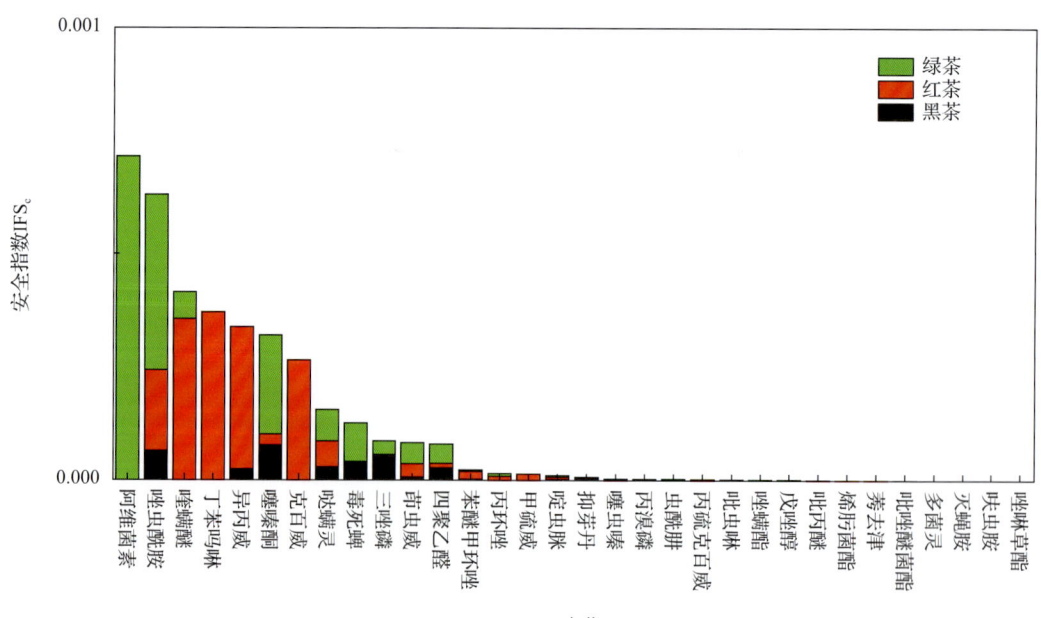

图 18-7　3 种茶叶中 32 种残留农药的安全指数分布图

本次侦测中，3 种茶叶和 42 种残留农药（包括没有 ADI）共涉及 47 个分析样本，农药对单种茶叶安全的影响程度分布情况如图 18-8 所示。可以看出，87.23% 的样本中农药对茶叶安全没有影响。

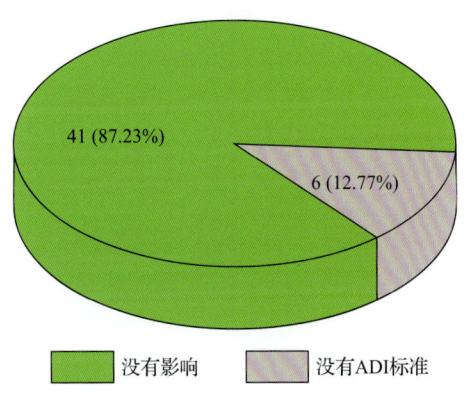

图 18-8　47 个分析样本的影响程度频次分布图

18.2.3　所有茶叶中农药残留安全指数分析

计算所有茶叶中 32 种农药的 IFS_c 值，结果如图 18-9 及表 18-5 所示。

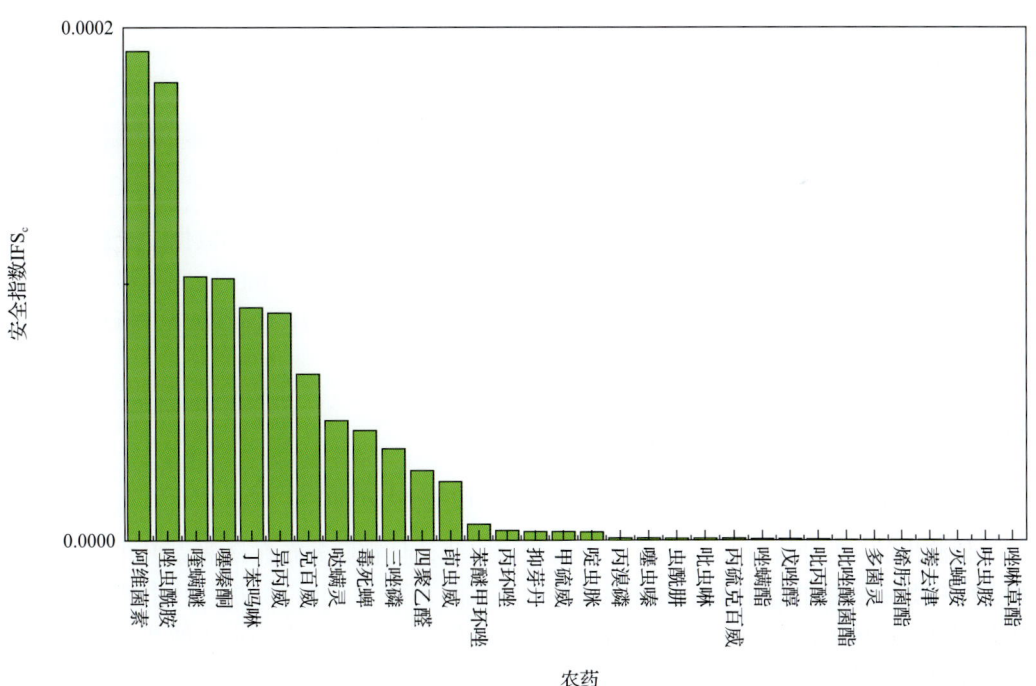

图 18-9　32 种残留农药对茶叶的安全影响程度统计图

分析发现，所有农药对茶叶安全的影响程度均为没有影响。说明茶叶中残留的农药不会对茶叶安全造成影响。

表 18-5 茶叶中 32 种农药残留的安全指数表

序号	农药	检出频次	检出率(%)	IFS_c	影响程度	序号	农药	检出频次	检出率(%)	IFS_c	影响程度
1	阿维菌素	3	6.67	1.91×10^{-4}	没有影响	17	啶虫脒	34	75.56	3.29×10^{-6}	没有影响
2	唑虫酰胺	29	64.44	1.79×10^{-4}	没有影响	18	丙溴磷	4	8.89	9.69×10^{-7}	没有影响
3	喹螨醚	3	6.67	1.03×10^{-4}	没有影响	19	噻虫嗪	11	24.44	9.25×10^{-7}	没有影响
4	噻嗪酮	28	62.22	1.02×10^{-4}	没有影响	20	虫酰肼	3	6.67	8.36×10^{-7}	没有影响
5	丁苯吗啉	1	2.22	9.08×10^{-5}	没有影响	21	吡虫啉	9	20.00	7.69×10^{-7}	没有影响
6	异丙威	2	4.44	8.87×10^{-5}	没有影响	22	丙硫克百威	1	2.22	6.44×10^{-7}	没有影响
7	克百威	3	6.67	6.50×10^{-5}	没有影响	23	唑螨酯	2	4.44	5.05×10^{-7}	没有影响
8	哒螨灵	32	71.11	4.67×10^{-5}	没有影响	24	戊唑醇	4	8.89	4.58×10^{-7}	没有影响
9	毒死蜱	7	15.56	4.28×10^{-5}	没有影响	25	吡丙醚	4	8.89	2.92×10^{-7}	没有影响
10	三唑磷	4	8.89	3.57×10^{-5}	没有影响	26	吡唑醚菌酯	1	2.22	1.16×10^{-7}	没有影响
11	四聚乙醛	8	17.78	2.72×10^{-5}	没有影响	27	多菌灵	1	2.22	9.86×10^{-8}	没有影响
12	茚虫威	21	46.67	2.29×10^{-5}	没有影响	28	烯肟菌酯	1	2.22	9.43×10^{-8}	没有影响
13	苯醚甲环唑	6	13.33	6.30×10^{-6}	没有影响	29	莠去津	1	2.22	8.70×10^{-8}	没有影响
14	丙环唑	2	4.44	3.82×10^{-6}	没有影响	30	灭蝇胺	1	2.22	4.64×10^{-8}	没有影响
15	抑芽丹	12	26.67	3.38×10^{-6}	没有影响	31	呋虫胺	1	2.22	3.22×10^{-8}	没有影响
16	甲硫威	1	2.22	3.37×10^{-6}	没有影响	32	唑啉草酯	1	2.22	1.22×10^{-8}	没有影响

18.3 LC-Q-TOF/MS 侦测拉萨市及林芝地区市售茶叶农药残留预警风险评估

基于拉萨市及林芝地区茶叶样品中农药残留 LC-Q-TOF/MS 侦测数据,分析禁用农药的检出率,同时参照中华人民共和国国家标准 GB 2763—2016 和欧盟农药最大残留限量(MRL)标准分析非禁用农药残留的超标率,并计算农药残留风险系数。分析单种茶叶中农药残留以及所有茶叶中农药残留的风险程度。

18.3.1 单种茶叶中农药残留风险系数分析

18.3.1.1 单种茶叶中禁用农药残留风险系数分析

侦测出的 42 种残留农药中有 3 种为禁用农药,且它们分布在 3 种茶叶中,计算 3 种茶叶中禁用农药的检出率,根据检出率计算风险系数 R,进而分析茶叶中禁用农药的风险程度,结果如图 18-10 与表 18-6 所示。分析发现 3 种禁用农药在 3 种茶叶中的残留处均于高度风险。

18.3.1.2 基于 MRL 中国国家标准的单种茶叶中非禁用农药残留风险系数分析

参照中华人民共和国国家标准 GB 2763—2016 中农药残留限量计算每种茶叶中每种非禁用农药的超标率,进而计算其风险系数,根据风险系数大小判断残留农药的预警风险程度,茶叶中非禁用农药残留风险程度分布情况如图 18-11 所示。

续表

序号	农药	超标频次	超标率 P(%)	风险系数 R	风险程度
18	苯醚甲环唑	0	0	1.10	低度风险
19	茚虫威	0	0	1.10	低度风险
20	莠去津	0	0	1.10	低度风险
21	虫酰肼	0	0	1.10	低度风险
22	烯肟菌酯	0	0	1.10	低度风险
23	喹螨醚	0	0	1.10	低度风险
24	四聚乙醛	0	0	1.10	低度风险
25	噻虫嗪	0	0	1.10	低度风险
26	啶虫脒	0	0	1.10	低度风险
27	唑螨酯	0	0	1.10	低度风险
28	唑啉草酯	0	0	1.10	低度风险
29	哒螨灵	0	0	1.10	低度风险
30	呋虫胺	0	0	1.10	低度风险
31	吡虫啉	0	0	1.10	低度风险
32	吡唑醚菌酯	0	0	1.10	低度风险
33	吡丙醚	0	0	1.10	低度风险
34	双苯基脲	0	0	1.10	低度风险
35	双丙氨膦	0	0	1.10	低度风险
36	去乙基另丁津	0	0	1.10	低度风险
37	丙硫克百威	0	0	1.10	低度风险
38	丙溴磷	0	0	1.10	低度风险
39	非草隆	0	0	1.10	低度风险

18.4 LC-Q-TOF/MS 侦测拉萨市及林芝地区市售茶叶农药残留风险评估结论与建议

农药残留是影响茶叶安全和质量的主要因素，也是我国食品安全领域备受关注的敏感话题和亟待解决的重大问题之一[15,16]。各种茶叶均存在不同程度的农药残留现象，本研究主要针对拉萨市及林芝地区各类茶叶存在的农药残留问题，基于 2019 年 3 月对拉萨市及林芝地区 45 例茶叶样品中农药残留侦测得出的 263 个侦测结果，分别采用食品安全指数模型和风险系数模型，开展茶叶中农药残留的膳食暴露风险和预警风险评估。茶叶样品取自超市和茶叶专营店，符合大众的膳食来源，风险评价时更具有代表性和可信度。

第 18 章 LC-Q-TOF/MS 侦测拉萨市及林芝地区市售茶叶农药残留膳食暴露风险与预警风险评估

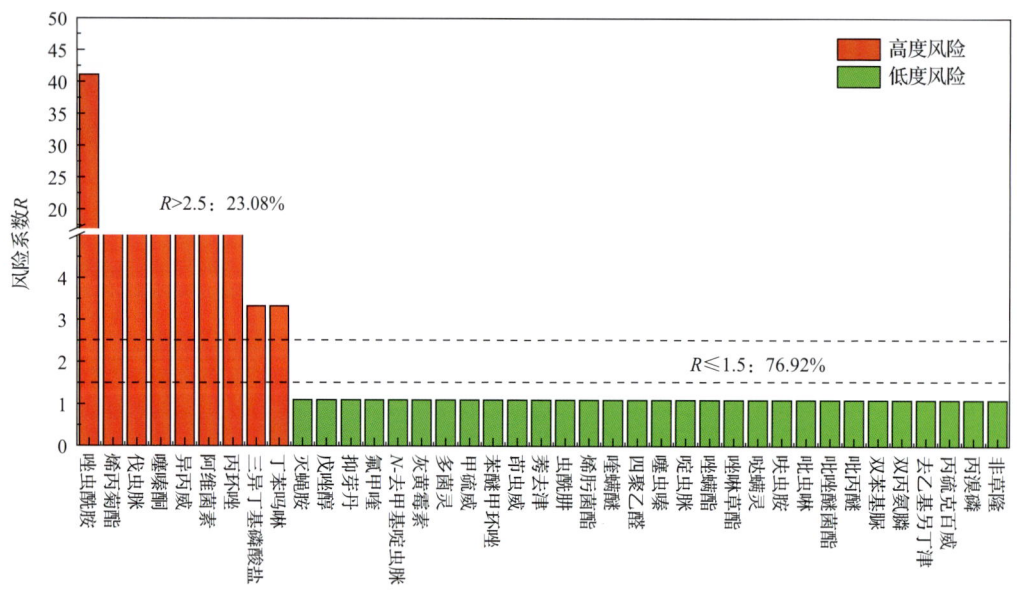

图 18-16　茶叶中 39 种非禁用农药的风险程度统计图

表 18-9　茶叶中 39 种非禁用农药的风险系数表

序号	农药	超标频次	超标率 P(%)	风险系数 R	风险程度
1	唑虫酰胺	18	40.00	41.10	高度风险
2	烯丙菊酯	7	15.56	16.66	高度风险
3	伐虫脒	4	8.89	9.99	高度风险
4	噻嗪酮	3	6.67	7.77	高度风险
5	异丙威	2	4.44	5.54	高度风险
6	阿维菌素	2	4.44	5.54	高度风险
7	丙环唑	2	4.44	5.54	高度风险
8	三异丁基磷酸盐	1	2.22	3.32	高度风险
9	丁苯吗啉	1	2.22	3.32	高度风险
10	灭蝇胺	0	0	1.10	低度风险
11	戊唑醇	0	0	1.10	低度风险
12	抑芽丹	0	0	1.10	低度风险
13	氟甲喹	0	0	1.10	低度风险
14	N-去甲基啶虫脒	0	0	1.10	低度风险
15	灰黄霉素	0	0	1.10	低度风险
16	多菌灵	0	0	1.10	低度风险
17	甲硫威	0	0	1.10	低度风险

表 18-7 单种茶叶中处于高度风险的非禁用农药残留的风险系数表（MRL 欧盟标准）

序号	基质	农药	超标频次	超标率 P(%)	风险系数 R
1	绿茶	唑虫酰胺	8	66.67	67.77
2	红茶	唑虫酰胺	5	45.45	46.55
3	红茶	烯丙菊酯	5	45.45	46.55
4	绿茶	伐虫脒	3	25.00	26.10
5	黑茶	唑虫酰胺	5	22.73	23.83
6	绿茶	噻嗪酮	2	16.67	17.77
7	绿茶	阿维菌素	2	16.67	17.77
8	红茶	丁苯吗啉	1	9.09	10.19
9	红茶	丙环唑	1	9.09	10.19
10	红茶	伐虫脒	1	9.09	10.19
11	红茶	异丙威	1	9.09	10.19
12	绿茶	丙环唑	1	8.33	9.43
13	绿茶	烯丙菊酯	1	8.33	9.43
14	黑茶	三异丁基磷酸盐	1	4.55	5.65
15	黑茶	噻嗪酮	1	4.55	5.65
16	黑茶	异丙威	1	4.55	5.65
17	黑茶	烯丙菊酯	1	4.55	5.65

18.3.2 所有茶叶中农药残留风险系数分析

18.3.2.1 所有茶叶中禁用农药残留风险系数分析

在侦测出的 42 种农药中有 3 种为禁用农药，计算所有茶叶中禁用农药的风险系数，结果如表 18-8 所示。禁用农药全部处于高度风险。

表 18-8 茶叶中 3 种禁用农药的风险系数表

序号	农药	检出频次	检出率(%)	风险系数 R	风险程度
1	毒死蜱	7	15.56	16.66	高度风险
2	三唑磷	4	8.89	9.99	高度风险
3	克百威	3	6.67	7.77	高度风险

18.3.2.2 所有茶叶中非禁用农药残留风险系数分析

参照 MRL 欧盟标准计算所有茶叶中每种非禁用农药残留的风险系数，如图 18-16 与表 18-9 所示。在侦测出的 39 种非禁用农药中，9 种农药(23.08%)残留处于高度风险，30 种农药(76.92%)残留处于低度风险。

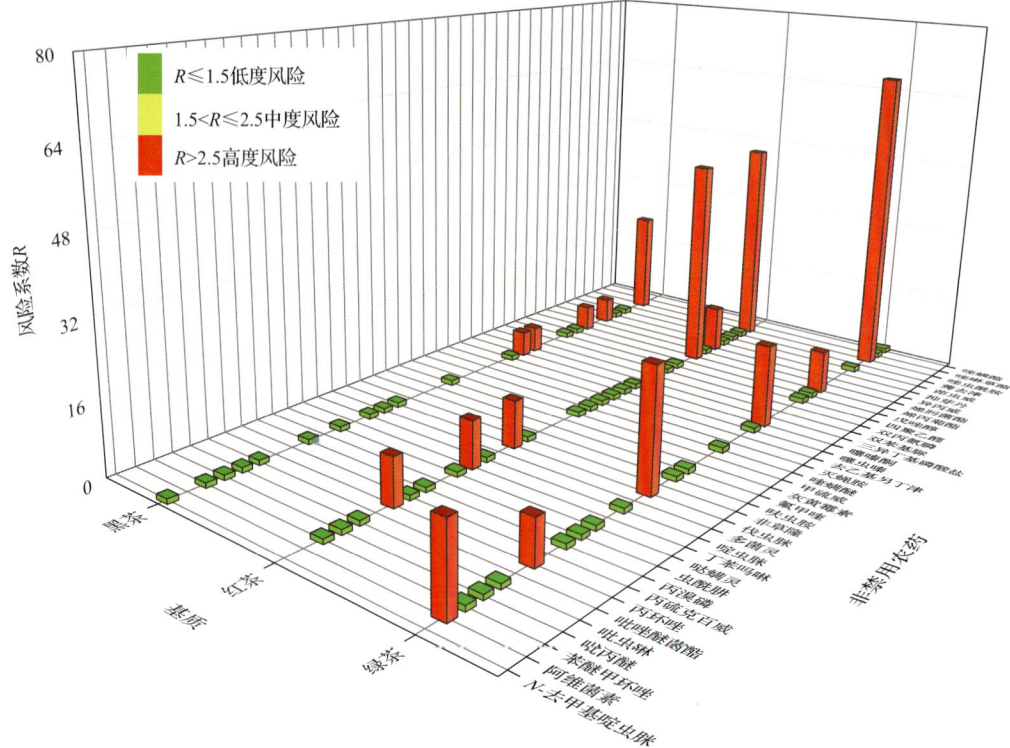

图 18-14　3 种茶叶中 39 种非禁用农药残留的风险系数（MRL 欧盟标准）

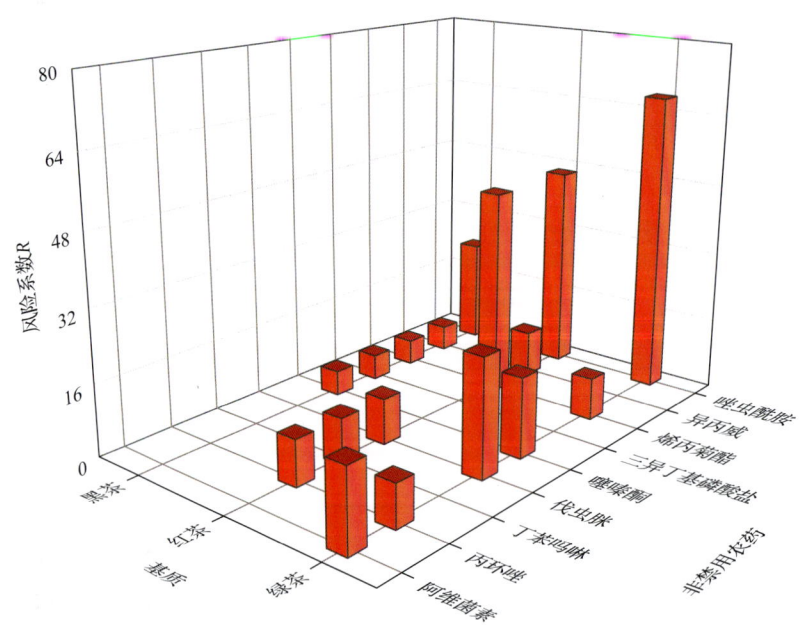

图 18-15　单种茶叶中处于高度风险的非禁用农药的风险系数（MRL 欧盟标准）

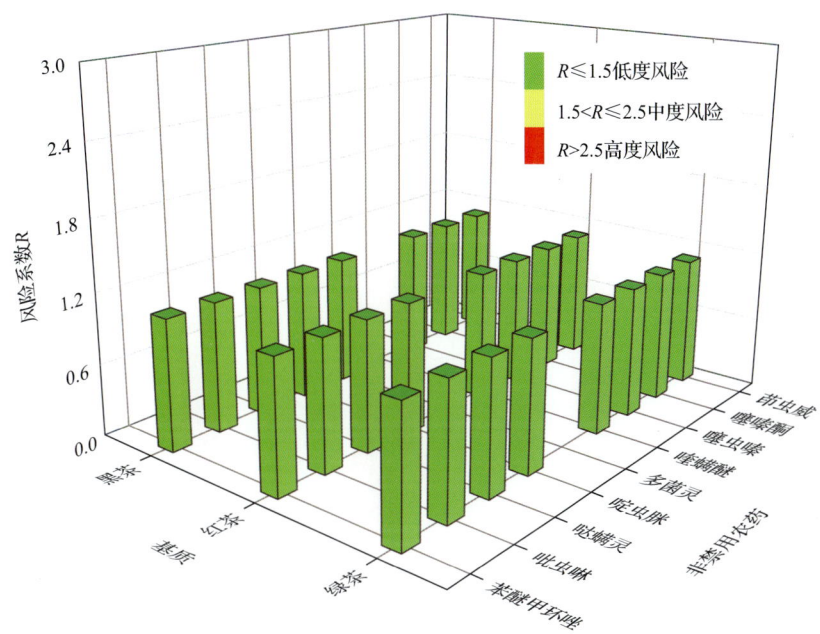

图 18-12　3 种茶叶中 9 种非禁用农药的风险系数分布图（MRL 中国国家标准）

18.3.1.3　基于 MRL 欧盟标准的单种茶叶中非禁用农药残留风险系数分析

参照 MRL 欧盟标准计算每种茶叶中每种非禁用农药的超标率，进而计算其风险系数，根据风险系数大小判断农药残留的预警风险程度，茶叶中非禁用农药残留风险程度分布情况如图 18-13 所示。

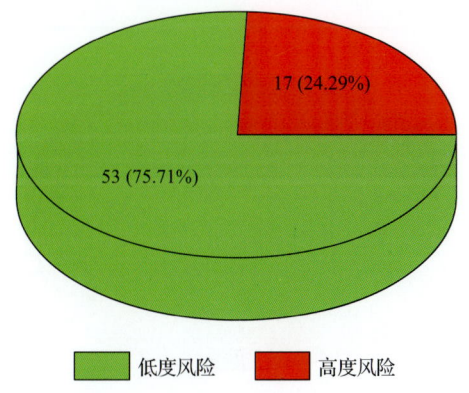

图 18-13　茶叶中非禁用农药残留的风险程度分布图（MRL 欧盟标准）

本次分析中，发现在 3 种茶叶中共侦测出 39 种非禁用农药，涉及样本 70 个，其中，24.29%处于高度风险，涉及 3 种茶叶和 9 种农药；75.71%处于低度风险，涉及 3 种茶叶和 32 种农药。单种茶叶中的非禁用农药风险系数分布图如图 18-14 所示。单种茶叶中处于高度风险的非禁用农药风险系数如图 18-15 和表 18-7 所示。

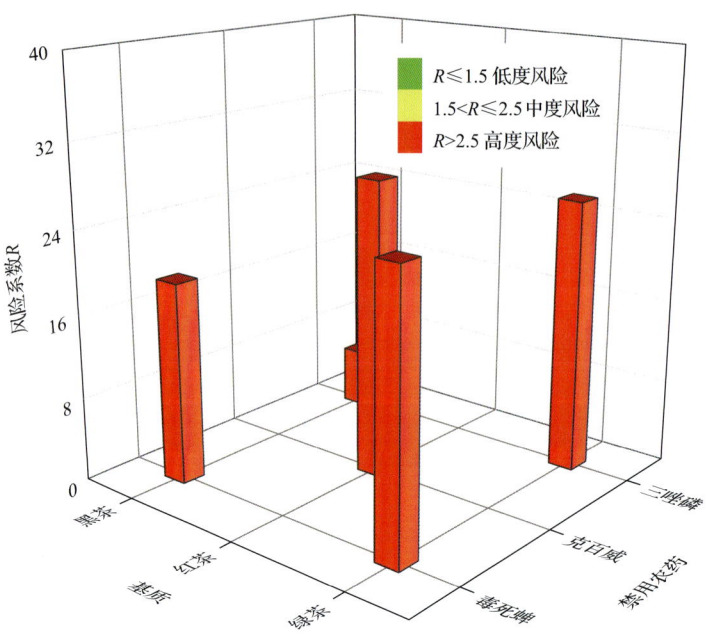

图 18-10　3 种茶叶中 3 种禁用农药残留的风险系数

表 18-6　3 种茶叶中 3 种禁用农药残留的风险系数列表

序号	基质	农药	检出频次	检出率(%)	风险系数 R	风险程度
1	红茶	克百威	3	27.27	28.37	高度风险
2	绿茶	三唑磷	3	25.00	26.10	高度风险
3	绿茶	毒死蜱	3	25.00	26.10	高度风险
4	黑茶	三唑磷	1	4.55	5.65	高度风险
5	黑茶	毒死蜱	4	18.18	19.28	高度风险

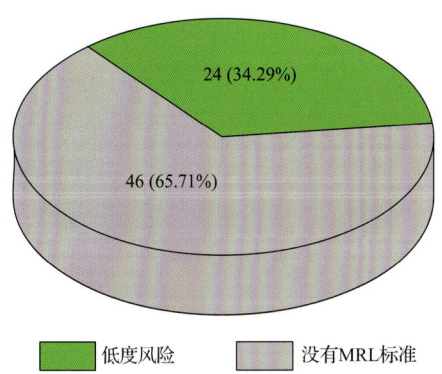

图 18-11　茶叶中非禁用农药残留的风险程度分布图（MRL 中国国家标准）

本次分析中，发现在 3 种茶叶检出 39 种残留非禁用农药，涉及样本 70 个，在 70 个样本中，34.29%处于低度风险，此外发现有 46 个样本没有 MRL 中国国家标准值，无法判断其风险程度，有 MRL 中国国家标准值的 24 个样本涉及 3 种茶叶中的 9 种非禁用农药，其风险系数 R 值如图 18-12 所示。

本研究力求通用简单地反映食品安全中的主要问题，且为管理部门和大众容易接受，为政府及相关管理机构建立科学的食品安全信息发布和预警体系提供科学的规律与方法，加强对农药残留的预警和食品安全重大事件的预防，控制食品风险。

18.4.1 拉萨市及林芝地区茶叶中农药残留膳食暴露风险评价结论

1) 茶叶样品中农药残留安全状态评价结论

采用食品安全指数模型，对2019年3月期间拉萨市及林芝地区茶叶食品农药残留膳食暴露风险进行评价，根据IFS_c的计算结果发现，茶叶中农药的$\overline{IFS}$为3.19×10^{-5}，说明拉萨市及林芝地区茶叶总体处于可以接受的安全状态，但部分禁用农药、高残留农药在茶叶中仍有侦测出，导致膳食暴露风险的存在，成为不安全因素。

2) 禁用农药膳食暴露风险评价

本次检测发现部分茶叶样品中有禁用农药侦测出，侦测出禁用农药3种，侦测出频次为14，茶叶样品中的禁用农药IFS_c计算结果表明，禁用农药残留膳食暴露风险没有影响的频次为14，占100%。为何在国家明令禁止禁用农药喷洒的情况下，还能在多种茶叶中多次侦测出禁用农药残留并造成不可接受的膳食暴露风险，这应该引起相关部门的高度警惕，应该在禁止禁用农药喷洒的同时，严格管控禁用农药的生产和售卖，从根本上杜绝安全隐患。

18.4.2 拉萨市及林芝地区茶叶中农药残留预警风险评价结论

1) 单种茶叶中禁用农药残留的预警风险评价结论

本次检测过程中，在3种茶叶中检测出3种禁用农药，禁用农药为：克百威、三唑磷、毒死蜱，茶叶为：红茶、绿茶、黑茶，茶叶中禁用农药的风险系数分析结果显示，3种禁用农药在3种茶叶中的残留均处于高度风险，说明在单种茶叶中禁用农药的残留会导致预警风险。

2) 单种茶叶中非禁用农药残留的预警风险评价结论

以MRL中国国家标准为标准，计算茶叶中非禁用农药风险系数情况下，70个样本中，24个处于低度风险(34.29%)，46个样本没有MRL中国国家标准(65.71%)。以MRL欧盟标准为标准，计算茶叶中非禁用农药风险系数情况下，发现有17个处于高度风险(24.29%)，53个处于低度风险(75.71%)。基于两种MRL标准，评价的结果差异显著，可以看出MRL欧盟标准比中国国家标准更加严格和完善，过于宽松的MRL中国国家标准值能否有效保障人体的健康有待研究。

18.4.3 加强拉萨市及林芝地区茶叶食品安全建议

我国食品安全风险评价体系仍不够健全，相关制度不够完善，多年来，由于农药用药次数多、用药量大或用药间隔时间短，产品残留量大，农药残留所造成的食品安全问题日益严峻，给人体健康带来了直接或间接的危害。据估计，美国与农药有关的癌症患者数约占全国癌症患者总数的 50%，中国更高。同样，农药对其他生物也会形成直接杀伤和慢性危害，植物中的农药可经过食物链逐级传递并不断蓄积，对人和动物构成潜在威胁，并影响生态系统。

基于本次农药残留侦测数据的风险评价结果，提出以下几点建议：

1) 加快食品安全标准制定步伐

我国食品标准中对农药每日允许最大摄入量 ADI 的数据严重缺乏，在本次评价所涉及的 42 种农药中，仅有 76.19% 的农药具有 ADI 值，而 23.81% 的农药中国尚未规定相应的 ADI 值，亟待完善。

我国食品中农药最大残留限量值的规定严重缺乏，对评估涉及的不同茶叶中不同农药 75 个 MRL 限值进行统计来看，我国仅制定出 25 个标准，我国标准完整率仅为 33.33%，欧盟的完整率达到 100%（表 18-10）。因此，中国更应加快 MRL 的制定步伐。

表 18-10 我国国家食品标准农药的 ADI、MRL 值与欧盟标准的数量差异

分类		中国 ADI	MRL 中国国家标准	MRL 欧盟标准
标准限值(个)	有	32	25	75
	无	10	50	0
总数(个)		42	75	75
无标准限值比例(%)		23.81	66.67	0

此外，MRL 中国国家标准限值普遍高于欧盟标准限值，这些标准中共有 18 个高于欧盟。过高的 MRL 值难以保障人体健康，建议继续加强对限值基准和标准的科学研究，将农产品中的危险性减少到尽可能低的水平。

2) 加强农药的源头控制和分类监管

在拉萨市及林芝地区某些茶叶中仍有禁用农药残留，利用 LC-Q-TOF/MS 技术侦测出 3 种禁用农药，检出频次为 14 次，残留禁用农药均存在较大的膳食暴露风险和预警风险。早已列入黑名单的禁用农药在我国并未真正退出，有些药物由于价格便宜、工艺简单，此类高毒农药一直生产和使用。建议在我国采取严格有效的控制措施，从源头控制禁用农药。

对于非禁用农药，在我国作为"田间地头"最典型单位的县级茶叶产地中，农药残留的检测几乎缺失。建议根据农药的毒性，对高毒、剧毒、中毒农药实现分类管理，减少使用高毒和剧毒高残留农药，进行分类监管。

3) 加强农药生物基准和降解技术研究

市售茶叶中残留农药的品种多、频次高、禁用农药多次检出这一现状，说明了我国的田间土壤和水体因农药长期、频繁、不合理的使用而遭到严重污染。为此，建议中国相关部门出台相关政策，鼓励高校及科研院所积极开展分子生物学、酶学等研究，加强土壤、水体中残留农药的生物修复及降解新技术研究，切实加大农药监管力度，以控制农药的面源污染问题。

综上所述，在本工作基础上，根据茶叶残留危害，可进一步针对其成因提出和采取严格管理、大力推广无公害茶叶种植与生产、健全食品安全控制技术体系、加强茶叶质量检测体系建设和积极推行茶叶质量追溯制度等相应对策。建立和完善食品安全综合评价指数与风险监测预警系统，对食品安全进行实时、全面的监控与分析，为我国的食品安全科学监管与决策提供新的技术支持，可实现各类检验数据的信息化系统管理，降低食品安全事故的发生。

第 19 章　GC-Q-TOF/MS 侦测拉萨市及林芝地区 45 例市售茶叶样品农药残留报告

从拉萨市及林芝地区，随机采集了 45 例茶叶样品，使用气相色谱-四极杆飞行时间质谱(GC-Q-TOF/MS)对 684 种农药化学污染物示范侦测。

19.1　样品种类、数量与来源

19.1.1　样品采集与检测

为了真实反映百姓日常饮用的茶叶中农药残留污染状况，本次所有检测样品均由检验人员于 2019 年 3 月期间，从拉萨市及林芝地区所属 5 个采样点，包括 1 个茶叶专营店 4 个超市，以随机购买方式采集，总计 5 批 45 例样品，从中检出农药 24 种，183 频次。采样及监测概况见图 19-1 及表 19-1，样品及采样点明细见表 19-2 及表 19-3(侦测原始数据见附表 1)。

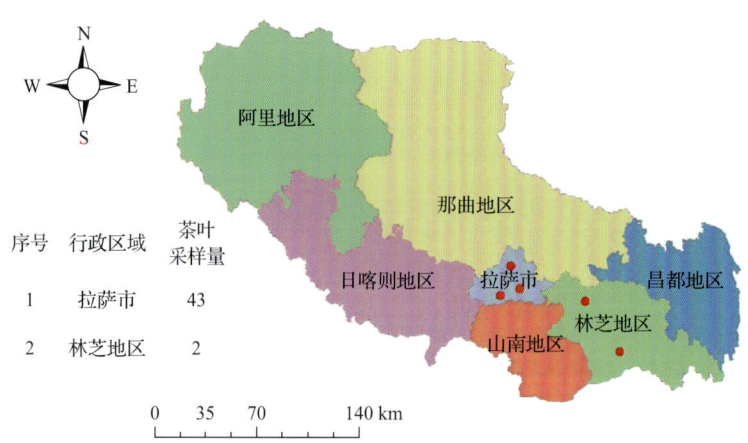

图 19-1　拉萨市及林芝地区所属 5 个采样点 45 例样品分布图

表 19-1　农药残留监测总体概况

行政区域	拉萨市及林芝地区
采样点(茶叶专营店+超市)	5
样本总数	45
检出农药品种/频次	24/183
各采样点样本农药残留检出率范围	0.0%～100.0%

表 19-2 样品分类及数量

样品分类	样品名称(数量)	数量小计
1. 茶叶		45
1) 发酵类茶叶	黑茶(22), 红茶(11)	33
2) 未发酵类茶叶	绿茶(12)	12
合计	1.茶叶 3 种	45

表 19-3 拉萨市及林芝地区采样点信息

采样点序号	行政区域	采样点
茶叶专营店(1)		
1	拉萨市城关区	***茶庄
超市(4)		
1	拉萨市城关区	***超市(力泰店)
2	拉萨市城关区	***超市(神力广场店)
3	林芝地区林芝县	***超市(工布老街店)
4	林芝地区林芝县	***超市

19.1.2 检测结果

这次使用的检测方法是庞国芳院士团队最新研发的不需使用标准品对照,而以高分辨精确质量数(0.0001 m/z)为基准的 GC-Q-TOF/MS 检测技术,对于 45 例样品,每个样品均侦测了 684 种农药化学污染物的残留现状。通过本次侦测,在 45 例样品中共计检出农药化学污染物 24 种,检出 183 频次。

19.1.2.1 各采样点样品检出情况

统计分析发现 5 个采样点中,被测样品的农药检出率范围为 0.0%～100.0%。其中,有 4 个采样点样品的检出率最高,达到了 100.0%,分别是:***超市(力泰店)、***超市(神力广场店)、***茶庄和***超市(工布老街店)。***超市未检出超标农药,见图 19-2。

19.1.2.2 检出农药的品种总数与频次

统计分析发现,对于 45 例样品中 684 种农药化学污染物的侦测,共检出农药 183 频次,涉及农药 24 种,结果如图 19-3 所示。其中联苯菊酯检出频次最高,共检出 42 次。检出频次排名前 10 的农药如下:①联苯菊酯(42),②虫螨腈(24),③噻嗪酮(20),④毒死蜱(19),⑤氯氟氰菊酯(15),⑥甲氰菊酯(11),⑦三氯杀螨醇(11),⑧仲丁威(8),⑨硫丹(7),⑩猛杀威(5)。

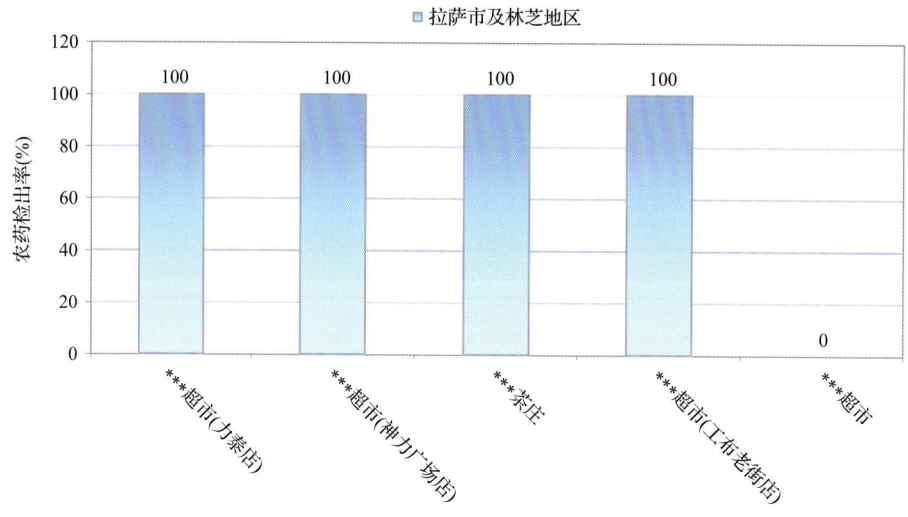

图 19-2 各采样点样品中的农药检出率

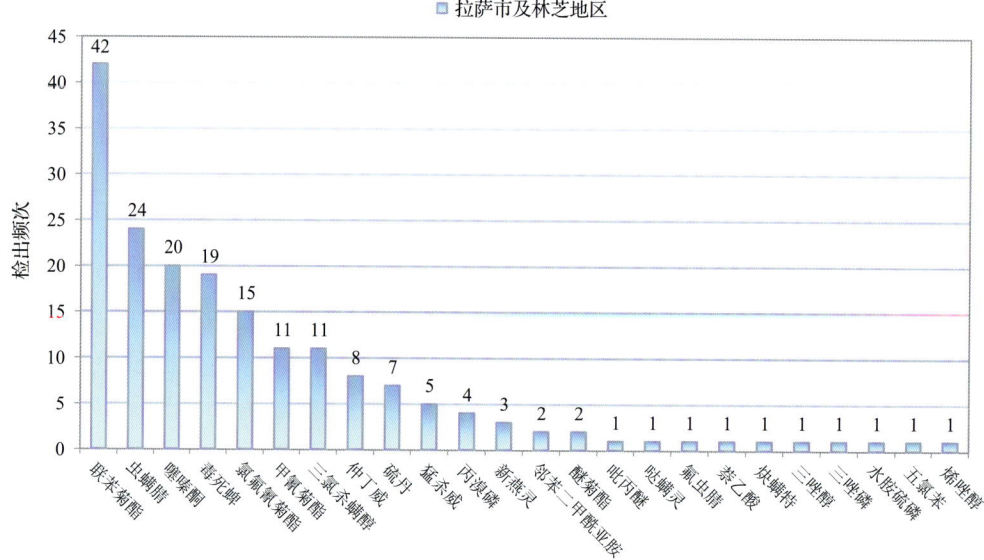

图 19-3 检出农药品种及频次

由图 19-4 可见，黑茶、红茶和绿茶这 3 种茶叶样品中检出的农药品种数较高，均超过 10 种，其中，黑茶检出农药品种最多，为 19 种。由图 19-5 可见，黑茶、绿茶和红茶这 3 种茶叶样品中的农药检出频次较高，均超过 30 次，其中，黑茶检出农药频次最高，为 93 次。

19.1.2.3 单例样品农药检出种类与占比

对单例样品检出农药种类和频次进行统计发现，未检出农药的样品占总样品数的 2.2%，检出 1 种农药的样品占总样品数的 17.8%，检出 2～5 种农药的样品占总样品数的 51.1%，检出 6～10 种农药的样品占总样品数的 28.9%。每例样品中平均检出农药为 4.1 种，数据见表 19-4 及图 19-6。

第 19 章 GC-Q-TOF/MS 侦测拉萨市及林芝地区 45 例市售茶叶样品农药残留报告

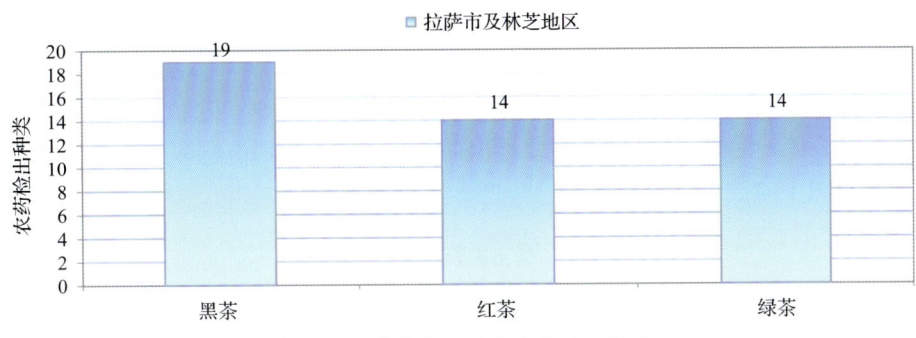

图 19-4　单种茶叶检出农药的种类数

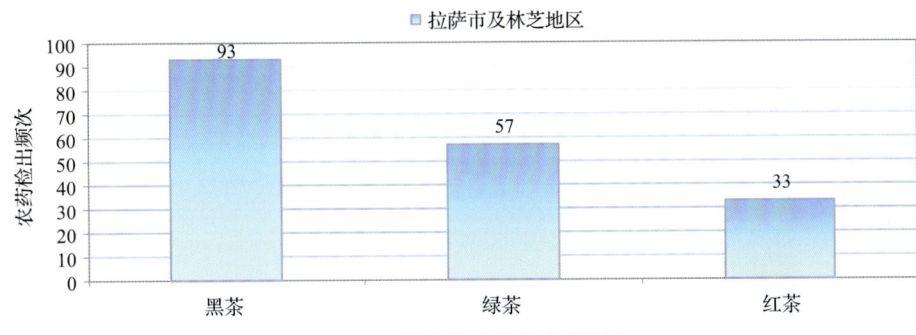

图 19-5　单种茶叶检出农药频次

表 19-4　单例样品检出农药品种占比

检出农药品种数	样品数量/占比(%)
未检出	1/2.2
1 种	8/17.8
2~5 种	23/51.1
6~10 种	13/28.9
单例样品平均检出农药品种	4.1 种

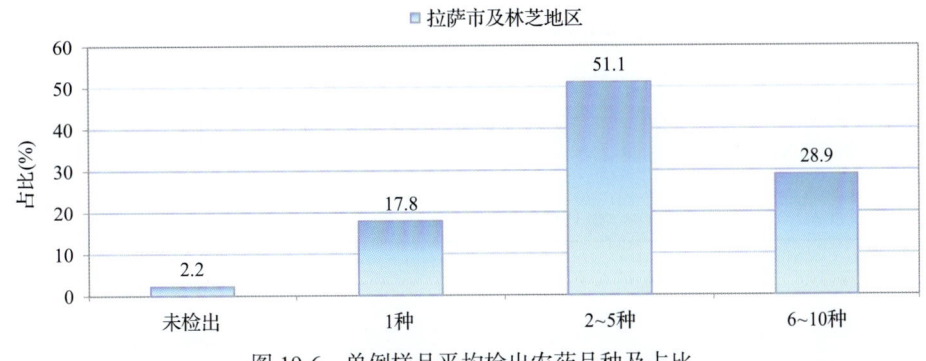

图 19-6　单例样品平均检出农药品种及占比

19.1.2.4 检出农药类别与占比

所有检出农药按功能分类,包括杀虫剂、杀菌剂、杀螨剂、除草剂、植物生长调节剂共 5 类。其中杀虫剂与杀菌剂为主要检出的农药类别,分别占总数的 58.3%和 16.7%,见表 19-5 及图 19-7。

表 19-5 检出农药所属类别/占比

农药类别	数量/占比(%)
杀虫剂	14/58.3
杀菌剂	4/16.7
杀螨剂	4/16.7
除草剂	1/4.2
植物生长调节剂	1/4.2

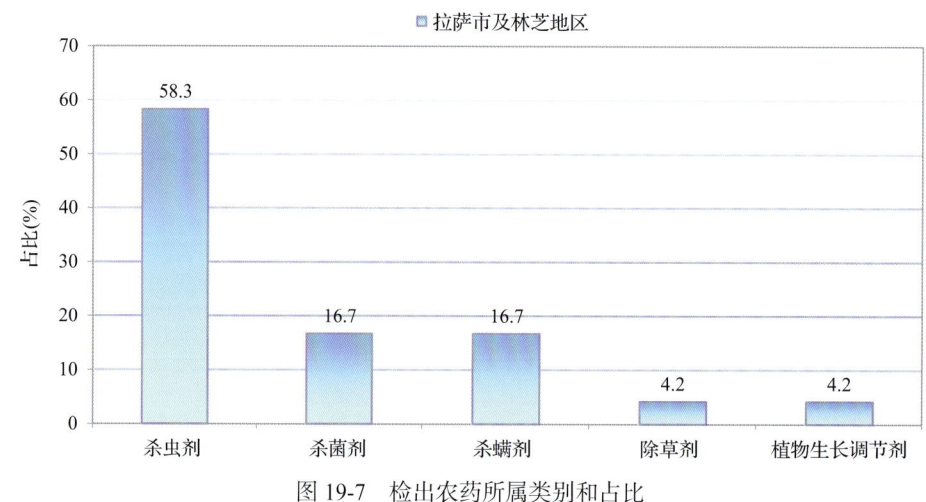

图 19-7 检出农药所属类别和占比

19.1.2.5 检出农药的残留水平

按检出农药残留水平进行统计,残留水平在 1~5 μg/kg(含)的农药占总数的 4.9%,在 5~10 μg/kg(含)的农药占总数的 10.9%,在 10~100 μg/kg(含)的农药占总数的 60.7%,在 100~1000 μg/kg 的农药占总数的 23.5%。

由此可见,这次检测的 5 批 45 例茶叶样品中农药多数处于中高残留水平。结果见表 19-6 及图 19-8,数据见附表 2。

表 19-6 农药残留水平/占比

残留水平(μg/kg)	检出频次数/占比(%)
1~5(含)	9/4.9
5~10(含)	20/10.9
10~100(含)	111/60.7
100~1000	43/23.5

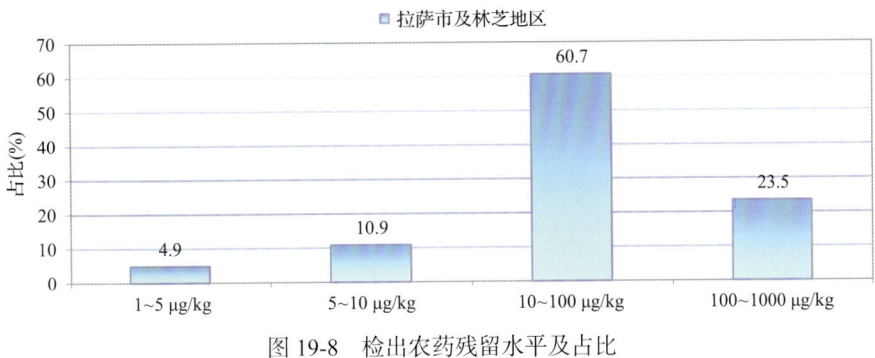

图 19-8 检出农药残留水平及占比

19.1.2.6 检出农药的毒性类别、检出频次和超标频次及占比

对这次检出的 24 种 183 频次的农药，按剧毒、高毒、中毒、低毒和微毒这五个毒性类别进行分类，从中可以看出，拉萨市及林芝地区目前普遍使用的农药为中低微毒农药，品种占 91.7%，频次占 98.9%。结果见表 19-7 及图 19-9。

表 19-7 检出农药毒性类别/占比

毒性分类	农药品种/占比(%)	检出频次/占比(%)	超标频次/超标率(%)
剧毒农药	0/0	0/0.0	0/0.0
高毒农药	2/8.3	2/1.1	0/0.0
中毒农药	13/54.2	145/79.2	0/0.0
低毒农药	7/29.2	33/18.0	0/0.0
微毒农药	2/8.3	3/1.6	0/0.0

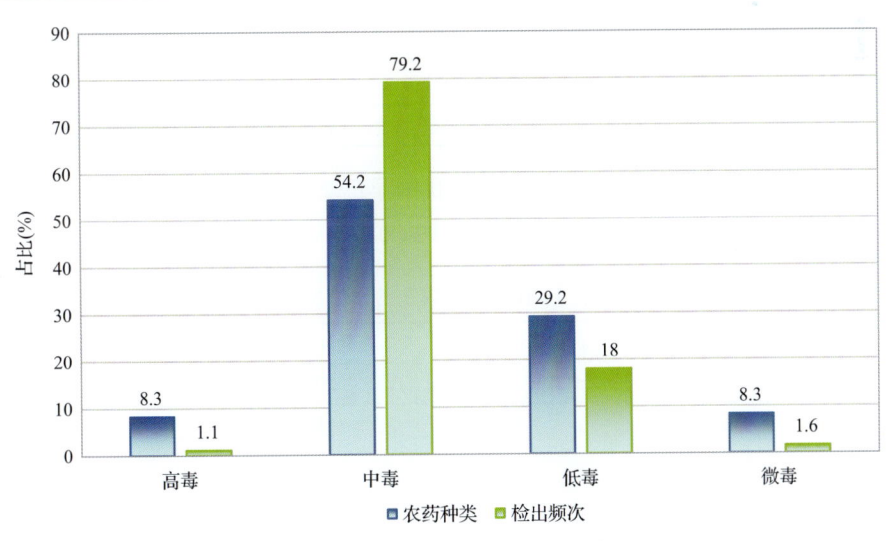

图 19-9 检出农药的毒性分类和占比

19.1.2.7 检出剧毒/高毒类农药的品种和频次

值得特别关注的是，在此次侦测的 45 例样品中有 2 种茶叶的 2 例样品检出了 2 种 2

频次的剧毒和高毒农药，占样品总量的 4.4%，详见图 19-10、表 19-8 及表 19-9。

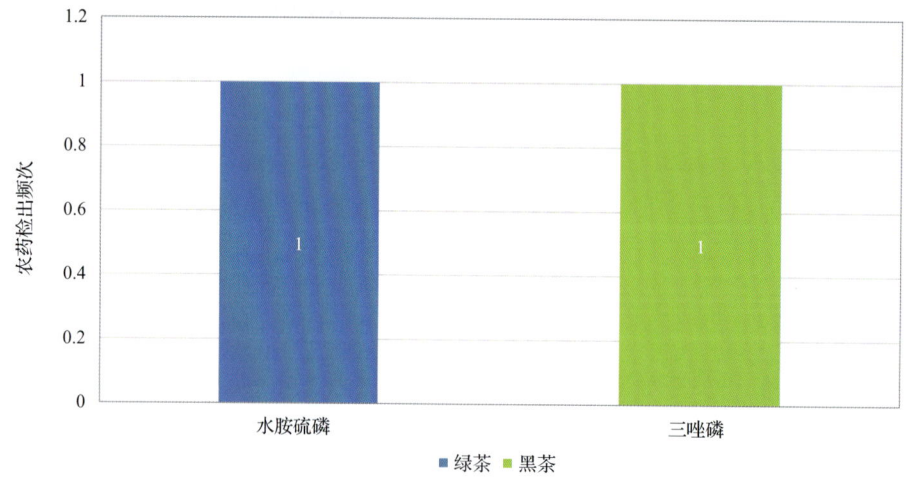

图 19-10　检出剧毒/高毒农药的样品情况

表 19-8　剧毒农药检出情况

序号	农药名称	检出频次	超标频次	超标率
茶叶中未检出剧毒农药				
	合计	0	0	超标率：0.0%

表 19-9　高毒农药检出情况

序号	农药名称	检出频次	超标频次	超标率
从 2 种茶叶中检出 2 种高毒农药，共计检出 2 次				
1	三唑磷	1	0	0.0%
2	水胺硫磷	1	0	0.0%
	合计	2	0	超标率：0.0%

在检出的剧毒和高毒农药中，有 2 种是我国早已禁止在茶叶上使用的，分别是：三唑磷和水胺硫磷。禁用农药的检出情况见表 19-10。

表 19-10　禁用农药检出情况

序号	农药名称	检出频次	超标频次	超标率
从 3 种茶叶中检出 6 种禁用农药，共计检出 40 次				
1	毒死蜱	19	0	0.0%
2	三氯杀螨醇	11	0	0.0%
3	硫丹	7	0	0.0%
4	氟虫腈	1	0	0.0%
5	三唑磷	1	0	0.0%
6	水胺硫磷	1	0	0.0%
	合计	40	0	超标率：0.0%

注：超标结果参考 MRL 中国国家标准计算

此次抽检的茶叶样品中，没有检出剧毒农药。

样品中检出剧毒和高毒农药残留水平没有超过 MRL 中国国家标准，但本次检出结果仍表明，高毒、剧毒农药的使用现象依旧存在。详见表 19-11。

表 19-11　各样本中检出剧毒/高毒农药情况

样品名称	农药名称	检出频次	超标频次	检出浓度(μg/kg)
茶叶 2 种				
黑茶	三唑磷▲	1	0	45.7
绿茶	水胺硫磷▲	1	0	13.2
合计		2	0	超标率：0.0%

注：表中*为剧毒农药；▲为禁用农药；a 为超标结果(参考 MRL 中国国家标准)

19.2　农药残留检出水平与最大残留限量标准对比分析

我国于 2016 年 12 月 18 日正式颁布并于 2017 年 06 月 18 日正式实施食品农药残留限量国家标准《食品中农药最大残留限量》(GB 2763—2016)。该标准包括 417 个农药条目，涉及最大残留限量(MRL)标准 4140 项。将 183 频次检出农药的浓度水平与 4140 项 MRL 中国国家标准进行核对，其中只有 132 频次的结果找到了对应的 MRL，占 72.1%，还有 51 频次的结果则无相关 MRL 标准供参考，占 27.9%。

将此次侦测结果与国际上现行 MRL 对比发现，在 183 频次的检出结果中有 183 频次的结果找到了对应的 MRL 欧盟标准，占 100.0%，其中，163 频次的结果有明确对应的 MRL，占 89.1%，其余 20 频次按照欧盟一律标准判定，占 10.9%；有 183 频次的结果找到了对应的 MRL 日本标准，占 100.0%，其中，160 频次的结果有明确对应的 MRL，占 87.4%，其余 23 频次按照日本一律标准判定，占 12.6%；有 116 频次的结果找到了对应的 MRL 中国香港标准，占 63.4%；有 117 频次的结果找到了对应的 MRL 美国标准，占 63.9%；有 105 频次的结果找到了对应的 MRL CAC 标准，占 57.4%(见图 19-11 和图 19-12，数据见附表 3 至附表 8)。

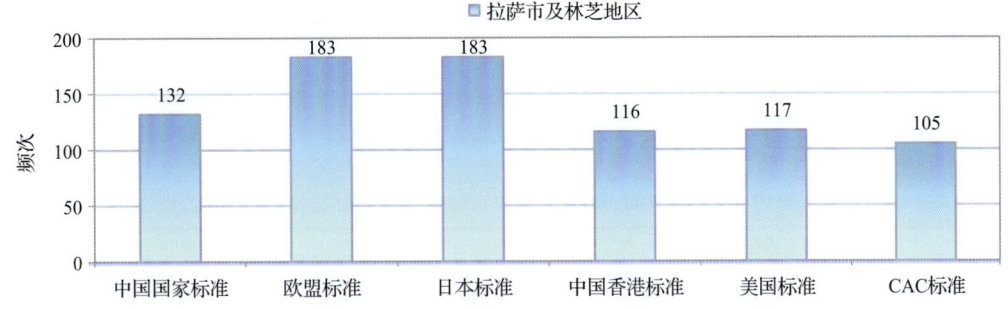

图 19-11　183 频次检出农药可用 MRL 中国国家标准、欧盟标准、日本标准、中国香港标准、美国标准、CAC 标准判定衡量的数量

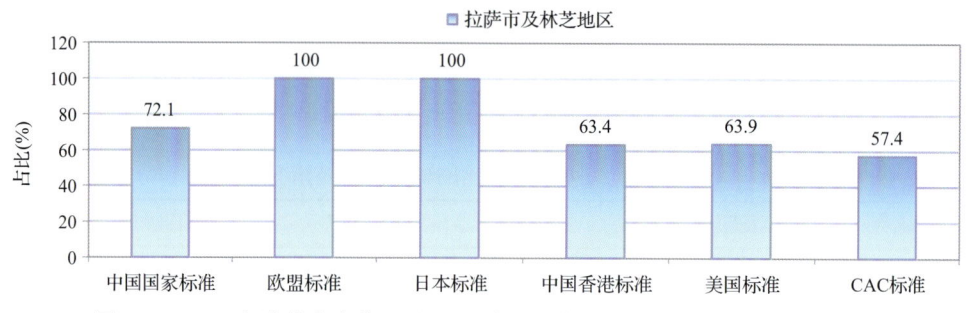

图 19-12 183 频次检出农药可用 MRL 中国国家标准、欧盟标准、日本标准、
中国香港标准、美国标准、CAC 标准衡量的占比

19.2.1 超标农药样品分析

本次侦测的 45 例样品中，1 例样品未检出任何残留农药，占样品总量的 2.2%，44 例样品检出不同水平、不同种类的残留农药，占样品总量的 97.8%。在此，我们将本次侦测的农残检出情况与 MRL 中国国家标准、欧盟标准、日本标准、中国香港标准、美国标准和 CAC 标准这 6 大国际主流标准进行对比分析，样品农残检出与超标情况见表 19-12、图 19-13 和图 19-14，详细数据见附表 9 至附表 14。

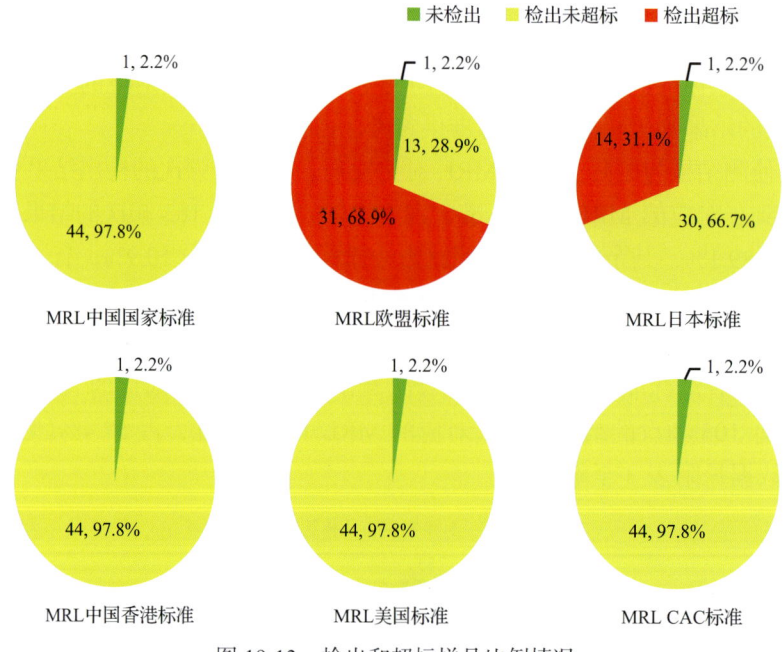

图 19-13 检出和超标样品比例情况

表 19-12 各 MRL 标准下样本农残检出与超标数量及占比

	中国国家标准 数量/占比(%)	欧盟标准 数量/占比(%)	日本标准 数量/占比(%)	中国香港标准 数量/占比(%)	美国标准 数量/占比(%)	CAC 标准 数量/占比(%)
未检出	1/2.2	1/2.2	1/2.2	1/2.2	1/2.2	1/2.2
检出未超标	44/97.8	13/28.9	30/66.7	44/97.8	44/97.8	44/97.8
检出超标	0/0.0	31/68.9	14/31.1	0/0.0	0/0.0	0/0.0

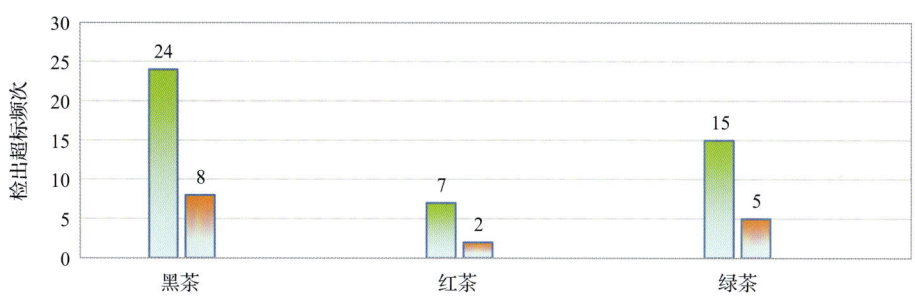

图 19-14　超过 MRL 中国国家标准、欧盟标准、日本标准、中国香港标准、
美国标准和 CAC 标准结果在茶叶中的分布

19.2.2　超标农药种类分析

按照 MRL 中国国家标准、欧盟标准、日本标准、中国香港标准、美国标准和 CAC 标准这 6 大国际主流标准衡量，本次侦测检出的农药超标品种及频次情况见表 19-13。

表 19-13　各 MRL 标准下超标农药品种及频次

	中国国家标准	欧盟标准	日本标准	中国香港标准	美国标准	CAC 标准
超标农药品种	0	11	7	0	0	0
超标农药频次	0	46	15	0	0	0

19.2.2.1　按 MRL 中国国家标准衡量

按 MRL 中国国家标准衡量，无样品检出超标农药残留。

19.2.2.2　按 MRL 欧盟标准衡量

按 MRL 欧盟标准衡量，共有 11 种农药超标，检出 46 频次，分别为高毒农药三唑磷和水胺硫磷，中毒农药氯氟氰菊酯、氟虫腈、丙溴磷、仲丁威和哒螨灵，低毒农药邻苯二甲酰亚胺、猛杀威、噻嗪酮和新燕灵。

按超标程度比较，黑茶中氯氟氰菊酯超标 52.3 倍，红茶中猛杀威超标 27.6 倍，绿茶中仲丁威超标 15.9 倍，黑茶中噻嗪酮超标 15.9 倍，黑茶中猛杀威超标 15.2 倍。检测结果见图 19-15 和附表 16。

19.2.2.3　按 MRL 日本标准衡量

按 MRL 日本标准衡量，共有 7 种农药超标，检出 15 频次，分别为高毒农药三唑磷和水胺硫磷，中毒农药氟虫腈和仲丁威，低毒农药邻苯二甲酰亚胺、猛杀威和新燕灵。

按超标程度比较，红茶中猛杀威超标 27.6 倍，绿茶中仲丁威超标 15.9 倍，黑茶中猛杀威超标 15.2 倍，黑茶中新燕灵超标 13.2 倍，绿茶中猛杀威超标 5.9 倍。检测结果见图 19-16 和附表 17。

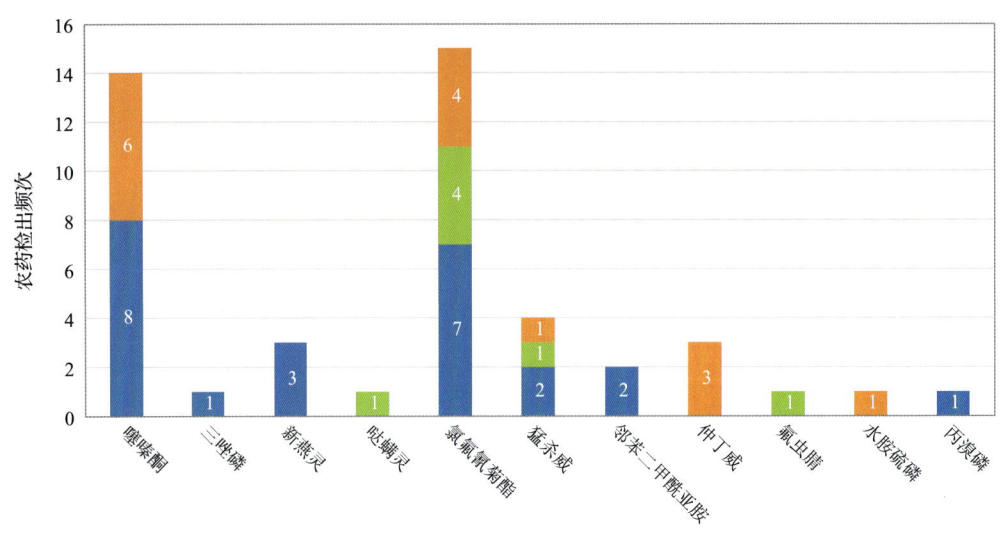

图 19-15　超过 MRL 欧盟标准农药品种及频次

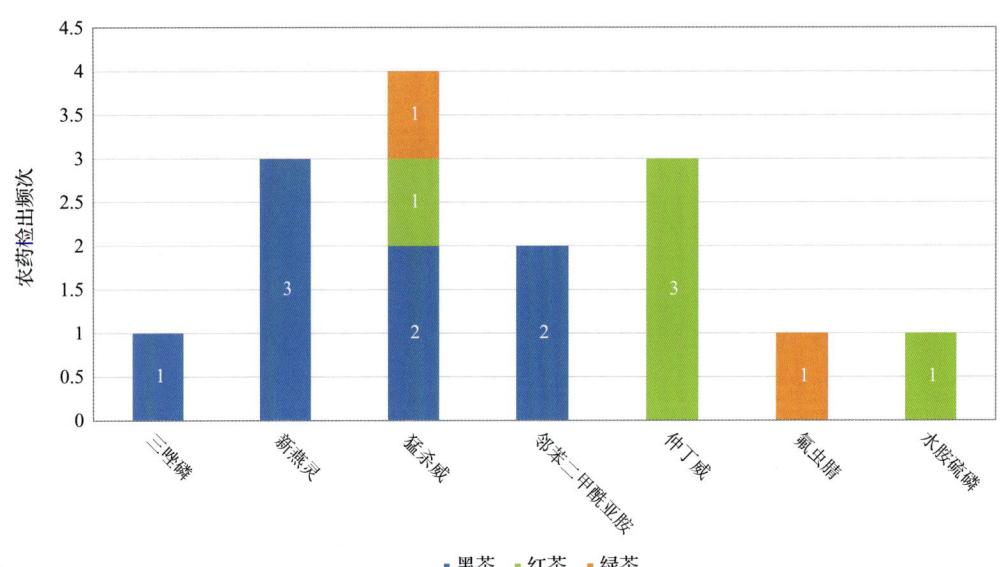

图 19-16　超过 MRL 日本标准农药品种及频次

19.2.2.4　按 MRL 中国香港标准衡量

按 MRL 中国香港标准衡量，无样品检出超标农药残留。

19.2.2.5　按 MRL 美国标准衡量

按 MRL 美国标准衡量，无样品检出超标农药残留。

19.2.2.6 按 MRL CAC 标准衡量

按 MRL CAC 标准衡量，无样品检出超标农药残留。

19.2.3 5 个采样点超标情况分析

19.2.3.1 按 MRL 中国国家标准衡量

按 MRL 中国国家标准衡量，所有采样点的样品均未检出超标农药残留。

19.2.3.2 按 MRL 欧盟标准衡量

按 MRL 欧盟标准衡量，有 4 个采样点的样品存在不同程度的超标农药检出，其中 ***超市（工布老街店）的超标率最高，为 100.0%，如表 19-14 和图 19-17 所示。

表 19-14 超过 MRL 欧盟标准茶叶在不同采样点分布

序号	采样点	样品总数	超标数量	超标率（%）	行政区域
1	***茶庄	25	18	72.0	拉萨市城关区
2	***超市（力泰店）	10	9	90.0	拉萨市城关区
3	***超市（神力广场店）	8	3	37.5	拉萨市城关区
4	***超市（工布老街店）	1	1	100.0	林芝地区林芝县

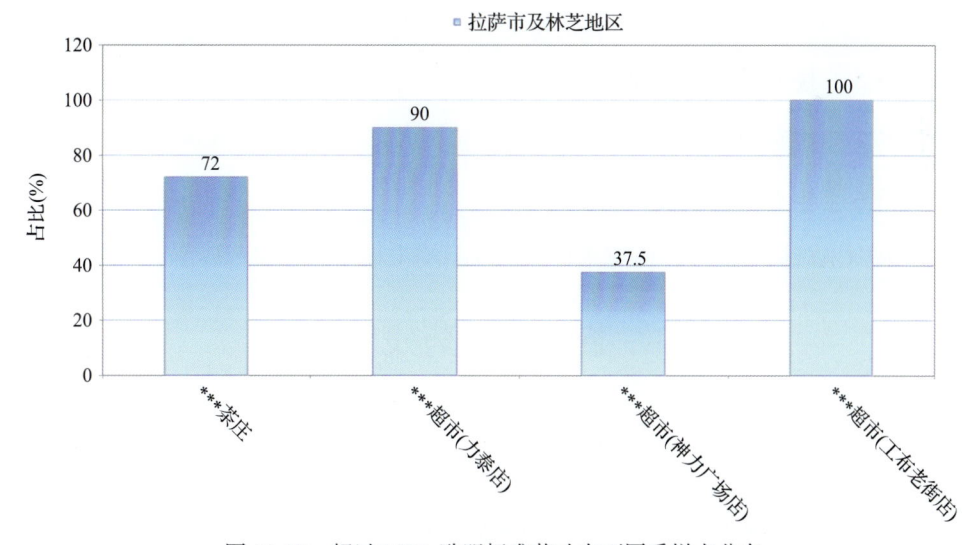

图 19-17 超过 MRL 欧盟标准茶叶在不同采样点分布

19.2.3.3 按 MRL 日本标准衡量

按 MRL 日本标准衡量，有 3 个采样点的样品存在不同程度的超标农药检出，其中 ***超市（力泰店）的超标率最高，为 50.0%，如表 19-15 和图 19-18 所示。

表 19-15 超过 MRL 日本标准茶叶在不同采样点分布

序号	采样点	样品总数	超标数量	超标率(%)	行政区域
1	***茶庄	25	8	32.0	拉萨市城关区
2	***超市(力泰店)	10	5	50.0	拉萨市城关区
3	***超市(神力广场店)	8	1	12.5	拉萨市城关区

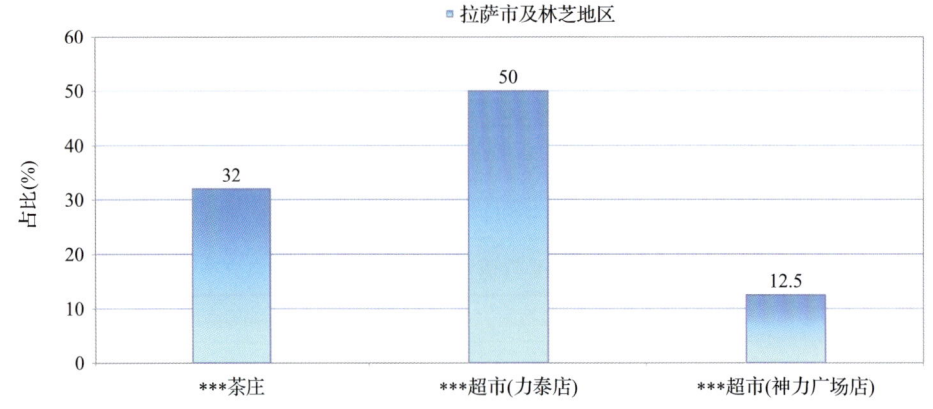

图 19-18 超过 MRL 日本标准茶叶在不同采样点分布

19.2.3.4 按 MRL 中国香港标准衡量

按 MRL 中国香港标准衡量，所有采样点的样品均未检出超标农药残留。

19.2.3.5 按 MRL 美国标准衡量

按 MRL 美国标准衡量，所有采样点的样品均未检出超标农药残留。

19.2.3.6 按 MRL CAC 标准衡量

按 MRL CAC 标准衡量，所有采样点的样品均未检出超标农药残留。

19.3 茶叶中农药残留分布

19.3.1 茶叶按检出农药品种和频次排名

本次残留侦测的茶叶共 3 种，包括黑茶、红茶和绿茶。

根据检出农药品种及频次进行排名，将茶叶样品检出情况列表说明，详见表 19-16。

表 19-16 茶叶按检出农药品种和频次排名

按检出农药品种排名(品种)	①黑茶(19)，②红茶(14)，③绿茶(14)
按检出农药频次排名(频次)	①黑茶(93)，②绿茶(57)，③红茶(33)
按检出禁用、高毒及剧毒农药品种排名(品种)	①黑茶(4)，②红茶(4)，③绿茶(4)
按检出禁用、高毒及剧毒农药频次排名(频次)	①黑茶(23)，②绿茶(12)，③红茶(5)

19.3.2 茶叶按超标农药品种和频次排名

鉴于 MRL 欧盟标准和日本标准制定比较全面且覆盖率较高,我们参照 MRL 中国国家标准、欧盟标准和日本标准衡量茶叶样品中农残检出情况,将茶叶按超标农药品种及频次排名列表说明,详见表 19-17。

表 19-17 茶叶按超标农药品种和频次排名

	MRL 中国国家标准	
按超标农药品种排名 (农药品种数)	MRL 欧盟标准	①茶(7),②绿茶(5),③红茶(4)
	MRL 日本标准	①黑茶(4),②绿茶(3),③红茶(2)
按超标农药频次排名 (农药频次数)	MRL 中国国家标准	①龙茶(1)
	MRL 欧盟标准	①茶(146),②乌龙茶(90),③黑茶(77),④红茶(39),⑤白茶(18)
	MRL 日本标准	①乌龙茶(109),②绿茶(85),③黑茶(64),④红茶(48),⑤白茶(10)

通过对各品种茶叶样本总数及检出率进行综合分析发现,红茶、绿茶和乌龙茶的残留污染最为严重,在此,我们参照 MRL 中国国家标准、欧盟标准和日本标准对这 3 种茶叶的农残检出情况进行进一步分析。

19.3.3 农药残留检出率较高的茶叶样品分析

19.3.3.1 红茶

这次共检测 60 例红茶样品,全部检出了农药残留,检出率为 100.0%,检出农药共计 102 种。其中三环唑、抑芽丹、唑虫酰胺、啶虫脒和噻嗪酮检出频次较高,分别检出了 46、30、29、25 和 24 次。红茶中农药检出品种和频次见图 19-19,超标农药见图 19-20 和表 19-18。

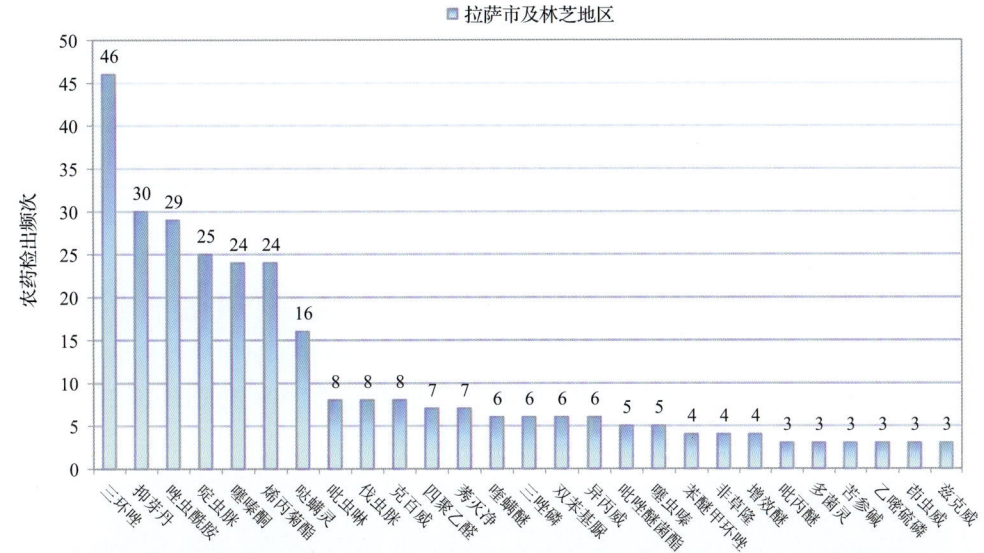

图 19-19 红茶样品检出农药品种和频次分析(仅列出检出农药 3 频次及以上的数据)

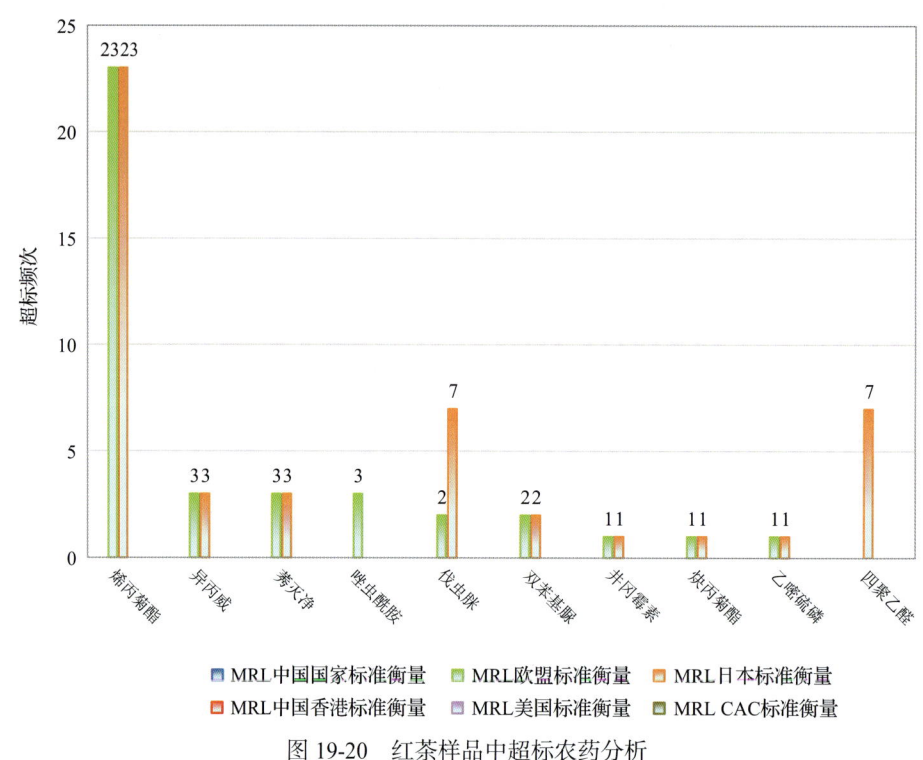

图 19-20 红茶样品中超标农药分析

表 19-18 红茶中农药残留超标情况明细表

样品总数		检出农药样品数	样品检出率(%)	检出农药品种总数
60		60	100	102
超标农药品种	超标农药频次	按照 MRL 中国国家标准、欧盟标准和日本标准衡量超标农药名称及频次		
中国国家标准	0	0		
欧盟标准	9	39	烯丙菊酯(23)，异丙威(3)，莠灭净(3)，唑虫酰胺(3)，伐虫脒(2)，双苯基脲(2)，井冈霉素(1)，炔丙菊酯(1)，乙嘧硫磷(1)	
日本标准	9	48	烯丙菊酯(23)，伐虫脒(7)，四聚乙醛(7)，异丙威(3)，莠灭净(3)，双苯基脲(2)，井冈霉素(1)，炔丙菊酯(1)，乙嘧硫磷(1)	

19.3.3.2 绿茶

这次共检测 103 例绿茶样品，102 例样品中检出了农药残留，检出率为 99.0%，检出农药共计 89 种。其中唑虫酰胺、噻嗪酮、哒螨灵、啶虫脒和苯醚甲环唑检出频次较高，分别检出了 86、67、60、59 和 32 次。绿茶中农药检出品种和频次见图 19-21，超标农药见图 19-22 和表 19-19。

19.3.3.3 乌龙茶

这次共检测 100 例乌龙茶样品，全部检出了农药残留，检出率为 100.0%，检出农药共计 83 种。其中唑虫酰胺、噻嗪酮、啶虫脒、哒螨灵和烯丙菊酯检出频次较高，分别检出了 75、70、55、54 和 51 次。乌龙茶中农药检出品种和频次见图 19-23，超标农药见表 19-20 和图 19-24。

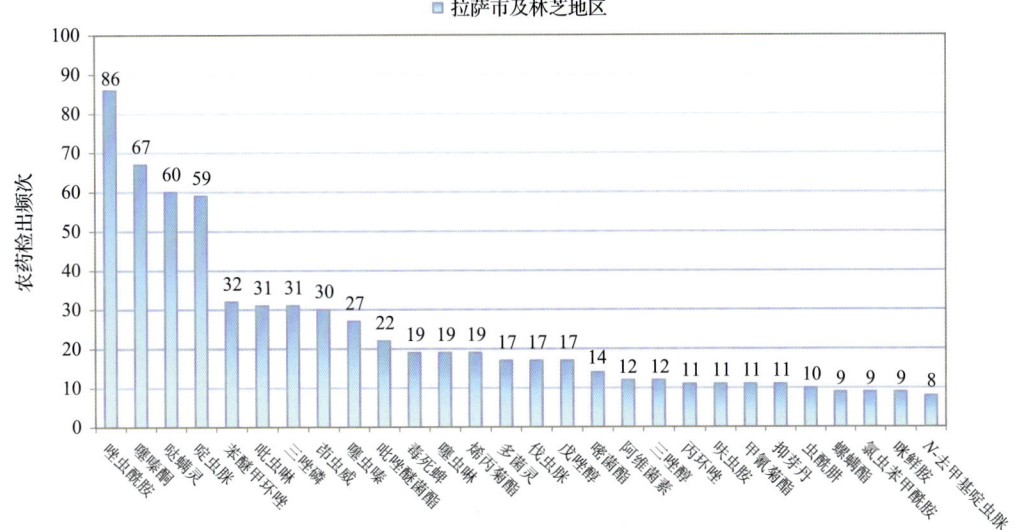

图 19-21　绿茶样品检出农药品种和频次分析（仅列出检出农药 8 频次及以上的数据）

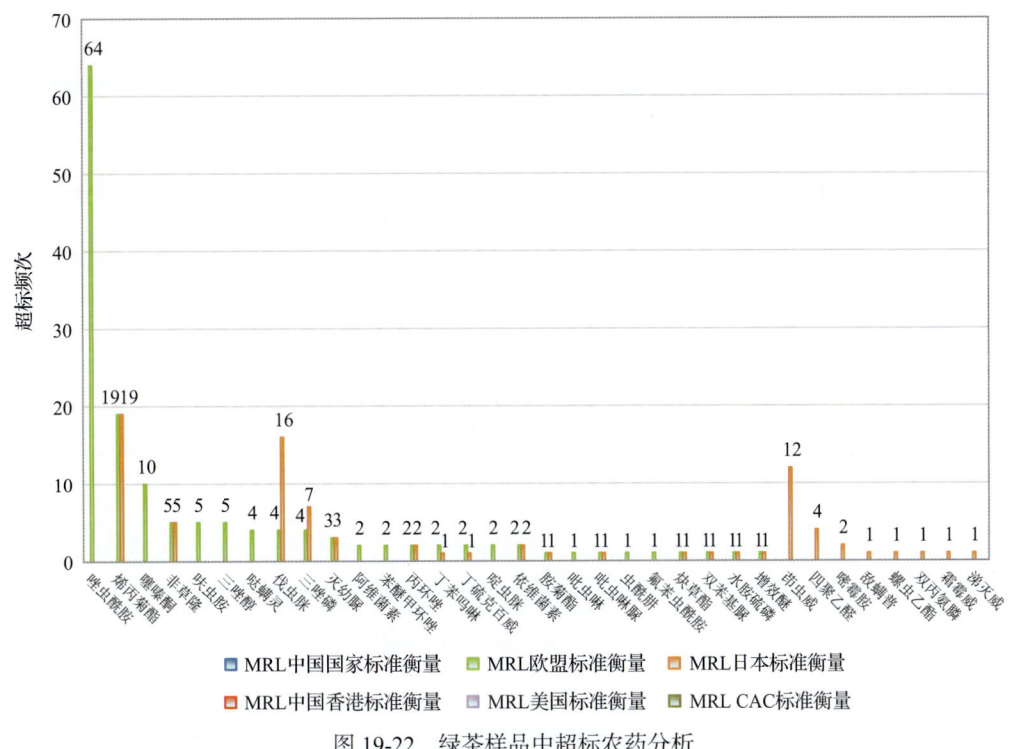

图 19-22　绿茶样品中超标农药分析

表 19-19　绿茶中农药残留超标情况明细表

样品总数		检出农药样品数	样品检出率(%)	检出农药品种总数
103		102	99	89
	超标农药品种	超标农药频次	按照 MRL 中国国家标准、欧盟标准和日本标准衡量超标农药名称及频次	
中国国家标准	0	0		
欧盟标准	26	146	唑虫酰胺(64), 烯丙菊酯(19), 噻嗪酮(10), 非草隆(5), 呋虫胺(5), 三唑醇(5), 哒螨灵(4), 伐虫脒(4), 三唑磷(4), 灭幼脲(3), 阿维菌素(2), 苯醚甲环唑(2), 丙环唑(2), 丁苯吗啉(2), 丁硫克百威(2), 啶虫脒(2), 依维菌素(2), 胺菊酯(1), 吡虫啉(1), 吡虫啉脲(1), 虫酰肼(1), 氟苯虫酰胺(1), 炔草酯(1), 双苯基脲(1), 水胺硫磷(1), 增效醚(1)	
日本标准	23	85	烯丙菊酯(19), 伐虫脒(16), 茚虫威(12), 三唑磷(7), 非草隆(5), 四聚乙醛(4), 灭幼脲(3), 丙环唑(1), 嘧霉胺(2), 依维菌素(2), 胺菊酯(1), 吡虫啉脲(1), 敌螨普(1), 丁苯吗啉(1), 丁硫克百威(1), 螺虫乙酯(1), 炔草酯(1), 双苯基脲(1), 双丙氨膦(1), 霜霉威(1), 水胺硫磷(1), 涕灭威(1), 增效醚(1)	

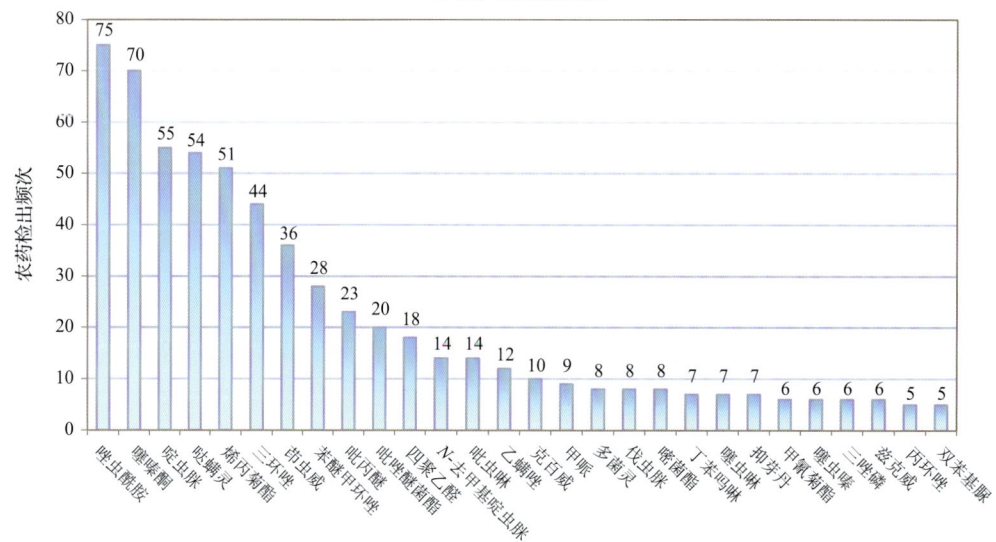

图 19-23　乌龙茶样品检出农药品种和频次分析(仅列出检出农药 5 频次及以上的数据)

表 19-20　乌龙茶中农药残留超标情况明细表

样品总数		检出农药样品数	样品检出率(%)	检出农药品种总数
100		100	100	83
	超标农药品种	超标农药频次	按照 MRL 中国国家标准、欧盟标准和日本标准衡量超标农药名称及频次	
中国国家标准	1	1	水胺硫磷(1)	
欧盟标准	18	90	烯丙菊酯(48), 唑虫酰胺(11), 伐虫脒(6), 丁苯吗啉(4), 增效醚(3), N-去甲基啶虫脒(2), 阿维菌素(2), 啶虫脒(2), 双苯基脲(2), 异丙威(2), 2,3,5-混杀威(1), 吡虫啉脲(1), 哒螨灵(1), 二氧威(1), 抗倒酯(1), 灭瘟素(1), 水胺硫磷(1), 西草净(1)	
日本标准	21	109	烯丙菊酯(48), 四聚乙醛(18), 三环唑(9), 伐虫脒(8), 丁苯吗啉(4), 增效醚(3), N-去甲基啶虫脒(2), 双苯基脲(2), 异丙威(2), 茚虫威(2), 2,3,5-混杀威(1), 吡虫啉脲(1), 二氧威(1), 抗倒酯(1), 灭瘟素(1), 炔草酯(1), 双丙氨膦(1), 水胺硫磷(1), 西草净(1), 乙嘧酚(1), 唑啉草酯(1)	

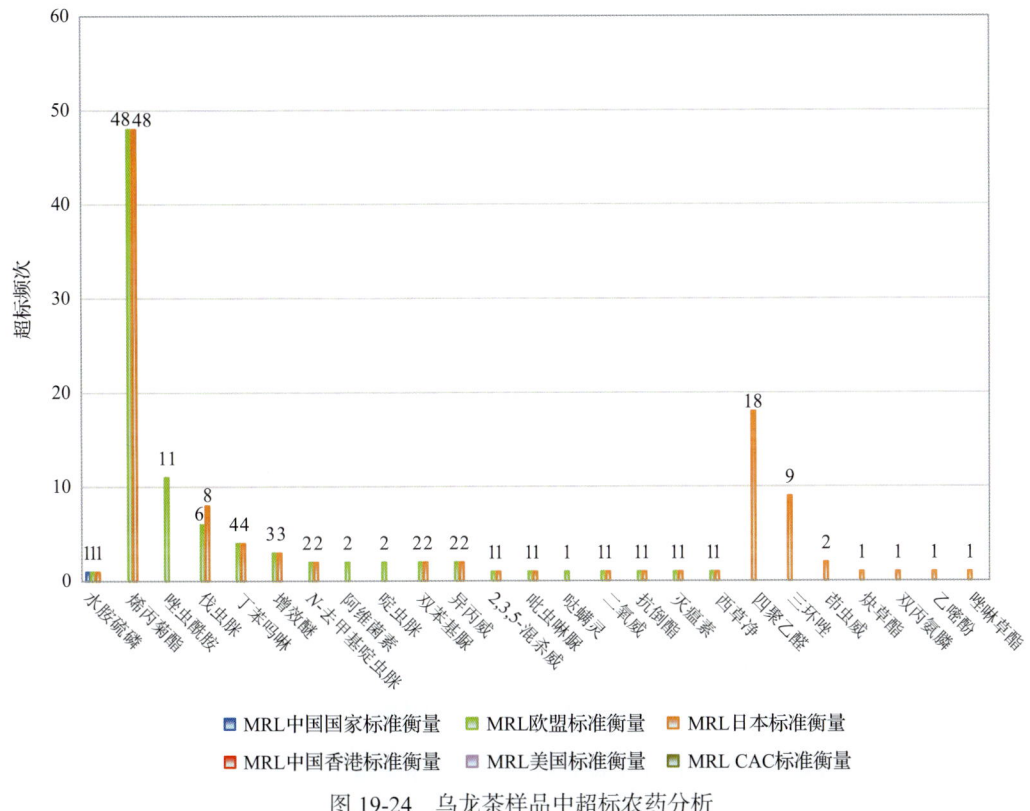

图 19-24 乌龙茶样品中超标农药分析

19.4 初 步 结 论

19.4.1 拉萨市及林芝地区市售茶叶按 MRL 中国国家标准和国际主要 MRL 标准衡量的合格率

本次侦测的 45 例样品中，1 例样品未检出任何残留农药，占样品总量的 2.2%，44 例样品检出不同水平、不同种类的残留农药，占样品总量的 97.8%。在这 44 例检出农药残留的样品中：

按照 MRL 中国国家标准衡量，有 44 例样品检出残留农药但含量没有超标，占样品总数的 97.8%，无检出残留农药超标的样品。

按照 MRL 欧盟标准衡量，有 13 例样品检出残留农药但含量没有超标，占样品总数的 28.9%，有 31 例样品检出了超标农药，占样品总数的 68.9%。

按照 MRL 日本标准衡量，有 30 例样品检出残留农药但含量没有超标，占样品总数的 66.7%，有 14 例样品检出了超标农药，占样品总数的 31.1%。

按照 MRL 中国香港标准衡量，有 44 例样品检出残留农药但含量没有超标，占样品总数的 97.8%，无检出残留农药超标的样品。

按照 MRL 美国标准衡量，有 44 例样品检出残留农药但含量没有超标，占样品总数的 97.8%，无检出残留农药超标的样品。

按照 MRL CAC 标准衡量,有 44 例样品检出残留农药但含量没有超标,占样品总数的 97.8%,无检出残留农药超标的样品。

19.4.2 拉萨市及林芝地区市售茶叶中检出农药以中低微毒农药为主,占市场主体的 91.7%

这次侦测的 45 例茶叶样品共检出了 24 种农药,检出农药的毒性以中低微毒为主,详见表 19-21。

表 19-21 市场主体农药毒性分布

毒性	检出品种	占比	检出频次	占比
高毒农药	2	8.3%	2	1.1%
中毒农药	13	54.2%	145	79.2%
低毒农药	7	29.2%	33	18.0%
微毒农药	2	8.3%	3	1.6%

中低微毒农药,品种占比 91.7%,频次占比 98.9%

19.4.3 检出剧毒、高毒和禁用农药现象应该警醒

在此次侦测的 45 例样品中有 3 种茶叶的 25 例样品检出了 6 种 40 频次的剧毒和高毒或禁用农药,占样品总量的 55.6%。其中高毒农药三唑磷和水胺硫磷检出频次较高。

按 MRL 中国国家标准衡量,高毒农药按超标程度比较未超标。

剧毒、高毒或禁用农药的检出情况及按照 MRL 中国国家标准衡量的超标情况见表 19-22。

表 19-22 剧毒、高毒或禁用农药的检出及超标明细

序号	农药名称	样品名称	检出频次	超标频次	最大超标倍数	超标率
1.1	三唑磷°▲	黑茶	1	0	0	0.0%
2.1	水胺硫磷°▲	绿茶	1	0	0	0.0%
3.1	毒死蜱▲	黑茶	11	0	0	0.0%
3.2	毒死蜱▲	绿茶	6	0	0	0.0%
3.3	毒死蜱▲	红茶	2	0	0	0.0%
4.1	氟虫腈▲	红茶	1	0	0	0.0%
5.1	硫丹▲	黑茶	4	0	0	0.0%
5.2	硫丹▲	绿茶	2	0	0	0.0%
5.3	硫丹▲	红茶	1	0	0	0.0%
6.1	三氯杀螨醇▲	黑茶	7	0	0	0.0%
6.2	三氯杀螨醇▲	绿茶	3	0	0	0.0%
6.3	三氯杀螨醇▲	红茶	1	0	0	0.0%
合计			40	0		0.0%

注:超标倍数参照 MRL 中国国家标准衡量

这些剧毒和高毒农药都是中国政府早有规定禁止在茶叶中使用的，为什么还屡次被检出，应该引起警惕。

19.4.4 残留限量标准与先进国家或地区差距较大

183 频次的检出结果与我国公布的《食品中农药最大残留限量》(GB 2763—2016)对比，有 132 频次能找到对应的 MRL 中国国家标准，占 72.1%；还有 51 频次的侦测数据无相关 MRL 标准供参考，占 27.9%。

与国际上现行 MRL 对比发现：

有 183 频次能找到对应的 MRL 欧盟标准，占 100.0%；

有 183 频次能找到对应的 MRL 日本标准，占 100.0%；

有 116 频次能找到对应的 MRL 中国香港标准，占 63.4%；

有 117 频次能找到对应的 MRL 美国标准，占 63.9%；

有 105 频次能找到对应的 MRL CAC 标准，占 57.4%。

由上可见，MRL 中国国家标准与先进国家或地区标准还有很大差距，我们无标准，境外有标准，这就会导致我们在国际贸易中，处于受制于人的被动地位。

19.4.5 茶叶单种样品检出 14～19 种农药残留，拷问农药使用的科学性

通过此次监测发现，黑茶、红茶和绿茶是检出农药品种最多的 3 种茶叶，从中检出农药品种及频次详见表 19-23。

表 19-23 单种样品检出农药品种及频次

样品名称	样品总数	检出农药样品数	检出率	检出农药品种数	检出农药(频次)
黑茶	22	22	100.0%	19	联苯菊酯(21)、虫螨腈(12)、毒死蜱(11)、噻嗪酮(8)、甲氰菊酯(7)、氯氟氰菊酯(7)、三氯杀螨醇(7)、硫丹(4)、猛杀威(3)、新燕灵(3)、邻苯二甲酰亚胺(2)、吡丙醚(1)、丙溴磷(1)、萘乙酸(1)、炔螨特(1)、三唑醇(1)、三唑酮(1)、五氯苯(1)、仲丁威(1)
红茶	11	11	100.0%	14	联苯菊酯(11)、虫螨腈(5)、氯氟氰菊酯(4)、毒死蜱(2)、噻嗪酮(2)、丙溴磷(1)、哒螨灵(1)、氟虫腈(1)、甲氰菊酯(1)、硫丹(1)、猛杀威(1)、醚菊酯(1)、三氯杀螨醇(1)、仲丁威(1)
绿茶	12	11	91.7%	14	联苯菊酯(10)、噻嗪酮(10)、虫螨腈(7)、毒死蜱(6)、仲丁威(6)、氯氟氰菊酯(4)、甲氰菊酯(3)、三氯杀螨醇(3)、丙溴磷(2)、硫丹(2)、猛杀威(1)、醚菊酯(1)、水胺硫磷(1)、烯唑醇(1)

上述 3 种茶叶，检出农药 14～19 种，是多种农药综合防治，还是未严格实施农业良好管理规范(GAP)，抑或根本就是乱施药，值得我们思考。

第 20 章　GC-Q-TOF/MS 侦测拉萨市及林芝地区市售茶叶农药残留膳食暴露风险与预警风险评估

20.1　农药残留风险评估方法

20.1.1　拉萨市及林芝地区农药残留侦测数据分析与统计

庞国芳院士科研团队建立的农药残留高通量侦测技术以高分辨精确质量数（0.0001 m/z 为基准）为识别标准，采用 GC-Q-TOF/MS 技术对 684 种农药化学污染物进行侦测。

科研团队于 2019 年 3 月期间在拉萨市及林芝地区 5 个采样点，随机采集了 45 例茶叶样品，具体位置如图 20-1 所示。

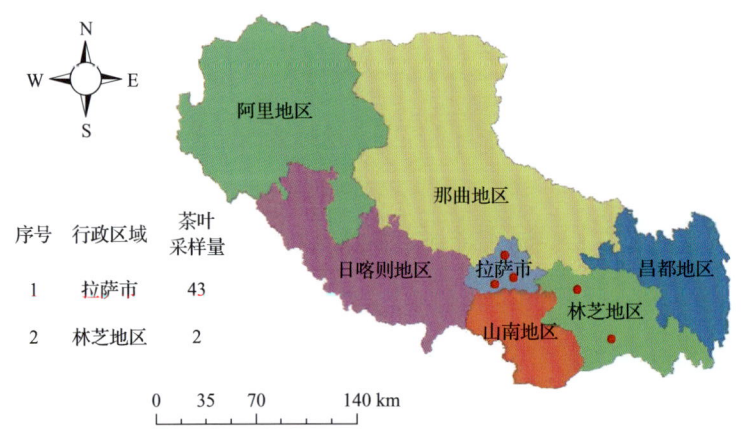

图 20-1　GC-Q-TOF/MS 侦测拉萨市及林芝地区 5 个采样点 45 例样品分布示意图

利用 CGQ-TOF/MS（技术对 45 例样品中的农药进行侦测，侦测出残留农药 24 种，183 频次。侦测出农药残留水平如表 20-1 和图 20-2 所示。检出频次最高的前 10 种农药如表 20-2 所示。从检测结果中可以看出，在茶叶中农药残留普遍存在，且有些茶叶存在高浓度的农药残留，这些可能存在膳食暴露风险，对人体健康产生危害，因此，为了定量地评价茶叶中农药残留的风险程度，有必要对其进行风险评价。

表 20-1　侦测出农药的不同残留水平及其所占比例列表

残留水平(μg/kg)	检出频次	占比(%)
1~5(含)	9	4.9
5~10(含)	20	10.9
10~100(含)	111	60.7
100~1000(含)	43	23.5
合计	183	100

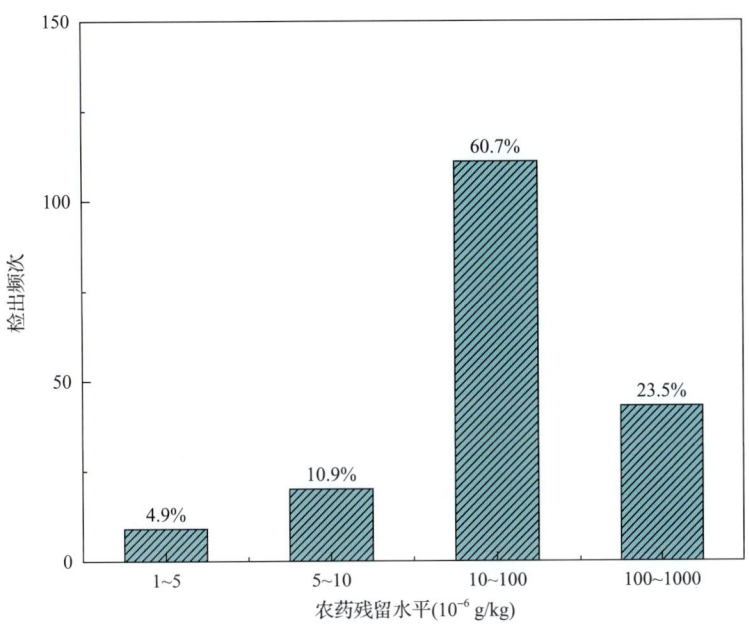

图 20-2　残留农药检出浓度频数分布图

表 20-2　检出频次最高的前 10 种农药列表

序号	农药	检出频次
1	联苯菊酯	42
2	虫螨腈	24
3	噻嗪酮	20
4	毒死蜱	19
5	氯氟氰菊酯	15
6	甲氰菊酯	11
7	三氯杀螨醇	11
8	仲丁威	8
9	硫丹	7
10	猛杀威	5

20.1.2　农药残留风险评价模型

对拉萨市及林芝地区茶叶中农药残留分别开展暴露风险评估和预警风险评估。膳食暴露风险评估利用食品安全指数模型对茶叶中的残留农药对人体可能产生的危害程度进行评价，该模型结合残留监测和膳食暴露评估评价化学污染物的危害；预警风险评价模型运用风险系数(risk index，R)，风险系数综合考虑了危害物的超标率、施检频率及其本身敏感性的影响，能直观而全面地反映出危害物在一段时间内的风险程度。

20.1.2.1 食品安全指数模型

为了加强食品安全管理,《中华人民共和国食品安全法》第二章第十七条规定"国家建立食品安全风险评估制度,运用科学方法,根据食品安全风险监测信息、科学数据以及有关信息,对食品、食品添加剂、食品相关产品中生物性、化学性和物理性危害因素进行风险评估"[1],膳食暴露评估是食品危险度评估的重要组成部分,也是膳食安全性的衡量标准[2]。国际上最早研究膳食暴露风险评估的机构主要是 JMPR(FAO、WHO 农药残留联合会议),该组织自 1995 年就已制定了急性毒性物质的风险评估急性毒性农药残留摄入量的预测。1960 年美国规定食品中不得加入致癌物质进而提出零阈值理论,渐渐零阈值理论发展成在一定概率条件下可接受风险的概念[3],后衍变为食品中每日允许最大摄入量(ADI),而国际食品农药残留法典委员会(CCPR)认为 ADI 不是独立风险评估的唯一标准[4],1995 年 JMPR 开始研究农药急性膳食暴露风险评估,并对食品国际短期摄入量的计算方法进行了修正,亦对膳食暴露评估准则及评估方法进行了修正[5],2002 年,在对世界上现行的食品安全评价方法,尤其是国际公认的 CAC 评价方法、全球环境监测系统/食品污染监测和评估规划(WHO GEMS/Food)及 FAO、WHO 食品添加剂联合专家委员会(JECFA)和 JMPR 对食品安全风险评估工作研究的基础之上,检验检疫食品安全管理的研究人员提出了结合残留监控和膳食暴露评估,以食品安全指数 IFS 计算食品中各种化学污染物对消费者的健康危害程度[6]。IFS 是表示食品安全状态的新方法,可有效地评价某种农药的安全性,进而评价食品中各种农药化学污染物对消费者健康的整体危害程度[7,8]。从理论上分析,IFS_c 可指出食品中的污染物 c 对消费者健康是否存在危害及危害的程度[9]。其优点在于操作简单且结果容易被接受和理解,不需要大量的数据来对结果进行验证,使用默认的标准假设或者模型即可[10,11]。

1)IFS_c 的计算

IFS_c 计算公式如下:

$$IFS_c = \frac{EDI_c \times f}{SI_c \times bw} \tag{20-1}$$

式中,c 为所研究的农药;EDI_c 为农药 c 的实际日摄入量估算值,等于 $\sum(R_i \times F_i \times E_i \times P_i)$($i$ 为食品种类;R_i 为食品 i 中农药 c 的残留水平,mg/kg;F_i 为食品 i 的估计日消费量,g/(人·天);E_i 为食品 i 的可食用部分因子;P_i 为食品 i 的加工处理因子);SI_c 为安全摄入量,可采用每日允许最大摄入量 ADI;bw 为人平均体重,kg;f 为校正因子,如果安全摄入量采用 ADI,则 f 取 1。

$IFS_c \ll 1$,农药 c 对食品安全没有影响;$IFS_c \leqslant 1$,农药 c 对食品安全的影响可以接受;$IFS_c > 1$,农药 c 对食品安全的影响不可接受。

本次评价中:

$IFS_c \leqslant 0.1$,农药 c 对茶叶安全没有影响;

$0.1 < IFS_c \leqslant 1$,农药 c 对茶叶安全的影响可以接受;

$IFS_c > 1$,农药 c 对茶叶安全的影响不可接受。

本次评价中残留水平 R_i 取值为中国检验检疫科学研究院庞国芳院士课题组利用以高分辨精确质量数(0.0001 m/z)为基准的 GC-Q-TOF/MS 侦测技术于 2019 年 3 月期间对拉萨市及林芝地区茶叶农药残留的侦测结果，估计日消费量 F_i 取值 0.0047 kg/(人·天)，$E_i=1$，$P_i=1$，$f=1$，SI_c 采用《食品安全国家标准 食品中农药最大残留限量》(GB 2763—2016)中 ADI 值（具体数值见表 20-3），人平均体重(bw)取值 60 kg。

表 20-3 拉萨市及林芝地区茶叶中侦测出农药的 ADI 值

序号	农药	ADI	序号	农药	ADI	序号	农药	ADI
1	吡丙醚	0.1	9	硫丹	0.006	17	三唑磷	0.001
2	丙溴磷	0.03	10	氯氟氰菊酯	0.02	18	水胺硫磷	0.003
3	虫螨腈	0.03	11	醚菊酯	0.03	19	烯唑醇	0.005
4	哒螨灵	0.01	12	萘乙酸	0.15	20	仲丁威	0.06
5	毒死蜱	0.01	13	炔螨特	0.01	21	邻苯二甲酰亚胺	—
6	氟虫腈	0.0002	14	噻嗪酮	0.009	22	猛杀威	—
7	甲氰菊酯	0.03	15	三氯杀螨醇	0.002	23	五氯苯	—
8	联苯菊酯	0.01	16	三唑醇	0.03	24	新燕灵	—

注："—"表示为国家标准中无 ADI 值规定；ADI 值单位为 mg/kg bw

2) 计算 IFS_c 的平均值 $\overline{IFS}$，评价农药对食品安全的影响程度

以 $\overline{IFS}$ 评价各种农药对人体健康危害的总程度，评价模型见公式(20-2)。

$$\overline{IFS} = \frac{\sum_{i=1}^{n} IFS_c}{n} \tag{20-2}$$

$\overline{IFS} \ll 1$，所研究消费者人群的食品安全状态很好；$\overline{IFS} \leq 1$，所研究消费者人群的食品安全状态可以接受；$\overline{IFS} > 1$，所研究消费者人群的食品安全状态不可接受。

本次评价中：

$\overline{IFS} \leq 0.1$，所研究消费者人群的茶叶安全状态很好；

$0.1 < \overline{IFS} \leq 1$，所研究消费者人群的茶叶安全状态可以接受；

$\overline{IFS} > 1$，所研究消费者人群的茶叶安全状态不可接受。

20.1.2.2 预警风险评估模型

2003 年，我国检验检疫食品安全管理的研究人员根据 WTO 的有关原则和我国的具体规定，结合危害物本身的敏感性、风险程度及其相应的施检频率，首次提出了食品中危害物风险系数 R 的概念[12]。R 是衡量一个危害物的风险程度大小最直观的参数，即在一定时期内其超标率或阳性检出率的高低，但受其施检频率的高低及其本身的敏感性（受关注程度）影响。该模型综合考察了农药在茶叶中的超标率、施检频率及其本身敏感性，能直观而全面地反映出农药在一段时间内的风险程度[13]。

1) R 计算方法

危害物的风险系数综合考虑了危害物的超标率或阳性检出率、施检频率和其本身的敏感性影响，并能直观而全面地反映出危害物在一段时间内的风险程度。风险系数 R 的计算公式如式(20-3)：

$$R = aP + \frac{b}{F} + S \qquad (20\text{-}3)$$

式中，P 为该种危害物的超标率；F 为危害物的施检频率；S 为危害物的敏感因子；a, b 分别为相应的权重系数。

本次评价中 $F=1$；$S=1$；$a=100$；$b=0.1$，对参数 P 进行计算，计算时首先判断是否为禁用农药，如果为非禁用农药，$P=$ 超标的样品数（侦测出的含量高于食品最大残留限量标准值，即 MRL）除以总样品数（包括超标、不超标、未侦测出）；如果为禁用农药，则侦测出即为超标，$P=$ 能侦测出的样品数除以总样品数。判断拉萨市及林芝地区茶叶农药残留是否超标的标准限值 MRL 分别以 MRL 中国国家标准[14]和 MRL 欧盟标准作为对照，具体值列于本报告附表一中。

2) 评价风险程度

$R \leqslant 1.5$，受检农药处于低度风险；

$1.5 < R \leqslant 2.5$，受检农药处于中度风险；

$R > 2.5$，受检农药处于高度风险。

20.1.2.3 食品膳食暴露风险和预警风险评估应用程序的开发

1) 应用程序开发的步骤

为成功开发膳食暴露风险和预警风险评估应用程序，与软件工程师多次沟通讨论，逐步提出并描述清楚计算需求，开发了初步应用程序。为明确出不同茶叶、不同农药、不同地域的风险水平，向软件工程师提出不同的计算需求，软件工程师对计算需求进行逐一分析，经过反复的细节沟通，需求分析得到明确后，开始进行解决方案的设计，在保证需求的完整性、一致性的前提下，编写出程序代码，最后设计出满足需求的风险评估专用计算软件，并通过一系列的软件测试和改进，完成专用程序的开发。软件开发基本步骤见图 20-3。

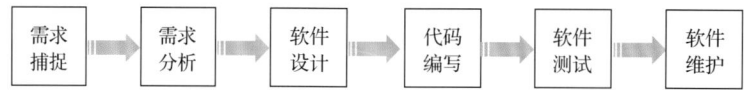

图 20-3 专用程序开发总体步骤

2) 膳食暴露风险评估专业程序开发的基本要求

首先直接利用公式(20-1)，分别计算 LC-Q-TOF/MS 和 GC-Q-TOF/MS 仪器侦测出的各茶叶样品中每种农药 IFS_c，将结果列出。为考察超标农药和禁用农药的使用安全性，分别以我国《食品安全国家标准 食品中农药最大残留限量》(GB 2763—2016)和欧盟食品中农药最大残留限量(以下简称 MRL 中国国家标准和 MRL 欧盟标准)为标准,对侦测出的禁用农药和超标的非禁用农药 IFS_c 单独进行评价;按 IFS_c 大小列表,并找出 IFS_c 值排名前 20 的样本重点关注。

对不同茶叶 i 中每一种侦测出的农药 c 的安全指数进行计算,多个样品时求平均值。按农药种类,计算整个监测时间段内每种农药的 IFS_c,不区分茶叶种类。

3) 预警风险评估专业程序开发的基本要求

分别以 MRL 中国国家标准和 MRL 欧盟标准,按公式(20-3)逐个计算不同茶叶、不同农药的风险系数,禁用农药和非禁用农药分别列表。

为清楚了解各种农药的预警风险,不分时间,不分茶叶,按禁用农药和非禁用农药分类,分别计算各种侦测出农药全部检测时段内风险系数。由于有 MRL 中国国家标准的农药种类太少,无法计算超标数,非禁用农药的风险系数只以 MRL 欧盟标准为标准,进行计算。

4) 风险程度评价专业应用程序的开发方法

采用 Python 计算机程序设计语言,Python 是一个高层次地结合了解释性、编译性、互动性和面向对象的脚本语言。风险评价专用程序主要功能包括:分别读入每例样品 LC-Q-TOF/MS 和 GC-Q-TOF/MS 农药残留检测数据,根据风险评价工作要求,依次对不同农药、不同食品、不同时间、不同采样点的 IFS_c 值和 R 值分别进行数据计算,筛选出禁用农药、超标农药(分别与 MRL 中国国家标准、MRL 欧盟标准限值进行对比)单独重点分析,再分别对各农药、各茶叶种类分类处理,设计出计算和排序程序,编写计算机代码,最后将生成的膳食暴露风险评估和超标风险评估定量计算结果列入设计好的各个表格中,并定性判断风险对目标的影响程度,直接用文字描述风险发生的高低,如"不可接受"、"可以接受"、"没有影响"、"高度风险"、"中度风险"、"低度风险"。

20.2 GC-Q-TOF/MS 侦测拉萨市及林芝地区市售茶叶农药残留膳食暴露风险评估

20.2.1 每例茶叶样品中农药残留安全指数分析

基于 2019 年 3 月的农药残留侦测数据,发现在 45 例样品中侦测出农药 183 频次,计算样品中每种残留农药的安全指数 IFS_c,并分析农药对样品安全的影响程度,结果详见附表二,农药残留对茶叶样品安全的影响程度频次分布情况如图 20-4 所示。

由图 20-4 可以看出,农药残留对样品安全的没有影响的频次为 172,占 93.99%。

部分样品侦测出禁用农药 6 种 40 频次,为了明确残留的禁用农药对样品安全的影响,分析侦测出禁用农药残留的样品安全指数,禁用农药残留对茶叶样品安全的影响程度频次分布情况如图 20-5 所示,农药残留对样品安全没有影响的频次为 40,占 100%。

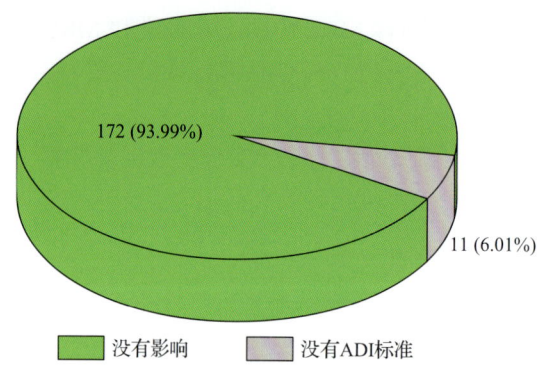

图 20-4 农药残留对茶叶样品安全的影响程度频次分布图

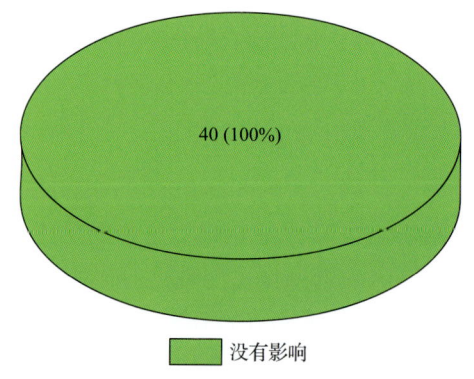

图 20-5 禁用农药对茶叶样品安全影响程度的频次分布图

此外，本次侦测发现部分样品中非禁用农药残留量超过了 MRL 欧盟标准，为了明确超标的非禁用农药对样品安全的影响，分析了非禁用农药残留超标的样品安全指数。

残留量超过 MRL 欧盟标准的非禁用农药对茶叶样品安全的影响程度频次分布情况如图 20-6 所示。可以看出超过 MRL 欧盟标准的非禁用农药共 43 频次，其中农药没有 ADI 的频次为 9，占 20.93%；农药残留对样品安全没有影响的频次为 34，占 79.07%。表 20-4 为茶叶样品中安全指数排名前 10 的残留超标非禁用农药列表。

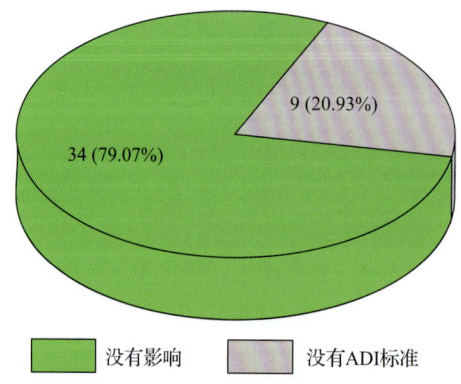

图 20-6 残留超标的非禁用农药对茶叶样品安全的影响程度频次分布图（MRL 欧盟标准）

表 20-4　茶叶样品中安全指数排名前 10 的残留超标非禁用农药列表（**MRL** 欧盟标准）

序号	样品编号	采样点	基质	农药	含量(mg/kg)	欧盟标准	IFS_c	影响程度
1	20190319-540100-FJCIQ-DT-01P	***茶庄	黑茶	噻嗪酮	0.8454	0.05	7.36×10^{-3}	没有影响
2	20190319-540100-FJCIQ-DT-01G	***茶庄	黑茶	噻嗪酮	0.7131	0.05	6.21×10^{-3}	没有影响
3	20190319-540100-FJCIQ-DT-01J	***茶庄	黑茶	噻嗪酮	0.4718	0.05	4.12×10^{-3}	没有影响
4	20190319-540100-FJCIQ-DT-01D	***茶庄	黑茶	噻嗪酮	0.4706	0.05	4.10×10^{-3}	没有影响
5	20190319-540100-FJCIQ-DT-01O	***茶庄	黑茶	噻嗪酮	0.4519	0.05	3.93×10^{-3}	没有影响
6	20190319-540100-FJCIQ-DT-01F	***茶庄	黑茶	噻嗪酮	0.3859	0.05	3.36×10^{-3}	没有影响
7	20190319-540100-FJCIQ-DT-01O	***茶庄	黑茶	氯氟氰菊酯	0.5331	0.01	2.09×10^{-3}	没有影响
8	20190319-540100-FJCIQ-GT-03H	***超市(力泰店)	绿茶	噻嗪酮	0.1891	0.05	1.65×10^{-3}	没有影响
9	20190319-540100-FJCIQ-DT-01M	***茶庄	黑茶	噻嗪酮	0.1783	0.05	1.55×10^{-3}	没有影响
10	20190319-540100-FJCIQ-DT-01C	***茶庄	黑茶	噻嗪酮	0.1473	0.05	1.28×10^{-3}	没有影响

20.2.2　单种茶叶中农药残留安全指数分析

本次 3 种茶叶侦测 24 种农药，检出频次为 183 次，其中 4 种农药没有 ADI，20 种农药存在 ADI 标准。3 种茶叶按不同种类分别计算侦测出的具有 ADI 标准的各种农药的 IFS_c 值，农药残留对茶叶的安全指数分布图如图 20-7 所示。

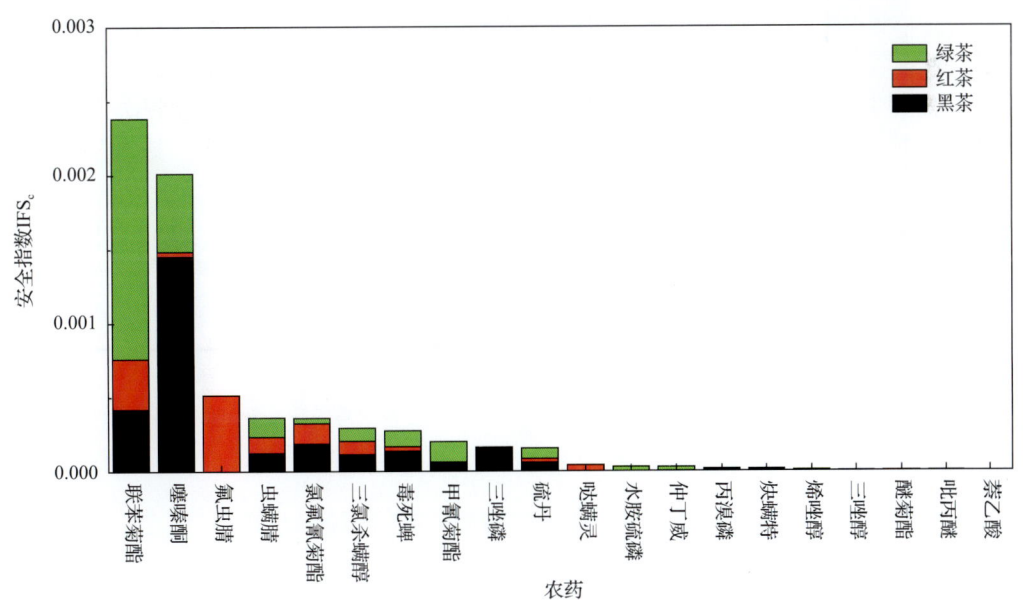

图 20-7　3 种茶叶中 20 种残留农药的安全指数分布图

本次侦测中，3 种茶叶和 24 种残留农药(包括没有 ADI)共涉及 47 个分析样本，农药对单种茶叶安全的影响程度分布情况如图20-8所示。可以看出,87.23%的样本中农药对茶叶安全没有影响。

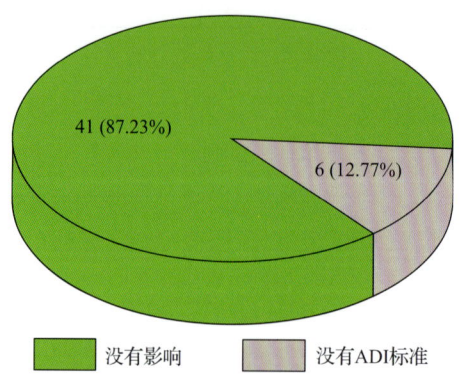

图20-8 47个分析样本的影响程度频次分布图

20.2.3 所有茶叶中农药残留安全指数分析

计算所有茶叶中20种农药的 IFS_c 值,结果如图20-9及表20-5所示。

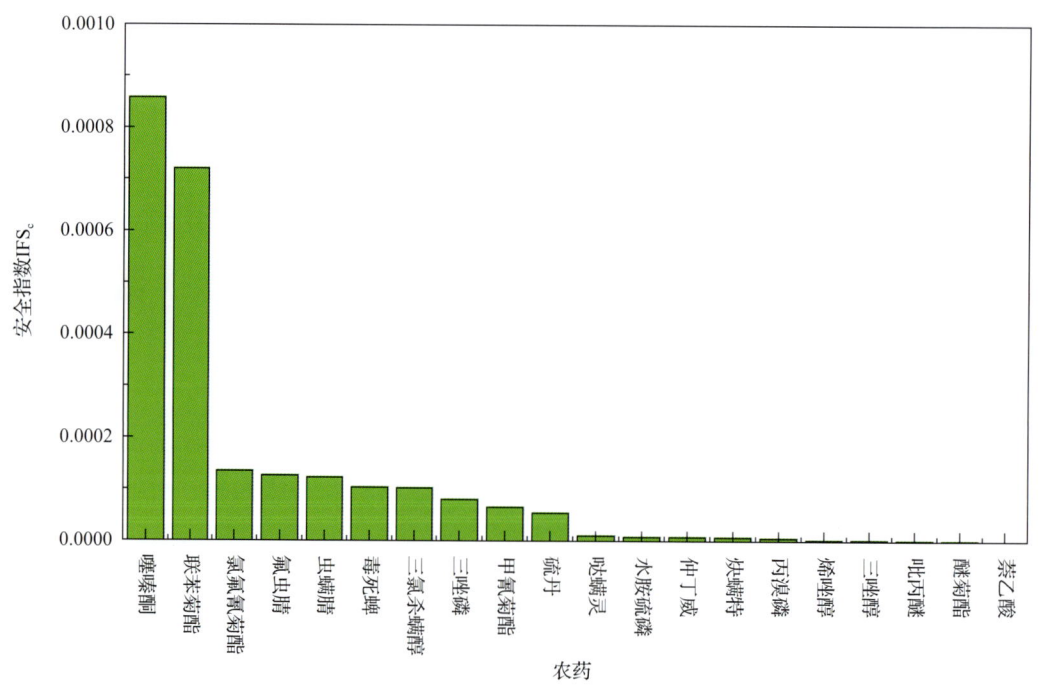

图20-9 20种残留农药对茶叶的安全影响程度统计图

分析发现,所有农药对茶叶安全的影响程度均为没有影响。说明茶叶中残留的农药不会对茶叶安全造成影响。

表 20-5　茶叶中 20 种农药残留的安全指数表

序号	农药	检出频次	检出率(%)	IFS_c	影响程度	序号	农药	检出频次	检出率(%)	IFS_c	影响程度
1	噻嗪酮	20	44.44	8.58×10^{-4}	没有影响	11	哒螨灵	1	2.22	9.77×10^{-6}	没有影响
2	联苯菊酯	42	93.33	7.20×10^{-4}	没有影响	12	水胺硫磷	1	2.22	7.66×10^{-6}	没有影响
3	氯氟氰菊酯	15	33.33	1.34×10^{-4}	没有影响	13	仲丁威	8	17.78	7.23×10^{-6}	没有影响
4	氟虫腈	1	2.22	1.25×10^{-4}	没有影响	14	炔螨特	1	2.22	7.00×10^{-6}	没有影响
5	虫螨腈	24	53.33	1.22×10^{-4}	没有影响	15	丙溴磷	4	8.89	5.44×10^{-6}	没有影响
6	毒死蜱	19	42.22	1.03×10^{-4}	没有影响	16	烯唑醇	1	2.22	1.71×10^{-6}	没有影响
7	三氯杀螨醇	11	24.44	1.014×10^{-4}	没有影响	17	三唑醇	1	2.22	1.48×10^{-6}	没有影响
8	三唑磷	1	2.22	7.96×10^{-5}	没有影响	18	吡丙醚	1	2.22	1.15×10^{-6}	没有影响
9	甲氰菊酯	11	24.44	6.47×10^{-5}	没有影响	19	醚菊酯	2	4.44	7.43×10^{-7}	没有影响
10	硫丹	7	15.56	5.34×10^{-5}	没有影响	20	萘乙酸	1	2.22	9.40×10^{-8}	没有影响

20.3　GC-Q-TOF/MS 侦测拉萨市及林芝地区市售茶叶农药残留预警风险评估

基于拉萨市及林芝地区茶叶样品中农药残留 GC-Q-TOF/MS 侦测数据，分析禁用农药的检出率，同时参照中华人民共和国国家标准 GB2763—2016 和欧盟农药最大残留限量(MRL)标准分析非禁用农药残留的超标率，并计算农药残留风险系数。分析单种茶叶中农药残留以及所有茶叶中农药残留的风险程度。

20.3.1　单种茶叶中农药残留风险系数分析

20.3.1.1　单种茶叶中禁用农药残留风险系数分析

侦测出的 24 种残留农药中有 6 种为禁用农药，且它们分布在 3 种茶叶中，计算 3 种茶叶中禁用农药的检出率，根据检出率计算风险系数 R，进而分析茶叶中禁用农药的风险程度，结果如图 20-10 与表 20-6 所示。分析发现 6 种禁用农药在 3 种茶叶中的残留处均于高度风险。

20.3.1.2　基于 MRL 中国国家标准的单种茶叶中非禁用农药残留风险系数分析

参照中华人民共和国国家标准 GB 2763—2016 中农药残留限量计算每种茶叶中每种非禁用农药的超标率，进而计算其风险系数，根据风险系数大小判断残留农药的预警风险程度，茶叶中非禁用农药残留风险程度分布情况如图 20-11 所示。

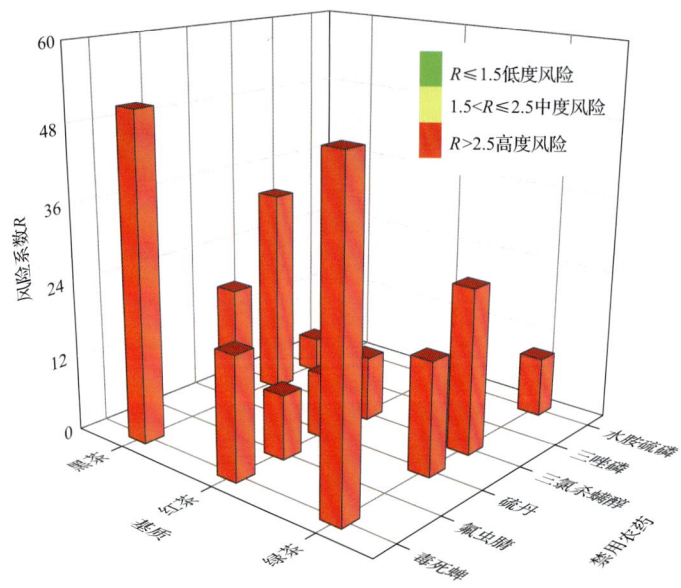

图 20-10 3 种茶叶中 6 种禁用农药的残留的风险系数

表 20-6 3 种茶叶中 6 种禁用农药的残留的风险系数列表

序号	基质	农药	检出频次	检出率(%)	风险系数 R	风险程度
1	红茶	三氯杀螨醇	1	9.09	10.19	高度风险
2	红茶	毒死蜱	2	18.18	19.28	高度风险
3	红茶	氟虫腈	1	9.09	10.19	高度风险
4	红茶	硫丹	1	9.09	10.19	高度风险
5	绿茶	三氯杀螨醇	3	25.00	26.10	高度风险
6	绿茶	毒死蜱	6	50.00	51.10	高度风险
7	绿茶	水胺硫磷	1	8.33	9.43	高度风险
8	绿茶	硫丹	2	16.67	17.77	高度风险
9	黑茶	三唑磷	1	4.55	5.65	高度风险
10	黑茶	三氯杀螨醇	7	31.82	32.92	高度风险
11	黑茶	毒死蜱	11	50.00	51.10	高度风险
12	黑茶	硫丹	4	18.18	19.28	高度风险

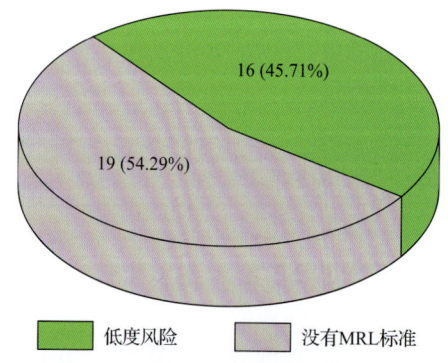

图 20-11 茶叶中非禁用农药残留的风险程度的分布图(MRL 中国国家标准)

本次分析中，发现在 3 种茶叶检出 18 种残留非禁用农药，涉及样本 35 个，在 35 个样本中，45.71%处于低度风险，此外发现有 19 个样本没有 MRL 中国国家标准值，无法判断其风险程度，有 MRL 中国国家标准值的 16 个样本涉及 3 种茶叶中的 6 种非禁用农药，其风险系数 R 值如图 20-12 所示。

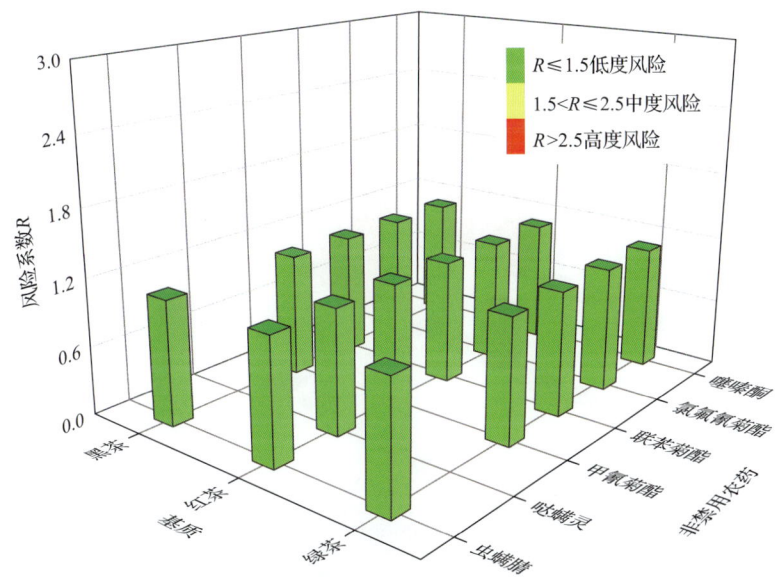

图 20-12　3 种茶叶中 6 种非禁用农药的风险系数分布图（MRL 中国国家标准）

20.3.1.3　基于 MRL 欧盟标准的单种茶叶中非禁用农药残留风险系数分析

参照 MRL 欧盟标准计算每种茶叶中每种非禁用农药的超标率，进而计算其风险系数，根据风险系数大小判断农药残留的预警风险程度，茶叶中非禁用农药残留风险程度分布情况如图 20-13 所示。

本次分析中，发现在 3 种茶叶中共侦测出 18 种非禁用农药，涉及样本 35 个，其中，37.14%处于高度风险，涉及 3 种茶叶和 8 种农药；62.86%处于低度风险，涉及 3 种茶叶和 13 种农药。单种茶叶中的非禁用农药风险系数分布图如图 20-14 所示。单种茶叶中处于高度风险的非禁用农药风险系数如图 20-15 和表 20-7 所示。

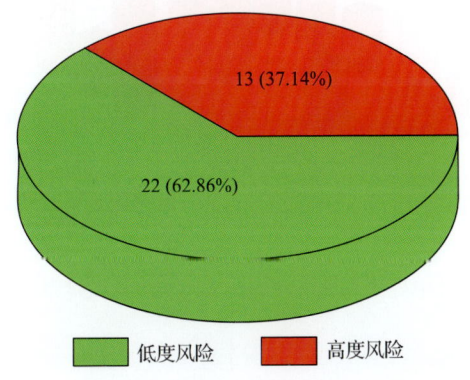

图 20-13　茶叶中非禁用农药残留的风险程度分布图（MRL 欧盟标准）

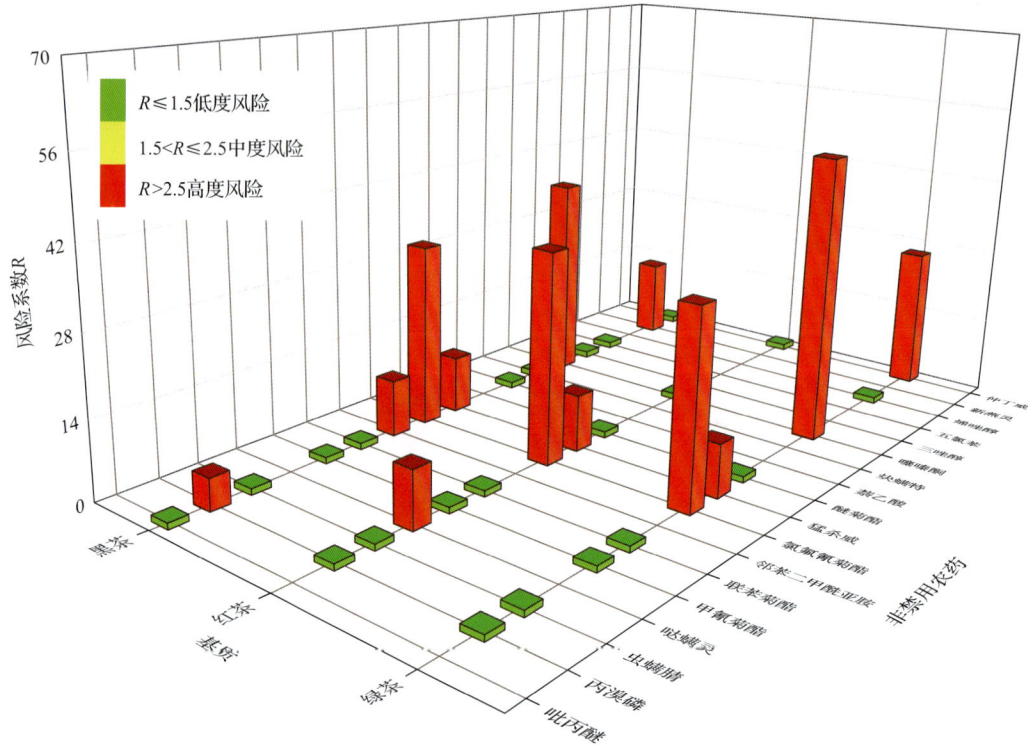

图 20-14　3 种茶叶中 18 种非禁用农药残留的风险系数（MRL 欧盟标准）

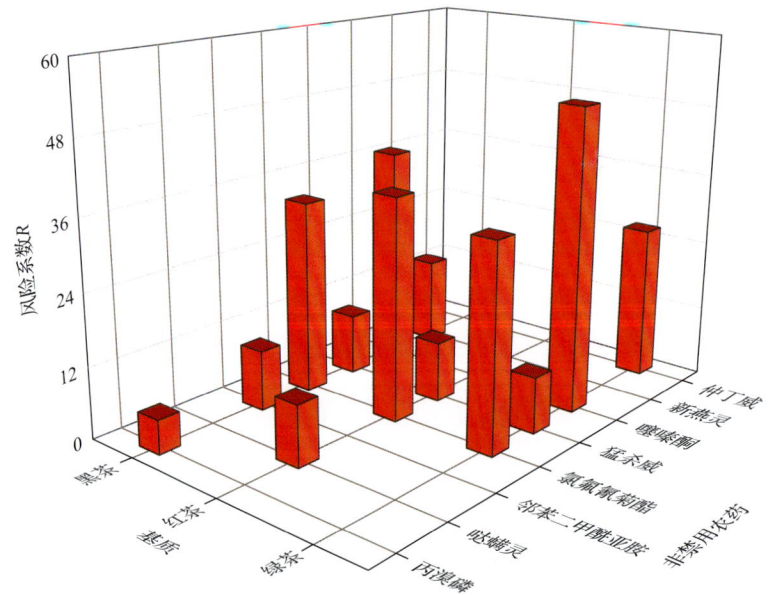

图 20-15　单种茶叶中处于高度风险的非禁用农药的风险系数（MRL 欧盟标准）

表 20-7　单种茶叶中处于高度风险的非禁用农药残留的风险系数表（MRL 欧盟标准）

序号	基质	农药	超标频次	超标率 $P(\%)$	风险系数 R
1	红茶	哒螨灵	1	9.09	10.19
2	红茶	氯氟氰菊酯	4	36.36	37.46
3	红茶	猛杀威	1	9.09	10.19
4	绿茶	仲丁威	3	25.00	26.10
5	绿茶	噻嗪酮	6	50.00	51.10
6	绿茶	氯氟氰菊酯	4	33.33	34.43
7	绿茶	猛杀威	1	8.33	9.43
8	黑茶	丙溴磷	1	4.55	5.65
9	黑茶	噻嗪酮	8	36.36	37.46
10	黑茶	新燕灵	3	13.64	14.74
11	黑茶	氯氟氰菊酯	7	31.82	32.92
12	黑茶	猛杀威	2	9.09	10.19
13	黑茶	邻苯二甲酰亚胺	2	9.09	10.19

20.3.2　所有茶叶中农药残留风险系数分析

20.3.2.1　所有茶叶中禁用农药残留风险系数分析

在侦测出的 24 种农药中有 6 种为禁用农药，计算所有茶叶中禁用农药的风险系数，结果如表 20-8 所示。6 种禁用农药全部处于高度风险。

表 20-8　茶叶中 6 种禁用农药的风险系数表

序号	农药	检出频次	检出率(%)	风险系数 R	风险程度
1	毒死蜱	19	42.22	43.32	高度风险
2	三氯杀螨醇	11	24.44	25.54	高度风险
3	硫丹	7	15.56	16.66	高度风险
4	三唑磷	1	2.22	3.32	高度风险
5	氟虫腈	1	2.22	3.32	高度风险
6	水胺硫磷	1	2.22	3.32	高度风险

20.3.2.2　所有茶叶中非禁用农药残留风险系数分析

参照 MRL 欧盟标准计算所有茶叶中每种非禁用农药残留的风险系数，如图 20-16 与表 20-9 所示。在侦测出的 18 种非禁用农药中，8 种农药(44.44%)残留处于高度风险，10 种农药(55.56%)残留处于低度风险。

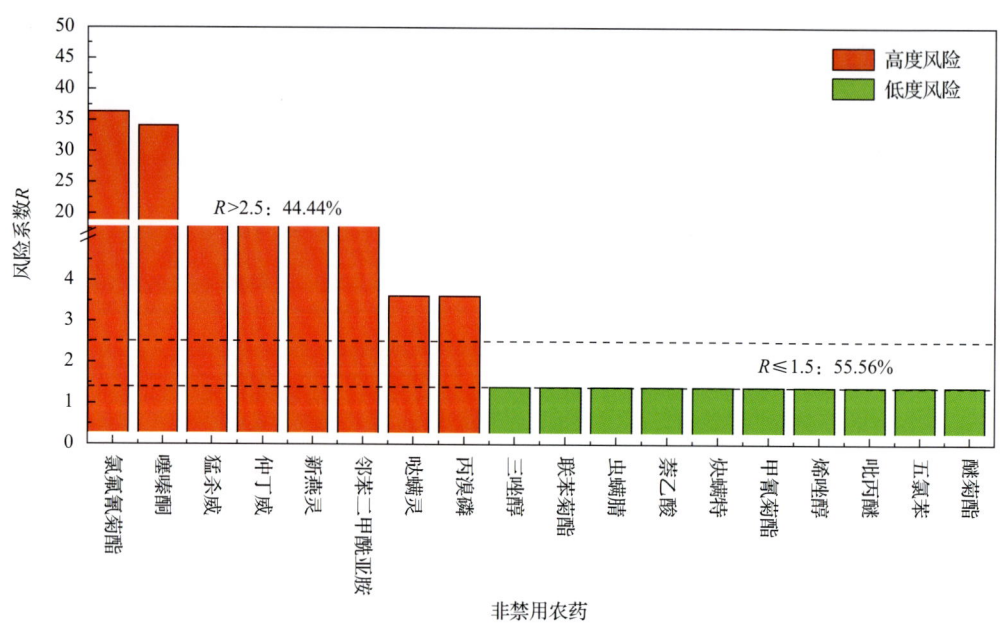

图 20-16 茶叶中 18 种非禁用农药的风险程度统计图

表 20-9 茶叶中 18 种非禁用农药的风险系数表

序号	农药	超标频次	超标率 P(%)	风险系数 R	风险程度
1	氯氟氰菊酯	15	33.33	34.43	高度风险
2	噻嗪酮	14	31.11	32.21	高度风险
3	猛杀威	4	8.89	9.99	高度风险
4	仲丁威	3	6.67	7.77	高度风险
5	新燕灵	3	6.67	7.77	高度风险
6	邻苯二甲酰亚胺	2	4.44	5.54	高度风险
7	哒螨灵	1	2.22	3.32	高度风险
8	丙溴磷	1	2.22	3.32	高度风险
9	三唑醇	0	0	1.1	低度风险
10	联苯菊酯	0	0	1.1	低度风险
11	虫螨腈	0	0	1.1	低度风险
12	萘乙酸	0	0	1.1	低度风险
13	炔螨特	0	0	1.1	低度风险
14	甲氰菊酯	0	0	1.1	低度风险
15	烯唑醇	0	0	1.1	低度风险
16	吡丙醚	0	0	1.1	低度风险
17	五氯苯	0	0	1.1	低度风险
18	醚菊酯	0	0	1.1	低度风险

20.4　GC-Q-TOF/MS 侦测拉萨市及林芝地区市售茶叶农药残留风险评估结论与建议

农药残留是影响茶叶安全和质量的主要因素,也是我国食品安全领域备受关注的敏感话题和亟待解决的重大问题之一[15,16]。各种茶叶均存在不同程度的农药残留现象,本研究主要针对拉萨市及林芝地区各类茶叶存在的农药残留问题,基于 2019 年 3 月对拉萨市及林芝地区 45 例茶叶样品中农药残留侦测得出的 183 个侦测结果,分别采用食品安全指数模型和风险系数模型,开展茶叶中农药残留的膳食暴露风险和预警风险评估。茶叶样品取自超市和茶叶专营店,符合大众的来源,风险评价时更具有代表性和可信度。

本研究力求通用简单地反映食品安全中的主要问题,且为管理部门和大众容易接受,为政府及相关管理机构建立科学的食品安全信息发布和预警体系提供科学的规律与方法,加强对农药残留的预警和食品安全重大事件的预防,控制食品风险。

20.4.1　拉萨市及林芝地区茶叶中农药残留膳食暴露风险评价结论

1) 茶叶样品中农药残留安全状态评价结论

采用食品安全指数模型,对 2019 年 3 月期间拉萨市及林芝地区茶叶食品农药残留膳食暴露风险进行评价,根据 IFS_c 的计算结果发现,茶叶中农药的 $\overline{IFS}$ 为 1.2×10^{-4},说明拉萨市及林芝地区茶叶总体处于低度风险的安全状态,但部分禁用农药、高残留农药在茶叶中仍有侦测出,导致膳食暴露风险的存在,成为不安全因素。

2) 禁用农药膳食暴露风险评价

本次检测发现部分茶叶样品中有禁用农药侦测出,侦测出禁用农药 6 种,侦测出频次为 40,茶叶样品中的禁用农药 IFS_c 计算结果表明,禁用农药残留膳食暴露风险没有影响的频次为 40,占 100%。

20.4.2　拉萨市及林芝地区茶叶中农药残留预警风险评价结论

1) 单种茶叶中禁用农药残留的预警风险评价结论

本次检测过程中,在 3 种茶叶中检测出 6 种禁用农药,禁用农药为:三氯杀螨醇、毒死蜱、氟虫腈、硫丹、水胺硫磷、三唑磷,茶叶为:红茶、绿茶、黑茶,茶叶中禁用农药的风险系数分析结果显示,6 种禁用农药在 3 种茶叶中的残留均处于高度风险,说明在单种茶叶中禁用农药的残留会导致较高的预警风险。

2) 单种茶叶中非禁用农药残留的预警风险评价结论

以 MRL 中国国家标准为标准,计算茶叶中非禁用农药风险系数情况下,35 个样本中,16 个处于低度风险(45.71%),19 个样本没有 MRL 中国国家标准(54.29%)。以 MRL 欧盟标准为标准,计算茶叶中非禁用农药风险系数情况下,发现有 13 个处于高度风险(37.14%),22 个处于低度风险(62.86%)。基于两种 MRL 标准,评价的结果差异显著,可以看出 MRL 欧盟标准比中国国家标准更加严格和完善，过于宽松的 MRL 中国国家标准值能否有效保障人体的健康有待研究。

20.4.3　加强拉萨市及林芝地区茶叶食品安全建议

我国食品安全风险评价体系仍不够健全，相关制度不够完善，多年来，由于农药用药次数多、用药量大或用药间隔时间短，产品残留量大，农药残留所造成的食品安全问题日益严峻，给人体健康带来了直接或间接的危害。据估计，美国与农药有关的癌症患者数约占全国癌症患者总数的 50%，中国更高。同样，农药对其他生物也会形成直接杀伤和慢性危害，植物中的农药可经过食物链逐级传递并不断蓄积，对人和动物构成潜在威胁，并影响生态系统。

基于本次农药残留侦测数据的风险评价结果，提出以下几点建议：

1) 加快食品安全标准制定步伐

我国食品标准中对农药每日允许最大摄入量 ADI 的数据严重缺乏，在本次评价所涉及的 24 种农药中，仅有 83.33% 的农药具有 ADI 值，而 16.67% 的农药中国尚未规定相应的 ADI 值，亟待完善。

我国食品中农药最大残留限量值的规定严重缺乏，对评估涉及的不同茶叶中不同农药 47 个 MRL 限值进行统计来看，我国仅制定出 23 个标准，我国标准完整率仅为 48.94%，欧盟的完整率达到 100%（表 20-10）。因此，中国更应加快 MRL 的制定步伐。

表 20-10　我国国家食品标准农药的 ADI、MRL 值与欧盟标准的数量差异

分类		中国 ADI	MRL 中国国家标准	MRL 欧盟标准
标准限值(个)	有	20	23	47
	无	4	24	0
总数(个)		24	47	47
无标准限值比例(%)		16.67	51.06	0

此外，MRL 中国国家标准限值普遍高于欧盟标准限值，这些标准中共有 11 个高于欧盟。过高的 MRL 值难以保障人体健康，建议继续加强对限值基准和标准的科学研究，将农产品中的危险性减少到尽可能低的水平。

2) 加强农药的源头控制和分类监管

在拉萨市及林芝地区某些茶叶中仍有禁用农药残留，利用 GC-Q-TOF/MS 技术侦测出 6 种禁用农药，检出频次为 40 次，残留禁用农药均存在较大的膳食暴露风险和预警风险。早已列入黑名单的禁用农药在我国并未真正退出，有些药物由于价格便宜、工艺简单，此类高毒农药一直生产和使用。建议在我国采取严格有效的控制措施，从源头控制禁用农药。

对于非禁用农药，在我国作为"田间地头"最典型单位的县级茶叶产地中，农药残留的检测几乎缺失。建议根据农药的毒性，对高毒、剧毒、中毒农药实现分类管理，减少使用高毒和剧毒高残留农药，进行分类监管。

3) 加强农药生物基准和降解技术研究

市售茶叶中残留农药的品种多、频次高、禁用农药多次检出这一现状，说明了我国的田间土壤和水体因农药长期、频繁、不合理的使用而遭到严重污染。为此，建议中国相关部门出台相关政策，鼓励高校及科研院所积极开展分子生物学、酶学等研究，加强土壤、水体中残留农药的生物修复及降解新技术研究，切实加大农药监管力度，以控制农药的面源污染问题。

综上所述，在本工作基础上，根据茶叶残留危害，可进一步针对其成因提出和采取严格管理、大力推广无公害茶叶种植与生产、健全食品安全控制技术体系、加强茶叶质量检测体系建设和积极推行茶叶质量追溯制度等相应对策。建立和完善食品安全综合评价指数与风险监测预警系统，对食品安全进行实时、全面的监控与分析，为我国的食品安全科学监管与决策提供新的技术支持，可实现各类检验数据的信息化系统管理，降低食品安全事故的发生。

参 考 文 献

[1] 全国人民代表大会常务委员会. 中华人民共和国食品安全法[Z]. 2015-04-24.

[2] 钱永忠, 李耘. 农产品质量安全风险评估: 原理、方法和应用[M]. 北京: 中国标准出版社, 2007.

[3] 高仁君, 陈隆智, 郑明奇, 等. 农药对人体健康影响的风险评估[J]. 农药学学报, 2004, 6(3): 8-14.

[4] 高仁君, 王蔚, 陈隆智, 等. JMPR 农药残留急性膳食摄入量计算方法[J]. 中国农学通报, 2006, 22(4): 101-104.

[5] FAO/WHO Recommendation for the revision of the guidelines for predicting dietary intake of pesticide residues, Report of a FAO/WHO Consultation, 2-6 May 1995, York, United Kingdom.

[6] 李聪, 张艺兵, 李朝伟, 等. 暴露评估在食品安全状态评价中的应用[J]. 检验检疫学刊, 2002, 12(1): 11-12.

[7] Liu Y, Li S, Ni Z, et al. Pesticides in persimmons, jujubes and soil from China: Residue levels, risk assessment and relationship between fruits and soils[J]. Science of the Total Environment, 2016, 542(Pt A): 620-628.

[8] Claeys W L, Schmit J F O, Bragard C, et al. Exposure of several Belgian consumer groups to pesticide residues through fresh fruit and vegetable consumption[J]. Food Control, 2011, 22(3): 508-516.

[9] Quijano L, Yusà V, Font G, et al. Chronic cumulative risk assessment of the exposure to organophosphorus, carbamate and pyrethroid and pyrethrin pesticides through fruit and vegetables consumption in the region of Valencia (Spain)[J]. Food & Chemical Toxicology, 2016, 89: 39-46.

[10] Fang L, Zhang S, Chen Z, et al. Risk assessment of pesticide residues in dietary intake of celery in China[J]. Regulatory Toxicology & Pharmacology, 2015, 73(2): 578-586.

[11] Nuapia Y, Chimuka L, Cukrowska E. Assessment of organochlorine pesticide residues in raw food samples from open markets in two African cities[J]. Chemosphere, 2016, 164: 480-487.

[12] 秦燕, 李辉, 李聪. 危害物的风险系数及其在食品检测中的应用[J]. 检验检疫学刊, 2003, 13(5): 13-14.

[13] 金征宇. 食品安全导论[M]. 北京: 化学工业出版社, 2005.

[14] 中华人民共和国国家卫生和计划生育委员会, 中华人民共和国农业部, 中华人民共和国国家食品药品监督管理总局. GB 2763—2016 食品安全国家标准 食品中农药最大残留限量[S]. 2016.

[15] Chen C, Qian Y Z, Chen Q, et al. Evaluation of pesticide residues in fruits and vegetables from Xiamen, China[J]. Food Control, 2011, 22: 1114-1120.

[16] Lehmann E, Turrero N, Kolia M, et al. Dietary risk assessment of pesticides from vegetables and drinking water in gardening areas in Burkina Faso[J]. Science of the Total Environment, 2017, 601-602: 1208-1216.